经典译丛·信号完整性工程师必读

高级信号完整性技术

Advanced Signal Integrity for High-Speed Digital Designs

[美] Stephen H. Hall
Howard L. Heck 著

张徐亮 鲍景富
张雅丽 于永斌 译

电子工业出版社
Publishing House of Electronics Industry
北京·BEIJING

内 容 简 介

随着计算机技术的不断发展,以往数字设计中一些可以忽略的因素,在高速数字设计中变成了影响系统性能的重要因素。只有全面理解和把握这些因素,才能设计出满足性能要求的高速数字电路。本书从应用物理、通信以及微波理论的角度,对高速数字设计中的高级信号完整性进行了探讨和分析,涵盖了当今最新的研究成果,是目前信号完整性方面较全面、较先进的书籍。全书共分 14 章,内容包含了与信号完整性相关的电磁场理论、理想传输线模型、串扰、网络分析、高速信道模型、时延扰动和噪声模型等。

本书的主要特色是用大量的图表,以理论和实践完美结合的方式将诸如应用物理、通信和微波工程等学科的理论和技术引入高速数字设计,有助于工程师或者高校学生们对数字设计中信号完整性的理解和把握。

本书适用于高等院校本科或研究生教学、半导体行业专业工程师培训,以及高速数字设计人员的必备参考书。

Advanced Signal Integrity for High-Speed Digital Designs, 9780470192351, Stephen H. Hall, Howard L. Heck. Copyright © 2009, John Wiley & Sons, Inc.

All rights reserved. This translation published under license.

No part of this book may be reproduced in any form without the written permission of John Wiley & Sons, Inc.

本书简体中文字版专有翻译出版权由美国 John Wiley & Sons 公司授予电子工业出版社。

未经许可,不得以任何手段和形式复制或抄袭本书内容。

版权贸易合同登记号　图字:01-2009-6687

图书在版编目(CIP)数据

高级信号完整性技术/(美)霍尔(Hall,S. H.),(美)赫克(Heck,H. L.)著;张徐亮等译.
北京:电子工业出版社,2015.5
(经典译丛·信号完整性工程师必读)
书名原文:Advanced Signal Integrity for High-Speed Digital Designs
ISBN 978-7-121-25993-7

Ⅰ.①高… Ⅱ.①霍… ②赫… ③张… Ⅲ.①数字信号处理 Ⅳ.①TN911.72

中国版本图书馆 CIP 数据核字(2015)第 094004 号

策划编辑:马　岚
责任编辑:李秦华
印　　刷:三河市鑫金马印装有限公司
装　　订:三河市鑫金马印装有限公司
出版发行:电子工业出版社
　　　　　北京市海淀区万寿路 173 信箱　邮编　100036
开　　本:787×1092　1/16　印张:27.5　字数:704 千字
版　　次:2015 年 5 月第 1 版
印　　次:2022 年 12 月第 2 次印刷
定　　价:129.00 元

凡所购买电子工业出版社图书有缺损问题,请向购买书店调换。若书店售缺,请与本社发行部联系,联系及邮购电话:(010)88254888。

质量投诉请发邮件至 zlts@phei.com.cn,盗版侵权举报请发邮件至 dbqq@phei.com.cn。

服务热线:(010)88258888。

译 者 序

当前,半导体技术的迅猛发展,给数字设计工程师们带来了巨大的挑战。工程师们不得不重新审视高速互连中出现的许多现象,不得不研究对策以解决设计过程中急剧出现的诸多不可预见的问题。这些现象和问题最终都会引起信号的延迟、失真或畸变,甚至产生错误的信号,从而导致系统功能失效。以上这些现象和问题都是信号完整性所涵盖的内容。只有在透彻理解高速互连的诸多现象的基础上,才能很好地完成现在或未来高速数字系统的设计。

本书作者 Stephen H. Hall 和 Howard L. Heck 都是信号完整性方面的资深专家,他们从应用物理、通信,以及微波工程等基础理论和基本技术入手,用大量的实例和图形,深入浅出地讨论了从电磁场理论到信道均衡等与信号完整性相关的诸多内容,讨论了传输线模型、电介质和导体模型,并考虑了其中的频变特性以及导体的表面粗糙度;对串扰、抖动和噪声的原理、模型和容许值预测方法也进行了深入的讨论,并讨论了模型的数学局限性。本书行文流畅,内容紧凑,语言精练,图表丰富,所用例子实用性很强,例子求解步骤清晰详细,分析和讨论了信号完整性方面最新的研究成果,可读性很强。本书每章都附有详尽的、最新的参考文献,对读者进行相关知识的拓展有着极大的帮助;每章都附有大量习题,使读者能够对理论、概念和方法的理解进行全面的验证。

全书分为 14 章,并有 6 个附录及中英文术语对照。本书的翻译工作由电子科技大学的几位老师共同完成,其中张徐亮和张雅丽负责统稿和审校。张徐亮翻译了第 1 章、第 3 章至第 9 章及第 13 章和第 14 章,鲍景富翻译了第 2 章,于永斌翻译了第 10 章和第 12 章,张雅丽翻译了第 11 章。在翻译过程中,赵朝阳对第 4 章至第 8 章,张宇对第 9 章,刘洋洋对第 13 章等进行了大量的基础性工作。

此外,对所有关心和支持本书翻译工作的同事、同仁致以诚挚的感谢!最后,限于译者自身的水平及经验,疏漏和不足在所难免,恳请读者批评指正。

前　　言

数字设计的发展,已进入设计技术和概念的需求期。这些技术和概念甚至困惑着一些专业的数字系统设计人员。究其原因是缺乏对高级信号完整性的通彻理解,使得诸如个人计算机等数字系统无法设计成功。在传统的设计中,高速互连现象常常可以忽略不计,因为它们对系统性能的影响很微弱。然而,随着计算机技术的不断发展,在众多决定系统性能的因素里,高速互连现象正起着主导作用,常常导致一些不可预见问题的出现,极大地增加了设计的复杂性。因此,每一代计算机设计都要重新理解以前不是关键因素的信号完整性问题,需要一些从前并不需要的新的设计技术。在现代和未来的系统中,如果不能充分理解高速互连现象,那么数字计算只能停滞不前。

本书综合诸如应用物理、通信和微波工程等领域的理论与技术,将其优化组合起来应用到高速数字设计中。书中阐述了一些与高级信号完整性相关的基础知识,不过读者若具有良好的电磁场理论、向量计算、微分方程、统计学和传输线分析等方面的知识,则更容易理解本书内容。本书将以传统的知识为基础,探讨包括信号完整性中与电磁场理论相关的知识和设计现代及未来的数字系统时对信号完整性问题进行电路补偿的均衡方法等前沿话题。为便于读者理解高级信号完整性的概念,书中给出了许多具体的设计实例,并对其中涉及的理论知识进行了极其详细的阐述。其中,很多理论和技术实践都可以直接运用。

本书特点

1. 尽可能形象化地描述理论概念。各章中都有大量的图表以辅助进行基本概念的讨论。
2. 严密的理论阐述,并使用了现实案例来展示理论在实际中的应用。
3. 总结了信号完整性所涉及的电磁场理论。
4. 严谨地拓展了传输线和串扰理论,使读者有个基本的理解,并阐述了如何将传输线和串扰理论应用到实际问题中。
5. 探索了物理特性一致的电介质和导体模型,从而将制造工艺和环境效应所带来的频率相关特性、表面粗糙度、物理变形特性等考虑在内。
6. 从实践和理论层面论述了差分信号。
7. 阐述了诸如因果关系、无源性、稳定性以及实数性等模型的数学局限。只有充分考虑这些局限性,才能使仿真结果和实际相一致。
8. 详细阐述了网络理论,包括 S 参数和频域分析。
9. 覆盖了诸如非理想电流回路、表格建模和通孔振荡等课题。
10. 论述了 I/O 设计和通道均衡的基础知识。
11. 讨论了时序扰动和噪声的建模和估算的方法。
12. 讨论了用表面响应模型处理多变量数据的系统分析技术。

现代信号系统不断地提出了亟待解决的问题。谁能解决这些问题谁就将决定未来。本书期望能用解决现代高速数字设计中出现的一些问题,以及用充分的理论知识来武装读者,站在超越本书的角度来解决一些甚至作者也还没有碰到过的问题。

致谢

有很多人为本书做出了直接或间接的贡献。我们很幸运有一个云集了优秀的工程师、科学家和出色专家的团体。他们的专业技术知识、智慧和谆谆教诲一直激励着我们。对他们的帮助,我们无限感激;若无他们的帮助,本书将无法完成。

对本书有着直接贡献的有:Ansoft 公司的 Guy Barnes,他帮我们审阅了书中有关数学的部分,提供了第 10 章所需的仿真数据,并提供了封面图形;老 Stephen Hall,Stephen 的父亲,教导了我们分子如何与外加电场交互作用,并将其撰写在第 6 章的相应小节中;南加利福尼亚大学的 Paul Huray,教导了我们电磁场理论的复杂状况,他是优秀的学术楷模;Intel 公司的 Yun Ling,耐心地检查了书中的数学公式,并细致地纠正了其中的错误;Intel 公司的 Kevin Slattery,审阅了第 2 章并不断激励我们完成本书;Intel 公司的 Chaitanya Sreerama Burt,审阅了各章节,并复核了第 2 章中所有计算公式;Ansoft 公司的 Steven Pytel,慎重地审阅了第 5 章,纠正了一些错误并给出了改进本书的出色的建议;Daniel Hua,检查了结论并帮助求解复杂微分方程;Intel 公司的 Luis Armenta,审阅了第 6 章的电介质模型;Tyco 的 Paul Hamilton,审阅了第 6 章。Intel 公司的 Gerardo Romo,审阅了第 4 章和第 12 章;Intel 公司的 Michael Mirmak,他也是现任 IBIS 开放论坛的主席,审阅了第 11 章;Intel 公司的 Richard Allred,审阅了第 13 章和第 14 章;Pelle Fornberg 和 Adam Norman,审阅了第 13 章中扰动和峰值失真的资料。

Stephen 也对以下各位表示感谢:Dorothy Hall,Stephen 的母亲,终生的鼓励,不断地灌输热忱、修养和动力等,激励着 Stephen 成为一名工程师,同时这些也体现在本书的撰写中。Garrett Hall,不仅审阅了各章节、复核了结论,也为简介部分提供了大量的资料及其目的,他是总能鼓动人心的、工作兢兢业业的、值得信赖的、富有情操的朋友,像一个大哥一样关怀着我。

Howard 要对 Lockheed-Martin 公司的 Eric Dibble 和 Intel 公司的 Martin Rausch 表示感谢,感谢他们引领他进入信号完整性领域、帮助他职业的和个人的成长。同时也要感谢 Intel 公司的 Ricardo Suarez-Gartner 博士鼓励他撰写此书。

最后,Stephen 将他在此书中的工作献给他终身的伴侣、最好的朋友、妻子、他生命中的珍珠——Jodi,并给予他全部的爱和感激,同时也献给他的女儿们,Emily 和 Julia,感谢她们带给他难以想象的快乐。

Howard 将他在本书中的工作献给他漂亮的妻子 Lisa,儿子 Tyler 和 Nick,他们的支持和爱让他每天都很快乐,每天都是一种恩赐。

Stephen H. Hall
Howard L. Heck
Hillsboro, OR
July 2008

目　　录

第1章 简介:信号完整性的重要性

1.1 计算能力:过去和未来

据估计在 2025 年至 2050 年间的某个时候,普通个人计算机的计算能力将超过人脑。根据历史趋势进行外插法估算的结果表明,大约 2060 年至 2100 年间,单个普通个人计算机的运算能力将超过人类。在不到 100 年的时间里,运算能力能有如此巨大的提升吗?这个很难肯定,因为我们无法断言未来。当然,谁都会当事后诸葛亮,不过如果按照历史趋向于不断重复的观点,依据 20 世纪计算能力的发展情况,可以大约推知历史数据是否体现了一定的增长速率足以达到这种程度。卡内基·梅隆大学机器人研究所的研究员 Hans Moravec 估计到一台计算机需要大约 100 兆机器指令/秒(MIPS)的运算能力才足以近似地模仿人脑 [Moravec, 1998]。根据神经元的数量进行估测,他认为当前的计算机技术大致与动物大脑的运算能力相等。这些数据描绘了一个特别有趣的、通过计算机性能和动物大脑相对照进行阶层集合划分来对运算能力发展历史进行研究的方法。

图 1.1 描绘了 100 年来机械电子计算机的运算能力。图中标注了一些富有意义的数据点,覆盖了从手工计算(约 1/100 000 000 MIPS)到 2002 年的奔腾 4 处理器(10 000 MIPS),而奔腾 4 处理器与猴脑运算能力的估值(1 000 000 MIPS)甚至相差两个数量级。由图可知,根据 30 多年来个人计算机性能的发展情况进行外插法估测,最早在 2020 年计算机才能与人脑的运算能力相比肩。如果使用整个 20 世纪的历史数据,时间将推迟到 2050 年。如果扩展到使用目前地球上所有人类(约 60 亿)等价运算能力来进行外插法估测,将得到更恶劣的情况。这种情况下,如图 1.2 所示,计算机将需要 6×10^{17} MIPS 的运算能力,大约在 2060 年出现。现在的问题是:是否能保持历史前进的步伐呢?观察数据发现,历史发展非但没有变慢的迹象,事实上呈现出增长的态势。

然而,很多计算机业界行家撰写了文章表明运算能力发展的趋势不能继续保持而且指数增长的时代终将停止。1998 年就有文献报道,在一个基于 FR4 电介质的普通印制电路板(PCB)上,无法支持 300 MHz 以上速度的数据总线 [Porter, 1998]。而目前的普通个人计算机中的基于 FR4 的基板的设计方案超过了这个速度将近 10 倍(PCI Express Gen 2 数据总线运行速度是 5 G/s,它的基准速度是 2.5 G/s)。历史上有很多"专家"错估未来的例子:

不可能有比空气重的飞行器。

——英国数学家和物理学家、英国皇家学会会长 Lord Kelvin 于 1895 年如是说

研究交流电完全是浪费时间。永远不会有人用它的。

——美国发明家 Thomas Edison 于 1889 年如是说

高速铁路旅行不太可能,因为旅客不能呼吸,将窒息而死。

——伦敦大学学院的自然哲学和天文学教授 Dionysys Larder 博士(1793-1859)如是说

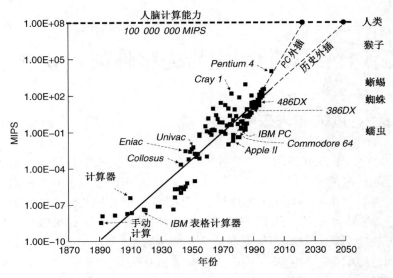

图 1.1　运算能力发展史及用外插法估测的未来运算能力(根据 Moravec[1998]改编)

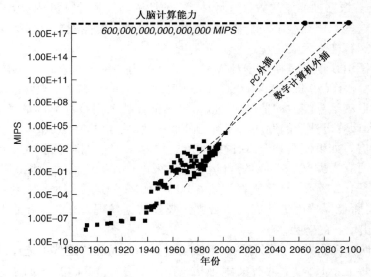

图 1.2　运算能力发展史及用外插法估测的未来运算能力

　　在 20 世纪 70 年代中期, 集成电路能容纳大约 10 000 个元件, 足以用 3 μm 大小的设备来构架一台完整的计算机。经验丰富的工程师担心半导体技术已达到其极点。3 μm 几乎不比光刻芯片的光波长大多少。靠得很近的互连线间的相互作用将对所传输的信号造成破坏。芯片会产生极大的热量, 不用冷却单元将无法降温。这样的例子不胜枚举。

　　计算机发展曲线的研究表明, 上面所列问题业界都一一给予了解决。芯片不仅持续发展着, 甚至变得更快。受潜在利益的驱使, 众多科技公司投入了巨大的资源寻求将"不可能"变成可能的措施:开发更高效的晶体管设计、开发更好的散热器、寻求新的制造工艺、探索更先进的分析技术。历史数据表明, 芯片性能将继续以指数速率增长。

　　历史上, 高级运算结构趋向于将各部件微型化, 在较小空间里能容纳更多的设备并能正常运作, 使得单位体积能实现更多的功能。首先, 缩小机械计算器中的齿轮使其更快旋转。

然后, 减小电子机械计算器中的继电器尺寸使其更快翻转。接着, 数字计算机中的开关, 从猎枪子弹般大小的真空管, 演变为豌豆大小的晶体管, 再演变为微型集成电路芯片[Moravec, 1998]。每一项技术的进步都是有代价的:总会出现很多从来没有考虑过但又亟待解决的新问题。

这些与信号完整性有什么关系呢? 信号完整性研究领域是运算能力指数增长的直接产物。除了处理器之外, 计算机系统通常由若干集成部件组成, 包括存储器、缓存器和芯片组件等。这些部件之间的相互连接整体上称为系统总线。本质上, 总线是数字系统中不同部件之间进行数据传输的一组集成的互连线。相应地, 为了利用业已提升的处理器的运算能力, 系统总线必须以一个较高的数据传输速率工作。举个例子, 假如存储总线上数据的传输不够快, 那么处理器只能无谓地等待数据的到来。这种瓶颈将导致高效处理器的很多性能无法发挥。因此, 总线速率与处理器性能相匹配是至关重要的。

1.2 问题

历史上用以匹配总线和处理器性能的方法是从速度和宽度两方面来进行的。速度通过在给定时间内传输更多的字节, 来实现更高的信息传输速率。宽度则以并行方式传输更多的字节来实现更多的信息传输。本书从此以后, 将总线上信息的传输速率称为总线带宽。

提高总线速率可以克服带宽限制, 不过由于多种原因, 该方法有很多问题。随着总线频率的快速提升, 由总线构成被称为互连线(Interconnect)的各数据通道开始呈现高频行为。这些高频行为一直困惑着传统的数字电路设计人员。这就要求对数字领域中涉及到的微波系统及射频设计中常用的模拟技术和理论有着通透的理解。随着数字系统工作频率的提高, 这些模拟效应将更加突出, 如果不认真对待, 将严重影响系统的整体性能。再者, 高速的总线需要更多的电能支撑, 而电能是数字系统中极其宝贵的资源, 尤其是在依赖于电池供电的诸如笔记本计算机的移动设计中。

增加总线宽度也可以解决带宽问题, 但此方法也有其自身的限制。由于封装、插槽、连接器的引脚数增多, 以及 PCB 技术的缺点, 实际机械的局限性将随之快速呈现出来。而且, 紧密相邻的互连线之间的相互作用将降低信噪比的量级, 数据传输因而会变得更加困难。摩尔定律表明, 计算机性能每 18 个月就将翻一番, 而总线带宽也必须对应地成比例增加。将总线上传输的信号数翻番能得到足够的带宽。不过这种方法的适用期不会超过两年。增加总线的宽度只是一个短期的"创可贴"(band-aid)而已。而某些场合需要更快的总线速率。

现在的问题是, 随着总线设计变得更宽更快, 尺寸缩小以提供更强的单位体积内的运算能力, 以往的设计前提变得过时, 必须开发新的技术。结果, 信号完整性领域持续发展, 内容囊括了众多与以往的设计无关的新效应。现代总线已变得极快, 设计者们必须计算小到毫伏的电压和小到皮秒的时延量。小到这种程度在若干年前是不曾有过的。我们看一下这个问题的真实情况, 从一个人鼻尖反射的光线传到他的眼睛上大约需要 85 ps 的时间, 正好是一些现代总线时延基准(分辨率)的 10 倍左右。总线时延基准尺寸要求的急剧减小带来很多问题。首先, 在设计阶段就必须考虑更多的效应。这些效应要么是二阶的, 要么是在设计的前几个阶段完全被忽略的, 但现在主导着系统的性能。这样一来, 需考虑的变量总数增多, 导致问题越来越复杂。另外, 用传统的方法很难或者说基本上不可能对新出现的变量建模。除此之外，当前实验室中的设备通常不适用于分析太小的时序变化，使得验证完整的设计工作很难或者说不可能进行，也很难或者说不可能将模型与实际情况关联起来。

1.3　基础

众所周知，数字设计的基础是用代表 1 和 0 的信号来传递信息。这一般包括了发送和接收一系列梯形电压信号。其中高电平表示 1，低电平表示 0。传导数字信号的通道称为互连线。互连线包括了收发信号芯片间的全部电路。这包括芯片封装、连接器、插槽、传输线和通孔。一组互连线称为总线。介于数字信号接收器所能识别的高低电平之间的电压范围称为阈值范围。在这个范围内，接收器要么向上翻转，要么向下翻转。在集成电路中，实际翻转电压随温度、电源电压、硅工艺以及其他因素的变化而变化。从系统设计者的角度来看，阈值范围在接收端通常又分为高电平阈值和低电平阈值，分别为 V_{ih} 和 V_{il}。高于高电平阈值或低于低电平阈值的电平在任何条件下都能保证被接收。这样，设计者就要保证他所设计的系统在任何情况下都能发出一个不低于 V_{ih} 的高电平，或不高于 V_{il} 的低电平，以确保数据的完整性。

为了最大可能地提高数字系统的运行速度，必须将穿过阈值范围的数据传输的时序不确定性做得最小。也就是说，数字信号的上升或下降必须足够快。理想状态下可以使用无限快的边缘翻转速度。当然，这在实际中是不可能的。实际中边缘翻转时间可以快到 35 ps。读者可以用傅里叶方法分析一下，越快的边缘速度，在信号的频谱图中会发现越多的高频分量。每个导体具有与频率相关的电容、电感、电导和电阻。频率足够高时，这些参数无法忽略。因此，一条互连线不再只是一条单纯的导线而是一个频率相关的、具有分布参数的元件，具有延迟和瞬态阻抗的特性。这些特性在从驱动芯片到接收芯片的波形传播中表现为失真和干扰。互连线是一个与周边设备有着交叉影响的元件，包括电源线、地线、散热片、其他互连线，甚至无线网络。信号不是只存在于传输它的导体中，而是存在于导体周围的局部电场和磁场中。互连线中的信号将影响其他互连线中的信号，或者被影响。在互连线紧密相邻的情况下，所有设备中的电感、电容和电阻等在保证接收端在适当的时延下实现翻转的这个简单任务中起着至关重要的作用。

高速设计中的一个最难的问题是有许多互相依赖的变量影响着数字系统的输出。有些变量可控，有些则使设计者不得不与随机变量打交道。数字设计的难点之一就是对这些可控或不可控的众多变量的处理。通常可以用忽略某些变量或给变量估值的方式来简化问题，不过这样会引起一些原由不明的错误。随着时序的限制性不断增强，对现代设计者来说，过去曾用过的简化方法的可用性急剧降低。本书也将给出处理大量变量的方法，这些问题如处理不当将变得难以驾驭。若没有处理大量变量的策略，不论设计者多么了解实际的系统，最终的设计只能是臆想之作。处理所有变量的最后一步通常是最困难的部分，这往往容易被设计者忽视。因为不能处理大量变量而陷入困境的设计者们，最后转而寻求证明一些"临时解"，并期望它们能代表所有的已知条件。这是一个很危险的猜谜游戏，虽说有时这样的方法无法避免。当然，设计中有一定量的臆测部分，不过设计的目标是最小化系统的不确定性。

1.4　总线设计的新领域

　　技术在不断进步,数字设计已进入一个新的领域,要求有新的设计技术和概念。这些新设计技术和概念甚至最熟练的数字系统设计者也难以理解。事实上,如果不能对本书中罗列的基本原则有着透彻的理解,现在或未来的诸如个人计算机等最新的数字系统是不可能设计出来的。为什么这在从前不成问题呢? 原因是从前数字设计者不需要理解这些概念。随着现在数字电路的速度快速发展,不得不对这些概念进行深入理解。熟练的工程师们面临着这样的威胁,如果不适应新的设计理念就会被淘汰。本书将帮助工程师们适应新的形势。

　　从 Monroe 计算器到奔腾芯片,从打孔卡片到闪存,从真空管到集成电路,计算机性能以指数速率增长着。本书中,我们论述了现代数字设计者在现代或未来高速数字系统设计中碰到大量新的挑战时所需要的、不得不去学习的、以前看来不需要的知识。当传统数字设计者跨入高速设计领域时,他们将对高速逻辑信号有着完全不同的看法。本书将帮助他们触摸高速数字系统中那个怪异的、扭曲的、模糊化的信号波形。

1.5　本书适用对象

　　本书是为信号完整性的深入学习而撰写的。虽然也涉及一些基础知识,但本书假定读者具有良好的电磁场理论、向量计算、微分方程、统计学和传输线分析等方面的知识。本书以传统知识为基础,探讨了现在和未来的数字系统所需要的知识。

1.6　小结

　　当前形势的是:出现许多新问题需要解决。那些能解决这些问题的工程师们将决定未来。本书期望能用解决现代高速数字设计中出现的问题的必要的、实际的理解,以及充分的理论知识来将读者武装起来,以站在超越本书的角度来解决一些甚至作者也还没有碰到过的问题。

错误声明

　　虽然经过了反复校稿,但有些错误仍属难免。这些错误在随后的印刷中会得到修正,我们还将勘误表汇总在 ftp://ftp. wiley. com/public/sci_tech_med/high_speed_design,期望对大家有所帮助[①]。

参考文献

Moravec, Hans, 1998, When will computer hardware match the human brain?, *Journal of Evolution and Technology*, vol. 1.

Porter, Chris, 1998, High chip speeds spell end for FR4, *Electronic Times*, Mar. 30.

---

① 已根据作者 2009 年 10 月发布的勘误表更正了书中内容——编者注。

第2章　信号完整性的电磁学基础

大部分信号完整性分析都是基于电磁理论的。现有的大量书籍中很多章节都涉及电磁理论的方方面面，如微波、电磁学、光学和数学。这些书籍中的假设、符号和惯例等可能互有冲突，所以基于这些书籍来理解信号完整性时，有时会感到困惑。尽管本书的假想读者应具备电磁学方面的基础知识，不过由于在信号完整性分析中经常用到麦克斯韦方程组以及相关求解公式，所以本章将对它们进行讨论以求尽可能地减少读者的困惑，并使读者从电磁学教科书中出现的朦胧数学计算中找到关联之处。同时，作为后续章节的物理学基础，将电磁场理论集中总结在一起也便于查阅。在这一章中，我们将介绍信号完整性中所需要的麦克斯韦方程组和基本电磁学理论。这些概念会在部分后续章节中使用和详述。本章的分析并不是完整的理论研究，不过仍为研究信号完整性理论基础提供了足够所需的基本电磁场概念。随着本书的展开，这些基础知识将用来描述更高级的概念。

最开始我们将简要地回顾最普遍的向量算子。由于麦克斯韦方程组是以微分形式进行描述的，因此对向量算子的基本理解，将有助于读者形象化地理解电磁场行为。随后将直接由麦克斯韦方程组推导出自由空间的平面波传播方程。接着再导出波的传播、固有阻抗和光速等概念。然后，静电学和静磁学的理论将被提出来，以解释电场和磁场的物理意义，它们所包含的能量，以及它们与诸如电感和电容等特定电路元件的关系，这些元件将在后续章节中出现。最后，我们还将讨论电磁波所携带的能量，以及它们在不同材料(诸如金属或其他电介质区域)中传播时的反应。电磁理论的其他方面的讨论将在后续章节中给出，但其分析基础将在本章中阐明。

2.1　麦克斯韦方程组

最早发表于 1873 年的麦克斯韦方程组描述了电磁理论。本节将简述本书后续章节所需要的电磁理论的基本原理。麦克斯韦方程组的广泛学习超出本书的研究范围，我们只介绍那些本书所涉及到的必要知识。另外要注意，作为本书的先决条件，假设读者已经完成基本的电磁理论课程。

式(2.1)至式(2.4)概述了麦克斯韦方程组的微分形式，其单位为 SI 单位。在需要时，将介绍麦克斯韦方程组的积分形式；不过，由于微分形式易于直观理解，所以为方便起见仍以微分形式为重点。

$$\nabla \times \boldsymbol{E} + \frac{\partial \boldsymbol{B}}{\partial t} = 0 \qquad \text{(法拉第定律)} \qquad (2.1)$$

$$\nabla \times \boldsymbol{H} = \boldsymbol{J} + \frac{\partial \boldsymbol{D}}{\partial t} \qquad \text{(安培定律)} \qquad (2.2)$$

$$\nabla \cdot \boldsymbol{D} = \rho \qquad \text{(高斯定理)} \qquad (2.3)$$

$$\nabla \cdot \boldsymbol{B} = 0 \qquad \text{(磁力学高斯定理)} \qquad (2.4)$$

这里，$\boldsymbol{E}$ 为电场强度(V/m)

$\boldsymbol{H}$ 为磁场强度(A/m)，其中：

$$H = \frac{B}{\mu_0} - M \tag{2.5}$$

M 为磁化强度（A/m）

B 为磁通密度（Wb/m^2）

J 为电流密度（A/m^2）

ρ 为电荷密度（C/m^3）

D 为电通量密度（C/m^2），其中：

$$D = \varepsilon_0 E + P \tag{2.6}$$

P 为极化强度（C/m^2）

ε_0 为自由空间介电常数（8.85×10^{-12} F/m）

μ_0 为自由空间磁导率（$4\pi \times 10^{-7}$ H/m）

电荷的运动产生了电磁场，所以 J 和 ρ 是产生电场和磁场的根本源头，其他参量都是它们的响应。要注意磁化强度 M 在自然界中是不存在的，它仅仅是一种数学量。实际上，磁流是由电流回路产生的，它和磁荷流动方向相反，在 2.5 节中将详细讨论。这里提及磁化强度仅仅是为了保持方程完备性，在本书的各种应用中并不使用它。常数 ε_0 和 μ_0 表述了自由空间的电磁性能，诸如光的传播速度和本征阻抗，它们都将在 2.3 节中详细论述。

式(2.1)至式(2.6)并不足以完全描述一般材料的电磁性能；还需补充说明与介质等的关系。具体来说，式(2.7)包含了金属的有限传导率，式(2.8)考虑了材料的磁性能，式(2.9)描述了电介质对外加电场的响应。

$$J = \sigma E \tag{2.7}$$

$$B = \mu_r \mu_0 H = \mu H \tag{2.8}$$

$$P = \varepsilon_0 (\varepsilon_r - 1) E \tag{2.9}$$

这里 J 为电流密度（A/m^2），σ 为介质的传导率（例如金属）（S/m），μ_r 为相对磁导率，ε_r 为相对电容率（又称相对介电常数）。注意 μ_r 和 ε_r 都是无量纲的量。本书采用如下方式阐述等价相对介电常数和相对磁导率：

$$\mu = \mu_r \mu_0 \tag{2.10a}$$

$$\varepsilon = \varepsilon_r \varepsilon_0 \tag{2.10b}$$

高速数字设计中所用材料，通常都具有线性描述性系数 σ, μ_r 和 ε_r，它们不随外加场的变化而变化。然而，对于数字设计中构成电路板的各种实际电介质材料而言，这些描述性系数并不是均匀的（独立于位置）和各向同性的（独立于方向），因此必须格外关注以确保材料的特性被考虑在内，这些将在第 6 章中进行详细介绍。而且，这些描述性系数通常展现出很强的频率依赖性，对其研究将贯穿本书始终。

麦克斯韦方程组的简述初看上去复杂难懂，不过本书中这个理论将被简化，而且将直接用于解决现实世界的具体问题。这样读者可以从复杂的数学计算中，提取出重要概念，以形成直观理解。

2.2 常见向量算子

麦克斯韦方程组是以微分形式表达的，其中使用了多个向量算子，这些算子简化了方程组的描述。这些向量算子描述了场行为，以及它们如何相互作用，因此充分理解这些算子背后的意义，将有利于读者形成形象化的认识，并形成直观的理解。在工程学中，最有价值的工具是对概念的深入广泛理解。在电磁学和信号完整性中，理解概念的最好方式是通过场的形象化认识。本节讨论书中将涉及到的向量算子，重点介绍它们是如何直观上影响电磁场的。

2.2.1 向量

在物理学和向量运算中，向量是通过大小和方向刻画的概念。一个向量的分量是该向量在给定方向上的作用。一个向量经常由固定数量的分量进行描述，这些分量具有唯一的和，即总向量。如果通过这种方式使用向量，那么方向的选择将依赖于所选择的特定坐标系：笛卡儿坐标系、球面坐标系或者极坐标系。常见例子是力，它具有大小和方向。只要有可能，本书所涉及的问题和分析都将通过笛卡儿坐标系（直角坐标系）进行表述。当问题的几何学分析要求坐标变换为球面或极坐标系时，可参考在附录 A 中给出的相关变换。

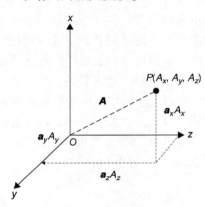

假设向量 $\boldsymbol{A}$ 位于空间中的点 $P(x,y,z)$，它具有三个分量 $\boldsymbol{a}_x A_1$、$\boldsymbol{a}_y A_2$ 和 $\boldsymbol{a}_z A_3$，这里 $\boldsymbol{a}_m$ 是沿着坐标轴 m 的单位向量，因此 $\boldsymbol{A}$ 可以表述如下：

$$\boldsymbol{A} = \boldsymbol{a}_x A_x + \boldsymbol{a}_y A_y + \boldsymbol{a}_z A_z \qquad (2.11a)$$

向量的幅值可以表示为：

$$A = \sqrt{A_x^2 + A_y^2 + A_z^2} \qquad (2.11b)$$

这个向量的图形表示如图 2.1 所示。

图 2.1   笛卡儿坐标系中向量的图形表示

2.2.2 内积

两个向量 $\boldsymbol{A}$ 和 $\boldsymbol{B}$ 的内积是这两个向量之间存在多少平行性的度量：

$$\boldsymbol{A} \cdot \boldsymbol{B} \equiv AB \cos\phi \qquad (2.12)$$

其中 ϕ 为 $\boldsymbol{A}$ 和 $\boldsymbol{B}$ 之间的夹角。注意，如果 ϕ 是 $90°$，那么 $\boldsymbol{A} \cdot \boldsymbol{B} = 0$；如果 ϕ 是 $0°$，那么 $\boldsymbol{A} \cdot \boldsymbol{B} = AB$，即它们大小之积。

如果 $\boldsymbol{A}$ 和 $\boldsymbol{B}$ 都采用式(2.11)所示的直角分量来表示，那么展开后，计算可得它们的内积为：

$$\boldsymbol{A} \cdot \boldsymbol{B} = A_x B_x + A_y B_y + A_z B_z \qquad (2.13)$$

2.2.3 外积

类似地，$\boldsymbol{A}$ 和 $\boldsymbol{B}$ 的外积是它们直角性的度量，表示为：

$$\boldsymbol{A} \times \boldsymbol{B} \equiv (AB \sin\phi)\boldsymbol{a}_n \qquad (2.14)$$

这里 $\boldsymbol{a}_n$ 是沿着包含 $\boldsymbol{A}$ 和 $\boldsymbol{B}$ 的平面的法线方向的单位向量。如果 ϕ 是 $0°$，那么 $\boldsymbol{A} \times \boldsymbol{B} = 0$；如果 ϕ 是 $90°$（两个向量相互垂直），那么 $\boldsymbol{A} \times \boldsymbol{B} = AB\boldsymbol{a}_n$，它与 $\boldsymbol{A}$ 和 $\boldsymbol{B}$ 均垂直，其具体方向要通过右手定则进行判定，如图 2.2 所示。如果 $\boldsymbol{A}$ 和 $\boldsymbol{B}$ 之间的夹角不是 $0°$ 或 $90°$，那么外积可以定义为：

$$\boldsymbol{A} \times \boldsymbol{B} = \begin{bmatrix} \boldsymbol{a}_x & \boldsymbol{a}_y & \boldsymbol{a}_z \\ A_x & A_y & A_z \\ B_x & B_y & B_z \end{bmatrix} \qquad (2.15)$$

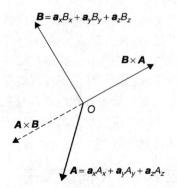

图 2.2   外积的图形描述

上式可以简化为：

$$A \times B = \boldsymbol{a}_x(A_yB_z - A_zB_y) + \boldsymbol{a}_y(A_zB_x - A_xB_z) + \boldsymbol{a}_z(A_xB_y - A_yB_x) \qquad (2.16)$$

2.2.4　向量和标量场

在电磁理论中，场被定义为空间和时间的数学函数。场又分为标量场和向量场。每个时间点上，标量场在空间区域中的每一点都具有特定的值（大小）。图 2.3 展示了两个标量场的例子，一个是长方体材料中的温度，一个是沿着阻抗带的电压。其中，每一点 $P(x, y, z)$ 上，在每一个时间点上，存在着相应的温度 $T(x, y, z)$ 或电压 $v(x)$。标量场的其他例子还有压力和密度。一个向量场在时间和空间上具有大小和方向两个参量，如图 2.4 所示。可以看到，管子内部流体的速率和方向，在瓶颈区域发生了改变，所以某时间点流体运动的向量的大小和方向（相位）是空间中位置的函数。向量场的其他例子还有加速度、电场和磁场。

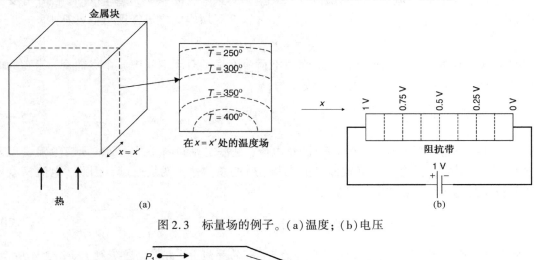

图 2.3　标量场的例子。（a）温度；（b）电压

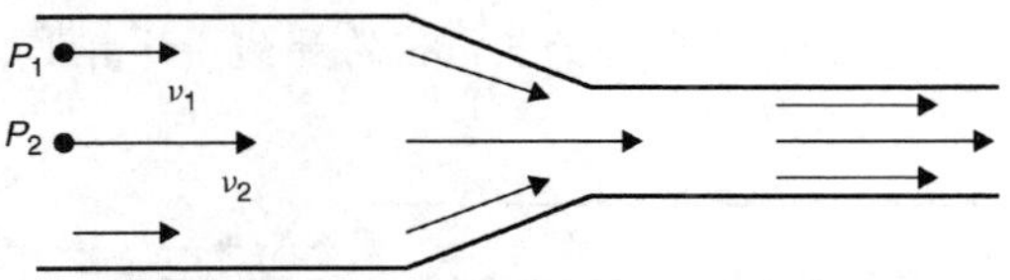

图 2.4　向量场的例子:流速

2.2.5　通量

一个向量场，$\boldsymbol{F}(x, y, z, t)$ 可用大量带有特定大小和相位（方向）的单个向量的描述，来获得图形化描述。不过，这种方法非常烦琐。向量场更有效的表述方式是采用通量的概念。通量是空间中通过某个截面的场向量数量的度量，如图 2.5（a）所示。向量场 $\boldsymbol{F}$ 通过截面 S 的净通量可以表示为：

$$\psi = \int_S \boldsymbol{F} \cdot \mathrm{d}\boldsymbol{s} \qquad (2.17)$$

带有通量线系统的通量图可以替代向量，通量线系统依照如下规则创建：

1. 通量线横向密度与向量大小相一致。所以，在图 2.5（b）中，靠近管壁的流体速率比中间的要低，因此其通量线比中间也要更稀疏。
2. 通量线的方向必须和向量的方向相一致。

图 2.5 （a）通量的定义；（b）通量场的例子

通量不仅仅在简化向量场方面有用。如果在包含通量线的空间区域中画一个面 S，那么通过这个面的通量线的数量可用来度量数个物理量，诸如电流或功率通量。要注意如果式（2.17）在一个封闭面内积分，若封闭面所围成的体积内并不存在源，那么净通量将一直为零。

我们以导线中的电流为例说明通量的概念。假设导线的某个区域内带有电荷密度为 $\rho(\text{C/m}^3)$，而且这些电荷具有速度 $v(\text{m/s})$。那么这个区域内的电流密度可以计算为：

$$\boldsymbol{J} = \rho\boldsymbol{v} \quad \text{A/m}^2 \tag{2.18}$$

即空间中点 P 处的每单位横截面面积的瞬时电荷流速率。对于空间中 n 个点而言，当它们的电荷密度为 ρ_i，速率为 v_i 时，其电流密度变为：

$$\boldsymbol{J} = \sum_{i=1}^{n} \rho_i \boldsymbol{v}_i \quad \text{A/m}^2 \tag{2.19}$$

因此，通过一个面（例如导线的横截面）的总电流，是一定时间内通过此面的所有电流密度函数之和。这就计算了通过导线横截面 S 的向量（$\boldsymbol{J}$）的总数量，就是通量。因此，电流密度函数的通量就是通过面 S 的电流，计算如下：

$$\psi_i = i = \int_S \boldsymbol{J} \cdot \mathrm{d}\boldsymbol{s} \quad \text{A} \tag{2.20}$$

例 2.1 检测到 1 mA 的电流流过半径为 5 mm 的导线，计算其电流密度，如图 2.6 所示。

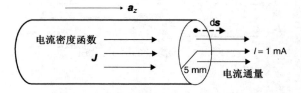

图 2.6 通过导线的电流通量

解 假设横截面的电流密度是常数，所以 $\boldsymbol{J} = \boldsymbol{a}_z J = J_z$，$A$ 是导线的横截面面积。

$$i = \int_S J_z \cdot \boldsymbol{a}_z \mathrm{d}s = J_z \int_S \mathrm{d}s = J_z A = J_z(\pi r^2)$$

因此

$$J_z = \frac{i}{\pi r^2} \approx 12.7 \ \text{A/m}^2$$

2.2.6　梯度

向量算子 ∇，读为 del，是标量场梯度的简写。简单来说，梯度就是标量场的空间变化速率。在直角坐标系中，函数 f 的梯度为：

$$\nabla f = \boldsymbol{a}_x \frac{\partial f}{\partial x} + \boldsymbol{a}_y \frac{\partial f}{\partial y} + \boldsymbol{a}_z \frac{\partial f}{\partial z} \qquad (2.21)$$

这样，梯度就从标量场中构建了向量场。

2.2.7　散度

向量场 $\boldsymbol{F}$ 的散度是单位体积向外通量的度量。例如，在一体区域内，如果向量 $\boldsymbol{F}$ 通过完整通量线的连续系统来表述，那么这个区域就认为是无源的和散度为零的。反之，如果通过体区域的向量 $\boldsymbol{F}$ 是不连续的，或者包含间断的通量线，那么这个区域就包含通量场的源，而且具有非零散度，

$$\nabla \cdot \boldsymbol{F}(x, y, z, t) = \frac{\partial F_x}{\partial x} + \frac{\partial F_y}{\partial y} + \frac{\partial F_z}{\partial z} \qquad (2.22)$$

图 2.7(a)是一个无散度场的通量示例图。仔细观察可以发现，由于向量并没有汇聚或从某个源点发出，所以其散度为零。此外，在这个区域中放置了一个闭合测试面(方框)，其净通量为零，因为穿入测试区域的通量线和穿出的数量相等。图 2.7(b)具有非零散度。注意从源点出来的场向量的发散和集中，是有限散度场的普遍特征。简单来说，如果一个区域包含场源，那么它就具有正的散度。可以看出，图 2.7(b)的非零散度是很明显的，因为不连续的能量线表示密度增加了 x，从而得到非零净通量。换句话说，从闭合面中发射出去的通量线数量要多于进入闭合面的数量，这就意味着场源必定存在于测试区域中。

对散度意义的理解，可以使我们对高斯定理有所认识：

$$\nabla \cdot \boldsymbol{D} = \rho \qquad (\text{高斯定理})$$

$$\nabla \cdot \boldsymbol{B} = 0 \qquad (\text{磁力学高斯定理})$$

注意到 $\boldsymbol{D}(=\varepsilon\boldsymbol{E})$ 的散度是非零的，而且等于电荷密度，这意味着电场的源是一个电荷。也就是说，如果电场突然终止，那么终止的必然是一个电荷。相反地，$\boldsymbol{B}$ 的散度为零，表明没有和电荷等价的磁荷存在，那么磁场就是无源的。对于测试面而言，进入面的通量线数量等于穿出的，而且也没有磁场的突然终止。因此，磁场的通量线由封闭线组成。

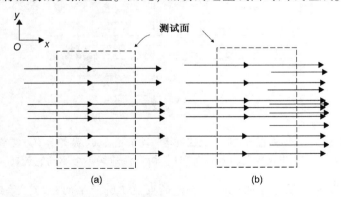

图 2.7　(a)无散度通量图例(进入通量 = 流出通量)；(b)非零散
度通量图(流出通量大于进入通量，表明测试区域内有源)

2.2.8　旋度

追溯历史，旋度的概念来源于流体力学的数学模型。赫姆霍茨(Helmholtz)对于流体涡旋运动的早期研究，最终引出了麦克斯韦和法拉第的随时间变化的磁场产生电场的观念，如

式(2.1)所示[Johnk,1988]。为了对旋度的概念进行形象的理解,考虑沉入在水流中的桨轮,水流的流速场如图2.8所示。在图2.8(a)中,桨轮沿着与水流垂直的 z 轴方向放置,假设桨轮上部的水流速度较大,那么它就会沿着顺时针方向旋转。因此沿着 z 轴方向具有有限旋度,方向采用右手定则判定,垂直纸面向里。类似地,如果桨轮像图2.8(b)所示沿 x 轴方向放置,则不会旋转,旋度为零。

$F(x,y,z,t)$ 的旋度在直角坐标系中可以定义为如下形式:

$$\nabla \times \boldsymbol{F}(x,y,z,t) = \begin{bmatrix} \boldsymbol{a}_x & \boldsymbol{a}_y & \boldsymbol{a}_z \\ \dfrac{\partial}{\partial x} & \dfrac{\partial}{\partial y} & \dfrac{\partial}{\partial z} \\ F_x & F_y & F_z \end{bmatrix} \tag{2.23}$$

可以化简为:

$$\nabla \times \boldsymbol{F} = \boldsymbol{a}_x \left(\frac{\partial F_z}{\partial y} - \frac{\partial F_y}{\partial z} \right) + \boldsymbol{a}_y \left(\frac{\partial F_x}{\partial z} - \frac{\partial F_z}{\partial x} \right) + \boldsymbol{a}_z \left(\frac{\partial F_y}{\partial x} - \frac{\partial F_x}{\partial y} \right) \tag{2.24}$$

简单来说,如果旋度是有限的,那么就会引起一个环流场。这就使得我们可以直观地理解法拉第定律和安培定律:

$$\nabla \times \boldsymbol{E} + \frac{\partial \boldsymbol{B}}{\partial t} = 0 \qquad \text{(法拉第定律)}$$

$$\nabla \times \boldsymbol{H} = \boldsymbol{J} + \frac{\partial \boldsymbol{D}}{\partial t} \qquad \text{(安培定律)}$$

法拉第定律阐述的是:时变磁场将产生一个围绕 B 的环流电场。更直观地,如果我们对稳定状态电流进行安培定律测试,它可以简化为:

$$\nabla \times \boldsymbol{H} = \boldsymbol{J} \tag{2.25}$$

式(2.25)表明导线中的电流将产生一个围绕导线的环形磁场,这和磁力学高斯定理式(2.4)是相一致的,它表明磁场的通量线必然由闭合线组成。

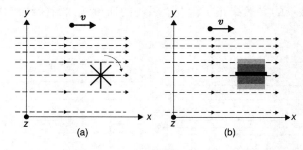

图2.8　(a)当桨轮与流速场垂直放置时,流速场将驱动桨轮旋转,桨轮具有非零旋度,方向垂直纸面向里(−z);(b)当桨轮与流速场平行时,由于流速场不会驱动它旋转,因此其旋度为零

　　例2.2　计算通过半径为 a 的无限长导线的电流 I 所产生的磁场。导线中的电流所产生的磁场是围绕 z 轴的环形,如图2.9所示。

　　解　为了求解这个问题,必须介绍静态场安培定律的积分形式:

$$\oint_l \frac{\boldsymbol{B}}{\mu_0} \cdot \mathrm{d}l = \int_S \boldsymbol{J} \cdot \mathrm{d}s = i \tag{2.26}$$

变换到圆柱坐标系，$B = a_\phi B_\phi$ 和 $\mathrm{d}l = a_\phi r \mathrm{d}\phi$，则可以得到：

$$\int_0^{2\pi} \frac{B_\phi}{\mu_0} r \, \mathrm{d}\phi = \frac{2\pi r B_\phi}{\mu_0} = i$$

$$B_{\phi(r>a)} = \frac{i\mu_0}{2\pi r}, \qquad r > a$$

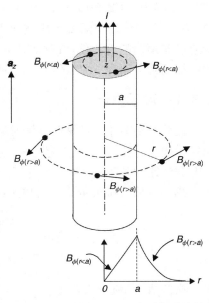

为了计算导体内部的磁场，只需考虑流过部分导线截面积的电流量。这个可以通过面积比来得到：

$$\int_0^{2\pi} \frac{B_\phi}{\mu_0} r \, \mathrm{d}\phi = \frac{2\pi r B_\phi}{\mu_0} = i\frac{\pi r^2}{\pi a^2}$$

$$B_{\phi(r<a)} = \frac{i\mu_0 r}{2\pi a^2}, \qquad r < a$$

上述分析表明，磁场只具有垂直于电流的 ϕ 分量，证明磁场将环绕导线。由于电流产生了磁场，因此磁场会一直剧烈增加，直到 r 比导线半径 a 大。当测试导线半径以外（不再有电流）的磁场时，磁场不再增加，如图 2.9 所示。

　　我们通过计算旋度来确认 B 是环绕导线的。导线内部的磁场旋度，可以使用静态情况下的安培定律的微分形式来计算：

图 2.9　磁场围绕通有电流的导线旋转

$$\nabla \times H = \nabla \times \frac{B}{\mu_0} = J$$

圆柱坐标系中 F 的旋度为（参见附录 A）：

$$\nabla \times F = a_r \left[\frac{1}{r}\frac{\partial F_z}{\partial \phi} - \frac{\partial F_\phi}{\partial z}\right] + a_\phi \left[\frac{\partial F_r}{\partial z} - \frac{\partial F_z}{\partial r}\right] + a_z \left[\frac{1}{r}\frac{\partial (r F_\phi)}{\partial r} - \frac{1}{r}\frac{\partial F_r}{\partial \phi}\right]$$

安培定律积分形式的解表明，在 ϕ 方向的唯一磁场分量是 r 的函数。因此，旋度变为：

$$\nabla \times B = \begin{cases} a_z \left[\dfrac{1}{r}\dfrac{\partial (r B_\phi)}{\partial r}\right] \\[3mm] a_z \left[\dfrac{1}{r}\dfrac{\partial \left(r(\mu_0 i r/2\pi a^2)\right)}{\partial r}\right] = \dfrac{\mu_0 i}{\pi a^2} a_z, \quad r < a \end{cases}$$

这表明，当沿 z 方向有电流 I 时，将产生环绕导线的带有 ϕ 分量的磁场。

　　当 $r > a$ 时，旋度变为：

$$\nabla \times B = a_z \left[\frac{1}{r}\frac{\partial \left(r(\mu_0 i/2\pi r)\right)}{\partial r}\right] = 0$$

导线外部的磁场旋度为零。但是，这并不意味着导体外部磁场并不环绕导线（它的确是环绕的）。零旋度的结果，可以简单地归因于导体外部区域没有电流密度（$J = 0$），而且安培定律表明这个磁场旋度必定为零。

2.3　波的传播

　　法拉第定律和安培定律分别描述了：变化的磁场产生电场，变化的电场产生磁场。很显然，当我们研究麦克斯韦方程组时，可以发现它们都是由电磁波的传播引起的。本节将推导简单无源介质中电磁波传播的方程。在信号完整性的学习中，波以波包的形式，在印制电路板上、光缆中、电源和地之间的传播，构成了这个学科的主要部分。事实上，在高速数字设计中，组件之间的通信需要采用波导传输线来导引电磁波向预期方向传输，这样是为了防止能量通过非预期的方式传播（例如串扰），或者不希望出现的信号传播模式。显然，如果没有对波传播的细致研究，那么信号完整性研究是无法实现的。

2.3.1　波动方程

在后续章节中，对仅在磁场或电场中进行的电磁波传播的分析将是必要的，因为它们都与传输线上、通过通孔或穿越平板传播的电压和电流直接相关。这个波动方程形成了计算评定电学性能的基础，这些性能包括串扰、反射、驻波和多导体系统（例如总线）中传播的不同模式。我们将从法拉第定律和安培定律入手，它们涉及一些有用的向量恒等式：

$$\nabla \times \boldsymbol{E} + \frac{\partial \boldsymbol{B}}{\partial t} = 0 \qquad （法拉第定律）$$

$$\nabla \times \boldsymbol{H} = \boldsymbol{J} + \frac{\partial \boldsymbol{D}}{\partial t} \qquad （安培定律）$$

代入式（2.1）的旋度将产生：

$$\nabla \times (\nabla \times \boldsymbol{E}) = -\nabla \times \frac{\partial \boldsymbol{B}}{\partial t}$$

因为 $\boldsymbol{B} = \mu_r \mu_0 \boldsymbol{H}$［依据式（2.8）］，在电场条件下，通过式（2.2）取代等号右边部分，上述公式可以改写为：

$$\nabla \times (\nabla \times \boldsymbol{E}) = -\nabla \times \frac{\partial \boldsymbol{B}}{\partial t} = -\frac{\partial (\nabla \times \mu \boldsymbol{H})}{\partial t} = -\mu \frac{\partial}{\partial t}\left(\boldsymbol{J} + \frac{\partial \boldsymbol{D}}{\partial t} \right)$$

其中 $\mu = \mu_r \mu_0$。

如果假设波传播的区域是无源的，那么电流密度 $\boldsymbol{J}$ 就为零。联立方程（2.6）和方程（2.9），可以得到关系式 $\boldsymbol{D} = \varepsilon_r \varepsilon_0 \boldsymbol{E} = \varepsilon \boldsymbol{E}$，从而方程可化简为仅由 $\boldsymbol{E}$ 表示：

$$\nabla \times (\nabla \times \boldsymbol{E}) = -\mu \varepsilon \frac{\partial^2 \boldsymbol{E}}{\partial t^2}$$

通过使用下面的向量恒等式（参见附录 A），公式可以进一步简化为：

$$\nabla \times (\nabla \times \boldsymbol{E}) = \nabla(\nabla \cdot \boldsymbol{E}) - \nabla^2 \boldsymbol{E}$$

因为我们已经假设是无源介质，其电荷密度为零（$\rho = 0$），高斯定理简化为 $\nabla \cdot \boldsymbol{E} = 0$，得到式（2.27），这个公式就是电场波动方程：

$$\nabla^2 \boldsymbol{E} - \mu \varepsilon \frac{\partial^2 \boldsymbol{E}}{\partial t^2} = 0 \tag{2.27}$$

同理可得磁场波动方程：

$$\nabla^2 \boldsymbol{H} - \varepsilon \mu \frac{\partial^2 \boldsymbol{H}}{\partial t^2} = 0 \tag{2.28}$$

注意式（2.27）和式（2.28）非常相似，除了 $\mu \varepsilon$ 的乘积顺序是相反的。保持这样的乘积顺序的原因是，它在第 4 章的复合传输线的波传播的矩阵运算中极为重要。

2.3.2 E 和 H 的关系以及横电磁模式

这里介绍的波动方程(2.27)和方程(2.28)是它们的通式,其中场在 4 个轴向上具有分量 x, y, z 和时间 t。不过,对信号完整性分析的绝大部分情况而言,波动方程(和全部麦克斯韦方程组)都可以简化,使场只具有一个随某个空间坐标变化的非零分量。举例来说,电场 E (x, y, z, t) 可以简化为 $a_x E_x(z, t)$。例 2.2 中计算的磁场就是一个好例子,这里磁场通量密度 B 就只具有 ϕ 方向的一个分量。

尽管波动方程(2.27)和方程(2.28)是分别得出的,但是它们是相互联系、相互依赖的。举例来说,如果电场是受限的,形如 $E = a_x E_x(z, t)$,那么在磁场上类似的限制就不能任意选择。在这种情况下,因为式(2.27)得自完整的麦克斯韦方程组,一旦电场受到限制,那么磁场也已经被决定了。因此,计算磁场的恰当方式是从电场来得到它。举例来说,如果波是在无源介质中沿 z 方向传播的,而且它的电场只具有沿 x 方向的分量[$E = a_x E_x(z, t)$],那么磁场可以通过式(2.1)和式(2.2)计算得到:

$$\nabla \times \boldsymbol{E} + \frac{\partial \boldsymbol{B}}{\partial t} = 0$$

因为我们已经限制了 E,它只能随着 z 变化($\partial E / \partial x = \partial E / \partial y = 0$),式(2.24)表明 E 的旋度只会在 x 和 y 方向产生分量,

$$\boldsymbol{a}_y \frac{\partial E_x}{\partial z} + \boldsymbol{a}_x \frac{\partial B_x}{\partial t} + \boldsymbol{a}_y \frac{\partial B_y}{\partial t} = 0$$

因为 $\boldsymbol{B} = \mu \boldsymbol{H}$

$$\boldsymbol{a}_y \frac{\partial E_x}{\partial z} + \boldsymbol{a}_x \mu \frac{\partial H_x}{\partial t} + \boldsymbol{a}_y \mu \frac{\partial H_y}{\partial t} = 0$$

依据向量分量分组,可以得到:

$$\boldsymbol{a}_y \frac{\partial E_x}{\partial z} + \boldsymbol{a}_y \mu \frac{\partial H_y}{\partial t} = 0$$

$$\boldsymbol{a}_x \mu \frac{\partial H_x}{\partial t} = 0$$

由安培定律式(2.2)可以得到:

$$\nabla \times \boldsymbol{H} = \boldsymbol{J} + \frac{\partial \boldsymbol{D}}{\partial t}$$

其中,无源介质的 $\boldsymbol{J} = 0$,而且 $\boldsymbol{D} = \varepsilon \boldsymbol{E}$(现在,我们假设 $\boldsymbol{P}$) $= 0$:

$$\boldsymbol{a}_y \frac{\partial H_x}{\partial z} - \boldsymbol{a}_x \frac{\partial H_y}{\partial z} = 0 + \boldsymbol{a}_x \varepsilon \frac{\partial E_x}{\partial t}$$

依据向量分量分组,可以得到:

$$-\boldsymbol{a}_x \frac{\partial H_y}{\partial z} = \boldsymbol{a}_x \varepsilon \frac{\partial E_x}{\partial t}$$

$$\boldsymbol{a}_y \frac{\partial H_x}{\partial z} = 0$$

上述方程组的非零分量可以通过它们在 x 和 y 方向的分量进行分组：

$$\boldsymbol{a}_y \left(\frac{\partial E_x}{\partial z} = -\mu \frac{\partial H_y}{\partial t} \right) \tag{2.29}$$

$$\boldsymbol{a}_x \left(\varepsilon \frac{\partial E_x}{\partial t} = -\frac{\partial H_y}{\partial z} \right) \tag{2.30}$$

式(2.29)和式(2.30)代表了一个贯穿信号完整性分析的重要概念，那就是：电场和磁场是正交的，而且在 z 方向上没有分量。当波以这种方式传播时，它被称为横电磁模式(Transverse electromagnetic mode，TEM)。图 2.10 描述了当 TEM 电磁脉冲沿 z 轴方向传播时，电场和磁场的相互关系。

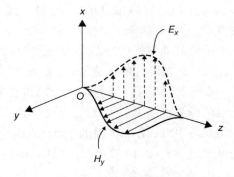

图 2.10　当 TEM 模电磁脉冲沿 z 轴方向传播时，电场和磁场的相互关系

应该注意到，波并非一直限制在 TEM 模式传播，因为某些结构(例如微带线)扭曲了波形，从而导致场的小部分具有脱离 x-y 平面的 z 分量。尽管如此，实际系统中波长和结构尺寸之间的关系，允许我们假设波是以 TEM 模式传播的，这种假设一直到甚高频段仍成立。测试研究证实，对于在当代数字设计中使用的典型传输线结构而言，在 50 GHz 以下时，TEM 模式的假设仍然是正确的。传输线的 TEM 模式假设的有效性，将在第 3 章进行深入探讨。

2.3.3　时谐场

假设时间变化本质上是稳态正弦或时谐的，那么可以得到麦克斯韦方程组的简化形式。在数字设计中，完美的正弦波形很难遇到，不过常用的梯形数字脉冲可以通过傅里叶变换，由一串正弦波形表示，这使得这种简化形式非常有用。只要电荷和电流源的密度具有随时间的正弦变化，那么时谐电磁场就产生了。假设正弦源是稳态的，就可以进一步假设 $\boldsymbol{E}$ 和 $\boldsymbol{B}$ 也达到了稳态，并依据 $\cos(\omega t + \theta_E)$ 和 $\cos(\omega t + \theta_B)$ 变化，这里 $\omega = 2\pi f$，θ 是电场或磁场的相位。

通常，一个正弦波形可以表述为：

$$\cos\phi + \mathrm{j}\sin\phi = \mathrm{e}^{\mathrm{j}\phi} \tag{2.31}$$

所以时谐场的正弦形式将依照复指数因子 $\mathrm{e}^{\mathrm{j}\omega t}$ 变化，这个因子导致了麦克斯韦方程组的简化，从一个时空函数变为一个简单的空间函数：

$$\boldsymbol{E}(x, y, z, t) = \boldsymbol{E}(x, y, z)\mathrm{e}^{\mathrm{j}\omega t} \tag{2.32a}$$

$$\boldsymbol{B}(x, y, z, t) = \boldsymbol{B}(x, y, z)\mathrm{e}^{\mathrm{j}\omega t} \tag{2.32b}$$

方程(2.32)允许麦克斯韦方程组重写为：

$$\nabla \times (\boldsymbol{E}\mathrm{e}^{\mathrm{j}\omega t}) + \frac{\partial \boldsymbol{B}(\mathrm{e}^{\mathrm{j}\omega t})}{\partial t} = 0$$

$$\nabla \times (\boldsymbol{H}\mathrm{e}^{\mathrm{j}\omega t}) = \boldsymbol{J}\mathrm{e}^{\mathrm{j}\omega t} + \frac{\partial (\boldsymbol{D}\mathrm{e}^{\mathrm{j}\omega t})}{\partial t}$$

$$\nabla \cdot (\boldsymbol{D}\mathrm{e}^{\mathrm{j}\omega t}) = \rho\mathrm{e}^{\mathrm{j}\omega t}$$

$$\nabla \cdot (\boldsymbol{B}\mathrm{e}^{\mathrm{j}\omega t}) = 0$$

旋度和梯度仅对空间相关函数起作用,而 $e^{j\omega t}$ 只通过时间偏导数起作用。因此,当消去所有无关 $e^{j\omega t}$ 项后,麦克斯韦方程组的时谐形式(时间已经被消除)可以表述如下:

$$\nabla \times \boldsymbol{E} + j\omega\boldsymbol{B} = 0 \tag{2.33}$$

$$\nabla \times \boldsymbol{H} = \boldsymbol{J} + j\omega\boldsymbol{D} \tag{2.34}$$

$$\nabla \cdot \boldsymbol{D} = \rho \tag{2.35}$$

$$\nabla \cdot \boldsymbol{B} = 0 \tag{2.36}$$

注意,场的时间变化可以通过乘以 $e^{j\omega t}$ 并求实部来恢复:

$$\boldsymbol{F}(x, y, z, t) = \mathrm{Re}[\boldsymbol{F}(x, y, z)e^{j\omega t}] \tag{2.37}$$

2.3.4　时谐平面波的传播

时谐平面波的传播对于传输线或其他导波结构的研究是非常重要的,这在后续章节中将给出证明。所以我们仅需要学习麦克斯韦方程组的简化子集,其中传播被限制在一个方向(通常沿着 z 轴),且时间按2.3.3节所述消去。平面波被定义为只在一个方向(z)上传播,而且场在 x 和 y 方向上并不随时间变化。如果在某一时刻观察场,则它在任何给定点 z 的 x-y 平面上是不变的,而且将随 z 或 t 值的不同而变化。图2.11描述了一个沿 z 方向传播的平面波。

为了研究时谐平面波的行为,将采用2.3.1节的流程,从麦克斯韦方程组的时谐形式推导出波动方程。再次假设一种无源、线性、均匀介质:

$$\nabla \times (\nabla \times \boldsymbol{E}) = -j\omega\mu(\nabla \times H)$$

使用下面的向量恒等式(参见附录A),公式可以进一步简化:

$$\nabla \times (\nabla \times \boldsymbol{E}) = \nabla(\nabla \cdot \boldsymbol{E}) - \nabla^2\boldsymbol{E}$$

由于假设了无源介质,所以电荷密度为零($\rho = 0$),高斯定理可以简化为 $\nabla \cdot \boldsymbol{E} = 0$,从而得到:

$$\nabla^2\boldsymbol{E} + j^2\omega^2\mu\varepsilon\boldsymbol{E} = \nabla^2\boldsymbol{E} - \omega^2\mu\varepsilon\boldsymbol{E} = 0 \quad (2.38)$$

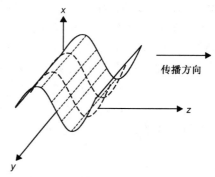

图2.11　沿 z 轴方向传播的平面波

取代 $\gamma^2 = \omega^2\mu\varepsilon$,可以得到:

$$\nabla^2\boldsymbol{E} - \gamma^2\boldsymbol{E} = 0 \tag{2.39}$$

上式就是电场的时谐平面波方程,其中 γ 是传播常数。

如果方程的解限制为沿着 z 方向传播的平面波,这个波只在 x 方向具有一个电场分量,那么波动方程就变为(参见附录A):

$$\nabla^2\boldsymbol{E} = \frac{\partial^2 E_x}{\partial x^2} + \frac{\partial^2 E_x}{\partial y^2} + \frac{\partial^2 E_x}{\partial z^2} = \frac{\partial^2 E_x}{\partial z^2} - \gamma^2 E_x = 0$$

$$\frac{\partial^2 E_x}{\partial z^2} - \gamma^2 E_x = 0 \tag{2.40}$$

这是一个二阶常系数微分方程,其通解为:

$$E_x = C_1 e^{-\gamma z} + C_2 e^{\gamma z} \tag{2.41}$$

其中 C_1 和 C_2 通过具体问题的边界条件来定义。

如第 3 章所述，式（2.41）和它的磁场等价表达式被证明对于信号完整性是非常重要的，因为它们描述了传输线上信号的传播。第一项 $C_1 e^{-\gamma z}$ 完整描述了沿 z 方向传播的波的向前移动部分（例如，沿着传输线长度方向），而第二项 $C_2 e^{\gamma z}$ 描述了沿 z 方向传播的波的向后移动部分。注意式（2.41）定义了一个重要概念，传播常数：

$$\gamma = \alpha + j\beta \qquad (2.42)$$

式（2.42）中的各项具有特殊的意义，在本书中都用来描述电磁波传播的介质性质，不管它是否是自由空间，或无限电介质，亦或传输线。特别要指出的是，α 是损耗常数，用来描述信号通过介质传播时的衰减。这个损耗常数表明这样一个事实，真实世界的金属不是无限传导的（除了超导体），电介质不是完美绝缘的（除了自由空间），这两点都将在第 5 章和第 6 章进行详细探讨。式（2.42）的虚部 β 称为相移常数，它本质上规定了电磁波在介质中传播的速度。为了形象化理解式（2.41）所描述的波的传播，有必要先恢复 2.3.3 节中消去的时间相关部分。我们只考虑真空中波的前向传播分量，用电场大小代替 C_1，恢复如式（2.37）的时间相关部分，应用式（2.31）可以得到：

$$E(z,t) = \mathrm{Re}(E_x^+ e^{-\gamma z} e^{j\omega t}) = \mathrm{Re}(E_x^+ e^{-\alpha z} e^{-j\beta z} e^{j\omega t}) = e^{-\alpha z} E_x^+ \cos(\omega t - \beta z) \qquad (2.43)$$

假定损耗项为零（$\alpha = 0$），图 2.12 描述了波通过空间传播的连续快照。为了确定波传播到底有多快，必须观察短暂连续时间 Δt 内的余弦项。因为波正在传播，时间上的微小改变将成比例地引起距离上 Δz 的微小改变，这意味着随波移动的观察者，将体会不到相位改变，因为它正以相速度（v_p）移动。将此项代入式（2.43）的余弦中，得到一个常量（$\omega t - \beta z = $ 常量），为了和式（2.43）中的余弦项加以区别，定义相速度：

$$v_p = \frac{dz}{dt} = \frac{\omega}{\beta} \qquad \mathrm{m/s} \qquad (2.44)$$

频率和它的波长之间的关系可以基于光速进行计算，而光速就是真空中的相速度（v_p）：

$$f = \frac{c}{\lambda} \qquad \mathrm{Hz} \qquad (2.45)$$

因为 $\omega = 2\pi f$，而且 c 是真空中的光速（3×10^8 m/s），那么式（2.45）就可以代入式（2.44），从而得到一个用波长 λ 的项来表述的 β 的有用公式：

$$c = \frac{\omega}{\beta} = \frac{2\pi c}{\beta\lambda} \rightarrow \beta = \frac{2\pi}{\lambda} \qquad \mathrm{rad/m} \qquad (2.46)$$

真空中的光速被定义为，自由空间的磁导率和介电常数乘积的平方根的倒数：

$$c \equiv \frac{1}{\sqrt{\mu_0\varepsilon_0}} \qquad \mathrm{m/s} \qquad (2.47)$$

用式（2.47）的来计算 λ，可以将相移常数 β 用自由空间的各参量重新表述如下：

$$\beta = 2\pi f\sqrt{\mu_0\varepsilon_0} = \omega\sqrt{\mu_0\varepsilon_0} \qquad \mathrm{rad/m} \qquad (2.48)$$

这一点将在本章稍后进行详述，包括电介质中波的传播。

假设是自由空间（无损的，$\alpha = 0$），根据传播常数的定义，式（2.43）可以采用物理参量重写如下：

$$E(z,t) = \mathrm{Re}(E_x^+ e^{-j\omega z\sqrt{\mu_0\varepsilon_0}} e^{j\omega t}) = E_x^+ \cos(\omega t - \omega z\sqrt{\mu_0\varepsilon_0}) \qquad (2.49)$$

因为式（2.49）是波动方程的一个解，所以磁场可以通过法拉第定律（$\nabla \times \boldsymbol{E} + j\omega\boldsymbol{B} = 0$）简单地建立起来：

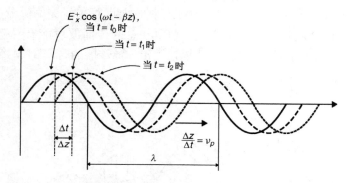

图 2.12 沿 z 轴传播的平面波的时间快照,展示了相速度的定义

$$\frac{\partial}{\partial z}(E_x^+ e^{-j\omega z\sqrt{\mu_0\varepsilon_0}})e^{j\omega t} = -j\omega\mu_0 H_y^+$$

$$H_y^+ = \frac{\sqrt{\mu_0\varepsilon_0}}{\mu_0}E_x^+ e^{-j\omega z\sqrt{\mu_0\varepsilon_0}}e^{j\omega t} = \frac{1}{\eta_0}E_x^+ e^{-j\omega z\sqrt{\mu_0\varepsilon_0}}e^{j\omega t} \qquad (2.50)$$

$$= \frac{1}{\eta_0}E_x^+ \cos(\omega t - \omega z\sqrt{\mu_0\varepsilon_0})$$

其中 η_0 为自由空间的固有阻抗,大小为 377 Ω:

$$\eta_0 \equiv \sqrt{\frac{\mu_0}{\varepsilon_0}} = 377 \ \Omega \qquad (2.51)$$

式(2.49)和式(2.50)描述了平面波在自由空间中传播的方式。本征阻抗和光速是常数,描述了电磁波通过介质的传播方式。光速定义了波的相位延迟,而本征阻抗描述了电场和磁场的相互关系。不过,对于其他介质中的波传播而言,例如印制电路板(PCB)的电介质,光速和本征阻抗通过相对介电常数 ε_r 和相对磁导率 μ_r 来计算,而 ε_r 和 μ_r 则描述了相对于自由空间的材料特性。注意到 ε_r 和 μ_r 都是无量纲的量,对于无损介质而言是实数,但对于损耗介质而言则为复数,这一点将在第 5 章和第 6 章中阐述。介质中的光速(对不同于自由空间的介质而言,被称为相速度)和本征阻抗可以计算为:

$$\nu_p = \frac{1}{\sqrt{\mu_r\mu_0\varepsilon_r\varepsilon_0}} = \frac{c}{\sqrt{\mu_r\varepsilon_r}} \qquad m/s \qquad (2.52)$$

$$\eta \quad \equiv \sqrt{\frac{\mu_r\mu_0}{\varepsilon_r\varepsilon_0}} = \sqrt{\frac{\mu}{\varepsilon}} = \frac{E}{H} \qquad \Omega \qquad (2.53)$$

注意对于自由空间而言,ε_r 和 μ_r 均被定义为单位 1。

式(2.54)和式(2.55)以通式的形式概述了 TEM 平面波的电场和磁场,这里消除了时间相关量:

$$E_x(z) = E_x^+ e^{-\gamma z} + E_x^- e^{\gamma z} \qquad (2.54)$$

$$H_y(z) = \frac{1}{\eta}(E_x^+ e^{-\gamma z} - E_x^- e^{\gamma z}) \qquad (2.55)$$

这里 $\gamma = \alpha + j\beta$ 是传播常数;α 描述了信号通过导体和电介质损耗时如何衰减,将会在第 5 章和第 6 章详细介绍;β 是相移常数,若将式(2.52)中的相速度用真空中的光速(c)替换时,则可由式(2.46)所定义。从式(2.55)可以看到其第二项为负,这是因为反射波的指数符号,并

不能在法拉第定律里消除负号，这跟式（2.50）入射波中计算关于 z 偏微分的情形相同。E_x^+ 和 E_x^- 项描述了传播的波的每个分量的方向。例如，总的传播波可能有一部分在 $+z$ 方向上传播，另一部分在 $-z$ 方向上传播。图2.13描述了沿 z 轴传播的时谐 TEM 平面波。

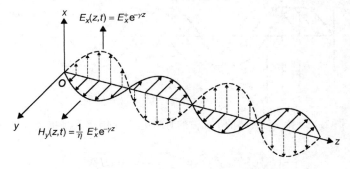

图2.13　沿 z 轴传播的时谐 TEM 平面波

2.4　静电学

静电学是针对静态电荷分布的研究。对于高速数字设计人员来说，对静电学的完全理解是非常必要的，因为它是信号完整性理论的根本，能加强对电场行为的直观理解。本节将介绍三个方面的内容：（1）定义电场；（2）描述电场中能量的存储方式；（3）定义电容，电容是用以描述电场中能量存储的电路模型中的元件。在当今半导体工业界，信号完整性分析的主要内容是用静电学技术来计算基本设计参量，比如传输线阻抗、相速度和有效介电常数等。本节介绍的概念将在后续章节展开讨论，以描述其他各种概念。

当一个举重运动员举起一个杠铃超过他的头部时，消耗的能量（或是克服重力场做功）将以势能的形式存储起来。通过降低杠铃到地面，可以恢复重力势能。类似地，当两个无限分离的同性电荷被放在一起时，它们将受到一个排斥力，其大小取决于电荷之间的距离。这个排斥力的存在可以这样描述，一个带有一定库仑单位电量的电荷 q 在它周围区域产生了一个电场。当同性的两个电荷的电场开始相互作用时，将产生一个把它们推开的力。因此，围绕电荷周围的区域被一种力场所渗透，这种力场就叫电场，定义为每单位电荷的力，单位为牛顿每库仑（N/C）。因为电压定义为焦耳每库仑（J/C），因此牛顿每库仑等效为每米电压值（V/m），这些单位被广泛用来描述电场。

$$V = \frac{J}{C} \rightarrow C = \frac{J}{V}$$

$$1\,J = 1\,kg \cdot m^2/s^2$$

$$1\,N = 1\,kg \cdot m/s^2$$

$$\frac{N}{C} = \frac{N \cdot V}{J} = \frac{1\,kg \cdot m/s^2 \cdot V}{1\,kg \cdot m^2/s^2} = \frac{V}{m}$$

上面的描述提出了电场是一个力场的论点。如果力场作用在物体上并移动它，做功就完成了。做功所用能量，必然是通过损耗而耗散（机械系统中的摩擦力），或者是以动能或势能的形式存储起来。举例来说，在一个固定电荷 Q 所产生的电场中，如果移动一个测试电荷 q 到一个不同的位置，做功不是表现为保持电荷分离（异性电荷时），就是让电荷更靠近（同性电荷时)。在这种情况下,并没有能量耗散(无损系统),因为能量被存储在分离结构中,而且如果允许电荷回复到初始位置,那么能量也可以恢复。存储的能量是势能,因为它取决于电场中电荷的位置。这里将引出标量电势的概念,它提供了一个度量,用来描述在电场中把电荷从一个位置移动到另一个位置要做的功或所需要的能量。

上面的论述,描述了当两个电荷被放置到一起时,如何产生一个电场。假设一个电荷(Q)是固定的,另一个电荷(q)从点 a 到点 b 朝着固定电荷移动,那么做功就可以计算为:力×距离。为了计算移动一段路径的电荷所做的功,使用下面的线积分:

$$W_{a \to b} = -\int_a^b \boldsymbol{F} \cdot \mathrm{d}\boldsymbol{l} \qquad \text{J} \qquad (2.56)$$

注意到负号是必需的,因为式(2.56)阐述的是逆着场方向的做功。点乘说明这样一个事实,当垂直场方向移动电荷时做功为零,因为在那个方向没有反向作用力。

因为电场的基本单位是牛顿每库仑(如上所述),所以式(2.56)的力场可以采用电场的参量重写为:

$$\boldsymbol{E} = \left[\frac{\boldsymbol{F}}{q}\right]_{a \to b} \qquad \text{N/C 或 V/m} \qquad (2.57)$$

$$\left[\frac{W}{q}\right]_{a \to b} = v(b) - v(a) = -\int_a^b \boldsymbol{E} \cdot \mathrm{d}\boldsymbol{l} \qquad \text{V} \qquad (2.58)$$

这里 q 是在固定电荷 Q 附近从点 a 移动到点 b 的测试电荷,单位为库仑。为了计算点电荷产生的电场,可以采用高斯定理的积分形式:

$$\oint_S \varepsilon \boldsymbol{E} \cdot \mathrm{d}\boldsymbol{s} = \int_V \rho \, \mathrm{d}V = Q_{\mathrm{enc}} \qquad (2.59)$$

这里 ρ 为体积 V 内的电荷体密度,单位为 C/m^3,Q_{enc} 为体积 V 内通过面 S 附着的总电荷,单位为库仑。

如图 2.14 所示,一个点电荷具有向所有方向辐射的电场,所以可以用球面坐标系进行分析。在球面坐标系中,电场的 ϕ 和 θ 分量为零,只余一个沿着点电荷向外的 r 分量。由于球面的表面积为 $4\pi r^2$,从式(2.59)可以得到在自由空间中围绕点电荷的电场:

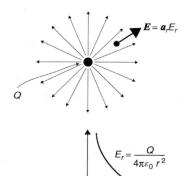

图 2.14　点电荷 Q 所产生的电场

$$\boldsymbol{E} = \boldsymbol{a}_r E_r = \frac{Q}{4\pi\varepsilon_0 r^2} \qquad \text{V/m} \qquad (2.60)$$

将式(2.60)代入式(2.58),可以计算电场中当电荷沿着 r 从 a 点移动到 b 点时,每单位电荷所做的功。当测试电荷沿着 ϕ 和 θ 运动时,由于 $\boldsymbol{E} \cdot \mathrm{d}\boldsymbol{l} = 0$,所以做功为零;但是,如果沿着半径方向运动,那么 $\boldsymbol{E} \cdot \mathrm{d}\boldsymbol{l} = E_r \mathrm{d}r$。

$$
\begin{aligned}
\left[\frac{W}{q}\right]_{a \to b} &= -\int_a^b \boldsymbol{E} \cdot \mathrm{d}\boldsymbol{l} = -\int_a^b \frac{Q}{4\pi\varepsilon_0 r^2} \, \mathrm{d}r \\
&= \frac{Q}{4\pi\varepsilon_0}\left(\frac{1}{r_b} - \frac{1}{r_a}\right) = \Phi(a) - \Phi(b)
\end{aligned}
\qquad (2.61)
$$

因此我们可以定义静电势能为静电场中从点 a 到点 b 移动一个电荷所做的功:

$$\Phi_{ab} = \frac{Q}{4\pi\varepsilon_0 r_{ab}} \qquad V \tag{2.62}$$

其中,r_{ab} 表示静态电荷移动的半径距离,Φ_{ab} 称为静电势能或点 a 和 b 之间的电压(不要将势能符号 Φ 和极坐标参量 ϕ 相混淆)。

2.4.1 电场形式的静电标量势能

对电子工程师而言,用其比较熟悉的电路概念来分析场往往非常便利,而这些电路概念经常用电路中的各点之间的势能差(例如电压)来表述。因此,在信号完整性的研究中,用标量函数描述静电势能和电场之间的关系是非常有效的。为了引出这个关系,考虑简单的直角坐标系,回避球面坐标系的复杂性是非常方便的。从式(2.61)和式(2.62)可以明显看出,在静电场中移动一个电荷所做的功的差值,直接和势能差成比例:

$$\begin{aligned}
dW &= q\Phi(x+\Delta x, y+\Delta y, z+\Delta z) - q\Phi(x, y, z) \\
&= q\left(\frac{\partial\Phi}{\partial x}\Delta x + \frac{\partial\Phi}{\partial y}\Delta y + \frac{\partial\Phi}{\partial x}\Delta z\right)
\end{aligned} \tag{2.63}$$

不过,从式(2.58)可得:

$$W = -\int_a^b q\boldsymbol{E}\cdot d\boldsymbol{l} \rightarrow dW = -q\boldsymbol{E}\cdot d\boldsymbol{l}$$

在直角坐标系中,$dl = \boldsymbol{a}_x\Delta x + \boldsymbol{a}_y\Delta y + \boldsymbol{a}_z\Delta z$。因此,式(2.63)可以通过式(2.13)中内积的定义进行简化。

$$\begin{aligned}
dW &= q\left(\frac{\partial\Phi}{\partial x}\Delta x + \frac{\partial\Phi}{\partial y}\Delta y + \frac{\partial\Phi}{\partial x}\Delta z\right) = -q\boldsymbol{E}\cdot d\boldsymbol{l} \\
&= q\left(\boldsymbol{a}_x\frac{\partial\Phi}{\partial x} + \boldsymbol{a}_y\frac{\partial\Phi}{\partial y} + \boldsymbol{a}_z\frac{\partial\Phi}{\partial z}\right)\cdot(\boldsymbol{a}_x\Delta x + \boldsymbol{a}_y\Delta y + \boldsymbol{a}_z\Delta z) \\
&= -q\boldsymbol{E}\cdot(\boldsymbol{a}_x\Delta x + \boldsymbol{a}_y\Delta y + \boldsymbol{a}_z\Delta z) \\
\boldsymbol{E} &= -\left(\boldsymbol{a}_x\frac{\partial\Phi}{\partial x} + \boldsymbol{a}_y\frac{\partial\Phi}{\partial y} + \boldsymbol{a}_z\frac{\partial\Phi}{\partial z}\right)
\end{aligned} \tag{2.64}$$

注意式(2.64)中最后一项的形式和式(2.21)是一样的,而后者是梯度,它给出了电场和静电势能之间非常有用的关系:

$$\boldsymbol{E} = -\nabla\Phi \tag{2.65}$$

同样,注意式(2.65)可以采用向量恒等式来推导,这样更加简单,但并不直观。下面给出它的另外一种推导方法,因为在下一节研究静磁学时,我们使用了类似的方法。

对于静电场而言,由于场不随时间变化,所以安培定律简化为 $\nabla\times\boldsymbol{E}=0$。对于任何可微标量函数,下面的向量恒等式都是有效的(参见附录A):

$$\nabla\times\nabla\psi = 0$$

因为 $\nabla\times\boldsymbol{E}=0$,所以 $\boldsymbol{E}$ 必然可以从一个标量函数的梯度推导出来。因为式(2.61)展示了静电势能和电场之间的关系,逻辑的跳跃说明向量恒等式中的标量函数必定是一个静电势能:

$$\nabla\times\boldsymbol{E} = \nabla\times(-\nabla\Phi) = 0 \tag{2.66}$$

式(2.65)称为静电标量势能,常用来解决静电问题,诸如传输线阻抗,或计算微带线有效介电常数,这些将在第 3 章中详述。

2.4.2　电场中的能量

为了计算电场中的能量存储,我们将从自由空间中离其他电荷无限远的固定电荷(q_1)开始。当移动第一个电荷到一定位置时并不做功($W_1 = 0$),因为并没有其他邻近电荷提供静电排斥力。这样就可以通过式(2.61)和式(2.62)来计算,当把另外一个电荷(q_2)放置到第一个电荷附近时做了多少功:

$$W_2 = q_2 \Phi_{12} = \frac{q_1 q_2}{4\pi\varepsilon_0 r_{12}} \tag{2.67}$$

如果把另一个电荷 q_3 放置到 q_1 和 q_2 附近,那么做功可以计算为:

$$W_3 = q_3(\Phi_{13} + \Phi_{23}) = q_3 \frac{1}{4\pi\varepsilon_0}\left(\frac{q_1}{r_{13}} + \frac{q_2}{r_{23}}\right)$$

因此,放置这三个电荷所做的总功为:

$$W_{\text{tot}} = W_1 + W_2 + W_3 = 0 + \frac{q_1 q_2}{4\pi\varepsilon_0 r_{12}} + \frac{q_3}{4\pi\varepsilon_0}\left(\frac{q_1}{r_{13}} + \frac{q_2}{r_{23}}\right)$$

$$= \frac{1}{4\pi\varepsilon_0}\left(\frac{q_1 q_2}{r_{12}} + \frac{q_1 q_3}{r_{13}} + \frac{q_2 q_3}{r_{23}}\right)$$

上式可以归纳为下面的 n 个电荷时的双重求和形式:

$$W_{\text{tot}} = \frac{1}{4\pi\varepsilon_0}\sum_{i=1}^{n}\sum_{\substack{j=1 \\ j>i}}^{n}\frac{q_i q_j}{r_{ij}} \tag{2.68}$$

对 j 项的限制是为了确保各项不被计算两次。例如,如果没有这个限制,那么 Φ_{12} 项将被计算两次,因为 $\Phi_{12} = \Phi_{21}$,这意味着移动 q_1 到 q_2 附近和移动 q_2 到 q_1 附近做等量的功。如果计算两次对称项,之后除以 2 来解决重复计算,则可以将式(2.68)简化:

$$W_{\text{tot}} = \frac{1}{2}\left(\frac{1}{4\pi\varepsilon_0}\sum_{i=1}^{n}\sum_{\substack{j=1 \\ j\neq i}}^{n}\frac{q_i q_j}{r_{ij}}\right) = \frac{1}{2}\sum_{i=1}^{n}\sum_{\substack{j=1 \\ j\neq i}}^{n}q_i \Phi_{ij} \tag{2.69}$$

式(2.69)是假设 n 个电荷时所做的功。考虑在这个电荷堆中能量存储在哪里非常有趣。这与两端带有砝码的被压缩的弹簧的机械系统很类似。如果两端的砝码被挤压在一起,那么能量就存储在弹簧的压缩状态中。因此,就像这个弹簧的例子一样,试图相互排斥的电荷将存储能量,这种能量是电荷接近程度和电场特性的函数。

为了计算在一个连续电荷分布中(即构成一个电场)存储的能量,用单位体积的参量来表述电荷,用连续函数来表述势能较为方便。取极限为 $n\to\infty$,式(2.69)可用积分形式重写为:

$$W_{\text{tot}} = W_e = \tfrac{1}{2}\int_V \rho(r)\Phi(r)\,\mathrm{d}V \quad \text{J} \tag{2.70}$$

其中 $\rho(r)$ 是带有单位 C/m^3 的电荷密度。

式(2.70)的电场表达形式很有用,所以将式中的电荷密度用高斯定理以电场形式来表示：

$$\nabla \cdot \boldsymbol{D} = \nabla \cdot \varepsilon \boldsymbol{E} = \rho \rightarrow W_e = \frac{1}{2} \int_V (\nabla \cdot \varepsilon \boldsymbol{E}) \Phi(r) \, \mathrm{d}V \tag{2.71}$$

这个公式可以使用下面的向量恒等式（参见附录 A）进行简化：

$$\nabla \cdot \psi \boldsymbol{a} = \boldsymbol{a} \cdot \nabla \psi + \psi(\nabla \cdot \boldsymbol{a}) \rightarrow \psi(\nabla \cdot \boldsymbol{a}) = \nabla \cdot \psi \boldsymbol{a} - \boldsymbol{a} \cdot \nabla \psi$$

用 $\psi = \Phi$ 和 $\boldsymbol{a} = \varepsilon \boldsymbol{E}$ 来替换，上述恒等式可以用静电向量势能的形式重写：

$$W_e = \frac{\varepsilon}{2} \int_V (\nabla \cdot \Phi \boldsymbol{E} - \boldsymbol{E} \cdot \nabla \Phi) \, \mathrm{d}V$$

因为 $\boldsymbol{E} = -\nabla \Phi$，所以这个公式可以进一步简化为：

$$W_e = \frac{\varepsilon}{2} \int_V (\nabla \cdot \Phi \boldsymbol{E} + \boldsymbol{E} \cdot \boldsymbol{E}) \, \mathrm{d}V \tag{2.72}$$

向量微积分的散度定理（参见附录 A）表述为：

$$\int_V (\nabla \cdot \boldsymbol{F}) \, \mathrm{d}V = \oint_S \boldsymbol{F} \cdot \mathrm{d}\boldsymbol{s}$$

因此可以进一步简化式（2.72）：

$$W_e = \frac{\varepsilon}{2} \oint_S \Phi \boldsymbol{E} \cdot \boldsymbol{n} \, \mathrm{d}s + \frac{\varepsilon}{2} \int_V (\boldsymbol{E} \cdot \boldsymbol{E}) \, \mathrm{d}V \tag{2.73}$$

其中 $\boldsymbol{n}$ 是表面法线的单位向量。

式（2.73）描述了一个由电荷体引起的电场的总能量。如果将积分的体积扩展到所有空间，式（2.73）的两个部分在电荷分布以外都不会产生功，因为在这些空间中没有电荷。同理，如果选择无限大的积分体积，那么积分面将消失。这是因为表面积分实际上是将表面上有数值贡献的量求和。由于 $\Phi \propto 1/r$［式（2.62）］、$E \propto 1/r^2$［式（2.60）］和 $\mathrm{d}s \propto r^2$，$\Phi \boldsymbol{E} \cdot \boldsymbol{n} \mathrm{d}s$ 的极限与 $(1/r)(1/r^2) r^2$ 成比例，当 r 为无限大时后者极限为零，那么积分面将消失。而体积分包括全部体积内的贡献量，不仅仅是在表面上。这样，式（2.73）可以简化为式（2.74），即积累电荷形成电场所做的功：

$$W_e = \frac{\varepsilon}{2} \int_{\text{all space}} (E^2) \, \mathrm{d}V \quad \text{J} \tag{2.74}$$

这引出了体能量密度的定义，它表述了用电场表示的电荷分布中的储能：

$$w_e = \frac{\varepsilon}{2} E^2 \qquad \text{J/m}^3 \tag{2.75}$$

2.4.3　电容

在电路术语中，电场中和储能相关的量就是电容。为了定义电容，想象两个导体，一个带 $+Q$ 电荷，而另一个带 $-Q$ 电荷。假设它们之间的电压为常数，那么它们之间的势能差（电压）就可以计算为［即式（2.58）］：

$$v(b) - v(a) = -\int_a^b \boldsymbol{E} \cdot \mathrm{d}\boldsymbol{l} \qquad \text{V}$$

可以证明 $\boldsymbol{E}$ 是和 Q 成正比的［即式（2.60）］：

$$\boldsymbol{E} = \boldsymbol{a}_r E_r = \frac{Q}{4\pi\varepsilon_0 r^2} \qquad \text{V/m}$$

因为 $\boldsymbol{E}$ 和 Q 及 v 是成正比的，所以可以定义一个比例常数将 Q 和 v 联系起来。这个比例常数就是电容：

$$C \equiv \frac{Q}{v} \qquad \text{F} \qquad\qquad (2.76)$$

这里 Q 是以库仑为单位的总电荷，v 是导体间的电势，从而电容 C 的单位为法拉，定义为 1 库仑每伏特。电容完全取决于器件尺寸，以及电介质的介电常数。注意 v 被定义为正导体减去负导体的电势，Q 是正导体上的电荷。因此，电容一直是正值。

例 2.3　考虑这种情况，两个面积为 A 的导电板平行放置，间距为 d。假设在上极板放置了 $+Q$ 电荷，在下极板放置了 $-Q$ 电荷，并且假设电荷均匀分布（良导体时该假设是合理的）。这样，其表面电荷密度变为 $\rho = Q/A$（C/m^2）。计算其电容。

解　使用式（2.59）高斯定理的积分形式，可以计算电场：

$$\oint_s \varepsilon \boldsymbol{E} \cdot \mathrm{d}\boldsymbol{s} = \int_V \rho \, \mathrm{d}V$$

其中 $\mathrm{d}V$ 代表体积。因为我们考虑电荷分布在表面的情形，所以 $\mathrm{d}\boldsymbol{s} = \mathrm{d}V = \boldsymbol{n}A$（这里 $\boldsymbol{n}$ 是极板法线方向单位向量），从而可以用面积和介电常数来表述电场：

$$\varepsilon E A = \frac{Q}{A} A \rightarrow E = \frac{Q}{\varepsilon A}$$

电压可通过式（2.58）求得，这里 $\mathrm{d}l = x(a) - x(b) = d$，$d$ 是极板之间的距离：

$$v = \int_a^b \boldsymbol{E} \cdot \mathrm{d}\boldsymbol{l} = \frac{Q}{\varepsilon A} d$$

因此，平行极板间的电容为：

$$C = \frac{Q}{v} = \frac{Q}{(Q/\varepsilon A)d} = \frac{\varepsilon A}{d} \qquad \text{F}$$

其中 A 是平行极板的面积，v 是电压，d 是极板间距。

2.4.4　电容中的能量存储

电容中存储能量的过程为两个极板上建立极性相反的等量电荷。一旦电容附着电荷，它就储能了。为了计算电容存储了多少能量，我们考虑电容将一个单电荷从正极板运送到负极板需要做多少功。从式（2.58）可知道电压是从点 a 到点 b 移动电荷所做的功：

$$\left[\frac{W}{q}\right]_{a \rightarrow b} = v$$

而且电容定义为：

$$C \equiv \frac{Q}{v} \qquad \text{F}$$

因此，从板 a 到板 b 移动总电荷 Q 的一个电荷 q 需要做功的数量为：

$$\mathrm{d}W = v \, \mathrm{d}q = \frac{q}{C} \mathrm{d}q$$

为了计算电容充电 Q 时所需做的总功, 所有的电荷都必须移动:

$$W = \int_0^Q \frac{q}{C} \, dq = \frac{1}{2} \frac{Q^2}{C}$$

而从式(2.69)可知 $Q = Cv$。因此, 最终电势为 v 的电容储能为:

$$W = \frac{1}{2} Cv^2 \qquad \text{J} \tag{2.77}$$

2.5　静磁学

在 2.4 节中探讨了经典静电学的问题, 用力学术语定义了电场, 而这个力是电荷之间的相互作用。在静电学的情况下, 只考虑电荷是静止的情况。现在来考虑运动状态的电荷之间存在的作用力。

开始探讨之前, 先考虑大多数人在高中物理课上做过的一个实验。回忆一下, 驱动通过线圈的直流(dc)(干电池产生)会形成一个电磁体。通过这种结构形成的磁场可以用安培定律来描述, $\nabla \times \boldsymbol{H} = \boldsymbol{J}$。注意, 因为我们只考虑直流, 所以电场的时间依赖性($\partial D / \partial t$)已经被消除了。安培定律告诉我们, 一个稳态电流 $\boldsymbol{J}$ 将引起一个环绕导线的磁场 $\boldsymbol{H}$。如例 2.2 所描述, 环绕的方向可以用右手定则来确定。如果大拇指指向电流的方向, 那么右手手指弯曲的方向就是磁场的方向。然后很容易就可以从电磁体中的回路电流想象出磁场的形态, 如图 2.15(a)所示。

考虑围绕一个点旋转的微小电流回路, 它将产生一个如图 2.15(b)所示的微小磁场。这个微小电流回路将产生一个类似于电荷的微小磁场。追溯历史, 科学家最早曾认为有类似于电荷的磁荷存在。然而, 实验证据已经无可辩驳地证明磁荷是不存在的。磁场并不是由磁荷之间相互作用的力所产生的; 磁场是由电流回路产生的。

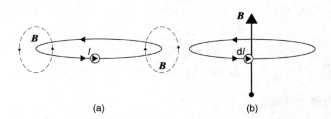

图 2.15　(a)电流回路产生的磁场; (b)类似于电荷的基本电流回路

和我们在静电学中对电荷之间作用力的描述相类似, 考虑一个独立的微小电流回路(l_0), 它将产生一个磁场, 其行为和微小电磁体类似。现在将另外一个微小电流回路(l_1)从无限远处移到 l_0 的磁场中。如果电流回路的位置是相似的, 那么把它们放置在一起需要做功, 因为磁体之间具有和电荷一样的相互作用力。同性磁极相互排斥, 异性磁极相互吸引。每个"电磁体"都有自己的南极和北极。要注意磁场源于移动的电荷 Q, 而这些电荷形成了稳态电流。当 l_1 靠近 l_0 时, 两个电磁体之间的力是由 l_1 的电荷 Q 在 l_0 的磁场中运动所产生的, 这可以用洛伦兹力定律来描述:

$$\boldsymbol{F}_m = Q(\boldsymbol{v} \times \boldsymbol{B}) \tag{2.78a}$$

一个电荷在电场和磁场同时存在的情况下运动, 所产生的力可以计算为:

$$\boldsymbol{F}_m = Q(\boldsymbol{E} + \boldsymbol{v} \times \boldsymbol{B}) \tag{2.78b}$$

式(2.78)表明这个力是和电荷 q 的运动速率 v,以及磁场 $\boldsymbol{B}$ 垂直的。这个力的大小是 $F = qvB\sin\theta$,其中 θ 是速度向量和磁场之间的夹角。因为 $\sin(0) = 0$,这说明静止电荷或与磁场平行运动的电荷所受的磁场力为零。

从式(2.78)中力的关系可以推导出磁场的单位是(牛·秒/库仑·米)或者(牛/安培·米)。这个单位被称为特斯拉(Tesla)。这是一个大单位,更小一些的单位高斯被用来描述小一些的场,譬如地磁场。1 特斯拉 = 10 000 G。地磁场为 0.5 G。

为了使这个概念更明了,磁场力可以用电流来定义,即每秒 1 库仑电量的电流:

$$1A = 1C/s \tag{2.79}$$

如果我们考虑沿着导线的微分片段($\mathrm{d}l$)传导的电流,可以用电流参量来重写式(2.78)。因为 Qv 具有 C 的单位(m/s),这个单位等价于 A·m,那么 Qv 可以简化为 $I\,\mathrm{d}l$:

$$Qv = Q\frac{\Delta l}{s} = Q\frac{\mathrm{d}l}{s} \rightarrow I\,\mathrm{d}l$$

从而可以用电流和磁场参量来表述这个力:

$$\boldsymbol{F}_m = \int (\boldsymbol{I} \times \boldsymbol{B})\,\mathrm{d}l \tag{2.80}$$

式(2.80)表明磁场产生的力将和电流及磁场正交垂直。

在 2.4 节中研究电场中的能量时,我们计算了逆着电场将电荷聚集在一起时所做的功。然而,由于式(2.78)的独特性,当计算磁场中的能量时,必须采用不同的方法。如果一个电荷 Q 在磁场中移动距离为 $\mathrm{d}l = v\mathrm{d}t$,所做功为:

$$\mathrm{d}W_m = \boldsymbol{F}_m \cdot \mathrm{d}\boldsymbol{l} = Q(\boldsymbol{v} \times \boldsymbol{B}) \cdot \boldsymbol{v}\,\mathrm{d}t = 0 \tag{2.81}$$

注意 $\boldsymbol{v} \times \boldsymbol{B}$ 是和沿着路径 $\mathrm{d}l$ 流动的电流正交的。换句话说,磁场做功为零,因为力是和移动电荷正交的。因此,磁场可以改变移动点的方向,但却不能改变它的速度。这个概念可能引起混乱,特别是回想我们在高中都曾经玩过的简单磁铁,我们都知道可以用它来吸起回形针。因为我们逆着地球重力场移动回形针,知道需要做功。尽管如此,如果磁场并没有做功,那么什么在做功呢?这个答案将通过下面的例子论述。

例2.4　考虑一个载有电流 I_1 的长导线,放置在一个刚性矩形回路 I_2 旁边,如图 2.16 所示。这个长导线将产生一个磁场,可以通过例 2.2 那样计算得到:

$$B_1 = \frac{I_1\mu_0}{2\pi r}$$

计算磁场力。

解　根据式(2.80),磁场 $\boldsymbol{B}_1$ 中载有电流 I_2 的回路受力为:

$$\boldsymbol{F}_{\text{loop}} = \int (\boldsymbol{I}_2 \times \boldsymbol{B}_1)\,\mathrm{d}l = I_2\frac{I_1\mu_0}{2\pi}\left(\int_A^B \boldsymbol{a}_x\,\mathrm{d}x \times \frac{\boldsymbol{a}_y}{x} + \int_B^C \boldsymbol{a}_z\,\mathrm{d}z \times \frac{\boldsymbol{a}_y}{b}\right.$$
$$\left. + \int_C^D -\boldsymbol{a}_x\,\mathrm{d}x \times \frac{\boldsymbol{a}_y}{x} + \int_D^A -\boldsymbol{a}_z\,\mathrm{d}z \times \frac{\boldsymbol{a}_y}{a}\right)$$

注意 AB 和 CD 区间等值,但相反,所以它们可以抵消。

$$\boldsymbol{F}_{\text{loop}} = I_2 \frac{I_1 \mu_0}{2\pi} \left(\int_B^C \boldsymbol{a}_z \, \mathrm{d}z \times \frac{\boldsymbol{a}_y}{b} + \int_D^A -\boldsymbol{a}_z \, \mathrm{d}z \times \frac{\boldsymbol{a}_y}{a} \right)$$

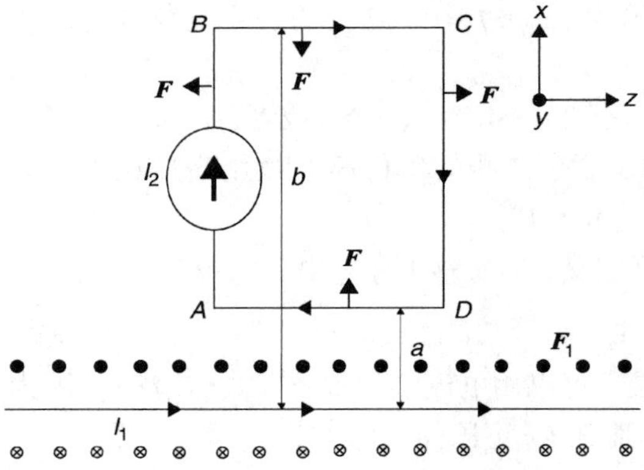

图 2.16　一段导线产生的磁场附近
的导线回路所受到的力

根据右手定则，外积可以表述为：

$$\boldsymbol{a}_z \times \boldsymbol{a}_y = -\boldsymbol{a}_x$$
$$-\boldsymbol{a}_z \times \boldsymbol{a}_y = \boldsymbol{a}_x$$

因此，这个力简化为：

$$\boldsymbol{F}_{\text{loop}} = I_2 \frac{I_1 \mu_0}{2\pi} \left[-\boldsymbol{a}_x \frac{1}{b} (B-C) + \boldsymbol{a}_x \frac{1}{a} (D-A) \right]$$

因为区间 $BC = DA$，我们可以定义这个长度为 d：

$$\boldsymbol{F}_{\text{loop}} = \boldsymbol{a}_x I_2 \frac{I_1 \mu_0 d}{2\pi} \left(\frac{1}{a} - \frac{1}{b} \right)$$

因此，这个回路会在 $\boldsymbol{a}_x$ 方向被推离导线。

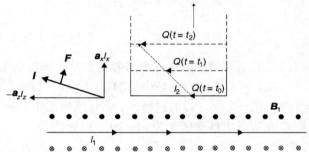

图 2.17　导线所产生的磁场附近的导线回路上的力

可以看到磁场力已经驱动导线回路运动。因为做功等于力乘以距离，所以很容易推断出磁场力已经做了功。然而，式（2.81）明确地表明磁场不能做功。那是什么在做功呢？为了回答这个问题，考虑一旦回路开始移动，其单独区段上的力向量。前面已经阐述力是和电流方向垂直正交的，而电流是通过电荷的运动来定义的。当回路移动时，电流 I_2 的方向将发生改变。为了理解这一点，图 2.17 展示了当回路沿 $+x$ 方向移动时，回路中单个电荷运动的方向。这产生了力向量，它仍然和电流是正交的，向右边倾斜，如图 2.17 所示。当力向量倾斜时，其分量 $\boldsymbol{a}_z F_z$ 和回路中电流 I_2 的电荷运动方向相反。因为 I_2 仍然是常数，所以电流源必须能克服这个力。这就使我们可以下结论：是能量源在做功！磁场只是简单地改变力向量的方向而已。

2.5.1　向量磁位

在电场中，我们通过计算电荷聚集分布所需要做的功，从而计算出电场存储的能量。因为磁场不做功，我们不能用电场中的方法来计算存储的能量，所以需要其他的方法。本节将提出向量磁位的概念，它被用来计算电感，而电感又被用来计算磁场中的储能。

支配静磁学的基本定律是安培定律和磁力学高斯定理的时不变形式：

$$\nabla \times \boldsymbol{H} = \boldsymbol{J} \tag{2.82a}$$
$$\nabla \cdot \boldsymbol{B} = 0 \tag{2.82b}$$

如果应用下面的向量恒等式（参见附录 A）：

$$\nabla \cdot (\nabla \times \boldsymbol{A}) = 0$$

则表明 $\boldsymbol{B}$ 可以用向量 $\boldsymbol{A}$ 的旋度来表示。它被称为向量磁位,有时被用来简化诸如电感的计算:

$$\boldsymbol{B} = \nabla \times \boldsymbol{A} \tag{2.83}$$

为了计算 $\boldsymbol{A}$ 的形式,首先需要介绍静磁学的最基本定律,毕奥 – 萨伐尔定律,它描述了在给定点附近移动电荷时将产生怎样的磁场 $\boldsymbol{B}$。应用这个定律时,我们认为电流要么是静止的,要么就是随时间缓慢变化的。毕奥–萨伐尔定律表述如下[Inan and Inan, 1998]:

$$\mathrm{d}\boldsymbol{B}_p = \frac{\mu_0 I \,\mathrm{d}\boldsymbol{l} \times \boldsymbol{R}}{4\pi R^2} \tag{2.84}$$

其中,I 是电流,$\boldsymbol{R}$ 是从微小电流元 $I\mathrm{d}\boldsymbol{l}$ 指向点 P 的单位向量,而且 $R = |\boldsymbol{r} - \boldsymbol{r}'|$ 即电流元和点 P 之间的距离。要注意,主要的量描述了位向量或源点的坐标,而非主要的量描述了位向量或正在计算 $\boldsymbol{B}$ 的点的坐标。注意式(2.84)中的外积表明 $\mathrm{d}\boldsymbol{B}$ 是和 $I\mathrm{d}\boldsymbol{l}'$ 及 $\boldsymbol{R}$ 正交垂直的,其方向用右手定则判定。同样也要注意到 $I\mathrm{d}\boldsymbol{l}'$ 所产生的场将随距离的平方衰减。

电流元 $I\mathrm{d}\boldsymbol{l}'$ 是封闭电流回路的一小部分,而任意形状回路都可以通过多个这种封闭的基本电流回路的重叠来构成,如图 2.18 所示。这样,可以用积分形式重写毕奥–萨伐尔定律为:

$$\boldsymbol{B} = \frac{\mu_0}{4\pi} \oint_C \frac{I \,\mathrm{d}\boldsymbol{l}' \times \boldsymbol{R}}{R^2} \tag{2.85}$$

仔细观察式(2.85),可以由它计算向量磁位 $\boldsymbol{A}$ 的形式。式(2.83)表明磁场是 $\boldsymbol{A}$ 的旋度。所以计算向量磁位的关键是将式(2.85)变换为旋度的形式,以求取 $\boldsymbol{A}$。式(2.85)右边项有一项可以换算为球坐标系中 $1/R$ 的梯度(参见附录 A):

$$\nabla\left(\frac{1}{R}\right) = \boldsymbol{R}\frac{\partial}{\partial R}\left(\frac{1}{R}\right) + \boldsymbol{\theta}\frac{1}{R}\frac{\partial}{\partial\theta}\left(\frac{1}{R}\right) + \boldsymbol{\phi}\frac{1}{R\sin\theta}\frac{\partial}{\partial\phi}\left(\frac{1}{R}\right) = -\boldsymbol{R}\frac{1}{R^2} \tag{2.86}$$

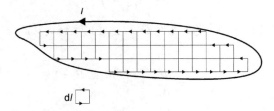

图 2.18　任何电流回路都可以由基本电流回路 $\mathrm{d}\boldsymbol{l}$ 构成

将式(2.86)代入式(2.85)可以得到:

$$\boldsymbol{B} = \frac{\mu_0}{4\pi} \oint_C -I\mathrm{d}\boldsymbol{l}' \times \nabla\left(\frac{1}{R}\right) \tag{2.87}$$

这个 ∇ 算子不对源变量进行操作,因此不会对 $I\mathrm{d}\boldsymbol{l}'$ 产生影响。所以,可以用旋度的形式来重写式(2.87):

$$\boldsymbol{B} = \nabla \times \frac{\mu_0 I}{4\pi} \oint_C \frac{\mathrm{d}\boldsymbol{l}'}{R} \tag{2.88}$$

从上式可以看到负号已经被消掉了,因为公式本身已经表明了电流方向,包含于向量 $I\mathrm{d}\boldsymbol{l}'$ 中。将式(2.88)与式(2.83)中的向量磁位的定义进行对比,可以推导出 $\boldsymbol{A}$ 的表达式为:

$$\boldsymbol{A} = \frac{\mu_0 I}{4\pi} \oint_C \frac{\mathrm{d}\boldsymbol{l}}{R} \tag{2.89}$$

2.5.2　电感

　　假设两个电流回路互相之间非常靠近，如图 2.19 所示。如果一个稳定电流 I_1 正在流过回路 1，由式(2.85)可以计算所产生的磁场 B_1。如果这个磁场线的一部分通过回路 2，通过回路 2 的通量可以使用式(2.17)来计算：

$$\psi_2 = \int \boldsymbol{B}_1 \cdot \mathrm{d}\boldsymbol{s}_2 \qquad (2.90)$$

可以看到回路 2 中的通量正比于 $\boldsymbol{B}_1$，因此同样正比于 I_1。这样，我们可以定义一个比例常数，普遍地称之为互感：

$$L_{21} \equiv \frac{\psi_2}{I_1} \qquad (2.91)$$

将式(2.83)代入(2.90)中，将得到以向量磁位项表达的通过回路 2 的通量，其中 s_2 是回路 2 所环绕的面：

$$\psi_2 = \int (\nabla \times A_1) \cdot \mathrm{d}\boldsymbol{s}_2 \qquad (2.92)$$

现在可以使用斯托克斯定理(Stokes' theorem)，并用式(2.89)代替 $\boldsymbol{A}$，简化上式为[Jackson, 1999]：

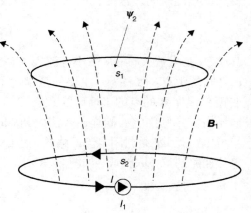

图 2.19　回路 1 的磁通量通过
回路 2 所产生的互感

$$\psi_2 = \int (\nabla \times A_1) \cdot \mathrm{d}\boldsymbol{s}_2 = \oint \left(\frac{\mu_0 I_1}{4\pi} \oint_C \frac{\mathrm{d}\boldsymbol{l}_1}{R} \right) \cdot \mathrm{d}\boldsymbol{l}_2 = \frac{\mu_0 I_1}{4\pi} \oint \left(\oint \frac{\mathrm{d}\boldsymbol{l}}{R} \right) \cdot \mathrm{d}\boldsymbol{l}_2 \qquad (2.93)$$

因为 $\psi_2 = L_{21} I_1$[根据式(2.91)]，回路 1 和回路 2 之间的互感可以由式(2.93)除以回路 1 中的电流来求取：

$$L_{21} = \frac{\mu_0}{4\pi} \oint \oint \frac{\mathrm{d}\boldsymbol{l}_1 \cdot \mathrm{d}\boldsymbol{l}_2}{R} \qquad (2.94)$$

式(2.94)称为诺伊曼(Neumann formula)公式，同时包括围绕回路 1 和回路 2 的积分。由式(2.94)可以得到以下两个非常重要的概念。

　　1. 互感是两个回路之间尺寸、形状和距离的函数。
　　2. 回路 1 到回路 2 的互感(L_{21})等价于回路 2 到回路 1 的互感(L_{12})。

　　如果考虑法拉第定律($\nabla \times E + \partial B / \partial t = 0$)的含义，可以猜测到在信号完整性分析中经常使用的另一个非常重要的概念。简化起见，假设在 x 方向只有一个电场分量，而且它是沿着 z 轴传播的，且 $\boldsymbol{E} = \boldsymbol{a}_x E_x(z, t)$。这样法拉第定律就可以简化为：

$$\nabla \times \boldsymbol{E} + \frac{\partial \boldsymbol{B}}{\partial t} = \boldsymbol{a}_y \frac{\partial E_x}{\partial z} + \frac{\partial \boldsymbol{B}}{\partial t} = 0 \qquad (2.95)$$

式(2.95)表明，由回路 1 产生的时变磁通量 B 通过回路 2 时将产生一个电场，然后就会在回路 2 中产生电压。法拉第定律可以用电路参数的形式重写如下：

$$v_2 = -\frac{\mathrm{d}\psi_2}{\mathrm{d}t} = -L_{21} \frac{\mathrm{d}I_1}{\mathrm{d}t} \qquad (2.96)$$

因此，每次回路 1 中电流的改变，都将在回路 2 中产生一个电动势（例如电压），而它将引起电流的流动。除了在它附近的回路中产生电压以外，改变回路 1 中的电流也会改变通过它自己的磁通量，从而产生一个自身电压。这称为自感：

$$L_{11} \equiv \frac{\psi_1}{I_1} \qquad (2.97)$$

和互感相类似，如果电流发生改变，那么将在回路中产生一个电压：

$$v = -L_{11}\frac{\mathrm{d}I_1}{\mathrm{d}t} \qquad (2.98)$$

通过观察式（2.98），电感的单位定义为伏特·秒每安培，又称为亨利。图 2.20 展示了叠加在磁耦合回路上的电压源，其值与通过式（2.96）和式（2.98）计算所得互感和自感相一致。注意电压源选择为正、负号是由电流的方向决定的。

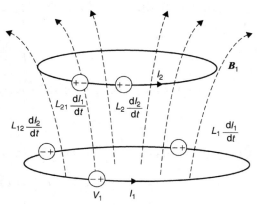

图 2.20　回路 1 中时变电流所产生的电压源

例 2.5　一个磁耦合系统的等效电路。如果使用传统电路理论，那么可以更加容易地理解磁耦合电路。图 2.21 展示了磁耦合回路的等效电路，假设第二个回路接了一个负载电阻 R_L，而且每一根导线自身电阻都为 R_w。每一个回路的基尔霍夫电压关系可以表述为：

回路 1：

$$v_1 = R_w I_1 + L_1\frac{\mathrm{d}I_1}{\mathrm{d}t} + L_{12}\frac{\mathrm{d}I_2}{\mathrm{d}t}$$

回路 2：

$$(R_w + R_L)I_2 + L_2\frac{\mathrm{d}I_2}{\mathrm{d}t} + L_{21}\frac{\mathrm{d}I_1}{\mathrm{d}t} = 0$$

注意电感通常是正值，类似于机械系统中的质量。大质量很难移动，在任何方向上都很难加速。类似地，电感越大，越难改变电流，因为在电流相反方向会产生反电动势（反电压），也就是式（2.98）中负号的原因。这就是楞次定理。

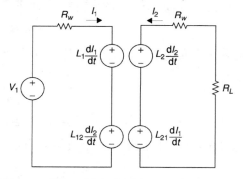

图 2.21　例 2.5 的电路，展示了磁耦合回路

2.5.3　磁场中的能量

如果电路具有有限数值的电感，那么产生电流是要消耗能量的，因为克服楞次定理所描述的反电动势（EMF）需要做功。根据式（2.98）可知，在一个电荷上克服这种反电动势做的功为 $-v$。这个负号表明它正在克服 EMF 做功，而不是通过 EMF 做功。因为电流是单位时间的电荷流动，所以单位时间做的功可以从式（2.58）导出，表述为：

$$W = -vq \rightarrow \frac{\mathrm{d}W}{\mathrm{d}t} = -vI = -\left(L\frac{\mathrm{d}I}{\mathrm{d}t}\right)I \qquad (2.99)$$

对式（2.99）的后半部分进行积分，可以得到做的总功，同时可以得到电流和电感表述的磁场中的能量公式：

$$W = -\frac{LI^2}{2} \quad \text{J} \tag{2.100}$$

注意式(2.100)只取决于回路的几何结构(产生电感)以及稳态电流。

总能量的常用表达形式是用磁场来表示。为了变换电感,即电路量到场量变换,将使用式(2.97)。

$$L = \frac{\psi}{I} \rightarrow \psi = LI \tag{2.101}$$

回顾式(2.90)和式(2.92),同时运用如式(2.93)所示的斯托克斯定理,通量可以换算为下式:

$$\psi = LI = \int \boldsymbol{B} \cdot d\boldsymbol{s} = \int (\nabla \times \boldsymbol{A}) \cdot d\boldsymbol{s} = \oint \boldsymbol{A} \cdot d\boldsymbol{l} \tag{2.102}$$

因此,式(2.100)中计算的功可以重写为:

$$W = \frac{1}{2}LI^2 = \frac{1}{2}I \oint \boldsymbol{A} \cdot d\boldsymbol{l} = \frac{1}{2} \oint (\boldsymbol{A} \cdot \boldsymbol{I}) dl \tag{2.103}$$

用体积分表示式(2.103),并用安培定律($\nabla \times \boldsymbol{B}/\mu_0 = \boldsymbol{J}$)消掉 I:

$$W = \frac{1}{2} \oint (\boldsymbol{A} \cdot \boldsymbol{I}) dl = \frac{1}{2} \int_V (\boldsymbol{A} \cdot \boldsymbol{J}) dV = \frac{1}{2} \int_V \left(\boldsymbol{A} \cdot \nabla \times \frac{\boldsymbol{B}}{\mu_0} \right) dV \tag{2.104}$$

根据 Jackson[1999]的丰富数学知识,可以用下面的向量恒等式来简化重写式(2.104):

$$\nabla \cdot (\boldsymbol{A} \times \boldsymbol{B}) = \boldsymbol{B} \cdot (\nabla \times \boldsymbol{A}) - \boldsymbol{A} \cdot (\nabla \times \boldsymbol{B}) \tag{2.105}$$

重新排列这些项,并且利用向量磁位的定义:

$$\boldsymbol{A} \cdot (\nabla \times \boldsymbol{B}) = \boldsymbol{B} \cdot (\nabla \times \boldsymbol{A}) - \nabla \cdot (\boldsymbol{A} \times \boldsymbol{B})$$

$$\nabla \times \boldsymbol{A} = \boldsymbol{B}$$

$$\boldsymbol{A} \cdot (\nabla \times \boldsymbol{B}) = \boldsymbol{B} \cdot \boldsymbol{B} - \nabla \cdot (\boldsymbol{A} \times \boldsymbol{B})$$

这样就可以用磁场来表示所做的功:

$$W_m = \frac{1}{2\mu_0} \int_V [\boldsymbol{B} \cdot \boldsymbol{B} - \nabla \cdot (\boldsymbol{A} \times \boldsymbol{B})] dV$$

上式可以简化为:

$$W_m = \frac{1}{2\mu_0} \int_{\text{all space}} B^2 dV \tag{2.106}$$

这引出了体能量密度的定义,它表述了在磁场中存储的能量:

$$w_m = \frac{B^2}{2\mu_0} \quad \text{J/m}^2 \tag{2.107}$$

2.6　能流和玻印亭向量

当电磁波通过空间传播时,它们携带了功率。本节的目标就是推导电场和磁场向量之间的关系,以及功率的转移。推导前,先要将空间中一定体积内,电场和磁场的储能进行量化。如图2.22所示,它描述了空间的一个立方体、中间有平面电磁波传播。为了量化传播通过这个

立方体的随时间转移的总能量, 所有能量源都必须考虑在内。功率平衡方程可以表述为:

$$P_A = P_S - P_L - P_{EM} \qquad (2.108)$$

其中 P_A 是流经空间立方体面积为 A 的远端表面的功率, 如图 2.22 所示, P_S 表示立方体内的任意功率源, P_L 表示立方体内热耗散的损耗能量(如电阻损耗), P_{EM} 表示在立方体内传播的电磁波所包含的功率。假设我们考察的是无

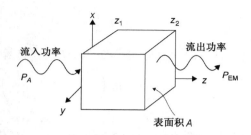

图 2.22　用来计算能流和玻印亭向量的空间体

源和无损的介质, 流入立方体的功率流必然等价于流出的部分, 这里负号表示功率是流出这个面的:

$$P_A = -P_{EM} \qquad (2.109)$$

为了用电场和磁场量对式(2.109)进行量化, 我们从前面已经推导出的电场和磁场体能量密度来入手, 方便起见将式(2.75)和式(2.107)重新列出如下:

$$w_e = \frac{\varepsilon}{2} E^2 \qquad \mathrm{J/m^3}$$

$$w_m = \frac{B^2}{2\mu_0} \qquad \mathrm{J/m^3}$$

在立方体的体积内对上两式的和进行积分, 可以得到总能量:

$$W_{EM} = A \int_{z_1}^{z_2} \frac{1}{2} \left(\varepsilon_0 E^2 + \frac{1}{\mu_0} B^2 \right) \mathrm{d}z \qquad (2.110)$$

因为功率是单位时间间隔的能量转移, 所以对时间求导可以计算 P_{EM}:

$$\frac{\partial}{\partial t} W_{EM} = \frac{\partial}{\partial t} A \int_{z_1}^{z_2} \frac{1}{2} \left(\varepsilon_0 E^2 + \frac{1}{\mu_0} B^2 \right) \mathrm{d}z \qquad (2.111)$$

定义时谐形式的场, 从而能用时间偏导数的形式来表述式(2.111):

$$E = E_0 \mathrm{e}^{-\mathrm{j}\omega t}$$

$$\frac{\partial}{\partial t} E = -\mathrm{j}\omega E_0 \mathrm{e}^{-\mathrm{j}\omega t}$$

$$\frac{\partial}{\partial t} E^2 = -\mathrm{j} 2\omega E_0^2 \mathrm{e}^{-\mathrm{j}2\omega t} = 2 E_0 \mathrm{e}^{-\mathrm{j}\omega t} (-\mathrm{j}\omega E_0 \mathrm{e}^{-\mathrm{j}\omega t}) = 2 E_0 \mathrm{e}^{-\mathrm{j}\omega t} \left(\frac{\partial}{\partial t} E_0 \mathrm{e}^{-\mathrm{j}\omega t} \right)$$

$$\frac{\partial}{\partial t} E^2 = 2 E \frac{\partial}{\partial t} E$$

类似地,

$$\frac{\partial}{\partial t} B^2 = 2 B \frac{\partial}{\partial t} B$$

运用上式可以将式(2.111)重写为:

$$\frac{\partial}{\partial t} W_{EM} = A \int_{z_1}^{z_2} \left(\varepsilon_0 E \frac{\partial}{\partial t} E + \frac{1}{\mu_0} B \frac{\partial}{\partial t} B \right) \mathrm{d}z \qquad (2.112)$$

现在, 对一个沿 z 方向传播的平面波而言, 在 y 方向场的贡献已由式(2.29)进行了计算:

$$\boldsymbol{a}_y \left(\frac{\partial E_x}{\partial z} = -\mu \frac{\partial H_y}{\partial t} \right) = \boldsymbol{a}_y \left(\frac{\partial E_x}{\partial z} = -\frac{\partial B_y}{\partial t} \right)$$

而且在 x 方向的值也在式(2.30)进行了计算:

$$\boldsymbol{a}_x \left(\varepsilon \frac{\partial E_x}{\partial t} = -\frac{\partial H_y}{\partial z} \right) = \boldsymbol{a}_x \left(\mu \varepsilon \frac{\partial E_x}{\partial t} = -\frac{\partial B_y}{\partial z} \right)$$

注意,因为已经假设体积内是无源的,所以 $\boldsymbol{J} = 0$。

　　将以上两式代入式(2.112)中,可以简化为:

$$
\begin{aligned}
\frac{\partial}{\partial t} W_{\text{EM}} &= A \int_{z_1}^{z_2} \left[\varepsilon_0 E_x \left(-\frac{1}{\mu_0 \varepsilon_0} \frac{\partial B_y}{\partial z} \right) + \frac{1}{\mu_0} B_y \left(-\frac{\partial E_x}{\partial z} \right) \right] \mathrm{d}z \\
&= -A \int_{z_1}^{z_2} \left[E_x \left(\frac{\partial H_y}{\partial z} \right) + H_y \left(\frac{\partial E_x}{\partial z} \right) \right] \mathrm{d}z
\end{aligned}
\tag{2.113}
$$

从式(2.113)可以看到,被积函数的形式看起来像旋度乘以一个向量。这表明,如果使用前面引入的向量恒等式[即式(2.105)]:

$$\nabla \cdot (\boldsymbol{E} \times \boldsymbol{H}) = \boldsymbol{H} \cdot (\nabla \times \boldsymbol{E}) - \boldsymbol{E} \cdot (\nabla \times \boldsymbol{H})$$

可以简化式(2.113)。

　　由式(2.24)可知,$\boldsymbol{a}_x (\partial H_x / \partial z) = -\nabla \times \boldsymbol{H}$,而且 $\boldsymbol{a}_y (\partial E_x / \partial z) = \nabla \times \boldsymbol{E}$。因此

$$\boldsymbol{E} \cdot (\nabla \times \boldsymbol{H}) = -\frac{\partial H_y}{\partial z}$$

$$\boldsymbol{H} \cdot (\nabla \times \boldsymbol{E}) = \frac{\partial E_x}{\partial z}$$

这样就可以用电场与磁场外积的形式来重写式(2.113):

$$P_{\text{EM}} = -A \int_{z_1}^{z_2} (\boldsymbol{H} \cdot \nabla \times \boldsymbol{E} - \boldsymbol{E} \cdot \nabla \times \boldsymbol{H}) \, \mathrm{d}z = -A \int_{z_1}^{z_2} \nabla \cdot (\boldsymbol{E} \times \boldsymbol{H}) \, \mathrm{d}z \tag{2.114}$$

注意到式(2.114)的最后一项等价于一个体积分,其中 $A\mathrm{d}z = \mathrm{d}V$。所以可以用散度理论来消除 ∇ 算子:

$$\int_V (\nabla \cdot \boldsymbol{F}) \, \mathrm{d}V = \oint_S \boldsymbol{F} \cdot \mathrm{d}\boldsymbol{s} \qquad \text{(散度定理)}$$

$$
\begin{aligned}
P_{\text{EM}} &= -A \int_{z_1}^{z_2} (\nabla \cdot (\boldsymbol{E} \times \boldsymbol{H})) \, \mathrm{d}z = -\int_V \nabla \cdot (\boldsymbol{E} \times \boldsymbol{H}) \, \mathrm{d}V \\
&= -\oint_S (\boldsymbol{E} \times \boldsymbol{H}) \cdot \mathrm{d}\boldsymbol{s}
\end{aligned}
$$

从而定义玻印亭向量为,在某个时间点,通过面 S 的每单位面积的功率流动。

$$\boldsymbol{S} = \boldsymbol{E} \times \boldsymbol{H} \qquad \text{W/m}^2 \tag{2.115}$$

注意功率流的方向相同时 $\boldsymbol{E}$ 和 $\boldsymbol{H}$ 即正交垂直。

2.6.1　时间平均值

　　考察以正弦时变场形式传播的电磁场的功率时,实际测量中倾向于使用功率的时间平均值,而非式(2.115)中描述的瞬时值。因为进入无源网络的时间平均功率,用功率表进行测量时,是测量所有电阻性电路元件中通过热的形式耗散的功率。实验室中,一个时谐函数的时间平均值,是在若干周期的时间段上求取的。对于一个稳态正弦函数,一个周期的平均

值，与很多周期的平均值相等，因为每个周期都相同。玻印亭向量的时间平均被定义为一个周期内这个函数下的面积，除以这个周期的时长：

$$S_{ave} = \frac{A_{period}}{T_{period}} = \frac{1}{T}\int_0^T S(x, y, z, t)\,dt \tag{2.116}$$

本书对数学知识不进行详细介绍，不过 Jackson[1999]详细推导了玻印亭向量时间平均值：

$$S_{ave} = \tfrac{1}{2}\mathrm{Re}(E \times H^*) \qquad \mathrm{W/m^2} \tag{2.117}$$

其中星号 * 表示复数共轭。

有时候采用电场或磁场，以及式(2.53)定义的本征阻抗的形式来表述玻印亭向量的大小非常有用。对式(2.116)中描述的正弦函数进行积分，将得到以 E 和 H 场参量表示的平均时间玻印亭向量[Johnk, 1988]：

$$E = a_x E^+ \cos(\omega t - \beta z) \tag{2.118}$$

$$H = a_y \frac{H^+}{\eta}\cos(\omega t - \beta z) \tag{2.119}$$

$$S = E \times H = [a_x E^+ \cos(\omega t - \beta z)] \times \left[a_y \frac{E^+}{\eta}\cos(\omega t - \beta z)\right]$$
$$= a_z \frac{(E^+)^2}{\eta}\cos^2(\omega t - \beta z) \tag{2.120}$$

由于 $\sin^2\theta + \cos^2\theta = 1$，对一个完整的周期，$\cos^2\theta$ 的平均等于 $\sin^2\theta$ 的平均，即 $\sin^2\theta = \cos^2\theta = 1/2$。这样，一个完整周期的余弦平方项的时间均值为 $1/2$：

$$S_{ave} = a_z \frac{(E^+)^2}{2\eta} \tag{2.121}$$

同样，玻印亭向量可以用磁场参量的形式进行表述：

$$S = E \times H = [a_x \eta E^+ \cos(\omega t - \beta z)] \times [a_y H^+ \cos(\omega t - \beta z)]$$
$$= a_z \eta (H^+)^2 \cos^2(\omega t - \beta z) \tag{2.122}$$

$$S_{ave} = a_z \eta \frac{(H^+)^2}{2}$$

2.7　电磁波的反射

至此为止，我们已经考虑了简单且无限大介质中电磁波的传播。但是，大多数实际问题包括在多种电介质中传播的波。由于每一种介质都有不同的电性能，所以有必要理解电磁波进入介质特性交变区域时的传播行为。

一般地，当介质 A 中传播的电磁平面波进入介电性质不同的区域 B 时，将发生两件事情：(1)波的一部分将反射离开区域 B；(2)波的一部分透射进入区域 B。当这些平面波遇到平界面时，反射和入射波都是平面的，因此它们的方向、振幅和相位常数都很容易计算得到。边界条件的直接结果是透射波和反射波的同时存在，在求解两个区域交界处的麦克斯韦方程组时必须满足这些边界条件。我们从入射到理想导体上的平面波着手讨论。

2.7.1　入射到理想导体上的平面波

考虑在介质 A 中沿 z 方向传播的平面波。假设区域 A 中的介质是简单、无损的，而介质 B 是理想传导的金属面，如图 2.23 所示。假设电场是沿 x 方向的，而磁场是 y 方向的。在介质 A 中传播的入射场可以表述为：

$$E_i(z) = a_x E_i \mathrm{e}^{-\mathrm{j}\omega z \sqrt{\mu_0 \varepsilon_0}} \qquad (2.123)$$

$$H_i(z) = a_y \frac{1}{\eta} E_i \mathrm{e}^{-\mathrm{j}\omega z \sqrt{\mu_0 \varepsilon_0}} \mathrm{e}^{\mathrm{j}\omega t} \qquad (2.124)$$

因为边界是和入射波垂直的，反射部分将沿 $-z$ 方向反射回去。那么，反射电场就具有如下形式：

$$E_r(z) = a_x E_r \mathrm{e}^{-\mathrm{j}\omega(-z)\sqrt{\mu_0 \varepsilon_0}} = a_x E_r \mathrm{e}^{+\mathrm{j}\omega z \sqrt{\mu_0 \varepsilon_0}} \qquad (2.125)$$

因为反射波的电场是沿 $-z$ 方向传播的，所以磁场必然也会翻转并指向 $-y$ 方向，以保持电场和磁场的正确关系：

$$H_r(z) = -a_y \frac{1}{\eta} E_r \mathrm{e}^{+\mathrm{j}\omega z \sqrt{\mu_0 \varepsilon_0}} \mathrm{e}^{\mathrm{j}\omega t} \qquad (2.126)$$

为了计算反射波和透射波的量，必须考虑当电磁场撞击到理想导体上时所发生的事。式(2.7)表明，撞击到传导率为 σ 的导体的电场将产生一个电流密度 J：

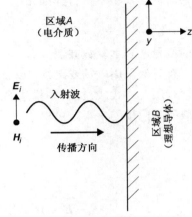

图 2.23　在电介质区域 A 中传播的电磁波入射到理想导体上

$$J = \sigma E$$

对于理想导体而言，$\sigma = \infty$。尽管如此，由于现实世界限制电流为有限密度，式(2.7)表明，无限传导率将在理想导体内产生无限大电流，这显然是不可能的；因此，理想导体内的电场必然为零。如果电场为零，那么磁场必然也为零。这可以用来推导电介质和理想电导体(PEC)之间分界面处，E 和 H 的边界条件。因为在区域 A 中的场是有限的，在区域 B(PEC)中的场为零，所以我们可以推导出：撞击到导体上的波，必然在分界面处产生一个和入射波大小相等、方向相反的波，所以在导体中的场为零。在 PEC 表面($z=0$)处的边界条件，要求切向电场在 x 和 y 方向都为零，以确保导体内的电场为零。对电场的入射部分和反射部分都运用边界条件，可以得到：

$$E(z=0) = E_i(z=0) + E_r(z=0) = a_x E_i + a_x E_r = 0$$

上式建立了撞击到 PEC 上的电磁波的入射电场和反射电场之间的联系：

$$a_x E_i = -a_x E_r \qquad (2.127)$$

这意味着当一个沿 $+z$ 方向传播的电磁波，以法线方向入射到理想传导平面上，它将沿着 $-z$ 方向发生 100% 的反射，其反射波具有和入射波大小相等但为负值的振幅。这和反射波的大小不变，而相位翻转了 180° 的说法是一样的，如图 2.24 所示。

2.7.2　入射到无损电介质上的平面波

在 2.7.1 节中，我们考虑了一种特殊情况，即电磁平面波入射到第二种介质为理想导体的分界面上。现在我们考虑更普通的情况，第二种介质为无损电介质。当平面波撞击到不同电介质的面上时，波的一部分被反射回去，另一部分透射进新介质中继续传播，如图 2.25 所示。

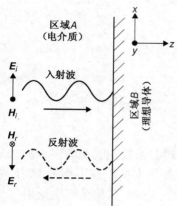

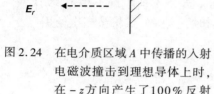

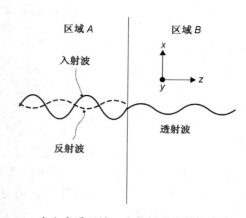

图 2.24　在电介质区域 A 中传播的入射　　图 2.25　在电介质区域 A 中传播的入射电磁波，撞击
　　　　 电磁波撞击到理想导体上时，　　　　　　　 到电介质区域 B 上，展示了波的一部分沿 −z
　　　　 在 −z 方向产生了100% 反射　　　　　　　 方向反射回去，另一部分沿 +z 方向透射

假设入射场用向量表述，那么总的平面波可以划分为三个部分：

1. 入射波：

$$\boldsymbol{E}_i(z) = \boldsymbol{a}_x E_i \mathrm{e}^{-\mathrm{j}\beta_A z}$$

$$\boldsymbol{H}_i(z) = \boldsymbol{a}_y \frac{1}{\eta_A} E_i \mathrm{e}^{-\mathrm{j}\beta_A z}$$

2. 反射波：

$$\boldsymbol{E}_r(z) = \boldsymbol{a}_x E_r \mathrm{e}^{+\mathrm{j}\beta_A z}$$

$$\boldsymbol{H}_r(z) = -\boldsymbol{a}_y \frac{1}{\eta_A} E_r \mathrm{e}^{+\mathrm{j}\beta_A z}$$

3. 透射波：

$$\boldsymbol{E}_t(z) = \boldsymbol{a}_x E_t \mathrm{e}^{-\mathrm{j}\beta_B z}$$

$$\boldsymbol{H}_t(z) = \boldsymbol{a}_y \frac{1}{\eta_B} E_t \mathrm{e}^{-\mathrm{j}\beta_B z}$$

其中，$\beta_A = \omega\sqrt{\mu_A \varepsilon_A}$，$\beta_B = \omega\sqrt{\mu_B \varepsilon_B}$，$\eta_A = \omega\sqrt{\mu_A/\varepsilon_A}$，$\eta_B = \omega\sqrt{\mu_B/\varepsilon_B}$（这里 $\mu_x = \mu_{rx}\mu_0$，$\varepsilon_x = \varepsilon_{rx}\varepsilon_0$）分别是区域 A 和 B 的相位常数和本征阻抗。

当一个波贯穿两个无损电介质区域的边界时，横贯分界面的电场和磁场的正切分量必然保持连续。换言之，场的正切分量不可能瞬间改变。由于我们假设波是以 TEM 模沿着 z 方向传播的，所以电场和磁场都与分界面平行（例如正切）。这样，在分界面（$z=0$）处，入射波和反射波之和必然等于透射波：

$$\boldsymbol{E}_t(z=0) = \boldsymbol{E}_i(z=0) + \boldsymbol{E}_r(z=0) \rightarrow E_t = E_i + E_r \tag{2.128}$$

$$\boldsymbol{H}_t(z=0) = \boldsymbol{H}_i(z=0) + H_r(z=0) \rightarrow \frac{E_t}{\eta_2} = \frac{E_i}{\eta_1} - \frac{E_r}{\eta_1} \tag{2.129}$$

因为入射波已知，我们可以同时求解式（2.128）和式（2.129），得到波的透射和反射部分：

$$E_t = E_i \frac{2\eta_B}{\eta_B + \eta_A} \tag{2.130}$$

$$E_r = E_i \frac{\eta_B - \eta_A}{\eta_B + \eta_A} \tag{2.131}$$

由式(2.130)和式(2.131)可以引出了反射系数和透射系数的定义:

$$\Gamma \equiv \frac{E_r}{E_i} = \frac{\eta_B - \eta_A}{\eta_B + \eta_A} \tag{2.132}$$

$$T \equiv \frac{E_t}{E_i} = \frac{2\eta_B}{\eta_B + \eta_A} = 1 + \Gamma \tag{2.133}$$

反射系数是两种介质分界面上有多少波反射回去的度量,而透射系数则表明有多少波透射过去。如果反射系数为零,则表示两个区域的本征阻抗相等。如果本征阻抗不相等,则反射系数将是有限数值。在第3章中分析传输线结构的多次反射时,这些公式将被多次使用。

参考文献

Huray, Paul G., 2009, *Foundations of Signal Integrity*, Wiley, Hoboken, NJ.

Inan, Umran S., and Aziz S. Inan, 1998, *Engineering Electromagnetics*, Addison Wesley Longman, Reading, MA.

Jackson, J. D., 1999, *Classical Electrodynamics*, 3rd ed., Wiley, New York.

Johnk, Carl T. A., 1988, *Electromagnetic Theory and Waves*, Wiley, New York.

习题

2.1　一个沿 z 方向传播的 TEM 平面波,$E_x = 60$ V/m,如果 $\lambda = 20$ cm 且 $v = 1.5 \times 10^8$,求解波的频率,相对介电常数(ε_r),相移常数以及本征阻抗。

2.2　对习题2.1中的平面波,写出其电场 E 和磁场 H 的时域表达式,并绘图表示。

2.3　对习题2.1中的平面波,有多少能量传输?

2.4　如果有一根直径为1英寸①的导线载有1000 A 直流电流,在它附近有一导线回路,负载电阻为100 Ω,如图2.26所示,那么传递给负载的功率为多少?

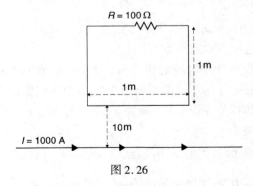

图2.26

2.5　如果在自由空间中有相距10英寸的同样两个点电荷,它们之间的排斥力为1 N,那么每个电荷电量为多少?

---

① 1英寸 = 2.54 cm——编者注。

2.6   相距为 5 英寸的两根无限长平行导线,其上电流大小相等、方向相反。如果它们之间每单位长度的力为 0.25 N/m,求其电流值。

2.7   从自由空间 (x, y, z) 中的三个点 $(0, 0, 0)$、$(1, 0, 0)$、$(-1, 0, 0)$(单位为毫米),移动三个点电荷聚集在一起,计算需要做的功。

2.8   现有一个平板电容处在自由空间中 $(\varepsilon_r = 1)$,其中一个极板带电量为 Q,另一个极板带电量为 $-Q$,极板面积为 A,间距为 d,计算保持极板固定所需要施加的外力大小。

2.9   如果一个平面波在自由空间中沿 z 方向传播,它撞击上平面电介质 $(\varepsilon_r = 9.6)$,有多少波传播?有多少波反射?如果入射到边界上的电场值为 60 V/m,那么初始波携带有多少功率?有多少功率反射和透射?

2.10   如果空间中某区域内电场在球面坐标系中为 $\boldsymbol{E} = br^3 \boldsymbol{a}_r$(其中 b 是常数),求直径 d 范围内的电荷密度 ρ,以及总电荷电量。

第3章 理想传输线基础

传输线是一种简单的电气结构，由夹在两个金属层间(通常是有色金属，比如铜)的电介质绝缘层组成。在高速数字设计中，传输线担负着各电气组件间的通信的任务，这些组件包括微处理器、存储模块和芯片集。在诸如计算机系统的现代设计中，有着极高的数据传输速率，使得数字脉冲的宽度(以时间为单位)极小，已达到足以与信号从传输线的一端传输到另一端所用时间相比的程度。这样，一条传输线中在任一时刻传播着不止一个比特的信息，在接收电路能够锁存信息之前，传输线就"存储"着若干信息。因此，为了在一定程度上保证数字脉冲信号流的质量，使之能被接收器件无错地捕获，必须重视传输线的结构和设计，保证其电气特征明确可控。设计一个成功的高速率总线要求对传输线上信号的传播方式有着透彻的理解。本章将介绍数字系统中典型的基本传输线结构，阐述理想传输线的基本理论。

3.1 传输线结构

传输线有着不同的形状和尺寸。一个典型的传输线是用于有线电视的同轴电缆。而在高速数字系统里，传输线通常是制备在印制电路板(PCB)上，或者多芯片模块里，在这些多芯片模块里一般都有内嵌的导线或者附着在电介质上的多条电源线/地线。常用的金属是铜(常镀银或镍以防腐蚀)；而常用电介质是 FR4，它是一种玻璃纤维聚酯的混合物，将在第 6 章中详细讨论。数字设计中最常用的两种传输线是微带线和带状线。微带线分布在 PCB 的最外层，一般只有一边有参考平面。微带线又分埋层微带线和非埋层微带线两类。埋层(又称嵌入)微带线是内嵌在电介质中的简单传输线，也仅有一个参考平面。带状线分布在层内，有两个参考平面。图 3.1 是一个 PCB 的示意图，表示了分布在各种器件之间的导线，有布于层内的(带状线)，也有布于层外的(微带线)。图中也给出了能同时看到传输线及其对应的电源地平面的横截面。本书中通常以横截面来图示传输线，这样增强了传输线参数的可视性，便于理解参数的计算。

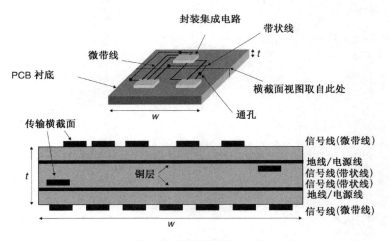

图 3.1 数字设计中传输线的典型应用

在图 3.1 所示的多层 PCB 中有大量的带状线和微带线结构。控制导线和电介质层（称为叠层），可以使传输线的电气特性处在可控制状态。本章将定义这些基本电气特性，并统称为传输线参数。图 3.2 给出了本书中涉及的几种传输线结构[Hall，2000]。

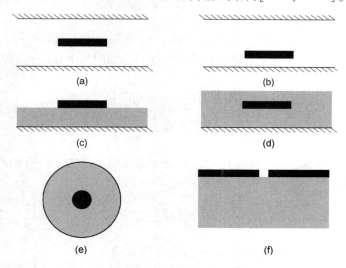

图 3.2 常用传输线结构。(a)均衡带状线；(b)非对称带状线；(c)微带线；(d)埋式微带线；(e)同轴线；(f)槽线

3.2 无损传输线上信号传播

传输线是设计用来引导电磁波从一点传送到另一点以实现信息的传输。在实际应用中，由于电磁波的波长远大于传输线宽度方向上的电气延迟时间，电磁波可以近似为平面。也就是说，在传输线的宽度方向上没有电场或磁场的变化。当传输线宽度不再远小于电磁波的波长时，这种平面化的电磁波近似将不再适用。对于个人计算机主板 PCB 上面的典型传输线，通过计算在波长和导线的宽度一样的情况下所对应的频率，可以由式(2.45)和式(2.52)估算近似平面波的带宽。典型应用中，介电常数为 FR4($\varepsilon_r = 4$)，导线宽为 127 μm，波长等于传输线线宽。

$$f_{\text{plane}} = \frac{c/\sqrt{\varepsilon_r}}{\lambda} = \frac{3.0 \times 10^8 \text{ m/s}/\sqrt{4}}{127 \times 10^{-6} \text{ m}} = 1181 \text{ GHz}$$

目前最快的数字设计中的基本频率小于 20 GHz。因此，由于 $f \ll f_{\text{plane}}$，2.3 节中描述的电磁平面波可以应用在数字传输线上。

3.2.1 传输线的电场和磁场

传输线通过引导电磁场能量从 A 点传输到 B 点来实现信息从一个组件到另一个组件的传送。为直观了解信号在传输线上的传播方式，必须先了解电场或磁场的分布情况。为达到这个目标，我们先求出电介质和良好导线连接处电场的边界条件，这样就可以画出均匀电介质中典型传输线横截面的电场分布图。其次，将探讨电场在诸如微带传输线上空气和 PCB 材料交界等电介质边界的行为特征。最后，利用第 2 章推导的 TEM 波的关系从电场仿真磁场分布图。

在信号导线及传输线另一端的参考平面上施加一个电压时，将产生如2.4节所描述的电场。电压可以通过对信号导线及参考平面间的电场的线性积分求得：

$$v = -\int_a^b \boldsymbol{E} \cdot \mathrm{d}\boldsymbol{l} \tag{3.1}$$

如2.3.2节所述，一旦电场确定，磁场特性可用法拉第定律［即式(2.1)］和安培定律［即式(2.2)］来计算。通过2.3.2节，我们知道，电场和磁场间的关系始终是正交的：

$$\boldsymbol{a}_y \left(\frac{\partial E_x}{\partial z} = -\mu \frac{\partial H_y}{\partial t} \right)$$

$$\boldsymbol{a}_x \left(\varepsilon \frac{\partial E_x}{\partial t} = -\frac{\partial H_y}{\partial z} \right)$$

既然施加电压会产生电场，而电压是用单位电荷来定义的，式(2.58)意味着在导线和参考平面都应有电荷存在：

$$\left[\frac{W}{q} \right]_{a \to b} = v(b) - v(a) = -\int_a^b \boldsymbol{E} \cdot \mathrm{d}\boldsymbol{l}$$

此外，高斯定理($\nabla \cdot \varepsilon \boldsymbol{E} = \rho$)表明，$\varepsilon \boldsymbol{E}$ 的散度非零且等于电荷密度，这意味着电场是由电荷产生的。这等于说，如果电场突然消失，则是因为电荷消失了。为了便于理解电介质与导体连接面电场的行为特征，我们用高斯定理的积分形式来计算边界条件：

$$\oint_S \varepsilon \boldsymbol{E} \cdot \mathrm{d}\boldsymbol{s} = \int_V \rho \mathrm{d}V = Q_{\mathrm{enc}}$$

首先，要选择一个积分面，之后比较导体和电介质连接面两侧的 $\varepsilon \boldsymbol{E}$ 的法向分量。比较方便的是选择如图3.3所示的柱面。由于要计算表面电场的行为特征，圆柱的高(h)可以取无穷小，并将式(2.59)简化为

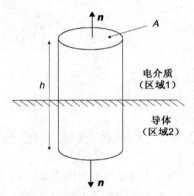

图3.3　用于计算电介质−导体连接处边界条件的曲面

$$\oint_S \varepsilon \boldsymbol{E} \cdot \mathrm{d}\boldsymbol{s} = \oint_S \varepsilon_1 \boldsymbol{E}_1 \cdot \mathrm{d}\boldsymbol{s}_1 + \oint_S \varepsilon_2 \boldsymbol{E}_2 \cdot \mathrm{d}\boldsymbol{s}_2 = (\boldsymbol{n} \cdot \varepsilon_1 \boldsymbol{E}_1)A + (-\boldsymbol{n} \cdot \varepsilon_2 \boldsymbol{E}_2)A = \rho A \tag{3.2}$$

其中 ε_1 是区域1的介电常数，ε_2 是区域2的介电常数，而此处区域2是纯导体。回顾2.7.1节，我们知道在纯导体中的电场(此处为 $\boldsymbol{E}_2$)一定是零。对于电介质和导体的连接面，若令 $\boldsymbol{E}_2 = 0$，则式(3.2)可以简化为：

$$\boldsymbol{n} \cdot \varepsilon \boldsymbol{E} = \rho \qquad \mathrm{C/m^2} \tag{3.3}$$

式(3.3)表明，电场的电场线从导体发出并回到导体。根据式(2.29)和式(2.30)的磁场和电场一定是正交的原理，可以得到磁场与导体表面是正切的结论。通过这两个原理，很容易用图形来表示纯导体传输线的电场和磁场的分布情况。电场的电场线始终与导体表面垂直，从高电位导体发出，终止于低电位导体。绘制了电场分布图之后，可以画出磁场分布图。磁场始终与电场正交，并与导体表面正切。如图3.4所示，假如信号线上施加正电压，我们可以绘制出均匀电介质情况下各种传输线结构的电场与磁场分布图。

对于微带传输线来说，大多数情况下电介质是不均匀的，场线在穿过电介质边界时将会

扭曲。图 3.5 表示了当上半部分介电常数小于下半部分时，电场线从法线到电介质边界的弯曲情况。

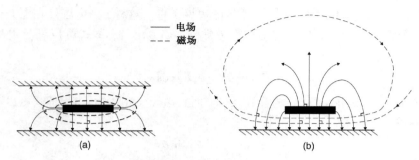

图 3.4　带状线(a)和微带线(b)在均匀电介质情况下的电场和磁场分布图

　　为了理解这种电场畸变，要先研究一下两种电介质交界处电场的行为。首先再回顾式(3.2)中计算两个电介质层交界处电场的法向分量的边界条件：

$$(\boldsymbol{n} \cdot \boldsymbol{\varepsilon}_1 \boldsymbol{E}_1) - (\boldsymbol{n} \cdot \boldsymbol{\varepsilon}_2 \boldsymbol{E}_2) = \rho \tag{3.4}$$

假设电介质层间表面电荷密度为零(通常是比较合理的假设)，两个电介质区域电场之间的关系为：

$$\boldsymbol{n} \cdot \boldsymbol{\varepsilon}_1 \boldsymbol{E}_1 = \boldsymbol{n} \cdot \boldsymbol{\varepsilon}_2 \boldsymbol{E}_2 \tag{3.5}$$

式(3.5)表明，穿过电介质边界的电场法向分量是不连续的。

　　2.7.2 节中讨论过，穿过电介质边界的电场的切向分量是连续的。对于静电场来说，可以用法拉第定律的积分形式来表示这种连续性：

$$\oint_l \boldsymbol{E} \cdot \mathrm{d}\boldsymbol{l} = 0 \tag{3.6}$$

如果沿着包含了如图 3.6 所示的电介质边界的微分轮廓对式(3.6)进行积分，则可以计算出电场的切向分量：

$$\oint_l \boldsymbol{E} \cdot \mathrm{d}\boldsymbol{l} = \int_a^b \boldsymbol{E} \cdot \mathrm{d}\boldsymbol{l} + \int_b^c \boldsymbol{E} \cdot \mathrm{d}\boldsymbol{l} + \int_c^d \boldsymbol{E} \cdot \mathrm{d}\boldsymbol{l} + \int_d^a \boldsymbol{E} \cdot \mathrm{d}\boldsymbol{l} \tag{3.7}$$

由于我们的研究目标是电场在边界表面($\Delta h \rightarrow 0$)的行为特征，线段 da 和 bc 可以删除。此外，切线线段 ab 和 cd 相等且符号相反，这样，式(3.7)可以简化为：

$$(E_{1t} - E_{2t})\Delta l = 0 \rightarrow E_{1t} = E_{2t} \tag{3.8}$$

式(3.8)表明，穿过电介质边界的电场切向分量是连续的。

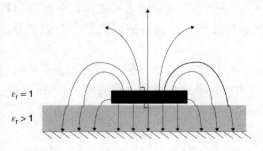

图 3.5　电介质边界处的电场行为

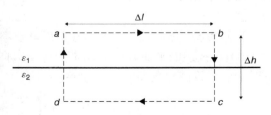

图 3.6　包括电介质边界的微分轮廓

　　假设电场 E_1 恰好在两个电介质层的边界上，如图 3.7 所示。穿过电介质边界的电通量线方向上的变化，可以根据式(3.5)和式(3.8)推导的用于计算法向分量和切向分量的边界条件来进行计算。当 $\theta_1 = 0$ 时，使用式(3.5)的边界条件。这样，当电场处在电介质边界的法向时，需要一个满足式(3.5)的 θ_1 的函数。考虑到 $\cos(0) = 1$，下式可以满足电场法向分量的边界条件：

$$\varepsilon_1 E_1 \cos\theta_1 = \varepsilon_2 E_2 \cos\theta_2 \tag{3.9}$$

同样，当 $\theta_1 = 90°$ 时，使用式(3.8)的边界条件，而且由于 $\sin(90°) = 1$，下式可以满足电场法向分量的边界条件：

$$E_1 \sin\theta_1 = E_2 \sin\theta_2 \tag{3.10}$$

将由式(3.10)所得的 E_1 代入式(3.9)，发生在电介质边界上的电场线方向上的变化可以用下式计算：

$$\theta_2 = \arctan\left(\frac{\varepsilon_2}{\varepsilon_1}\tan\theta_1\right) \tag{3.11}$$

式(3.11)表明，场线在一个具有更高介电常数的电介质中将扭曲且偏离电介质边界法线很远。

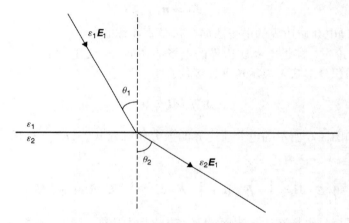

图 3.7　电介质边界处电通量线方向上的变化

3.2.2　电报方程

　　至此，我们主要讨论了电场和磁场的推导与计算方法。由于本书的主要对象是工程师，我们将用电路理论来说明场的效应。电报方程就是用简化等效电路的方式来讨论电场和磁场的特征。这极大地简化了分析工作，为工程师们理解传输线的行为特征提供了一个大名鼎鼎的手法。

　　我们知道，传输线是一种引导平面电磁场波沿一个特定通道进行传播的结构，通过观察 2.3.2 节所描述的平面波在 TEM 模式下 z 方向上传播的关系式来推导电报方程。首先研究一下时变磁场将产生电场的式(2.29)：

$$\boldsymbol{a}_y\left(\frac{\partial E_x}{\partial z} = -\mu\frac{\partial H_y}{\partial t}\right)$$

式(2.29)是电磁波在一个无限空间中传播的一般形式。事实上，电场和磁场被限定在一个由传输线几何尺寸决定的区域内。所以，式(2.29)可以通过计算等效电路参数来简化。首先用式(3.1)来计算信号线和电场参考平面间的电位差，并假设点 a 在信号线上而点 b 在参考平面上且在点 a 的正下方，

$$v = \int_a^b \boldsymbol{E}_x \cdot \mathrm{d}\boldsymbol{l}$$

这样，对于给定几何尺寸的传输线来说，式(2.29)的左边可以等效为信号线和参考平面间电位差对于 z 的偏微分：

$$\frac{\partial E_x}{\partial z} \rightarrow \frac{\partial \int \boldsymbol{E} \cdot \mathrm{d}\boldsymbol{l}}{\partial z} = \frac{\partial v(z,t)}{\partial z}$$

同理，式(2.29)的右边与2.5.2节中讨论的电感有关。因 $\boldsymbol{B} = \mu\boldsymbol{H}$ 且磁通量是 $\boldsymbol{B}$ 的函数，

$$\psi = \int \boldsymbol{B} \cdot \mathrm{d}\boldsymbol{s}$$

(其中，$\mathrm{d}\boldsymbol{s}$ 由传输线的几何尺寸决定)，可以用电流和电感($\psi = IL$)按式(2.97)来表示磁通量，

$$L_{11} \equiv \frac{\psi_1}{I_1}$$

这样，对于给定几何尺寸的传输线来说，式(2.29)右侧可以用电路参数来表征，其中 L 是单位长度的传输线的电感的串联，

$$\frac{\partial \mu H_y}{\partial t} \rightarrow \frac{\partial \int \boldsymbol{B}_y \cdot \mathrm{d}\boldsymbol{s}}{\partial t} = \frac{\partial \psi}{\partial t} = L\frac{\partial i}{\partial t}$$

不能将 $\partial Hy/\partial t$ 的单位为 $\mathrm{HA/m^2}$(每平方米亨利·安培)和 $L(\partial i/\partial t)$ 的单位为 $\mathrm{H \cdot A/m}$ 混淆起来。式(2.29)是用标准化的电场和磁场的形式表达的。若其中的场用电路参数来表示，则单位将发生变化。这样，式(2.29)的等效电路方程是：

$$\frac{\partial v(z,t)}{\partial z} = -L\frac{\partial i(z,t)}{\partial t} \tag{3.12}$$

可以看到式(3.12)是电路理论中经典的电感响应方程。

同理，式(2.30)表明，时变场将产生磁场：

$$\boldsymbol{a}_x\left(\varepsilon\frac{\partial E_x}{\partial t} = -\frac{\partial H_y}{\partial z}\right)$$

式(2.30)左边分子部分(εE)的单位是 $\mathrm{F \cdot V/m2}$(每平方米法拉·伏)，意味着等效电路式应该由电容和电压来构成。假设信号导体是无限薄的带状，由高斯积分式(2.59)可以计算出式(2.30)左边的电荷表达式：

$$\oint_S \varepsilon\boldsymbol{E} \cdot \mathrm{d}\boldsymbol{s} = \int_V \rho\mathrm{d}V \rightarrow \varepsilon E_x A = \frac{QA}{A} \rightarrow \varepsilon E_x = \frac{Q}{A} \tag{3.13a}$$

其中 $\mathrm{d}V$ 是体积。给定传输线的几何尺寸，导体上 a 点到参考平面 b 点间的电压可以由式(3.1)计算，其单位是伏：

$$v = \int_a^b \boldsymbol{E}_x \cdot \mathrm{d}\boldsymbol{l} = \frac{Q}{\varepsilon A}d = E_x d \tag{3.13b}$$

其中 A 是导体上生成电场的面积, d 是导体与参考平面间的距离。因此, 考虑到 $Q = Cv$

$$\varepsilon E_x = \frac{Q}{A} \rightarrow \frac{Cv}{A} = C\left(\int_a^b \boldsymbol{E}_x \cdot \mathrm{d}\boldsymbol{l}\right)\frac{1}{A} = \frac{CE_x d}{A} = \frac{C}{l}v \rightarrow Cv \tag{3.14}$$

其中 C 以长度进行了标准化, 单位是法拉/米。这样, 对于给定传输线几何尺寸, 式(2.30)的左边可以用电容表示:

$$\varepsilon \frac{\partial E_x}{\partial t} \rightarrow C\frac{\partial v}{\partial t} \tag{3.15}$$

为了推导式(2.30)的右边, 先回想一下式(2.79)中电流是每秒电荷流的速率的描述:

$$i = \frac{\mathrm{d}Q}{\mathrm{d}t} \tag{3.16}$$

将 $Q = Cv$ 代入式(3.16)可以得出用电压和电容表达的电流式, 此式与式(3.15)相同:

$$i = C\frac{\mathrm{d}v}{\mathrm{d}t} \tag{3.17}$$

因此, 式(2.30)可以用电路参数重写为:

$$\frac{\partial i(z,t)}{\partial z} = -C\frac{\partial v(z,t)}{\partial t} \tag{3.18}$$

可以看出, 式(3.18)是电路理论中经典的电容响应方程。式(3.12)和式(3.18)是电报方程的无损形式, 描述了传输线的电气特征。

3.2.3　无损传输线的等效电路

　　虽说信号完整性基本上是电磁场理论范畴的, 但其中基本原理的应用都是用电路参数来描述的, 以利于大多数工程师们直观理解。因此, 有必要推导出用单位长度上等效电感 L 和电容 C 等电路参数来表示的传输线模型。本节将研究无损传输线电路的等效模型。该模型将在第 5 章和第 6 章中细化, 进一步讨论包含不良电介质和有限导通导体的损耗的情况。

　　首先, 考虑一下图 3.8 所示的长度为 Δz 的传输线的微分元件。它表示了信号导体和参考平面导体中的一段。假设电流从信号导体上流过, 由参考平面导体流回(电路理论中电流是一个回路循环, 有一个回流通道), 传输线可以表示为若干微分元件的串联, 如图 2.18 所示。若用一系列小的电流回路表示整体电流, 则相邻电流分量中的垂直部分将互相抵消, 只剩下信号线上的 ΔI 和参考平面上的 $\Delta(-I)$。正如式(2.97)所描述的, 回路中电流的变化会引起磁通量的变化, 从而引起自感。所以, 传输线的磁场在电路模型中可以表示为串联电感。等效电路的电感值可以由下式计算:

$$L_{\Delta z} = \Delta z L \tag{3.19}$$

其中 Δz 是传输线微分区域的长度, 而 L 是单位长度上的电感。

　　同理, 如图 3.8 所示, 当在信号导体和参考平面导体上给传输线施加电压 $(v = V^+ - V_{\mathrm{ref}})$ 的时候, 将产生电场, 其单位为伏/米:

$$v(b) - v(a) = -\int_a^b \boldsymbol{E} \cdot \mathrm{d}\boldsymbol{l}$$

电场的存在表明导体上存在电荷, 进而表明了电容的存在(如 2.4.3 节所述)。因此, 传输线的电场在电路模型中可以表示为并联电容。等效电路的电容值由式(3.20)给出：

$$C_{\Delta z} = \Delta z C \tag{3.20}$$

其中 Δz 是传输线微分区域的长度，而 C 是单位长度上的电容。

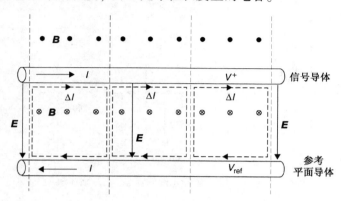

图 3.8　一段传输线，标示了磁场和电场、辅助微分电流回路和各导体的电势

图 3.9(a)表示了传输线微元的等效模型。但该模型的应用，需要一个实际的方案来表示一个远长于 Δz 的传输线。对于具有较长长度的传输线，只是简单地增加 Δz 的值来缩放电感和电容的值，并不能得到一个合理的模型，除非 LC 电路的谐振频率远高于所仿真的最大频率：

$$\frac{1}{2\pi\sqrt{C_{\Delta z}L_{\Delta z}}} \gg f_{\text{simulation}} \tag{3.21}$$

如果不能满足式(3.21)，等效电路就将成为一个 LC 滤波器而不是传输线。传输线的等效电路能表示为电感的串联和电容的并联，仅当 LC 的谐振频率远大于传输信号的最大频率。

建立长传输线模型时，缩放传输线模型的正确方法是级联足够多的小的 LC 段，直到总长度达到要求，如图 3.9(b)所示。每个 LC 段表示一个长为 Δz 的传输线段。其中的关键是选择恰当的 Δz 以提高模型的精度。如果 Δz 太小，将耗费极多的 SPICE 仿真时间。但如果 Δz 太大，模型则无法表现出实际传输线的特征。较好的"经验法则"是选择 Δz，使每段的延迟大约相等于时域状态下信号上升时间的 1/10，

$$\Delta z \leqslant \frac{t_r c}{10\sqrt{\varepsilon_r}} \tag{3.22a}$$

或者频域情况下最大相关频率相对应波长的 1/10，

$$\Delta z \leqslant \frac{\lambda_{f,\max}}{10} \tag{3.22b}$$

其中 t_r 是信号的上升时间，c 是真空中的光速(3×10^8 m/s)，ε_r 是介电常数，$\lambda_{f,\max} = c/(f_{\max}\sqrt{\varepsilon_r})$ 是频域仿真时最大相关频率对应的波长。

时域仿真时，传输线的分布 LC 模型的分段数由下式决定：

$$N_s = \frac{l}{\Delta z} = \frac{10l\sqrt{\varepsilon_r}}{t_r c} \tag{3.23a}$$

频域仿真时，分段数由下式决定：

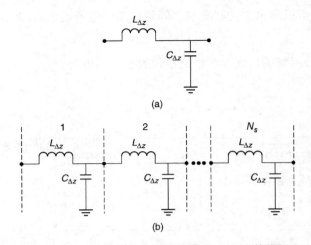

图 3.9　(a)传输线微分元件的模型；(b)整体模型

$$N_s = \frac{l}{\Delta z} = \frac{10l}{\lambda_{f,\max}} \tag{3.23b}$$

其中 N_s 是用于建立长度为 l 的传输线的最小分段数。从而，每个分段的电容和电感为

$$C_{\Delta z} = \frac{lC}{N_s} \tag{3.24a}$$

$$L_{\Delta z} = \frac{lL}{N_s} \tag{3.24b}$$

其中 C 和 L 是单位长度上的电容和电感。

例 3.1　建立一个如图 3.10(a)所示的长度为 20 cm 的传输线模型。其中介电常数 $\varepsilon_r = 4.5$，单位长度上的电容和电感为

$$L = 3.54 \times 10^{-7} \text{ H/m}$$

$$C = 1.41 \times 10^{-10} \text{ F/m}$$

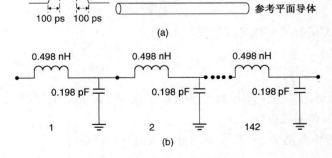

图 3.10　传输线的等效电路

解　由于数字波形的上升和下降时间为 100 ps($t_r = t_f = 100$ ps)，从式(3.22)和式(3.23)可以求得模型中的两个参数：

$$\Delta z = \frac{100 \text{ ps}(3.0 \times 10^8)}{10\sqrt{4.5}} = 1.41 \times 10^{-3} \text{ m}$$

$$N_s = \frac{l}{\Delta z} = \frac{0.2}{1.41 \times 10^{-3}} = 141.8$$

141.8 个等效电路分段是无法建立的，所以 N_s 四舍五入为 142。每个分段的电容和电感由式(3.24)来计算：

$$C_{\Delta z} = \frac{(0.2) \times (1.41 \times 10^{-10})}{142} = 1.98 \times 10^{-13} \text{ F}$$

$$L_{\Delta z} = \frac{(0.2) \times (3.54 \times 10^{-7})}{142} = 4.98 \times 10^{-10} \text{ H}$$

图 3.10(b)表示了该传输线的等效电路。

3.2.4　LC 等效波动方程

波动方程是分析传播电磁场的基础，在 2.3.1 节中已进行了推导。为分析电路参数化的传输线，我们重新从式(3.12)和式(3.18)的电报方程推导波动方程，如下所示：

$$\frac{\partial v(z,t)}{\partial z} = -L \frac{\partial i(z,t)}{\partial t}$$

$$\frac{\partial i(z,t)}{\partial z} = -C \frac{\partial v(z,t)}{\partial t}$$

假设数字信号可以用傅里叶变换分解成若干正弦谐波，电报方程可以表示为时谐波形式，这样电压和电流式变成 $v(t) = V_0 e^{j\omega t}$ 和 $i(t) = I_0 e^{j\omega t}$。2.3.3 节中讨论过时谐场的类似表达形式。这样，电报方程的时谐形式为：

$$\frac{dv(z)}{dz} = -j\omega L i(z) \tag{3.25}$$

$$\frac{di(z)}{dz} = -j\omega C v(z) \tag{3.26}$$

对式(3.25)两边对 z 求偏微分，可以得到

$$\frac{d^2 v(z)}{dz^2} = -j\omega L \frac{di(z)}{dz} \tag{3.27}$$

将式(3.26)代入式(3.27)可以得到仅含电压的方程，也就是无损传输线的电压波动方程：

$$\frac{d^2 v(z)}{dz^2} + \omega^2 LC v(z) = 0 \tag{3.28}$$

式(3.28)是二阶微分方程，其通解为

$$v(z) = v(z)^+ e^{-jz\omega\sqrt{LC}} + v(z)^- e^{jz\omega\sqrt{LC}} \tag{3.29}$$

$[v(z)^+ e^{-jz\omega\sqrt{LC}}]$ 项描述了电压沿传输线在 $+z$ 方向上的传播，$[v(z)^- e^{jz\omega\sqrt{LC}}]$ 则描述了 $-z$ 方向上的传播。式(3.29)与式(2.41)极其相似，是电场波动方程的等效解。2.3.4 节中定义了波在无限介质中传播的传导常数，完整描述了传播电磁波的介质：

$$\gamma = \alpha + j\beta$$

比较式(3.29)和电磁波波动方程式(2.41)的解，能得到与无损传输线的传导常数相似的常数：

$$\gamma = \alpha + j\beta = 0 + j\omega\sqrt{LC} \rightarrow \beta = \omega\sqrt{LC} \tag{3.30}$$

式(3.30)是传输线的相位常数。要注意的是，对于无损传输线，衰减常数(α)为零。第5章和第6章将讨论如何计算传输线的损耗以及衰减常数α。

3.3 传输线特性参数

用式(3.30)定义的相位常数，根据2.3.4节中讨论的时谐平面波传播的相关技术，可以求取传输线的特性参数。

3.3.1 传输线相速

将式(3.30)所定义的传播常数代入式(2.46)，可以得到在传输线中传播的谐波分量的相速的LC形式：

$$v_p = \frac{\omega}{\beta} = \frac{1}{\sqrt{LC}} \qquad \text{m/s} \tag{3.31}$$

其中，L和C是单位长度的电感和电容值。需注意的是，相速也可以用电介质特征参数计算得到：

$$v_p = \frac{c}{\sqrt{\mu_r \varepsilon_r}}$$

其中c是真空(3×10^8 m/s)中的光速，μ_r是电介质的相对磁导率(对于实际电介质，几乎总是1)，ε_r是相对介电常数。

3.3.2 传输线的特征阻抗

第2章说明了电场和磁场是相互依赖的。因此，如果已知其中一个场的值，则另一个可以用麦克斯韦方程求解。同理，对于给定尺寸的传输线，如果电压已知，则可以用电报方程来求解电流。例如，假设电压在一个无限长的传输线的z轴上传播，可以将电压微分后代入式(3.25)来求解电流：

$$v(z) = v(z)^+ e^{-jz\omega\sqrt{LC}}$$
$$\frac{dv(z)}{dz} = -j\omega\sqrt{LC} e^{-jz\omega\sqrt{LC}} v(z)^+ = -j\omega L i(z)^+ \tag{3.32}$$
$$i(z)^+ = \frac{\sqrt{LC} e^{-jz\omega\sqrt{LC}}}{L} v(z)^+ = \sqrt{\frac{C}{L}} v(z)^+ e^{-jz\omega\sqrt{LC}}$$

因C的单位是F/m = A·S/m，L的单位是H/m = V·S/A，则$\sqrt{C/L}$的单位是A/V，也就是西门子。因此，$\sqrt{L/C}$的量级与2.3.4节中定义的本征阻抗相同。一个无损传输线的特征阻抗的欧姆形式是：

$$Z_0 = \sqrt{\frac{L}{C}} \qquad (3.33)$$

正如本征阻抗表示了电场和磁场之间的关系一样，传输线的特征阻抗表示了传输线上电压与电流的关系。这样，可以得到用电压表达的传输线的电流方程：

$$i(z) = \frac{1}{Z_0}v(z)^+\mathrm{e}^{-\mathrm{j}z\omega\sqrt{LC}} - \frac{1}{Z_0}v(z)^-\mathrm{e}^{\mathrm{j}z\omega\sqrt{LC}} \qquad (3.34)$$

3.3.3　有效介电常数

在3.3.1节中讨论过，信号在传输线中的传播速度取决于周围介质的介电常数和传输线横截面的大小。这个概念虽然简单，但当传输线由不均匀的电介质构成时将变得很复杂。最普通的例子就是微带传输线。例如，图3.11(a)中表示了由介电常数约为 $\varepsilon_r = 4.0$ 的 FR4 电介质构成的微带传输线上某个信号的电场情况。要注意的是，电场是按一定比例同时在电介质和空气中传播的，而空气的介电常数约为 $\varepsilon_r = 1$。这样，电场的传播速度将取决于"有效"介电常数，而有效介电常数是电场发散在空中的部分和留在电介质中的部分的加权平均。当电场全部包含于基板时，如图3.11(b)所示的带状线，有效介电常数等于绝缘材料的介电常数，信号传播的速度比在微带线里慢。当信号线布在基板外层时，比如微带线，电场梳状分布于电介质和空气中，使得有效介电常数减小；这样，信号将以比内层信号更快的速度传播。以上描述是以介电材料的相对磁导率始终均匀分布（$\mu_r = 1$）为前提的。

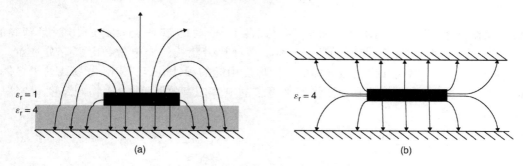

图3.11　(a)微带线的电场；(b)带状线的电场

在3.4.3节和3.4.4节中，我们将讨论用麦克斯韦的准静态近似来求解微带线的有效介电常数。而且有许多商用二维电磁场仿真工具可以求得精确解。不过，对于导体厚度 t 远小于电介质厚度 h 的结构，在没有电磁场仿真工具时，[Hammerstad and Jensen, 1980] 表明，用式(3.35)可以求得比较精确的解。

$$a = 1 + \frac{1}{49}\ln\left[\frac{u^4 + (u/54)^2}{u^4 + 0.432}\right] + \frac{1}{18.7}\ln\left[1 + \left(\frac{u}{18.1}\right)^3\right]$$

$$b = 0.564\left(\frac{\varepsilon_r - 0.9}{\varepsilon_r + 3}\right)^{0.053} \qquad (3.35)$$

$$\varepsilon_{\mathrm{eff}}(u, \varepsilon_r) = \frac{\varepsilon_r + 1}{2} + \frac{\varepsilon_r - 1}{2}\left(1 + \frac{10}{u}\right)^{-ab}$$

其中 $u = w/h$，而 w 和 h 由图3.12(a)给出。

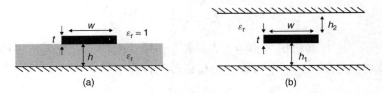

图 3.12 阻抗和有效电介常数计算式中的尺寸。(a)微带线;(b)带状线

3.3.4 特征阻抗的简化计算式

若设计要求最高精度的电磁场分布,就要用其中一个商用二维电磁场仿真工具来计算 PCB 或 MCM 上的阻抗。电磁场仿真工具通常能计算出特征阻抗、传播速度、单位长度上的 L 和 C 值,其中使用的很多概念,将在 3.4 节中介绍。如不用电磁场仿真工具,下面给出典型传输线的特征阻抗的近似计算式。该式是导线尺寸和介电常数 ε_r 的函数,导线尺寸如图 3.12 所示。

微带线:无限薄的导体($t \ll h$)[Hammerstad and Jensen,1980]

$$Z_0 = \frac{\eta}{2\pi} \ln\left[\frac{\xi h}{w} + \sqrt{1 + \left(\frac{2h}{w}\right)^2}\right]$$

$$\xi = 6 + (2\pi - 6)e^{-(30.666h/w)^{0.7528}} \tag{3.36a}$$

$$\eta = \frac{377}{\sqrt{\varepsilon_{\text{eff}}}}$$

带状线:有限厚度[Collins,1992] 下面的公式在 $1 < \varepsilon_r \leqslant 16$ 和 $0.25 \leqslant w/h \leqslant 6$ 时是精确的。此外,式中的 ε_{eff} 对应于有限厚度的信号导体,在计算带状线的介电常数时要充分注意。w_e 项是有效宽度,它可以表征由信号导体的有限厚度引起的额外电容。由于电场线处于导体边缘和参考平面之间,较厚的信号导体将带来更多的电容。有效厚度 w_e 比物理厚度 w 略厚一点,以表征额外的电容。

$$Z_0 = \sqrt{\frac{\varepsilon_0 \mu_0}{\varepsilon_{\text{eff}}}} \frac{1}{C_a}$$

$$w_e = \begin{cases} w + 0.398t\left(1 + \ln\frac{4\pi w}{t}\right) & \frac{w}{h} \leqslant \frac{1}{2\pi} \\[2mm] w + 0.398t\left(1 + \ln\frac{2h}{t}\right) & \frac{w}{h} > \frac{1}{2\pi} \end{cases}$$

$$C_a = \begin{cases} \dfrac{2\pi\varepsilon_0}{\ln(8h/w_e + w_e/4h)} & \dfrac{w_e}{h} \leqslant 1 \\[3mm] \varepsilon_0\left[\dfrac{w_e}{h} + 1.393 + 0.667\ln\left(\dfrac{w_e}{h} + 1.444\right)\right] & \dfrac{w_e}{h} > 1 \end{cases}$$

$$\varepsilon_{\text{eff}} = \frac{\varepsilon_r + 1}{2} + \frac{\varepsilon_r - 1}{2}\left(1 + 12\frac{h}{w_e}\right)^{-1/2} + \xi - 0.217(\varepsilon_r - 1)\frac{t}{\sqrt{w_e h}}$$

$$\xi = \begin{cases} 0.02(\varepsilon_r - 1)\left(1 - \dfrac{w}{h}\right)^2 & \dfrac{w}{h} < 1 \\[3mm] 0 & \dfrac{w}{h} > 1 \end{cases} \tag{3.36b}$$

对称微带线$(h_1 = h_2)$ [IPC, 1995]

$$Z_0 = \frac{60}{\sqrt{\varepsilon_r}} \ln \frac{1.9(2h + t)}{0.8w + t}$$

$$0.1 < \frac{w}{h} < 2.0 \qquad \frac{t}{h} < 0.25 \qquad 1 < \varepsilon_r < 15$$

(3.36c)

非对称微带线$(h_1 > h_2)$ [IPC, 1995]

$$Z_0 = \frac{80}{\sqrt{\varepsilon_r}} \ln \frac{1.9(2h_2 + t)}{0.8w + t} \left(1 - \frac{h_2}{4h_1}\right)$$

$$0.1 < \frac{w}{h_2} < 2.0 \qquad \frac{t}{h_2} < 0.25 \qquad 1 < \varepsilon_r < 15$$

(3.36d)

3.3.5　TEM 近似的合理性分析

2.3.2 节讨论了电磁波中电场与磁场的相关性的一些假设。贯穿信号完整性分析中的一个基本概念是电场和磁场是正交的且 z 方向上没有分量。以这种方式传输的波形称为横电磁波模式(TEM)。然而，在 3.3.3 节中所讨论的电场在空气中的部分比基板中的部分传播得快的情况下，电场不再局限于单一的一个分量。例如，图 3.13 表示了 $t = 0$ 时 x 方向上信号导体和参考平面之间微带线上的电场的侧面。当信号开始沿导线传播时，电场在空气中的部分比基板中的部分传播得快，相当于在 z 方向上倾斜。这样，电场在 z 方向上产生了分量，不再符合 TEM 近似的假设。

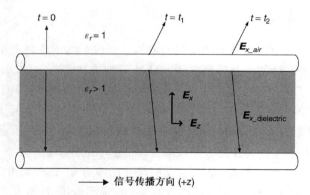

图 3.13　由于电介质的不均匀性，沿微带线传播时，电场产生一个 z 分量

而且，随着频率的增加，电场将更多地受限于微带线和参考平面之间的区域，这将减小电场在空气中的发散部分，从而引起有效介电常数的增加。图 3.14 有助于理解这一点。当在信号导体和参考平面上施加直流电压时，电荷将平均地分布在信号导体的横截面。随着信号频率的增加，电荷将趋于集中在信号靠近参考平面的导体的底部，因为这个区域场密度最高。这意味着对于一个微带传输线，电场将更趋向于集中在基板材料上，并使有效介电常数随频率增加而增大。传输线上电荷的分布将在 3.4.4 节和 5.1.2 节中详细讨论。

微带线的有效介电常数的频率相关性，将引起数字波形的频谱分量(用傅里叶变换计算)按不同速度传播，从而引起波形失真。这就是所谓的色散。[Collins 1992] 提出了因电介质的不均匀性而引起的随频率变化的微带线的有效介电常数的较简单的计算式：

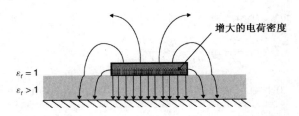

图 3.14　高频时，电荷集中在近场处靠近参考平面的带状底部

$$\varepsilon_{\text{eff}}(f) = \varepsilon_r - \frac{\varepsilon_r - \varepsilon_{\text{eff}}(f=0)}{1 + (f/f_a)^m} \qquad\qquad (3.37)$$

式中

$$f_a = \frac{f_b}{0.75 + (0.75 - 0.332\varepsilon_r^{-1.73})(w/h)}$$

$$f_b = \frac{47.746}{h\sqrt{\varepsilon_r - \varepsilon_{\text{eff}}(f=0)}}\arctan\left[\varepsilon_r\sqrt{\frac{\varepsilon_{\text{eff}}(f=0)-1}{\varepsilon_r - \varepsilon_{\text{eff}}(f=0)}}\right]$$

$$m = m_0 m_c \leqslant 2.32$$

$$m_0 = 1 + \frac{1}{1 + \sqrt{w/h}} + 0.32\left(1 + \sqrt{\frac{w}{h}}\right)^{-3}$$

$$m_c = \begin{cases} 1 + \dfrac{1.4}{1 + w/h}\left(0.15 - 0.235e^{-0.45(f/f_a)}\right) & \dfrac{w}{h} \leqslant 0.7 \\ 1 & \dfrac{w}{h} > 0.7 \end{cases}$$

式中 $\varepsilon_{\text{eff}}(f=0)$ 用式(3.35)计算，f 的单位是吉赫兹，w 和 h 的单位是毫米[①]。

对于多数高速数字设计的实际应用来说，TEM 近似方法是有效的，式(3.37)所描述的频率相关特性此时可以忽略。微带线和其他不均匀结构的 TEM 传输指的是准 TEM 近似。准 TEM 近似并非始终成立，用式(3.37)计算厚的和薄的电介质两种情况下的相关有效介电常数 ε_{eff} 中的频率偏差可以找到准 TEM 近似失效条件，如图 3.15 所示。示例中薄电介质($h = 2.5$ mil)代表了个人计算机中主板上的典型的传输线；厚电介质($h = 25$ mil)是一个夸大的情形，用以说明 TEM 近似失效的情况[不过，类似尺寸的电介质在射频(RF)应用中有时也会出现，其中对密度不太关注]。式(3.35)用以计算 ε_{eff} 的频不变准 TEM 值，而式(3.37)用以计算 ε_{eff} 随频率变化引起的偏差。要注意的是，对于薄电介质来说，准 TEM 近似带来的偏差直到极高频时都还较小，不过对厚电介质来说在频率较低时就出现了偏差。

为估算准 TEM 近似失效条件，我们选择总延迟的 1% 作为计量标准。式(2.52)说明了 ε_{eff} 的变化将影响速度，这样较长的传输线上误差会逐渐累加起来。给定传输线的长度，可以求出 TEM 近似的有效频率范围。图 3.16 表示了由准 TEM 近似引起的 12 英寸微带线上传输延迟的误差百分比。对较厚的电介质来说，在 8 GHz 处将产生 1% 的延迟误差；而较厚的电介质直到约 80 GHz 处还保持足够的精度。因此，对于现代数字设计中传输线的典型尺寸，传输线参数的准 TEM 近似是合理的。

---

① 所幸的是，有效介电常数的频率相关性对传输线的建模不会造成太大的影响。第 10 章将介绍采用频率相关等效电路的表状 SPICE 模型的若干技术，这些技术能将一个单一值的传输线描述在不同的频率点。

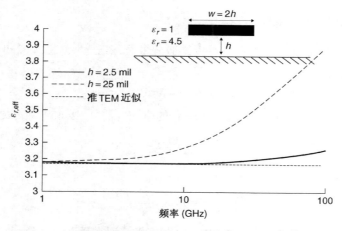

图 3.15　12 英寸微带线的有效介电常数和准 TEM 近似的比较

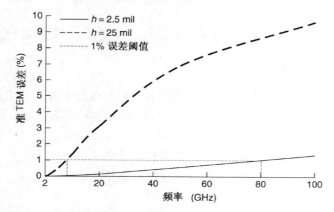

图 3.16　对于 12 英寸的微带线，准 TEM 近似引起 1% 的延迟误差时的带宽

3.4　无损传输线参数

前面讨论了将电磁波作为自由空间平面波在传输线上的传播方式，并提出了由电感和电容组成的等效电路。本节将讨论计算各种传输线结构的单位长度上的等效电感和电容的多种方法。虽然实际应用中多采用商用二维场仿真工具来计算等效电路的参数，但工程师们很有必要了解常用的近似方法和策略。

注意，本章中介绍的方法都假设麦克斯韦方程的静电解对于高速数字设计是足够的近似解。这就是所谓的准静态近似。该方法可极大地简化全波解，而不用进行近似。事实上，由于等效电路参数有着极强的频率相关性，高频（约几百兆赫兹）时，准静态近似方法将不再适用。尽管如此，工业界所用的二维场仿真工具实际上都采用了准静态近似方法。未采用准静态近似方法的全波求解工具理论上更精确。不过这些工具需要大量的计算资源和时间才能得到实用的数字设计所需的传输线模型。所幸准静态近似方法引起的误差可以相对简单地用第 5 章、第 6 章、第 8 章和第 10 章所讨论的方法来校正，在甚高频（至少 50 GHz）时精度也可以得到保证。正因如此，本书将基于准静态近似方法进行传输线建模，并在随后的章节中应用误差校正方法以还原传输线的频率相关特性。

3.4.1　拉普拉斯方程和泊松方程

2.4 节中讨论了静电场的行为特征可以用微分方程来表示[参见式(2.3)和式(2.65)]：

$$\nabla \times \boldsymbol{D} = \rho$$

$$\boldsymbol{E} = -\nabla \Phi$$

后者来源于静电场的安培定律为零($\nabla \times \boldsymbol{E} = 0$)的事实。将式(2.65)代入式(2.3)，可得

$$\nabla \times (-\nabla \Phi) = \frac{\rho}{\varepsilon}$$

进而得到**泊松方程**：

$$\nabla^2 \Phi = -\frac{\rho}{\varepsilon} \tag{3.38}$$

在没有任何电荷密度的介质中，泊松方程退化为拉普拉斯方程：

$$\nabla^2 \Phi = 0 \tag{3.39}$$

泊松方程和拉普拉斯方程对求解准静态传输线问题尤其有用，这将在本章的剩余部分中讨论。

3.4.2　同轴传输线参数

假设一对长的同轴的圆形导体由内外导体的 $\Phi = V$ 的电势差静态充电，外导体保持零电势(地)，同轴传输线的横截面如图 3.17 所示。内外导体之间区域的介电常数为 $\varepsilon = \varepsilon_0 \varepsilon_r$，相对磁导率为 $\mu_r = 1$。

第一步是计算单位长度上的电容值。假设电介质是无电荷的(很合理，参见第 6 章)，电容可以通过在柱坐标系中求解拉普拉斯方程式(3.39)求得。根据附录 A 可以得到：

$$\nabla \Phi = \boldsymbol{a}_r \frac{\partial \Phi}{\partial r} + \boldsymbol{a}_\phi \frac{1}{r} \frac{\partial \Phi}{\partial \phi} + \boldsymbol{a}_z \frac{\partial \Phi}{\partial z}$$

TEM 的情况下，电场在 z 方向上没有偏差，而且由于对称性，Φ 也没有偏差。因此

$$\nabla^2 \Phi = \nabla \cdot (\nabla \Phi) = \frac{1}{r} \frac{\partial}{\partial r} \left(r \frac{\partial \Phi}{\partial r} \right) = 0$$

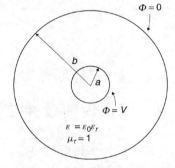

图 3.17　同轴传输线的横截面

对 $\partial [\,(r(\partial \Phi / \partial r)\,)] / \partial r$ 进行积分，得到 $r\,(\partial \Phi / \partial r) = C_1$，二次积分得到

$$\Phi(r) = C_1 \ln(r) + C_2 \tag{3.40}$$

式(3.40)中的 C_1 和 C_2 的值应由边界条件来决定。边界条件是：

- 当 $r = b$ 时，$\Phi = 0$
- 当 $r = a$ 时，$\Phi(a) = V$

应用第一个边界条件得到

$$\Phi(b) = 0 = C_1 \ln(b) + C_2$$

$$C_2 = -C_1 \ln(b)$$

将其再代入式(3.40)：

$$\Phi(r) = C_1 \ln(r) - \ln(b) C_1 = C_1 \ln\frac{r}{b}$$

应用第二个边界条件可以得到以下式：

$$\Phi(a) = V = C_1 \ln\frac{a}{b} \rightarrow C_1 = \frac{V}{\ln(a/b)} \rightarrow C_1 = -\frac{V}{\ln(b/a)}$$

注意 $\ln(a/b) = -\ln(b/a)$，这种转换是为了方便：

$$\Phi(r) = -\frac{V}{\ln(b/a)}\ln(r) + \frac{V}{\ln(b/a)}\ln(b) = \frac{V}{\ln(b/a)}\ln\frac{b}{r}$$

电场可用式(2.65)计算：

$$\boldsymbol{E} = -\nabla\Phi = -\nabla\left[\frac{V}{\ln(b/a)}\ln\frac{b}{r}\right] = -\boldsymbol{a}_r\frac{\partial}{\partial r}\left[\frac{V}{\ln(b/a)}\ln\frac{b}{r}\right] = \boldsymbol{a}_r\frac{V}{r\ln(b/a)} \tag{3.41}$$

　　下一步用式(3.3)计算信号导体上总的表面电荷，它描述了电介质和良导体之间的边界条件：

$$\boldsymbol{n}\cdot\varepsilon\boldsymbol{E} = \rho \qquad \text{C/m}^2$$

当 $r = a$ 时(内导体表面)，表面电荷由下式计算

$$\varepsilon E = \frac{\varepsilon V}{a\ln(b/a)} = \rho \qquad \text{C/m}^2 \tag{3.42}$$

式(3.42)乘以内导体的周长将得到单位长度的等效表面电荷：

$$\frac{Q}{l} = \rho 2\pi a = \frac{2\pi\varepsilon V}{\ln(b/a)} \qquad \text{C/m} \tag{3.43}$$

用式(2.76)可以计算出同轴传输线单位长度的电容：

$$C = \frac{Q/l}{V} = \frac{2\pi\varepsilon}{\ln(b/a)} \qquad \text{F/m} \tag{3.44}$$

利用磁场和电场之间的关系来计算单位长度上的电感：

$$v_p = \begin{cases} \dfrac{1}{\sqrt{\mu_r\mu_0\varepsilon_r\varepsilon_0}} = \dfrac{c}{\sqrt{\mu_r\varepsilon_r}} & \text{m/s} \\[3mm] \dfrac{\omega}{\beta} = \dfrac{1}{\sqrt{LC}} & \text{m/s} \end{cases}$$

该式使我们能得到(假设 $\mu_r = 1$)：

$$\frac{c}{\sqrt{\varepsilon_r}} = \frac{1}{\sqrt{LC}} \tag{3.45}$$

由于 $\mu_r = 1$，电介质特性将不影响电感。再由于光在真空中的速度是恒定的，若计算电容时 $\varepsilon_r = 1$，则可以用式(3.45)计算单位长度上的电感：

$$L = \frac{1}{c^2 C_{\varepsilon_r=1}} \tag{3.46}$$

其中 c 是真空中的光速，$C_{\varepsilon_r=1}$ 是相对介电常数 ε_r 设置为 1 时对应的电容。将式(3.44)代入

式(3.46)且令$\varepsilon_r = 1$，可得到同轴传输线单位长度上的电感：

$$L = \frac{\ln(b/a)}{c^2 2\pi \varepsilon_0} \qquad \text{H/m} \tag{3.47}$$

3.4.3　微带线的传输线参数

我们从求解拉普拉斯方程入手来推导微带传输线阻抗的计算式。开始推导前，先看一下图 3.18，图中给出了求解微分方程时必须满足的边界条件。注意微带线被围在一个方框中，该方框的四周处在 $x = \pm d/2$，$y = 0$，$y = \infty$。这种配置只能在 $d \gg h$ 的时候使用，其中 h 是电介质的高度。此时，可用 Jackson[1999] 所描述的分离变量法来求解偏微分方程。因为微带线的外形是矩形，所以可以用矩形坐标系，这样二维拉普拉斯方程变为：

$$\nabla^2 \Phi = \frac{\partial^2 \Phi}{\partial x^2} + \frac{\partial^2 \Phi}{\partial y^2} = 0 \tag{3.48}$$

假设电势可以用两个坐标轴的函数乘积来表示，这个偏微分方程的解可以通过两个分离的一般微分方程来求解[Jackson, 1999]：

$$\Phi(x, y) = X(x)Y(y) \tag{3.49}$$

若将式(3.49)代回到式(3.48)并除以 Φ，将得到：

$$\frac{1}{XY}\frac{\mathrm{d}^2 XY}{\mathrm{d}x^2} + \frac{1}{XY}\frac{\mathrm{d}^2 XY}{\mathrm{d}y^2} = \frac{1}{X}\frac{\mathrm{d}^2 X}{\mathrm{d}x^2} + \frac{1}{Y}\frac{\mathrm{d}^2 Y}{\mathrm{d}y^2} = 0 \tag{3.50}$$

其中偏微分用全微分代替，因为各项只有一个变量。这样就可以写成两个分离的一般微分方程：

$$\frac{1}{X}\frac{\mathrm{d}^2 X}{\mathrm{d}x^2} = -\beta^2 \tag{3.51}$$

$$\frac{1}{Y}\frac{\mathrm{d}^2 Y}{\mathrm{d}y^2} = \beta^2 \tag{3.52}$$

其中的常数 β 必须满足条件 $\beta^2 + (-\beta^2) = 0$ 以满足拉普拉斯方程。式(3.51)和式(3.52)通过寻找特征方程的根来求解：

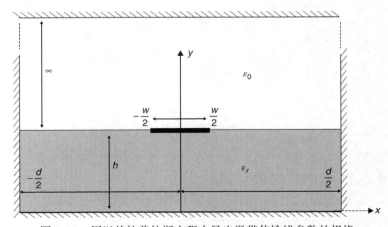

图 3.18　用以从拉普拉斯方程中导出微带传输线参数的规格

$$X(x) = C_{1n}\mathrm{e}^{\mathrm{j}\beta x} + C_{2n}\mathrm{e}^{-\mathrm{j}\beta x} = C_{1n}(\cos \beta x + \mathrm{j} \sin \beta x)$$
$$+ C_{2n}(\cos \beta x - \mathrm{j} \sin \beta x) \qquad (3.53)$$

$$Y(y) = C'_{1n}\mathrm{e}^{\beta y} + C'_{2n}\mathrm{e}^{-\beta y} = C'_{1n}(\cosh \beta y + \sinh \beta y)$$
$$+ C'_{2n}(\cosh \beta y - \sinh \beta y) \qquad (3.54)$$

之后将式(3.53)和式(3.54)代入式(3.49)计算出电势:

$$\Phi(x, y) = X(x)Y(y) = [C_{1n}(\cos \beta x + \mathrm{j} \sin \beta x) + C_{2n}(\cos \beta x - \mathrm{j} \sin \beta x)]$$
$$\cdot [C'_{1n}(\cosh \beta y + \sinh \beta y) + C'_{2n}(\cosh \beta y - \sinh \beta y)] \qquad (3.55)$$

因为是周期解,所以 β 必须是整数。求解式(3.55)要用到的边界条件是:

$$\Phi(x, y) = 0, \qquad 其中 \ x = \pm\frac{d}{2} \qquad (3.56)$$

这是侧面的电势,且

$$\Phi(x, y) = 0, \qquad 其中 \ y = 0, \infty \qquad (3.57)$$

这是无穷远的地平面的电势。这意味着应存在两组不同的解:区域 1,在 $y = 0$ 和 $y = h$(在电介质中)之间;区域 2,在 $y = h$ 到无穷远(空气中)之间。两个区域交界处的电势应该相等。

观察一下式(3.55)中的 $X(x)$,当 $C_{1n} = C_{2n}$ 且在 $x = \pm d/2$ 时选择 β 的值能使余弦项等于零时,将满足式(3.56)的边界条件。当 $C_{1n} = C_{2n}$ 时,$X(x)$ 简化为

$$X(x) = C_{1n} \cos \beta x$$

而当 $\beta = n\pi/d$ 且 n 为奇数,$x = \pm d/2$ 时,

$$X(x) = 0$$

从而产生 $X(x)$ 的适当形式:

$$X(x) = C_{1n} \cos \left(\frac{n\pi}{d}x\right) \qquad (3.58)$$

当 $C'_{1n} = -C'_{2n}$ 时,式(3.55)中的第二项 $Y(y)$ 将满足式(3.57)在 $y = 0$ 时的边界条件,$Y(y)$ 将变为

$$Y(y) = C'_{2n} \sinh \beta y = C'_{2n} \sinh \left(\frac{n\pi}{d}y\right) \qquad (3.59)$$

在 $y = \infty$ 处,若 $C'_{1n} = 0$,将满足式(3.57)的边界条件:

$$Y(y) = C'_{2n}(\cosh \beta y - \sinh \beta y) = C'_{2n}\mathrm{e}^{-\beta y} \qquad (3.60)$$

这样在适当的边界条件下,将 $X(x)$ 和 $Y(y)$ 相乘就可以得到满足边界条件的电势式。简明起见,乘积中的常数用 A_n 和 B_n 来表示。

$$\Phi(x, y) = \begin{cases} \sum_{\substack{n=1 \\ \text{odd}}}^{\infty} A_n \cos\left(\frac{n\pi}{d}x\right) \sinh\left(\frac{n\pi}{d}y\right), & 0 \leqslant y < h \qquad (3.61\mathrm{a}) \\[4mm] \sum_{\substack{n=1 \\ \text{odd}}}^{\infty} B_n \cos\left(\frac{n\pi}{d}x\right) \mathrm{e}^{-(n\pi/d)y}, & h \leqslant y < \infty \qquad (3.61\mathrm{b}) \end{cases}$$

在信号导体处 $(y=h)$ 电势必须是连续的，所以有

$$A_n \cos\left(\frac{n\pi}{d}x\right) \sinh\left(\frac{n\pi}{d}h\right) = B_n \cos\left(\frac{n\pi}{d}x\right) \mathrm{e}^{-(n\pi/d)h}$$

可以得到

$$A_n \mathrm{e}^{(n\pi/d)h} \sinh\left(\frac{n\pi}{d}h\right) = B_n$$

从而使电势式可以单用 A_n 来表示：

$$\Phi(x,y) = \begin{cases} \displaystyle\sum_{\substack{n=1 \\ \text{odd}}}^{\infty} A_n \cos\left(\frac{n\pi}{d}x\right)\sinh\left(\frac{n\pi}{d}y\right), & 0 \leqslant y < h \quad (3.62\mathrm{a}) \\[3ex] \displaystyle\sum_{\substack{n=1 \\ \text{odd}}}^{\infty} A_n \sinh\left(\frac{n\pi}{d}h\right)\cos\left(\frac{n\pi}{d}x\right)\mathrm{e}^{-(n\pi/d)(y-h)}, & h \leqslant y < \infty \quad (3.62\mathrm{b}) \end{cases}$$

应用式 (2.65) 的 $E_y = -\nabla\phi = -\partial\Phi/\partial y$ 来求解信号导体和地平面之间的电场分布。因为 $\mathrm{d}(\sinh ax)/\mathrm{d}x = a\cosh ax$ 且 $\mathrm{d}(\mathrm{e}^{ax})/\mathrm{d}x = a\mathrm{e}^{ax}$，区域 1 的电场为

$$E_{yn} = -\frac{\partial}{\partial y}A_n \cos\left(\frac{n\pi}{d}x\right)\sinh\left(\frac{n\pi}{d}y\right) = -\frac{n\pi A_n}{d}\cos\left(\frac{n\pi}{d}x\right)\cosh\left(\frac{n\pi}{d}y\right)$$

区域 2 的电场为

$$\begin{aligned} E_{yn} &= -\frac{\partial}{\partial y}A_n \sinh\left(\frac{n\pi}{d}h\right)\cos\left(\frac{n\pi}{d}x\right)\mathrm{e}^{-(n\pi/d)(y-h)} \\ &= \frac{n\pi A_n}{d}\sinh\left(\frac{n\pi}{d}h\right)\cos\left(\frac{n\pi}{d}x\right)\mathrm{e}^{-(n\pi/d)(y-h)} \end{aligned}$$

从而得到

$$E_y(x,y) = \begin{cases} \displaystyle -\sum_{\substack{n=1 \\ \text{odd}}}^{\infty} \frac{n\pi A_n}{d}\cos\left(\frac{n\pi}{d}x\right)\cosh\left(\frac{n\pi}{d}y\right), & 0 \leqslant y < h \quad (3.63\mathrm{a}) \\[3ex] \displaystyle \sum_{\substack{n=1 \\ \text{odd}}}^{\infty} \frac{n\pi A_n}{d}\sinh\left(\frac{n\pi}{d}h\right)\times\cos\left(\frac{n\pi}{d}x\right)\mathrm{e}^{-(n\pi/d)(y-h)}, & h \leqslant y < \infty \quad (3.63\mathrm{b}) \end{cases}$$

要计算系数 A_n，需要先假设信号导体中电荷的分布。电荷分布的一阶近似是假设在信号导体 $y=h$ 处的横截面上电荷 (ρ) 是均匀分布的。因此，在微带上 ρ 在 x 方向上是没有变化的，而在微带外电荷为 0。

$$\rho(x) = \begin{cases} 1, & |x| < w/2 \\ 0, & |x| > w/2 \end{cases} \quad (3.64)$$

由式 (3.4) 可知，信号导体上面的电场等于电荷密度：

$$\rho(x) = (\varepsilon_0 E_{y1}) - (\varepsilon_0 \varepsilon_r E_{y2}) = \sum_{\substack{n=1 \\ \text{odd}}}^{\infty} \frac{\varepsilon_0 n\pi A_n}{d} \cos\left(\frac{n\pi}{d}x\right)$$

$$\times \left[\sinh\left(\frac{n\pi}{d}h\right) + \varepsilon_r \cosh\left(\frac{n\pi}{d}h\right)\right] \tag{3.65}$$

若暂时将式(3.65)中非 x 函数(A_n 除外)的各项用一个常数 k 来表示，如式(3.66)，当 a_0 和 b_m 为零时，由式(3.68)可以看出电荷密度在形式上与傅里叶级数相似，

$$\rho(x) = \sum_{\substack{n=1 \\ \text{odd}}}^{\infty} A_n k \cos\left(\frac{n\pi}{d}x\right) \tag{3.66}$$

$$k = \varepsilon_0 \frac{n\pi}{d}\left[\sinh\left(\frac{n\pi}{d}h\right) + \varepsilon_r \cosh\left(\frac{n\pi}{d}h\right)\right] \tag{3.67}$$

$$f(x) = \frac{1}{2}a_0 + \sum_{n=1}^{\infty} a_m \cos\left(\frac{m\pi}{d}x\right) + \sum_{n=1}^{\infty} b_m \cos\left(\frac{m\pi}{d}x\right) \tag{3.68}$$

这样就可以用傅里叶级数的方法来求解系数 A_n

$$\int_{-w/2}^{w/2} \rho(x) \cos\left(\frac{m\pi}{d}x\right) \mathrm{d}x = \int_{-d/2}^{d/2} A_n k \cos\left(\frac{n\pi}{d}x\right) \cos\left(\frac{m\pi}{d}x\right) \mathrm{d}x$$

设 $m = n$，可以得到

$$\int_{-w/2}^{w/2} \rho(x) \cos\left(\frac{n\pi}{d}x\right) \mathrm{d}x = \int_{-d/2}^{d/2} A_n k \cos^2\left(\frac{n\pi}{d}x\right) \mathrm{d}x \tag{3.69}$$

代入式(3.67)的 k 并对式(3.69)两边进行积分可得：

$$\frac{2d}{n\pi} \sin\frac{n\pi w}{2d} = \frac{A_n k d}{2}$$

$$A_n = \frac{4\sin(n\pi w/2d)}{\varepsilon_0[(n\pi)^2/d]\left[\sinh((n\pi/d)h) + \varepsilon_r \cosh((n\pi/d)h)\right]} \tag{3.70}$$

这样，信号导体相对于 $x = 0$ 处的地平面的电压可以用式(3.1)和式(3.63a)来计算：

$$v = -\int_a^b \boldsymbol{E} \cdot \mathrm{d}\boldsymbol{l} = -\int_0^h E_y(x = 0, y)\,\mathrm{d}y = \sum_{\substack{n=1 \\ \text{odd}}}^{\infty} A_n \sinh\left(\frac{n\pi}{d}h\right) \tag{3.71}$$

总电荷由下式计算：

$$Q = \int_{-w/2}^{w/2} \rho(x)\mathrm{d}x = w \tag{3.72}$$

所以，单位长度上的电容可以用式(3.71)和式(3.72)计算，所得的 Q 和 v 由式(2.76)计算：

$$C = \frac{Q}{v} = \frac{w}{\sum_{\substack{n=1 \\ \text{odd}}}^{\infty} A_n \sinh[(n\pi/d)h]} \tag{3.73}$$

而先用式(3.73)计算出均匀相关介电常数 $\varepsilon_r = 1$ 时的电容后，可以用式(3.46)计算出单位长度上的电感：

$$L = \frac{1}{c^2 C_{\varepsilon_r=1}}$$

借助式(3.73)和式(3.46)，可以计算出一些有用的参量，比如相位常数[参见式(3.30)]、特征阻抗[参见式(3.33)]以及有效介电常数(ε_{eff})。为了便于理解ε_{eff}的计算，先看一下例2.3中提取出来的平行极板电容器的公式：

$$\frac{C_{\varepsilon_{r,\text{eff}}}}{C_{\varepsilon_r=1}} = \frac{\varepsilon_0 \varepsilon_{r,\text{eff}} A/d}{\varepsilon_0 A/d} = \varepsilon_{r,\text{eff}} \tag{3.74}$$

可以看出，有效介电常数取决于由式(3.73)使用正确的介电常数计算出的微带线电容除以介电常数$\varepsilon_r=1$时，由式(3.73)计算出的电容。决定电容的各项参数中除有效介电常数外都已确定。

式(3.73)和式(3.74)的精度是合理的。不过，在求导时的两个假设对精度有一定的影响。第一个假设是信号导体无限薄。这在实际中是不可能的，因为微带线和电介质有一定的高度，加工在 PCB 上时总是有一定的厚度的。不过，这里没有必要推导有限厚度信号导体对应的公式。这种情况多数采用数值方法来解决，本书中不涉及这些内容。再者，信号导体表面的电荷也不是均匀分布的。可以将3.4.4节得到的信号导体边缘的电荷分布应用到这里。

3.4.4　邻近导体边缘的电荷分布

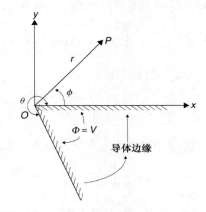

图 3.19　两导体平面保持相对一个角度相交的极远参考点的电势 V

在3.4.3节的分析中，假定了导体表面的电荷分布是均匀的。而在邻近导体边角上的实际电荷分布将急剧增加。此时导体的分布电容将会改变，进而影响传输线的有效介电常数。为推导电荷分布式，先观察一下图3.19，该图给出了夹角为θ的两个相交平面。其中两种情况值得关注，一是$\theta=270°$时的锐变的角上，另一种是$\theta=360°$时的极薄微带线的边缘。电荷分布推导时，假定导体平面一直保有以某个极远点为参考点的电势V。由于我们只研究邻近边缘点的场的行为，极远参考点的具体情况可以忽略。

我们将根据拉普拉斯方程的圆柱坐标系形式进行推导：

$$\nabla^2 \Phi = \frac{1}{r}\frac{\partial}{\partial r}\left(r\frac{\partial \Phi}{\partial r}\right) + \frac{1}{r^2}\frac{\partial^2 \Phi}{\partial \phi^2} = 0 \tag{3.75}$$

类似于微带传输线的解，该偏微分方程的解将用分离变量法来求解。假定电势能表示为各坐标轴的某个函数的乘积，求解问题将转化为两个常微分方程[Jackson, 1999]。

$$\Phi(r, \phi) = R(r)Y(\phi) \tag{3.76}$$

将式(3.76)代入式(3.75)，且等式两边都除以$R(r)Y(\phi)/r^2$，可以得到

$$\frac{r^2}{RYr}\frac{\partial}{\partial r}\left(r\frac{\partial RY}{\partial r}\right) + \frac{r^2}{RYr^2}\frac{\partial^2 RY}{\partial \phi^2} = \frac{r}{R}\frac{\partial}{\partial r}\left(r\frac{\partial R}{\partial r}\right) + \frac{1}{Y}\frac{\partial^2 Y}{\partial \phi^2} = 0 \tag{3.77}$$

由于常微分方程之和必须为 0，所以我们可以分别对每一个常微分方程进行求解：

$$r\frac{d}{dr}\left(r\frac{dR}{dr}\right) = \beta^2 R \tag{3.78}$$

$$\frac{\mathrm{d}^2 Y}{\mathrm{d}\phi^2} = -\beta^2 Y \tag{3.79}$$

为求解式(3.78), 设 $R = kr^l$:

$$r\frac{d}{\mathrm{d}r}\left(r\frac{d(kr^l)}{\mathrm{d}r}\right) = r\frac{d}{\mathrm{d}r}(rklr^{l-1}) = r\frac{d}{\mathrm{d}r}klr^l = kl^2r^l$$

将上式的解设为 $\beta^2 R$ 可以得到

$$\beta^2 R = \beta^2(kr^l) = l^2(kr^l)$$

$$l = \pm\beta$$

因此, 式(3.78)的解可以表示为:

$$R(r) = ar^\beta + br^{-\beta} \tag{3.80}$$

式(3.79)可以通过求解下面的特征方程的根来求解:

$$Y(D^2 + \beta^2) = 0$$

可以得到

$$Y(\phi) = A\cos\beta\phi + B\sin\beta\phi \tag{3.81}$$

由于式(3.81)由周期函数组成, β 一定是整数。将式(3.80)和式(3.81)代入式(3.76)可以得到 $\beta \neq 0$ 时的通解。

$$\Phi(r, \phi) = ar^\beta A\cos\beta\phi + ar^\beta B\sin\beta\phi + br^{-\beta} A\cos\beta\phi + br^{-\beta} B\sin\beta\phi \tag{3.82}$$

下面的边界条件必须满足:

- 当 $\phi = \theta$ 时, $\Phi = V$
- 当 $\phi = 0$ 时, $\Phi = V$

当 $\beta = n\pi/\theta$ 时, 若 n 为奇数, 则式(3.82)中正弦项将为 0。由于 $\sin(0) = 0$, 选择适当的 β 并将常数设为 $A = 0$, 考虑到常数 $\alpha_n = aB$ 和 $\alpha'_n = bB$, 可以得到满足边界条件的电势的函数:

$$\Phi(r, \phi) = V + \sum_{\substack{n=1 \\ \text{odd}}}^{\infty} \alpha_n r^{n\pi/\theta}\sin\left(\frac{n\pi}{\theta}\phi\right) + \alpha'_n r^{-n\pi/\theta}\sin\left(\frac{n\pi}{\theta}\phi\right) \tag{3.83}$$

电场中的 ϕ 可由式(2.65)($\boldsymbol{E} = -\nabla\Phi$)计算。根据附录 A 有

$$\nabla\Phi = \boldsymbol{a}_r\frac{\partial\Phi}{\partial r} + \boldsymbol{a}_\phi\frac{1}{r}\frac{\partial\Phi}{\partial\phi} + \boldsymbol{a}_z\frac{\partial\Phi}{\partial z}$$

进而可以得到

$$E_\phi = -\frac{1}{r}\frac{\partial\Phi}{\partial\phi} = \sum_{\substack{n=1 \\ \text{odd}}}^{\infty}\left[-\frac{n\pi\alpha_n}{\theta}r^{(n\pi/\theta)-1}\cos\left(\frac{n\pi}{\theta}\phi\right) + \right.$$

$$\left. \frac{n\pi\alpha'_n}{\theta}r^{-(n\pi/\theta+1)}\cos\left(\frac{n\pi}{\theta}\phi\right)\right] \tag{3.84}$$

最后, 电荷可以由式(3.3)计算:

$$\boldsymbol{n} \cdot \varepsilon \boldsymbol{E} = \rho$$

$$\rho(r, \phi) = \varepsilon E_\phi = \sum_{\substack{n=1 \\ odd}}^{\infty} \left[-\frac{n\pi\varepsilon\alpha_n}{\theta} r^{(n\pi/\theta)-1} \cos\left(\frac{n\pi}{\theta}\phi\right) + \right.$$

$$\left. \frac{n\pi\varepsilon\alpha'_n}{\theta} r^{-(n\pi/\theta+1)} \cos\left(\frac{n\pi}{\theta}\phi\right) \right]$$

由于我们研究的是邻近边缘处电荷的行为特征，r 很小，因此只有第一项的总和比较重要（$n=1$）。而且，平面区域不再依存于 r，而第二项在 $\theta=\pi$ 和 $n=1$ 时依赖于 r，所以 $\alpha'_n=0$。

$$\rho(r, \phi) = -\frac{\pi\varepsilon\alpha_1}{\theta} r^0 \cos\left(\frac{\pi}{\theta}\phi\right) + \frac{\pi\varepsilon\alpha'_1}{\theta} r^{-2} \cos\left(\frac{\pi}{\theta}\phi\right)$$

这样可以推导出在邻近边缘处以两导体平面的夹角为函数的表面电荷密度：

$$\rho(r, \phi) = -\frac{\pi\varepsilon\alpha_1}{\theta} r^{(\pi/\theta)-1} \cos\left(\frac{\pi}{\theta}\phi\right)$$

对于一个锐变的边缘，如图 3.20 所示，$\theta=3\pi/2$，式（3.85）将简化为：

$$\rho(r, \phi=3\pi/2) = \frac{2\varepsilon\alpha_1}{3} r^{-1/3} \tag{3.86}$$

由于我们关心的是金属平面的电荷密度，ϕ 要么是 θ 要么是 0，意味着余弦项要么是 1 要么是 -1。

式（3.86）表明，由方形导体构成的传输线，电荷密度在边缘处将急剧增加，如图 3.20 所示。事实上，电荷密度在急剧变化的边缘，当 r 接近于零时是奇异的。而在薄的微带边缘，$\theta=2\pi$，从而式（3.85）可以简化为：

$$\rho(r, \phi=2\pi) = \frac{\varepsilon\alpha_1}{2} r^{-1/2} \tag{3.87}$$

式（3.87）表明，对于无限薄的微带线来说，电荷密度在边缘处也接近无限值，这与 3.4.3 节中微带线式推导中所做的假定是一致的。无限薄的衬底或者无限锐变边缘在现实中是不存在的，从而必须理解式（3.86）和式（3.87）的变化趋势。电荷密度在金属导体边缘处将急剧增加。系数 α_n 依赖于边缘远端的初始条件，我们在这里不做求解。

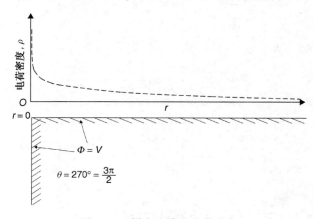

图 3.20　锐变边缘的电荷分布

3.4.5　电荷分布及传输线参数

目前已经清楚了邻近边缘处电荷的行为特征,很容易想象到横跨传输线信号导体上的整体电荷分布情况。电荷密度分布在微带线中心处几乎是均匀的,而在边缘则急剧增加。从式(3.85)也可以看出这一点。Collins[1992]利用保角变换技术,推导出了适用于各种尺寸微带线的电流分布预测式:

$$\rho(x) = \frac{2Q}{\pi w \sqrt{1 - \dfrac{x^2}{\left(\dfrac{w}{2}\right)^2}}} \qquad (3.88)$$

其中 Q 为整体电荷,x 为离开导体中心的距离,w 为信号导体的宽度。图 3.21 给出了一个微带传输线的信号导体上的理想电流分布例子,由式(3.88)计算所得并进行了归一化,从而使导体中心处的电荷密度为 1。

为了理解电荷分布对诸如延迟、阻抗等传输线参数的影响,可以用信号导体上更真实的电荷分布改进 3.4.3 节中导出的微带传输线,并从式(3.69)求出 A_n:

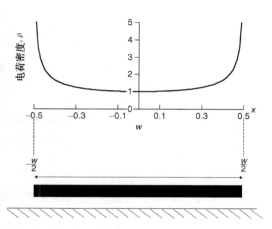

图 3.21　横跨微带信号导体的电荷分布

$$\int_{-w/2}^{w/2} \rho(x) \cos\left(\frac{n\pi}{d}x\right) \mathrm{d}x = \int_{-d/2}^{d/2} A_n k \cos^2\left(\frac{n\pi}{d}x\right) \mathrm{d}x$$

然而式(3.88)在 $x = w/2$ 处是奇异的、不可积的。回避该问题的方法是用一个规范的函数来近似式(3.88),使其可积:

$$\rho(x) = \frac{2Q}{\pi w \sqrt{1 - \dfrac{x^2}{\left(\dfrac{w}{2}\right)^2}}} \cong Q(ax^m + c) \qquad (3.89)$$

其中,a,m 和 c 应赋予适当的值,使得多项式能很好地近似真实的电荷分布。若整体电荷保持式(3.72)那样不变,同时令传输线的宽度规范化为 $w = 1$,则电荷分布必须满足:

$$Q = \int_{-w/2}^{w/2} \rho(x)\mathrm{d}x = 1 \qquad (3.90)$$

而且,多项式的幂次必须足够高,使之能近似边缘处电荷密度的急剧增加。如果式(3.89)的幂次选择为合理的最优值($m = 6$),当 $a = 100$ 且 $c = 0.77$ 时,宽度为 1 的微带线的多项式近似将满足式(3.90):

$$\rho(x) \approx 100x^6 + 0.77 \qquad (3.91)$$

其中

$$\int_{-0.5}^{0.5} (100x^6 + 0.77)\,\mathrm{d}x \approx 1$$

图 3.22 是用式(3.91)的非奇异多项式近似值和式(3.88)的理论分析值进行的电荷比较。将

式(3.91)代入式(3.69)求出 A_n 后,可以得到实际微带传输线信号导体上电荷分布的公式。然而,由于难以积分且无法求得最后的 A_n,所以图中没有画出。Mathematica 计算工具软件可以用于求解积分,当电荷分布用式(3.91)近似时,可以从式(3.69)求出 A_n。表3.1 中分别给出了在式(3.64)的均匀电荷分布、式(3.88)的实际电荷分布以及式(3.91)的近似电荷分布情况下的阻抗和有效相对介电常数的比值对照。值得一提的是,当采用实际电荷分布时,准静态近似比一般商用二维的数值场仿真工具要精确得多。

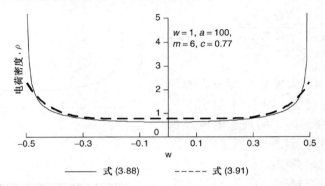

图 3.22　电荷的解析计算值和非奇异多项式近似值的比较

表 3.1　电荷分布对阻抗和有效相对介电常数的影响[a]

w/h	$Z_0(\Omega)/\varepsilon_{\text{eff}}$		
	$\rho(x)=\begin{cases}1 & \text{当}|x|<w/2 \\ 0 & \text{当}|x|>w/2\end{cases}$	$\rho(x)=100x^6+0.77$	二维数值场仿真 工具的计算结果
4	37.6/3.26	31.6/3.37	32.5/3.38
2	59.7/3.02	52.6/3.08	51.4/3.13
1	84.8/2.86	77.0/2.90	74.6/2.96
0.667	99.9/2.81	92.1/2.83	89.3/2.89
0.5	110.8/2.78	99.1/2.76	99.9/2.84

[a] $d=100h$,宽度标准化为1,$\varepsilon_r=4.0$,$n=5000$。

3.4.6　场图

到目前为止,我们已用拉普拉斯方程计算了传输线参数。下面将研究用图形方式解决二维静电场问题。其主要优点是对复杂几何尺寸的场模式提供了独特的洞察力。另外,当解析法极其困难或根本不可行的时候,可以采用该方法。许多数值解场技术中都用到了这种网状结构。如果一个信号完整性领域的工程师能充分理解该方法,将有助于直观地理解场分布和传输线几何尺寸对阻抗以及有效介电常数的影响。

z 方向上电荷均匀分布的任意二维系统,静电场分布在各个横截面上均相同。图 3.23 给出了每隔长度 l 有着电荷 q 和 $-q$ 的任意一个横截面上电场分布的示意图。式(3.3)说明了场力线必将终止于导体表面的法线方向。这就意味着,若在二维场分布示意图上画一条始终垂直于电场的线并延伸到本书的页面内,则所产生的表面电势将是常数,也就是等电势面。如图 3.23 所示。这些等电势面可以当做无限薄的"虚拟"金属薄片导体的衬底。使用这些等电势面,可以从精心制作的场分布示意图上较精确地求得二维系统中单位长度上的电容。例如,考察图 3.24 中同轴线的横切面,其中电场流线从电荷 q 的地方分散开来,在导体内经过

长度 l 最终终止于导体外部同样长度的电荷为 $-q$ 的地方。若再画上等电势线，总电容将是等电势线间电容的简单串联。如图 3.24(a) 所示。若适当调整等电势线使它们之间的电容相等，且用 n_s 表示串联电容的个数，则总电容为：

$$C = \frac{C_0}{n_s} \qquad (3.92)$$

此外，图 3.24(a) 中每个串联电容可以再进一步划分为电容值为 ΔC 的若干单元电容的并联。如图 3.24(b) 所示。假设有 n_p 个并联单元，且 $C_0 = n_p \Delta C$，总电容将为：

$$C = \frac{n_p}{n_s} \Delta C \qquad (3.93)$$

使用式(3.93)必须先计算单元电容 ΔC。假设各单元顶部和底部的电荷分别为 Δq 和 $-\Delta q$，则可用式(2.76)和式(3.1)得到以单元顶部和底部的电势差为变量的单元电容计算式：

$$\Delta C = \frac{\Delta q}{\int \boldsymbol{E} \cdot \mathrm{d}\boldsymbol{l}} \qquad (3.94)$$

如果调整场力线使各单元大小一致，则单元电容可以表示为平均电场的函数：

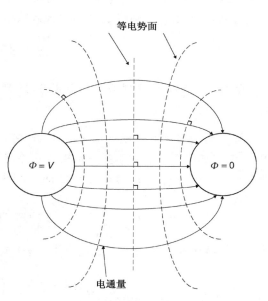

图 3.23　两任意导体的静电场分布示意图

$$\Delta C = \frac{\Delta q}{E_{\mathrm{ave}} \Delta h_{\mathrm{ave}}} \qquad (3.95)$$

其中 Δh_{ave} 是单元的平均高度，E_{ave} 是单元的平均电场。

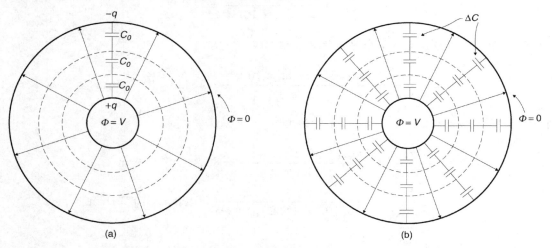

图 3.24　同轴线的场力线图，示意了(a)两等电势面间的串联电容和(b)每单元的电容

用式(2.59)的高斯定理的积分形式，$(\oint_s \varepsilon \boldsymbol{E} \cdot \mathrm{d}\boldsymbol{s} = \oint_s \boldsymbol{D} \cdot \mathrm{d}\boldsymbol{s} = q)$，可以将式(3.95)中的电场项去掉并简化为：

$$\Delta C = \frac{\Delta q}{E_{ave}\Delta h_{ave}} = \frac{\varepsilon \Delta q}{D_{ave}\Delta h_{ave}} = \frac{\varepsilon \Delta q}{(\Delta q/l\Delta w_{ave})\Delta h_{ave}} = \frac{\varepsilon \Delta w_{ave}}{\Delta h_{ave}}l \qquad (3.96)$$

其中，Δw_{ave} 是单元的平均宽度，$ds = l\Delta w_{ave}$ 是长度为 l 的传输线单元表面的面积。若能调整单元使得 $\Delta w_{ave} \approx \Delta h_{ave}$，则将式(3.96)代入式(3.93)可以得到总电容为：

$$\frac{C}{l} = \varepsilon \frac{n_p}{n_s} \qquad \text{F/m} \qquad (3.97)$$

例3.2　用场力线图法求取如图 3.25 所示的同轴传输线的阻抗。其中 $b/a = 2$，介电常数为 $\varepsilon_r = 2.3$。

解　由于同轴线的横截面是对称的，可以利用对称的特点只画出一个象限的场力线。如图 3.25 所示。在此图中，第一象限被一个等电势线分为两个串联部分并进而分成四个并联部分，所以 $n_s = 2$，$n_p = (4) \times (4) = 16$。这样，由式(3.97)可以求出

$$C = \varepsilon_r \varepsilon_0 \frac{n_p}{n_s} = (2.3) \times (8.85 \times 10^{-12}) \times \left(\frac{16}{2}\right) = 162.8 \times 10^{-12} \text{ F/m}$$

计算同轴线的阻抗之前，先要再计算 $\varepsilon_r = 1$ 时的电容，并从式(3.46)求出电感

$$C_{\varepsilon_r = 1} = \varepsilon_0 \frac{n_p}{n_s} = 8.85 \times 10^{-12} \times \left(\frac{16}{2}\right) = 70.78 \times 10^{-12} \text{ F/m}$$

$$L = \frac{1}{c^2 C_{\varepsilon_r = 1}} = \frac{1}{(3 \times 10^8)^2 \times (70.78 \times 10^{-12})} = 156.9 \times 10^{-9} \text{ H/m}$$

从而可以由式(3.33)求出特征阻抗为：

$$Z_{0,\text{fieldmap}} = \sqrt{\frac{156.9 \times 10^{-9}}{162.8 \times 10^{-12}}} = 31.0 \ \Omega$$

这个结果可以直接与 3.4.2 节推导出的结果相比较。

$$C = \frac{2\pi \varepsilon}{\ln(b/a)} = \frac{2\pi(2.3) \times (8.85 \times 10^{-12})}{\ln(2)} = 184.5 \times 10^{-12} \text{ F/m}$$

再一次，在计算阻抗之前先计算 $\varepsilon_r = 1$ 时的电容。

$$C = \frac{2\pi \varepsilon}{\ln(b/a)} = \frac{2\pi(1) \times (8.85 \times 10^{-12})}{\ln(2)} = 80.2 \times 10^{-12} \text{ F/m}$$

$$L = \frac{1}{c^2 C_{\varepsilon_r = 1}} = \frac{1}{(3 \times 10^8)^2 \times (80.2 \times 10^{-12})} = 138.5 \times 10^{-9} \text{ H/m}$$

$$Z_0 = \sqrt{\frac{138.5 \times 10^{-9}}{184.5 \times 10^{-12}}} = 27.3 \ \Omega$$

将这个结果和 $Z_{0,\text{fieldmap}}$ 相比较，可以看出场图法还是比较精确的，但也显示手工绘图法固有的不可避免的错误。

例 3.3　用场图法计算如图 3.26 所示的微带传输线的阻抗和有效介电常数。其中 $w/h=1$，电介质的介电常数为 $\varepsilon_r=4.0$。

解　微带线的场图无法精确绘出，而且电介质也是不均匀的，因此应用场图法比较困难。图 3.26 绘制了微带线的场力线。需要说明的是，作者无法将每个单元都绘制成同样大小。不过，我们仍假定各单元具有平均电场强度，当然这将带来误差。由于有的单元大，有的单元小，由单元大小差异带来的误差将部分达到平均，所以能得到较准确的结果。本例中，由于对称关系，只画出了一半场力线。在电介质边缘处的电场扭曲将忽略不计，不过这也将带来额外的小误差。

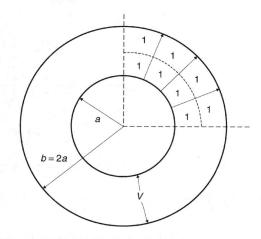

图 3.25　用于计算例 3.2 中电容的场力线图。其中一个象限被分割成两个串联部分和四个并联部分

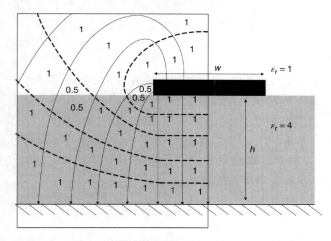

图 3.26　用于计算微带线的有效介电常数和阻抗的场图

我们先要求出有效介电常数。在 3.3.3 节中，说明了有效介电常数取决于场力线穿过空气中和电介质的加权平均。计算一下在空气中和电介质上各自的单元数，可以求得加权平均来进行等效介电常数的求解。图 3.26 中共有 9 个单元在空气中，27 个单元在电介质中。所有的单元要么在空气中，要么在电介质中。因此，有效介电常数可以由下式计算：

$$\varepsilon_{\mathrm{eff}} \approx \frac{9}{9+27} \times (1) + \frac{27}{9+27} \times (4) = 3.25$$

表 3.1 中给出的二维场仿真工具在 $w/h=1$ 时的结果为 $\varepsilon_{\mathrm{eff}}=2.96$，所以上式计算的结果也是个不坏的近似。

场力线图中的一半被分为 5 个串联部分和 7 个并联部分，从而 $n_s=5$，$n_p=(2)\times(7)=14$（由其对称性）。若 $\varepsilon_r=\varepsilon_{\mathrm{eff}}=3.25$，则从式（3.97）可以求出电容为：

$$C = \varepsilon_r \varepsilon_0 \frac{n_p}{n_s} = (3.25) \times (8.85 \times 10^{-12}) \times \left(\frac{14}{5}\right) = 80.53 \times 10^{-12}\ \mathrm{F/m}$$

阻抗的计算方法与例 3.2 相同：

$$C_{\varepsilon_r=1} = \varepsilon_0 \frac{n_p}{n_s} = (8.85 \times 10^{-12}) \times \left(\frac{14}{5}\right) = 24.77 \times 10^{-12}\ \text{F/m}$$

$$L = \frac{1}{c^2 C_{\varepsilon_r=1}} = \frac{1}{(3 \times 10^8)^2 (24.77 \times 10^{-12})} = 448.5 \times 10^{-9}\ \text{H/m}$$

$$Z_0 = \sqrt{\frac{448.5 \times 10^{-9}}{80.53 \times 10^{-12}}} = 74.6\ \Omega$$

与表 3.1 中二维场仿真工具的 $Z_0 = 74.6\ \Omega$ 相比，结果完全一致，不过这纯属巧合。

3.5　传输线反射

目前为止，我们研究了信号在一条传输线上的传播情况。然而，在诸如母板、子板和封闭芯片等的实际情况下，信号是在很多级联的传输线上传播的。另外，在数字设计中传输线拓扑结构也常用于一个驱动源和多个接收端的连接。由于各个传输线有着各自不同的电气特征，而拓扑结构的不同也将极大地影响信号的完整性，所以很有必要理解当传输线特性以及互联拓扑结构发生变化时，电磁波是如何进行传播的。

3.5.1　传输线反射及传输系数

一般地，当平面电磁波从传输线 A 过渡到传输线 B 时，特征阻抗也随之变化，此时将有两件事情发生：(1) 部分波从阻抗不连续点反射回源；(2) 部分波将传输到传输线 B 上。如图 3.27 所示。传播和反射同时存在缘于边界条件，这在求解两传输线区域交界面的麦克斯韦方程时必须满足。这些边界条件与 2.7 节推导出的平面波传输到不同特性区域的条件是相同的。3.2 节给出了自由空间中传播的平面波和传输线中传播的波之间的相似之处，所推导出的波形方程是传输线电路参数（L 和 C）的函数。

波形用向量表示时，总的平面波可以分为三部分：入射波、反射波和透射波。

1. 入射波：

$$v_i(z) = v_i^+ e^{-j\beta_1 z}$$

$$i_i(z) = \frac{1}{Z_{01}} v_i^+ e^{-j\beta_1 z}$$

2. 反射波：

$$v_r(z) = v_r^- e^{+j\beta_1 z}$$

$$i_r(z) = -\frac{1}{Z_{01}} v_r^- e^{+j\beta_1 z}$$

3. 透射波：

$$v_t(z) = v_t^+ e^{-j\beta_2 z}$$

$$i_t(z) = \frac{1}{Z_{02}} v_t^+ e^{-j\beta_2 z}$$

其中，$\beta_1 = \omega \sqrt{L_1 C_1}$，$\beta_2 = \omega \sqrt{L_2 C_2}$，$Z_{01} = \sqrt{L_1/C_1}$ 和 $Z_{02} = \sqrt{L_2/C_2}$ 为相位常数以及传输线 A 和传输线 B 的特征阻抗。

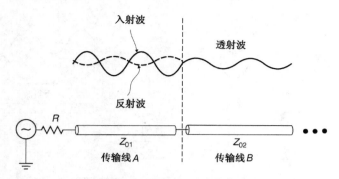

图 3.27　传输线 A 中的信号碰到阻抗不连续点时，一
部分将反射到源，另一部分将透射到传输线 B

如式（3.8）所描述的，当波形传播到两传输线间的交界时，跨越交界的电场和磁场的正切分量必须是连续的。也就是说，场的正切分量不能突变。某种角度上来讲，平面波在 z 方向上是以 TEM 模式传播的，所以电场和磁场都是与电介质交界面相平行（也就是正切）。从而可以说，在交界面（$z = 0$）处，入射波和反射波之和一定等于透射波。

$$v_t(z = 0) = v_i(z = 0) + v_r(z = 0) \rightarrow v_t = v_i + v_r \tag{3.98}$$

$$i_t(z = 0) = i_i(z = 0) + i_r(z = 0) \rightarrow \frac{i_t}{Z_{02}} = \frac{i_i}{Z_{01}} - \frac{i_r}{Z_{01}} \tag{3.99}$$

由于入射波已知，可以同时从式（3.98）和式（3.99）求得透射波和反射波：

$$v_t = v_i \frac{2Z_{02}}{Z_{02} + Z_{01}} \tag{3.100}$$

$$v_r = v_i \frac{Z_{02} - Z_{01}}{Z_{02} + Z_{01}} \tag{3.101}$$

按照式（2.132）和式（2.133）的推导方法，可以得到反射系数和透射系数：

$$\Gamma \equiv \frac{v_r}{v_i} = \frac{Z_{02} - Z_{01}}{Z_{02} + Z_{01}} \tag{3.102}$$

$$T \equiv \frac{v_t}{v_i} = \frac{2Z_{02}}{Z_{02} + Z_{01}} = 1 + \Gamma \tag{3.103}$$

反射系数是从两个不同阻抗间波形反射的度量，而透射系数是波形透射的度量。若反射系数为零，则表示相邻两个部分的特征阻抗相等。若阻抗的不连续性趋于无穷大，比如电路的开路，则传输线 A 上的信号波形将 100% 被反射，如图 3.28（a）所示。当 Z_{02} 趋于无穷大时，式（3.102）极限值就能说明这一点：

$$\Gamma_{\text{open}} = 1 \tag{3.104}$$

若阻抗不连续性是短接到地的，如图 3.28（b）所示，则传输线 A 上的信号波形也将 100% 被反射，不过反射波将与入射波差 180°，也就是

$$\Gamma_{\text{short}} = -1 \tag{3.105}$$

在 2.7.1 节里说明了良导体上的平面入射波产生相移的原因。

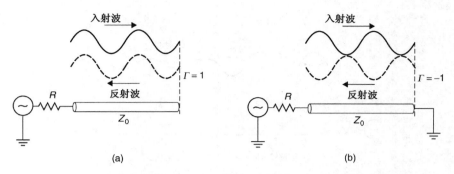

图 3.28　（a）电路开路引起的反射；（b）终端短路引起的反射

3.5.2　初始波形发生

当从一个源端发出信号到传输线时，在 $t=0$ 时刻，从传输线的角度看，初始电压的幅度（v_i）由源端阻抗和线阻抗构成的分压器决定（参见图 3.29）：

$$v_i = v_s \frac{Z_0}{Z_0 + R_s} \tag{3.106}$$

如果传输线的末端正好有一个与传输线特征阻抗相匹配的阻抗，则幅度为 v_i 的信号将传输到地，而电压幅度 v_i 将保持直到源端下次切换。如果传输线末端连接的阻抗与传输线的特征阻抗不相匹配，则部分信号将传输到地，剩余的部分将沿传输线反射回信号源端。

3.5.3　多重反射

如上所述，当信号在传输线末端的阻抗不连续点被反射时，一部分信号将反射回到源端。反射量由传输线阻抗（Z_0）和端接电阻（R_t）所构成的反射系数决定，由式（3.102）在 $Z_{02}=R_t$ 时计算。当入射波到达传输线末端 R_t 时，一部分信号 $v_i \Gamma_t$ 被反射回源端并叠加到入射波，使传输线上的信号总幅度变为 $v_i \Gamma t + v_i$，如图 3.29 所示。反射的部分（$v_i \Gamma_t$）将沿传输线传回源端，若 $Z_0 \neq R_s$ 则产生另外的反射。当然，若 $Z_0 = R_s$，则不产生反射。

如果传输线两端的阻抗都不连续，那么信号将在驱动端和接收端之间反射来反射去，直到最终反射达到直流稳态。例如，在图 3.29 中显示了一个较小的时间隔为 τ_d 的例子。τ_d 是信号从传输线的一端传输到另一端的时延，其计算式可以从式（3.31）中推导出来，用下式计算：

$$\tau_d = \frac{l}{v_p} = l\sqrt{LC} \quad \text{s} \tag{3.107}$$

其中 l 是传输线的长度，L 和 C 分别为单位长度的电感和电容[①]。

当源端电压从 0 过渡到 v_s 时，传输线上的初始电压 v_i 由式（3.106）决定。在 $t=\tau_d$ 时刻，入射波电压 v_i 到达负载 R_t。此时将产生一个幅度为 $v_i \Gamma_t$ 的反射波。这里 Γ_t 是从传输线看向负载的反射系数：

[①]　值得一提的是，由式（3.31）计算的相位速度 v_p 是一个频域变量，仅在单一的频率下是正确的。时延将随频率的改变而变化。这与非 TEM 传播（参见 3.3.5 节）和将在第 6 章中讨论的实际电介质行为特征有关。不过，此处的讨论可以先假定电介质是频不变的。这样式（3.107）将适用于梯形数字波所包含的很宽的频率范围。

$$\Gamma_t = \frac{R_t - Z_0}{R_t + Z_0}$$

反射波将叠加到入射波电压 v_i 上，在负载上产生 $v_i\Gamma_t + v_i$ 的总电压。反射波 $v_i\Gamma_t$ 将沿传输线传播回到源端，并在 $t = 2\tau_d$ 时刻产生一个 $v_i\Gamma_t\Gamma_s$ 的反射波。这里

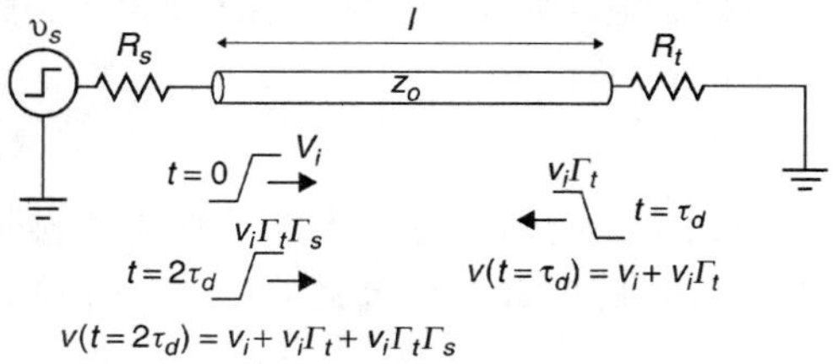

$$\Gamma_s = \frac{R_s - Z_0}{R_s + Z_0}$$

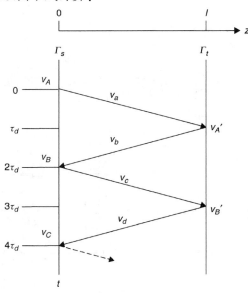

图 3.29　发送到传输线上的初始
　　　　波形及相应产生的反射

为看向源端的反射系数。此时，源端的电压将是前期电压(v_i)加上反射电压($v_i\Gamma_t$)，再加上反射波($v_i\Gamma_t\Gamma_s$)。这种反射和逆向反射将持续到传输线上电压达到直流稳态。读者可以看到，若端接电阻和源端阻抗与传输线的特征阻抗匹配度不高，则经过很长时间反射才会达到均衡。

　　显然，手动计算上例中多重反射是非常烦琐的。更简单的预测信号的反射效应的方法是点阵图。

3.5.4　点阵图与过驱或欠驱传输线

　　点阵图(有时也叫跳跃图)是以图形的方式解决带有线性负载的传输线上的多重反射问题的。图 3.30 给出了图 3.29 的传输线的点阵图的样本。左手边和右手边的垂直线分别代表了传输线的源端($z = 0$)和负载端($z = l$)。两垂直线之间的对角线表示信号在源和负载间的来回反射。点阵图从上到下表示了时间的增长。要注意的是，时间的增长步长等于式(3.107)计算所得的传输线的时延τ_d，看向源端的反射系数和看向负载端的反射系数表示在两垂直线的顶部。下标为小写字母的符号表示了传输线中反射信号的幅度。下标为大写字母的符号表示了看向源端的电压值，而下标为带撇的大写字母的符号表示了看向传输线末端的负载的电压。例如，在图 3.30 中，传输线的近端将保持 v_a 的电压 $2\tau_d$ 的时间。电压 v_a 等于初始电压 v_i，直到负载反射到达源端之前都保持不变，其值可以由下式计算：

$$v_A = v_a = v_s \frac{Z_o}{Z_o + R_s}$$

电压 v_a 将沿传输线朝着源端方向传播。

　　电压 v_A' 为电压 v_a 加上负载反射电压 v_b，可由下列式计算：

$$v_b = v_a\Gamma_t$$
$$v_A' = v_a + v_b$$

电压 v_B 是入射电压 v_a 加上负载反射电压 v_b，再加上源端反射电压：

$$v_B = v_a + v_b + v_c$$

其中

$$v_c = v_b\Gamma_s$$

若传输线开路，则其上的反射最终将达到直流稳态且等于源端电压 v_s。当传输线末端连接着一个电阻

图 3.30　图 3.29 所示传输线的点阵图结构

R_t 时，稳态电压则由源端阻抗及负载电阻（假定传输线是无损耗的）组成的分压器来计算：

$$v_{\text{steady state}} = v_s \frac{R_t}{R_t + R_s}$$

例 3.4 $R_s > Z_0$ 时的多重反射。考虑一个传输线及图 3.31 所示的点阵图。发送到传输线上的初始电压由源端阻抗 R_s 及负载阻抗 Z_0 构成的分压器决定：

$$v_i = v_s \frac{Z_0}{Z_0 + R_s} = 2 \times \frac{50}{50 + 75} = 0.8 \text{ V}$$

初始信号为 $v_a = 0.8$ V，将沿传输线传播到负载。在此特定条件下，负载开路，所以反射系数为 1。因此，全部信号将被反射回到源端，并叠加到 0.8 V 的入射信号上。所以，此例中，在时刻 $t = \tau_d$，或者 250 ps，负载上的电压为 $v_A' = v_a + v_b = 0.8 + 0.8 = 1.6$ V。反射信号 $v_b = 0.8$ V 将沿传输线向源端传播。当 v_b 到达源端时，部分将反射向负载，这取决于看向源端的反射系数且可由下式计算：

$$\Gamma_{\text{source}} = \frac{75 - 50}{75 + 50} = 0.2$$

向负载反射的电压值为 $v_c = v_b \Gamma_s = (0.8) \times (0.2) = 0.16$ V。反射信号将叠加到传输线已有的信号上，将在源端产生的电压总幅度为 $v_B = v_a + v_b + v_c = 0.8 + 0.8 + 0.16 = 1.76$ V。其中 $v_c = 0.16$ V 将向负载传播。这个过程将一直重复直到达到 2 V 的稳态。如果将该方法应用到数字波形的下降沿，可以计算数字脉冲传播的信号完整性，如图 3.31(c)所示。注意，即便电压源的无负载输出是方波，反射也将在接收端（B 点）产生阶梯的形状。在源端阻抗（R_s）大于特征阻抗（Z_0）时将出现这种结果。这种传输线称为欠驱传输线。

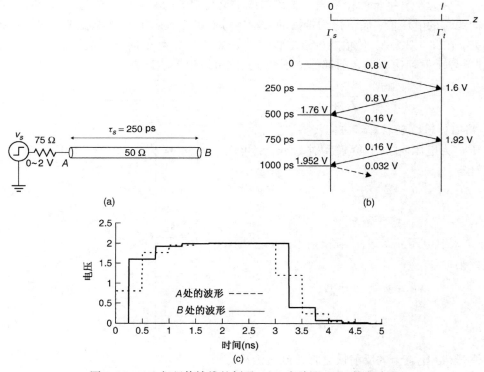

图 3.31 （a）欠驱传输线的例子；（b）点阵图；（c）数字波形

例 3.5 $R_s < Z_0$ 时的多重反射。当传输线的特征阻抗大于源端阻抗时,如图 3.32(a)所示,看向源端的反射系数将为负值:

$$\Gamma_{\text{source}} = \frac{25-50}{25+50} = -\frac{1}{3}$$

画出如图 3.32(b)的点阵图后,很容易看出源端的负反射将产生"振铃"现象,也就是所谓的过驱传输线。发生畸变的数字波形如图 3.32(c)所示。点阵图的画法与例 3.3 相同,读者自行练习绘制。

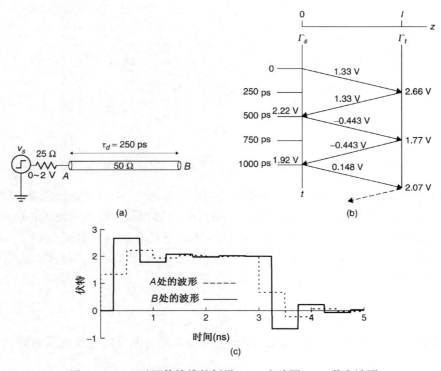

图 3.32 (a)过驱传输线的例子;(b)点阵图;(c)数字波形

3.5.5 非理想拓扑的点阵图

实际总线设计中不可能仅有一条传输线。例如,在点到点的设计中,硅驱动端通过模块连接到总线时,处处都在采用 0.25 英寸到 1.0 英寸的传输线。一些高速数字设计采用了插卡,是将两个分立制造的印制电路板通过连接器来连接的。而且,很多数字设计中都有一个驱动端向多个接收端发送信号的情形,比如多处理器系统的前置总线等,都有必要解决并行多重反射。因此,很有必要运用一些技巧来理解和解决各种拓扑的多段传输线系统。

级联拓扑 考虑图 3.33 所描述的传输线结构。该结构由两段传输线串联而成。第一段长为 l_1,特征阻抗为 $Z_{01}\,\Omega$。第二段长为 l_2,特征阻抗为 $Z_{02}\,\Omega$。该结构在末端连接着一个电阻 R_t。当信号传播到 $Z_{01} : Z_{02}$ 的阻抗满汇合点时,部分信号(v_c)将被反射,大小取决于从传输线 1 看向传输线 2 的反射系数[参见式(3.102)]:

$$\Gamma_2 = \frac{Z_{02} - Z_{01}}{Z_{02} + Z_{01}}$$

而另一部分信号(v_b)将透射，大小取决于式（3.103）的传输系数：

$$T_2 = \frac{2Z_{02}}{Z_{02} + Z_{01}} = 1 + \Gamma_2$$

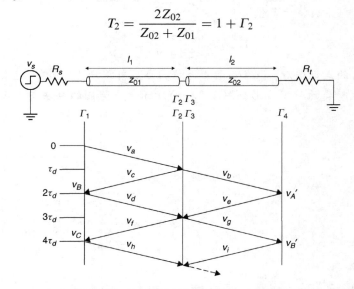

图 3.33　长度相等$(l_1 = l_2)$而特征阻抗不同的两段级联传输线的点阵图

图 3.33 也展示了点阵图解决不同特征阻抗的串联传输线系统上的多重反射问题的情形。要注意的是，本例中的两段传输线是等长的$(l_1 = l_2)$，这样两段传输线的反射相位相同，从而简化了待解决问题。例如，在图 3.33 中，透射部分 v_e 直接叠加到反射部分 v_f 上。若两段传输线的长度不同，则两段传输线上的反射将不同相，会急剧加大问题的难度。当信号到达末端时，反射的大小取决于看向末端负载的反射系数(Γ_4)：

$$\Gamma_4 = \frac{R_t - Z_{02}}{R_t + Z_{02}}$$

从末端电阻反射回来的信号将从传输线向源端传播，在经过两段传输线连接处时将经历另外的反射：

$$\Gamma_3 = \frac{Z_{01} - Z_{02}}{Z_{01} + Z_{02}}$$

其中，Γ_3 是从传输线 2 看向传输线 1 的反射系数。由 Γ_3 决定的部分信号将反射回负载，而由下式传输系数 T_3 决定的部分信号将透射向源端：

$$T_3 = 1 + \Gamma_3$$

经过汇合点向源端传播的那部分信号到达 R_s 时将经历另外的反射：

$$\Gamma_1 = \frac{R_s - Z_{01}}{R_s + Z_{01}}$$

信号就将这样在源端与末端之间来回反射直到均衡。电压的计算方法与一条传输线时的点阵图相同，只是略多了些计算。送到传输线的初始电压为：

$$v_a = v_s \frac{Z_{01}}{Z_{01} + R_s}$$

而传输线上的各级反射电压为：

$$v_b = v_a T_2$$

$$v_c = v_a \Gamma_2$$

$$v_d = v_c \Gamma_1$$

$$v_e = v_b \Gamma_4$$

$$v_f = v_d \Gamma_2 + v_e T_3$$

$$v_g = v_e \Gamma_3 + v_d T_2$$

$$v_h = v_f \Gamma_1$$

$$v_i = v_g \Gamma_4$$

源端电压为：

$$v_B = v_a + v_c + v_d$$

$$v_C = v_a + v_c + v_d + v_f + v_h$$

负载端电压为：

$$v_{A'} = v_b + v_e$$

$$v_{B'} = v_b + v_e + v_g + v_i$$

而其余的反射留给读者计算。

多接收端拓扑　目前为止，本书已覆盖了两部件互连的若干问题。不过，事情不会一成不变。经常会出现一个驱动端连接到两个或更多接收端的情况。此时，互连拓扑将极大地影响系统的性能。例如，考虑图 3.34 的一个驱动连接到两个接收端的情形。该例中，基线阻抗（Z_{01}）与两条分支的阻抗（Z_{02}）相等，而两条分支传输线的长度相同（$l_2 = l_3$）。当信号传播到汇合点时，将向有效阻抗为 $Z_{02}/2$ 的分支传播，将导致图中的波形以阶梯方式增长并趋向最大值，正如例 3.4 中计算的欠驱传输线一样。若分支的阻抗是基线的两倍（$Z_{02} = 2Z_{01}$）时，信号在汇合点将向与基线阻抗相同的有效阻抗的分支传播，此时不会产生反射。

如果结构不对称，也就是说，其中一条分支传输线比另一条长的时候，那么信号完整性将严重恶化，因为反射会在不同的时刻到达汇合点。若想直观理解不同分支传输线的多重反射间的相互作用，至少制作一次如下例所示的多分支点阵图是有所裨益的。

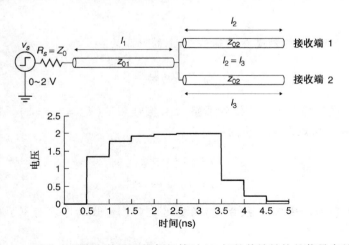

图 3.34　两分支长度和特性阻抗都相等时，T 拓扑传输结构的信号完整性

例3.6 计算图3.35所示的非对称T拓扑前期若干反射。其中，$Z_0 = R_s = 50\ \Omega$，长度为l_1和l_3的传输线对应的传输延迟为250 ps，l_2的延迟为125 ps。

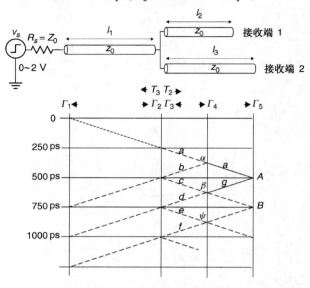

图3.35　不等长分支传输线T拓扑结构的点阵图

解　在图3.35的点阵图中，第一条和第二条垂直线表示驱动端和汇合点之间的信号通道，第三条垂直线表示汇合点到较短分支传输线(接收端1)间的信号通道，第四条垂直线表示较长分支传输线(接收端2)的末端。发送到传输线1上的初始电压为：

$$v_i = v_s \frac{Z_0}{Z_0 + R_s} = 2 \times \frac{50}{50 + 50} = 1$$

从传输线1看向汇合点的反射系数和透射系数分别为：

$$\Gamma_2 = \frac{(Z_0/2) - Z_0}{(Z_0/2) + Z_0} = \frac{25 - 50}{25 + 50} = -\frac{1}{3}$$

$$T_2 = 1 + \Gamma_2 = \frac{2}{3}$$

从而，传播到两条支线(传输线2和传输线3)上的电压为：

$$v_a = T_2 v_i = \frac{2}{3}$$

此电压(v_a)沿各支线传播，并在传播到开路的末端时翻倍($\Gamma_4 = \Gamma_5 = 1$)。因此，在接收端1上，时刻$t = 375$ ps时将达到电压(v_α)：

$$v_b = v_a \Gamma_4 = \frac{2}{3}$$

$$v_\alpha = v_a + v_b = \frac{4}{3}$$

该时刻为传输线1和传输线2(较短分支)的延迟之和。接收端2在时刻$t = 500$ ps时将达到电压(v_A)：

$$v_A = v_a + v_g = v_a + v_a \Gamma_5 = \frac{4}{3}$$

该时刻为传输线 1 和传输线 2(较长分支)的延迟之和。对于两条分支传输线来说,从接收端的开路末端将反射回来 $v_b = v_g = \frac{2}{3}$,但它们到达汇合点的时间不同。在点阵图中可以看到,在时刻 $t = 500$ ps, v_b 将到达汇合点。v_b 的一部分将反射回接收端 1:

$$\Gamma_3 = \frac{(Z_0/2) - Z_0}{(Z_0/2) + Z_0} = \frac{25 - 50}{25 + 50} = -\frac{1}{3}$$

$$v_c = v_b \Gamma_3 = \frac{2}{3} \times \left(-\frac{1}{3}\right) = -\frac{2}{9}$$

而一部分将透射到传输线 1 向源端传播,也有一部分透射到传输线 3 向接收端 2 传播:

$$T_3 = 1 + \Gamma_3 = \frac{2}{3}$$

在时刻 $t = 625$ ps 时接收端 1 上的电压(v_β)由下式计算:

$$v_d = \Gamma_4 v_c = -\frac{2}{9}$$

$$v_\beta = v_\alpha + v_c + v_d = \frac{4}{3} - \frac{2}{9} - \frac{2}{9} = \frac{8}{9}$$

要计算接收端 1 在时刻 $t = 875$ ps 时的电压(v_ψ),必须考虑从接收端 2 在时刻 500 ps 时反射到达汇合点的那部分信号,这部分信号将透射到支线上并在时刻 750 ps 到达接收端 1。观察点阵图可以看到这样的混合反射情况。其中反射 g 和 d 将同时到达汇合点。

$$v_e = \Gamma_3 v_d = -\frac{2}{9} \times \left(-\frac{1}{3}\right) = \frac{2}{27}$$

$$v_f = \Gamma_4 v_e = \frac{2}{27}$$

$$v_g = \frac{2}{3}$$

$$v_\psi = v_\beta + v_e + v_f + v_g T_3 + v_g T_3 \Gamma_4$$

$$= \frac{8}{9} + \frac{2}{27} + \frac{2}{27} + \frac{2}{3} \times \left(\frac{2}{3}\right) + \frac{2}{3} \times \left(\frac{2}{3}\right) \times (1) = \frac{52}{27}$$

观察点阵图,可以发现在时刻 $t = 750$ ps 时接收端 2 的电压包含了 $t = 375$ ps 时从接收端 1 反射回来的电压以及 $t = 500$ ps 时透射到汇合点的电压:

$$v_B = v_A + T_3 v_b + T_3 v_b \Gamma_5 = \frac{4}{3} + \frac{2}{3} \times \left(\frac{2}{3}\right) + \frac{2}{3} \times \left(\frac{2}{3}\right) \times (1) = \frac{20}{9}$$

这样一直计算,直到波形达到稳态。完整波形如图 3.36 所示,最先的若干反射(上面刚计算的)在图中给出了标注。可以看到不同分支传输线反射之间的复杂的相互作用严重地降低了信号的完整性。若拓扑中有更多的分支传输线,则信号完整性对分支传输线的电气长度之差将更趋敏感。更有甚者,源内阻与传输线特征阻抗的不匹配、接收端负载的差异、各分支之间的阻抗之差都将引起类似的不稳定。

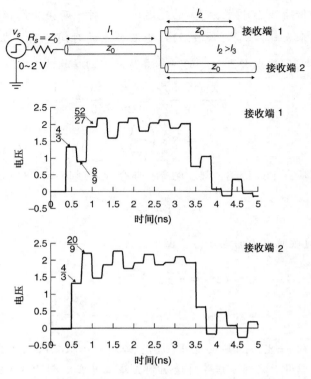

图 3.36　不等长分支传输线 T 拓扑的信号完整性

从上例中我们学到了什么？答案是对称性。不论考虑哪种拓扑，首先关心的问题就是对称性。要确保从任意驱动端来看拓扑都是对称的。这跟确保拓扑中每条支线传输线的长度、阻抗和负载都是相同的。需要关心的第二个问题是减小拓扑汇合点处阻抗的不连续性，尽管这在一些设计中不容易解决。

3.5.6　上升和下降时间对反射的效应

如果实际数字设计中波形的上升和下降时间不是传输线延迟的两倍($2\tau_d$)，将对波形的形状产生显著的影响。图 3.37 和图 3.38 显示了有限的上升和下降时间对过驱和欠驱传输线的影响。留意一下当上升时间大于两倍传输线延迟时波形形状的改变程度。当边缘速率超过两倍传输线延迟时，由于从低电平状态变换到高电平状态(或者从高电平到低电平)的时间超过了反射周期，所以反射将被屏蔽。

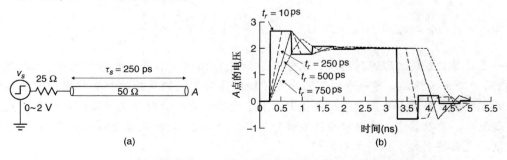

图 3.37　(a)过驱传输线；(b)增大的上升和下降时间对反射的屏蔽效应

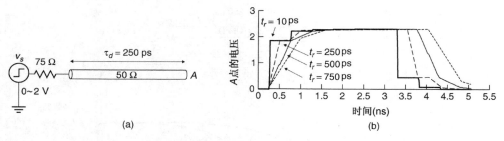

图 3.38　（a）欠驱传输线；（b）增大的上升和下降时间对反射的屏蔽效应

3.5.7　电抗负载的反射

实际系统中，很少有负载是纯阻抗特性的。例如，CMOS 门的输入一般是容性的。另外，弯曲的线路、通孔、芯片封装的引线、框架、芯片插槽和子卡连接器等一般是感性的。这就使得我们有必要了解电抗负载对传输线反射的影响。本节将简要地介绍电容和电感对反射的影响。

容性负载的反射　若传输线末端连接着一个诸如电容的电抗负载，驱动端和负载上的波形将取决于电容值的大小、传输线特征阻抗以及可能出现的电阻性终端。本质上来讲，电容是时变负载。当信号刚到达电容时，可以将其看做短路；而电容充满电时，可以看做开路。我们来研究一下时刻 $t = \tau_d$（传输线的延迟）的反射系数。在时刻 $t = \tau_d$，信号沿传输线传播到达了容性负载，电容还未充电，可以看做短路。本章先前介绍过，短路负载的反射系数为 -1。这意味着幅度为 v_i 的初始波形将以 $-v_i$ 的幅度从电容反射回来，生成 0 V 的初始电压。之后电容开始充电。充电速率由 τ 决定。τ 是 RC 电路的时间常数，其中 C 是终端电容，而 R 是传输线的特征阻抗。电容一旦充满电，电容可以看做开路，所以反射系数将变为 1。式（3.108）近似表达了连接着一个电容的传输线的末端从时间 $t = \tau_d$ 开始的电压情况。该式是一个时间常数为 τ 的简单网络的阶跃响应。

$$v_{\text{capacitor}} = v_{ss} \left(1 - e^{-(t - \tau_d)/\tau} \right) \qquad t > \tau_d \qquad (3.108)$$

其中 $\tau = CZ_0$ 为时间常数；τ_d 为传输线的延迟，由式（3.107）计算；v_{ss} 为稳态电压，由电压源 v_s 以及源端电阻 R_s 与终端电阻 R_t 构成的分压器决定。由于采用了无限快边缘速率（即上升时间无限快）的阶跃函数，式（3.108）只是一种近似表达。图 3.39 显示了端接着容性负载的传输线的响应。B 点的波形符合式（3.108）。而在 $t = 500\ \text{ps}$（也就是 $2\tau_d$）时，可以将电容看做短路，从而反射系数为 -1，故源端（A 点）处的波形在这一时刻将向下急坠到 0。若式（3.108）中的指数项变换为 $e^{-[(t - 2\tau_d)/\tau]}$，相当于进行了简单的时间平移，$A$ 点的波形也可以由式（3.108）表示。反射向源端的初始电压为 v_i，这也是初始发送到传输线上的电压。电容充满电后，可以看做开路，从而反射系数为 $+1$。因此，在接收端的反射信号将为原来的两倍。如图 3.39（b）所示，在信号到达约三个时间常数 $[3\tau = 3(50\ \Omega)(2\ \text{pF}) = 300\ \text{ps}]$ 后，接收端（B 点）将达到 2 V 的稳态，这和电路理论预测相同。

若传输线末端与并联着的电阻和电容相连接，如图 3.40 所示，电容上的电压将取决于由 C_L、R_t 与 Z_0 的并联组合所产生的时间常数：

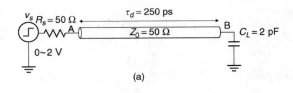

(a)

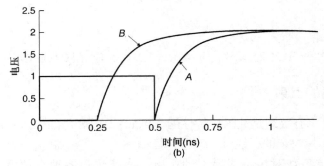

(b)

图 3.39 （a）端接容性负载的传输线；（b）包含容性负载反射的阶跃反应

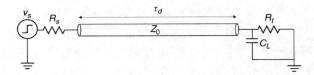

图 3.40　末端连接着 RC 网络的传输线

$$\tau_1 = \frac{C_L Z_0 R_t}{R_t + Z_0} \tag{3.109}$$

感性负载的反射　实际中，传输线的末端与末端所连接的电阻之间，总存在着一个由物理连接所引起的串联电感。一些常见的感性连接的例子如键合线、引线、框架和通孔。如图 3.41 所示，一个串联电感出现在传输线末端的电气通道上，此时，该电感是时变负载。在 $t = \tau_d$ 的初始时刻，电感可以看做开路。当刚施加阶跃电压时，不会有电流流过电感。这时，反射系数将为 1，在 A 点产生如图 3.41（b）所示的感性尖峰电压反射。电感值的大小将决定反射系数保持为 1 的时间长短。若电感足够大，则信号的幅度将为初始值的两倍。最终，电感将以 LR 电路的时间常数 τ 的速率放电。对于图 3.41（a）所示的电路，B 点的上升沿的电压波形可以由下式计算：

$$v_{\text{inductor}} = v_{\text{ss}} \left(1 - \exp\left[-\frac{(t - \tau_d)(Z_0 + R_t)}{L}\right]\right), \quad t > \tau_d \tag{3.110a}$$

值得注意的是，式（3.110a）所计算的电压波形对于 B 点的下降沿的感性尖峰也是同样适用的，如图 3.41（b）所示。若调整 τ_d 使得波形最终（$2\tau_d$）平移到适当的位置，则波形将被反置且直流值将平移到适当的水平：

$$v_{\text{inductor}} = v_{\text{ss}} \left(1 + \exp\left[-\frac{(t - 2\tau_d)(Z_0 + R_t)}{L}\right]\right) \tag{3.110b}$$

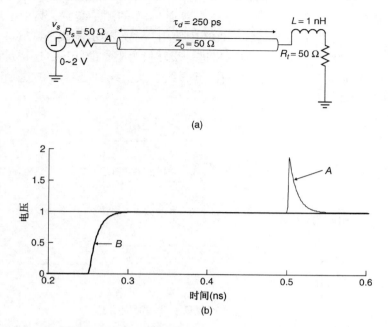

图 3.41　（a）端接串联 LR 负载的传输线；（b）包含感性负载反射的阶跃反应

电抗性组件的滤波效果　图 3.39（b）和图 3.41（b）说明了串联电感和并联电容对信号完整性的影响。串联电感将产生一个感性尖峰电压，可以看做正反射；而并联电容将产生容性下沉，可以看做负反射。这两个反射都将使接收端（B 点）的上升沿和下降沿变得光滑。要理解为什么边缘会变得光滑，必须先探索一下电感或电容是如何过滤数字波形中的谐波的。第 8 章中将看到信号的上升沿和下降沿伴有高频谐波分量。所以，如果高频谐波分量被感性或容性负载所过滤，则上升或下降时间就会变长。式（3.111）说明了并联电容的阻抗将随频率的增加而减小，这意味着数字波形的高次谐波将分流到地，从而增加了上升或下降时间：

$$Z_{\text{cap}} = \frac{1}{j\omega C} \tag{3.111}$$

其中 $\omega = 2\pi f$。

同理，式（3.112）表明串联电感的阻抗将随频率的增加而增加，这也意味着高次谐波将被滤除，因为高次谐波传播时的阻抗比低次谐波要大。

$$Z_{\text{ind}} = j\omega L \tag{3.112}$$

所以，对于数字脉冲来说，诸如电感和电容之类的电抗性组件将对信号波形进行低通滤波，从而增加了上升和下降时间。当然，也存在相反的情况，如当用电抗性元件来构成一个专用滤波器用以均衡一个通道时的情形，这部分内容将在第 12 章讨论。

3.6　时域反射计

实际中，经常需要测量数字系统中传输线系统以确保满足设计标准，或者理解某一组件的等效电路，或者只是确认一下仿真预测的瞬态反应的正确性等。一个常用的方法称为时域反射（TDR）技术。TDR 技术是以 3.5 节讨论的多重反射为基础求出待测试设备（device under test，DUT)的阻抗曲线图。图 3.42 显示了一个普通 TDR 的测量装置，其中电压驱动是通过 50 Ω 的电缆施加到 DUT 上的阶跃函数。TDR 中使用一个采样示波器来观察 A 点的波形，从而得到反射波的电压曲线图。电压曲线图将进一步转换为阻抗曲线图，这样可以用来测量传输线的特征阻抗及传输延迟，估算诸如通孔、键合线以及引线、框架等的电感和电容值，并推导出应用系统中等效电路的形式。

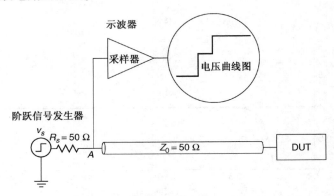

图 3.42　普通时域反射计的测量装置

3.6.1　测量传输线的特征阻抗和延迟

TDR 测量普遍用于判定传输线的特征阻抗。将式(3.102)重新组合，可以从电压曲线求出阻抗曲线图：

$$\Gamma \equiv \frac{v_r}{v_i} = \frac{Z_{\mathrm{DUT}} - Z_0}{Z_{\mathrm{DUT}} + Z_0}$$
$$Z_{\mathrm{DUT}} = Z_0 \frac{v_i + v_r}{v_i - v_r} \tag{3.113}$$

其中 v_i 是传输过去的入射电压，v_r 是来自 DUT 的反射电压。图 3.43 展示了相应延迟为 250 ps 长度的 60 Ω 传输线的 TDR 波形。待测量的传输线的阻抗使用延迟 500 ps 的电压阶跃由式(3.113)来计算：

$$Z_{\mathrm{DUT}} = 50 \times \frac{1 + 0.091}{1 - 0.091} = 60 \ \Omega$$

我们也可以计算传输线的延迟。由于 TDR 本质上是源端的反射电压，DUT 的反射电压保持的时间为信号传播到 DUT 末端并从开路的末端传播回到源端的时间。因此，反射保持的时间是待测试传输线延迟的两倍，如图 3.43 所示。

例 3.7　用图 3.44 所示的 TDR 曲线图计算 2 英寸长传输线单位长度上的等效 L 和 C 值。

解　阻抗用 1.2 V 处的阶跃电压计算，它对应着待测试传输线上的反射。

$$v_r = 1.2 - 1.0 = 0.2 \ \mathrm{V}$$
$$v_i = \frac{2Z_0}{Z_0 + R_s} = 1 \ \mathrm{V}$$
$$Z_{\mathrm{DUT}} = Z_0 \frac{v_i + v_r}{v_i - v_r} = 50 \times \frac{1 + 0.2}{1 - 0.2} = 75 \ \Omega$$

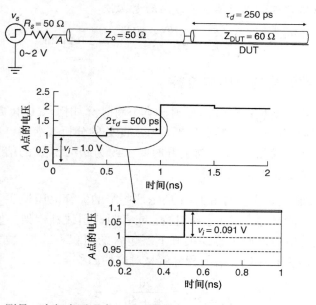

图 3.43　测量一个相应延迟为 250 ps 长度的 60 Ω 传输线所对应的 TDR 波形

延迟则由阶跃电压的保持时间来计算：

$$\tau_d = \tfrac{1}{2}(1.1 \text{ ns} - 0.5 \text{ ns}) = 300 \text{ ps}$$

同时求解阻抗和延迟方程可以求出分布电感和电容值：

$$Z_0 = \sqrt{\frac{L}{C}} = 75 \text{ Ω}$$

$$\tau_d = l\sqrt{LC} = 300 \text{ ps}$$

将待测试的传输线的延迟按其长度标准化后再乘以阻抗，可以求出单位长度上的电感值：

$$\frac{\tau_d}{2 \text{ in}} = \sqrt{LC} = 150 \text{ ps/in}$$

$$L = \sqrt{\frac{L}{C}}\sqrt{LC} = 75 \times (150 \times 10^{-12}) = 11.25 \text{ nH/in}$$

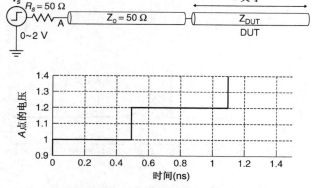

图 3.44　例 3.7 的 TDR 曲线图

标准化后的延迟除以阻抗可以求出单位长度上的电容值:

$$C = \frac{\sqrt{LC}}{\sqrt{L/C}} = \frac{150 \times 10^{-12}}{75} = 2.0 \text{ pF/in}$$

3.6.2 测量电抗性结构的电感和电容

在 3.5.7 节中讨论了电抗性负载的反射。本节将计算如何从 TDR 曲线图中估算电容值或电感值。由于假定源端电压是理想的阶跃电压,此处的分析有着些许的理想化。不过,现代 TDR 测试装备任何时候都能产生极速上升时间大约为 9～35 ps 的信号,这种快速信号对许多应用来说完全可以近似为阶跃函数。

感性结构   在 TDR 测量中,如图 3.41 所示那些窄的尖峰电压说明了传输线连接着感性负载,这些感性负载可能是键合线,连接引脚,或者封装引线和框架。假设输入阶跃电压的上升时间足够快,电感值可以通过感性尖峰下所包含的面积来计算,如图 3.45 所示。假设 $R_t = Z_0$,式(3.110b)减去直流偏置后的积分就是对应的面积:

$$
\begin{aligned}
v_{ss} &= v_s \frac{R_t}{R_t + R_s} = \frac{50}{50 + 50} = \frac{v_s}{2} \\
A_{ind} &= \int_{2\tau_d}^{\infty} \left[\frac{v_s}{2} \left(1 + e^{-\left[\frac{(t - 2\tau_d)(Z_0 + R_t)}{L} \right]} \right) - \frac{v_s}{2} \right] dt \\
&= \frac{v_s}{2} \int_0^{\infty} e^{-(2Z_o/L)t'} dt' = \frac{v_s L}{4Z_0} \\
L &= \frac{4Z_0 A_{ind}}{v_s}
\end{aligned}
\tag{3.114}
$$

所以,通过精确计算感性尖峰下的面积,就可以得到较准确的电感的近似值。若阶跃电压的上升时间与感性尖峰的保持时间相比极短,则电感值的精确度将能达到最大值。

对于上升沿时间很长或电感值很小的情况,曲线下的面积将被类似于图 3.37 的反射的上升时间所屏蔽。

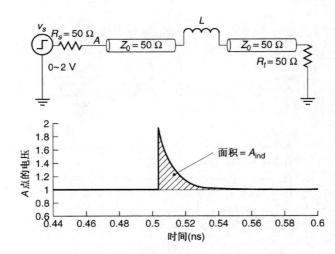

图 3.45   反射下的面积可以用来估算电感

　　容性结构　在 TDR 测量中，像图 3.46 所示的狭窄的电压跌落表征着传输线末端连接着诸如测试焊盘或通孔焊盘等容性负载。若输入阶跃电压的上升沿足够快，则可以通过计算容性电压跌落下的面积来估计电容值。假设 $R_t = Z_0$，式 (3.108) 计算所得的电压减去直流分量后积分，就可以得到容性电压跌落下的面积：

$$v_{\text{capacitor}} = \frac{v_s}{2}(1 - e^{-[2(t-2\tau_d)/Z_o C]})$$

$$A_{\text{cap}} = \int_{2\tau_d}^{\infty} \left[\frac{v_s}{2} - \frac{v_s}{2}(1 - e^{-[2(t-2\tau_d)/Z_0 C]})\right]dt \tag{3.115}$$

$$= \frac{v_s}{2}\int_0^{\infty} e^{-2t'/Z_0 C}\,dt' = \frac{v_s C Z_0}{4}$$

$$C = \frac{4A_{\text{cap}}}{v_s Z_0}$$

其中 $\tau = Z_0 C/2$。

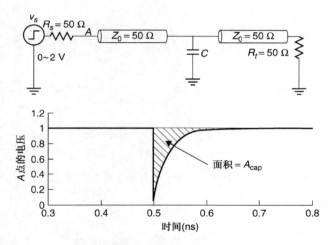

图 3.46　反射下的面积可以用来估算电容

　　例 3.8　计算图 3.46 所示电路及图 3.47 所示的波形所对应的并联电容值。

　　解　先在图 3.47 的波形上画上一定精度的网格以估算曲线下的面积。容性电压跌落下的方格总数约为 60。每个方格的面积为：

$$A_{\text{square}} = (0.04) \times (0.01 \times 10^{-9}) = 4 \times 10^{-13}$$

所以总面积为：

$$A_{\text{tot}} = 60 A_{\text{square}} = 2.4 \times 10^{-11}$$

从而可以估算出电容为：

$$C = \frac{4A_{\text{cap}}}{v_s Z_0} = \frac{4 \times (2.4 \times 10^{-11})}{2 \times (50)} = 0.96 \times 10^{-12}\ \text{F}$$

本例中的波形是用 1.0 pF 的电容仿真得到的，所以上面的估算结果还是比较准确的。若用更高精度的网格，电容的估算会更精确。

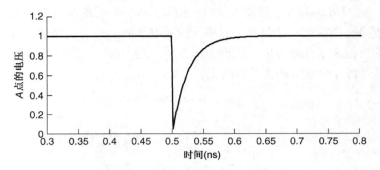

图 3.47　例 3.8 的 TDR 波形

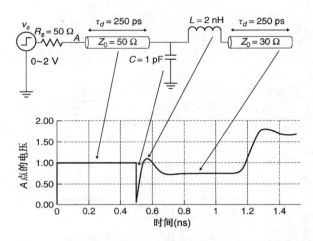

图 3.48　电路中各组件和波形对应关系的 TDR 曲线图

3.6.3　理解 TDR 曲线图

TDR 测量的另一个广泛应用是导出等效电路。例如，考虑图 3.48 所示的 TDR 波形。从 $t=0$ 到 $t=0.5$ ns 时刻的初始反射对应着第一段 50 Ω 传输线，这段传输线的传输延迟 τ_d 为 250 ps。$t=0.5$ ns 时刻的容性电压跌落对应着电容，$t=0.55$ ns 的尖峰电压对应着电感的反射，而 $t=0.7$ ns 开始的平坦部分对应着具有传输延迟为 250 ps 的 30 Ω 传输线。要注意的是，集总元件(L 和 C)如何显著地过滤掉边缘并给整个电路增加了额外的延迟，这降低了在测量电抗性元件结构时 TDR 测量的精度。

参考文献

Collins, Robert, 1992, *Foundations for Microwave Engineering*, McGraw-Hill, New York.

Hall, S., G. Hall, and J. McCall, 2000, *High-Speed Digital System Design*, Wiley, New York.

Hammerstad, E., and O. Jensen, 1980, *Accurate models for microstrip computer-aided design, IEEE MTT-S International Microwave Symposium Digest*, May, pp. 407−409.

IPC, 1995, *Design Guidelines for Electronic Packaging Utilizing High-Speed Techniques*, IPC-D-317A, IPC, Chicago.

Jackson, J. D., 1999, *Classical Electrodynamics*, 3rd ed., Wiley, New York.

习题

3.1 对于图 3.49 所示的横截面，计算导体的宽度 w 使之具有 50 Ω 的特征阻抗，计算有效介电常数，10 英寸长传输线的传输延迟，以及每米的等效电感和电容。

3.2 对于图 3.50 的电路以及习题 3.1 设计的传输线，用点阵图计算 1 V 阶跃电压驱动下 A 点和 B 点的波形。

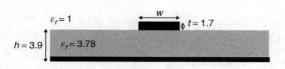

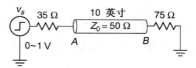

图 3.49　习题 3.1 的横截面　　　　图 3.50　习题 3.2 的电路

3.3 对习题 3.1 中的 50 Ω 的横截面，用场图技术计算有效介电常数，计算 10 英寸长传输线的传输延迟以及每米的等效电感和电容。将计算结果与习题 3.1 的计算结果相比较来决定精度。

3.4 从拉普拉斯式推导图 3.51 所示的带状线的特征阻抗的公式。假定导体极薄且电荷分布均匀。并与式（3.36c）的精度相比较。

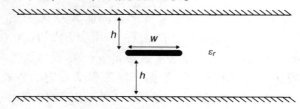

图 3.51　习题 3.4 的横截面

3.5 对于习题 3.4 的带状线，导出实际电荷分布上的阻抗。电荷分布将如何影响阻抗？

3.6 对于习题 3.4 的带状线，用场图技术计算特征阻抗，并将结果与习题 3.4 和习题 3.5 的结果相比较。

3.7 对于习题 3.1 涉及的 50 Ω 的微带线，估算由于不均匀介电质带来的散频特性不能再忽略时的频率。

3.8 对于图 3.52 所示的电路，绘出 2 V 阶跃输入驱动时 TDR 的波形。给出每一步的计算结果。

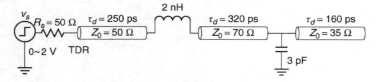

图 3.52　习题 3.8 的电路

3.9 画出图 3.53 的电路的响应图，其中待测试设备如下，（a）分流到地的 2 pF 电容；（b）2 pF 串联电容；（c）4 nH 的串联电感；（d）分流到地的 4 nH 电感；（e）介电常数为 $\varepsilon_r = 4.0$ 的 1 英寸长 75 Ω 传输线。

3.10 对于习题 3.1 所涉及的微带传输线，求出输入脉冲宽为 100 ps，上升沿和下降沿分别为 25 ps 时的等效电路。运用虚拟 TDR 测量方法进行 SPICE 仿真，并确认计算出的阻抗和延迟是否与预期相同。

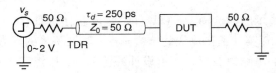

图 3.53　习题 3.9 的电路

3.11　用点阵图求出图 3.54 的末端拓扑上 A 点、B 点和 C 点的若干初期反射。用习题 3.10 的等效电路来仿真 SPICE 电路。确认用点阵图计算结果的正确性。

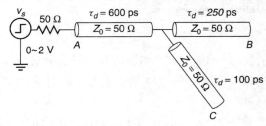

图 3.54　习题 3.11 的拓扑

3.12　对于图 3.55 的拓扑，确定一套设计规则以确保 B 点、C 点和 D 点的波形不会产生 0.7 V 之下和 0.3 V 之上的振铃波，而且上升沿和下降沿在 0.3 ~ 0.7 V 间是线性的。假设介电质的厚度为 4 mil 且介电常数为 $\varepsilon_r = 4.2$，设计适当的微带传输线横截面，使每段的传输线有适当的阻抗。根据布局工程师确定的各模块布局要求，传输线 $1(l_1)$ 的长度可以短到 1.5 英寸，传输线 $2(l_2)$ 可以短到 3 英寸，不过传输线 $3(l_3)$ 不可能短于 5.5 英寸。根据设计准则，每条分支传输线的长度和阻抗都有一定的约束，也有一些解决该问题所需要的条件。千万不能只设计一时的解决方案。要求解出一个解空间以保证信号的完整性。建立等效电路并通过 SPICE 仿真来核实所确定的设计规则的合理性。陈述所有的假设。评价所确定的设计规则的实际可行性。

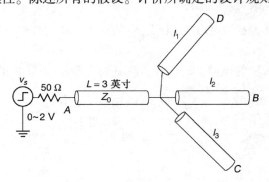

图 3.55　习题 3.12 的拓扑

第4章 串　　扰

如3.2节所述，信号是以电磁波的形式沿着传输线传播的，该电磁波是信号在传输线的两导体间形成的。当毗邻的传输线相互靠近时，信号所产生的电场和磁场的边缘将相互影响。当外加激励时，场之间的相互作用将会引起传输线之间的能量耦合，称为串扰。由于大多数的数字系统所应用的信号接口都有大量的传输线通过封装、连接器和印制电路板等方式并行排列着，其间存在的串扰将极大地影响系统的性能。趋于更小、更快的系统将引起未来更大串扰级别的提升，产生两方面的主要影响。第一，串扰将会通过改变线路的传输特性（特征阻抗以及传输速度）来影响信号完整性以及时序特性。第二，串扰将噪声耦合入传输线，这将会损害信号完整性并减少噪声裕度。

我们可以看到互连线中的信号是以翻转模式的函数（function），和以自感自容以及互感互容为函数的方式传播的。同3.2.4节所提到的孤立线一样，信号在一个耦合多导体传输线系统中的传播可以用波动方程来描述。而孤立线系统的解法中将会产生一对向前和向后传输的波，所以具有 n 路信号的耦合系统将有 n 路向前和 n 路向后传输的波。每一对向前和向后传输的波构成一种模式，我们就可以用这些模式来分析系统的行为。

本章将介绍串扰产生的机制，推导耦合波动方程的数学公式，阐述耦合系统的分析和建模方法，并且讨论串扰对系统性能的影响。

4.1　互感与互容

从电路的角度来看，串扰是由导体间的互感和互容引起的。这两种现象都是在线路间通过磁场（互感作用）和电场（互容作用）耦合能量产生的。下面将详细讨论这两种现象。

互感 L_M 通过磁场从驱动线路引入电流到安静线路中，如图4.1所示。理论上讲，如果"受害"线路非常靠近驱动线路，那么驱动线路的磁通线就会入侵"受害"线路，从而在"受害"线路中产生电流。互感同时也会在"受害"线路中产生一种电压噪声，它正比于驱动线路中电流的改变率，由下式计算。

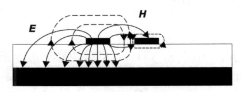

图4.1　耦合 PCB 传输线

$$\Delta v_L = L_M \frac{\mathrm{d}i}{\mathrm{d}t} \tag{4.1}$$

在式（4.1）中，Δv_L 是由互感 L_M 引起的耦合电压，随瞬间电流 i 变化。

互容 C_M 是导体通过电场耦合形成的。理论上讲，如果"受害"线路非常靠近一条驱动线路，使得驱动线路的电场入侵了"受害"线路，那么就会在"受害"线路中形成电流，并且其正比于驱动线路中电压的变化率：

$$\Delta i_C = C_M \frac{\mathrm{d}v}{\mathrm{d}t} \tag{4.2}$$

式（4.2）中，Δi_C 是由互容 C_M 引起的耦合电流，受电压信号 v 的控制。

I/O 电路的上升与下降时间随着数据传输速率的增加而减小，因此由式(4.1)与式(4.2)可以预见，感性串扰和容性串扰在高速数字应用中有着极大的影响。因此，在对耦合系统进行建模和分析的时候，必须充分考虑互感与互容等因素。下面我们将分别对它们进行具体的探讨。

4.1.1　互感

我们用图 4.2 所示的简单感性电路来进行互感的讨论。假设瞬态电流 i_1 和 i_2 分别流入线路 1 和线路 2，根据法拉第定律可以得到 v_1 和 v_2 的表达式：

$$v_1 = L_0 \frac{di_1}{dt} + L_M \frac{di_2}{dt} \tag{4.3}$$

$$v_2 = L_0 \frac{di_2}{dt} + L_M \frac{di_1}{dt} \tag{4.4}$$

其中 L_0 为自感，L_M 为线路 1 和线路 2 间的互感。从式(4.3)及式(4.4)可以看出 v_1 和 v_2 的电位差取决于两条线路的输入电流和各自的自感和互感。这样，通过分析在输入电流相等 ($i_1 = i_2$) 和输入电流相反 ($i_1 = -i_2$) 的两种情形，能更好地理解互感的作用。等电流情形时，若电路翻转时间相等，可得 $di_1/dt = di_2/dt = di/dt$。应用这些信号可以得到

$$v_1 = v_2 = (L_0 + L_M)\frac{di}{dt} \tag{4.5}$$

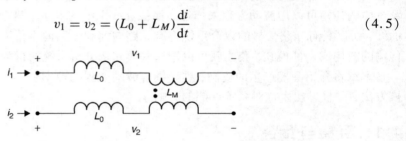

图 4.2　耦合电感回路

再看输入电流相反的情况，若电流 i_1 和 i_2 的翻转时间相等，可得 $di_1/dt = -di_2/dt = di/dt$，进而可得

$$v_1 = -v_2 = (L_0 - L_M)\frac{di}{dt} \tag{4.6}$$

当两个输入相等时，我们就说系统工作于偶模式；当输入极性相反时，我们就称系统工作于奇模式。要注意的是，从输入信号端看的系统的有效电感将被互感改变，且是翻转模式的函数。这样，受互感的影响，偶模式电感相对于自感来说将增加与互感相等的量。与之相对的，奇模式电感将减小，其减小量与互感相同。这样可以得到自感、偶模式电感和奇模式电感的相互关系为 $L_{\text{even}} > L_0 > L_{\text{odd}}$。

推导电感一般表达式的第一步，是将感性元件上的电压表示为关于电感和输入电流的函数，并以矩阵形式表达：

$$\begin{bmatrix} v_1 \\ v_2 \end{bmatrix} = \begin{bmatrix} L_0 & L_M \\ L_M & L_0 \end{bmatrix} \begin{bmatrix} di_1/dt \\ di_2/dt \end{bmatrix} \tag{4.7}$$

若在系统中加入第三条线，如图 4.3 所示，式(4.7)可以扩展为：

$$\begin{bmatrix} v_1 \\ v_2 \\ v_3 \end{bmatrix} = \begin{bmatrix} L_{11} & L_{12} & L_{13} \\ L_{21} & L_{22} & L_{23} \\ L_{31} & L_{32} & L_{33} \end{bmatrix} \begin{bmatrix} di_1/dt \\ di_2/dt \\ di_3/dt \end{bmatrix} \tag{4.8}$$

在式(4.8)中，对角元素 L_{11}，L_{22} 和 L_{33} 分别是线路 1，2，3 的自感。互感由 L_{ij} 表示，其中，i 与 j 对应于互感耦合的线路。这里的电感矩阵是对称的，也就是说，线路之间的互感是与方向无关的，即 $L_{ij} = L_{ji}$。

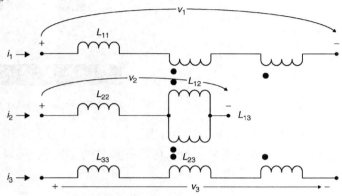

图 4.3　有三条耦合电感的电路

最后，我们可以将式(4.8)推广到 n 条电感耦合线的情况：

$$
\begin{bmatrix} v_1 \\ v_2 \\ \vdots \\ v_n \end{bmatrix} = \begin{bmatrix} L_{11} & L_{12} & \cdots & L_{1n} \\ L_{n1} & L_{22} & & L_{2n} \\ \vdots & & \ddots & \vdots \\ L_{n1} & L_{n2} & \cdots & L_{nn} \end{bmatrix} \begin{bmatrix} \mathrm{d}i_1/\mathrm{d}t \\ \mathrm{d}i_2/\mathrm{d}t \\ \vdots \\ \mathrm{d}i_n/\mathrm{d}t \end{bmatrix} \tag{4.9}
$$

其中，L_{ii} 为自感，L_{ij} 为互感。

4.1.2　互容

我们从图 4.4 所示的电容耦合电路入手，采用讨论互感时所用方法，进行互容讨论。已知输入信号 v_1 与 v_2 以及线路 1 和线路 2，电流 i_1 和 i_2 的表达式记为：

$$
i_1 = C_g \frac{\mathrm{d}v_1}{\mathrm{d}t} + C_M \left(\frac{\mathrm{d}v_1}{\mathrm{d}t} - \frac{\mathrm{d}v_2}{\mathrm{d}t} \right) = (C_g + C_M) \frac{\mathrm{d}v_1}{\mathrm{d}t} - C_M \frac{\mathrm{d}v_2}{\mathrm{d}t} \tag{4.10}
$$

$$
i_2 = C_g \frac{\mathrm{d}v_2}{\mathrm{d}t} + C_M \left(\frac{\mathrm{d}v_2}{\mathrm{d}t} - \frac{\mathrm{d}v_1}{\mathrm{d}t} \right) = (C_g + C_M) \frac{\mathrm{d}v_2}{\mathrm{d}t} - C_M \frac{\mathrm{d}v_1}{\mathrm{d}t} \tag{4.11}
$$

在分析电路行为时，首先来看这样一种情况，线路 1 的输入信号为一个瞬时信号 $\mathrm{d}v/\mathrm{d}t$，而线路 2 没有信号（$\mathrm{d}v_2/\mathrm{d}t = 0$）。将这些输入应用到式(4.10)与式(4.11)可得

$$
i_1 = (C_g + C_M) \frac{\mathrm{d}v}{\mathrm{d}t} \tag{4.12}
$$

$$
i_2 = -C_M \frac{\mathrm{d}v_1}{\mathrm{d}t} \tag{4.13}
$$

考察式(4.12)可知，当线路 1 被单独驱动时，其有效电容等于其对地电容加上线路 1 与线路 2 之间的互容。原理上讲，式(4.12)表明线路 1 中所加的电压信号必须要给对地电容和线路间电容都充电。因此，对地电容加上互容的和就是线路 1 的总电容。式(4.13)表明，线路 1 中的信号将会通过互容给线路 2 引入一个我们不想要的信号（比如串扰噪声）。电容引起这些效应，原理上可以用 PCB 上绘出的三导体（两个信号再加上一个地）结构表示，如图 4.5 所示。

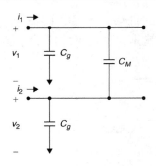

图 4.4　耦合电容回路

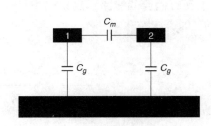

图 4.5　印制电路板上的耦合电容

我们也可以通过分析偶模式($v_1 = v_2$)以及奇模式($v_1 = -v_2$)来进一步了解互容的影响。对于偶模式，因为 $v_1 = v_2$，可以假设上升时间(或者下降时间)相等，所以 $\mathrm{d}v_1/\mathrm{d}t = \mathrm{d}v_2/\mathrm{d}t = \mathrm{d}v/\mathrm{d}t$。代入式(4.10)与式(4.11)可得

$$i_1 = i_2 = C_g \frac{\mathrm{d}v}{\mathrm{d}t} \tag{4.14}$$

奇模式时，应用 $\mathrm{d}v_1/\mathrm{d}t = -\mathrm{d}v_2/\mathrm{d}t = \mathrm{d}v/\mathrm{d}t$ 可得

$$i_1 = -i_2 = (C_g + 2C_M) \frac{\mathrm{d}v}{\mathrm{d}t} \tag{4.15}$$

式(4.14)与式(4.15)表明从输入信号端看的系统有效电容被互容改变了，且是翻转模式的函数。这样，偶模式的电容相对于总电容而有所减少，其减少量等于互容值。同样地，奇模式的电容值将增加，增加量等于互容值。从而可以得到关系 $C_{\mathrm{even}} < C_{\mathrm{total}} < C_{\mathrm{odd}}$，其中总电容 $C_{\mathrm{total}} = C_0 + C_M$。

为了推导出电容的一般表达式，我们将流过容性元件的电流记为关于电容和输入电压的函数，并以矩阵形式表达：

$$\begin{bmatrix} i_1 \\ i_2 \end{bmatrix} = \begin{bmatrix} C_g + C_M & -C_M \\ -C_M & C_g + C_M \end{bmatrix} \begin{bmatrix} \mathrm{d}v_1/\mathrm{d}t \\ \mathrm{d}v_2/\mathrm{d}t \end{bmatrix} \tag{4.16}$$

如果在系统中加入第三条线，如图 4.6 所示，可以将式(4.16)扩展为：

$$\begin{bmatrix} i_1 \\ i_2 \\ i_3 \end{bmatrix} = \begin{bmatrix} C_{11} & -C_{12} & -C_{13} \\ -C_{21} & C_{22} & -C_{23} \\ -C_{31} & -C_{32} & C_{33} \end{bmatrix} \begin{bmatrix} \mathrm{d}v_1/\mathrm{d}t \\ \mathrm{d}v_2/\mathrm{d}t \\ \mathrm{d}v_3/\mathrm{d}t \end{bmatrix} \tag{4.17}$$

式(4.17)中，对角元素 C_{11}，C_{22} 和 C_{33} 分别表示线路 1，线路 2 和线路 3 的总电容。总电容是对地电容(比如线路 1 中的 C_{1g})与线路间互容的和。互容由 C_{ij} 表示，其中 i 和 j 对应着互容耦合的线路。也就是说：

$$C_{ii} = C_{ig} + \sum_{j \neq i} \left| C_{ij} \right|$$

同电感矩阵中的情况一样，电容矩阵也是对称的，因为电容与电场的极性无关。

式(4.17)可以推广到 n 条电容耦合线路的情况：

$$\begin{bmatrix} i_1 \\ i_2 \\ \vdots \\ i_n \end{bmatrix} = \begin{bmatrix} C_{11} & -C_{12} & \cdots & -C_{1n} \\ -C_{21} & C_{22} & & -C_{2n} \\ \vdots & & \ddots & \vdots \\ -C_{n1} & -C_{n2} & \cdots & C_{nn} \end{bmatrix} \begin{bmatrix} \mathrm{d}v_1/\mathrm{d}t \\ \mathrm{d}v_2/\mathrm{d}t \\ \vdots \\ \mathrm{d}v_n/\mathrm{d}t \end{bmatrix} \tag{4.18}$$

其中，C_{ii} 为总电容，C_{ij} 为互容，并且 $C_{ij} = C_{ji}$。要牢记线路 i 的总电容等于线路 i 对地电容与系统中线路 i 和其他所有线路的互容的和。

电容矩阵中一个特别突出的特征就是非对角线的项是负的。也许这不符合我们的直觉，不过这是将对角线项定义为单个线路的总电容所产生的结果。这对于简化电路计算是很有必要的，同时也保证了所得结果的正确性，我们将用一个例子来进行说明。

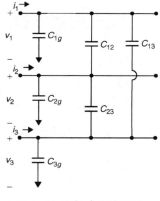

图 4.6　三耦合电容电路

例 4.1　耦合线路对的等效电容　对两条线路应用式 (4.18)，可得

$$C = \begin{bmatrix} C_{11} & -C_{12} \\ -C_{21} & C_{22} \end{bmatrix}$$

用 $dv_1/dt = dv/dt$ 及 $dv_2/dt = 0$ 驱动线路，得到 $i_1 = C_{11}(dv/dt)$ 和 $i_2 = -C_{21}(dv/dt)$。由于 $C_{11} = C_{1g} + C_{12}$，可知所求解与式 (4.12) 和式 (4.13) 相吻合。若再对奇模式和偶模式情况进行分析，同样会验证我们前面得到的结果，这将作为习题留给读者。

4.1.3　场仿真器

电容与电感矩阵一般是利用电磁场仿真器得到的。这些工具为多导体系统中的传输线间的电磁场建立模型，为等效电路模型提供了基础，并为诸如 HSPICE 等传输线仿真器提供了输入。场仿真器一般分为两大类，二维 (2D) 准静态仿真器和三维 (3D) 全波仿真器。商用工具有 2D 准静态仿真工具软件的 Linpar[Djordjevic et al., 1999] 和 3D 全波仿真器的 HFSS。

准静态工具应用的技术同第 3 章描述的技术相似，即对于给定的边界条件利用拉普拉斯公式来计算其电容值。电感值是利用光速作为转换机制，由电容值计算得出。大多数 2D 准静态工具会给出单位导体长度下的电感和电容矩阵 (以及电阻和电导矩阵)，而它们都假设传输线结构中的物理几何形状以及材料沿着长度方向是均匀的。这使它们简单易用，若干秒内就能完成计算。不过，由于它们假设了长度方向上是均匀的，所以不能处理复杂的 3D 传输线结构。由于它们是静态场仿真器，所以没有计算诸如内部电感以及趋肤效应电阻等频率相关的效应。这对于印制电路板来说并不是一个问题，因为其上的传输线结构通常是均匀的。对于包含了频率相关效应的情形，可以用其他的方法来分析 (将在第 5 章和第 6 章提到)。准静态分析也假设了信号是以横向电磁波模式 (TEM) 来传输的，也就是说，电场和磁场相互垂直且在波传播方向没有场分量，如 2.3.2 节所述。TEM 假设依赖于几何形状，不过对于高速数字系统中典型的 PCB 线路 (50 Ω，线宽 5 mil) 来说，频率大大超过 20 GHz 时仍是有效的。

与 2D 仿真器相比，全波 3D 仿真器可以仿真复杂的物理结构，并且能够估算频率相关损耗、内部电感、散射，以及其他大多数电磁现象，包括辐射。这些仿真器本质上是直接求解任意几何形状的麦克斯韦方程。诸如边缘连接器和封装等复杂结构也会用 3D 工具精确地建立高数据率下的模型。全波仿真器的缺点是它们需要更多专门的知识，而且仿真的时间往往是几小时或者几天，而不是仅仅几秒。另外，全波仿真的输出结果通常是用 S 参数表示的，需要进行额外的处理之后，才能用于数字系统的互连线仿真。因此，设计工程师总是尽可能地应用 2D 场仿真器，而仅当需要的时候才应用 3D 全波工具。

4.2 耦合波动方程

在进行耦合系统分析之前,我们首先推导波动方程,以增强对波传播的概念的认识,从而更好地研究互感和互容。波动方程是我们分析传输线的中心环节,将其扩展到耦合系统中,就会得到耦合系统中信号传输时串扰的影响。

4.2.1 波动方程回顾

在推导传输线方程时,首先研究图 4.7 所示的孤立线的情况。电路首先要满足基尔霍夫定律。

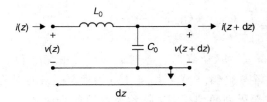

图 4.7   微分电路形式的无损传输线

应用基尔霍夫电压定律(KVL),可以得到电感增量上的电压降:

$$v(z) - v(z + \mathrm{d}z) = -\mathrm{j}\omega L_0 i(z)\,\mathrm{d}z \qquad (4.19)$$

其中 $\mathrm{j}\omega L_0 \mathrm{d}z$ 指电感的频率相关阻抗。式(4.19)包含一个频率分量 ω,表明存在一个形式为 $v(t) = V_0 \mathrm{e}^{\mathrm{j}\omega t}$ 的正弦输入信号。正弦信号有这样的特性,其导数为原信号的缩放,$\mathrm{d}v(t)/\mathrm{d}t = \mathrm{d}(V_0\mathrm{e}^{\mathrm{j}\omega t})/\mathrm{d}t = \mathrm{j}\omega V_0\mathrm{e}^{\mathrm{j}\omega t} = \mathrm{j}\omega v(t)$。因为电流 $i(z, t)$ 同样是正弦信号,所以,$\mathrm{d}i(t)/\mathrm{d}t = \mathrm{j}\omega i(t)$。

式(4.19)等效于电感在瞬态电流 $[\Delta v = L(\mathrm{d}i/\mathrm{d}t)]$ 下的响应的法拉第定律。虽然波动方程要求对驱动信号包络中的每个频率分量进行独立的求解,但因为这种信号是多个正弦信号的叠加,所以接下来的分析也同样适用于数字信号的输入。下一步是将式(4.19)除以 $\mathrm{d}z$,然后两边分别对 z 求微分:

$$\frac{\mathrm{d}v}{\mathrm{d}z} = -\mathrm{j}\omega L_0 i \qquad (4.20)$$

$$\frac{\mathrm{d}^2v}{\mathrm{d}z^2} = -\mathrm{j}\omega L_0 \frac{\mathrm{d}i}{\mathrm{d}z} \qquad (4.21)$$

接下来我们来看电容增量部分,应用基尔霍夫电流定律来找到电流的改变量,如式(4.22)所示,其中 $(\mathrm{j}\omega C_0 \mathrm{d}z)^{-1}$ 为电容的阻抗:

$$i(z + \mathrm{d}z) - i(z) = -\mathrm{j}\omega C_0 v(z)\,\mathrm{d}z \qquad (4.22)$$

式(4.22)等效于时域下的 $\Delta i = C_0(\mathrm{d}v/\mathrm{d}t)$。两边除以 $\mathrm{d}z$ 得到

$$\frac{\mathrm{d}i}{\mathrm{d}z} = -\mathrm{j}\omega C_0 v(z) \qquad (4.23)$$

将式(4.23)代入式(4.21)得到关于 v 的电压波动方程:

$$\frac{\mathrm{d}^2v}{\mathrm{d}z^2} + \omega^2 L_0 C_0 v = 0 \qquad (4.24)$$

利用同样的方法得到关于电流的波动方程:

$$\frac{\mathrm{d}^2 i}{\mathrm{d}z^2} + \omega^2 L_0 C_0 i = 0 \tag{4.25}$$

式(4.24)与式(4.25)就是熟知的均匀无损传输线的波动方程。

4.2.2 耦合波动方程

现在我们要做的就是将式(4.24)与式(4.25)推广到 n 条耦合线路的情形。图4.8 显示了一对耦合线路的一部分。采用前面分析孤立传输线时所用的方法来进行公式推导。首先应用 KVL 得到式(4.26)。注意,除了线路的自感 L 和驱动电流 $i_1(z)$ 之外,线路 1 的电压降还取决于互感 L_M 以及相邻线路的电流 $i_2(z)$。同样可以建立线路 2 的电压降的相应表达式(4.27):

$$v_1(z) - v_1(z + \mathrm{d}z) = -\mathrm{j}\omega L_0 i_1(z)\,\mathrm{d}z - \mathrm{j}\omega L_M i_2(z)\,\mathrm{d}z$$
$$= -\mathrm{j}\omega[L_0 i_1(z) + L_M i_2(z)]\,\mathrm{d}z \tag{4.26}$$
$$v_2(z) - v_2(z + \mathrm{d}z) = -\mathrm{j}\omega[L_0 i_2(z) + L_M i_1(z)]\,\mathrm{d}z \tag{4.27}$$

我们可以将耦合支电路的电压降方程写为紧凑矩阵的形式:

$$\frac{\mathrm{d}\boldsymbol{v}}{\mathrm{d}z} = -\mathrm{j}\omega \boldsymbol{L}\boldsymbol{i} \tag{4.28}$$

其中

$$\frac{\mathrm{d}\boldsymbol{v}}{\mathrm{d}z} = \frac{1}{\mathrm{d}z}\begin{bmatrix} v_1(z) - v_1(z + \mathrm{d}z) \\ v_2(z) - v_2(z + \mathrm{d}z) \end{bmatrix} \qquad \text{取极限形式 } \mathrm{d}z \rightarrow 0$$

$$\boldsymbol{L} = \begin{bmatrix} L_0 & L_M \\ L_M & L_0 \end{bmatrix}$$

$$\boldsymbol{i} = \begin{bmatrix} i_1(z, t) \\ i_2(z, t) \end{bmatrix}$$

对于耦合电容引起的电流变化,应用孤立线的方法可到

$$i_1(z) - i_1(z + \mathrm{d}z) = -\mathrm{j}\omega(C_g + C_M)v_1(z)\,\mathrm{d}z + \mathrm{j}\omega C_M v_2(z)\,\mathrm{d}z$$
$$= -\mathrm{j}\omega[(C_g + C_M)v_1(z) - C_M v_2(z)]\,\mathrm{d}z \tag{4.29}$$
$$i_2(z) - i_2(z + \mathrm{d}z) = -\mathrm{j}\omega[(C_g + C_M)v_2(z) - C_M v_1(z)]\,\mathrm{d}z \tag{4.30}$$

$$\frac{\mathrm{d}\boldsymbol{i}}{\mathrm{d}z} = -\mathrm{j}\omega \boldsymbol{C}\boldsymbol{v} \tag{4.31}$$

其中

$$\frac{\mathrm{d}\boldsymbol{i}}{\mathrm{d}z} = \frac{1}{\mathrm{d}z}\begin{bmatrix} i_1(z) - i_1(z + \mathrm{d}z) \\ i_2(z) - i_2(z + \mathrm{d}z) \end{bmatrix} \qquad \text{取极限形式 } \mathrm{d}z \rightarrow 0$$

$$\boldsymbol{C} = \begin{bmatrix} C_g + C_M & -C_M \\ -C_M & C_g + C_M \end{bmatrix}$$

$$\boldsymbol{v} = \begin{bmatrix} v_1(z) \\ v_2(z) \end{bmatrix}$$

可以看到在式(4.29)和式(4.30)中,线路 1 中由 v_1 引起的电流变化正比于对地电容 C_g 以及线路间的互容 C_M 的总和。这与先前所讨论的互容是相一致的。在某些潜在激励存在

时，我们也确信这一结论是正确的。先假设有一个潜在的 v 作用于线路 1（对地），而线路 2 上没有潜在激励。此时，潜在电压要对地电容以及线路间的互容充电，其结果正如式（4.29）所示。另一种情况是假设有同样的潜在激励作用于两条线路。此时，线路 1 与线路 2 电势相同，线路间的电场没有储存电能。因此线路 1 只是对地电容充电，其结果同样满足式（4.29）。

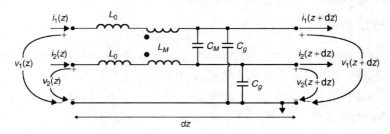

图 4.8　两条无损耦合传输线的微分电路部分

对式（4.28）求关于 z 的微分可得

$$\frac{\mathrm{d}^2 \boldsymbol{v}}{\mathrm{d}z^2} = -\mathrm{j}\omega L \frac{\mathrm{d}\boldsymbol{i}}{\mathrm{d}z} \tag{4.32}$$

由式（4.31）替换掉上式中的 $\mathrm{d}\boldsymbol{i}/\mathrm{d}z$，可以得到耦合电压波动方程

$$\frac{\mathrm{d}^2 \boldsymbol{v}}{\mathrm{d}z^2} = \omega^2 \boldsymbol{LC}\boldsymbol{v} \tag{4.33}$$

同时可得耦合线的电流波动方程：

$$\frac{\mathrm{d}^2 \boldsymbol{i}}{\mathrm{d}z^2} = \omega^2 \boldsymbol{CL}\boldsymbol{i} \tag{4.34}$$

式（4.33）与式（4.34）说明了系统在线路自身源以及从其他线路通过电磁场耦合而来的源的作用下每条线中波的传输情形。可以看到它们与式（4.24）和式（4.25）有着惊人的相似之处。事实上，式（4.33）与式（4.34）是式（4.24）与式（4.25）在 $n=1$ 时的情况。

观察式（4.33）与式（4.34）有两点值得注意。首先，在式（4.34）中矩阵 $\boldsymbol{L}$ 与 $\boldsymbol{C}$ 相乘的顺序与式（4.33）是相反的。由于它们是矩阵，$\boldsymbol{LC}$ 的乘积与 $\boldsymbol{CL}$ 未必是相等的。第二，紧凑矩阵方程可以扩展到任意条耦合传输线，这就意味着我们可以用来分析实际的系统，我们将在接下来的章节中进行讨论。

4.3　耦合线路分析

4.1 节说明了在传输线间存在明显耦合时，有效电容与电感的值会随着翻转模式的不同而改变。这说明有效特征阻抗以及传播延迟同样是翻转模式的函数。我们同样说明了线路间的耦合能够导致安静线路上出现噪声。因此，这两种效应都会对信号完整性产生翻转相关的影响以及耦合系统的时序特性，需要寻找一种方法对其进行定量分析。

4.3.1　阻抗与速度

本节将说明由串扰引起阻抗和速度的改变所产生的信号完整性和时序特征的效应，并提供一种简单的方法来分析多导体传输线，对上述影响进行一阶估算。回顾 4.1 节可知，耦合线路对的翻转模式将会改变其有效电容以及有效电感，如表4.1所示。通过对此表的观察很容易构造各种情形下有效阻抗(Z_0)以及传输速度 v_p 的方程：

$$Z_{0,\text{isolated}} = \sqrt{\frac{L_0}{C_g + C_M}} \tag{4.35}$$

$$Z_{0,\text{even}} = \sqrt{\frac{L_0 + L_M}{C_g}} \tag{4.36}$$

$$Z_{0,\text{odd}} = \sqrt{\frac{L_0 - L_M}{C_g + 2C_M}} \tag{4.37}$$

$$v_{p,\text{isolated}} = \frac{1}{\sqrt{L_0(C_g + C_M)}} \tag{4.38}$$

$$v_{p,\text{even}} = \frac{1}{\sqrt{(L_0 + L_M)C_0}} \tag{4.39}$$

$$v_{p,\text{odd}} = \frac{1}{\sqrt{(L_0 - L_M)(C_g + 2C_M)}} \tag{4.40}$$

式(4.35)至式(4.40)准确反映了两条线的情况，它们为我们分析耦合对提供了一种简单的方法，即通过点阵图或者利用有效特征阻抗以及有效传输速度来模拟单根线路。利用该方法建立的模型叫做单根线路等效模型(SLEM)[Hall et al.，2000]。

表4.1　耦合线路对的有效电容与电感一览

模式	线路 1	线路 2	$C_{\text{effective}}$	$L_{\text{effective}}$
偶模式	lo⌐hi / hi⌐lo	lo⌐hi / hi⌐lo	C_g	$L_0 + L_M$
奇模式	lo⌐hi / hi⌐lo	lo⌐hi / hi⌐lo	$C_g + 2C_M$	$L_0 - L_M$
安静线路	lo⌐hi / lo⌐hi / lo⌐hi / lo	lo lo / lo lo / hi hi / hi hi	$C_g + C_M$	L_M

我们可以注意到很有趣的一点，在奇模式和偶模式下传播的互感的加减性同互容相比总是相反的。图4.9所示的场可以帮助我们理解这一点。以奇模式传播为例，互容的作用一定是正的，因为导体处于不同的电势。另外，因为两个导体的电流是反向的，所以在每条线路中由于磁场的耦合所产生的电流也总是反向的，并且抵消了互感的作用。因此，当计算奇模式特性时，互感的作用一定是负的，而互容却是正的。奇模式和偶模式传播的这些特性是建立在信号只以横向电磁模式(TEM)传播的假设之上的，所以电场和磁场总是彼此互相垂直。

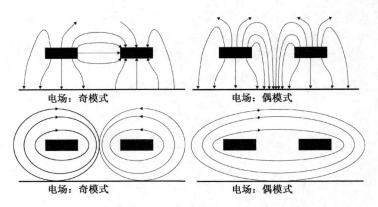

图 4.9　简单双导体系统的奇模式与偶模式的电场与磁场模式示意

在均匀电介质下，L 与 C 的乘积恒为常数，因此场受均匀电介质的约束：

$$LC = \frac{1}{v_p^2} I \tag{4.41}$$

其中 I 为单位矩阵。这样，在诸如带状线阵列这样的多导体均匀系统中，如果 L 由于互感的作用而增加，则 C 一定会由于互容的作用而减小，从而使 LC 保持常数。因此，嵌入在均匀电介质内的带状线或埋式微带线，不会因翻转模式的不同而产生速度的改变。不过，其阻抗将随翻转模式的变化而变化。

在非均匀电介质情况下，电场线将穿过多种电介质材料，比如在微带线阵列中就是如此，此时 LC 对于不同的传输模式将不再是常数，因为电磁场有一部分通过空气传输一部分通过电介质材料传输。在微带线中，有效电介质常数是空气与电路板的电介质材料之间的加权平均值。因为场模式随着不同传输模式在改变，所以有效电介质常数将会随电路板的电介质材料和空气中的场密度的不同而改变。因此，LC 的乘积取决于非均质系统的工作模式。不过，LC 的乘积在给定的模式下仍然保持为常数。因此，微带线将会由于不同的翻转模式而表现出速度与阻抗的变化。要注意以上讨论是基于单一频率的。LC 的乘积将会随着频率的变化而变化，但在给定模式下每一频点将保持为常数。

例 4.2　如图 4.10 所示的 PCB 传输线的电感及电容值如下：

$$L = \begin{bmatrix} 3.592 \times 10^{-7} & 3.218 \times 10^{-8} \\ 3.218 \times 10^{-8} & 3.592 \times 10^{-7} \end{bmatrix} \quad \text{H/m}$$

$$C = \begin{bmatrix} 8.501 \times 10^{-11} & -2.173 \times 10^{-12} \\ -2.173 \times 10^{-12} & 8.501 \times 10^{-11} \end{bmatrix} \quad \text{F/m}$$

假设波形在 $t = 1\text{ns}$ 时输入线路中。

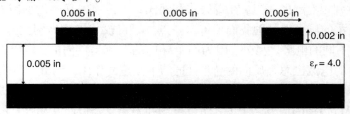

图 4.10　例 4.2 中基于 PCB 的耦合传输线对的截面

设计 PCB 线路长度为 0.2794 m，具有约 65 Ω 的典型（孤立时）特征阻抗值。由一个 1 V，65 Ω 的源驱动，在远端通过 65 Ω 接地，上升与下降时间为 0.1 ns。比较奇模式与偶模式传输情况下解析结果和全耦合仿真的结果。

解

步骤 1：计算两种翻转模式的阻抗和速度。

$$Z_{0,\text{even}} = \sqrt{\frac{3.592 \times 10^{-7} + 3.218 \times 10^{-8} \text{ H/m}}{8.501 \times 10^{-11} - 2.173 \times 10^{-12} \text{ F/m}}} = 68.7 \ \Omega$$

$$Z_{0,\text{odd}} = \sqrt{\frac{3.592 \times 10^{-7} - 3.218 \times 10^{-8} \text{ H/m}}{8.501 \times 10^{-11} + 2.173 \times 10^{-12}) \text{ F/m}}} = 61.2 \ \Omega$$

$$Z_{0,\text{isolated}} = \sqrt{\frac{3.592 \times 10^{-7} \text{ H/m}}{8.501 \times 10^{-11} \text{ F/m}}} = 65.0 \ \Omega$$

$$v_{p,\text{even}} = \frac{1}{\sqrt{[(35.92 + 3.218) \times 10^{-8} \text{ H/m}][(85.01 - 2.173) \times 10^{-12} \text{ F/m}]}}$$
$$= 1.756 \times 10^{8} \text{ m/s}$$

$$v_{p,\text{odd}} = \frac{1}{\sqrt{[(35.92 - 3.218) \times 10^{-8} \text{ H/m}][(85.01 + 2.173) \times 10^{-12} \text{ F/m}]}}$$
$$= 1.873 \times 10^{8} \text{ m/s}$$

$$v_{p,\text{isolated}} = \frac{1}{\sqrt{3.592 \times 10^{-7} \text{ H/m} \ 8.501 \times 10^{-11} \text{ F/m}}}$$
$$= 1.810 \times 10^{8} \text{ m/s}$$

步骤 2：计算偶模式波形。计算初始电压和电流值、反射系数、终值电压和电流值，以及传输延时，为点阵图的分析做好准备。

$$v(t = 0, z = 0) = \frac{Z_{0,\text{even}}}{R_S + Z_{0,\text{even}}} V_S = \frac{68.7 \ \Omega}{65 \ \Omega + 68.7 \ \Omega}(1 \text{ V}) = 0.514 \text{ V}$$

$$i(t = 0, z = 0) = \frac{v(t = 0, z = 0)}{Z_{0,\text{even}}} = \frac{0.514 \text{ V}}{68.7 \ \Omega} = 7.48 \text{ mA}$$

$$\Gamma(z = 0) = \frac{R_S - Z_{0,\text{even}}}{R_S + Z_{0,\text{even}}} = \frac{65 \ \Omega - 68.7 \ \Omega}{65 \ \Omega - 68.7 \ \Omega} = -0.028$$

$$\Gamma(z = l) = \frac{R_T - Z_{0,\text{even}}}{R_T + Z_{0,\text{even}}} = \frac{65 \ \Omega - 68.7 \ \Omega}{65 \ \Omega + 68.7 \ \Omega} = -0.028$$

$$v(t = \infty) = \frac{R_t}{R_S + R_t} V_S = \frac{65 \ \Omega}{65 \ \Omega + 65 \ \Omega}(1 \text{ V}) = 0.500 \text{ V}$$

$$i(t = \infty) = \frac{v_S}{R_S + R_t} = \frac{1.000}{65 \ \Omega + 65 \ \Omega} = 7.69 \text{ mA}$$

$$t_{d,\text{even}} = \frac{l}{v_{p,\text{even}}} = \frac{11 \text{ in}}{1.756 \times 10^{8} \text{ m/s}} \frac{\text{m}}{39.37 \text{ in}} = 1.592 \text{ ns}$$

对应的点阵图如图 4.11 所示。

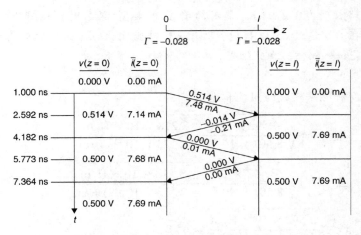

图 4.11 例 4.2 耦合线偶模式传输点阵图

步骤 3：计算奇模式波形。对奇模式传输重复上述分析过程，对应的点阵图如图 4.12 所示。

$$v(t=0, z=0) = \frac{Z_{0,\text{odd}}}{R_S + Z_{0,\text{odd}}} V_S = \frac{61.2\ \Omega}{65\ \Omega + 61.2\ \Omega}(1\ \text{V}) = 0.485\ \text{V}$$

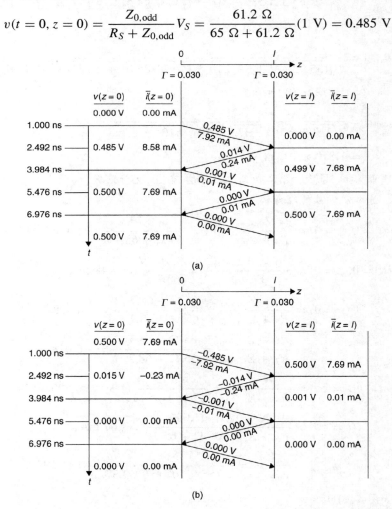

图 4.12 例 4.2 耦合传输线工作于奇模式时，(a)上升沿点阵图;(b)下降沿点阵图

注意到上升沿波形为 0.485 V，起始为 0.000 V，同时下降沿波形为 −0.485 V，起始为 0.500 V。

$$i(t=0, z=0) = \frac{v(t=0, z=0)}{Z_{odd}} = \frac{0.485 \text{ V}}{61.2 \text{ }\Omega} = 7.92 \text{ mA}$$

$$\Gamma(z=0) = \frac{R_S - Z_{0,odd}}{R_S + Z_{0,odd}} = \frac{65 \text{ }\Omega - 61.2 \text{ }\Omega}{65 \text{ }\Omega + 61.2 \text{ }\Omega} = 0.030$$

$$\Gamma(z=l) = \frac{R_T - Z_{0,odd}}{R_T + Z_{0,odd}} = \frac{65 \text{ }\Omega - 61.2 \text{ }\Omega}{65 \text{ }\Omega + 61.2 \text{ }\Omega} = 0.030$$

上升沿 $\begin{cases} v(t=\infty) = \dfrac{R_t}{R_S + R_t} V_S = \dfrac{65 \text{ }\Omega}{65 \text{ }\Omega + 65 \text{ }\Omega}(1 \text{ V}) = 0.500 \text{ V} \\ i(t=\infty) = \dfrac{v_S}{R_S + R_t} = \dfrac{1.000}{65 \text{ }\Omega + 65 \text{ }\Omega} = 7.69 \text{ mA} \end{cases}$

下降沿 $\begin{cases} v(t=\infty) = 0.000 \text{ V} \\ i(t=\infty) = 0.00 \text{ mA} \end{cases}$

$$t_{d,odd} = \frac{l}{v_{p,odd}} = \frac{0.2794 \text{ m}}{1.873 \times 10^8 \text{ m/s}} \left(\frac{10^9 \text{ ns}}{\text{s}}\right) = 1.492 \text{ ns}$$

步骤 4：比较计算结果与仿真结果。从图 4.13 中我们看到利用 SLEM 分析方法得到的结果与应用 **L** 与 **C** 矩阵进行的全耦合 SPICE 时域仿真结果是一致的。

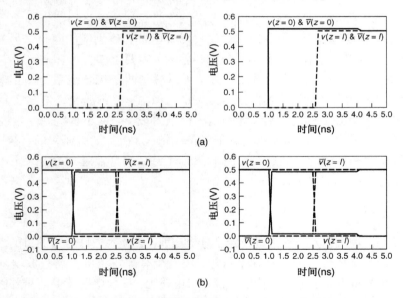

图 4.13　例 4.2 的 (a) 偶模式时；(b) 奇模式时，计算值（左）与仿真结果（右）的比较

由于实际系统一般含有多条耦合线，所以在探讨了两条耦合线的 SLEM 方法后，我们希望将其推广到任意条耦合线的情形。在前面的讨论中，我们曾注意到，偶模式翻转时，有效电感由于线路间的互感而增加，而有效电容由于互容的存在而减少；而奇模式翻转时，有效电感由于线路间的互感而减小，而有效电容由于互容而增加。另外，静态线路的互感与互容将不改变有效电感与电容。这样，我们可以采用 4.1 节的矩阵形式写出有效电感与电容的通用的近似式。

$$L_{\text{eff},n} = L_{nn} + \sum L_{ne} - \sum L_{no} \qquad (4.42)$$

$$C_{\text{eff},n} = C_{nn} - \sum |C_{ne}| + \sum |C_{no}| \qquad (4.43)$$

其中：$L_{\text{eff},n}$ 为线路 n 的有效电感

　　　　L_{nn} 为线路 n 的自感

　　　　$\sum L_{ne}$ 为与线路 n 同相的线路互感总和（近似为"奇"模式）

　　　　$\sum L_{no}$ 为与线路 n 反相的线路的互感总和（近似为"偶"模式）

　　　　$C_{\text{eff},n}$ 为线路 n 的有效电容

　　　　C_{nn} 为线路 n 的互容

　　　　$\sum |C_{ne}|$ 为与线路 n 同相的线路的互容绝对值之和

　　　　$\sum |C_{no}|$ 为与线路 n 反相的线路的互容绝对值之和

回顾 4.1 节，我们曾提到矩阵的对角元素分别代表了自感和总电容，而非对角元素分别代表了互感和互容。一旦计算出有效电感和有效电容，就可以计算有效阻抗和传输速度：

$$Z_{0,\text{eff},n} = \sqrt{\frac{L_{\text{eff},n}}{C_{\text{eff},n}}} \qquad (4.44)$$

$$v_{p,\text{eff},n} = \frac{1}{\sqrt{L_{\text{eff},n} C_{\text{eff},n}}} \qquad (4.45)$$

利用式（4.44）及式（4.45）和传输线的物理长度可以分析或仿真任意线路的行为特征，此时将忽略其他线路对该线路的耦合作用，而仅考虑该线路对其他线路的耦合影响。这种方法在早期的总线设计阶段较为常用，用以选择 I/O 收发机阻抗和线到线的间距。另外，该方法只适用于信号传输方向相同的情形。而信号反向传输时，需要全耦合仿真来解释串扰的效果。

这里尤其要注意的是，虽然通过 SLEM 方法可以得到两条耦合线系统的正确结果，但是对于三条或者更多条耦合线而言，其得到的结果是近似值，并不能精确地与实际模式阻抗和速度相吻合。因此，该方法只适用于设计初期的探索阶段，以缩小解空间。最终的仿真通常是用全耦合模型来完成的。SLEM 模型（对于三条线情况）在其横截面积的宽度/高度比大于 1 的情况下可以认为是精确的。当这一比例小于 1 时，SLEM 近似不再适用。4.4 节将介绍精确求解三条及以上耦合线的方法。

4.3.2　耦合噪声

在阐述耦合噪声原理以及对噪声进行定量分析之前，必须明白这样做的目的。我们的目标是成功地传输片间数字信号。为达到这个目标，用一个有源发送机电路将数据发送到互连线上。在互连线上信号以电磁波的形式传输到接收机电路上，接收电路读取信号并以适当的逻辑电平保存。而正是这一信号的存储操作将会受到串扰噪声（或其他噪声）的影响。

在信号存储时，接收端有一个区分逻辑电平的门限。跨越逻辑门限会引起接收端输出状态的翻转。图 4.14 显示了一个反向接收端的电压传输特性。当上升的输入信号超过了 v_{IH} 时，将会引起接收端的输出由高翻转为低。然而，当信号上存在一个低于 v_{IL} 的尖峰噪声时，将导致错误的翻转（参见图 4.15）。系统设计者的工作就是确保这种情况不会发生。

关于高速链路中接收端的工作原理的其他细节，参见第 11 章。

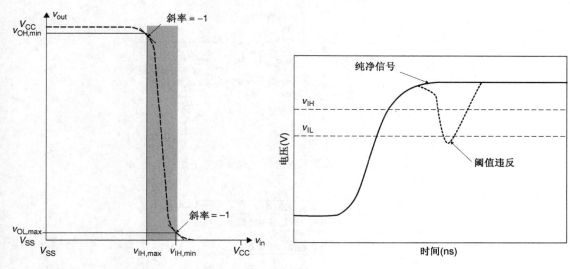

图 4.14　接收端传输特性与翻转门限　　　　　　　图 4.15　接收端阈值违反

定性描述　在对串扰引起的噪声进行定量分析之前，我们先观察入侵信号的传播和耦合噪声的波形，并对串扰的行为特征进行定性描述。由前文对互感和互容的讨论可知，只有在信号翻转(比如上升沿和下降沿)时，能量才从一条线路耦合到其他线路。所以，我们来观察入侵线路的上升沿的传输情形。

图 4.16 显示了一个含有一对耦合线路的典型系统，其中各条线路的两端都有端接电阻。当入射波加载到入侵线路时，将立即通过互容和互感给受害线路带来耦合。通过互容耦合的电流(i_c)在受害线路中分为前向传输电流(i_f)与后向传输电流(i_b)等部分，如图 4.17 所示。通过互感耦合的电流(i_L)向着输入源端传输。这样，就可以得到了一个前向耦合波，它是关于电容耦合电流和电感耦合电流差值的函数。因为它是基于电容与电感耦合差值的，那么它的幅度就和入侵信号有着同样的极性，或者相反的极性。前向耦合波将会开始沿着受害线路的远端($z = l$)进行传播。我们同样也可以得到一个后向耦合波，它是电容耦合电流与电感耦合电流的和的函数。后向传输噪声与入侵信号有同样的极性，这是电感与电容耦合之和的直接结果。反向串扰噪声将朝着受害线路的近端传输。

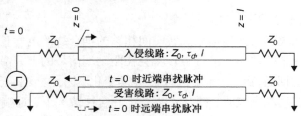

图 4.16　入侵信号的初始载入以及耦合噪声

当入侵线路中的入射波向远端传输时，它也会持续向受害线路耦合能量。如图 4.18 所示，受害线路中的前向串扰脉冲伴随着入侵信号传输。因为耦合沿线路长度是连续的，所以其远端噪声脉冲的幅度将随着它在耦合对长度方向上的传播而增大。后向串扰脉冲向近端($z = 0$)传输。

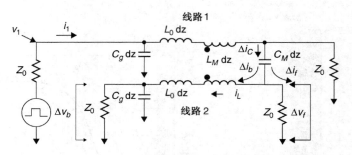

图 4.17　用于串扰噪声分析的耦合电路子图

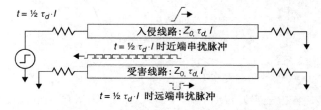

图 4.18　入射的入侵信号以及耦合噪声脉冲的传播

　　受害线路的耦合能量随着入侵信号沿线路的传输而持续，直到它在 $t = \tau_d l$ 时刻到达远端为止，这里的 τ_d 为每单位长度的信号传播延时，l 为线长。时间也可以定义时间为 $t = l/v_p$，其中 v_p 为信号的传输速度。在此，我们假设终端是匹配的，耦合由于入侵信号没有产生反射波而停止。如图 4.19 所示，远端串扰噪声随着入侵信号的传输同步产生，串扰噪声脉冲的幅度增长但脉宽不增长。耦合仅在信号翻转时发生，因此前向耦合脉冲的宽度将会近似地等于入侵信号上升(下降)时间，如图中所示。尽管远端处不再耦合额外的能量，后向串扰波仍然会向近端传输，传输时间为完整的传输延时($t = \tau_d l$)，如图 4.20 所示。

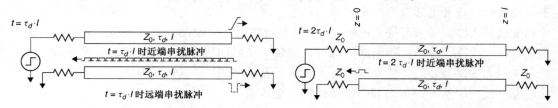

图 4.19　耦合噪声脉冲随着入侵信号传输至远端($z = l$)　　图 4.20　近端($z = 0$)噪声脉冲的完成

　　近端脉冲的波形取决于与入侵信号翻转时间相关的耦合线的电气长度。我们考虑耦合长度小于信号上升时间一半的情形。信号翻转将会在驱动端信号的上升沿完成一半翻转前到达远端。当耦合噪声传输回近端时，远端信号会持续变化，因此会耦合给受害线路更多的能量。直到上升沿翻转在远端完成时，耦合才会停止。这种情况下，近端串扰脉冲与远端串扰脉冲有着相似的波形(但幅度不同)，如图 4.21(a)所示。

　　另一方面，如果耦合长度大于信号上升时间的一半，近端串扰脉冲将会到达最大幅度并保持，这一现象被称为饱和，如图 4.21(b)所示。为了理解这一现象，假设耦合电气长度等于上升时间的若干倍。此时，可以将信号边沿看做是在入侵线上传输的波。由于线路只是在信号翻转时耦合，所以可以将反向串扰看做一系列幅度相等、脉宽等于上升时间，并且向近端传输的脉冲。这样，反向噪声的幅度就不会增长，而是保持。图 4.22 展示了我们所描述的耦合脉冲传输。

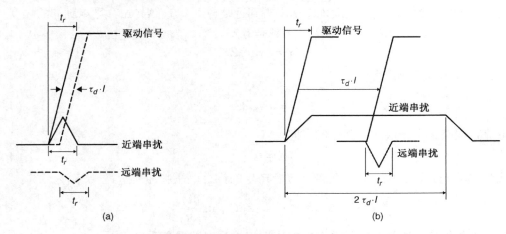

图 4.21　前向与后向耦合噪声脉冲。(a)不饱和；(b)饱和

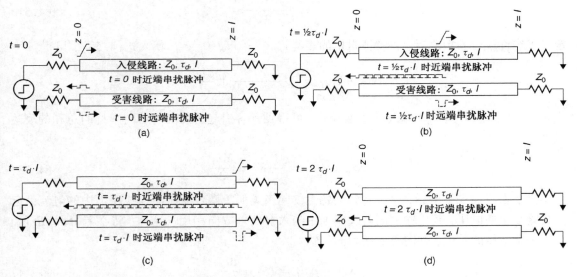

图 4.22　前向与反向耦合噪声的传输总结。(a)输入波载入；(b)传输
至线路一半；(c)沿线路完整传播一次；(d)传输整个来回

　　最后要注意，这里所描述的串扰脉冲的幅度和波形以及下一节将要对其推导的定量模型，都是针对有匹配的端接而言的。端接线路简化了分析过程，消除了反射串扰以及反射入侵信号产生的串扰带来的影响。总之，串扰噪声的特性很大程度上取决于耦合的总量以及有无端接。对于不良端接和/或复杂拓扑的情况，建议用仿真器来分析系统行为。Hall et al [2000]研究了一些通用的不良端接情况下的串扰波形。

　　定量分析　我们已经对串扰和串扰噪声的特点有了直观的理解，现在就来推导静态传输线(图 4.17 所示的线路 2)上两端的噪声公式，噪声是由临近的有源驱动耦合线(线路 1)耦合引起的。噪声通过互感 $L_M dz$ 以及互容 $C_M dz$ 由线路 1 耦合到线路 2。线路 1 的特征阻抗为 Z_0，其入射脉冲的幅度为 v_1(电压)和 i_1(电流)，两端都与其特征阻抗相匹配。我们的目的是求取线路 2 中后向噪声脉冲(Δv_b)与前向噪声脉冲(Δv_f)的表达式。线路 2 的特征阻抗也是 Z_0，且两端良好匹配。下面的推导将根据 Seraphim et al[1989]提出的方法开展。

首先，在线路 2 的两端应用欧姆定律来得到近端(Δv_b)与远端(Δv_f)噪声脉冲的幅度

$$\Delta v_b = i_b Z_0 \tag{4.46}$$

$$\Delta v_f = i_f Z_0 \tag{4.47}$$

电流通过互容在线路间耦合：

$$i_C = C_M \, dz \frac{dv_1}{dt} \tag{4.48}$$

耦合电流在线路 2 中分成两个独立的方向

$$i_C = i_b + i_f \tag{4.49}$$

结合式(4.46)与式(4.49)，可以得到由互容产生的耦合电压脉冲表达式：

$$\Delta v_b + \Delta v_f = Z_0 C_M \, dz \frac{dv_1}{dt} \tag{4.50}$$

接下来我们将线路间互容与总电容的比例定义为容性耦合系数：

$$K_C \equiv \frac{C_M}{C_g + C_M} \tag{4.51}$$

定义了容性耦合系数之后，将特征阻抗的表达式 $Z_0 = \sqrt{L_0/C_g + C_M}$ 代入式(4.50)，可得：

$$\Delta v_b + \Delta v_f = \sqrt{\frac{L_0 C_M^2}{C_g + C_M}} \, dz \frac{dv_1}{dt} \tag{4.52}$$

代入 $v_p = 1/\sqrt{L_0(C_g + C_M)}$ 以及一些推导后，可得到互容引起的前向与后向串扰的总和的表达式为：

$$\Delta v_b + \Delta v_f = \frac{1}{v_p} K_C \, dz \frac{dv_1}{dt} \tag{4.53}$$

接下来我们来看电感，可以看到互感工作起来类似于耦合变压器。线路 1 中的电流引起了线路 2 中的电压，其传输方向与线路 1 中的入射信号方向相反。这样，将在差分段(dz)上产生一个电压的差值，并向着源端后向传输：

$$\Delta v_b - \Delta v_f = L_M \, dz \frac{di_1}{dt} \tag{4.54}$$

类似于电容耦合系数的定义，我们将线路间的互感与线路自感的比例定义为感性耦合系数：

$$K_L \equiv \frac{L_M}{L_0} \tag{4.55}$$

在线路 1 的驱动端应用欧姆定律($i_1 = v_1/Z_0$)得到

$$\Delta v_b - \Delta v_f = dz \frac{L_M}{Z_0} \frac{dv_1}{dt} = dz \sqrt{\frac{L_M^2(C_g + C_M)}{L_0} \frac{L_0}{L_0}} \frac{dv_1}{dt}$$

$$= dz \sqrt{L_0(C_g + C_M) \frac{L_M^2}{L_0^2}} \frac{dv_1}{dt}$$

这样我们就可以得到关联了前向与后向耦合噪声后的耦合系数表达式，这种情况下，感性耦合系数为：

$$\Delta v_b - \Delta v_f = dz \frac{K_L}{v_p} \frac{dv_1}{dt} \tag{4.56}$$

因为式(4.53)与式(4.56)中的两个方程中含有两个未知数，可以求得 dz 取极值 $dz \rightarrow 0$ 时 Δv_b 和 Δv_f 的求解为：

$$\frac{\mathrm{d}v_f}{\mathrm{d}z} = \frac{K_C - K_L}{2v_p} \frac{\mathrm{d}v_1}{\mathrm{d}t} \tag{4.57}$$

$$\frac{\mathrm{d}v_b}{\mathrm{d}z} = \frac{K_C + K_L}{2v_p} \frac{\mathrm{d}v_1}{\mathrm{d}t} \tag{4.58}$$

前向串扰　从 $z = 0$ 到 $z = l$ 对式(4.57)积分，可得前向串扰的表达式：

$$v_f = \frac{1}{2}(K_C - K_L)\frac{l}{v_p}\frac{\mathrm{d}v_1}{\mathrm{d}t} \tag{4.59}$$

将 $\mathrm{d}v_1/\mathrm{d}t$ 近似看为电压摆幅 v 与 10% ~ 90% 的上升时间 t_r 的比值，就得到了前向串扰的最终表达式：

$$v_f = \frac{1}{2}(K_C - K_L)\frac{l}{v_p}\frac{v}{t_r} \tag{4.60}$$

可以看到，前向串扰是容性耦合与感性耦合之差的函数。所以，如果系统中的容性耦合大于感性耦合，那么耦合脉冲的极性就与入侵信号相同，感性耦合较强时则反之。式(4.60)同样表明，若能令 $K_c = K_L$，前向串扰将不存在。实际上，这一现象在均匀电介质的耦合线路中总是成立的(证明过程留给读者自行进行，参见习题4.9)。另一方面，对于典型的非均匀电介质传输线，如微带 PCB 线而言，感性耦合通常是大于容性耦合的，因此前向串扰脉冲与入侵信号有着相反的极性。

如前所述，前向串扰脉冲的宽度为

$$t_{pw,f} \approx t_r \tag{4.61}$$

其中 t_r 为信号的上升时间。要注意到式(4.60)与式(4.61)同样适用于下降沿翻转的情况。

反向串扰　要得到反向(近端)串扰的表达式，必须要考虑这一事实，耦合区域的传输是和耦合波的方向相反的。图 4.17 左侧的输出波是早期耦合波在近端的传播之和的叠加。这样就可以从 $z = 0$ 到 $z = l$ 对其求积分并考虑波的传播时间：

$$v_b = \frac{K_C + K_L}{2v_p}\int_{z=0}^{l}\frac{\mathrm{d}v(t - 2z/v_p)}{\mathrm{d}t}\mathrm{d}z \tag{4.62}$$

积分后可得近端耦合噪声的表达式

$$v_b(t) = \frac{K_C + K_L}{4}\left[v_1(t) - v_1\left(t - \frac{2l}{v_p}\right)\right] \tag{4.63}$$

在对式(4.62)求积分后耦合系数的作用明显减小，这是因为后向串扰的能量耦合在 $2l/v_p$ 的脉冲宽度上分散开来。后向耦合脉冲的宽度由下式计算：

$$t_{pw,b} = 2\tau_d l \tag{4.64}$$

其中 τ_d 为每单位长度的传输延时，l 为耦合长度。式(4.63)与式(4.64)假设后向串扰是饱和的，这也符合数 Gb/s 链路的实际情况。

最后，要注意这一节的公式是应用于两条线路的两端都有端接匹配的情形。在其他情况下，比如近端没有端接匹配时，将用不同的公式计算串扰脉冲的幅度与波形。若考虑 3.5 节所述的反射效应，则可以得到串扰公式的改进形式。

例 4.3 分析例 4.2 中的 PCB 传输线，由有源线路向安静线路耦合的情况。线路有如下的电感与电容：

$$L = \begin{bmatrix} 3.592 \times 10^{-7} & 3218 \times 10^{-8} \\ 3218 \times 10^{-8} & 3.592 \times 10^{-7} \end{bmatrix} \quad \text{H/m}$$

$$C = \begin{bmatrix} 8.501 \times 10^{-11} & -2.173 \times 10^{-12} \\ -2.173 \times 10^{-12} & 8.533 \times 10^{-11} \end{bmatrix} \quad \text{F/m}$$

线路长为 0.2794 m，特征阻抗近似为 65 Ω，在远端以 65 Ω 接地。驱动源为 1 V 65 Ω，上升时间 100 ps。比较解析结果和全耦合仿真的结果。

解

步骤 1：首先计算阻抗和传输速度：

$$Z_{0,\text{isolated}} = \sqrt{\frac{3.592 \times 10^{-7} \text{ H/m}}{8.501 \times 10^{-11} \text{ F/m}}} = 65.0 \text{ Ω}$$

$$v_{p,\text{isolated}} = \frac{1}{\sqrt{3.592 \times 10^{-7} \text{ H/m} \ 8.501 \times 10^{-11} \text{ F/m}}}$$

$$= 1.810 \times 10^{8} \text{ m/s}$$

步骤 2：要分析耦合噪声，就需要先得到耦合系数

$$K_C = \frac{2.173 \times 10^{-11} \text{ F/m}}{8.501 \times 10^{-11} \text{ F/m}} = 0.0256$$

$$K_L = \frac{3.218 \times 10^{-8} \text{ H/m}}{3.593 \times 10^{-7} \text{ H/m}} = 0.0896$$

步骤 3：上升沿分析：

$$v(t = 0, z = 0) = \frac{Z_0}{R_S + Z_0} V_S = \frac{65.0 \text{ Ω}}{65 \text{ Ω} + 65.0 \text{ Ω}} (1 \text{ V}) = 0.500 \text{ V}$$

$$i(t = 0, z = 0) = \frac{v(t = 0, z = 0)}{Z_0} = \frac{0.500 \text{ V}}{65.0 \text{ Ω}} = 7.69 \text{ mA}$$

$$\Gamma(z = 0) = \frac{R_S - Z_0}{R_S + Z_0} = \frac{65 \text{ Ω} - 65.0 \text{ Ω}}{65 \text{ Ω} + 65.0 \text{ Ω}} = 0.000$$

$$\Gamma(z = 0.2794 \text{ m}) = \frac{R_T - Z_0}{R_T + Z_0} = \frac{65 \text{ Ω} - 65.0 \text{ Ω}}{65 \text{ Ω} + 65.0 \text{ Ω}} = 0.000$$

$$t_d = \frac{l}{v_p} = \left(\frac{0.2794 \text{ m}}{1.810 \times 10^{8} \text{ m/s}} \right) \left(\frac{10^{9} \text{ ns}}{\text{s}} \right) = 1.544 \text{ ns}$$

$$v_f = \frac{1}{2} \times (K_C - K_L) \frac{l}{v_p} \frac{v}{t_r}$$

$$= \frac{1}{2} \times (0.0256 - 0.0896) \left(\frac{0.2794 \text{ m}}{1.820 \times 10^{8} \text{ m/s}} \right)$$

$$\times \left(\frac{0.500 \text{ V}}{100 \text{ ps}} \right) \left(\frac{10^{12} \text{ ps}}{\text{s}} \right)$$

$$= -0.247 \text{ V}$$

$$v_b = \frac{K_C + K_L}{4} \left[v(t) - v\left(t - 2\frac{l}{v_p}\right) \right]$$

$$= \left(\frac{0.0256 + 0.0896}{4}\right)(0.500 \text{ V}) = 0.014 \text{ V}$$

$$t_{\text{pw},f} = t_r = 100 \text{ ps}$$

$$t_{\text{pw},b} = 2\tau_d l = 2 \times \left(\frac{11 \text{ in}}{1.810 \times 10^8 \text{ m/s}}\right)\left(\frac{\text{m}}{39.37 \text{ in}}\right)\left(\frac{10^9 \text{ ns}}{\text{s}}\right)$$

$$= 3.088 \text{ ns}$$

因为反射系数为 0,所以不再用点阵图,而是直接由计算结果来重构波形。

步骤 4:与仿真结果对比。图 4.23 显示了以上计算结果同 SPICE 时域仿真结果的对比。要特别注意的是,在 SPICE 仿真中,有源信号的上升沿在传输线的接收端增加到约 200 ps。应用能量守恒理论,有源信号上升沿衰减可以归咎于串扰机制。由于部分能量耦合到安静线路,根据能量守恒理论,有源线路必将减少等量的能量。前面我们讨论过,能量耦合到安静线路是在信号翻转时发生的,所以上升沿衰减是由耦合造成的。另外,接收端上升时间的增加引起了接收端的串扰脉冲宽度改变为近似 200 ps,而不是我们计算中预计的 100 ps。

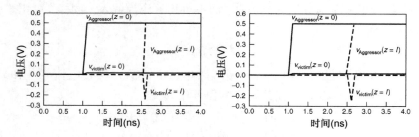

图 4.23 例 4.3 中计算结果与仿真结果的比较

如上例所述,这里给出的是近似的串扰模型。当耦合长度太长时,该模型将不再适用。此时的奇模式与偶模式的传输延时的差超过了上升时间:

$$t_{d,\text{even}} - t_{d,\text{odd}} > t_r$$

当这种情况发生时,前向串扰达到饱和。此时,串扰幅度不再增长,而是脉冲宽度增长。下一节中我们将说明模态分析是怎样通过模态传输速度来解释噪声耦合机制的,并给出精确计算系统行为的方法。

4.4 模态分析

先前我们介绍了有两条线路系统的奇模式和偶模式的传输模型概念。当线路超过两条时,奇模式和偶模式信号的概念将不能直接应用。一个有 n 条耦合线的系统可以有 n 种不同的传播模式,每种模式都是电场和磁场强度(或者电容和电感)以及每条线的驱动信号的函数。每种模式都有不同的有效阻抗和传播速度。我们可以计算模态阻抗与速度,不过计算过程比较烦琐。

模态分解与分析为我们应用多重的单线仿真来对一个耦合系统的行为进行建模提供了有效的方法,可以在不牺牲精度的情况下极大地简化分析过程。要做到这一点,先要以传输模型的形式来描述线路的行为。应用模态分解的方法，将 $n \times n$ 的电感与电容矩阵转换成一系列 n 维向量，称为特征向量，其值均由一常数决定，即特征值。这一方法的有趣之处在于特征向量都是正交的，从而可以将 L 与 C 对角化，即非对角项均为 0。当电感与电容矩阵分解为对角矩阵时，可以将耦合线系统当做 n 条孤立的传输线来分析其行为，每一条线都有其传输模态电压与模态电流波形。在这一方法中，我们利用模态电感 L_m 与电容矩阵 C_m 来将线路电压与电流转换为模态电压与电流。在仿真或者点阵图等手动分析中，模态电压与电流就用来驱动孤立的线路。然后再利用仿真或者计算得到的结果来将模态电压与电感转换为线路的电压与电感。以下我们将介绍模态分解与分析方法。

4.4.1　模态分解

如果矩阵 LC 和 CL 可以对角化，那么对角元素是彼此正交的。因此可以用模态电压的线性组合来代替线路电压。首先必须要确定线路电压与模态电压的关系。我们可以利用耦合电压波动方程式(4.33)来得到电压转移矩阵 T_v：

$$v = T_v v_m \tag{4.65}$$

其中 T_v 为包含 LC 特征向量的矩阵，它将一般线路电压 v 转换为模态电压 v_m。随后，可以用 v_m 作为输入而将系统看做 n 条孤立线进行仿真，而不再用 v 作为输入。同样，可用式(4.34)描述的耦合电流波来得到 T_i：

$$i = T_i i_m \tag{4.66}$$

其中 T_i 为包含 CL 特征向量的矩阵，将一般线路电流 i 转换为模态电流 i_m。由式(4.28)与式(4.31)可知，对于一个 $n \times n$ 系统其矩阵方程可化为：

$$\frac{\mathrm{d}}{\mathrm{d}z} \begin{bmatrix} v \\ i \end{bmatrix} = \begin{bmatrix} 0 & -\mathrm{j}\omega L \\ -\mathrm{j}\omega C & 0 \end{bmatrix} \begin{bmatrix} v \\ i \end{bmatrix} \tag{4.67}$$

要得到模态电感，我们由式(4.28)入手，将其中的线路电压与电流替换为模态电压、电流和转移矩阵：

$$\frac{\mathrm{d}}{\mathrm{d}z}(T_v v_m) = -\mathrm{j}\omega L T_i i_m \tag{4.68}$$

两边同乘以 T_v^{-1} 得到

$$\frac{\mathrm{d}}{\mathrm{d}z}(T_v^{-1} T_v v_m) = -\mathrm{j}\omega T_v^{-1} L T_i i_m$$

$$\frac{\mathrm{d}v_m}{\mathrm{d}z} = -\mathrm{j}\omega T_v^{-1} L T_i i_m \tag{4.69}$$

模态电感矩阵定义为

$$L_m = T_v^{-1} L T_i \tag{4.70}$$

用类似的方法，同样可以得到模态电容：

$$\frac{\mathrm{d}}{\mathrm{d}z}(T_i i_m) = -\mathrm{j}\omega C T_v v_m \tag{4.71}$$

$$\frac{\mathrm{d}i_m}{\mathrm{d}z} = -\mathrm{j}\omega T_i^{-1} C T_v v_m \tag{4.72}$$

$$C_m = T_i^{-1} C T_v \tag{4.73}$$

L_m 与 C_m 为对角矩阵

$$L_m = \begin{bmatrix} L_{m11} & 0 & 0 & 0 & 0 \\ 0 & L_{m22} & 0 & 0 & 0 \\ 0 & 0 & \cdots & 0 & 0 \\ 0 & 0 & 0 & L_{m(n-1)(n-1)} & 0 \\ 0 & 0 & 0 & 0 & L_{mnn} \end{bmatrix} \tag{4.74}$$

$$C_m = \begin{bmatrix} C_{m11} & 0 & 0 & 0 & 0 \\ 0 & C_{m22} & 0 & 0 & 0 \\ 0 & 0 & \cdots & 0 & 0 \\ 0 & 0 & 0 & C_{m(n-1)(n-1)} & 0 \\ 0 & 0 & 0 & 0 & C_{mnn} \end{bmatrix} \tag{4.75}$$

其中对角元素由式(4.70)与式(4.71)确定。

另一个有用的关系式［Paul, 1994］为：

$$T_i = (T_v^{-1})^{\mathrm{T}} \tag{4.76}$$

在进行模态传输线分析之前，先要将模态量转为波动方程，由式(4.33)式开始：

$$\frac{\mathrm{d}^2 T_v v_m}{\mathrm{d}z^2} = \omega^2 T_v L_m T_i^{-1} T_i C_m T_v^{-1} T_v v_m = \omega^2 T_v L_m C_m v_m$$

左右两边乘以 T_v^{-1}，我们就得到模态电压、电感和电容形式的波动方程表达式：

$$\frac{\mathrm{d}^2 v_m}{\mathrm{d}z^2} = \omega^2 L_m C_m v_m \tag{4.77}$$

同理，根据式(4.15)我们得到

$$\frac{\mathrm{d}^2 i_m}{\mathrm{d}z^2} = \omega^2 C_m L_m i_m \tag{4.78}$$

因为模态量是正交的，所以应用它们可以将系统看做 n 条孤立线路进行仿真，而不再是 n 条耦合线。

4.4.2　模态阻抗与速度

传输线分析要求我们确定线路的模态阻抗和传输速度。回顾孤立线的情形可知

$$v_p = \frac{\omega}{\beta} \tag{4.79}$$

考虑无损情况每单位长度上的相位偏移：

$$\beta = \mathrm{Im}\left\lfloor \sqrt{(R + \mathrm{j}\omega L)(G + \mathrm{j}\omega C)} \right\rfloor = \omega\sqrt{LC} \tag{4.80}$$

可以得到：

$$v_p = \frac{1}{\sqrt{LC}} \tag{4.81}$$

类似地，可以将模态速度写为模态电感与电容矩阵的形式：

$$v_{\mathrm{pm}} = \sqrt{L_m^{-1} C_m^{-1}} \tag{4.82}$$

L_m 与 C_m 为对角方阵，因此它们的逆矩阵及其乘积也同样是对角方阵，从而可以用式(4.82)中的平方根得到如下结果：

$$v_{\mathrm{pm},ii} = \frac{1}{\sqrt{L_{m,ii} C_{m,ii}}} \tag{4.83}$$

下标 i 表示矩阵的行与列。通过类似的方法，可以得到模态阻抗的表达式：

$$Z_{m,ii} = \sqrt{\frac{L_{m,ii}}{C_{m,ii}}} \tag{4.84}$$

4.4.3　信号重构

在互连线上传输着的，能观测到的信号的电压与电流值都是模态值的线性组合。当系统被分解为一系列正交向量以及与各个模式相对应的 n 条单独线路来进行分析以得到模态电压与电流时，需要用式（4.65）与式（4.66）来重构可观测的线路电压和电流。例如，将式（4.65）扩展为 $n = 2$ 的信号传导系统时，可得

$$\begin{bmatrix} v_1 \\ v_2 \end{bmatrix} = \begin{bmatrix} T_{v1} & T_{v2} \\ T_{v3} & T_{v4} \end{bmatrix} \begin{bmatrix} v_{m1} \\ v_{m2} \end{bmatrix}$$

$$v_1 = T_{v1} v_{m1} + T_{v2} v_{m2}$$

$$v_2 = T_{v3} v_{m1} + T_{v4} v_{m2}$$

其中 v_1 为线路 1 上测得的线路电压，v_2 为线路 2 上测得的线路电压，v_{m1} 与 v_{m2} 为利用模态阻抗以及速度分析单根传输线时计算出的模态电压。可以看到，线路电压可由相应的模态电压的线性组合重构。

4.4.4　模态分析

本节将概述基于模态量进行分析的方法。

1. 计算 $\boldsymbol{T}_v$，LC 的特征向量。
2. 计算 $\boldsymbol{T}_i$，CL 的特征向量。$\boldsymbol{T}_v$ 与 $\boldsymbol{T}_i$ 有如下关系：$\boldsymbol{T}_i = (\boldsymbol{T}_v^{-1})^{\mathrm{T}}$。
3. 利用 $\boldsymbol{T}_v$ 与 $\boldsymbol{T}_i$ 来计算模态电感、电容，以及电压和/或电流。
4. 利用模态电感与电容来计算模态阻抗以及传输速度。
5. 进行传统的传输线分析，比如点阵图，或者各个模式的单线路仿真。
6. 将模态量转换为可测的线路量。

以下的例子将向我们演示怎样应用模态分析来分析耦合传输线对。

例 4.4　对于例 4.3 中的电感笔电容矩阵，以及互连线设计，利用模态分析来计算信号在奇模式下翻转的线路电压。并将结果与全耦合仿真结果进行对比。

解　我们按照上述的方法进行分析。

步骤 1：首先要计算电压特征向量：

$$\mathrm{LC} = \begin{bmatrix} 3.0466 \times 10^{-17} & 1.9551 \times 10^{-18} \\ 1.9551 \times 10^{-18} & 3.0466 \times 10^{-17} \end{bmatrix} \quad \mathrm{s^2/m^2}$$

计算出 LC 的特征向量具有如下形式

$$\mathrm{LC} = \begin{bmatrix} a & b \\ b & a \end{bmatrix}$$

应用其对称性，按照 O'Neil[1983] 方法提取 $\lambda \boldsymbol{I}$：

$$\mathrm{LC} - \lambda \boldsymbol{I} = \begin{bmatrix} a & b \\ b & a \end{bmatrix} - \lambda \begin{bmatrix} 1 & 0 \\ 0 & 1 \end{bmatrix} = \begin{bmatrix} a - \lambda & b \\ b & a - \lambda \end{bmatrix}$$

LC 的特征值 T_v 满足如下关系：

$$(\text{LC} - \lambda \boldsymbol{I}) \boldsymbol{T}_v = \begin{bmatrix} a - \lambda & b \\ b & a - \lambda \end{bmatrix} \begin{bmatrix} T_{v1} \\ T_{v2} \end{bmatrix} = \begin{bmatrix} 0 \\ 0 \end{bmatrix}$$

进行乘法运算得到

$$(a - \lambda)T_{v1} + bT_{v2} = 0$$
$$bT_{v1} + (a - \lambda)T_{v2} = 0$$

考察以上等式可知，如果有 $T_{v1} = -T_{v2}$ 或者 $T_{v1} = T_{v2}$，那么 T_v 将会满足以上等式。于是我们就得到了一对特征向量

$$\boldsymbol{T}_{v1} = \begin{bmatrix} 1 \\ -1 \end{bmatrix} \quad \text{和} \quad \boldsymbol{T}_{v2} = \begin{bmatrix} 1 \\ 1 \end{bmatrix}$$

将其组合在一起得到 $\boldsymbol{T}_v$ 矩阵：

$$\boldsymbol{T}_v = \begin{bmatrix} \boldsymbol{T}_{v1} & \boldsymbol{T}_{v2} \end{bmatrix} = \begin{bmatrix} 1 & 1 \\ -1 & 1 \end{bmatrix}$$

最后，我们归一化电压特征向量 $\boldsymbol{T}_v$：

$$\boldsymbol{T}_v = \frac{\begin{bmatrix} 1 & 1 \\ -1 & 1 \end{bmatrix}}{\sqrt{1^2 + 1^2}} = \begin{bmatrix} 0.707 & 0.707 \\ -0.707 & 0.707 \end{bmatrix}$$

步骤 2：电流特征向量等于电压特征向量的逆的转置[O'Neil, 1983]：

$$\boldsymbol{T}_i = (\boldsymbol{T}_v^{-1})^{\text{T}} = \begin{bmatrix} 0.707 & 0.707 \\ -0.707 & 0.707 \end{bmatrix}$$

注意到我们是通过普通 2×2 对称矩阵来得到 $\boldsymbol{T}_v$ 与 $\boldsymbol{T}_i$ 的，它们也适用于任何 2×2 的矩阵，因此对于其他两条耦合线的系统不必再计算该值。这一结论仅对 2×2 矩阵的情况成立。多条耦合线系统的矩阵也将是对称的，其特征向量将作为矩阵元素的函数而随之改变。

步骤 3：由式(4.70)与式(4.73)计算模态电感与电容。

$$\boldsymbol{L}_m = \boldsymbol{T}_v^{-1} \text{LT}_i$$

$$= \begin{bmatrix} 0.707 & 0.707 \\ -0.707 & 0.707 \end{bmatrix}^{-1} \begin{bmatrix} 3.592 \times 10^{-7} & 3.218 \times 10^{-8} \\ 3.218 \times 10^{-8} & 3.592 \times 10^{-7} \end{bmatrix} \text{H/m}$$

$$\times \begin{bmatrix} 0.707 & 0.707 \\ -0.707 & 0.707 \end{bmatrix}$$

$$= \begin{bmatrix} 3.270 \times 10^{-7} & 0 \\ 0 & 3.914 \times 10^{-7} \end{bmatrix} \text{H/m}$$

$$\boldsymbol{C}_m = \boldsymbol{T}_i^{-1} \text{CT}_v$$

$$= \begin{bmatrix} 0.707 & 0.707 \\ -0.707 & 0.707 \end{bmatrix}^{-1} \begin{bmatrix} 8.501 \times 10^{-11} & -2.173 \times 10^{-11} \\ -2.173 \times 10^{-11} & 8.501 \times 10^{-11} \end{bmatrix} \text{F/m}$$

$$\times \begin{bmatrix} 0.707 & 0.707 \\ -0.707 & 0.707 \end{bmatrix}$$

$$= \begin{bmatrix} 8.718 \times 10^{-11} & 0 \\ 0 & 8.284 \times 10^{-11} \end{bmatrix} \text{F/m}$$

要计算模态电压，首先要知道电压输入，对于奇模式，线路 1 输入为 1 V，线路 2 为 − 1 V。因此，输入电压矩阵为

$$\boldsymbol{v}_{\text{in}} = \begin{bmatrix} 1 \\ -1 \end{bmatrix}$$

求解式(4.65)得到模态电压

$$\boldsymbol{v}_{\text{m}} = \begin{bmatrix} 0.707 & 0.707 \\ -0.707 & 0.707 \end{bmatrix}^{-1} \begin{bmatrix} -1 \\ 1 \end{bmatrix} = \begin{bmatrix} v_{\text{odd}} \\ v_{\text{even}} \end{bmatrix} = \begin{bmatrix} 1.414 \\ 0 \end{bmatrix}$$

注意到偶模式下没有电压传播，这与预期相符，因为系统是奇模式驱动。

步骤 4：由式(4.83)与式(4.84)计算模态阻抗与传播速度。

$$\boldsymbol{Z}_m = \begin{bmatrix} \sqrt{\dfrac{L_{m11}}{C_{m11}}} \\ \sqrt{\dfrac{L_{m22}}{C_{m22}}} \end{bmatrix} = \begin{bmatrix} \sqrt{3.270 \times 10^{-7} \ \text{H/m}/8.718 \times 10^{-11} \ \text{F/m}} \\ \sqrt{3.914 \times 10^{-7} \ \text{H/m}/8.284 \times 10^{-11} \ \text{F/m}} \end{bmatrix}$$

$$= \begin{bmatrix} 61.25 \\ 68.74 \end{bmatrix} \ \Omega$$

$$\boldsymbol{v}_{\text{pm}} = \begin{bmatrix} \dfrac{1}{\sqrt{L_{m11}C_{m11}}} \\ \dfrac{1}{\sqrt{L_{m22}C_{m22}}} \end{bmatrix} = \begin{bmatrix} \dfrac{1}{\sqrt{(3.270 \times 10^{-7} \ \text{H/m})(8.718 \times 10^{-11} \ \text{F/m})}} \\ \dfrac{1}{\sqrt{(3.914 \times 10^{-7} \ \text{H/m})(8.284 \times 10^{-11} \ \text{F/m})}} \end{bmatrix}$$

$$= \begin{bmatrix} 1.873 \times 10^8 \\ 1.756 \times 10^8 \end{bmatrix} \ \text{m/s}$$

至此，我们就得到了建立模态电路所需的所有信息，如图 4.24 所示。

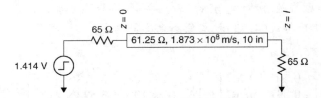

图 4.24　例 4.4 中传输线对的等效模态电路

步骤 5：传输线分析。电压源端由低到高翻转，我们用图 4.24 所示的奇模式等效电路来计算加载到线路上的电压与电流波，假设上升沿在 $t = 1$ ns 时触发。

$$v(t = 1, z = 0) = (1.414 \ \text{V}) \frac{61.25 \ \Omega}{61.25 \ \Omega + 65 \ \Omega} = 0.686 \ \text{V}$$

$$i(t = 1, z = 0) = \frac{v(t = 0, z = 0)}{Z_m} = \frac{0.686 \ \text{V}}{61.25 \ \Omega} \left(\frac{\text{A}}{\text{V}/\Omega}\right)\left(\frac{\text{mA}}{\text{A}}\right) = 11.20 \ \text{mA}$$

到远端($z = l = 0.254$ m)的传输延迟为

$$t_{d,\text{odd}} = \frac{\text{长度}}{v_{\text{pm,odd}}} = \frac{0.254 \ \text{m}}{1.873 \times 10^8 \ \text{m/s}} \left(\frac{10^9 \ \text{ns}}{\text{s}}\right) = 1.356 \ \text{ns}$$

远端的电压反射系数为

$$\Gamma = \frac{65\ \Omega - 61.25\ \Omega}{65\ \Omega + 61.25\ \Omega} = 0.030$$

源端的电压反射系数为

$$\Gamma = \frac{65\ \Omega - 61.25\ \Omega}{65\ \Omega + 61.25\ \Omega} = 0.030$$

奇模式的最终稳态电压与电流为

$$v(t = \infty) = (1.414\ \text{V})\frac{65\ \Omega}{65\ \Omega + 65\ \Omega} = 0.707\ \text{V}$$

$$i(t = \infty) = \frac{1.414}{65\ \Omega + 65\ \Omega} = 10.88\ \text{mA}$$

现在已有足够的信息来建立奇模式的点阵图分析,如图 4.25 所示。

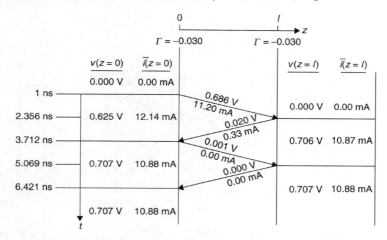

图 4.25 例 4.4 的奇模式点阵图

步骤 6:现在我们将模态电压与电流转换回线路电压与电流。转换是用式(4.65)与式(4.66),并结合奇模式所得结果来进行的。

$$\boldsymbol{v} = \boldsymbol{T}_v \boldsymbol{v}_m, \qquad \boldsymbol{v}_m = \begin{bmatrix} \text{from lattice} \\ 0 \end{bmatrix}$$

$$\boldsymbol{i} = \boldsymbol{T}_i \boldsymbol{i}_m, \qquad \boldsymbol{i}_m = \begin{bmatrix} \text{from lattice} \\ 0 \end{bmatrix}$$

例如,在奇模式点阵图中的第一级电压值为 0.686 V,等效的可测电压可由计算得到

$$v_1 = T_{v1}v_{m1} + T_{v2}v_{m2} = 0.707 \times (0.686) + 0.707 \times (0) = 0.485\ \text{V}$$

$$v_2 = T_{v3}v_{m1} + T_{v4}v_{m2} = -0.707 \times (0.686) + 0.707 \times (0) = -0.485\ \text{V}$$

将奇模式点阵图中的每一点转换为线路电压与电流,可以建立起线路 1 和线路 2 的点阵图,如图 4.26(a)与图 4.26(b)所示。

我们最后来进行一下对比,将模态分析建立的点阵图计算所得的波形与上升时间为 100 ps 的全耦合仿真波形相比较,如图 4.27(a)与图 4.27(b)所示。由图可见,结果是相吻合的。

例 4.5 对于例 4.4 中的传输线对,当线路 1 的输入为 1 V,上升时间为 100 ps 时,计算线路 2 的串扰噪声。

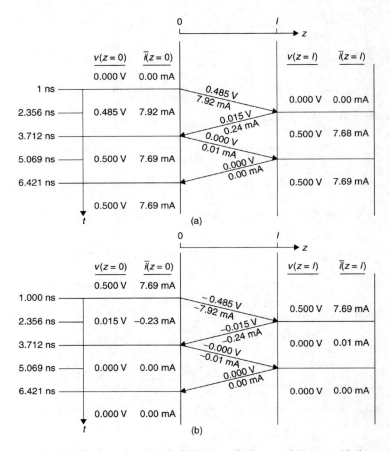

图 4.26　例 4.4 中的线路电压 – 电流点阵图。(a)线路 1(上升沿);(b)线路 2(下降沿)

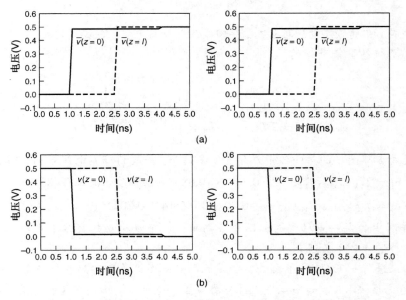

图 4.27　例 4.4 中奇模式瞬时波形比较。(a)线路 1(由低到高的瞬间);
(b)线路 2(由低到高的瞬间)。左图,模态分析;右图,耦合仿真

解 对于求解由有源线路到安静线路的耦合问题,我们需要对两种模式(奇与偶)都进行模态分析。要计算模态电压,首先要知道电压输入。本例中,线路 1 的输入为 1 V,线路 2 为 0 V。因此,输入电压矩阵为

$$v_{\text{in}} = \begin{bmatrix} 1 \\ 0 \end{bmatrix}$$

利用例 4.4 所得的矩阵 T_v 求解式(4.65)可得模态电压

$$v_m = \begin{bmatrix} 0.707 & 0.707 \\ -0.707 & 0.707 \end{bmatrix}^{-1} \begin{bmatrix} -1 \\ 1 \end{bmatrix} = \begin{bmatrix} v_{\text{odd}} \\ v_{\text{even}} \end{bmatrix} = \begin{bmatrix} 0.707 \\ 0.707 \end{bmatrix}$$

这里的奇模式与偶模式中都存在电压传播。表 4.2 为奇模式、偶模式以及安静线路的模态电压与线路电压之间的关系一览。

线路 1 翻转时,线路 2 保持为低,模态电压为

$$v_m = \begin{bmatrix} 0.707 \\ 0.707 \end{bmatrix}$$

表 4.2　例 4.5 所示的耦合 PCB 传输线的模态电压

情形	线路 1	线路 2	v_{in} (V)	v_m (V)
偶模式	低→高	低→高	$\begin{bmatrix} 1 \\ 1 \end{bmatrix}$	$\begin{bmatrix} 0.707 & 0.707 \\ -0.707 & 0.707 \end{bmatrix}^{-1} \begin{bmatrix} 1 \\ 1 \end{bmatrix} = \begin{bmatrix} 0 \\ 1.414 \end{bmatrix}$
奇模式	低→高	高→低	$\begin{bmatrix} 1 \\ -1 \end{bmatrix}$	$\begin{bmatrix} 0.707 & 0.707 \\ -0.707 & 0.707 \end{bmatrix}^{-1} \begin{bmatrix} -1 \\ 1 \end{bmatrix} = \begin{bmatrix} 1.414 \\ 0 \end{bmatrix}$
安静	低→高	低→低	$\begin{bmatrix} 1 \\ 0 \end{bmatrix}$	$\begin{bmatrix} 0.707 & 0.707 \\ -0.707 & 0.707 \end{bmatrix}^{-1} \begin{bmatrix} 1 \\ 0 \end{bmatrix} = \begin{bmatrix} 0.707 \\ 0.707 \end{bmatrix}$

首先计算奇模式和偶模式的传输延时:

$$t_{d,\text{even}} = \frac{l}{v_{pm,\text{even}}} = \frac{0.2794 \text{ m}}{1.756 \times 10^8 \text{ m/s}} = 1.446 \text{ ns}$$

$$t_{d,\text{odd}} = \frac{l}{v_{pm,\text{odd}}} = \frac{0.2794 \text{ m}}{1.873 \times 10^8 \text{ m/s}} = 1.356 \text{ ns}$$

接下来计算每一种模式下加载到线路上的电压与电流:

$$v_{\text{even}}(t=1, z=0) = v_{m,\text{even}} \frac{Z_{m,\text{even}}}{Z_{m,\text{even}} + R_s} = (0.707) \frac{68.74 \text{ }\Omega}{68.74 \text{ }\Omega + 65 \text{ }\Omega} = 0.363 \text{ V}$$

$$i_{\text{even}}(t=1, z=0) = \frac{v_{\text{even}}(t=1, z=0)}{Z_{m,\text{even}}} = \frac{0.363 \text{ V}}{68.74 \text{ }\Omega} \left(\frac{\text{A}}{\text{V}/\Omega} \right) \left(\frac{\text{mA}}{\text{A}} \right) = 5.29 \text{ mA}$$

$$v_{\text{odd}}(t=1, z=0) = v_{m,\text{odd}} \frac{Z_{m,\text{odd}}}{Z_{m,\text{odd}} + R_s} = (0.707) \frac{61.25 \text{ }\Omega}{61.25 \text{ }\Omega + 65 \text{ }\Omega} = 0.343 \text{ V}$$

$$i_{\text{odd}}(t=1, z=0) = \frac{v_{\text{odd}}(t=1, z=0)}{Z_{m,\text{odd}}} = \frac{0.343 \text{ V}}{61.25 \text{ }\Omega} \left(\frac{\text{A}}{\text{V}/\Omega} \right) \left(\frac{\text{mA}}{\text{A}} \right) = 5.60 \text{ mA}$$

同样需要知道每一种模式下的最终电压:

$$v_{\text{even}}(t=\infty) = v_{m,\text{even}} \frac{R_T}{R_T + R_S} = (0.707) \frac{65 \text{ }\Omega}{65 \text{ }\Omega + 65 \text{ }\Omega} = 0.354 \text{ V}$$

$$v_{\text{odd}}(t=\infty) = v_{m,\text{odd}} \frac{R_T}{R_T + R_S} = (0.707) \frac{65 \text{ }\Omega}{65 \text{ }\Omega + 65 \text{ }\Omega} = 0.354 \text{ V}$$

$$i_{\text{even}}(t=\infty) = i_{\text{odd}}(t=\infty) = \frac{0.354\ \text{V}}{65\ \Omega}\left(\frac{\text{A}}{\text{V}/\Omega}\right)\left(\frac{\text{mA}}{\text{A}}\right) = 5.45\ \text{mA}$$

现在我们对每一种模式进行点阵图分析，如图 4.28(a) 与图 4.28(b) 所示。

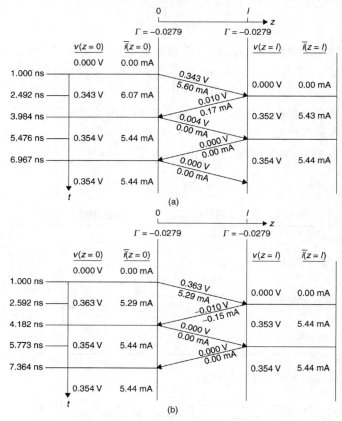

图 4.28　例 4.5 中耦合到静态线的点阵图。(a) 奇模式；(b) 偶模式

最后，将奇模式与偶模式的点阵图中的模态电压转换为线路电压，同时将两种模式传输延时差也考虑在内。在转换回线路电压与电流时，利用式 (4.65) 与式 (4.66)，并结合奇模式点阵图所得结果来进行。例如，奇模式点阵图中的第 1 个电压为 0.343 V，而偶模式点阵图中的第 1 个电压为 0.363 V。从而，等效的可观测的线路电压可计算为

$$v_1 = T_{v1}v_{m1} + T_{v2}v_{m2} = (0.707)(0.343) + (0.707)(0.363) = 0.499\ \text{V}$$

$$v_2 = T_{v3}v_{m1} + T_{v4}v_{m2} = (-0.707)(0.343) + (0.707)(0.363) = 0.014\ \text{V}$$

用矩阵形式可以表示为

$$\boldsymbol{v}_{\text{line}} = \begin{bmatrix} v_1 \\ v_2 \end{bmatrix} = \begin{bmatrix} 0.499 \\ 0.014 \end{bmatrix}$$

它相等于图 4.28(a) 与图 4.28(b) 中奇模式与偶模式点阵图的结合，如表 4.3 的第 4 列所示。表中的第 5 行显示的是传输线信号 v_{line}，是用式 (4.65) 由模态电压转换所得。表中包含了构建各线路波形的必要信息。图 4.29 表明，通过模态分析计算出的波形与仿真结果是吻合的，比利用式 (4.60) 至式 (4.64) 进行分析得到的结果更加精确。模态分析不仅能正确预测远端串扰的幅度，也能计算信号的上升时间的衰减，同时还有前向和后向耦合噪声脉冲的波形以及持续时间。

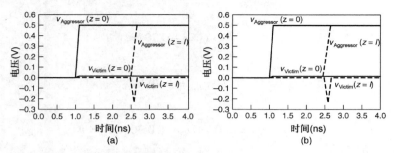

图 4.29 例 4.5 中一对静态耦合线结果对比。(a)模型分析计算;(b)HSPICE W – 元素仿真

通过对图 4.30 的研究,我们还可以得到前向耦合噪声的其他性质。特别地,远端噪声脉冲存在于奇模式信号到达与偶模式信号到达的时间间隔之中。实际上,远端串扰噪声是奇模式与偶模式的传输速度差的函数。图 4.30 说明了本例中的这一效应。图中各模式的线路电压都在线路 2(静态线)的远端计算。

表 4.3 例 4.5 中耦合 PCB 传输线的模态与线路电压

事件	位置	t(ns)	v_m(V)	$v_{\text{line}} = T_V v_m$(V)	注释
波形载入	$z = 0$	1.000	$\begin{bmatrix} 0.000 \\ 0.000 \end{bmatrix}$	$\begin{bmatrix} 0.000 \\ 0.000 \end{bmatrix}$	$t = 0$
	$z = 0$	1.100	$\begin{bmatrix} 0.343 \\ 0.363 \end{bmatrix}$	$\begin{bmatrix} 0.499 \\ 0.014 \end{bmatrix}$	$t = t_r$
奇模式入射波	$z = l$	2.492	$\begin{bmatrix} 0.000 \\ 0.000 \end{bmatrix}$	$\begin{bmatrix} 0.000 \\ 0.000 \end{bmatrix}$	$t = t_{d,\,\text{odd}}$
	$z = l$	2.592	$\begin{bmatrix} 0.352 \\ 0.000 \end{bmatrix}$	$\begin{bmatrix} 0.249 \\ -0.249 \end{bmatrix}$	$t = t_{d,\,\text{odd}} + t_r$
偶模式入射波	$z = l$	2.592	$\begin{bmatrix} 0.352 \\ 0.000 \end{bmatrix}$	$\begin{bmatrix} 0.249 \\ -0.249 \end{bmatrix}$	$t = t_{d,\,\text{even}}$
	$z = l$	2.692	$\begin{bmatrix} 0.352 \\ 0.353 \end{bmatrix}$	$\begin{bmatrix} 0.499 \\ -0.0007 \end{bmatrix}$	$t = t_{d,\,\text{even}} + t_r$
奇模式第一个反射	$z = 0$	3.984	$\begin{bmatrix} 0.343 \\ 0.363 \end{bmatrix}$	$\begin{bmatrix} 0.499 \\ 0.014 \end{bmatrix}$	$t = 2t_{d,\,\text{odd}}$
	$z = 0$	4.084	$\begin{bmatrix} 0.354 \\ 0.363 \end{bmatrix}$	$\begin{bmatrix} 0.507 \\ 0.006 \end{bmatrix}$	$t = 2t_{d,\,\text{odd}} + t_r$
偶模式第一反射	$z = 0$	4.182	$\begin{bmatrix} 0.354 \\ 0.363 \end{bmatrix}$	$\begin{bmatrix} 0.507 \\ 0.006 \end{bmatrix}$	$t = 2t_{d,\,\text{even}}$
	$z = 0$	4.282	$\begin{bmatrix} 0.354 \\ 0.354 \end{bmatrix}$	$\begin{bmatrix} 0.499 \\ 0.000 \end{bmatrix}$	$t = 2t_{d,\,\text{even}} + t_r$
奇模式第二反射	$z = l$	5.476	$\begin{bmatrix} 0.352 \\ 0.353 \end{bmatrix}$	$\begin{bmatrix} 0.499 \\ -0.0007 \end{bmatrix}$	$t = 3t_{d,\,\text{odd}}$
	$z = l$	5.576	$\begin{bmatrix} 0.354 \\ 0.353 \end{bmatrix}$	$\begin{bmatrix} 0.500 \\ -0.0007 \end{bmatrix}$	$t = 3t_{d,\,\text{odd}} + t_r$
偶模式第二反射	$z = l$	5.773	$\begin{bmatrix} 0.354 \\ 0.353 \end{bmatrix}$	$\begin{bmatrix} 0.500 \\ -0.0007 \end{bmatrix}$	$t = 3t_{d,\,\text{even}}$
	$z = l$	5.873	$\begin{bmatrix} 0.354 \\ 0.354 \end{bmatrix}$	$\begin{bmatrix} 0.501 \\ 0.000 \end{bmatrix}$	$t = 3t_{d,\,\text{even}} + t_r$

奇模式部分：

$$v_{\text{odd}} = T_{v3}v_{m1} = -0.707v_{m1}$$

偶模式部分：

$$v_{\text{even}} = T_{v4}v_{m2} = 0.707v_{m2}$$

线路 2 的电压：

$$v_2 = T_{v3}v_{m1} + T_{v4}v_{m2} = -0.707v_{m1} + 0.707v_{m2} = v_{\text{even}} + v_{\text{odd}}$$

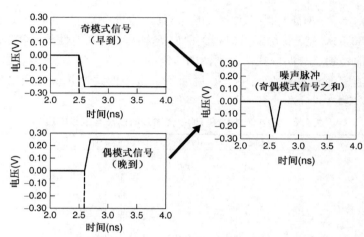

图 4.30　由于奇模式与偶模式的传输速度差而形成的远端串扰

　　在将奇模式与偶模式信号相加以计算可观测的线路电压时，由于两模式信号到达时间不同，模态速度就不一样，从而在远端产生一个噪声脉冲。当上升时间小于奇偶模式传播延迟之差时，我们将在驱动线路的接收端观察到同样的现象，即驱动线路的接收波形中将包含一个突起。我们也可以看到，将串扰描述为奇偶模式传输速度之差的函数，能够正确地预测均匀介质中耦合线远端的零串扰，因为此时奇模式与偶模式的速度是相等的。

　　关于模态分析最后要注意的是，我们知道手工求解特征向量的难度。建议大家尽可能地用计算机工具来求解特征向量。譬如 Mathcad 与 Mathematica 等商业数学工具软件都包含计算特征值与特征向量的工具包。若有兴趣自己开发代码，可参阅 Press et al[1989] 一书。该书提供了完整的文档资料，包含了一些广泛使用的求解较小矩阵的程序，可以用来解决传输线分析的相应问题。

4.4.5　损耗线的模态分析

　　前面集中讨论了无损耦合线的模态分析，其实该方法同样适用于有损线分析。当加入损耗条件后，式(4.65)与式(4.66)仍然适用。不过方程推导应先从损耗耦合线方程[Paul，1994]开始：

$$\frac{\mathrm{d}}{\mathrm{d}x}\begin{bmatrix} \boldsymbol{v}(z) \\ \boldsymbol{i}(z) \end{bmatrix} = \begin{bmatrix} 0 & -\boldsymbol{Z} \\ -\boldsymbol{Y} & 0 \end{bmatrix} \begin{bmatrix} \boldsymbol{v}(z) \\ \boldsymbol{i}(z) \end{bmatrix} \tag{4.85}$$

$$\boldsymbol{Z} = \boldsymbol{R} + \mathrm{j}\omega\boldsymbol{L} \tag{4.86}$$

$$\boldsymbol{Y} = \boldsymbol{G} + \mathrm{j}\omega\boldsymbol{C} \tag{4.87}$$

对于有损耗的情况，本质上是通过 $(R + j\omega L)(G + j\omega C)$ 的乘积来计算特征向量 T_v 与 T_i。回顾前面通过 LC 乘积来计算 T_v 与 T_i 的例子，会发现它相等于 $(R + j\omega L)(G + j\omega C)$ 在 $R = G = 0$ 时的情形。

4.5 串扰最小化

互连系统中，所有的主要部件（例如，PCB、封装、连接器等）都可能产生较大的串扰，从而对系统性能造成损伤。所以，本节将介绍一些减少串扰的指导方针。通常很难做到减小串扰的同时而不影响系统的性能，所以在讨论减少串扰的同时也讨论了性能折中，如表 4.4 所示。特别要注意，在类似于个人台式计算机等对成本要求较高的应用中，印制电路板中层数的增加将极大地增加系统成本。

表 4.4　减小串扰技术及其代价

方法	代价
增加 PCB 与封装线间距 s	布线可能需要 PCB 与封装提供额外层，从而增加成本
减小 PCB 或封装中地线（回路）层与信号层之间的电介质厚度 h，使得传输线与回路层距离上更紧密以减少对邻近信号的耦合	特征阻抗的工作极限将限制最小可选厚度（Z_0 随 h 减小）。可制造的最小电介质厚度也将限制该方法的使用
应用差分信号	布线可能需要 PCB 与封装提供额外层，从而增加成本，因为每个信号需要两条线。同样因为引脚的增加也会使封装、插孔、连接器等的成本增加
PCB 相邻信号层垂直布线	布线可能需要 PCB 与封装提供额外层，从而增加成本，因为限制了信号布线方向可能会降低布线效率
在 PCB 与封装中布线采用带状线或埋式微带线以消除速度变化	PCB 中的带状线至少需要 6 层，参见图 4.31
使 PCB 与封装之间的并行长度最小化	布线可能需要 PCB 与封装提供额外层，从而增加成本，因为限制了信号布线方向可能会降低布线效率
减小信号沿速率	可能会限制最大性能，因为上升与下降时间必须与数据率相一致
在连接器、插座与封装的信号 I/O 引脚中插入电源/地引脚	增加引脚而使成本增加

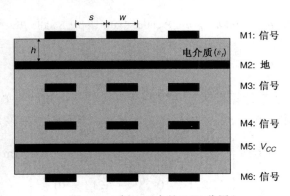

图 4.31　例 4.6 中的 PCB 分层

　　另一个有时会用到的技术叫做信号之间的防护线布局。这些线路通过在板中的通孔连接到地线回路。运用这一技术设计时需要非常小心谨慎以在达到减小串扰的要求。线路的电感将会在离到地通孔较大距离的地方产生电位差。当线路离到地通孔较远时，防护线将分散耦合能量，从而阻止这一现象的发生。所以，防护线必须多处与地线层连接。然而，由于通孔之间的允许间距与信号的频率分量成反比，这一技术不适用于数 Gb/s 的数据率的设计。

4.6　小结

　　本章主要阐述了数字系统中引起串扰的耦合机制。耦合噪声的 SLEM 建模方法及其公式提供了分析串扰对高速系统影响的一阶工程估计的方法，同时模态分解也提供了一种不需耦合仿真的更精确的分析方法。减少串扰的指导方针为设计者提供了控制耦合噪声的工具箱。

参考文献

　　除了本文所引用的参考文献之外，读者也可以参考其他文献来了解关于串扰的研究背景。以下书目尤其值得关注，Paul[1994]的一本书被认为是分析耦合传输线的经典教材；Bakoglu[1990]以及 Poon[2002]的书中同样有关于串扰的全面讨论。对于模态分解的进一步了解，可以参考 Young[2001]的书。

Bakoglu, H. Brian, 1990, *Circuits, Interconnections, and Packaging for VLSI*, Addison-Wesley, Reading, MA.

Djordjevic, Antonije, Miodrag Bazdar, Tapan Sarkar, and Roger Harrington, 1999, *LINPAR for Windows: Matrix Parameters for Multiconductor Transmission Lines, Software and User's Manual, Version 2.0*, Artech House, Norwood, MA.

Hall, Stephen, Garrett Hall, and James McCall, 2000, *High Speed Digital System Design*, Wiley-Interscience, New York.

O'Neil, P., 1983, *Advanced Engineering Mathematics*, Wadsworth, Belmont, CA.

Paul, Clayton, 1994, *Analysis of Multiconductor Transmission Lines*, Wiley-Interscience, New York.

Poon, Ron, 1995, *Computer Circuits Electrical Design*, Prentice Hall, Upper Saddle River, NJ.

Press, William, Saul Teukolsky, William Vetterling, and Brian Flannery, 2002, *Numerical Recipes in C++: The Art of Scientific Computing*, 2nd ed., Cambridge University Press, Cambridge, UK.

Seraphim, Don, Ron Lasky, and Che-Yu Li, eds., 1989, *Principles of Electronic Packaging*, McGraw-Hill, New York.

Young, Brian, 2001, *Digital Signal Integrity*, Prentice Hall, Upper Saddle River, NJ.

习题

4.1　利用 SLEM 方法来计算耦合带状线的奇模式与偶模式的有效阻抗与传输速度，其电容与电感矩阵如下。估计串扰在 0.5 m 耦合长度时对传输延迟的影响。

$$L = \begin{bmatrix} 3.480 \times 10^{-7} & 1.951 \times 10^{-8} \\ 1.951 \times 10^{-8} & 3.480 \times 10^{-7} \end{bmatrix} \quad H/m$$

$$C = \begin{bmatrix} 1.271 \times 10^{-10} & -7.213 \times 10^{-12} \\ -7.213 \times 10^{-12} & 1.271 \times 10^{-10} \end{bmatrix} \quad F/m$$

4.2　对于习题 4.1 中的耦合带状线，计算孤立翻转时它的近端与远端噪声，并将结果与仿真结果相比较。仿真时每条线的两端端接着与计算的特征阻抗匹配的终端匹配。

4.3 利用 SLEM 方法计算耦合带状线的有效阻抗与传输速度，其电感与电容矩阵如下，其中三条线都向同一方向翻转。比较在 0.5 m 耦合长度的传输延迟与只有中间线路翻转时的传输延迟。

$$L = \begin{bmatrix} 3.480 \times 10^{-7} & 5.268 \times 10^{-8} & 1.687 \times 10^{-8} \\ 5.268 \times 10^{-8} & 3.461 \times 10^{-7} & 5.268 \times 10^{-8} \\ 1.687 \times 10^{-8} & 5.268 \times 10^{-8} & 3.480 \times 10^{-7} \end{bmatrix} \quad \text{H/m}$$

$$C = \begin{bmatrix} 1.087 \times 10^{-10} & -1.172 \times 10^{-11} & -7.918 \times 10^{-11} \\ -1.172 \times 10^{-11} & 1.105 \times 10^{-10} & -1.172 \times 10^{-11} \\ -7.918 \times 10^{-11} & -1.172 \times 10^{-11} & 1.087 \times 10^{-10} \end{bmatrix} \quad \text{F/m}$$

4.4 估计习题 4.3 的中间线路的串扰脉冲幅度与宽度，其他两条线路由低到高翻转。假设每条线路两端都有终端与特征阻抗匹配。将结果与全耦合仿真相比较。

4.5 对于两条耦合线路的情形，若近端无端接匹配，在远端接匹配终端，画出其远端串扰脉冲。

4.6 用下面的电感与电容矩阵求解线路 1 和线路 2 的翻转情况，线路 3 的波形如图 4.32 所示。

$$L = \begin{bmatrix} 3.544 \times 10^{-7} & 1.914 \times 10^{-8} & 5.161 \times 10^{-9} \\ 1.914 \times 10^{-8} & 3.826 \times 10^{-7} & 1.914 \times 10^{-8} \\ 5.161 \times 10^{-9} & 1.914 \times 10^{-8} & 3.544 \times 10^{-7} \end{bmatrix} \quad \text{H/m}$$

$$C = \begin{bmatrix} 8.266 \times 10^{-11} & -1.108 \times 10^{-11} & -2.354 \times 10^{-11} \\ -1.108 \times 10^{-11} & 1.001 \times 10^{-10} & -1.108 \times 10^{-11} \\ -2.354 \times 10^{-11} & -1.108 \times 10^{-11} & 8.266 \times 10^{-11} \end{bmatrix} \quad \text{F/m}$$

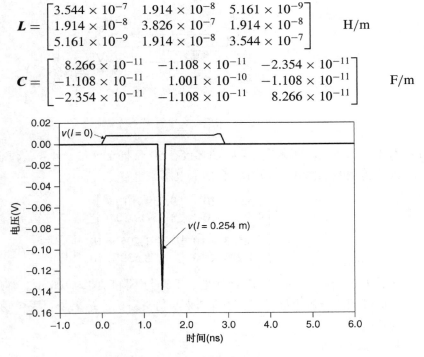

图 4.32 习题 4.6 的瞬时响应

4.7 利用习题 4.6 中的电感与电容矩阵求出线路 1 与线路 3 的翻转情况，线路 2 的波形如图 4.33 所示。

4.8 图 4.34 中电路的传输线中的电感与电容矩阵与习题 4.1 相同。本题中，线路 1 在 $z = 0$ 处有上升沿的翻转；同时，线路 2 在线路的另一端 $(z = l)$ 有下降沿的翻转。对于 0.254 m 的耦合长度，计算线路 1 在接收端 $(z = l)$ 的波形，并将结果与全耦合仿真对比。

4.9　证明耦合对在均匀介质中没有前向串扰噪声。

4.10　对于一个两线传输线系统，利用模态分析求出其应用 π 网络时要确定奇模式与偶模式所需的电阻值。

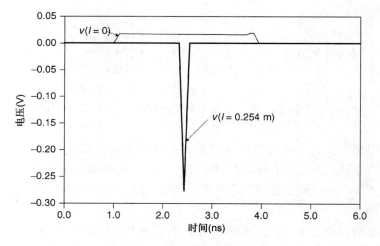

图 4.33　习题 4.7 的瞬时响应

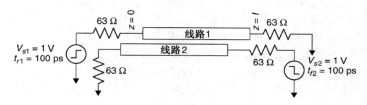

图 4.34　习题 4.8 中的耦合线系统

4.11　对于习题 4.1 的两条线，若各端都接有 50 Ω 匹配终端，计算其模态反射系数。

4.12　PCB 传输线如图 4.35 所示，有如下电感与电容：

$$\boldsymbol{L} = \begin{bmatrix} 3.537 \times 10^{-7} & 9.559 \times 10^{-8} \\ 9.559 \times 10^{-8} & 3.537 \times 10^{-7} \end{bmatrix} \quad \text{H/m}$$

$$\boldsymbol{C} = \begin{bmatrix} 8.533 \times 10^{-11} & -1.205 \times 10^{-11} \\ -1.205 \times 10^{-11} & 8.533 \times 10^{-11} \end{bmatrix} \quad \text{F/m}$$

线长为 0.254 m 并且以 65 Ω 接地。上升与下降时间为 100 ps。利用 4.3.2 节中的近似模型来分析串扰噪声，并将结果与仿真对比。结果是否完全吻合？如果不是，为什么？

4.13　利用模态分析：

（a）计算习题 4.3 中 3 条耦合线情况的模态阻抗与速度。

（b）对 0.5 m 耦合长度进行仿真并将结果与利用 SLEM 方法分析的结果进行对比。

4.14　对于图 4.17 所示的电路，推导其前向以及后向串扰幅度，其中受害线路在近端开路。

4.15　利用模态分析求出图 4.22 所示的有端接的耦合对的近端与远端串扰幅度的表达式。

4.16 课题:开发一种工具(MATLAB，C++等)来演示对于任意条耦合线的模态分析，用电感与电容矩阵作为输入。

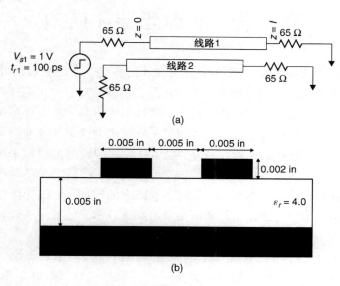

图 4.35　习题 4.12 中的 PCB 传输线对。(a)原理图；(b)横截面

第 5 章　非理想导体模型

随着数字系统的演变以及技术向更小更快设计的推进，物理平台的几何尺寸一直在缩小。更小的尺寸以及更高的数据传输率要求使用适当的技术对频变电阻损耗和频变电感进行建模。若缺乏预测这些数值的正确模型，将无法进行基于仿真的数吉比特每秒数据率的总线的设计。例如，频变电阻损耗将会减小信号幅度，减缓边沿速率等，进而又分别影响了电压与时序裕度，从而影响了总线的性能。另外，也需要建立频变电感模型来保证系统满足因果性，这些将在第 8 章以及附录 E 中讨论。以前，可以利用一些较简单的导体模型来进行数字设计，因为当时带宽要求很低。然而，随着数字数据率的增加，传统导体模型的假设以及近似就不再适用。因此，信号完整性工程师需要学习新的技术来处理过去设计中曾经不是很重要的变量。

到目前为止，本书已经涵盖了信号完整性工程师所需的电磁场理论、传输线基本原理，以及串扰等内容。前文中，我们都假设导体都具有无限导电性，而电介质都是理想绝缘体。本章将介绍一种建模方法来合理估算导体的电性能，用以设计印制电路板上的传输线、多芯片组件以及芯片封装。首先，将利用经典电磁学理论来推导具有有限电导率的平滑导体中的电阻和电感的频变特征。之后，将介绍三种建模方法，来对粗糙铜质传输线的电参数的影响进行建模。对电流流过粗糙表面的方式的详细分析，将有助于从物理角度来理解粗糙表面损耗的机理。最后，将介绍一种针对实际导体的新的传输线模型，以及可用来计算实际导体损耗的改进电报方程。

5.1　信号在无边界导电介质中传播

在 2.3 节中我们已经讨论了关于均匀平面波在无损介质中传播的问题，研究了材料特性 μ 和 ε 的影响。在第 3 章中我们阐述了限制在传输线的物理尺寸时波是如何传播的，对于这一问题的讨论也是理想化的，因为我们假设了电介质为理想绝缘体而导体具有无限电导率。为了推导实际传输线中波的传播方程，首先必须理解电磁波在无边界导体中是如何传播的。

5.1.1　导电介质的传播常数

推导电磁波在导体或者损耗介质中传播的方程前，我们先回顾一下第 2 章中提到的麦克斯韦(Maxwell)微分方程的无损形式，之后进行适当的修改使它适用于有损耗的情形。首先，来回顾一下 Maxwell 方程的时谐形式 [参见式(2.33)至式(2.36)]：

$$\nabla \times \boldsymbol{E} + \mathrm{j}\omega \boldsymbol{B} = 0$$
$$\nabla \times \boldsymbol{H} = \boldsymbol{J} + \mathrm{j}\omega \boldsymbol{D}$$
$$\nabla \cdot \boldsymbol{D} = \rho$$
$$\nabla \cdot \boldsymbol{B} = 0$$

其中，$\boldsymbol{J} = \sigma \boldsymbol{E}$，$\boldsymbol{D} = \varepsilon \boldsymbol{E}$，$\boldsymbol{B} = \mu \boldsymbol{H}$ 是根据式(2.6)至式(2.9)推导出来的。

将电流密度替换为 $\sigma\boldsymbol{E}$ 和 $\boldsymbol{D} = \varepsilon\boldsymbol{E}$，安培定律式 (2.34) 可以化简为

$$\nabla \times \boldsymbol{H} = \sigma\boldsymbol{E} + \mathrm{j}\omega\varepsilon\boldsymbol{E} = \mathrm{j}\omega\left(\frac{\sigma}{\mathrm{j}\omega} + \varepsilon\right)\boldsymbol{E} = \mathrm{j}\omega\left(\varepsilon - \mathrm{j}\frac{\sigma}{\omega}\right)\boldsymbol{E} \tag{5.1}$$

通过对比安培定律在无损介质中 $(\nabla \times \boldsymbol{H} = \mathrm{j}\omega\varepsilon\boldsymbol{E})$ 的解，可以用类似的方法定义导电介质或损耗介质的复介电常数：

$$\varepsilon = \varepsilon - \mathrm{j}\frac{\sigma}{\omega} = \varepsilon' - \mathrm{j}\varepsilon'' \tag{5.2}$$

其中实数部分是第 2 章与第 3 章 $(\varepsilon' = \varepsilon_0\varepsilon_r)$ 中讨论的介电常数，复数部分为波传播过程中介质的损耗。σ 为材料的电导率，其值对于金属非常高，而对于绝缘体很低。如果将式 (5.2) 代入 2.3.4 节中得到的电场的时谐解：

$$E_x(z, t) = E_x^+ \mathrm{e}^{-\gamma z} + E_x^- \mathrm{e}^{\gamma z}$$

那么就可以得到对于有损耗介质的复传播常数。对于 2.3.4 节中得到的平面波，其复传播常数为：

$$\gamma = \alpha + \mathrm{j}\beta$$

在第 2 章曾详细讨论过，如果波在无损介质 $(\alpha = 0)$ 中传播，式 (2.42) 解可以化简为：

$$\mathrm{j}\beta = \omega\sqrt{\mu\varepsilon} \qquad \mathrm{rad/m} \tag{5.3}$$

其中 $\varepsilon = \varepsilon_r\varepsilon_0$，$\mu = \mu_r\mu_0$。将复介电常数式 (5.2) 代入式 (5.3) 就得到电磁波在导电介质中传播的复传播常数：

$$\gamma = \omega\sqrt{\mu\left(\varepsilon' - \mathrm{j}\frac{\sigma}{\omega}\right)} \tag{5.4}$$

将式 (5.4) 与式 (2.42) 取等并分为实部和虚部，就得到了电磁波在电导率为 σ 的导电介质中传播时的衰减常数 α 与相位常数 β 的一般形式：

$$\alpha = \frac{\omega\sqrt{\mu\varepsilon'}}{\sqrt{2}}\left[\sqrt{1 + \left(\frac{\sigma}{\varepsilon'\omega}\right)^2} - 1\right]^{1/2} \qquad \mathrm{Np/m} \tag{5.5}$$

$$\beta = \frac{\omega\sqrt{\mu\varepsilon'}}{\sqrt{2}}\left[\sqrt{1 + \left(\frac{\sigma}{\varepsilon'\omega}\right)^2} + 1\right]^{1/2} \qquad \mathrm{rad/m} \tag{5.6}$$

实际上对于所有实际数字设计都有 $\mu = \mu_0$，因为一般的导体都是铜质的，没有磁性。α 与 β 的单位均为 $1/\mathrm{m}$；不过，我们在波动方程中用无量纲形式奈培（Np）与弧度（rad）分别作为衰减与相位的单位。

5.1.2　趋肤深度

如 2.3.4 节所述，α 为衰减常数，可以用来修正在 z 方向传播的波，其描述为

$$E(z, t) = \mathrm{Re}\left(E_x^+ \mathrm{e}^{-\gamma z}\mathrm{e}^{\mathrm{j}\omega t}\right) = \mathrm{Re}\left(E_x^+ \mathrm{e}^{-\alpha z}\mathrm{e}^{-\mathrm{j}\beta z}\mathrm{e}^{\mathrm{j}\omega t}\right)$$
$$= \mathrm{e}^{-\alpha z}E_x^+ \cos(\omega t - \beta z)$$

因子 $\mathrm{e}^{-\alpha z}$ 为波在 $+z$ 方向上传播的波衰减。波在导电区域的衰减由 $1 + (\sigma/\varepsilon'\omega)^2$ 控制，如式 (5.5) 所示。随着介质电导率的增加，衰减常数也变大，波衰减随着距离与时间增加。因

此，对于铜之类的良导体，波的衰减非常快。对于这种随着电磁波在导体中传播时的衰减，我们用趋肤深度来衡量。趋肤深度，用 δ 表示，简单理解就是波衰减因子指数次数 $-\alpha z$ 为 -1 时波的渗透距离（$\mathrm{e}^{-\alpha z} = \mathrm{e}^{-1}$）。因此趋肤深度就可用米（m）为单位：

$$\delta = \frac{1}{\alpha} \tag{5.7}$$

因为不能再忽略安培定律式（2.34）中的项 $\boldsymbol{J} = \sigma \boldsymbol{E}$，电流密度 $\boldsymbol{J}$ 就必须伴随传导区域的电场 $\boldsymbol{E}$：

$$J_x^+(z, t) = \mathrm{e}^{-\alpha z} \sigma E_x^+ \cos(\omega t - \beta z) \tag{5.8}$$

因此，在一个趋肤深度（$1/\alpha$）渗透距离处，场强度与电流密度衰减了 e^{-1} 倍，或者是近似为 36.7%，也就是说，在距离导体表面为 δ 处存在接近 63.6% 的电流密度。注意到对于理想导体，电导率 σ 为无穷大，所以 α 也是无穷大。如果 α 为无穷大，那么由式（5.7）得到 δ 必须为无穷小。因此，对于理想导体，电流只在表面流动并且波不能穿透导体。图 5.1 展示了电流密度随着波在导电介质中的传播而衰减的情形。我们注意到虽然电流密度的幅度是摆动的，但仍被趋肤深度的指数衰减的包络所包含。

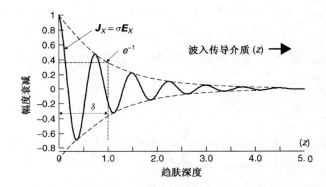

图 5.1　对于平面波在导体区域传播时伴随着电流密度的幅度衰减的渗透深度 δ

如果将良导体定义为 $\sigma / \varepsilon \omega \gg 1$，式（5.5）可简化为

$$\alpha = \sqrt{\frac{\omega \mu \sigma}{2}} \tag{5.9}$$

因此，对于电导率为 σ 的金属，其在一个频率（$\omega = 2\pi f$）的趋肤深度可由式（5.10）给出，其单位为米（m）：

$$\delta = \frac{1}{\alpha} = \sqrt{\frac{2}{\omega \mu \sigma}} \tag{5.10}$$

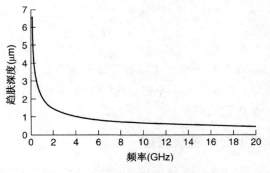

图 5.2　铜的趋肤深度 δ 为频率的函数

图 5.2 显示了铜的趋肤深度的幅度为频率的函数。我们注意到即使是在 1 GHz 的频率下，其趋肤深度仅仅为 2 μm，这就意味着大多数的电流在一个非常小的区域流动。

5.2　传输线的经典导体模型

经典导体模型是基于理想平滑表面的假设而建立的。高速数字设计中，用以构建印制电路板（PCB）、封装，以及多片模块的导体，虽然很少是平滑的，但对于经典传输线损耗的研究能提供必要的理论基础，以帮助我们获得与实际导体的频变特性物理上相一致的模型。实际上，导体在生产过程中总是会人为地将其表面粗糙化以增强对电介质层的黏着力。一般传输线导体的电阻损耗可以分为两种情况：低频或者直流，以及高频或者交流。首先，我们来推导直流损耗，然后将得到的公式修正为包含高频交流电阻频变效应的情形。

5.2.1　导体的直流损耗

直流损耗一般在小尺寸导体、非常长的线，以及多负载（也可认为是多支路）总线中受到更多的关注。例如对于长通信线路，由于信号的衰减，每隔几英里[1]就必须要有中继站来完成数据接收和发送。另外，在设计长总线的多核计算机系统时其总线阻值的下降可能会影响逻辑门限电平并且减少噪声裕度。

传输线的直流损耗主要取决于两个因素：金属的电导率，以及有电流流过的导体的横截面积。图 5.3 展示了当有直流流过时传输线中电流的分布情况。传统意义上，直流电阻定义为其在 0 Hz 时的大小。不过，本章将假设所有的趋肤深度大于导体厚度 t 的频率都是直流，这使流过信号导体横截面积的电流密度几近均匀。

直流电流将尽可能地分散开，并流过导体的整个横截面，对应的电阻损耗为

$$R_{dc} = \frac{l}{\sigma A_{\text{cross section}}} = \frac{l}{\sigma wt} \quad \Omega \quad (5.11)$$

图 5.3　直流条件下微带线中的电流分布

其中，l 为信号导线的长度，w 为宽度，t 为厚度，σ 为金属的电导率。可以看到式（5.11）中忽略了参考平面上的电流回路的直流损耗。这样的近似是完全可取的，因为在直流下，电流会在整个平面扩散并流过，而参考平面幅度比信号导线大了若干数量级。因此，电流回路的横截面积要大得多，对应阻值极小。

5.2.2　导体中的频变电阻

将式（5.11）进行扩展，就可以得到传输线的频变电阻的近似值。在其他书籍中，频变电阻也被称为交流电阻，或者是趋肤效应电阻。在低频时，交流电阻就等同于直流电阻，因为趋肤深度要大于导体的厚度。在频率增加还没有使趋肤深度小于导体厚度之前，交流电阻都等同于直流电阻。

微带导体损耗（平滑导体）　图 5.4 描述了高频下的微带线中的电流分布情况。我们注意到电流分布主要集中在传输线的底部边沿。这是因为信号线与地平面之间的场将电荷拉至底部边沿，而趋肤深度远小于导体厚度。我们同样注意到，电流密度在导体的拐角处更大。

---

① 　1 英里 =1.609 km——编者注。

这是因为电荷密度在尖锐边沿有显著的增加，沿着导体的电流密度也以同样的方式变化，我们在 3.4.4 节和 3.4.5 节曾讨论过。并且，在导体的厚度方向（t 方向如图 5.4 所示）上仍然有可观的场分布。

随着频率的增加，趋肤效应会使电流流过的横截面积减小。因此，导体中的频变损耗就可以利用直流电阻公式来逼近，其中设 $t = \delta$：

$$R_{\mathrm{ac}} = \frac{l}{\sigma w \delta} = \frac{l}{\sigma w \sqrt{2/\omega \mu \sigma}} = \frac{l}{w} \sqrt{\frac{\pi \mu f}{\sigma}} \quad \Omega \qquad (5.12)$$

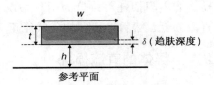

要注意这一近似只在趋肤深度小于导体厚度时成立。可以看到，交流电阻的大小正比于频率 f 的平方根，而反比于电导率 σ 的平方根。

式（5.12）假设所有的电流都在一个趋肤深度下流过，这是不正确的。5.1.2 节定义的趋肤深度表明，在这一深度下只包含大概 63% 的电流密度。要检验式（5.12）是否有效，可以从 $z = 0\delta$ 到 $z = \infty \delta$ 对

图 5.4　有理想参考平面的微带线高频时的电流分布，其中趋肤深度 δ 小于厚度 t

$\mathrm{e}^{-\alpha z}$ 积分来计算指数衰减的有效面积，并将其与所有电流都限定在同一趋肤深度下的结果比较。由图 5.5 可以很直观地看到它们的区别。该图给出了用趋肤深度表示的传导介质中的渗透深度与总电流密度相对照的曲线。假设在一个趋肤深度下流过的电流为 100%，那么弧线下的区域就是 $J\delta = 1$，其中 J 为电流密度，而 δ 为趋肤深度。对 $\mathrm{e}^{-\alpha z}$ 从 $z = 0\delta$ 到 $z = \infty \delta$ 积分，我们同样得到弧线下的区域 $J\delta$：

$$J \int_{z=0\delta}^{z=\infty\delta} \mathrm{e}^{-\alpha z} \, \mathrm{d}z = \frac{J}{\alpha} = J\delta$$

因为每一段弧线下的有效面积都是相同的，所以就可以近似地认为所有的电流流过的区域都是受限于导体宽度以及一个趋肤深度。本节接下来将介绍更多的精确计算损耗的方法。

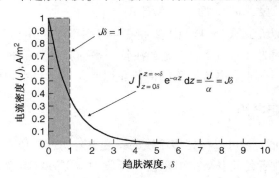

图 5.5　如果所有的电流近似流过一个趋肤深度，那么弧线下的总面积则为其实际行为特征，其中电流密度随着趋肤深度呈指数衰减

图 5.6 画出了传输线在很宽一段频率范围内的总电阻。可以看到在频率使得趋肤深度小于导体厚度之前，阻值的大小仍然会与其直流值近似相等，而之后，交流电阻开始起作用，并随着 $\sqrt{f}$ 而成正比增加。要注意的是，图 5.6 中的不连续点是人为绘制的，具有指导作用。实际上，电流并不局限于一个趋肤深度，因此从 R_{dc} 到 R_{ac} 的转变是渐变的而不是不连续的。这里的不连续一般不会对仿真波形产生不好的影响；不过，若希望用更平滑的曲线来得到更

实际的电路行为，可以使用和方根函数：

$$R_{\text{total}} \approx \sqrt{R_{\text{dc}}^2 + R_{\text{ac}}^2} \tag{5.13}$$

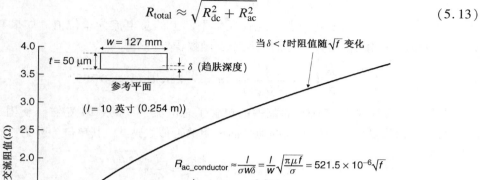

图 5.6 理想参考平面下的微带传输线的频变电阻

然而，信号导体的电阻仅仅是交流电阻的一部分。式（5.12）中没有包含参考平面的回流电流产生的阻抗。回流电流会在信号线底部的参考平面流动，大部分集中在一个趋肤深度，并在与信号方向相垂直方向扩散开来，回流电流在信号导体的正下方有着极高的密度。Collins[1992]利用保角变换法得到了式（5.14），表明了电流密度随着到信号线中央的距离的变化而变化的程度：

$$J(d) \propto \frac{J_0}{1 + (d/h)^2} \tag{5.14}$$

其中，d 为到导体中心的距离，h 为地平面以上的高度，J_0 为总电流密度。图 5.7 为电流密度分布的图形表示。

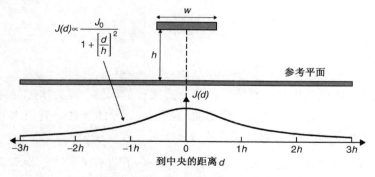

图 5.7 微带线的参考平面上的电流分布

可以用类似于推导信号导体交流电阻的方法来计算地平面电阻值的近似值。首先，假设所有的电流都限定在一个趋肤深度 δ。接下来，需要确定电流流过的有效宽度 w_{eff}。对式（5.14）在 $h = 1$ 情况下从 $-\infty$ 到 $+\infty$ 积分，

$$\int_{-\infty}^{\infty} \frac{1}{1+(d/1)^2} \mathrm{d}d = \arctan(d)|_{-\infty}^{\infty} = \pi$$

从而,可以将(5.14)用 π 进行归一化使无限平面上的总电流为单位值。如果有效宽度是距离导体中心 $\pm 3h$ 附近,对归一化的电流密度函数积分可得,

$$\frac{J_0}{\pi} \int_{-3}^{3} \frac{1}{1+(d/1)^2} \, \mathrm{d}d = \frac{J_0}{\pi} 2\arctan(3) = 0.795 J_0 \tag{5.15}$$

表明在距离信号导线中心 $\pm h$ 的范围内包含了总电流密度的 80% 左右。利用这一近似,即 $w_{\mathrm{eff}} = 6h$,可以推导出微带传输线的地平面电阻的近似表达式,其单位为欧姆:

$$R_{\mathrm{ac,\, ground}} \approx \frac{l}{\sigma w_{\mathrm{eff}} \delta} = \frac{l}{6h} \sqrt{\frac{\pi \mu f}{\sigma}} \tag{5.16}$$

总电阻值为式(5.12)与式(5.16)之和,且单位为欧姆:

$$R_{\mathrm{ac,\, micro}} = \frac{l}{w} \sqrt{\frac{\pi \mu f}{\sigma}} + \frac{l}{6h} \sqrt{\frac{\pi \mu f}{\sigma}} = \sqrt{\frac{\pi \mu f}{\sigma}} \left(\frac{1}{w} + \frac{1}{6h} \right) \tag{5.17}$$

式(5.17)可以看做是微带传输线的交流电阻的一个较好的"概略估计"[Hall et al., 2000]。Collins[1992]利用保角变换得到了一个求解微带线交流电阻的更精确的公式,如式(5.18)方程组所示。这一公式比式(5.17)更烦琐,但是能够得到更精确的结果。

$$R_{\mathrm{trace}} = \mathrm{LR} \left(\frac{1}{\pi} + \frac{1}{\pi^2} \ln \frac{4\pi w}{t} \right) \frac{R_s}{w}$$

其中 LR 为

$$\mathrm{LR} = \begin{cases} 1, & \dfrac{w}{h} \leqslant \dfrac{1}{2} \\[2mm] 0.94 + 0.132\dfrac{w}{h} - 0.0062\left(\dfrac{w}{h}\right)^2, & \dfrac{1}{2} < \dfrac{w}{h} \leqslant 10 \end{cases}$$

$$R_{\mathrm{ground}} = \left(\frac{w/h}{(w/h) + 5.8 + 0.03(h/w)} \right) \frac{R_s}{w}, \qquad \frac{1}{10} \leqslant \frac{w}{h} \leqslant 10 \tag{5.18}$$

其中

$$R_s = \sqrt{\frac{\omega \mu}{2\sigma}}$$

$$R_{\mathrm{ac,\, micro}} = R_{\mathrm{trace}} + R_{\mathrm{ground}}$$

对于实际的微带线,可以利用基于平滑导体的公式来近似求解,因为实际导体表面通常是粗糙的,而当频率增大到使趋肤深度接近粗糙面的幅度时,导体损耗将有极大的增长。我们将在5.3节中介绍表面粗糙引起的额外损耗的计算。

例5.1 某铜质的微带传输线的电导率为 $\sigma = 5.8 \times 10^7 (\Omega \cdot \mathrm{m})^{-1}$,横截面积参数为: $w = 5$ mil, $h = 3$ mil, $t = 2.1$ mil。当计算欧姆损耗必须要考虑交流阻抗时,计算频率的近似值。

解

当频率高到趋肤深度小于导体厚度时,就会存在交流电阻。在这一频点,直流电阻不存在;只有交流(趋肤效应)电阻起作用。我们可以设趋肤深度等于导体厚度来计算这一频率,

趋肤深度利用式(5.10)解得

$$\delta = 2.1 \text{ mil} = \sqrt{\frac{2}{\omega \mu \sigma}}$$

由于 $\omega = 2\pi f$, $\mu = \mu_0 = 12.56 \times 10^{-7}$ H/m, 而 2.1 mil $= 55.3 \times 10^{-6}$ m, 从而有:

$$f = \frac{2}{2\pi \sigma \mu_0 (53.3 \times 10^{-6})} = 1.53 \times 10^6 \text{ Hz}$$

因此, 直流电阻在 1.53 MHz 时不存在, 交流电阻开始随着 $\sqrt{f}$ 而增加。

带状线损耗(平滑导体)　在带状传输线中, 高频信号的电流集中在导体的上下边沿。电流密度取决于与参考平面的距离。如果带状线与两个参考平面等距离, 那么电流将平均分配到导体的上半部分与下半部分, 如图 5.8 所示。若带状传输线偏离两参考平面的正中央, 其上边沿与下边沿的电流密度将取决于地平面与导体之间的相对位置(如图 5.8 中的 h_1 与 h_2 所示)。每一个带状线参考平面的电流密度分布都满足一个与式(5.14)类似的方程, 只是幅度不相同, 而幅度是参考平面与带状线之间的距离(h_1 与 h_2)的函数。因此, 带状线的电阻可以由导线顶部电阻与底部电阻的并联近似得到。带状线上半部分与下半部分的电阻公式将不同的 h 应用到式(5.17)或者式(5.18)来得到。将所得两个阻值并联可得带状线的总电阻值:

$$R_{\text{ac, strip}} = \frac{(R_{(h_1)\text{ac, micro}})(R_{(h_2)\text{ac, micro}})}{R_{(h_1)\text{ac, micro}} + R_{(h_2)\text{ac, micro}}} \tag{5.19}$$

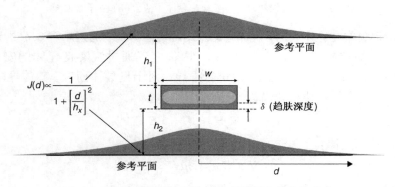

图 5.8　带状线的信号导体与参考平面中的电流分布

5.2.3　频变电感

5.1 节介绍了趋肤效应将高频电流集中在导体边缘的一小部分区域内流动。5.2 节介绍了将其转化为频变电阻的方法。趋肤效应的另一作用就是产生频变电感。为了理解频变电感的概念, 考虑两个电流细丝, 在传输线的差分长度 Δz 下, 将在导体的正下方产生了一个回流环路, 如图 5.9 所示。环路(a)穿过信号导线的中央, 而环路(b)只存在于导体表面。如 2.5.2 节所述, 电感正比于环路面积

$$L_{11} \equiv \frac{\psi_1}{I_1}$$

其中 ψ_1 为磁通量, 取决于环路面积。因此, 环路(a)比环路(b)的电感值更高, 仅仅因为其环更大。在低频下, 趋肤深度大于导体厚度, 大量的电流流过导体内部, 与环路(a)类似。随着

频率的增加，趋肤效应就迫使电流在导体的外沿流动，因此内部电流就会减小，在极高频率下，在环路（a）中几乎就没有电流流过，因为趋肤效应迫使所有的电流在表面流过，使得环路（b）的电感占主要地位。与环路（a）相关的电感，其电流在导体内部流过，我们一般称之为内部电感。与环路（b）相关的电感，其所有的电流在导体表面流过，我们通常称其为外部电感。总电感为内部电感与外部电感的总和：

$$L_{\text{total}} = L_{\text{internal}} + L_{\text{external}} \tag{5.20}$$

随着频率的增加，趋肤效应使得电流在非常靠近表面的地方流过，使得流过导体内部的电流极小。在无限高的频率处，所有的电流都在表面流动，导体内部电流为 0。因此，随着频率的增加，L_{internal} 的作用逐渐减小，L_{total} 将会逐渐靠近 L_{external}。

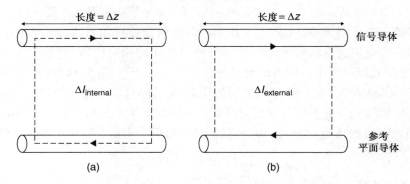

图 5.9 电流细丝环路。（a）在导体中央；（b）在导体表面

若所有电荷都集中在导体表面，外部电感可用准静态方法，通过求解 3.4.2 节、3.4.3 节以及 3.4.6 节中提到的拉普拉斯方程进行计算。内部电感通过观察良导体的安培定律［参见式（2.34）］与法拉第定律［参见式（2.33）］进行推导。对于良导体而言，其传导电流 J 远大于移位电流 $j\omega D$，因此安培定律可化简为

$$\nabla \times \boldsymbol{H} \approx \boldsymbol{J} = \sigma \boldsymbol{E} \tag{5.21}$$

回顾一下法拉第定律：

$$\nabla \times \boldsymbol{E} + j\omega\mu\boldsymbol{H} = 0$$

对式（2.33）求梯度得到以下等式：

$$\nabla \times (\nabla \times \boldsymbol{E}) = -j\omega\mu\nabla \times \boldsymbol{H} \tag{5.22}$$

若忽略自由电荷，且电场源为时变磁场，高斯定理就可以化简为 $\nabla \cdot \varepsilon \boldsymbol{E} = 0$，应用向量恒等式（参见附录 A）可得：

$$\nabla \times (\nabla \times \boldsymbol{\psi}) = \nabla(\nabla \cdot \boldsymbol{\psi}) - \nabla^2 \boldsymbol{\psi}$$

$$\nabla \times (\nabla \times \boldsymbol{E}) = 0 - \nabla^2 \boldsymbol{E} = -j\omega\mu\nabla \times \boldsymbol{H}$$

将公式化简，得到

$$\nabla^2 \boldsymbol{E} = j\omega\mu\nabla \times \boldsymbol{H} \tag{5.23}$$

将式（5.21）的安培定律代入式（5.23），两边再乘以 σ，就可以将式（5.23）用电流密度来表示（因为 $\boldsymbol{J} = \sigma \boldsymbol{E}$）：

$$\nabla^2 \sigma \boldsymbol{E} = j\omega\mu\sigma\sigma\boldsymbol{E} \rightarrow \nabla^2 \boldsymbol{J} = j\omega\mu\sigma\boldsymbol{J} \tag{5.24}$$

式(5.24)即为电流密度的扩散方程。我们可以用类似的方程来描述电场和磁场。假设有一个 z 方向的电流，可以用标准方法求解式(5.24)。

$$\frac{\mathrm{d}^2 \boldsymbol{J}_z}{\mathrm{d}x^2} = \mathrm{j}\omega\mu\sigma \boldsymbol{J}_z$$

$$\left(\frac{\mathrm{d}^2}{\mathrm{d}x^2} - \mathrm{j}\omega\mu\sigma\right)\boldsymbol{J}_z = 0$$

特征方程的根为

$$\pm\frac{\sqrt{-4(-\mathrm{j}\omega\mu\sigma)}}{2} = \pm\left(\sqrt{\frac{\omega\mu\sigma}{2}} + \mathrm{j}\sqrt{\frac{\omega\mu\sigma}{2}}\right) = \pm(1+\mathrm{j})\sqrt{\frac{\omega\mu\sigma}{2}}$$

与式(5.10)相比较可知 $\sqrt{\omega\mu\sigma/2} = 1/\delta$，可以得到电流密度扩散方程的解：

$$\boldsymbol{J}_z = \boldsymbol{J}_0 \mathrm{e}^{-(1+\mathrm{j})x/\delta} \tag{5.25}$$

其中只有负指数为有效解，因为电流密度随着电磁波进入导体而减小。式(5.25)说明电流密度由导体表面向里将会非常迅速地减少，且基本上限制在导体表层约极小倍的趋肤深度内，如图 5.10 所示。

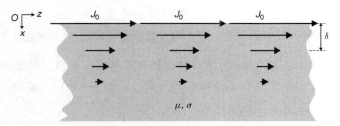

图 5.10 电流扩散进半无限厚传导介质

总电流可以由式(5.25)的积分得到：

$$\boldsymbol{J}_T = \int_0^{\infty} \boldsymbol{J}_0 \mathrm{e}^{-(1+\mathrm{j})x/\delta} \mathrm{d}x = -\frac{1}{2}\boldsymbol{J}_0 \delta(\mathrm{j}-1) \tag{5.26}$$

表面阻抗可以定义为表面电场与总电流密度之比：

$$\boldsymbol{Z}_s = \frac{\boldsymbol{E}_0}{\boldsymbol{J}_T} \tag{5.27}$$

将式(5.26)代入式(5.27)并将电流密度用电导率与电场来表示($\boldsymbol{J}_0 = \sigma\boldsymbol{E}_0$)得到

$$\boldsymbol{Z}_s = \frac{\boldsymbol{E}_0}{-\frac{1}{2}\sigma\boldsymbol{E}_0\delta(\mathrm{j}-1)} = (1+\mathrm{j})\frac{1}{\sigma\delta} \qquad \Omega/\mathrm{m}^2 \tag{5.28}$$

表面阻抗用单位宽度与单位长度的面积表示，所以单位为欧姆/平方米。注意到式(5.28)的实部与式(5.12)很相似，表示由传输线趋肤效应产生的串联阻抗。对于 $l = w$ 的情况，式(5.28)的实部与式(5.12)相等。如果式(5.28)的实部为电阻，那么其虚部一定为电抗(电感的阻抗)。因为电感的阻抗为 $\mathrm{j}\omega L$，式(5.28)就可以表示为一个电阻(趋肤效应产生)和一个电感(内部电感)的串联：

$$Z_s = R_{\mathrm{ac}} + \mathrm{j}\omega L_{\mathrm{internal}} \tag{5.29}$$

因此，内部电感可以直接由交流电阻计算得出：

$$L_{\text{internal}} = \frac{R_{\text{ac}}}{\omega}$$

(5.30)

式(5.30)强调了趋肤效应电阻(交流电阻)与内部电感的重要关系。随着趋肤效应迫使电流流向导体边缘，电阻值将增加；然而，因为电流不再在导体内部流动，其电感就会减小。图5.11同时画出了内部电感与交流电阻随频率变化的曲线。注意到当交流电阻变得很重要时，内部电感就几乎是可忽略的。

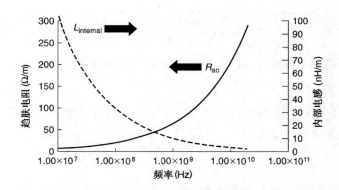

图5.11　对于图5.6所示的铜微带线，趋肤效应随频率变化将改变电阻与内部电感

例5.2　计算一个工作在 2 GHz 的微带传输线的总电感与电阻。微带线用的铜的电导率为 $\sigma = 5.8 \times 10^{7} (\Omega \cdot \text{m})^{-1}$，介电常数为 $\varepsilon_r = 4.0$，横截面尺寸如下：$t = 0.5$ mil, $h = 2$ mil, $w = 3$ mil。

解

步骤1：确定应该用交流电阻还是直流电阻。可以用例5.1所用方法，不过用式(5.10)更容易计算铜在 2 GHz 下的趋肤深度，并与导体厚度 t 比较：

$$\delta = \sqrt{\frac{2}{2\pi f \mu_0 \sigma}} \approx 1.41 \ \mu\text{m}$$

因为 $t = 0.5$ mil $= 12.7 \ \mu\text{m}$，$\delta < t$，所以我们要用交流电阻。

步骤2：利用式(3.36b)计算阻抗与有效介电常数，假设其为理想导体。如果不知道特定的阻抗方程是否包含实际导体的效应，则可以先不使用金属电导率或者磁导率变量，表明其处于无限电导率的假设之下。由式(3.36b)可得，$Z_0 \approx 55 \ \Omega$，$\varepsilon_{\text{eff}} \approx 2.95$。

步骤3：由式(2.52)计算相位速度：

$$v_p = \frac{c}{\sqrt{\mu_r \varepsilon_{\text{eff}}}} = \frac{3 \times 10^8 \ \text{m/s}}{\sqrt{(1) \times (2.95)}} = 1.75 \times 10^8 \ \text{m/s}$$

步骤4：外部电感用式(3.31)与式(3.33)求解。由于式(3.36b)的前提假设为理想导体，此电感即为其外部电感值。

$$v_p = \frac{1}{\sqrt{LC}} = 1.75 \times 10^8 \rightarrow \sqrt{LC} = 5.73 \times 10^{-9} \ \text{s/m}$$

$$\approx 146 \times 10^{-12} \ \text{s/in}$$

$$Z_0 = \sqrt{\frac{L}{C}} = 55 \ \Omega$$

$$L_{\text{external}} = L = \sqrt{\frac{L}{C}} \cdot \sqrt{LC} = 55 \times (146 \times 10^{-12}) = 8.03 \ \text{nH/in}$$

步骤 5：利用式(5.17)计算在 2 GHz 下的交流电阻。注意也可以运用式(5.18)。

$$R_{\text{ac, micro}} = \sqrt{\frac{\pi \mu_0 f}{\sigma}} \left(\frac{1}{w} + \frac{1}{6h} \right)$$

$$= 0.0117 \times \left(\frac{1}{(3 \ \text{mil})(25.4 \times 10^{-6} \ \text{m/mil})} \right.$$

$$\left. + \frac{1}{6 \times (2 \ \text{mil})(25.4 \times 10^{-6} \ \text{m/mil})} \right)$$

$$= 191.3 \ \Omega/\text{m} = 4.86 \ \Omega/\text{in}$$

步骤 6：利用式(5.30)计算外部电感。

$$L_{\text{internal}} = \frac{R_{\text{ac}}}{\omega} = \frac{4.86 \ \Omega/\text{in}}{2\pi(2 \times 10^9 \ \text{Hz})} = 0.387 \ \text{nH/in}$$

步骤 7：利用式(5.20)计算总电感。

$$L_{\text{total}} = L_{\text{internal}} + L_{\text{external}} = 8.03 + 0.387 = 8.42 \ \text{nH/in}$$

5.2.4 平滑导体的功率损耗

在高速数字设计中，对用于制作印制电路板的铜薄片的表面处理，会极大地影响信号在传输线中传播时的功率损耗。本节将研究电磁波与平坦的、光滑的平面接触时的功率损耗。在后续章节中，将探索粗糙导体表面的情况。

首先，假设场在近似良好但非理想的导体中的行为近似地与在理想导体中相同。3.2.1 节已阐明，电场在理想导体终止于导体的法向，而磁场与表面相切。而 5.1.2 节又说明了导体内的场呈指数级衰减，并以趋肤深度 δ 的形式衡量。在高频条件下，式(3.3)中的边界条件对于良导体而言是正确的，薄的过渡层除外。

推导平滑平面损耗的预测公式时，首先假设导体外面只存在电场的法向部分($E_\perp$)与磁场的切向部分($H_\parallel$)，这与理想导体的边界条件相同。根据 Jackson[1999]提出的方法，可以利用麦克斯韦方程来计算过渡层之内的场。

如果切向分量 $H_\parallel$ 存在于表面外侧，在导体表面的内侧将存在同样的 $H_\parallel$。忽略位移电流后，式(2.33)与式(2.34)就变为

$$\nabla \times \boldsymbol{E}_c + j\omega\mu\boldsymbol{H}_c = 0 \tag{5.31}$$

$$\nabla \times \boldsymbol{H}_c = \boldsymbol{J} = \sigma\boldsymbol{E}_c \tag{5.32}$$

其中 $\boldsymbol{E}_c$ 与 $\boldsymbol{H}_c$ 代表导体内部的场值。假设 $\boldsymbol{n}$ 为由导体表面指向外的法向向量而 z 为指向导体内部的法向坐标轴，则梯度算子为 $\nabla \approx -\boldsymbol{n}(\partial/\partial z)$，将麦克斯韦方程化简为

$$\boldsymbol{H}_c = j\frac{\boldsymbol{n} \times \partial\boldsymbol{E}_c/\partial z}{\mu\omega} \tag{5.33}$$

$$\boldsymbol{E}_c = -\frac{\boldsymbol{n} \times \partial\boldsymbol{H}_c/\partial z}{\sigma} \tag{5.34}$$

求解这些方程可得导体内部的场。第一步是求式(5.34)的偏微分：

$$\frac{\partial \boldsymbol{E}_c}{\partial z} = -\frac{1}{\sigma}\boldsymbol{n} \times \frac{\partial^2 \boldsymbol{H}_c}{\partial z^2} \tag{5.35}$$

接下来用单位向量来求式(5.33)中的外积：

$$\boldsymbol{n} \times \boldsymbol{H}_c = \frac{\mathrm{j}}{\mu\omega}\boldsymbol{n} \times \left(\boldsymbol{n} \times \frac{\partial \boldsymbol{E}_c}{\partial z}\right)$$

可以用附录 A 中的向量恒等式进行化简

$$\boldsymbol{a} \times (\boldsymbol{b} \times \boldsymbol{c}) = (\boldsymbol{a} \cdot \boldsymbol{c})\boldsymbol{b} - (\boldsymbol{a} \cdot \boldsymbol{b})\boldsymbol{c}$$

$$\boldsymbol{n} \times \boldsymbol{H}_c = \frac{\mathrm{j}}{\mu\omega}\left\{\left(\boldsymbol{n} \cdot \frac{\partial \boldsymbol{E}_c}{\partial z}\right)\boldsymbol{n} - (\boldsymbol{n} \cdot \boldsymbol{n})\frac{\partial \boldsymbol{E}_c}{\partial z}\right\}$$

其中 $\boldsymbol{n} \cdot \partial\boldsymbol{E}_c/\partial z = 0$，因为当替换式(5.35)时，其形式变为正比于 $\boldsymbol{n} \cdot (\boldsymbol{n} \times \partial^2\boldsymbol{H}_c/\partial z^2)$，结果为 0。另外，由于 $\boldsymbol{n} \cdot \boldsymbol{n} = 1$，可得

$$n \times \boldsymbol{H}_c = -\frac{\mathrm{j}}{\mu\omega}\frac{\partial \boldsymbol{E}_c}{\partial z}$$

接下来，式(5.35)由 $\partial\boldsymbol{E}_c/\partial z$ 替换，得到

$$\boldsymbol{n} \times \boldsymbol{H}_c = \frac{\mathrm{j}}{\mu\omega}\left(\frac{1}{\sigma}\boldsymbol{n} \times \frac{\partial^2 \boldsymbol{H}_c}{\partial z^2}\right)$$

$$= \frac{\mathrm{j}}{\mu\omega\sigma}\frac{\partial^2}{\partial z^2}\left(\boldsymbol{n} \times \boldsymbol{H}_c\right)$$

将方程重新整理，可得其易用形式：

$$-\mathrm{j}\mu\omega\sigma\left(\boldsymbol{n} \times \boldsymbol{H}_c\right) = \frac{\partial^2}{\partial z^2}\left(\boldsymbol{n} \times \boldsymbol{H}_c\right)$$

因为 $\mu\omega\sigma = 2/(2/\mu\omega\sigma) = 2/\delta^2$，所以等式就可以用趋肤深度来表示：

$$-\mathrm{j}\frac{2}{\delta^2}\left(n \times \boldsymbol{H}_c\right) = \frac{\partial^2}{\partial z^2}\left(\boldsymbol{n} \times \boldsymbol{H}_c\right)$$

于是有微分方程

$$\frac{\partial^2}{\partial z^2}\left(\boldsymbol{n} \times \boldsymbol{H}_c\right) + \frac{2\mathrm{j}}{\delta^2}\left(\boldsymbol{n} \times \boldsymbol{H}_c\right) = 0 \tag{5.36}$$

为了求解式(5.36)，假设导体内部场为外部外加场的函数(该假设一般上是合理的)：

$$\boldsymbol{H}_c = \boldsymbol{H}_{\parallel}f(z) \tag{5.37}$$

其中 $f(z=0) = 1$，表明在导体表面，$\boldsymbol{H}_c = \boldsymbol{H}_{\parallel}$。于是可将式(5.37)代入式(5.36)求解关于 $f(z)$ 的方程。

$$\frac{\partial^2}{\partial z^2}f(z) + \frac{2\mathrm{j}}{\delta^2}f(z) = 0 \tag{5.38}$$

式(5.38)的解为

$$f(z) = A\mathrm{e}^{-z/\delta}\mathrm{e}^{-\mathrm{j}z/\delta}$$

其中 $f(z=0)=1=A$，可得

$$\boldsymbol{H}_c = \boldsymbol{H}_{\parallel}\mathrm{e}^{-z/\delta}\mathrm{e}^{-\mathrm{j}z/\delta} \tag{5.39}$$

其中 $\boldsymbol{H}_{\parallel}$ 为外加在导体表面的切向磁场。

导体内部的电场由式（5.34）计算得出：

$$\begin{aligned}
\boldsymbol{E}_c &= -\frac{\boldsymbol{n}\times\partial\boldsymbol{H}_c/\partial z}{\sigma} = -\frac{1}{\sigma}\boldsymbol{n}\times\left(-\frac{1}{\delta}(1+\mathrm{j})\boldsymbol{H}_{\parallel}\mathrm{e}^{-z/\delta}\mathrm{e}^{-\mathrm{j}z/\delta}\right)\\
&= \frac{1+\mathrm{j}}{\sigma\delta}\left(\boldsymbol{n}\times\boldsymbol{H}_{\parallel}\right)\mathrm{e}^{-z/\delta}\mathrm{e}^{-\mathrm{j}z/\delta}\\
&= (1+\mathrm{j})\sqrt{\frac{\omega\mu}{2\sigma}}\left(\boldsymbol{n}\times\boldsymbol{H}_{\parallel}\right)\mathrm{e}^{-z/\delta}\mathrm{e}^{-\mathrm{j}z/\delta}
\end{aligned} \tag{5.40}$$

因为式（3.8）阐明了电场的切向分量必须是连续的，所以在导体表面外侧的电场可用式（5.40）在 $z=0$ 处的值计算得出：

$$\boldsymbol{E}_{\parallel} = (1+\mathrm{j})\sqrt{\frac{\omega\mu}{2\sigma}}\left(\boldsymbol{n}\times\boldsymbol{H}_{\parallel}\right) \tag{5.41}$$

3.2.1 节中曾提到过电场一定在理想导体的法向终止。然而，式（5.41）表明，对于一个良导体，$\boldsymbol{E}$ 的切向分量一定存在于导体外表面。式（5.40）描述了电场随着深度 z 的增加逐渐衰减，所以有功率流进导体。这样，可以利用 2.6.1 节给出的玻印亭向量的时域平均值来计算单位面积内吸收的功率：

$$\boldsymbol{S}_{\mathrm{ave}} = \boldsymbol{a}_z\frac{(E^+)^2}{2\eta}$$

式（2.53）的导体表面的本征阻抗 η_s，可由式（5.37）与式（5.41）计算得出：

$$\eta_s(z=0) = \frac{\boldsymbol{E}_c}{\boldsymbol{H}_c} = (1+\mathrm{j})\sqrt{\frac{\omega\mu}{2\sigma}} \tag{5.42}$$

我们注意到这样一个有趣的现象，由于 $\sqrt{\mu\omega/2\sigma}=1/\sigma\delta$，式（5.42）就可以化简为式（5.28），即传输线的串联阻抗：

$$(1+\mathrm{j})\sqrt{\frac{\omega\mu}{2\sigma}} = (1+\mathrm{j})\frac{1}{\sigma\delta}$$

最后，每单位面积流向导体的功率就可以由式（2.121）计算得出：

$$\boldsymbol{S}_{\mathrm{ave}} = \frac{\left|\boldsymbol{E}_c\right|^2}{2\eta} = \frac{\omega\mu}{4\sigma}\left|\boldsymbol{H}_{\parallel}\right|^2\sqrt{\frac{2\sigma}{\omega\mu}} = \frac{\omega\mu}{4\sigma}\left|\boldsymbol{H}_{\parallel}\right|^2\sqrt{\frac{2\sigma^2}{\omega\mu\sigma}}$$

由式（5.10），$\delta=\sqrt{2/\omega\mu\sigma}$，得到式（5.43），即为平坦导电平面每单位面积吸收的时域平均功率：

$$\boldsymbol{S}_{\mathrm{ave}} = P_{\mathrm{plane}} = \frac{\omega\mu\delta\left|\boldsymbol{H}_{\parallel}\right|^2}{4}\quad\mathrm{W/m^2} \tag{5.43}$$

若已求得理想良导体平面的外加磁场 $\boldsymbol{H}_{\parallel}$，则可由式（5.43）求解良导电平面的电阻功率损耗。

平面上的功率损耗同样可以写为更直观的形式。用式（2.7），也就是简单的欧姆定律，结合式（5.40）可以计算电流密度：

$$J = \sigma E_c = \sigma \sqrt{\frac{\mu\omega}{2\sigma}}(1+\mathrm{j})\left(\boldsymbol{n} \times \boldsymbol{H}_{\parallel}\right)\mathrm{e}^{-z/\delta}\mathrm{e}^{-\mathrm{j}z/\delta}$$

另外，由于 $\sqrt{\mu\omega/2\sigma} = 1/\sigma\delta$，等式可以改写为

$$J = \sigma E_c = \frac{1}{\delta}(1+\mathrm{j})\left(\boldsymbol{n} \times \boldsymbol{H}_{\parallel}\right)\mathrm{e}^{-z/\delta}\mathrm{e}^{-\mathrm{j}z/\delta} \qquad (5.44)$$

式(5.44)直观地表明大部分电流密度被限制在了很小的厚度中，如5.1.2节所述。而式(5.44)中的外积项(叉乘)表明，电流将垂直于磁场流动。

在推导平坦面功率损耗的更直观的形式时，有必要先定义其有效表面电流。如果对式(5.44)的电流密度进行积分来求取总电流，可以计算出等效表面电流，进而可用到经典时域平均功率等式 $P = \frac{1}{2}RI^2$ 中：

$$J_{\mathrm{eff}} = \int_0^\infty \boldsymbol{J}\mathrm{d}z \qquad \mathrm{A} \qquad (5.45)$$

式(5.45)直接计算了呈指数级衰减进入导体表面的总电流。要计算单位面积的功率，我们近似地认为所有的电流存在于表面，并利用式(5.28)中表面阻抗的实部来计算：

$$P_{\mathrm{plane}} = \frac{1}{2}RI^2 = \frac{1}{2\sigma\delta}\left|J_{\mathrm{eff}}\right|^2 \qquad \mathrm{W/m^2} \qquad (5.46)$$

5.3　表面粗糙度

合理解释 L_{internal} 与 R_{ac} 随频率变化的原因，需要考虑铜表面的非理想效应。然而，大多数(如果说并非所有的话)商业的 2D 场仿真器都是在假设平滑导体的基础上计算电阻与电感的。可是实际上，人们总是刻意地使铜表面粗糙，在制作印制电路板时能够与电介质层更好的黏合。这就使得铜表面呈现一种"齿状结构"，如图 5.12 所示。当齿的高度同趋肤深度相近时，平滑铜的假设就不再适用。利用一般铜薄片的均方根(RMS)齿高来制作印制电路板，范围从大约 0.3 ~ 5.8 μm，尖峰高度超过 11 μm[Brist et al., 2005]。铜在 1 GHz 下的趋肤深度大概为 2 μm，这表明对于大多数的铜薄片，对于数吉比特设计而言，大多数电流将在齿状结构中流过[Hall et al., 2000]。因为粗糙铜表面影响电流的流过，它也同样会影响功率损耗，以及插入损耗。

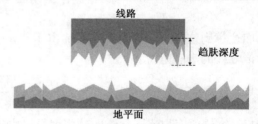

图 5.12　实际传输线的导体表面是粗糙的，通常称为"齿状结构"。当趋肤深度与齿的大小近似时，功率损耗随之增加

插入损耗将在第 9 章详细描述，是一种以传输函数的形式，通过在端口 1 输入正弦波(比如传输线的输入端)而在端口 2(比如输出端)测量输出，来测量频变损耗的一般方法。插入损耗可表示为功率的形式为：

$$S_{21}(f) = 20\log\sqrt{\frac{P_2(f)}{P_1(f)}} \qquad \mathrm{dB}$$

其中 S_{21} 是以分贝为单位的插入损耗, P_2 为传输线输出端测得的功率, P_1 为在传输线输入端加载的功率。插入损耗是估算传输线功率损耗的很方便的一种方法。注意到当端口的阻抗相等时, 功率之比就可化简为电压之比, 如式(9.21)所示, 所以我们就用 20log 的形式取代 10log 的形式来以分贝为单位计算其幅度[Hall et al., 2000]。

图 5.13 展示了两个分别用粗糙铜和相对平滑铜制造的相同传输线的测量结果。在对制造测试板的铜薄片进行压合之前, 先利用光学轮廓仪进行表征得到 RMS 齿高度, 平滑铜的齿高为 $h_{\text{RMS}} = 1.2\ \mu\text{m}$, 粗糙铜 $h_{\text{RMS}} = 5.8\ \mu\text{m}$。注意到由于表面粗糙度的增加, 插入损耗有显著的增加, 从而产生功率损耗。在高频情况下, 表面粗糙度将显著增加传输线导体的欧姆损耗。

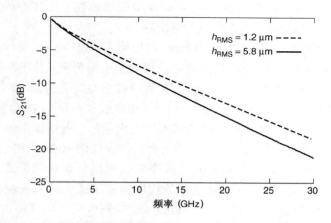

图 5.13 7 in 宽传输线在平滑($h_{\text{RMS}} = 1.2\ \mu\text{m}$)与粗糙($h_{\text{RMS}} = 5.8\ \mu\text{m}$)

下的测量结果, 说明了表面粗糙度对损耗的影响

5.3.1 Hammerstad 模型

解释传输线模型中表面粗糙度损耗的传统方法是应用 Hammerstad 方程:

$$R_{\text{ac}} = K_{\text{H}} R_s \sqrt{f} \tag{5.47}$$

其中 $R_s \sqrt{f}$ 是由式(5.17)与式(5.18)计算出的平滑导体的经典趋肤电阻, K_{H} 为 Hammerstad 系数:

$$K_{\text{H}} = 1 + \frac{2}{\pi} \arctan\left[1.4\left(\frac{h_{\text{RMS}}}{\delta}\right)^2\right] \tag{5.48}$$

其中, h_{RMS} 为表面粗糙高度的均方根值, δ 为趋肤深度[Hammerstad and Jensen, 1980; Brist et al., 2005]。Hammerstad 系数用来模拟额外损耗, 即传输线的铜表面经常会人为地进行粗糙化来增强对电介质的黏合度而引起的损耗。

利用 Hammerstad 对表面粗糙度的校正, 频率相关的趋肤效应电阻与总电感由以下式得到[①]

$$R_{\text{H}}(f) = \begin{cases} K_{\text{H}} R_s \sqrt{f}, & \delta < t \\ R_{\text{dc}}, & \delta \geqslant t \end{cases} \tag{5.49a}$$

---

① 要注意, 这里提出的计算粗糙导体内部电感分量($L_{\text{internal}} = R_{\text{ac}}/\omega$)的方法是一种基于平滑导体结果的近似。虽然这样会带来一些因果误差, 不过一般都可忽略不计, 所以该方法通常是可行的。读者若有兴趣, 基于第 8 章内容, 附录 E 中介绍了更严密的求解内部电感的方法。

$$L_{\mathrm{H}}(f) = \begin{cases} L_{\mathrm{external}} + \dfrac{R_{\mathrm{H}}(f)}{2\pi f}\,, & \delta < t \\[2mm] L_{\mathrm{external}} + \dfrac{R_{\mathrm{H}}(f_{\delta=t})}{2\pi f_{\delta=t}}\,, & \delta \geqslant t \end{cases} \tag{5.49b}$$

其中，K_{H} 由式(5.48)计算得出，t 为导体厚度，δ 为趋肤深度，$f_{\delta=t}$ 为趋肤深度等于导体厚度时的频率。当趋肤深度(δ)大于导体厚度时，需应用趋肤深度等于导体厚度时对应的直流电阻与低频电感。

　　与向量网络分析仪相比，利用 Hammerstad 模型计算的约小于 2 μm(RMS)的糙铜表面的插入损耗更加准确。图 5.14 通过对比相对光滑的传输线结构以及非常粗糙的传输线的测量值与式(5.49)的仿真结果，表现了 Hammerstad 模型的准确性。要注意的是，对于频率高于 5 GHz 时粗糙铜的情况，Hammerstad 模型的精度较差。

　　要理解对于某类型的铜，精度降低的原因，可以研究式(5.48)所做的假设。其假设的是一个如图 5.15[Pytel，2007]所示的 2D 的褶皱表面。关于铜粗糙表面的功率损耗问题的理论研究是由 Samuel Morgan(贝尔实验室)在 1948 年首次提出并发表的，对于类似于图 5.15 的褶皱结构，他研究了高达 10 GHz 的各种效应，提出了电流在这一结构中横向以及平行流过时的损耗公式。他总结出：功率损耗正比于粗糙结构的表面面积，电流横向流过褶皱表面将会增加功率损耗的 100%，电流平行流过沟槽大约将会增加损耗的 30%。1975 年，挪威的一位名叫 Erik Hammerstad 的科学家利用 Morgan 的成果将数据用反正切的形式表达，就提出了如式(5.48)所示的 Hammerstad 方程，随后这一方程成为了工业上计算表面粗糙度效应的标准方程[Pytel，2007]。模型假设在高频下，当趋肤深度与铜齿高相比变得很小时，电流将会沿褶皱表面的外轮廓流动，进而会增加损耗。

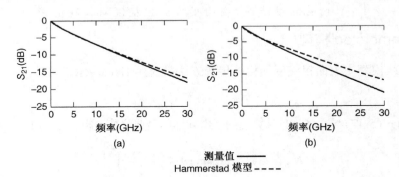

图 5.14　Hammerstad 模型精度示例。(a)相对平滑($h_{\mathrm{RMS}} = 1.2$ μm 的铜薄片)；(b)粗糙($h_{\mathrm{RMS}} = 5.8$ μm)铜薄片；7 in 微带线

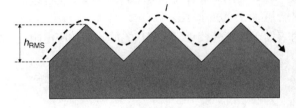

图 5.15　Hammerstad 方程的二维褶皱表面假设

Hammerstad 方程对于某些粗糙面不再适用，为理解其原因，我们利用光学轮廓仪来对相对平滑表面以及粗糙铜表面进行测量。图 5.16(a) 显示的表面[Hall et al., 2007] 可以描述为在表面有着零散突出的褶皱，这种铜薄片组成的传输线，可由式(5.48)的 Hammerstad 方程来近似估算其表面粗糙度损耗。图 5.14(a) 绘出了利用图 5.16(a) 所示铜薄片制造的传输线的测量结果与利用式(5.47)与式(5.48)建立的模型的对比。注意到在 15 GHz 以前模型与测量结果吻合得非常好，表明了 Hammerstad 模型非常适用于这一种情况下的损耗建模。

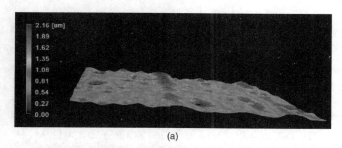

(a)

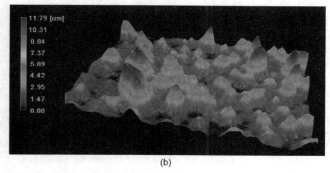

(b)

图 5.16　用来制作 PCB 的薄片的表面轮廓测量结果。(a)表面相对平滑；(b)表面粗糙

相对地，图 5.16(b) 展示了对于一个非常粗糙铜薄片的光学轮廓仪的测量结果。可以看到 Hammerstad 方程假设的褶皱表面与图 5.16(b) 所示的表面有很大的不同，表明式(5.48)对于这一类型的 3D 表面轮廓将不再适用。图 5.14(b) 给出了利用图 5.16(b) 所示的粗糙铜制造的传输线的测量结果与利用式(5.47)与式(5.48)的建模的结果对比。注意到在 5 GHz 后精度急剧下降，表明对于这种表面轮廓的情况，需要其他的建模方法来计算其损耗。

例 5.3　对于例 5.2 中的传输线，计算其表面粗糙度能对损耗产生影响所对应的频率，其中 RMS 齿高为 1.8 μm，计算工作在 2 GHz 时的交流电阻与总电感，并确定同平滑情况相比，表面粗糙度对电阻与电感的影响。

解

步骤 1：要确定表面粗糙度开始影响交流损耗时的近似频率，趋肤深度就要等于 RMS 粗糙高度，频率由式(5.10)计算得出：

$$f_r = \frac{2}{2\pi \sigma \mu_0 (1.8 \times 10^{-6})^2} = 1.34 \times 10^9 \text{ Hz}$$

由于其接近 2 GHz 的工作频率，表面粗糙度的影响变大，不能被忽略。注意到，在频率低于 f_r 时粗糙度会影响损耗；然而，如果 $f_r \gg f$，表面粗糙度将不再起很大的作用，因而可以忽略。

步骤 2:利用式(5.47)与式(5.48)计算在 2 GHz 频率下的交流电阻。对于平滑表面在 2 GHz 下的交流电阻由例 5.2 计算得出。

$$R = K_H R_s \sqrt{f} = K_H \sqrt{\frac{\pi \mu_0 f}{\sigma}} \left(\frac{1}{w} + \frac{1}{6h} \right) = K_H \cdot 4.86 \ \Omega/\text{in}$$

因为 RMS 粗糙高度小于 2 μm,式(5.48)就可以用来修正平滑方程来估计粗糙表面所引起的额外损耗。

$$\delta(2 \ \text{GHz}) = \sqrt{\frac{2}{2\pi f \mu_0 \sigma}} \approx 1.41 \ \mu\text{m}$$

$$K_H = 1 + \frac{2}{\pi} \arctan \left[1.4 \left(\frac{1.8 \times 10^{-6}}{1.41 \times 10^{-6}} \right)^2 \right] = 1.73$$

因此,包含了表面粗糙度影响的交流电阻为

$$R = K_H \times 4.86 \ \Omega/\text{in} = (1.73) \times (4.86) = 8.4 \ \Omega/\text{in}$$

步骤 3:利用式(5.30)计算内部电感。

$$L_{\text{internal}} = \frac{R_{\text{ac}}}{\omega} = \frac{8.4 \ \Omega/\text{in}}{2\pi(2 \times 10^9 \ \text{Hz})} = 0.669 \ \text{nH/in}$$

步骤 4:利用式(5.20)计算总电感,其中 L_{external} 由例 5.2 计算得出。

$$L_{\text{total}} = L_{\text{internal}} + L_{\text{external}} = 8.03 + 0.669 = 8.7 \ \text{nH/in}$$

步骤 5:将结果与例 5.2 中平滑情况的值相比较。可以看到,同例 5.2 中平滑导体相同的取值相比较,表面粗糙度显著地增加了电阻和电感的内部部分的值。

平滑导体	$L_{\text{total}} = 8.42$ nH/in	$R_{\text{ac}} = 4.86$ Ω/in
粗糙导体($h_{\text{RMS}} = 1.8$ μm)	$L_{\text{total}} = 8.7$ nH/in	$R_{\text{ac}} = 8.4$ Ω/in

5.3.2　半球模型

图 5.16(b)中显示的粗糙表面可以定性为在平坦平面上出现的随机突出,这样避免了用严密的推导来得到解析公式,以计算由于电流在齿状结构中流动而产生的额外损耗。因此,对于粗糙铜,需要一个齿状结构的近似以得到解析解。第一种近似方法是一个平面上的半球凸起来近似个别的表面突出,如图 5.17 所示[Hall et al.,2007]。全部表面可以用 N 个半球随机分布在一平坦平面上来进行建模。假设 TEM(横向电磁)波入射于半球上,与平面产生了 90°的夹角并与 H 场(磁场强度)相切于周围平面,如图 5.17 所示。要计算这种结构的功率损耗,就要计算半球上的入射 TEM 波的吸收和散射。对于平坦表面上半球突起上平面波的散射问题,可以利用叠加来近似计算。首先计算一个圆球的功率损耗,然后再分成两半,因为结构是半圆形的。然后再计算围绕着半球的平坦表面的功率损耗。再将两项相加得到总的功率损耗。

对一个良导电突起(相对于理想导体突突起),入射进导电球体的平面电磁波将有部分被散射,部分被吸收。从球体上散射与吸收的总功率除以入射通量可以得到总截面,由 Jackson [1999]计算得出(单位为平方米):

$$\sigma_{\text{tot}} = -\frac{\pi}{k^2} \sum_m (2m+1) \ \text{Re}[\alpha(m) + \beta(m)] \tag{5.50}$$

其中，$k = 2\pi/\lambda$，$\lambda = c/f\sqrt{\varepsilon'}$，$c$ 为光速，散射系数由假设 $kr \ll 1$ 近似得到，其中 r 为球半径，有下式确定 [Jackson, 1999]

$$\alpha(1) = -\frac{2j}{3}(kr)^3 \frac{1-(\delta/r)(1+j)}{1+(\delta/2r)(1+j)} \tag{5.51a}$$

$$\beta(1) = -\frac{2j}{3}(kr)^3 \frac{1-(4j/k^2 r\delta)[1/(1-j)]}{1+(2j/k^2 r\delta)[1/(1-j)]} \tag{5.51b}$$

2.6 节的玻印亭向量给出了电磁波的功率，单位为瓦特每平方米：

$$|\boldsymbol{S}| = \left| \frac{1}{2}\,\mathrm{Re}(\boldsymbol{E}_0 \times \boldsymbol{H}_0^*) \right| = \frac{1}{2}\eta |H_0|^2 \tag{5.52}$$

这样，吸收或者散射的总功率就可以由式(5.50)与式(5.52)相乘计算得出，再除以 2 就是对应半球的结果：

$$P_{\text{hemisphere}} = \frac{1}{2}\left(\frac{1}{2}\eta |H_0|^2 \sigma_{\text{tot}} \right) = -\mathrm{Re}\left[\frac{1}{4}\eta |H_0|^2 \frac{3\pi}{k^2}(\alpha(1)+\beta(1)) \right] \tag{5.53}$$

其中 $\eta = \sqrt{\mu_0/\varepsilon_0 \varepsilon'}$ 与 H_0 为外加磁场的幅度。要注意用式(5.53)进行计算时，只有充分考虑了式(5.50)中的第 1 项($m=1$)，才会得到合理的精度(至少到 30 GHz)。

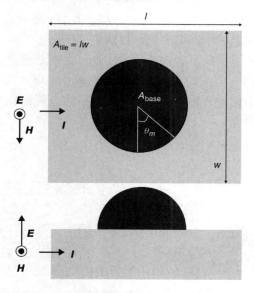

图 5.17　简化半球形用以近似表面的一个突起：俯视以及
侧视图；图中标出了电流方向与外加TEM场方向

式(5.53)计算出了半球的功率损耗。接着，要计算包围着突起的平坦面的损耗。每单位面积的平坦导电面所吸收的时平均功率可由式(5.43)计算得出：

$$\frac{\mathrm{d}P_{\text{plane}}}{\mathrm{d}a} = \frac{\mu_0\,\omega\delta}{4}|H_0|^2 \tag{5.54}$$

有限电导率的平坦面上的一个半球突起的损耗为，半球的功率损耗加上平面功率损耗，再减去半球的底面积的损耗：

$$P_{\text{tot}} = \left| -\mathrm{Re}\left[\frac{1}{4}\eta |H_0|^2 \frac{3\pi}{2k^2}(\alpha(1)+\beta(1)) \right] \right| + \frac{\mu_0\,\omega\delta}{4}|H_0|^2(A_{\text{tile}} - A_{\text{base}}) \tag{5.55}$$

其中 A_{tile} 就是包围着突起的平面的面积(参见图 5.17),A_{base} 为半球的底面积。要注意,式(5.55)是半球功耗的近似,因为它假设在平面区域的磁场(H_0)不受半球存在的影响,且周围平面的损耗只是面积的函数。

为能直观理解电磁波在存在突起时的传播特点,有必要观察 PEC(理想电导体)球体上的场并求解其表面电流。当趋肤深度同球体相比较小时,所得表面电流是极高频下电流流动的很好的近似。3.2.1 节阐述了一个 PEC 的边界条件:电场必须产生于且垂直终止于理想导体表面,磁场与导体表面相切。首先来考虑图 5.18(a),它说明了导体面上的半球突起截面的前视图,电流流向纸外。注意到电场垂直于导体表面,磁场相切于表面。图 5.18(b)展示了同一突起的俯视图,电流从左向右流过。若电流为 TEM 模式,磁场将垂直于电场,如 2.3.2 节所述。图 5.18(b)描绘的磁场强度线靠近平面表面且不在球上。可以看到这些场围绕着突起弯曲,因为它们必须满足于边界条件并且相切于 PEC 半球。进一步讲,式(5.44)说明了恒定磁场强度线垂直于表面电流线,表明了如果磁场围绕着半球弯曲,将会产生一个低电流密度并且垂直于电流的区域。半球的表面电流密度(J_{eff})(单位 A/m^2)可以由用磁标势定义的磁场得到[Orlando and Delin,1991;Huray et al.,2007;Huray,2008]:

$$J_{\text{eff}} = -\text{Re}\left(\tfrac{3}{2}H_0 \sin\theta_m \mathrm{e}^{j\omega t}\right) \tag{5.56}$$

其中 θ_m 为外加磁场与电流之间的夹角(参见图 5.17)。如果平面上均匀的电流流线与式(5.56)计算结果相符,就能对平面上的半球的影响进行研究。图 5.18(b)绘出了电流流过球形突起的情形。可以看到,电流从平面的平坦部分流向突起,在顶部密度最大,在两边电流密度最小且与电流流向垂直。电流在突起的顶部聚集有效地减小了电流流过的面积,增加了路径长度,从而说明了粗糙表面引起的额外损耗的物理机制。这也佐证了 Morgan 的理论,即表面区域是表面粗糙损耗的关键因素。

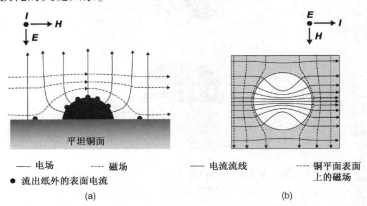

图 5.18　(a)电流与场的前视图,展示了正交的电场与相切
的磁场;(b)电流呈流线型从单一表面突起流过

为了计算式(5.47)中需要的新的校正系数,需要计算有无良导电突起下的功率吸收比。将式(5.55)除以式(5.54)得到:

$$\frac{P_{\text{tot}}}{P_{\text{plane}}} = K_s$$

$$= \frac{\left|\text{Re}\left[\tfrac{1}{4}\eta|H_0|^2(3\pi/k^2)(\alpha(1)+\beta(1))\right]\right| + (\mu_0\,\omega\delta/4)|H_0|^2(A_{\text{tile}}-A_{\text{base}})}{\frac{\mu_0\,\omega\delta}{4}|H_0|^2 A_{\text{tile}}}$$

消去磁场变量，等式可以化简为

$$K_s = \frac{\left|\mathrm{Re}\left[\eta(3\pi/4k^2)(\alpha(1) + \beta(1))\right]\right| + (\mu_0\ \omega\delta/4)(A_{\mathrm{tile}} - A_{\mathrm{base}})}{(\mu_0\omega\delta/4)A_{\mathrm{tile}}} \qquad (5.57)$$

要注意，当趋肤深度大于表面突起高度时式（5.57）将失效。此时，在这些相应的频率下，与突起底面积相等的平坦区域处的功率损耗将会大于突起的功率损耗。因此，$K_s = 1$ 时的频率可以定义为拐点频率，在此处粗糙度开始对损耗产生巨大的影响。小于拐点频率时，校正系数 K_s 为单位值。这样，校正系数可以表示为

$$K_{\mathrm{hemi}} = \begin{cases} 1\ , & K_s \leqslant 1 \\ K_s, & K_s > 1 \end{cases} \qquad (5.58)$$

为了准确地实现式（5.58），图 5.16（b）所示的表面就必须用等效半球来表示。不过，简单半球突起的额外表面面积不足以说明实测的表面粗糙度的损耗。因此，将半圆模型的额外面积与图 5.16（b）中所示的粗糙铜样本的 3D 表面比较时就不会觉得惊讶。要计算额外的表面面积，就需要计算粗糙表面的均方根（RMS）体积，并用体积等效的半球来确定 A_{base}。粗糙表面的尖峰之间的 RMS 距离可以用来计算平面的面积 A_{tile}。其中必要的输入参数，需要利用轮廓仪来对其表面进行测量，如图 5.19 所示。为了减小等效模型的体积，齿的形状可以近似为半个长椭球，而不是半球，因为这与突起的形状更相近。椭球是由一个椭圆围绕其长轴旋转得到的旋转表面。一个对称的鸡蛋（譬如，并且其两端形状相同）就近似是一个长椭球［Mathworld，n.d.］。椭球体的体积也取为球体的一半，以计算同一体积下的半球形表面突起的半球半径：

$$r_e = \sqrt[3]{h_{\mathrm{tooth}}\left(\frac{b_{\mathrm{base}}}{2}\right)^2} \qquad (5.59)$$

其中，b_{base} 为齿底部宽度，h_{tooth} 为齿高，r_e 为等效齿体积下的半球的半径。这样，半球的底部面积 A_{base} 就可以计算为：

$$A_{\mathrm{base}} = \pi\left(\frac{b_{\mathrm{base}}}{2}\right)^2 \qquad (5.60)$$

周围平坦表面的平面面积的计算要依据尖峰间的距离：

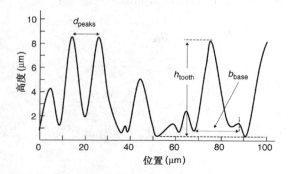

图 5.19　粗糙铜样本轮廓仪表面测量实例，尖峰高度范围
为 0.7 ~ 8.5 μm。假设平坦表面的高度为 0.5 μm

$$A_{\text{tile}} = d_{\text{peaks}}^2 \tag{5.61}$$

如果计算出了 d_{peaks}，h_{tooth} 与 b_{base} 的 RMS 值，那么图 5.16(b) 所展示的表面，以及图 5.19 中所测量的表面就可以由图 5.20 中的等效表面替代。

图 5.21 展示了在相等的体积下，分别利用 Hammerstad 模型式(5.48)与半球模型式(5.58)计算出的校正系数的比较。可以看出，Hammerstad 模型在校正系数为 2 时总是饱和的，而半球模型则在更大的校正系数时饱和。式(5.58)将产生非物理的频率间断，在间断点模型的特性由直流转换为交流，此时，与半球底面积相等的平坦表面的损耗要大于半球。一些工程师担心这一断点会在时域响应产生非物理毛刺。不过，用 HSPICE 与 Nexxim 对速度为 30 Gb/s 的脉冲进行的仿真表明，该方法没有发现明显的非物理毛刺。

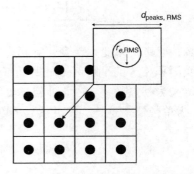

图 5.20　半球等效表面，其体积与测量所得的表面轮廓的RMS体积相同

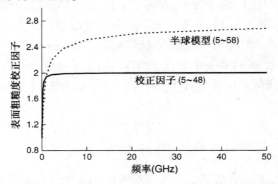

图 5.21　Hammerstad 校正因子式(5.48)与半球模型式(5.58)相比较。RMS 粗糙度：$h_{\text{RMS}} = 5.8\ \mu\text{m}$，$d_{\text{peaks, RMS}} = 9.4\ \mu\text{m}$

利用表面粗糙度半球校正方法，趋肤效应电阻的频率依赖性与总电感可由式(5.62a)与式(5.62b)[①]得到。当趋肤深度 δ 大于导体厚度(其中也包括粗糙轮廓)时，电阻和电感分别应该取趋肤深度等于总导体厚度时的直流阻值和低频电感值：

$$R_{\text{hemi}}(f) = \begin{cases} K_{\text{hemi}} R_s \sqrt{f}, & \delta < t \\ R_{\text{dc}}, & \delta \geq t \end{cases} \tag{5.62a}$$

$$L_{\text{hemi}}(f) = \begin{cases} L_{\text{external}} + \dfrac{R_{\text{hemi}}(f)}{2\pi f}, & \delta < t \\[2mm] L_{\text{external}} + \dfrac{R_{\text{hemi}}(f_{\delta=t})}{2\pi f_{\delta=t}}, & \delta \geq t \end{cases} \tag{5.62b}$$

其中，K_{hemi} 由式(5.58)计算得出，t 为导体厚度，δ 为趋肤深度，$f_{\delta=t}$ 为趋肤深度等于导体厚度时的频率。

---

① 与式(5.49b)中的情况类似，这里提出的计算粗糙导体内部电感分量($L_{\text{internal}} = R_{\text{ac}}/\omega$)的方法是一种基于平滑导体结果的近似。虽然这样会带来一些因果误差，不过一般都可忽略不计，所以该方法通常是可行的。基于第 8 章内容，附录 E 中介绍了更严密的求解内部电感的方法。

图 5.22 绘出了非常粗糙铜的半球模型的精确度。图中显示的模型与测量值的微小偏差是因为应用式(5.57)时必须将平面损耗与突起损耗合在一起来计算，并没用考虑半球与平面的相互作用。因此，该公式在以下情况下是很精确的，(1)低频时，趋肤深度大于突起，主要损耗由平面产生；(2)高频时，趋肤深度小于突起，损耗主要由粗糙度产生。在中间频段，趋肤深度与粗糙高度处于同一量级，公式将引起误差。另外，粗糙形状近似为一个椭球体，并忽略了球体之间的相互作用，这也将产生部分误差。尽管如此，对于非常粗糙的铜表面，图 5.22 表明了该方法的有效性，其公式简单易用，在很宽的带宽上提供了足够的精度。更重要的是，该方法为我们研究表面粗糙度损耗产生的机制提供了直观有效的方法。

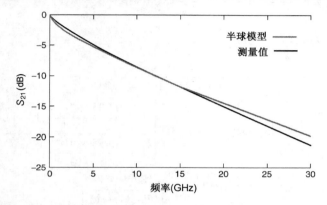

图 5.22　半球表面粗糙度模型式(5.58)的精确度；7 in 微带线；1 GHz 下 $\varepsilon_r/\tan\delta = 3.9/0.0073$；铜薄片的 RMS 粗糙度 $h_{RMS} = 5.8\ \mu m$，$d_{peaks,\ RMS} = 9.4\ \mu m$（改编自 Hall et al.［2007］）

选择计算表面粗糙度校正因子 K 的方法时要非常小心。对于相对光滑的铜，表面粗糙度的 RMS 值大约小于 2 μm，前文说明了式(5.48)的 Hammerstad 公式足以近似其表面粗糙度损耗。但是，对于非常粗糙铜(PCB 制造商常选用这种铜以减小脱落的可能性)而言，用式(5.58)的等效体积半球来近似表面粗糙度损耗将更精确。

例5.4　计算在 5 GHz 时例 5.2 中微带传输线的表面粗糙度校正因子。齿高的 RMS 值为 $h_{tooth} = 5.8\ \mu m$，齿状结构的 RMS 底部宽度为 $b_{base} = 9.4\ \mu m$，尖峰间的距离为 $d_{peaks} = 9.4\ \mu m$。

解

步骤 1：利用式(5.59)至式(5.61)对一个与椭球状表面突起等体积的球体进行计算：

$$r_e = \sqrt[3]{h_{tooth}\left(\frac{b_{base}}{2}\right)^2} = 5\ \mu m$$

$$A_{base} = \pi\left(\frac{b_{base}}{2}\right)^2 = 69.4\ \mu m^2$$

$$A_{tile} = d_{peaks}^2 = 88.4\ \mu m^2$$

请注意等效体积半球的直径(10 μm)实际上大于平面边沿长度(9.4 μm)，这就意味着半球将会发生交叠。这点不用太过担忧，因为我们都知道实际的表面粗糙形状不是半球的，其突起的形状是假设为椭球的。然而，等体积半球将使电磁场的求解更加简单，而没有牺牲过多的精度。

步骤 2:利用式(5.57)计算在 5 GHz 下的校正因子。要计算固有阻抗 $\eta = \sqrt{\mu_0/\varepsilon_0\varepsilon'}$，其中介电常数是粗糙表面正下方介质的介电常数，而不是例 5.2 所计算的微带线的有效值。

$$\eta = \sqrt{\frac{\mu_0}{\varepsilon_0\varepsilon'}} = \frac{377}{\sqrt{\varepsilon'}} = \frac{377}{\sqrt{4}} = 188.5 \ \Omega$$

$$\delta(5 \ \text{GHz}) = \sqrt{\frac{2}{2\pi f \mu_0 \sigma}} \approx 0.935 \ \mu\text{m}$$

$$\lambda = \frac{c}{f\sqrt{\varepsilon'}} = \frac{3 \times 10^8}{5 \times 10^9 \sqrt{4}} = 0.03 \ \text{m}$$

$$k = \frac{2\pi}{\lambda} = 209.3 \ \text{m}^{-1}$$

$$\alpha(1) = -\frac{2\text{j}}{3}(kr_e)^3 \frac{1 - (\delta/r_e)(1+\text{j})}{1 + (\delta/2r_e)(1+\text{j})}$$

$$= -\frac{2\text{j}}{3}[209.3(5 \times 10^{-6})]^3 \left[\frac{1 - \dfrac{0.935 \times 10^{-6}}{5 \times 10^{-6}}(1+\text{j})}{1 + \dfrac{0.935 \times 10^{-6}}{2.5 \times 10^{-6}}(1+\text{j})} \right]$$

$$= -\text{j}0.764 \times 10^{-9} \left[\frac{1 - 0.187(1+\text{j})}{1 + 0.0935(1+\text{j})} \right]$$

$$= -1.78 \times 10^{-10} - \text{j}5.53 \times 10^{-10}$$

对于这一个例子，我们可以证明 $\beta(1)$ 是微不足道的，因此将其忽略。

$$K_s = \frac{\left| \text{Re}\left[\eta(3\pi/4k^2)\alpha(1) \right] \right| + (\mu_0\omega\delta/4)(A_{\text{tile}} - A_{\text{base}})}{(\mu_0\omega\delta/4)A_{\text{tile}}}$$

$$= \frac{1.8 \times 10^{-12} + 1.75 \times 10^{-13}}{8.15 \times 10^{-13}} = 2.42$$

此时，利用这种粗糙轮廓的铜导体制成的传输线的串联电阻，在 5 GHz 时近似于利用光滑导体制成的传输线的串联电阻的 2.42 倍。

5.3.3　Huray 模型

2006 年，南卡罗来纳大学的 Paul G. Huray 提出了一种针对表面粗糙度的宽带建模新方法，该方法的精确度比 Hammerstad 以及半球模型更优。通过观察用于制作印制电路板(PCB)的铜薄片样本的扫描电子显微镜(SEM)照片，他发现了样本的结构是由一系列"雪球"构成的，如图 5.23 所示。因此，他提出了基于材料以及物理学的一种由很多球形分布构成的理论模型[Olufemi, 2007; Hurray, 2009]。

印制电路板是很多层铜导体以及内层诸如 FR4 之类的绝缘传播介质在压力以及热力下的"层叠"。为了确保铜片不会从电解质层分离，制造者一般会在相对平滑的铜薄片上另外电镀一层表面铜，产生大概 11 μm 的不规则形状，以获得更好的黏合。电镀铜产生的表面粗糙轮廓可以描述为球形颗粒，它们呈网状结合在一起，形成了不平整的表面，如图 5.24 所示。单个雪球位于平坦铜表面下方距离为 x_i 处，半径为 a_i，并且，当其外部存在一定强度磁场时，即当信号在传输线中传播时其位于铜线轨迹的下方区域，它将会像式(5.53)中所描述的半球那样消耗功率，并且其幅度是原来的两倍，因为它是整个球体：

$$P_{\text{sphere}} = \frac{1}{2}\eta|H_0|^2\sigma_{\text{tot}} = -\text{Re}\left[\frac{1}{2}\eta|H_0|^2\frac{3\pi}{k^2}(\alpha(1) + \beta(1))\right] \tag{5.63}$$

对于如图 5.23 与图 5.24 由锥形结构的铜球体分布构建的 3D 铜粗糙面，其总体损耗可以通过叠加各球体的损耗来计算［Olufemi，2007；Huray，2009］。因为粗糙度损耗正比于齿状结构的表面面积，那么球体的数量以及大小就可以用来精确地近似表面粗糙度修正因子。这就需要一个近似的通用齿状结构，需要测量出平均雪球大小，并且计算出突起部分的表面面积内球体的数量。如果对 SEM 照片进行深入地分析，则可以建立具有多种雪球大小的模型，使其非常近似地表示实际齿状。不过，通常情况下没有电子显微镜可用，所以一般是使用光学轮廓仪来得到近似的齿状结构，并建立合理模型。

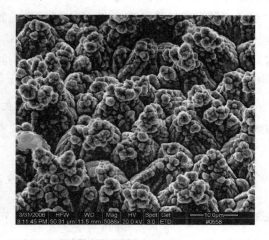

图 5.23　粗糙铜的 SEM 照片，30°下 5000 倍放大

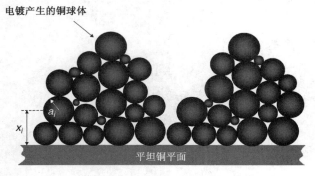

图 5.24　铜球体分布的横截面，它以铜"金字塔"的形式在平坦导体平面上形成了一个 3D 的粗糙表面

　　齿状结构的总功率损耗为足以表示齿状结构的表面面积的全部球体(N)的功率损耗之和：

$$P_{N,\text{spheres}} = -\sum_{n=1}^{N}\text{Re}\left[\frac{1}{2}\eta|H_0|^2\frac{3\pi}{k^2}(\alpha(1) + \beta(1))\right]_n \tag{5.64}$$

其中 $\alpha(1)$ 与 $\beta(1)$ 由式(5.51a)与式(5.51b)计算得出，$\eta = \sqrt{\mu_0/\varepsilon_0\varepsilon'}$，$H_0$ 为外加磁场的幅度。

　　计算式(5.47)所用的新的表面粗糙度修正因子时，先要用式(5.65)与式(5.54)来得到考虑与不考虑表面粗糙度时的功率吸收比：

$$K_{\text{Huray}} = \frac{P_{\text{flat}} + P_{N\_\text{spheres}}}{P_{\text{flat}}}$$

$$= \frac{(\mu_0 \omega \delta / 4) A_{\text{tile}} + \sum_{n=1}^{N} \text{Re} \left[\frac{1}{2} \eta (3\pi/k^2)(\alpha(1) + \beta(1)) \right]_n}{(\mu_0 \omega \delta / 4) A_{\text{tile}}} \qquad (5.65)$$

而能够表示粗糙度分布的表面面积所需的球体的总量(N)的计算，需选择一个与典型的齿状结构相似的几何形状。实验数据表明，用球状体的一半(半球体)近似齿状结构时，精度较好。不过，图 5.23 中的 SEM 照片清晰地表明球体仅仅是一个近似的逼近，因为实际的齿状结构有更多的表面面积。因此，这一假设会略低估高频时表面粗糙度损耗。对 SEM 照片进行更详细的统计分析，可以更准确地计算出球体的体积与数量；不过，同测量所得的表面面积相比，球体假设的结果也是合理的。

要建立起 Huray 表面粗糙模型，需要测量图 5.19 所示的表面面积，并计算 b_{base} 与 h_{tooth} 的 RMS 值。然后，再利用底面 b_{base} 与高度 h_{tooth} 来计算半球的表面面积。选择合适的雪球半径(通常在 $0.5 \sim 1 \ \mu m$ 之间)，再计算出铜球体的总数量(N)，这样 N 个球体的总表面积就等于基于光学轮廓仪测量得到的 RMS 值建立起的半球结构的总面积。下例将展示这一过程。

例 5.5　利用 Huray 方程计算在 5 GHz 频率下的表面粗糙度修正因子。齿高的 RMS 值为 $h_{\text{tooth}} = 5.8 \ \mu m$，齿状结构的 RMS 底部宽度 $b_{\text{base}} = 9.4 \ \mu m$，尖峰之间的距离 $d_{\text{peaks}} = 9.4 \ \mu m$。

解

步骤 1：计算所需球体的数量。如光学轮廓仪的测量结果表明齿高的 RMS 值 $h_{\text{tooth}} = 5.8 \ \mu m$，突起部分的 RMS 跨度 $b_{\text{base}} = 9.4 \ \mu m$，齿状形状近似于半球体，那么我们就可以计算出球体的数量。半球体的侧面表面积有

$$A_{\text{lat}} = \pi \frac{b_{\text{base}}}{2} \left[h_{\text{tooth}} \frac{\arcsin \left(\sqrt{1 - (b_{\text{base}}/2)^2 / (h_{\text{tooth}})^2} \right)}{\sqrt{1 - \frac{(b_{\text{base}}/2)^2}{(h_{\text{tooth}})^2}}} + \frac{b_{\text{base}}}{2} \right]$$

代入 b_{base} 与 h_{tooth} 的值可得表面面积：

$$A_{\text{lat}} = 161 \ \mu m^2$$

假设球体半径为 $0.8 \ \mu m$，单个球体的表面面积将是：

$$A_{\text{sphere}} = 4\pi a^2 = 8 \ \mu m^2$$

与半球拥有相同表面积的球体的数量为

$$\frac{A_{\text{lat}}}{A_{\text{sphere}}} = \frac{161}{8} = 20.125$$

步骤 2：计算 5 GHz 时的修正因子。因为峰峰距离为 $9.4 \ \mu m$，底平面面积就是 $A_{\text{tile}} = (9.4 \ \mu m)^2$。事实上，底平面的大小可以是任意值，只要球体的总面积等于外轮廓的表面面积。球体半径 $a = 0.8 \ \mu m$。由例 5.4 可知，$k = 209.3 \ m^{-1}$，$\eta = \sqrt{\mu_0 / \varepsilon_0 \varepsilon'} = 377 / \sqrt{\varepsilon'} = 377 / \sqrt{4} = 188.5 \ \Omega$ 以及 $\delta(5 \ \text{GHz}) = \sqrt{2 / 2\pi f \mu_0 \sigma} \approx 0.935 \ \mu m$。

散射系数由式(5.51a)计算得出。在本例中，我们可以证明 $\beta(1)$ 是无足轻重的，因此可以将其忽略。

$$\alpha(1) = -\frac{2j}{3}(ka)^3 \frac{1-(\delta/a)(1+j)}{1+(\delta/2a)(1+j)}$$

$$= -\frac{2j}{3}[209.3(0.8 \times 10^{-6})]^3 \left[\frac{1 - \dfrac{0.935 \times 10^{-6}}{0.8 \times 10^{-6}}(1+j)}{1 + \dfrac{0.935 \times 10^{-6}}{2 \times 0.8 \times 10^{-6}}(1+j)} \right]$$

$$= -1.93 \times 10^{-12} - j1.05 \times 10^{-12}$$

在 5 GHz 下的 Huray 表面粗糙度修正因子由式(5.66)计算得到:

$$K_{\text{Huray}} = \frac{P_{\text{flat}} + P_{N\_\text{spheres}}}{P_{\text{flat}}}$$

$$= \frac{(\mu_0\omega\delta/4)A_{\text{tile}} + \sum_{n=1}^{N} \text{Re}\left[\frac{1}{2}\eta(3\pi/k^2)(\alpha(1)+\beta(1))\right]_n}{(\mu_0\omega\delta/4)A_{\text{tile}}}$$

$$= \frac{(\mu_0\omega\delta/4)A_{\text{tile}} + 20\,\text{Re}\left[\frac{1}{2}\eta(3\pi/k^2)\alpha(1)\right]}{(\mu_0\omega\delta/4)A_{\text{tile}}}$$

$$= \frac{8.15 \times 10^{-13} + 7.8 \times 10^{-13}}{8.15 \times 10^{-13}} = 1.95$$

因此,在 5 GHz 下,用 Huray 模型预测所得的由以上参数决定的粗糙轮廓构成的传输线的串联电阻值,约为平滑导体传输线的 1.95 倍。

图 5.25 展示了粗糙铜传输线插入损耗的 Huray 方程建模结果与实际测量结果的对比。可以看到,Huray 模型正确地预测了插入损耗的变化曲线,它在 30 GHz 以下的误差小于 1.5 dB。由仿真可知,如果本例中球体数量为 23 个,模型与测量结果吻合几近完美 [Olufemi,2007]。不过,除了对 SEM 照片进行详细的统计分析外,还没有其他确定的方法能够得到精确相符的结果。我们介绍的这一方法允许使用光学轮廓仪,并且能得到宽带范围内较合理的结果。

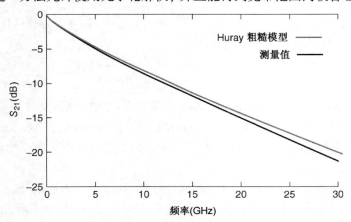

图 5.25　由 $N = 20$ 个半径为 $a = 0.8\ \mu\text{m}$ 的球体构成的 Huray 表面粗糙度模型式(5.65)的准确度,假设其为半球形齿状结构;7 in 微带线;1 GHz 时 $\varepsilon_r/\tan\delta = 3.9/0.0073$;粗糙铜薄片的 RMS 粗糙度为 $h_{\text{RMS}} = 5.8\ \mu\text{m}$,$d_{\text{pdaks, RMS}} = 9.4\ \mu\text{m}$

图 5.26 给出了由 20 个例 5.5 计算出的 0.8 μm 球体构成的 Huray 方程式(5.65),并与例 5.4 和例 5.5 中采用粗糙轮廓假设的 Hammerstad 模型以及半球模型进行了比较。可以看到 Hammerstad 方程在校正因子为 2 时饱和，不足以表示粗糙铜的损耗。半球模型在中间频率处估计过高而在高频处又有稍微的估计过低。如图 5.25 所示，一个合理的 Huray 可以预测实际的修正曲线。

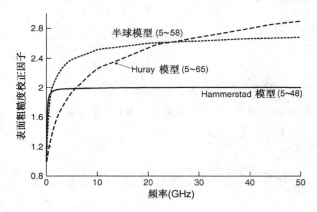

图 5.26　粗糙铜的表面粗糙度修正因子；Huray 模型式(5.65)，半球模型式(5.58)，以及 Hammerstad 模型式(5.48)；RMS 粗糙度：$h_{RMS} = 5.8\,\mu m$，$d_{pdaks,\,RMS} = 9.4\,\mu m$

用表面粗糙度的 Huray 方程计算频率相关的趋肤效应电阻与总电感，可由式(5.66a)与式(5.66b)实现[①]。当趋肤深度(δ)大于导体厚度时，电阻和电感的值分别应取趋肤深度等于导体厚度时的直流电阻值和低频电感：

$$R_{Huray}(f) = \begin{cases} K_{Huray} R_s \sqrt{f}, & \delta < t \\ R_{dc}, & \delta \geq t \end{cases} \tag{5.66a}$$

$$L_{Huray}(f) = \begin{cases} L_{external} + \dfrac{R_{Huray}(f)}{2\pi f}, & \delta < t \\ L_{external} + \dfrac{R_{Huray}(f_{\delta=t})}{2\pi f_{\delta=t}}, & \delta \geq t \end{cases} \tag{5.66b}$$

其中 K_{Huray} 由式(5.65)计算得出，t 为导体厚度，δ 为趋肤深度，$f_{\delta=t}$ 为趋肤深度等于导体厚度时的频率。

5.3.4　小结

对于粗糙铜，图 5.14(b)表明 Hammerstad 模型在低频时略高地估计了以及在高频时显著地低估了表面粗糙度损耗。不过，图 5.14(a)也表明 Hammerstad 方法对于相对平滑，只有表面褶皱的铜轮廓有很好的效果。由此可知，Hammerstad 模型只能应用于 RMS 铜粗糙轮廓小于 2 μm 时的情况。

半球模型是在对 Hammerstad 关于粗糙铜的改进，但是在中频处仍然过高地估计了损耗，而在高频时过低地估计了损耗，于是就在仿真结果中产生了如图 5.22 所示的"凸起"。研究半球模型最大的好处就是从物理上对场与表面电流在突起附近的特性有了深入的理解。半球体是可解析地预测比光滑表面略粗糙的表面的影响的最简单的几何形状。另外，半球模型并

---

① 正如式(5.49b)与式(5.62)的情形，这里介绍的计算粗糙导体内部电感的方法($L_{internal} = R_{ac}/\omega$)是基于平滑导体的一种近似结果。虽然这样会带来一些因果误差，不过一般都可忽略不计，所以该方法通常是可行的。基于第 8 章内容，附录 E 中介绍了更严密的求解内部电感的方法。

不适用于有褶皱性质的相对光滑铜轮廓的情况。半球模型只适用于那些分布着不同突起的铜轮廓的情况,例如图 5.16(b)与图 5.23 中所示的表面。

Huray 方法是最为精确的对最为复杂的表面粗糙度的建模方法。它可以用于任何一种铜表面的情况,只要可以通过光学轮廓仪或者扫描电子显微镜得到其详细的图像。我们必须确定最外层的粗糙轮廓表面积,并且计算出半径小于 1 μm 大小合适的球体的数量,以使它们的总面积等于粗糙轮廓的表面面积。

5.4 非理想导体的传输线参数

随着总线数据率的增加以及高速数字设计物理尺寸的缩小,传输线损耗变得更加重要。因此,工程师必须能够成功地计算出传输线响应并将实际导体的行为特征考虑在内。接下来的两节我们将会(1)描述如何在等效电路中引入交流电阻与内部电感;(2)修改电报方程使之适用于实际导体。

5.4.1 等效电路、阻抗以及传播常数

要得到 3.2.3 节中所述的传输线的等效电路,如图 3.9 所示,可以假设导体具有无限电导率,这就意味着所有的电流只在表面流过,因为趋肤深度 $\delta = 0$,这可以将式(5.10)取极限求得:

$$\lim_{\sigma \to \infty}[\delta] = \lim_{\sigma \to \infty}\left[\sqrt{\frac{2}{\omega\mu\sigma}}\right] = 0$$

而且,假设为理想导体时,无法计算电阻量以及内部电感量,因为此时没有场渗透入导体内部。如 5.1.2 节所述,由有限电导率(即使是良性的)金属制造的物理导体,其行为非常近似于理想导体,而其中的一小部分区域除外,这部分区域的内部电流大多只限制在一定趋肤深度内。如 5.2.2 节与 5.2.3 节描述,直接由趋肤效应产生的频变电阻与内部电感值必须包含于等效电路中。

所幸 3.3 节得到的等效电路的形式也同样适用于这种具有有限电导率的线路。开始推导之前,首先计算有限电导率的理想传输线的串联阻抗,其单位为欧姆。

$$\boldsymbol{Z}_{\text{external}} = \text{j}\omega L_{\text{external}} \tag{5.67}$$

理想化的参数必须加以修正以包含表面阻抗(内部阻抗也同样如此):

$$\boldsymbol{Z}_s = R_{\text{ac}} + \text{j}\omega L_{\text{internal}}$$

总电感由式(5.20)计算:

$$L_{\text{total}} = L_{\text{internal}} + L_{\text{external}}$$

表明串联阻抗对电感的影响可以简单地表示为 $\text{j}\omega(L_{\text{internal}} + L_{\text{external}})$。要计算传输线部分总的串联阻抗,就要加入电阻部分:

$$\begin{aligned} Z_{\text{series}} &= R_{\text{ac}} + \text{j}\omega(L_{\text{internal}} + L_{\text{external}}) \\ &= R_{\text{ac}} + \text{j}\omega L_{\text{total}} \qquad \Omega \end{aligned} \tag{5.68}$$

于是就得到有限电导率导体的传输线的等效电路,如图 5.27 所示,其中 N_s 为元件数量,

$C_{\Delta z} = \Delta z C$，$L_{\Delta z} = \Delta z L_{\text{total}}$，并且 $R_{\Delta z} = \Delta z R_{\text{ac}}$，计算方法与 3.2.3 节相同，其中 Δz 为传输线不同区域的长度，C、L_{total} 与 R_{ac} 为单位长度的电容、电感与电阻值。

由式（3.33）定义的特征阻抗可由以下方法计算，将式（5.68）定义的串联阻抗分解为电容导纳的并联，对于长度为 Δz 的一小段传输线，有 $Y_{\text{shunt}} = j\omega C$。

$$Z_0 = \sqrt{\frac{Z_{\text{series}}}{Y_{\text{shunt}}}} = \sqrt{\frac{R_{\text{AC}} + j\omega L_{\text{total}}}{j\omega C}} \tag{5.69}$$

注意到式（5.69）中的单位为 $\sqrt{\Omega / (1/\Omega)} = \sqrt{(\Omega)^2} = \Omega$。

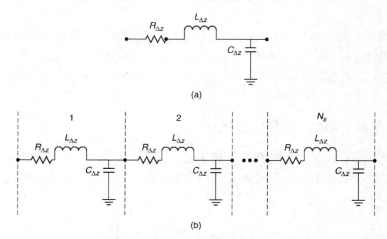

图 5.27 （a）传输线微元模型；（b）完整模型

要得到传播常数，我们可以将一个串联阻抗和并联导纳的复数值插入到 3.2.4 节的无损方程，得到如下形式

$$\gamma = \alpha + j\beta = 0 + j\omega\sqrt{LC} = \sqrt{(j\omega L)(j\omega C)} = \sqrt{Z_{\text{lossless}}Y_{\text{lossless}}}$$

用 Z_{series} 与 Y_{shunt} 取代串联阻抗与并联导纳的无损值，可得由理想电介质与有限电导率导体构成的传输线的传播常数，如下所示

$$\gamma = \alpha + j\beta = \sqrt{Z_{\text{series}}Y_{\text{shunt}}} = \sqrt{(R_{\text{AC}} + j\omega L_{\text{total}})j\omega C} \tag{5.70}$$

式（5.69）与式（5.70）考虑了实际导体效应，比如趋肤效应电阻、内部电感以及表面粗糙度等本章讨论的内容。

5.4.2 实际导体与理想电介质的电报方程

由理想电介质与理想导体构成的传输线的电报方程的时域形式由式（3.25）与式（3.26）描述：

$$\frac{dv(z)}{dz} = -j\omega L i(z)$$

$$\frac{di(z)}{dz} = -j\omega C v(z)$$

要将这一方程修正以适用于有限电导率的实际导体，先要观察等效电路。注意到式（3.25）的等式右边仅仅是电感的阻抗。因此，对于长度为 dz 的理想传输线的微分部分的串联阻抗值是基于外部电感值的，因为对于理想导体而言有无限电导率。考虑到实际导体的各种效应，可以将式(5.68)所描述的实际导体的串联阻抗代入式(3.25)中：

$$\frac{\mathrm{d}v(z)}{\mathrm{d}z} = -[R_{ac} + \mathrm{j}\omega(L_{internal} + L_{external})]i(z) \tag{5.71}$$

这样，就得到了理想绝缘电介质与实际导体的经典电报方程：

$$\frac{\partial v(z,t)}{\partial z} = -\left(R_{ac} + L_{total}\frac{\partial}{\partial t}\right)i(z,t) \tag{5.72a}$$

$$\frac{\partial i(z,t)}{\partial z} = -C\frac{\partial v(z,t)}{\partial t} \tag{5.72b}$$

参考文献

Brist, G., S. Hall, S. Clouser, and T. Liang, 2005, Non-classical conductor losses due to copper foil roughness and treatment, *CircuiTree*, May.

Collins, Robert, 1992, *Foundations for Microwave Engineering*, McGraw-Hill, New York.

Hall, S., G. Hall, and J. McCall, 2000, *High-Speed Digital System Design*, Wiley, New York.

Hall, Stephen, Steven G. Pytel, Paul G. Huray, Daniel Hua, Anusha Moonshiram, Gary A. Brist, and Edin Sijercic, 2007, Multi-GHz causal transmission line modeling using a 3-D hemispherical surface roughness approach, *IEEE Transactions on Microwave Theory and Techniques*, vol. 55, no. 12, Dec.

Hammerstad, E., and O. Jensen, 1980, Accurate models for microstrip computer-aided design, *IEEE MTT-S International Microwave Symposium Digest*, May, pp. 407−409.

Huray, Paul, 2008, *Foundations of Signal Integrity*, Wiley, Hoboken, NJ.

Huray, P. G., S. Hall, S. G. Pytel, F. Oluwafemi, R. Mellitz, D. Hua, and P. Ye, 2007, Fundamentals of a 3D "snowball" model for surface roughness power losses, *Proceedings of the IEEE Conference on Signals and Propagation on Interconnects*, Genoa, Italy, May 14.

Jackson, J. D., 1999, *Classical Electrodynamics*, 3rd ed., Wiley, New York.

Mathworld, n.d., http://mathworld.wolfram.com/ProlateSpheroid.html.

Olufemi, Oluwafemi, 2007, *Surface Roughness and Its Impact on System Power Losses*, ProQuest, Ann Arbor, MI.

Orlando, Terry P., and Kevin A. Delin, 1991, *Foundations of Applied Superconductivity*, Addison-Wesley, Reading, MA.

Pytel, Steven G., 2007, Multi-gigabit data signaling rates for PWBs including dielectric losses and effects of surface roughness, Ph.D. dissertation, Department of Electrical Engineering, University of South Carolina.

习题

5.1　画出铜微带传输线从 0 ~ 10 GHz 的电阻、电感与阻抗曲线，其参数为 $w = 5$ mil，$h = 3$ mil，$t = 2.1$ mil，$\varepsilon_r = 4.1$，$b_{base} = 10.2$ μm，$h_{tooth} = 4.5$ μm，$d_{peaks} = 12$ μm，$\sigma = 5.8 \times 10^8$ S/m。假设齿形状呈自然的半球形，利用半球模型以及 Huray 模型对其进行建模，并讨论所绘制的曲线之间差异的物理机制。

5.2　为习题 5.1 中的传输线建立 15 GHz 时的等效电路模型。

5.3　对于习题 5.1 中的传输线，在何种情况下 Hammerstad 近似方法是可用的？

5.4　对于习题 5.1 中的传输线，何时交流损耗超过直流损耗？

5.5　是什么引起了内部电感？厚导体线同薄导体线相比，谁的内部电感更大？电阻与电感的关系是什么？从物理角度解释为什么一定要保持这一关系。

5.6 对于一条带状传输线，其参数为 $w = 5$ mil，$h_1 = h_2 = 6$ mil（参见图 5.8），$t = 0.7$ mil，$\varepsilon_r = 4.1$，$b_{base} = 10.2\ \mu m$，$h_{tooth} = 0.9\ \mu m$，$d_{peaks} = 15\ \mu m$，计算其在 1 GHz 下的电阻与电感值。

5.7 对于习题 5.1 中描述的传输线模型，何时表面粗糙度损耗比较显著？

5.8 对于如图 5.20 中所示的周期粗糙模式，电流是怎样在表面突起之间以及顶部流过的？假设为 TEM 场，画出电场、磁场以及电流。周期模式的重点是什么？什么样的假设不适用于周期模式？

5.9 对于一个 10 in 的传输线，其参数为 $w = 5$ mil，$h = 3$ mil，$t = 2.1$ mil，$\varepsilon_r = 4.1$，$\sigma = 5.8 \times 10^8$ S/m，源端输入 5 mA 电流，其相对于参考平面的单位面积总功率消耗为多少？

5.10 对于习题 5.1 中描述的传输线，在 10 GHz 下如果忽略了表面粗糙度，将会产生多大的误差？

5.11 对于习题 5.1 中描述的传输线，若使得传输线的功率损耗加倍，将需要多大的表面粗糙度？

5.12 对于一个平面波入射到无限厚的良导电介质时，画出导体外部的电场以及导体内部的磁场。将其结果与理想导体情况下的边界条件进行比较和对比。

第6章　电介质的电气特性

随着数字系统的速度持续按照摩尔定律而增长，印制电路板、封装或多芯片模块的电介质层的电气性能变得越来越重要。由于诸如频率相关介电常数和损耗因子、环境因素、电磁信号与基板纤维组织强化之间的局部交叉作用等现象变得更加显著已不能再忽视，以往低速设计中工作得极好的电介质材料变得难以驾驭。若不适当考虑高速电介质现象，将无法正确预测相位延迟和信号衰减，导致传输线模型的非物理行为。简言之，如果不考虑本章涉及的效应的话，以仿真为基础的数字总线设计无法超过 3 ~ 5 GHz。

电介质，更通常地被称为绝缘体，分子和原子中的电荷受限于其中，在施加电压之后也无法移动过大的距离。理想绝缘体不含任何自由电荷（像导体中那样），化学结构是宏观中性的。当电介质上施加了电压后，受限电荷不像在导体中那样会移动到材料表面。不过，电介质的原子和分子结构中的电子云将被扭曲、变向和移位，包括电偶极子。当这些发生时，就是所谓的电介质极化。电介质的极化能力将直接影响相对介电常数、介电损耗、能量传播和损耗之间的关系。

6.1　电介质极化

金属的电导率缘于自由电荷在宏观距离上的再分布。例如，图 5.4 显示了导体底部表面深度内所含的电流和大量电荷。而对电介质来说，施加的电场只会引起各原子上少许电子的极小的、亚原子距离上的移位。在电介质中，电子被紧紧捆绑在原子上，只有几乎忽略不计的一部分电子可以形成电流。导体和绝缘体在电子行为上有所差异的本质就是自由电荷和束缚电荷的差别。

6.1.1　电子极化

当由非极性分子组成的电介质材料处于外加电场中时，电子将在电场相反方向相对于原子核进行漂移。这样将产生大量的与电场方向一致的小型电偶极子。撤去外加电场后，电偶极子将回到中性位置，如图 6.1（a）所示。本质上来说，原子中的电子云在有外加电场时会引起畸变，就像弹簧被拉长时一样，如图 6.1（b）所示。这个本质赋予材料以存储电能的能力（如势能）。

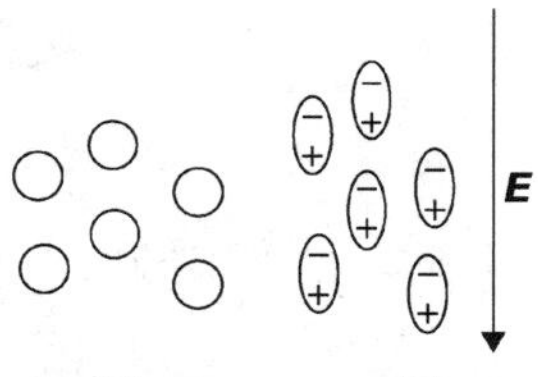

图 6.1　（a）无外加电场时的原子；（b）外加电场引起电子云畸变时的电偶极子

可以用原子的一个简化模型来说明外部电场与电子云畸变之间的关系。其中假设某点为正电荷 q_{e+}，表示了电子环带包围的原子核，另一点电荷为 q_{e-} 表示电子云。在外加电场作用下，电子云将被移位直到正电荷的原子核与负电荷的电子云之间的引力和外加电场的引力相等。等这两个引力相等时，可以估算电子云的位移量。要说明的是，该模型假定电子云在位移后仍是环状的。实际上，当外加电场引起电子云的移动时会被拉长。不过，这样易于推导出能深入观察电子极化机理的公式。

考虑如图6.2(a)所示的具有均匀电荷密度的环状电子云。单位体积的电荷密度为：

$$\rho = \frac{Q}{V} = \frac{Q}{\frac{4}{3}\pi r_e^3}$$

其中，Q 为环带体积 V 上的总的电荷分布，r_e 为电子云的半径。电场用高斯定理的积分式(2.59)来求解：

$$\oint_S \varepsilon \boldsymbol{E} \cdot \mathrm{d}\boldsymbol{s} = \int_V \rho \, \mathrm{d}V = Q_{\text{enclosed}}$$

此时，只与环带内的电场相关。这是因为使电子云远离正的原子核方向移动的力是必须计算的。假定电子云包含着自由空间且 $\varepsilon = \varepsilon_0$，高斯定理将简化为：

$$\varepsilon_0 E_r 4\pi r^2 = \frac{4}{3}\pi r^3 \rho$$

而小于半径 r_e 的各表面：

$$\varepsilon_0 E_r 4\pi r^2 = Q\left(\frac{r}{r_e}\right)^3 \rightarrow E_r = \frac{Qr}{4\pi\varepsilon_0 r_e^3}$$

假定总电荷为 $Q = q_e$，电子云移动距离 r 所需的力可以用式(2.57)计算：

$$\boldsymbol{F} = q_e \boldsymbol{E}_r = \frac{q_e^2 r}{4\pi\varepsilon_0 r_e^3} \tag{6.1}$$

因此，若原子上外加一个与 E_r 幅度相等但极性相反的电场时，相对于原子核来说，电子云将会移动 r 的距离，从而使原子极化，如图6.2(b)所示。

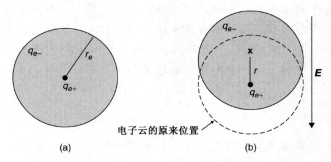

图6.2 (a)无外加电场时的原子；(b)外加电场引起电子云位移了 r 的距离，产生电偶极子

电偶极矩(或简称为电偶极)是电荷系统极性的度量。在两个点电荷的简单情形中，一个带有电荷 $+q_e$，另一带有电荷 $-q_e$，则电偶极矩是：

$$\boldsymbol{p} = q_e \boldsymbol{r} \tag{6.2}$$

其中，r 是从负电荷指向正电荷的位移向量。这意味着电偶极矩的向量的指向与电场的方向一致。

从式(6.1)求出 q_e，再乘上 r 可以得到以库仑·米/原子为单位的单一原子电偶极矩：

$$\boldsymbol{p} = q_e \boldsymbol{r} = 4\pi\varepsilon_0 r_e^3 E_r \tag{6.3}$$

式(6.3)说明了极化和电场强度成正比。某一容量电介质，若包含了 N 个原子的电介质，单位体积的电偶极矩为：

$$P = N\boldsymbol{p} \tag{6.4}$$

其中 P 是极化向量。简明起见，式(6.3)常表示为：

$$\boldsymbol{p} = \alpha_e E_r \tag{6.5}$$

其中 $\alpha_e = 4\pi\varepsilon_0 r_e^3$，也就是所谓的材料的电子极化。

6.1.2　取向(偶极子)极化

如果材料包含极性分子，比如液态水，有着永久的偶极矩，分子的取向在热扰动后会随机变动，偶极子的方向也是随机的，如图 6.3(a)所示。在材料外加电场后，极性分子将受电场影响而改变，如图 6.3(b)所示。材料的取向极化表示为 α_o。可以用 6.1.1 节中的类似的分析来推导 α_o，不过由于涉及过多，一般都不实用，因为推导过程需要进行分子间距离的详细分析。更详细的讨论可以参见 Elliott[1993]所撰写的书籍。

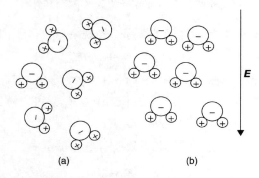

图 6.3　(a)无外加电场时的极性分子，显示出由于热扰动而存在的一定程度上的
随机取向；(b)由于取向极化效应，外加电场引起极性分子的规则排列

6.1.3　离子(分子)极化

溶解离子物质的极化可以看做特例。由于是液体，所以与前面所描述的理想电介质不同，包含着流动的、离解的正负电荷颗粒，称之为离子。例如，NaCl 溶解在水里时主要是以分离的 Na^+ 和 Cl^- 离子形式存在的，而不是中性的离子对。各离子与若干中性但极性的水分子相关联着，这些分子的方向由包围着的"水合球"离子的决定，如图 6.4(a)中所示的正钠离子。这里，要注意水分子中的氧原子上的部分负电荷朝向正的钠离子，而水合离子始终是正电荷。该溶液外加电场时，相对于负离子来说正离子会发生位移，从而产生相对于相异电荷的水合离子的物理迁移——进而分离，如图 6.4(b)所示。如果外加电场的电极表示了电子穴和电子源，且外加电势足够高时，在电极上将发生氧化和还原(氧化还原)反应，电路中将有净电流产生。若没有电子传输(也就是氧化还原反应)，外加电场只会产生位移。不过，当外加电场时，分子上的电子相对于 Na 和 Cl 核在亚原子距离上发生位移从而产生偶极矩。称之为离子极化率，用 α_i 表示，也就是熟知的分子极化率。详细讨论请参见 Elliott[1993]及 Pauling[1948]两本书。

6.1.4　相对介电常数

以上讨论主要是为了说明问题而开展的。实际上，材料的极化率一般不直接计算，因为直接计算需要材料中的原子和分子的原子级尺寸的精确信息。在实际应用中，一般通过观察介电常数随频率变化所表现出来的行为特征来间接地测量极化现象。

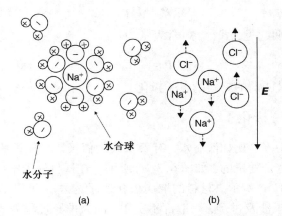

图 6.4　（a）无外加电场时，极性分子和离子是无序排列使自己的总极性是中性的。例子描述了被极性水分子包围着的正钠离子；（b）存在外加电场时，正离子和负离子将相向位移，产生了离子极化和分子极化

为了确定材料极化率和介电常数之间的关系，先观察单位体积内的总极化量：

$$\boldsymbol{P} = N(\alpha_e + \alpha_i + \alpha_o)\boldsymbol{E}_{\text{tot}} \tag{6.6}$$

其中，N 是单位体积内的偶极子数。式（6.6）中的电场 $\boldsymbol{E}_{\text{tot}}$ 包含了外加电场加上电偶极子极性朝向产生的分子场。取走电场中的电介质时，外加电场 $\boldsymbol{E}_0$ 是可以测试的，电通密度为：

$$\boldsymbol{D}_0 = \varepsilon_0 \boldsymbol{E}_0 \tag{6.7}$$

当电场中有电介质时，考虑到电场下的极化的影响，电通量密度变为：

$$\boldsymbol{D} = \varepsilon_0 \boldsymbol{E}_0 + \boldsymbol{P} \tag{6.8}$$

式（6.6）中的 $\boldsymbol{P}$ 与外加电场成正比，从而 $\boldsymbol{E}_{\text{tot}}$ 也与电场 $\boldsymbol{E}_0$ 成正比，式（6.3）中隐含了这种关系。所以可以选择一个适当的比例常数将 $\boldsymbol{D}$ 和 $\boldsymbol{E}_0$ 关联起来。这个值，也就是介电常数 ε，贯穿于本书：

$$\boldsymbol{D} = \varepsilon \boldsymbol{E}_0 \tag{6.9}$$

比较式（6.8）和式（6.9），可以引入另外一个将 $\boldsymbol{P}$ 和外加电场 $\boldsymbol{E}_0$ 关联起来的常数：

$$\boldsymbol{D} = \varepsilon_0 \boldsymbol{E}_0 + \boldsymbol{P} = \varepsilon_0(1 + \chi)\boldsymbol{E}_0 \tag{6.10}$$

其中

$$\chi = \frac{\boldsymbol{P}}{\varepsilon_0 \boldsymbol{E}_0} \tag{6.11}$$

其中 χ 为熟知的电极化率且为无量纲的。比较式（6.9）和式（6.10），可以发现介电常数用 χ 可以表示为：

$$\varepsilon = \varepsilon_0(1 + \chi) \tag{6.12}$$

此外，在 2.1 节中，介电常数被定义为

$$\varepsilon = \varepsilon_r \varepsilon_0$$

表明相对介电常数 ε_r 也能用 χ，因此材料的极化率为：

$$\varepsilon_r = 1 + \chi \tag{6.13}$$

这意味着相对介电常数是材料在外加电场作用下所做反应的直接表现。

6.2　电介质材料的分类

在 5.1.1 节中说明了, 如果一个平面波在如金属一类的导体介质中传播时, 安培定律可以简化为:

$$\nabla \times \boldsymbol{H} = \mathrm{j}\omega\left(\varepsilon - \mathrm{j}\frac{\sigma}{\omega}\right)\boldsymbol{E} \tag{6.14}$$

若是第 5 章所论的导体, 电导率 σ 代表着金属损耗。电导率的含义为自由电荷在材料中的移动能力。在良电介质中, 电荷是受到束缚的。不过, 正如 6.1 节中所讨论的, 电介质的分子或原子结构与外加电场之间的相互作用会改变材料中受束缚电荷的方向。作为例子, 式(6.1)计算了移动原子的电子云所需要的力。因此, 若要材料中的电偶极子与外加的时变电场的方向相一致, 将会消耗能量, 这就表现电介质损耗。随后, 式(6.4)中的 σ 项可以认为是电介质的等价电导率, 表征着材料极化带来的损耗。这样, 与第 5 章中定义导体的介电常数一样, 可以定义有损电介质的复介电常数:

$$\varepsilon = \varepsilon' - \mathrm{j}\frac{\sigma_{\mathrm{dielectric}}}{\omega} = \varepsilon' - \mathrm{j}\varepsilon'' \tag{6.15}$$

复介电常数的虚部代表电介质的损耗, 实部就是贯穿本书所涉及的介电常数 $\varepsilon' = \varepsilon_r\varepsilon_0$。大多数情况下, 电介质材料是按式(6.15)的实部除以自由空间的介电常数来划分的:

$$\varepsilon_r = \frac{\varepsilon'}{\varepsilon_0} \tag{6.16a}$$

也就是熟知的相对介电常数, 损耗因子为:

$$\tan|\delta| = \frac{\varepsilon''}{\varepsilon'} \tag{6.16b}$$

也就是式(6.15)的虚部和实部的比值。

6.3　频率相关的电介质行为

在 6.1 节讨论了电介质上施加外部电压时, 受原子和分子束缚的正负电荷相对于它们的平均位置会产生位移, 从而产生电偶极子并由极化向量 $\boldsymbol{P}$ 定量表示。此外, 引入了相对介电常数 ε_r 用以表示电介质中 $\boldsymbol{P}$ 的存在。当外加电场极性开始变化时, 极化向量 $\boldsymbol{P}$ 以及介电常数都会受影响。由于材料中的电偶极子的方向并不能随时变电场极性的变化而即时变化, 所以极化和相对介电常数为时变电场频率的函数。本节中, 我们将探讨电介质材料的频率相关性并导出有用的模型以模拟这些效应。

6.3.1　DC 电介质损耗

DC 损耗意味着电介质中含有能自由移动的导电电子并服从欧姆定律:

$$\boldsymbol{J} = \sigma_d \boldsymbol{E} \tag{6.17}$$

其中, $\boldsymbol{J}$ 是电流密度, σ_d 是电介质的电导率。假定外加电场是时谐场, 将式(6.17)代入安培定律可以得:

$$\nabla \times \boldsymbol{H} = \boldsymbol{J}(\boldsymbol{x}, t) + \frac{\partial \boldsymbol{D}(\boldsymbol{x}, t)}{\partial t}$$

$$= \sigma_d \boldsymbol{E}(\boldsymbol{x}) + j\omega[\varepsilon' - j\varepsilon'']\boldsymbol{E}(\boldsymbol{x}) \qquad (6.18)$$

$$= j\omega\varepsilon_0 \left(\varepsilon_r' - j\varepsilon_r'' - j\frac{\sigma_d}{\varepsilon_0 \omega} \right) \boldsymbol{E}(\boldsymbol{x})$$

将式(6.18)各项重新组合一下可以得到依存于介电常数的安培定律的公式,其中在式(6.15)中增加了表示导电电子的项 $\sigma_d/\varepsilon_0\omega$。式(6.18)中的 σ_d 不能与式(6.15)中的 $\sigma_{\text{dielectric}}$ 相混淆。$\sigma_{\text{dielectric}}$ 是电介质的有效电导率,对应于极化电介质中的电偶极子所需能量。而式(6.18)中的 σ_d 是真实电导率,与导体的电导率相仿,在导体中电子不受束缚可以自由移动。根据重新组合后的式(6.18),当 $\omega=0$ 时将产生一个极,使得公式在 DC 情况下不再正确。事实上,实际电介质的电导率 σ_d 极小($\sigma_d/\varepsilon_0\omega \ll 1$),直流项几乎总是可以忽略的[Huray, 2009]。

6.3.2 频率相关电介质模型:单极子

根据 6.1.1 节的推导,假定没有外加电场的原子可以表示为带正电荷的核和带负电荷的电子云,且它们是同心的。由于质子和中子远比电子重,当外加电场时,我们假定核是静止不动的,而电子云是可以移动的。这样,当外加电场时,电子云将发生迁移,而关闭外加电场时,电子云将返回原来位置,与图 6.5 所示的弹簧-质点系统相类似。当外加电场时(质点向下拉,拉伸弹簧的力为 F),电子(质点)将位移 x 的距离,从而产生电偶极子。当撤去外加电场时(质点也不再向下拉),电子云将返回其初始的中性位置(弹簧不再被拉伸)。这种相似性说明简易的机械弹簧模型可用以极化建模,因此,介电常数将是频率的函数[Huray, 2009]。

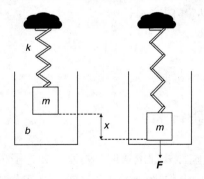

图 6.5 类比电场中的电子云:当质点(电子)被外力(电场)向下拉时,将拉伸弹簧(使电子云发生位移),使质点(电子)在阻尼系数为 b 的介质中位移 x 的距离。弹簧常数为 k

求解阻尼谐波振荡器(如图 6.5 所示的阻尼弹簧)的解的经典微分方程为:

$$\left(m\frac{\mathrm{d}^2 x}{\mathrm{d}t^2} + b\frac{\mathrm{d}x}{\mathrm{d}t} + kx \right) = F\mathrm{e}^{\mathrm{j}\omega t}$$

其中,m 为质点,b 为阻尼系数,k 为弹簧常数,$F\mathrm{e}^{\mathrm{j}\omega t}$ 为驱动力。弹簧方程可以重写为外加电场和电子质点的函数。由式(2.57)可知,力可以用电场和电荷来表示,$\boldsymbol{F} = q\boldsymbol{E}$,其中 q 为偶极子的电荷,m 为相对于静止的核的负电荷的质量,x 为位移距离:

$$\frac{\mathrm{d}^2 x}{\mathrm{d}t^2} + \frac{b}{m}\frac{\mathrm{d}x}{\mathrm{d}t} + \frac{k}{m}x = \frac{qE_0}{m}\mathrm{e}^{\mathrm{j}\omega t} \qquad (6.19)$$

式(6.19)的齐次通解是强阻尼的, 与稳态解无关, 所以它是没有意义的。假设 x 可以表示为 $x = A\mathrm{e}^{\mathrm{j}\omega t}$ 时, 可以求出式(6.19)的特解。这样可以有:

$$\frac{\mathrm{d}x}{\mathrm{d}t} = \mathrm{j}A\omega \mathrm{e}^{\mathrm{j}\omega t}$$

$$\frac{\mathrm{d}^2 x}{\mathrm{d}x^2} = -\omega^2 A\mathrm{e}^{\mathrm{j}\omega t}$$

将它们代回式(6.19)后, 可以求得系数 A:

$$-\omega^2 A\mathrm{e}^{\mathrm{j}\omega t} + \mathrm{j}\frac{b}{m}A\omega \mathrm{e}^{\mathrm{j}\omega t} + \frac{k}{m}A\mathrm{e}^{\mathrm{j}\omega t} = \frac{qE_0}{m}\mathrm{e}^{\mathrm{j}\omega t}$$

$$A\left(-\omega^2 + \mathrm{j}\frac{b}{m}\omega + \frac{k}{m}\right) = \frac{qE_0}{m}$$

$$A = \frac{qE_0/m}{-\omega^2 + \mathrm{j}(b/m)\omega + k/m}$$

因此

$$x = A\mathrm{e}^{\mathrm{j}\omega t} = \frac{(qE_0/m)\mathrm{e}^{\mathrm{j}\omega t}}{-\omega^2 + \mathrm{j}(b/m)\omega + k/m}$$

去掉时谐函数并重排一下各项可以得到

$$x = \frac{qE_0/m}{(k/m - \omega^2) + \mathrm{j}(b/m)\omega} \tag{6.20}$$

当 $\omega^2 = k/m$ 时, 振荡器的固有频率(共振)可以被定义为:

$$\omega_0^2 = \frac{k}{m} \tag{6.21}$$

这样, 式(6.20)就可以简化为:

$$x = \frac{qE_0/m}{\omega_0^2 - \omega^2 + \mathrm{j}(b/m)\omega} \tag{6.22}$$

由式(6.2)可知, 电偶极矩为

$$\boldsymbol{p} = q\boldsymbol{x} = \frac{q^2 E_0/m}{\omega_0^2 - \omega^2 + \mathrm{j}(b/m)\omega} \tag{6.23}$$

从而, 极化向量为:

$$\boldsymbol{P} = N\boldsymbol{p} = \frac{N(q^2 E_0/m)}{\omega_0^2 - \omega^2 + \mathrm{j}(b/m)\omega}$$

根据式(6.11)的电极化率的定义, 可以进一步表示为:

$$\chi = \frac{\boldsymbol{P}}{\varepsilon_0 E_0} = \frac{N(q^2/\varepsilon_0 m)}{\omega_0^2 - \omega^2 + \mathrm{j}(b/m)\omega}$$

从而根据式(6.13)可以得到相对介电常数的表达式[Huray, 2009]:

$$\varepsilon_r = 1 + \chi = 1 + \frac{N(q^2/\varepsilon_0 m)}{\omega_0^2 - \omega^2 + \mathrm{j}(b/m)\omega} \tag{6.24}$$

实部和虚部为[Balanis, 1989]：

$$\varepsilon_r' = 1 + \frac{N(q^2/\varepsilon_0 m)(\omega_0^2 - \omega^2)}{(\omega_0^2 - \omega^2)^2 + (\omega(b/m))^2} \tag{6.25a}$$

$$\varepsilon_r'' = N\frac{q^2}{\varepsilon_0 m}\frac{\omega(b/m)}{(\omega_0^2 - \omega^2)^2 + \left(\omega\frac{b}{m}\right)^2} \tag{6.25b}$$

式(6.24)和式(6.25)可以计算只有一个固有频率或共振频率的原子或者分子结构的材料的频率响应，在图6.6给出一个例子。在振荡器的固有频率(即共振)处，复介电常数的虚部将达到峰值，从而引起介电损耗的急剧增加，可以用式(6.16)的衰减系数量化表示。同时也可以看出，复介电常数的实部基本保持不变直到工作频率达到振荡器的共振频率。此时的振荡器为原子结构。在固有频率的近点，实部将下降而虚部上升，表明了介电常数的实部和虚部的关系，这将在6.4节中讨论。最后，当工作频率 ω 超过固有频率 ω_0 时，介电常数的值会下降到新的水平。

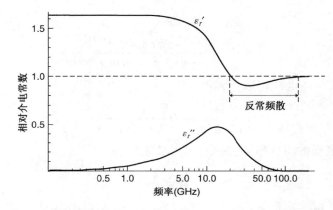

图6.6　纯电介质材料的频率响应，展示了只有一个固有或共振频率的原子或分子结构

6.3.3　反常频散

图6.6显示的曲线最有趣的部分是相对介电常数下降到1以下的那片区域。这片区域通常称之为反常频散。当首次碰到它时，通常会让人混淆，正如观察真空中光速的定义所展示出来的东西一样。在2.3.4节中，光速是以米/秒为单位定义的：

$$c \equiv \frac{1}{\sqrt{\mu_0 \varepsilon_r \varepsilon_0}}, \quad \varepsilon_r = 1$$

这意味着，如果 $\varepsilon_r < 1$，速度将超过真空中的光速($c \approx 3 \times 10^8$ m/s)。爱因斯坦的狭义相对论的结论之一是不可能有比光速更快的速度。然而，图6.6中以一定频率传播的波形在 $\varepsilon_r < 1$ 时的相速将打破这个物理学的基本理论。

与狭义相对论最明显的冲突主要由于一个错误的假设，即所有的速度计量都必须遵循这个规律。事实上，狭义相对论只是给出了包括信号或信息在内的物质体传播速度上限值。由于单频率的平面谐波不是物质体，也不是信号，它本身并不能用以传送信息。要理解这点，必须充分研究一下第2章中的相速的定义。为确定波传播的有多快，先要观察一下极小时间 Δt 的余弦项。波形传播中，时间上的极小改变将与距离上的极小改变 Δz 成正比，意味着随波形移动的观察者不会感觉到相位上的变化，因为它是以相速(v_p)移动的。不过，测量信号相速的唯一方法是开启发送端后，记下接收端的响应时间再除以距离。该方法测量的速度不能超过光速 c。要理解其中的缘由，考虑一下诸如数字脉冲等信息的传播。若脉冲分解成若干傅里叶分量，各分量将按各自的速度传播，有些会比光速度 c 慢，有些会比光速 c 快；然而，当所有的傅里叶分量组合起来时，脉冲的总体速度无法超过光速度 c。讨论这个主题常碰到的问题是，调制一个与具有反常频散区域的窄带信号以绕过相对论的规则并以超光速 c 的速度传送信息的可能性。不过，单频平面波始终不能携带信息，除非另外一个信号将它组合起来。例如，若只是单纯开启和关闭一个窄带信号作为单纯的调制，相当于将此窄带信号与阶跃信号相卷积，而后者具有无穷多的傅里叶分量。

用于传送信息的信号的速度无法超过光速的证明极其复杂，此处无法给出其证明过程。不过，Brillouin[1960]说明了实际电介质中的信号传播速度无法超过光速。

6.3.4　频率相关电介质模型：多极子

在 6.1 节中我们讨论过，根据材料分子和原子结构不同，实际电介质的极化包含不同数量的离子极化、取向极化和电子极化。一般而言，ε' 和 ε'' 对频率的依存比较复杂，将引起很宽范围的多次共振。鉴于这个原因，先为每个分子或原子的共振建立各自独立的谐波振荡器模型，之后用叠加方法得到最终结果。这样，对于一个具有 n 个固有频率的电介质，相对介电常数可以用 n 个独立谐波振荡器模型的响应之和来表示：

$$\varepsilon_r = 1 + \sum_{i=1}^{n} \frac{N_i(q^2/\varepsilon_0 m)}{\omega_i^2 - \omega^2 + j(b_i/m)\omega} \tag{6.26}$$

图 6.7 给出一个例子，其中任选了三个固有频率为 $\omega_1 = 20$ GHz，$\omega_2 = 100$ GHz，$\omega_3 = 400$ GHz 的谐波振荡器模型。随着频率的增加，介电常数将以阶梯方式下降到由反常频散区域区分开的较小的值点，从而引起在高于共振频率的频率点上的稳态值的改变($\Delta\varepsilon_r'$)。累加结果表明即使是介电常数的低频值也与高频的共振有关。

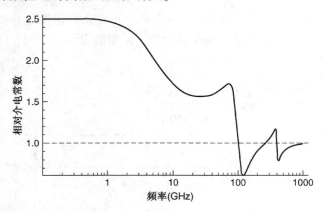

图 6.7　电介质材料的频率响应实例，其中展示了在 20 GHz，100 GHz 和 400 GHz 处三个原子或分子共振

虽然式(6.26)对于理解引起电介质随频率变化的物理机制极有裨益，但它很难在数字设计中仿真，因为它涉及很多分子结构的微小细节。一个较可行的方法是将式(6.26)用电介质的测定值表示。若式(6.26)乘以 ε_0，右边的求和项的分子分母分别除以 $1/\omega_0^2$ 可以将其简化。

这样分子项 $(1/\omega_0^2)[N(q^2/m)]$，是以法拉/米为单位的：

$$1\,\mathrm{F} = \frac{\mathrm{s}^4 \cdot \mathrm{A}^2}{\mathrm{m}^2 \cdot \mathrm{kg}}$$

$$1\,\mathrm{C} = \mathrm{A} \cdot \mathrm{s}$$

$$\frac{1}{\omega_0^2}\left(N\frac{q^2}{m}\right) \to \mathrm{s}^2\left(\frac{1}{\mathrm{m}^3}\frac{\mathrm{A}^2 \cdot \mathrm{s}^2}{\mathrm{kg}}\right) = \mathrm{F/m}$$

这和 ε' 的单位是相同的。这样式(6.26)可以写为：

$$\varepsilon = \varepsilon'_\infty + \sum_{i=1}^n \frac{\Delta\varepsilon'_i}{1 - \omega^2/\omega_{1i}^2 + \mathrm{j}\omega/\omega_{2i}} - \mathrm{j}\frac{\sigma_d}{\varepsilon_0\omega} \qquad (6.27)$$

其中 ω_{1i} 和 $\omega_{2i}[(1/\omega_i^2)(b/m)\omega = \omega/\omega_{2i}]$ 是发生介电常数偏差的频点，$\omega = 2\pi f$ 为工作频率，$\Delta\varepsilon'$ 为特定频段上的介电常数的偏差，σ_d 为电介质材料的真实电导率，ε'_∞ 为高频区域介电常数，而 ε_0 为真空中的介电常数。$\mathrm{j}(\omega/\omega_{2i})$ 项对应了中频频段分子偶极子(取向极化)的阻尼特性，ω^2/ω_{1i}^2 为诱发的原子和分子偶极子的共振，而最后一项 $\mathrm{j}(\sigma_d/\varepsilon_0\omega)$（在6.3.1节里推导过）解释了电介质低频频段的损耗，通常可以忽略。

图6.8概念化地绘出了介电常数的实部和虚部随频率变化的情况。必须说明的是该曲线不代表任何具体的电介质材料；它是用来帮助读者概念性地理解多种不同形式的极化变得显著时的情形。数字设计中的大多数电介质材料，实验室测量结果说明介电常数取决于式(6.27)中的阻尼系数 $\mathrm{j}\omega/\omega_{2i}$ 而非共振(ω^2/ω_{1i}^2)。对于取向极化(极性分子竭力与时变外部电场相一致)，阻尼系数变得很高。从而，尽管很多因素影响着阻尼运动，从取向极化的概念还是能推导出经典的电介质模型。若忽略高频振荡，介电常数公式将简化为式(6.28)，可用于大多数使用了通用电介质材料的实际高速数字平台。

$$\varepsilon = \varepsilon'_\infty + \sum_{i=1}^n \frac{\Delta\varepsilon'_i}{1 + \mathrm{j}(\omega/\omega_{2i})} \qquad (6.28)$$

可以看到式(6.28)与著名的德拜(Debye)方程相同，在建立高精度电介质模型库时，常用于测试数据的曲线拟合。电介质模型库用于高速数字系统的设计。

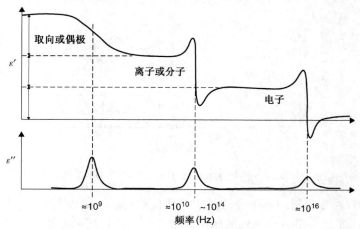

图6.8　概念化的复介电常数随频率的变化图，显示了每一极化机制出现的近似区域

　　实验室测量结果表明对于 FR4 电介质来说，电介质的振荡在低于 30 GHz 处都存在着，这可能影响到甚高频的电路设计。在设计高于 20 GHz 谐波显著的数字系统时，由典型电介质构成的传输线的相位延迟和损耗特性必须仔细审查，使得所有的振荡都能考虑在内。在第 9 章中，我们将讨论用 S 参数测试方法来提取传输性的损耗特性和相位速度。损耗的极窄带增加伴以相速的同步增加是电介质振荡存在于特定频段的明显标志。

　　式（6.27）和式（6.28）比式（6.26）更实用的最重要的原因之一是：它们能进行经验曲线拟合。由于式（6.26）需要详细了解原子结构，在实际应用中用处不大。不过，介电常数可以用相位延迟（详见第 9 章）来测定，选择适当的极点（ω_{1i} 和 ω_{2i}），以及 ε'_∞ 和 $\Delta\varepsilon'$ 后可以将其结果可用于式（6.27）中，从而本质上用曲线拟合法建立与电介质行为物理上相一致的模型。式（6.27）的具体实施取决于电介质材料的特性。进而，对一般材料而言，最直接的应用需要 ε_r 和 $\tan\delta$ 的实测响应，以确定阻尼极点和振荡峰值。

　　例6.1　使用式（6.27）建立如图 6.9 所示的实测电介质数据的经验模型。

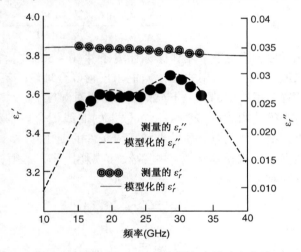

图 6.9　拟合式（6.27）的实测电介质响应曲线

　　解

　　图 6.9 描述了 15～35 GHz 间介电常数实部和虚部的实测数据。可以看出实测数据在 19 GHz 和 32 GHz 的近点的 ε''_r 的小峰值，包括出现的两个共振诱导偶极子，其性质上可能是离子或分子。因此，忽略直流项后，在 15～35 GHz 的频率范围内对该材料实施式（6.27）可以得到

$$\varepsilon = \varepsilon_\infty + \frac{\Delta\varepsilon_1}{1 + \mathrm{j}(\omega/\omega_1) - \omega^2/\omega_2^2} + \frac{\Delta\varepsilon_2}{1 + \mathrm{j}(\omega/\omega_3) - \omega^2/\omega_4^2}$$

其中 $\omega_1 = 2\pi(20\ \text{GHz})$，$\omega_2 = 2\pi(19\ \text{GHz})$，$\omega_3 = 2\pi(63\ \text{GHz})$，$\omega_4 = 2\pi(32\ \text{GHz})$，$\Delta\varepsilon_1 = 0.0163$，$\Delta\varepsilon_2 = 0.012$，$\varepsilon_\infty = 3.8$。振荡项 ω_2 和 ω_4 选择为峰值，$\Delta\varepsilon_1$ 和 $\Delta\varepsilon_2$ 为近峰值点介电常数的实部的偏差，ω_1 和 ω_3 为阻尼项，在峰的宽和高与实测数据相吻合前会不断变化。此时，电介质模型只在 15～35 GHz 间是正确的，这也是受实测数据所限［Hall et al., 2007］。

6.3.5　无穷极点模型

　　大多数高速数字设计平台的使用者并不拥有奢侈的宽带复介电常数测量装备，无法获得满足式（6.27）的合理值。因此，需要一种方法能从半导体厂商提供的数据表中的单数据点计

算出频率相关的复介电常数。厂商提供的数据表中一般包含 1 GHz 和 10 GHz 时的介电常数（ε_r）、损耗因子（$\tan\delta$）列表。这之前首先要做一定的假设，设频率相关的电介质的行为在阻尼发生时才开始表现出来。这种假设与式（6.28）相符合，其在频率低于 20 GHz 时也是较合理近似，通常也适用于更高的频率。假设 ω_{2i} 在对数刻度的轴上线性递减，根据 Djordjevic et al. [2001] 所提到的方法，取一定数量的项时，可以将式（6.28）简化。设 $\Delta\varepsilon'$ 表示频率下限 $\omega_1 = 10^{m_1}$ 和频率上限 $\omega_2 = 10^{m_2}$ 之间 ε' 的总偏差，并假设它在刻度为频率对数的轴向上均匀分布，这样 $\Delta\varepsilon'/(m_2 - m_1)$ 就是十倍频程对数上的偏差，是对数刻度轴上的 ε' 的线性衰减。若取无穷多的项，式（6.28）的和将变为式（6.29），称之为无穷极点模型。

$$\sum_{i=1}^{n} \frac{\Delta\varepsilon'}{1 + j(\omega/\omega_{2i})} \to \frac{\Delta\varepsilon'}{m_2 - m_1} \int_{=m_1}^{m_2} \frac{dx}{1 + j(\omega/10^x)}$$

$$= \frac{\Delta\varepsilon'}{m_2 - m_1} \frac{\ln[(\omega_2 + j\omega)/(\omega_1 + j\omega)]}{\ln(10)} \quad (6.29)$$

$$\varepsilon' - j\varepsilon'' = \varepsilon_\infty + \frac{\Delta\varepsilon'}{m_2 - m_1} \frac{\ln[(\omega_2 + j\omega)/(\omega_1 + j\omega)]}{\ln(10)}$$

与实验室测量结果相比，对于适用于干燥和标称环境条件（0～50% 左右的相对湿度）下的现代数字平台的电介质来说，可以看出用式（6.29）能求出精确合理解。不过，对于一些有着吸水倾向（如 FR4），当放置于很潮湿的环境下（即 95% 的相对湿度）且频率高于 10 GHz 时，该模型将不再适用。此时必须使用式（6.28）对测试数据的曲线拟合以求得实际电介质的行为特征。在 6.6 节中将更详细地讨论电介质特性随环境条件的变化。

为能从单频率的数据值点求出宽频带介电常数和损耗因子，必须先知道对应频率的 ε_r 和 $\tan\delta$，并用下式求出 ε' 和 ε''：

$$\varepsilon = \varepsilon - j\frac{\sigma_{\text{dielectric}}}{\omega} = \varepsilon' - j\varepsilon''$$

$$\tan|\delta| = \frac{\varepsilon''}{\varepsilon'}$$

将介电常数的实部与虚部与式（6.29）的实部与虚部相对照，可以计算出 $\Delta\varepsilon'$ 和 ε'_∞，随后将其代入式（6.29）可以计算出其他各频点的响应。

回想一下复数的特性，一个复数可以表示为 $z = a + jb = re^{j\theta}$，其中 $r = \sqrt{a^2 + b^2}$，$\ln(z) = \ln(r) + j(\theta + 2\pi k)$，其中 k 为整数。假设 $\omega_1 \ll \omega \ll \omega_2$，式（6.29）中的对数项可以简化为

$$\text{Re}\left(\ln\frac{\omega_2 + j\omega}{\omega_1 + j\omega}\right) = \ln\sqrt{\frac{\omega^2 + \omega_2^2}{\omega^2 + \omega_1^2}} \approx \ln\frac{\omega_2}{\omega}$$

从而可以将式（6.29）中的实部近似为：

$$\varepsilon' \approx \varepsilon'_\infty + \frac{\Delta\varepsilon'}{m_2 - m_1} \frac{\ln(\omega_2/\omega)}{\ln(10)} \quad (6.30a)$$

假设 $\omega_1 \ll \omega \ll \omega_2$，式（6.29）中的对数函数在 $-\pi/2$ 时几乎为常数，这样式（6.29）的虚部可以近似为 [Pytel, 2007]：

$$\varepsilon'' \approx \frac{\Delta\varepsilon'}{m_2 - m_1} \frac{-\pi/2}{\ln(10)} \quad (6.30b)$$

　　图 6.10 给出了一个分别用式(6.29)表示的模型计算和用 Fabry-Perot 开腔振荡器测试所得到的损耗因子和介电常数之间的关系的例子。模型曲线响应是由已知的 1 GHz 处的数据点计算所得，其中 $\varepsilon_r/\tan\delta=3.9/0.0073$，是用分裂柱型振荡器(split post resonator)测量的。值得一提的是，实测 $\tan\delta$ 数据点和模型计算所得之差的最大偏差在 30 GHz 时只有 0.0009，而在 20 GHz 时 ε_r 的最大偏差小于 0.01[Hall et al., 2007]

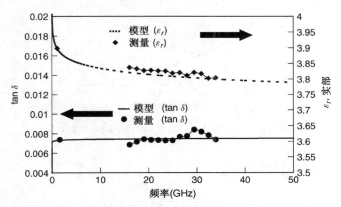

图 6.10　测量所得介电响应与用无穷多点模型式(6.29)计算的 1 GHz 处的单数据点的介电响应的比较

　　例 6.2　用无穷极点 Debye 模型式(6.29)计算介电常数的频率相关性。假设标称相对湿度为 30% 且已测得 1 GHz 处的数据为 $\tan\delta=0.0073$，$\varepsilon_r=3.9$，直到 10 GHz 仍有效。

　　解

　　步骤 1：计算无穷极点变量 ε'_∞ 和 $\Delta\varepsilon'$。选择正好超过所关注频率的上限和下限值。我们选择下限值为 10 rad/s(1.6 Hz)，而上限值为 100 Grad/s(16 GHz)：

$$\omega_1=10^1\rightarrow m_1=1 \quad 和 \quad \omega_2=10^{11}\rightarrow m_2=11$$

1 GHz 时的复介电常数的实部为 $\varepsilon'=\varepsilon_r\varepsilon_0=3.9\varepsilon_0$。复介电常数的虚部由式(6.16)计算：

$$\tan|\delta|=\frac{\varepsilon''}{\varepsilon'}$$

$$\varepsilon''=\varepsilon'\tan|\delta|=(3.9)\times(0.0073)=0.028$$

将复介电常数的虚部代入式(6.30b)可以计算出 $\Delta\varepsilon'$：

$$0.028=\frac{\Delta\varepsilon'}{11-1}\frac{-\pi/2}{\ln(10)}\rightarrow\Delta\varepsilon'=-0.417$$

其中负号可以忽略，因为它已经包含在式(6.15)中。之后，$\Delta\varepsilon'$ 可用式(6.30a)计算：

$$3.9\approx\varepsilon'_\infty+\frac{0.417}{11-1}\frac{\ln(10^{11}/2\pi(10^9))}{\ln(10)}\rightarrow\varepsilon'_\infty=3.85$$

　　步骤 2：用式(6.30a)和式(6.30b)计算频率相关复介电常数的特性：

$$\varepsilon'(f)\approx3.85+0.0178\ln\frac{10^{11}}{2\pi f}$$

$$\tan|\delta|=\frac{\varepsilon''}{\varepsilon'}=\frac{0.028}{3.85+0.0178\ln(10^{11}/2\pi f)}$$

图 6.11 绘出了电介质特性与频率的关系。若进行双重核算，可以看出在 1 GHz 处，相对介电常数为 3.9 而损耗因子为 0.0073。

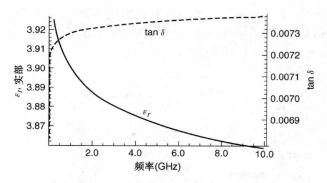

图 6.11　例 6.2 的电介质特性与频率的对应关系

6.4　物理电介质模型的特性

具有物理特性的电介质模型，应能正确地估计现实中所观察到的电介质的频率相关特性。数字设计中的常见错误是使用传输性模型，而传输性模型有着频不变的电介质特性。传输线模型在频率较低时为较好的近似，而当系统数据速率增加到 2 Gb/s 以上时，该方法将在仿真中产生很大的错误，使得最后的分析几乎无用。本节中，我们将讨论一个物理可实现模型必须满足的特性。尽管本节只关注电介质模型，其他所有模型也都必须通过这些测试，以确保其行为特征与实际相符。本节首先讨论介电常数和损耗因子之间的关系，之后引入专用数学测试以确保模型满足物理特征。

6.4.1　ε' 和 ε'' 之间的关系

在 5.2.3 节里我们看到，传输线串联的交流电阻和内部电感的实部和虚部之间存在着特殊关系。复介电常数的实部和虚部之前也存在类似的关系，进而也暗示着相对介电常数 ε_r 和损耗因子 $\tan \delta$ 之间存在着一定的关系。为了将此关系概念化，假设频率范围小于 20 GHz。测试表明在这样的范围内阻尼在电介质的响应中占主导地位。在这段频率区间内，大的极化分子竭力与外加的时变电场（比如方向极化）保持一致从而产生能量损耗，也就是功率损耗。当频率增加时，极化分子更难及时随电场的变化而变化，从而意味着高频时需要消耗更多的能量。试想一下划船时拉动船桨的情形。当划桨速度提高时，桨在水中的运动将更困难，要用更大的力气。以此类推，电介质损耗以及损耗因子将随频率的增加而增加。观察一下 2.4.2 节中单位体积能量密度的定义可知，电荷分布所蕴含的能量与 ε 成正比：

$$w_e = \frac{\varepsilon}{2} E^2 \qquad \text{J/m}^3$$

若分子极化时消耗了能量（即功率），电荷中存储的总能量（沿电介质透射过去的能量）将成比例地减小。由于 ε 表示了在外加电场下电介质存储能量的大小，介电常数也必将减小，而损耗因子将增加。图 6.10 和图 6.11 显示了这种普遍趋势。要注意的是，随着工作频率达到前文所推导的电介质模型的极点或者说振荡器的频率时，这样的类推不再成立。不过，对于大多数建立在普通 PCB 材料之上的高速数字设计来说，这样的类推是成立的。上面的类推暗示着介电常数的实部与虚部之间的特殊关系，这种特殊关系在设计高速数据总线时必须正确对待。这一点可以用以下方法说明。将式(6.31)的单极点 Debye 模型的实部和虚部分解开来：

$$\varepsilon' - j\varepsilon'' = \varepsilon'_\infty + \frac{\Delta\varepsilon'}{1 + j(\omega/\omega_0)} \tag{6.31a}$$

$$\varepsilon' = \varepsilon'_\infty + \frac{\Delta\varepsilon'}{1 + (\omega/\omega_0)^2} \tag{6.31b}$$

$$\varepsilon'' = \frac{\Delta\varepsilon'(\omega/\omega_0)}{1 + (\omega/\omega_0)^2} \tag{6.31c}$$

之后，式(6.31b)和式(6.31c)结合起来可以得到：

$$\varepsilon' = \varepsilon'_\infty + \frac{\varepsilon''\omega_0}{\omega} \tag{6.32a}$$

$$\varepsilon'' = (\varepsilon' - \varepsilon'_\infty)\sqrt{\frac{\Delta\varepsilon'}{\varepsilon' - \varepsilon'_\infty} - 1} \tag{6.32b}$$

可以看到介电常数的实部(ε')是虚部(ε'')的函数，反过来也一样。式(6.32)表明有种特定的关系主导着复介电常数的实部与虚部。而且，当 $\omega_0 \gg \omega$ 时，损耗因子可以简化为：

$$\tan|\delta| \approx \frac{\omega}{\omega_0}\left(1 - \frac{\varepsilon_\infty}{\varepsilon_\infty + \Delta\varepsilon'}\right) \tag{6.33}$$

表明损耗因子将随频率的增加而增加。所以，对于能用 Debye 公式表达的电介质，式(6.32)表明 ε'(ε''也是如此)将随频率的增加而减小，而式(6.33)则表明损耗因子随频率的增加而增加。

当频率极高时，Debye 模型将带来一个问题。当 Debye 模型由 $\omega_0 < \omega$ 的极高频振荡外力函数时，在外力函数方向切换之前，系统将没有时间响应，所以当 ω 增大时，损耗将消失，如图 6.12 所示。图 6.12 为极点 $\omega_0 = 5$ GHz 对应的图形。

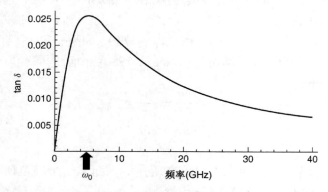

图 6.12　当谐波振荡器由远高于其固有频率或振荡频率($\omega_0 < \omega$)的频率驱动时，将不再
有损耗。此例绘出了 $\omega_0 = \omega_{2i} = 5$ GHz 时式(6.28)的 Debye 公式所产生的损耗

6.4.2　数学约束

　　一个传输线模型要与实际规则物理上一致，必须满足一定的数学约束。当前，绝大多数工程师们在设计高速数字系统时采用的是介电常数和损耗因子的频不变模型。采用这种模

型，在频率较低时工作良好，而当传输线上传播的数字信号的速率超过 $1 \sim 2$ Gb/s 时，将产生幅值误差和相位误算。这是因为电介质实际上具有频率相关的特性，而这一点必须在电介质模型中充分体现。当数据率提高时，数字脉冲列的谱含量也将增加，而频不变近似带来的误差将被放大，这种情况对于较长的传输线来说尤其突出。若电介质模型未能遵循这些规则，就会产生错误结果，实验室校正将极其困难甚至不再可行，导致设计时间急剧增加。本节将介绍电介质模型必须遵守的能与实际电介质特性物理上一致的特定约束。特别探讨了因果关系、解析函数、实数性和无源性的条件。

因果关系 Ralph Kronig 和 Hendrik Anthony Kramers 在 20 世纪初 [Balanis, 1989] 就深入讨论了复介电常数的实部与虚部之间的关系。他们确立了 Kramers-Kronig 关系，用以描述上半平面是解析的任一复数函数的实部和虚部之间的关系：

$$\varepsilon'(\omega) = 1 + \frac{2}{\pi} \int_0^\infty \frac{\omega' \varepsilon_r''(\omega')}{(\omega')^2 - \omega^2} \, d\omega' \tag{6.34a}$$

$$\varepsilon''(\omega) = \frac{2\omega}{\pi} \int_0^\infty \frac{1 - \varepsilon_r'(\omega')}{(\omega')^2 - \omega^2} \, d\omega' \tag{6.34b}$$

Kramers-Kronig 公式化的关系一般用于响应函数。物理上，一个响应函数 $\chi(t - t')$ 描述了物理系统的某一属性 $P(t)$ 在外加力 $F(t')$ 作用下的响应。例如，$P(t)$ 可以是钟摆的角度，而 $F(t')$ 则为来自于驱动电机的外加力。在外加力作用之前，系统是无响应的，所以当 $t < t'$ 时，响应 $\chi(t - t')$ 为零。这样的函数称之为因果。以常识而言，果不能早于因，这也是每个物理模型都必须遵从的基本准则，数学表达为：

$$h(t) = 0, \quad t < 0 \tag{6.35}$$

我们将在第 8 章讨论因果关系要求的数学描述。

解析函数 外加电场时电介质的响应可以用 ε 来表达，从而一个因果特性的电介质模型不可能在外加电场之前做出响应，这对一个物理系统是言之有理的。可以看到，这样的因果关系意味着复介电常数 $\varepsilon(\omega)$ 的傅里叶变换是解析的 [Jackson, 1998]，进而意味着实部(ε') 和虚部(ε'') 间有着特殊关系。

对于一个复函数 $f(x + jy) = u(x, y) + jv(x, y)$ 来说，如果 u 和 v 具有一阶连续偏微分且满足柯西-黎曼方程，可以认为 f 是解析的 [LePage, 1980]。柯西-黎曼方程表明了此类复函数的实部与虚部的关系：

$$\frac{\partial u}{\partial x} = \frac{\partial v}{\partial y} \tag{6.36a}$$

$$\frac{\partial u}{\partial y} = -\frac{\partial v}{\partial x} \tag{6.36b}$$

假设电介质响应为复函数的话，可以看出前文所述的电介质模型满足柯西 – 黎曼方程。例如，若将 $\omega = \omega_R + j\omega_I$ 代入式 (6.31) Debye 模型：

$$\varepsilon(\omega_R + j\omega_I) = \varepsilon_\infty' + \frac{\Delta\varepsilon'}{1 + j[(\omega_R + j\omega_I)/\omega_0]} = \frac{\omega_0 \Delta\varepsilon'(\omega_0 - \omega_I)}{(\omega_0 - \omega_I)^2 + \omega_R^2}$$

$$- j \frac{\omega_0 \Delta\varepsilon' \omega_R}{(\omega_0 - \omega_I)^2 + \omega_R^2}$$

可以得到

$$\frac{\partial \mathrm{Re}(\varepsilon)}{\partial \omega_R} = \frac{\partial \mathrm{Im}(\varepsilon)}{\partial \omega_I}$$

$$\frac{\partial \mathrm{Re}(\varepsilon)}{\partial \omega_I} = -\frac{\partial \mathrm{Im}(\varepsilon)}{\partial \omega_R}$$

因此，实际电介质模型的实部和虚部是相互关联的，也就是说，响应的虚部可以用实部来计算，反之亦然。

实数性　另一个约束就是一个物理模型的时域响应必须为实数，这在 2.3.3 节中进行了简要说明。若一个函数在时域内为实数，它的傅里叶变换一定满足复共轭定律[LePage, 1980]：

$$F(-\omega) = F(\omega)^* \tag{6.37a}$$

例如，考虑高斯定理：

$$\nabla \cdot \boldsymbol{D} = \nabla \cdot \varepsilon \boldsymbol{E} = \rho$$

若 $\boldsymbol{D}$ 和 $\boldsymbol{E}$ 为实函数，它们一定满足式(6.37a)的复共轭定律，因而介电常数也同样满足此定律[Jackson, 1998]：

$$\varepsilon(-\omega) = \varepsilon(\omega)^* \tag{6.37b}$$

无源性　一个物理系统若不产生能量则为无源的。例如，一个 n 端口网络是无源的，必须满足

$$\int_{-\infty}^{t} \boldsymbol{v}^{\mathrm{T}}(\tau) \cdot \boldsymbol{i}(\tau) \, \mathrm{d}\tau \geq 0 \tag{6.38}$$

其中，$\boldsymbol{v}^{\mathrm{T}}(\tau)$ 为端口电压矩阵的转置，$\boldsymbol{i}(\tau)$ 为电流矩阵。式(6.38)的积分表示到时刻 t 为止，系统累计消耗的能量(功率)。在一个无源系统中，该能量在任一时刻 t 都必须为正。以下两种情况满足该要求：(1)系统消耗的能量多于它产生的能量；(2)在消耗能量之后才开始产生能量。在消耗能量之前就开始产生能量的非因果系统被当做是非无源的。

小结　一个实际的电介质模型应具有如下特征：

1. 因果性。模型在外加激励之前不应做出响应。
2. 解析性。模型必须满足柯西–黎曼方程，也就是说，介电常数的实部和虚部是关联的。
3. 实数。时域内为实数，即其傅里叶变换必须满足式(6.37)的复共轭定律。
4. 无源性。模型不应产生能量。

6.3 节推导出的电介质模型满足这些数学约束。

6.5　纤维交织效应

如 3.1 节的简述，印制电路板(PCB)普遍由 FR4 型材料组成。对于 PCB 板上传播的数字信号来说，电子工业界应用的包括 FR4 在内的许多电介质，从来都被认为是均匀的。当系统总线上的信号速率提升到几个 Gb/s 的级别时，交织在 FR4 的环氧树脂结构的玻璃纤维束，使这种均匀性假设将不再成立。高频时，介电常数的局部扰动将使时延 τ_d 和特征阻抗 Z_0 与空间相关。若不适当控制，空间相关的传输线参数会严重影响到电压和时间裕度，这对第 7 章中将要讨论的差分信号总线的影响尤其大。本节将展示 PCB 的物理结构产生局部扰动、系统介电常数扰动的机理，并介绍减小这种效应的材料和设计方案。

6.5.1　FR4 电介质的物理结构和介电常数扰动

FR4 是由嵌在环氧树脂中的玻璃纤维束交织混合组成的。FR4 的物理结构图如图 6.13 所示，其中说明了当传输的信号频率高达数吉赫兹时，电介质局部特性的扰动使均匀电介质假设不再可行。加强的玻璃纤维束的介电常数 ε_r 约为 6，而嵌有纤维束的环氧树脂的 ε_r 接近 3。而块材料介电常数取决于玻璃纤维对树脂体积之比：

$$\varepsilon_r = \varepsilon_{rsn} V_{rsn} + \varepsilon_{gls} V_{gls} \tag{6.39}$$

其中，ε_{rsn} 和 ε_{gls} 为环氧树脂和玻璃纤维的介电常数，V_{rsn} 和 V_{gls} 为环氧树脂和玻璃纤维的体积比。

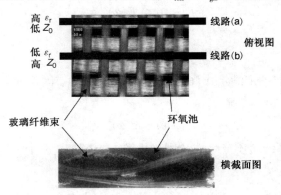

图 6.13　FR4 电介质的物理结构；注意传输线相对于玻璃纤维的物理位置是如何主导阻抗的

从图 6.13 可以看出玻璃纤维束间有着明显的间隙，也许信号线将布线在它的上面。可以利用这一点来布差分对信号线，线路(a)布在玻璃纤维束上，而线路(b)布在玻璃纤维束的间隙上。这样的结果是线路(a)相比线路(b)来说有着较高的有效介电常数($\varepsilon_{r,eff}$)和较低的阻抗。这一般是统计情形，因为交织纤维被制造成玻璃束平行于基板的边缘。多数布局策略是将系统总线中各传输线与基板边缘成 0°或得 90°夹角的方向布线，这样可以将观察研究空间相关的有效介电常数($\varepsilon_{r,eff}$)的机会最大化。

有效介电常数的可变性可以用图 6.14 所示的测试基板结构以实验方法获得。如果将测试基板结构设计为中心-中心的线间距(x_t)略大于相邻玻璃纤维束的期望间距(x_w)，将若干传输线布线成平行于玻璃纤维束且横跨 PCB 的大部分区域，信号线相对于玻璃纤维束的位置的扰动是系统级的扰动，这样可以求出最坏情形时传输线间 $\varepsilon_{r,eff}$ 的差。

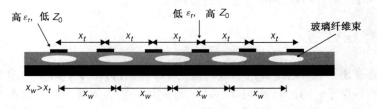

图 6.14　印制电路板上传输线与纤维束的关系

图 6.15 显示了用时域反射计(TDR)测量类似于图 6.14 的测试结构所提取出来的有效介电常数。有效介电常数是由测试所得的传输线延迟 τ_d 计算得到的。延迟是用类似于例 3.7 的 TDR 图来计算的。之后，用式(2.52)计算有效介电常数，其中 $\mu_r = 1$，$\varepsilon_r = \varepsilon_{r,eff}$

$$v_p = \frac{c}{\sqrt{\mu_r \varepsilon_{r,\text{eff}}}} \rightarrow \frac{1}{v_p} = \tau_d = \frac{\sqrt{\varepsilon_{r,\text{eff}}}}{c}$$
$$\rightarrow \varepsilon_{r,\text{eff}} = (c\tau_d)^2 \tag{6.40}$$

要注意有效介电常数是玻璃纤维织物、环氧树脂以及微带传输线周围的空气的组合函数。由于传输线的相对位置在 PCB 上是缓慢变化的，有效介电常数的最劣差等于测量所得的 $\varepsilon_{r,\text{eff}}$ 的最小值与最大值之差。图 6.15 的例子显示了一个微带线的有效介电常数的最劣差 $\Delta\varepsilon_{r,\text{eff}}$，约为 0.23 的例子，其中基板采用了 2116 型玻璃纤维强织物。根据测试数据的经验观察，这对应着实际的介电常数差($\Delta\varepsilon_r$)为 1.5 到 2.25 $\Delta\varepsilon_{r,\text{eff}}$ 的电介质。大量基于 FR4 的测试基板的测试数据表明测量所得的微带线的有效介电常数的差最大可以达到 $\Delta\varepsilon_{r,\text{eff}} = 0.4$，导致电介质值 $\Delta\varepsilon_r$ 为 0.8～0.9。尽管这些空间扰动看上去较小，第 7 章中的分析将说明它会严重地影响数据速度为 5～10 Gb/s 的较短的差分传输线。

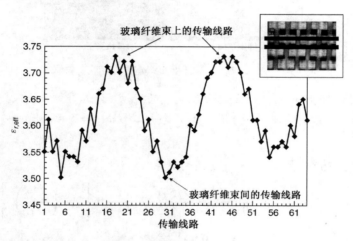

图 6.15　由于纤维效应引起的平行于基板边缘的 64 条传输线 $\varepsilon_{r,\text{eff}}$ 的扰动。基板由 FR4 电介质构成

6.5.2　纤维交织效应的缓解

通过不断调整传输线相对于纤维束的位置，将传输线走线与纤维交织成一定角度，从而将纤维交织效应达到平均。如图 6.16 所示，45°走线将使这种影响达到最小。研究表明小到 5°～10° 的偏移就足以缓解大部分的空间效应。

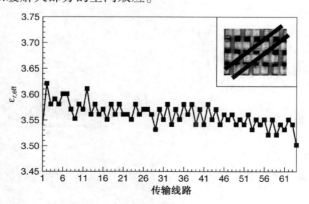

图 6.16　消减与基板边缘成 45°夹角的 64 条传输线的 $\varepsilon_{r,\text{eff}}$ 的例子。基板由 FR4 电介质构成

6.5.3 纤维交织效应的建模

前文的讨论说明电介质各层所用的均匀介电常数的传统传输线建模方法已经不再适用了。需要将其修改成为能考虑了局部介电扰动的新模型。图6.17显示了一个用于计算传输线参数的二维场仿真工具的横截面的几何描述。原理上虽简单，不过由于有效介电常数需从环氧树脂、玻璃纤维、焊接掩膜，以及空气等多种电介质的组合测试来求得，所以该新方法变得复杂起来。一开始，可以用式(6.39)所描述的方法来估算 FR4 各部分绝缘体的有效介电常数。确定 ε_{r1} 和 ε_{r2} 的真实值(参见图6.17)的方法是，不断改变它们的值，直到二维仿真所得的延迟等于测试板上测得的结果。或者，采用适当的玻璃纤维/环氧树脂的高度比率以及焊接掩膜的厚度，精确描述横截面，用二维电磁场仿真工具可以算出有效介电常数的准确解。

图6.17　二维纤维交织建模的结构

例6.3　由图6.15所示的空间介电常数 $\varepsilon_{r,\,\text{eff}}$ 的扰动，计算纤维束上及纤维束间隙上的微带传输线的介电常数的真实(非等效)值。其中宽高比率 $w/h = 2$ 且 $t \ll h$。

解

步骤1：用式(3.35)估算 ε_r 和 $\varepsilon_{r,\,\text{eff}}$ 之间的关系。

$$a = 1 + \frac{1}{49} \ln \frac{2^4 + (2/54)^2}{2^4 + 0.432} + \frac{1}{18.7} \ln \left[1 + \left(\frac{2}{18.1} \right)^3 \right]$$

$$b = 0.564 \left(\frac{\varepsilon_r - 0.9}{\varepsilon_r + 3} \right)^{0.053}$$

$$\varepsilon_{\text{eff}}(u, \varepsilon_r) = \frac{\varepsilon_r + 1}{2} + \frac{\varepsilon_r - 1}{2} \left(1 + \frac{10}{2} \right)^{-ab}$$

图6.18(a)中绘出了 ε_r 和 $\varepsilon_{r,\,\text{eff}}$ 的关系。图6.15中对应于 $\varepsilon_{r,\,\text{eff}}$ 的最大值和最小值的 ε_r 值可以选用来确立等效横截面，以表示纤维束上方以及纤维束间的线路。

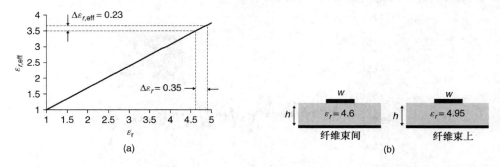

图6.18　(a) ε_r 和 $\varepsilon_{r,\,\text{eff}}$ 之间的关系；(b)例6.2中纤维束上方和纤维束间的传输线的等效横截面

纤维束间的传输线：

$$\varepsilon_{r,\text{eff}} = 3.5 \text{（参见图 6.15）} \text{ 和 } \varepsilon_r \sim 4.6 \text{ [参见图 6.18(a)]}$$

纤维束上方的传输线：

$$\varepsilon_{r,\text{eff}} = 3.72 \text{ 和 } \varepsilon_r \sim 4.95$$

步骤 2：确立等效横截面。如图 6.18(b) 所示。

6.6　环境变化对电介质行为的影响

高速数字设计中常被忽略的问题是环境的相对湿度(RH)对电介质材料的电气性能的影响。电介质的电气性能为材料中水分的偏函数。电介质的吸湿能力取决于它的水分扩散系数和饱和水分浓度。水分扩散系数表示电介质的水分浓度变化速率。饱和水分浓度表示电介质所能包含的水分的最大值。非常重要的一点是要注意这两个参数都是温度和相对湿度的函数。电介质易受湿度影响的另一个测度是它的最大吸水性。最大吸水性在电介质数据表中一般以百分比表示，它与饱和水分浓度有关。若将由具有吸水性的电介质(如 FR4)印制电路板(PCB)长时间地放置在潮湿环境(如马来西亚)里，损耗因子和介电常数都将增加。图 6.19 给出了两个相同 PCB 的插入损耗的例子以说明这一点。这两个 PCB 分别放置在像亚利桑那州那样干燥的环境(15% 的相对湿度和 60℉)和马来西亚那样的潮湿环境(95% 的相对湿度和 95℉)中。第 9 章中将说明，插入损耗的急剧增加导致耗散功率的增加。按线性估算，图 6.19 所示的例子表示了 10 GHz 时电介质带来的近 50% 多的损耗。图 6.20表示了低湿度和高湿度环境下相同电介质材料的测试值。可以看到在大约 7.5 GHz 附近，损耗因子超过了 50%。相反，在极端环境下，图 6.21 中表示介电常数小于 5% 的相对较小的增长[Hamilton et al., 2007]。

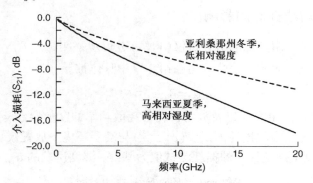

图 6.19　环境对 FR4 电介质构成的微带线结构的 PCB 损耗的影响

可以用取向极化和离子极化的组合来说明损耗急剧增加和介电常数较小增加的机制。水分子相对较重，所以需要极大能量随外部时变电场的变化而变化，如图 6.3 所示。而且，蒸馏水的相对介电常数为 ε_r 约为 81。由于 FR4 电介质的介电常数在干燥和潮湿条件下变化不大(约 5%)，而损耗因子变化较大(约 50%)，这表明(1)较少水分被电介质吸收；(2)少量被吸收的水(电介质的单位体积)对电介质损耗有着很大的影响。

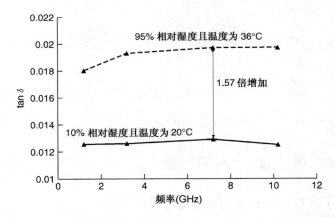

图 6.20　两种极端环境下 7628-FR4 电介质的 $\tan\delta$ 变化的测试值

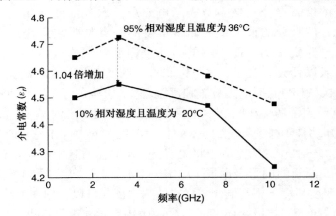

图 6.21　两种极端环境下 7628-FR4 电介质的 ε_r 变化的测试值

6.6.1　环境对传输线性能的影响

FR4 电介质吸水量可用向量网络分析仪(VNA)进行观察测试。若 S_{21} 和 S_{11} 为线性,则传输线的功率损耗可由下式表示。该公式将在第 9 章中具体推导。

$$\alpha_{\text{loss}} = 1 - S_{21}^2 - S_{11}^2$$

其中 α_{loss} 为传输线的导体、电介质以及放射损耗等耗散功率的度量参数。定义湿度诱发的 α_{loss} 的改变为干燥状态下传输线的损耗测试值($\alpha_{\text{loss, dry}}$)与潮湿环境下放置极长时间的损耗测试值($\alpha_{\text{loss, humid}}$)的差。若以干燥条件下的损耗测试值为基准,湿度诱发的 α_{loss} 的改变 $\Delta\alpha_{\text{humid}}$ 为:

$$\Delta\alpha_{\text{humid}} = \alpha_{\text{loss,humid}} - \alpha_{\text{loss,dry}} \tag{6.41}$$

Hamilton et al. [2007] 详细描述了几个用人造环境室控制相对湿度的实验,用向量网络分析仪(VNA)进行测试,以获得干燥和潮湿环境对介电损耗的影响。图 6.22 给出了一个湿度影响 FR4 电介质测试基板的损耗特性的例子。干燥环境 $\alpha_{\text{loss,dry}}$ 测试是先在人造环境室中烘干电介质已有水分,之后置于 20℃,相对湿度为 10% 的盒子中。潮湿环境 $\alpha_{\text{loss,humid}}$ 测试是将样品放置到 38℃,相对湿度为 90% 的环境中 55 天。可以看到在约 5 GHz 时,$\Delta\alpha_{\text{humid}}$ 达到峰值,之后在高频时降低到几近为零。峰值是由增加的耗散功率引起的,而增加的耗散功率是由于电介质对水的亲和性在潮湿的环境下吸收水分而引起的,图中显示的峰值之前 $\Delta\alpha_{\text{humid}}$ 斜率的增长也表明了这一点。在 5 GHz 之后，潮湿和干燥环境的插入损耗(S_{21})都会增加(意味着透射功率的减小)，导致 $\Delta\alpha_{loss,\,humid}$ 和 $\Delta\alpha_{loss,\,dry}$ 接近单位值。这样，由于 $\Delta\alpha_{loss,\,humid}$ 增长速度比 $\Delta\alpha_{loss,\,dry}$ 要快，$\Delta\alpha_{loss,\,humid}$ 在最开始的时候就达到峰值，随后下降到接近于零。该测试突出表明，如果电介质易于从潮湿环境中吸取水分的话，传输线将带来耗散功率的极大增长。

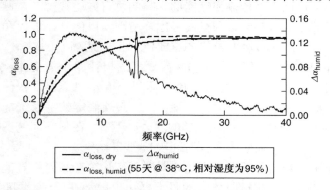

图 6.22　潮湿环境影响 7628-FR4 电介质的损耗的例子(改编自 Hamilton et al.,[2007])

对于具体的设计而言，要关心的问题是多长时间水分将扩散到电介质中。显然，各种电介质有着各自不同的吸水性。例如，聚四氟乙烯(PTEE)一般表现出极低的吸湿性或者干脆不具有吸水性，而普通焊接掩膜材料则有着很强的吸水性。为便于讨论，我们集中关注 FR4 电介质。

图 6.23 显示了一个由 7628-FR4 电介质构成的微带传输线在 10 GHz 时测量所得的插入损耗(S_{21})的变化。事先将微带传输线样品电介质中的水分烘干使其达到干燥状态，然后将其放入到人造环境室的潮湿的条件下，并在 55 天之内每隔几天便测试一次。在该例中，$t=0$ 时传输线的介电损耗在 10 GHz 时干燥状态下为 -6.3 dB。当样品放置到潮湿环境中时，在前 7 天电介质就基本上达到饱和，损耗增加到 -8.9 dB。最后，传输线的损耗在 $t=48$ 天时稳定到 -9.3 dB。

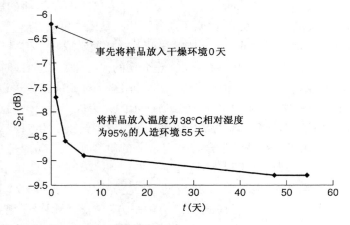

图 6.23　7628-FR4 电介质构成的传输线在 10 GHz 时的插入损耗。图中显示了损耗随暴露在潮湿环境中时间的长短而变化的情况(改编自 Hamilton et al.[2007])

带状传输线与微带线相比吸水性明显要慢很多，因为暴露在周围环境中的电介质面积很小。Hamilton et al.[2007]公布了 7628-FR4(覆盖了 90% 铜层间的电介质)构成的带状线的实验数据，表明在同等条件下大约需要 5 个月时间，带状线的损耗才能达到微带线 7 天所能达到的损耗。这意味着带状线并不具有免疫环境因素的能力，不过它们的吸水速度极慢。

6.6.2 环境因素的缓解

遗憾的是，缓解环境因素对传输线性能的影响的可行方法很少。在设计笔记本计算机或台式计算机的主板等消费产品时，必须全面考虑环境因素以使其在干燥和潮湿环境下性能规范都能得到保证(诸如亚利桑那州干燥的冬季或佛罗里达潮湿的夏季)。这意味着设计中所用的基于 FR4 的传输线模型必须包括 50% 或更多的损耗因子的变化，这将极大地缩小了设计空间，尤其是总线很长且数据率很高的情形将更严峻。通常，带状传输线并不能解决环境影响，这是因为产品将用于任何可能的环境，所以必须假定数字系统电源中断了很长的时间使电介质吸收了能引起损耗因子增加足够的水分。不过，在某些环境下带状线能协助缓解环境影响，因为铜层间的电介质吸收水分时间较长。

某些情况下，正常工作时不能有太大的相对湿度变化等产品使用规范可以起到一定的缓解环境效应的作用。例如，计算机服务器的日常操作一般都在温度、湿度都严格控制的房间内进行，这样设计人员可以只考虑最小的环境效应，从而提高了设计平台的性能。另外，某些计算机一直保持供电状态。在这种情况下，CPU 所产生的热以及降温风扇产生的空气流动将在计算机机箱内部形成一个低湿度的环境。不过，工程师必须明白一旦计算机断电很长时间的话，主板上的电介质又开始吸收水分。电介质所吸水分将增加传输线的损耗，降低高速总线的性能，直到这些水分全部散发出去，不过这将需要数小时或者数天的时间。具体时间取决于计算机运行时机箱内的环境和电介质材料以及传输线的结构。

6.6.3 相对湿度对 FR4 电介质影响的模型化

用以模拟电介质吸水效应的建模方法，将完全取决于电介质吸水能力、所吸水分与电介质的化学结构有着怎样的相互作用以及工作频率范围。业界应用最广泛的电介质是易吸水的 FR4。要理解如何恰当地考虑相对湿度的环境变化，我们考虑两种情形的 FR4 电介质建模：

1. **低频(低于 2 GHz)**：低于 2 GHz 时，吸水效应对传输线的总损耗的影响极小(至少对 FR4 电介质来说如此)。图 6.19 说明了这种情形。从图中可以看出直到约 2 GHz 时插入损耗的差都较小。这是因为低频时，传输线的总损耗通常取决于信号导体的趋肤效应电阻，如 5.2 节所述。对于典型传输线来说，电介质的损耗在 1~2 GHz 时才开始起作用。

2. **高频(2~50 GHz)**：在这个频率范围内，干燥和正常(对 FR4 来说可以达到 50% 的相对湿度)的隅角环境的建模可以采用式(6.29)所示的无穷极点 Debye 模型，如 6.3.5 节所述。不过对于高湿度环境，频率高于 10 GHz 时在推导无穷极点模型时所做的假设将不再成立。具体来说，就是对于含有一定水分的电介质，式(6.28)中 ω_{2i} 为线性递减的假定不再成立。因此，在潮湿环境(50% 以上相对湿度)中且频率高于 10 GHz 时，FR4 必须用 6.3.4 节所述的式(6.27)经验性地拟合为多极点模型。这点在例 6.1 中有充分说明。不过有时也要考虑式(6.27)中平方项的诱导偶极子谐振(ω^2/ω_{1i}^2)。

6.7 有损电介质和实际导体的传输线参数

随着数据速率的提高和高速数字设计时间收缩的物理实现，传输线损耗变得更加重要。因此，工程师们必须能正确计算传输线的响应，并将实际导体和电介质行为考虑在内。在下面两节中，我们将基于 5.4 节关于非理想导体效应的推导来讨论等效电路，讨论如何在等效电路中将介电损耗也考虑在内，并修改电报方程以包括介电损耗。

6.7.1　等效电路、阻抗和传播常数

直接基于 5.4.1 节讨论的带有实际导体的传输线的等效电路、阻抗和传播常数，再引入介电损耗效应，则可以得到完善的传输线的模型。电介质为良电介质的假设，无法求出损耗项。幸而 3.2 节推导的等效电路公式同样也适合于与式(6.15)一样电介质含有虚部的传输线，从而能从中求出介电损耗。开始推导时，由无损电介质构成的理想传输线的并联导纳可以由下式计算：

$$Y_{\text{shunt}} = j\omega C$$

其单位为西门子。该等效电路很容易修改为包含一个单位为西门子的电导为 G 的电阻并与电容并联以表示介电损耗，如图 6.24 所示。其中 N_s 为分段数，可以用 3.23 节的计算方法计算出 $C_{\Delta z} = \Delta z C$，$L_{\Delta z} = \Delta z L_{\text{total}}$，用 5.4.1 节的计算方法计算出 $R_{\Delta z} = \Delta z R_{\text{ac}}$，$G_{\Delta z} = \Delta z G$，这里 Δz 为传输线的差分段的长度，C、L_{total}、R_{ac} 和 G 分别为单位长度上的电容、电感、电阻和电导。

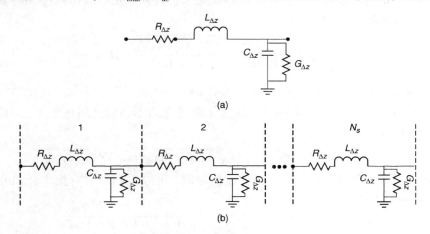

图 6.24　(a)传输线差分段模型；(b)整体模型

对此等效电路，增加一个电导项 G 后可用式(6.42)计算出并联导纳：

$$Y_{\text{shunt}} = G + j\omega C \tag{6.42}$$

计算 G 的公式可以由下面的公式推导出来：

$$\varepsilon = \varepsilon' - j\frac{\sigma_{\text{dielectric}}}{\omega} = \varepsilon' - j\varepsilon''$$

$$\tan|\delta| = \frac{\varepsilon''}{\varepsilon'}$$

显然，介电损耗将与 ε'' 和 $\tan|\delta|$ 成正比，因此也与 G 成正比。

而且，从 6.4.1 节，我们知道，介电常数的实部和虚部是相互关联的。因此，电导 G 和电容 C 之间一定也存在着相似的关系。如果介电损耗能等效成电导，可以说电介质载流为 $\boldsymbol{J} = \sigma_{\text{dielectric}}\boldsymbol{E}$ [参见式(2.7)]。式(3.1)说明信号导体和参考平面之间的电压为 $v = -\int_a^b \boldsymbol{E} \cdot \mathrm{d}\boldsymbol{l}$，而用式(2.20)可以计算出总电流为 $i = \int_s \boldsymbol{J} \cdot \mathrm{d}\boldsymbol{s}$。因此，就电路而言，电导 G 可以表示为：

$$G = \frac{i}{v} = \frac{\int_S \boldsymbol{J} \cdot \mathrm{d}\boldsymbol{s}}{-\int_a^b \boldsymbol{E} \cdot \mathrm{d}\boldsymbol{l}} = \frac{\sigma_{\text{dielectric}} \int_S \boldsymbol{E} \cdot \mathrm{d}\boldsymbol{s}}{-\int_a^b \boldsymbol{E} \cdot \mathrm{d}\boldsymbol{l}} \tag{6.43a}$$

同样，由式(2.76)，式(2.59)以及式(3.1)可以得到电容为：

$$C = \frac{Q}{v} = \frac{\varepsilon \int_S \boldsymbol{E} \cdot \mathrm{d}\boldsymbol{s}}{-\int_a^b \boldsymbol{E} \cdot \mathrm{d}\boldsymbol{l}} \tag{6.43b}$$

式(6.43a)除以式(6.43b)可得到下式表示的比率：

$$\frac{G}{C} = \frac{\sigma_{\text{dielectric}}}{\varepsilon} \tag{6.44}$$

由式(6.15)和式(6.16b)可得

$$\sigma_{\text{dielectric}} = \tan|\delta|\varepsilon'\omega$$

将其代入式(6.44)可以得到

$$G(\omega) = \tan|\delta|\omega C \tag{6.45}$$

其中 $G(\omega)$ 是单位长度上频率相关电导，其单位为西门子，$\omega = 2\pi f$，C 为传输线单位长度上的电容。

对于长度为 Δz 的小段传输线，式(3.33)所定义的特征阻抗可以用式(5.68)表示的串联阻抗除以式(6.42)表示的并联导纳来计算：

$$Z_0 = \sqrt{\frac{Z_{\text{series}}}{Y_{\text{shunt}}}} = \sqrt{\frac{R_{\text{ac}} + \mathrm{j}\omega L_{\text{total}}}{G + \mathrm{j}\omega C}} \quad \Omega \tag{6.46}$$

要注意式(6.46)的单位为 $\sqrt{\Omega/(1/\Omega)} = \sqrt{(\Omega)^2} = \Omega$。

将串联阻抗和并联导纳的复数值代入 3.2.4 节的式(3.30)的无损耗公式，可以求出传播常数，其形式如下：

$$\gamma = \alpha + \mathrm{j}\beta = 0 + \mathrm{j}\omega\sqrt{LC} = \sqrt{(\mathrm{j}\omega L)(\mathrm{j}\omega C)} = \sqrt{Z_{\text{lossless}} Y_{\text{lossless}}}$$

用 Z_{series} 和 Y_{shunt} 代替串联阻抗和并联导纳的无损耗值，可以得到具有有损电介质和有限电导率导体的传输线的传播常数：

$$\gamma = \alpha + \mathrm{j}\beta = \sqrt{Z_{\text{series}} Y_{\text{shunt}}} = \sqrt{(R + \mathrm{j}\omega L)(G + \mathrm{j}\omega C)} \tag{6.47}$$

如果式(6.47)的损耗参数小于大多数实际传输线的 $\mathrm{j}\omega L_{\text{total}}$ 和 $\mathrm{j}\omega C$ 的话，式(6.47)可以近似为 [Johnk, 1988]：

$$\gamma \approx \alpha + \mathrm{j}\beta = \frac{1}{2}\left(R\sqrt{\frac{C}{L}} + G\sqrt{\frac{L}{C}}\right) + \mathrm{j}\omega\sqrt{LC} \tag{6.48a}$$

$$\alpha \approx \frac{1}{2}\left(R\sqrt{\frac{C}{L}} + G\sqrt{\frac{L}{C}}\right) \tag{6.48b}$$

$$\beta \approx \omega\sqrt{LC} \tag{6.48c}$$

正如 3.2.4 节所述，无损耗传输线($\alpha = 0$)上传播的电压可以写为：

$$v(z) = v(z)^+ \mathrm{e}^{-\mathrm{j}z\omega\sqrt{LC}} + v(z)^- \mathrm{e}^{\mathrm{j}z\omega\sqrt{LC}}$$

不过，对于有损传输线来说，电压可以用式(3.29)乘以衰减因子 $\mathrm{e}^{-\alpha z}$：

$$v(z) = v(z)^+ \mathrm{e}^{-\left(\alpha + \mathrm{j}\omega\sqrt{LC}\right)z} + v(z)^- \mathrm{e}^{\left(\alpha + \mathrm{j}\omega\sqrt{LC}\right)z} = v(z)^+ \mathrm{e}^{-\gamma z} + v(z)^- \mathrm{e}^{\gamma z} \tag{6.49}$$

式(6.49)可以表示有损传输线上传播的电压。

例6.4　计算0.5 m 传输线输出端的频率相关电压。传输线端接着与其特征阻抗相匹配的电阻。该传输线有以下特征: $L_{ext} = 2.5 \times 10^{-7}$ H/m, $C_{quasistatic} = 1.5 \times 10^{-10}$ F/m, $\sigma = 5.8 \times 10^7$ S/m, $\mu = 4\pi \times 10^{-7}$ H/m, $l = 0.5$ m, $w = 100 \times 10^{-6}$ m, 1 GHz 时 $\varepsilon_{r,\,eff} = 3.32$, $\tan\delta = 0.0205$。

解

步骤1:计算导体的频率相关参数。电阻可用式(5.12)近似计算。图6.25(a)给出了电阻变化曲线。

$$R_{ac} = \frac{l}{w}\sqrt{\frac{\pi\mu f}{\sigma}}$$

电感可用式(5.20)和式(5.30)计算,其图形如图6.25(b)所示。

$$L_{total} = L_{internal} + L_{external}$$

$$L_{internal} = \frac{R_{ac}}{\omega}$$

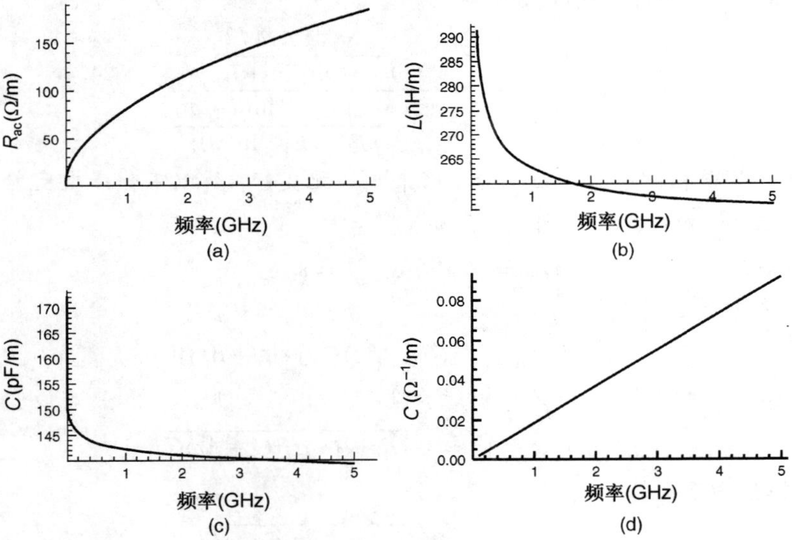

图6.25　例6.4 的频率相关传输线参数

步骤2:计算电介质的频率相关参数。首先要计算介电常数的实部和虚部:

$$\varepsilon' = \varepsilon_r = 3.32$$

$$\tan\delta = \frac{\varepsilon''}{\varepsilon'} = 0.0205$$

$$\varepsilon'' = 0.068$$

$$\varepsilon = \varepsilon' - j\varepsilon'' = 3.32 - j0.068$$

同时求解式(6.30a)和式(6.30b)以得到 $\Delta\varepsilon'$ 和 ε'_∞:

$$3.32 = \varepsilon'_\infty + \frac{\Delta\varepsilon'}{m_2 - m_1}\frac{\ln(\omega_2/\omega)}{\ln(10)}$$

$$0.068 = \frac{\Delta\varepsilon'}{m_2 - m_1}\frac{-\pi/2}{\ln(10)}$$

其中 $m_1 = 1$，$m_2 = 11$ 被选择为对应着 10 rad/s 到 100 Grad/s 的频率范围，ω 为 $2\pi(1 \text{ GHz})$，$\omega_2 = 10^{11}$。

$$\Delta\varepsilon' = 0.997$$

$$\varepsilon'_\infty = 3.2$$

$C_{\text{quasistatic}}$ 除以有效介电常数的静态值，再乘以由式（6.30a）频率相关介电常数可以求得频率相关电容：

$$C(\omega) = \frac{C_{\text{quasistatic}}}{\varepsilon_{r,\text{eff}}}\left[\varepsilon'_\infty + \frac{\Delta\varepsilon'}{m_2 - m_1}\frac{\ln(\omega_2/\omega)}{\ln(10)}\right]$$

频率相关电容的图形如图 6.25（c）所示。其中 $m_1 = 1$，$m_2 = 11$ 被选择为对应着 10 rad/s 到 100 Grad/s 的频率范围。

电导 $G(\omega)$ 由式（6.45）计算，其图形如图 6.25（d）所示：

$$G(\omega) = \tan|\delta|\omega C(\omega)$$

其中损耗因子由式（6.30a）和式（6.30b）：

$$\tan|\delta| = |\frac{\varepsilon''}{\varepsilon'}| \approx \frac{\dfrac{\Delta\varepsilon'}{m_2 - m_1}\dfrac{-\pi/2}{\ln(10)}}{\varepsilon'_\infty + \dfrac{\Delta\varepsilon'}{m_2 - m_1}\dfrac{\ln(\omega_2/\omega)}{\ln(10)}}$$

步骤 3：计算频率相关电压。由于传输线末端匹配良好，所以不会产生反射。因此，无损电压波的行为特征将如式（6.49）所述，且 $v(z)^- = 0$。

$$v_{\text{out}} = v_{\text{in}}e^{-\alpha z}e^{-j\beta z} = v_{\text{in}}e^{-\gamma z}$$

用式（2.31）可将其简化：

$$v_{\text{out}} = v_{\text{in}}e^{-\alpha z}[\cos(-\beta z) + j\sin(-\beta z)]$$

其中，γ 由式（6.47）所定义，而 z 为传输线长度：

$$\gamma(\omega) = \alpha + j\beta = \sqrt{(R + j\omega L)(G + j\omega C)}$$

之后，电压的幅值由下式计算：

$$v_{\text{out,mag}} = \sqrt{\text{Re}(v_{\text{out}})^2 + \text{Im}(v_{\text{out}})^2}$$

其图形如图 6.26 所示，其中 $v_{\text{in}} = 1 \text{ V}$。

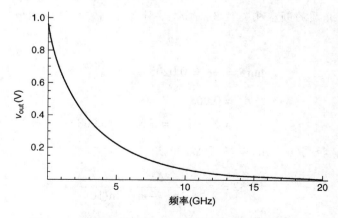

图 6.26　例 6.4 的 0.5 m 传输线的输出端的电压幅值

6.7.2　实际导体和有损电介质的电报方程

在 3.2.4 节给出了由良电介质和良导体构成的传输线的电报方程的时谐形式：

$$\frac{\mathrm{d}v(z)}{\mathrm{d}z} = -\mathrm{j}\omega L i(z)$$

$$\frac{\mathrm{d}i(z)}{\mathrm{d}z} = -\mathrm{j}\omega C v(z)$$

为适用于有限电导率的实际导体的情形，以上公式在 5.4.2 节中做了修改。良绝缘电介质和实际导体的电报方程的标准形式为：

$$\frac{\partial v(z,t)}{\partial z} = -\left(R_{\mathrm{ac}} + L_{\mathrm{total}}\frac{\partial}{\partial t}\right)i(z,t)$$

$$\frac{\partial i(z,t)}{\partial z} = -C\frac{\partial v(z,t)}{\partial t}$$

考虑到有损电介质的效应，式(5.72)必须做一些适当的修改，将式(6.45)定义的电导 G 引入其中。可以看到式(3.26)的右手部分为电容阻抗的倒数(电导)。考虑到介电损耗，将 G 加入到式(3.26)左手部分即可：

$$\frac{\mathrm{d}i(z)}{\mathrm{d}z} = -[G + \mathrm{j}\omega(C)]v(z) \tag{6.50}$$

因此，有损电介质和实际导体的电报方程的标准形式为：

$$\frac{\partial v(z,t)}{\partial z} = -\left(R_{\mathrm{ac}} + L_{\mathrm{total}}\frac{\partial}{\partial t}\right)i(z,t)$$

$$\frac{\partial i(z,t)}{\partial z} = -\left(G + C\frac{\partial}{\partial t}\right)v(z,t) \tag{6.51}$$

参考文献

Balanis, Constantine, 1989, *Advanced Engineering Electromagnetics*, Wiley, New York.

Brillouin, L., 1960, *Wave Propagation and Group Velocity*, Academic Press, New York.

Djordjevic, A. R., R. M. Biljic, V. D. Likar-Smiljanic, and T. K. Sarkar, 2001, Wide-band frequency domain characterization of FR-4 and time domain causality, *IEEE Transactions on Electromagnetic Compatability*, vol. 43, no. 4, Nov., pp. 662–667.

Elliot, R., 1993. *Electromagnetics*, IEEE Press, Piscataway, NJ.

Hall, Stephen, Steven G. Pytel, Paul G. Huray, Daniel Hua, Anusha Moonshiram, Gary A. Brist, and Edin Sijercic, 2007, Multi-GHz causal transmission line modeling using a 3-D hemispherical surface roughness approach, *IEEE Transactions on Microwave Theory and Techniques*, vol. 55, no. 12, Dec.

Hamilton, Paul, Gary Brist, Guy Barnes, Jr., and Jason Schrader, 2007, Humidity dependent losses in FR4 dielectric, presented at the IPC Apex Conference.

Huray, Paul, 2009, *Foundations of Signal Integrity*, Wiley, Hoboken, NJ.

Jackson, J. D., 1998, *Classical Electrodynamics*, 3rd ed., Wiley, New York.

Johnk, Carl T. A., 1988, *Engineering Electromagnetic Fields and Waves*, Wiley, New York.

LePage, Wilbur P., 1980, *Complex Variables and the Laplace Transform*, Dover Publications, New York.

Pauling, Linus, 1948, *The Nature of the Chemical Bond*, Cornell University Press, Ithaca, NY.

Pytel, Steven G., 2007, Multi-gigabit data signaling rates for PWBs including dielectric losses and effects of surface roughness, Ph.D. dissertation, Department of Electrical Engineering, University of South Carolina.

习题

6.1 若 1 GHz 时电介质的介电常数 $\varepsilon_r = 4.2$，而 $\tan\delta = 0.021$，画出 1 MHz ~ 20 GHz 时 $\varepsilon_r(f)$ 和 $\tan\delta(f)$ 的频变图形。

6.2 给定如图 6.27(a) 所示的介电常数曲线以及图 6.27(b) 的损耗因子的曲线图，推导频率相关电介质模型的公式。

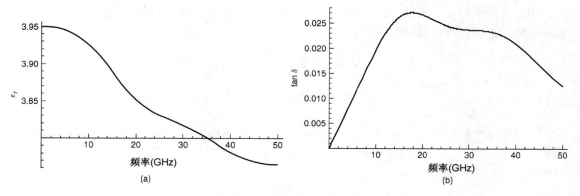

图 6.27　(a)介电常数数据;(b)习题 6.2 的损耗因子数据

6.3 给定如图 6.28 所示的介电常数的实部，计算其损耗因子。

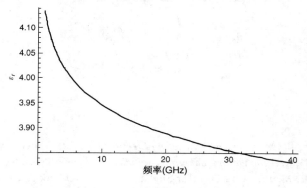

图 6.28　习题 6.3 的介电常数

6.4 证明当 $i = 1$ 时 Debye 电介质模型[式(6.28)]满足柯西-黎曼方程:

$$\varepsilon = \varepsilon'_\infty + \sum_{i=1}^{n} \frac{\Delta\varepsilon'_i}{1 + \mathrm{j}(\omega/\omega_{2i})} \qquad (6.28)$$

6.5 给定图 6.29 的横截面，若 $\varepsilon_{r,\,\text{glass}} = 6.1$，$\varepsilon_{r,\,\text{epoxy}} = 3.2$，估算介电常数的最大值(bulk value)。

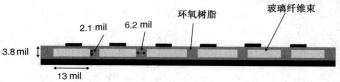

图 6.29　习题 6.5 的横截面

6.6　假设测试若干并行走线相邻的 1 英寸长的传输线。TDR 波形如图 6.30 所示。估算由于纤维交织效应带来的介电常数的变化。

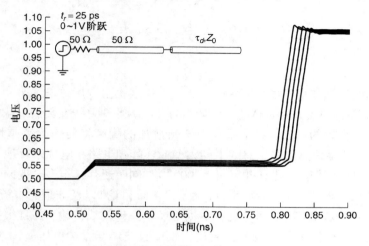

图 6.30　习题 6.6 的 TDR

6.7　设 5 mil 长的导体以及 4 mil 厚的无损电介质,建立习题 6.6 的极角等效电路模型。用仿真证明所得模型与 TDR 测试数据相吻合。

6.8　给定一个传输线的横截面,若其阻抗恒定,减小损耗的最佳方法是什么?如果不需要阻抗为恒定值时,减小损耗的最佳方法是什么?画出 10 英寸长的传输线上的电压幅度-频率曲线,并证明以上两种情况下所得最佳方法的正确性。

6.9　给定纤维交织和传输线尺寸的关系,如图 6.31 所示,确定能缓解由纤维交织效应引起的阻抗和相速摆动的最小角度。假设图 6.30 的 TDR 测试数据的最大和最小延迟情形对应于图 6.31 的横截面。

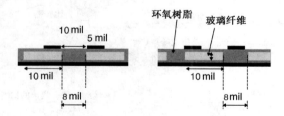

图 6.31　习题 6.9 的传输线横截面

6.10　对于如图 6.32 所示的横截面,画出从 100 MHz 与 20 GHz 的频率相关的 R, L, C, G, Z_0 以及 τ_d。假设铜的表面上有 0.8 μm 的突出物。

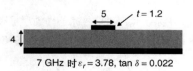

图 6.32　习题 6.10 的横截面

第7章 差分信号

  若总线上的驱动端与接收端之间每一比特的互连线都由专用传输线来实现,那么这一信令传输机制称为单端(single ended)的。一般而言,单端数据总线在大约 1~2 Gb/s 的情况下工作良好。随着数据率的增加,数字系统中不断增加的噪声将使信号完整性的工作更加困难。例如,用于将数字信息加载于总线上的大型 I/O 阵列电路在电源以及地平面上将引起同步转换噪声(全面的描述请参见 Hall et al. [2000])。同时还存在很多其他的噪声源将给数字波形的完整性带来严重的失真,譬如串扰(参见第 4 章讨论)以及非理想电流返回路径(参见第 10 章讨论)。对于单端信令,每一比特数据都经单一传输线传输,并且根据总线时钟锁存于接收端。判定每一位数据是 0 或 1 是通过比较接收波形与参考电压 v_{ref} 来进行的。如果接收到的波形电压值大于 v_{ref},信号将锁存于 1,如果其低于 v_{ref},其锁存于逻辑 0。当噪声耦合于驱动端、接收端、传输线、参考平面或者时钟回路时,将影响到传输波形与 v_{ref} 之间的理想关系。如果噪声的幅度足够大,那么接收端将会锁存错误的数字状态,从而发生位错误。图 7.1 描述了噪声使得逻辑 0 或 1 的判别不确定的情形。

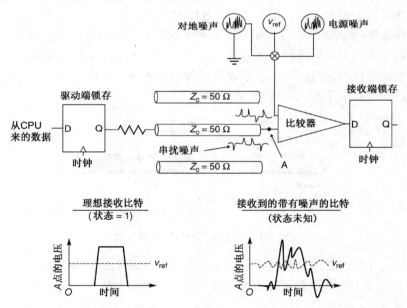

图 7.1 单端总线中系统噪声对信号完整性的严重影响。理想接收
端电压与具有噪声的接收端分别同参考电压之间的对比

  一种能够有效减少系统噪声影响的方法是给总线上的每一比特数据都提供一对传输线。两条传输线驱动相差为 180°(奇模式),在接收端可以利用电压之间的压差用差分放大器来恢复信号。这一技术成为差分信令技术(differential signaling),如图 7.2 所示。

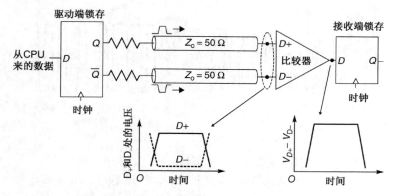

图 7.2　差分信号,由奇模式的传输线对将它的每一比特从驱动端
传输至接收端。信号在接收端通过差分放大器进行恢复

7.1　消除共模噪声

　　差分信令对于去除共模噪声非常有效。共模噪声被定义为在差分对的两条支路上都出现的噪声。如果总线设计合理,其差分对的各支路彼此非常靠近,那么 D_+ 端的噪声就会近似等于 D_- 端的噪声。因此,若接收端的差分放大器具有一定的共模抑制系数,那么噪声就会被消除。例如,假设幅值为 v_{noise} 的噪声均等耦合到差分对的两条支路,那么单位增益的差分放大器的输出为

$$v_{\mathrm{diff}} = (v_{D_+} + v_{\mathrm{noise}}) - (v_{D_-} + v_{\mathrm{noise}}) = v_{D_+} - v_{D_-} \tag{7.1}$$

从而消除了共模噪声。

　　图 7.3 显示了一个在地平面存在噪声(v_{noise})的差分互连线的例子。其中噪声对于驱动端的两条支路都是相同的。图 7.4(a)显示了在差分放大器的输入端有着显著共模噪声的模拟比特数据流。可以看到由于噪声过大,单端波形的数字状态 v_{D_+} 与 v_{D_-} 是无法确定的。但是,由于噪声为共模,那么信号通过差分放大器相减($v_{D_+} - v_{D_-}$)后可以将比特流恢复,如图 7.4(b)所示。

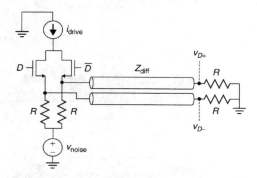

图 7.3　差分驱动端及连接到地的互连线上存在共模噪声。
电源和地平面中存在噪声在数字设计中较为常见

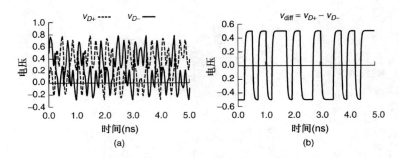

图 7.4　差分信令消除共模噪声的例子。(a) 存在共模噪声的
差分接收端每一支路上的单端波形；(b) 差分波形

7.2　差分串扰

　　差分对上的串扰噪声大部分为共模成分，不过也同样存在差分成分，因为侵入线路与这一对线路的每一条的距离都不同(有些情况下，如果侵入线路在另一层，那么串扰将 100% 是共模的，不过这种情况很少)。因此，每一支路将会存在些许不同的串扰，不能被差分放大器抑制。不过，在一定条件下，差分信号同样可以有效减少串扰。

　　将单端线路的串扰与差分对的串扰相比较可知，其间距相似时，差分串扰相对较小。差分对的缺点是需要更多的基板面积。另外，如果单端对之间的间距足够大，与占同样基板面积的差分对相比较，单端串扰会更低，因为信号间距足够大。例如，考虑图 7.5 的情况，其表现为以下三种情况：

1. 两条单端耦合传输线，线间距 10 mil[参见图 7.5(a)]。
2. 两对差分对，其对内间距为 10 mil[参见图 7.5(b)]。注意到对间间距同第 1 种情况单端信号间距相同。
3. 两条单端耦合传输线，线间距为 28 mil[参见图 7.5(c)]，其所占板上面积同第 2 种情况的差分对相同。

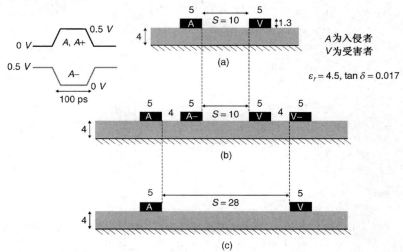

图 7.5　用于比较差分与单端串扰的电路的横截面图。(a) 两个单端信号；(b) 两个差分对，对间距同 (a) 中的单端信号情况相同；(c) 两个宽间距的单端信号，基板面积同差分对相同(单位为 mil)

图 7.6 显示了对以上每一种情况的远端串扰,其中侵入线路由 100 ps 宽,幅度为 0.5 V 的脉冲信号驱动。差分串扰由 V_+ 与 V_- 之间的差计算得出:

$$v_{\text{differential}} = (V_+) - (V_-)$$

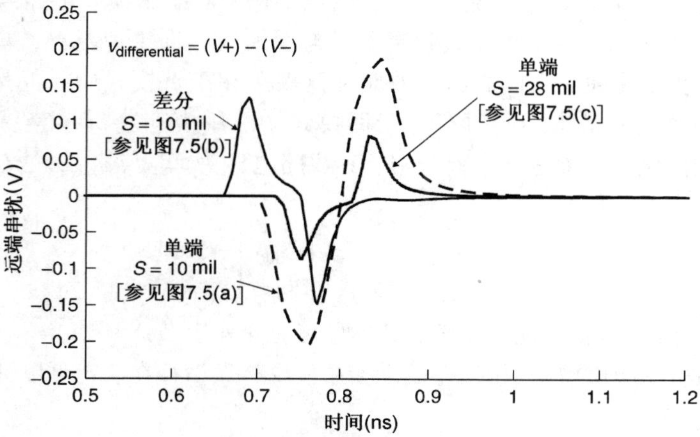

图 7.6 对应图 7.5 中横截面的串扰。说明了当差分信号同单端信号的基板面积相同时,并不能减少串扰,如果差分对间距同单端信号间的间距相同,那么串扰将会减少(5英寸长微带线)

可以看到差分串扰(情况 1)小于等间距的单端串扰(情况 2),但是大于占同样板面积的单端情况(情况 3)。这一推论适用于典型的现代印制电路板,但并不强求总是成立的。差分信令对于串扰的优点依赖于特定的几何形状以及设计中的电介质特性。

7.3 虚参考平面

差分信号的另一个优点为,电场与磁场的互补特性将产生一个虚参考平面,为电流提供了连续的返回路径。图 7.7 显示了驱动于奇模式下的差分对的场模式。注意到导体之间的中间位置存在着一个垂直于电场并且正切于磁场的平面,这些条件同 3.2.1 节中所涉及的条件相一致,即理想导体平面的边界条件。因此,对于一个差分对,在导体之间存在着一个虚参考平面。在非理想参考的情况下,虚参考平面的存在对于信号完整性的保持有极大的帮助。常见非理想参考面的例子包括连接器过渡端、通孔场、层间过渡以及在参考面上的插槽处布线,等等。第 10 章将具体描述非理想参考平面的病态效果。另外,当场被限制于导体之间时(例如,强耦合于虚参考平面),将不再容易向其他信号扩散,从而有助于减少串扰。

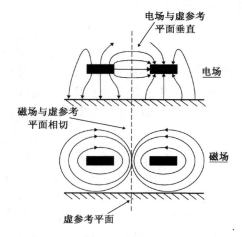

图 7.7 对于奇模式(或者是差分的)信号,场方向是相向的,因此导体间存在一个理想的虚参考平面,如果物理平面是间断的,那么虚平面就会对差分信号提供一个连续的参考面,帮助维持信号完整性

7.4 模态电压的传输

我们在第 4 章讨论了多导体系统中,所有的数字信号状态由模态电压线性组合而成的具体情形。对于单个差分对,其两种模式为奇模式与偶模式。理想情况下,差分对是由相位差 $180°$ 的线路 1 和线路 2 驱动的,因此所有的能量仅仅存在于奇模式中。但是,如果共模噪声耦合于差分对时,一些能量将会同时存在于偶模式中。用模态分析很容易得到数学上的证明,如 4.4 节所述。例如,考虑一个差分对,其线路电压为 v_{D+} 与 v_{D-},是奇模式与偶模式电压的线性组合:

$$\begin{bmatrix} v_{D+} \\ v_{D-} \end{bmatrix} = \boldsymbol{T}_V \begin{bmatrix} v_{\text{odd}} \\ v_{\text{even}} \end{bmatrix} \tag{7.2}$$

其中 $\boldsymbol{T}_V$ 为包含 LC 乘积的特征向量矩阵,其推导参见 4.4.1 节。

如果差分对是由精确的 $180°$ 相位差驱动,并且没有噪声存在,就可以计算出奇模式与偶模式电压,其中

$$\boldsymbol{T}_V = \begin{bmatrix} 0.707 & 0.707 \\ -0.707 & 0.707 \end{bmatrix}$$

由例 4.4 可知:

$$\begin{bmatrix} 1 \\ -1 \end{bmatrix} = \begin{bmatrix} 0.707 & 0.707 \\ -0.707 & 0.707 \end{bmatrix} \begin{bmatrix} v_{\text{odd}} \\ v_{\text{even}} \end{bmatrix} \tag{7.3}$$

得到结果为:

$$v_{\text{odd}} = 1.414\,43 \text{ V}$$

$$v_{\text{even}} = 0 \text{ V}$$

从而证明了所有的能量包含于奇模式中。

然而,如果共模噪声存在,能量就会被引入偶模式中。设 v_{noise} 为引入每一支路中的电压噪声,则可计算出奇模式与偶模式电压:

$$\begin{bmatrix} 1 + v_{\text{noise}} \\ -1 + v_{\text{noise}} \end{bmatrix} = \begin{bmatrix} 0.707 & 0.707 \\ -0.707 & 0.707 \end{bmatrix} \begin{bmatrix} v_{\text{odd}} \\ v_{\text{even}} \end{bmatrix} \tag{7.4a}$$

$$v_{\text{odd}} = 1.414\,43 \text{ V} \tag{7.4b}$$

$$v_{\text{even}} = 1.414\,43 v_{\text{noise}} \text{ V} \tag{7.4c}$$

因此,共模噪声在偶模式中传输。

差分对每一支路上存在的电压可以由模态电压通过求解式(7.2)得出:

$$v_{D+} = 0.707 v_{\text{odd}} + 0.707 v_{\text{even}} = 1 + 0.707 \times (1.414\,43 v_{\text{cm}}) = 1 + v_{\text{cm}}$$

$$v_{D-} = -0.707 v_{\text{odd}} + 0.707 v_{\text{even}} = -1 + 0.707 \times (1.414\,43 v_{\text{cm}}) = -1 + v_{\text{cm}}$$

在一条差分总线上,通常会在接收端通过差分放大器减去线路电压,从而能够消除噪声。

$$v_{D+} - v_{D-} = (1 + v_{\text{cm}}) - (-1 + v_{\text{cm}}) = 2$$

综上所述,差分信号方法能消去偶模式下的能量。

7.5 常用术语

对于超过两个信号导体的系统,奇模式与偶模式的术语已经不再适用。在分析差分总线时,由两个相位差180°的信号驱动的一对传输线通常称为差分模式,而由两个同相信号驱动的传输线称为共模模式。这种差分与共模模式的称谓仅仅是一种习惯的命名方式,而非科学意义上的严格命名。用4.4节所描述的对多导体系统的模态电压传输分析方法可以证明,对于超过两个信号导体的系统,其数字状态并不会直接与模态电压相一致。

差分模式的阻抗定义为奇模式的两倍,共模模式的阻抗为偶模式的一半。奇模式与偶模式的阻抗值已在4.3.1节进行了描述。

$$Z_{differential} = 2Z_{odd} \tag{7.5a}$$

$$Z_{common} = \frac{Z_{even}}{2} \tag{7.5b}$$

必须要注意的是式(7.5a)与式(7.5b)一般用以确定设计规范。如果相邻各对之间存在很大的耦合,那么实际的差分对阻抗就无法与 $Z_{differential}$ 相匹配。仅当差分对之间的耦合很弱时,式(7.5a)与式(7.5b)才能代表真实对的阻抗值。所以必须记住:对于有 N 条信号导体的多导体系统,存在 N 个各异的模态阻抗值。

同样,对于有 N 个信号导体的系统,存在 N 个模态传输速度。如果传输线布线在同质的电介质(例如带状线)上,所有的模态速度将相等。然而对于非同质电介质(例如微带线)而言,如果各对间的耦合很弱,那么差分模式与共模模式传输速度近似等于奇模式与偶模式速度。奇模式与偶模式的速度由4.3.1节的定义给出:

$$v_{differential} \approx v_{odd} \tag{7.6a}$$

$$v_{common} \approx v_{even} \tag{7.6b}$$

定量分析差分模式与共模模式下的传播电压时,经常会用到以下定义:

$$V_{dm} = V - \overline{V} \tag{7.7a}$$

$$V_{cm} = \frac{V + \overline{V}}{2} \tag{7.7b}$$

其中 V_{dm} 为差分模式下的传播电压,V_{cm} 为共模模式下的传播电压,V 代表线路 1 上的传播电压(与两个信号导体的例子中所用的 v_{D+} 相同),$\overline{V}$ 代表线路 2 上的互补传播信号(与两个信号导体的例子中所用的 v_{D-} 相同)。

7.6 差分信号的缺陷

差分信号在设计高速数字总线时是一个强有力的工具,它可以在接收端显著地减少共模噪声,从而能实现较高的数据率。然而,差分信号并不是万能的。最明显的是,同单端总线相比,一条差分总线将在印制电路板上占据更大的面积。有时,差分总线非常大,以至于设计者不得不在印制电路板中使用更多的层,从而增加了成本。信号数量的增加使得封装、接口以及连接引脚大大增加,使得设计变得更复杂,从而也增加了系统成本。同时,差分对的阻抗容限大于单端,因为导体的刻蚀以及电镀剖面将会影响互感与互容,从而影响差分阻抗。而且,如果控制不当,差分对中微小的不对称将会对信号完整性产生巨大的影响。

7.6.1　模式转换

在 7.4 节中我们说明了共模噪声将耦合进差分对从而使得电压在偶模式下传播，若共模反射系数足够高，它将会被接收端反射。另一个引起偶模式电压传播的原因是 V 与 $\overline{V}$ 之间的相位误差。理想情况下，V 与 $\overline{V}$ 之间的波形传播相位差为 $180°$，使得能量保持在奇模式中。然而，当信号向接收端方向传播时，如果 V 与 $\overline{V}$ 之间的相位差偏离 $180°$，一些能量将会由奇模式转换为偶模式。这一现象有很多说法，如模式转换、差模共模模式转换、ac 共模转换（ACCM 转换）等。本书统一采用 ACCM 转换的说法。

ACCM 转换是由差分对中 V 与 $\overline{V}$ 间的不对称引起的。这种不对称可能是由长度差、耦合差异、刻蚀差异、临近效应、终端差异、弯曲或者任何可能引起差分对的一条支路同另一条支路产生电差异的因素引起的。其中一些例子参见图 7.8。为说明对内不对称对电压及时域噪声的影响，我们来看这一个简单（但是非常常见）的例子，其中线路 1 与线路 2 的长度不相等，如图 7.8（a）所示。假设信号为差分输入，线路 1 和线路 2 之间不同的传播延迟将会改变接收端的相位关系，因为其中一条支路的传播电压将会更早到达，从而将部分（或者全部）的差分信号转换为共模模式。图 7.9 展示了当差分对中存在不对称时，在传送端（Tx）的理想差分信号是怎样在接收端（Rx）发生扭曲的。扭曲的程度正比于共模模式中存在的电压的大小。

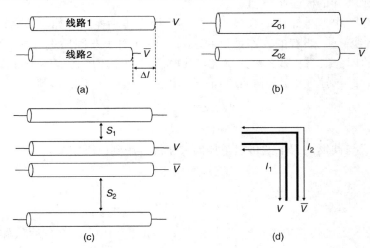

图 7.8　差分对的不对称引起差模共模模式转换实例。(a)线长差异；(b)由于刻蚀变化引起的阻抗差异；(c)串扰差异；(d)由于弯曲引起的长度差异

转换为共模信号的量取决于差分对的长度、传输延时的差异以及频率。当信号以 $180°$（π）的相位差加载时，通过计算传输线的每一支路的接收端电压就可以证明这一结论：

$$V(\omega, l_1) = v_1^+ \mathrm{e}^{-\alpha l_1} \mathrm{e}^{\mathrm{j}(\omega t - \beta l_1)} \tag{7.8a}$$

$$\overline{V}(\omega, l_2) = v_2^+ \mathrm{e}^{-\alpha l_2} \mathrm{e}^{\mathrm{j}(\omega t + \pi - \beta l_2)} \tag{7.8b}$$

其中，β 为式（6.48c）定义的传播常数，α 为式（6.48b）定义的衰减常数，l_1 为线路 1 的长度，l_2 为线路 2 的长度。注意到因为没有反向传播部分（v^-），本例中所有的反射都理想终止。

差模共模模式转换（ACCM）可由式（7.8a）与式（7.8b）在 $\alpha = 0$ 时计算得出：

$$\text{ACCM} = \frac{V(z=l_1)+\overline{V}(z=l_2)}{V(z=0)-\overline{V}(z=0)} = \frac{v_1^+ e^{j(\omega t-\beta l_1)}+v_2^+ e^{j(\omega t+\pi-\beta l_2)}}{v_1^+ e^{j(\omega t)}-v_2^+ e^{j(\omega t+\pi)}}$$

$$= \frac{v_1^+ e^{-j\beta l_1}+v_2^+ e^{-j\beta l_2}}{v_1^+ - v_2^+} \tag{7.9}$$

其中 $V(z=l_1)$ 与 $\overline{V}(z=l_2)$ 为接收端的电压，$V(z=0)$ 与 $\overline{V}(z=0)$ 为驱动端的电压。

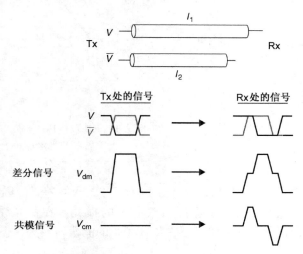

图 7.9　当差分对存在不对称时，部分信号在接收端转换为共模模式

低频时，波长很大，线路 1 和线路 2 的相位延时差很小，因此式(7.9)中的分子就近似为 0。然而，随着频率的增加，相位差随之增大，当相位差增至 $180°(\pi)$ 时，驱动端加入的差分信号在接收端将完全转换为了共模信号，所以式(7.9)是一致的。

例 7.1　对于图 7.10 所示的差分对，计算当驱动端加载差分信号时，接收端 100% 转换为共模信号时对应的频率。

解

步骤 1：计算传输线的传播常数。式(2.46)用波长定义了传播常数：

$$\beta = \frac{2\pi}{\lambda} \qquad \text{rad/m}$$

式(2.45)定义了波长与频率的关系，其中利用光在介质中的速度(v_p)取代了真空下的光速：

$$f = \frac{v_p}{\lambda} \qquad \text{Hz}$$

利用式(2.52)计算介质中的光速(假设 $\mu_r=1$)：

$$v_p = \frac{c}{\sqrt{\varepsilon_r}} \qquad \text{m/s}$$

因此，传播常数就可以作为频率的函数计算得出：

$$\beta = \frac{2\pi f \sqrt{\varepsilon_r}}{c} = (41.866\times10^{-9})f \qquad \text{rad/s}$$

步骤 2：利用式(7.9)绘出差模共模模式的转换。因为 $V(z=0)=1$ 并且 $\overline{V}(z=0)=-1$，$v_1^+=1$ 且 $v_2^+=-1$。绘出的图形如图 7.11 所示。当 $\text{ACCM}=1$ 时，由于长度不同引起的相位

误差等于 180°，驱动端所加载的差分信号在接收端显示为共模信号。因此，差模共模转换为 100% 时的频率为 12.5 GHz。

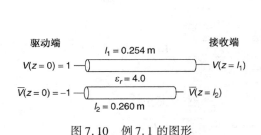

图 7.10　例 7.1 的图形

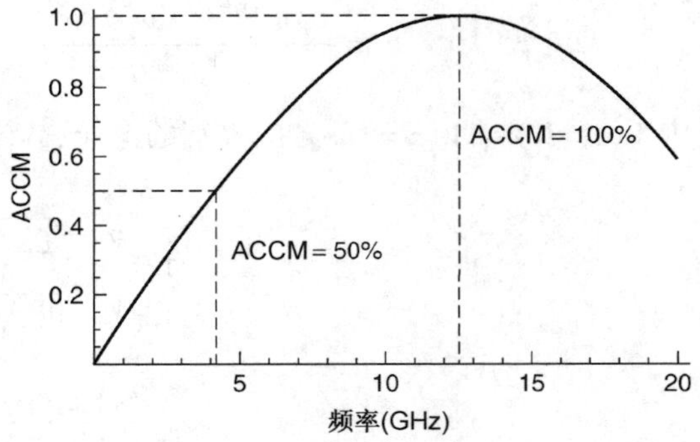

图 7.11　例 7.1 中的差模共模转换图。它表明了当频率大约在 12.5 GHz 时，驱动端加载的差分信号在接收端变成了共模

在一个差分系统中，只恢复了 $V(z=l_1)$ 与 $\overline{V}(z=l_2)$ 之间的差异。因此，差分能量中转换为共模的百分比看起来就像是差分总线在频域上的损耗。在例 7.1 中，差分接收端在 12.5 GHz 下将会看不到信号。在 4 GHz 下，大约 50% 的能量转换为共模，只有一半的信号会被差分接收端接收到。

注意到例 7.1 中的差模共模模式转换是从 12.5 GHz 之后开始减少的。但还是不要让总线工作于这一频率范围。差分对信号之间的相位差将会持续增加，直到达到 360°，其中式 (7.9) 预测出了零模式转换。如果数字总线的差分对在接收端相位差为 360°，那么线路 1 的第 1 位将会同线路 2 的第 2 位相一致，错误的数据将会锁存于接收端。这一点可以通过观察式 (7.8a) 与式 (7.8b) 计算出的 $V(z=l_1)$ 与 $\overline{V}(z=l_2)$ 的实部来证实。图 7.12(a) 显示了例 7.1 中当 $l_1 = 0.254$ m，$l_2 = 0.340$ m 时差分对的差模共模模式转换 (ACCM)。图 7.12(b) 显示了接收端 $V(z=l_1)$ 与 $\overline{V}(z=l_2)$ 的实部。注意到低频时，波形相位差为 180°，差模共模模式转换为 0。在大约 880 MHz 时，差模共模模式转换为 100%，并且图 7.12(b) 中的波形是同相的。在大约 1.75 GHz 时，$V(z=l_1)$ 的第 9 峰值与 $\overline{V}(z=l_2)$ 的第 7 峰值的相位差 180°，式 (7.9) 指出其 ACCM = 0。虽然差模共模模式转换的幅度在其峰值后开始减小，但其相位误差却很大，因此总线将不能正常工作。

7.6.2　纤维交织效应 (Fiber-Weave Effect)

在 6.5.1 节中，我们讨论了怎样利用交织的玻璃纤维束嵌入环氧树脂来合成 FR4 以及相似的电介质材料。图 7.13 描述了差分信号的 1 条支路布线于玻璃纤维束之间而另一条布于玻璃纤维束之上时，带给每一条路径以独特的传输速度的情形。增强的玻璃纤维束的介电常数 ε_r 近似为 6，而这些玻璃纤维束所嵌入的环氧树脂的 ε_r 近似为 3。当差分对与电介质的增强纤维阵列以这种方式排列时，就会引起差分对的不平衡，进而引起差模共模模式转换 (ACCM)。即使线路是对称分布的，介电常数的不同也会使其中一条线路的电气延迟小于另一条。图 7.13 绘出了由于纤维交织效应而不对称的差分对的截面图。

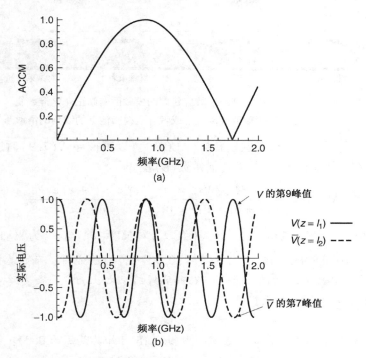

图 7.12 当差分对中线路 1 和线路 2 的相位延时差为 180°时, 差模共模模式转换的峰值。当相位延时
差随着频率增加时, ACCM 将再次变为0, 但是相位误差很大, 从而使得总线无法正常工作

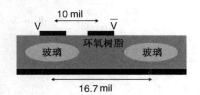

图 7.13 如 FR4 之类的用于建立混合电介质的纤维交织基由于玻璃纤维的
介电常数($\varepsilon_r \approx 6$)与环氧树脂的($\varepsilon_r \approx 3$)不同,会引起差分信号的不
对称。图中所示的玻璃纤维束间距是印制电路板业界的典型间距

除非用专用测量方法来消除纤维交织与差分对的对齐问题, 否则传统的在整个电介质层
利用统一的电介质常数的传输线建模方法就不再适用了。我们必须将传统的建模方法加以改
进, 以包含局部的电介质变化。图 7.14 给出了横截面的几何描述, 它可以作为二维场仿真工
具的输入, 以计算传输线参数。原理上比较简单, 但是实际上这一方法非常复杂, 因为其测
量的有效电介质常数是多种电介质的混合作用, 包括树脂、玻璃纤维、焊接掩膜以及空气。初
始时, 各区域的 FR4 材料的有效电介质常数可以利用图 6.15 中的传播延迟的测量值计算得
出, 而实际的电介质差异可以由 6.5.1 节所描述的方法估计得出。或者, 如果有充足的信息,
那么就可以利用带有截面的描述复合材料的介电性质的二维场仿真结果来进行计算。很多商
用的场仿真软件都具有这一能力, 包括 Ansoft 的 Q2D。然而, 一旦估计出合理的 ε_{r1} 与 ε_{r2} 的
值, 就可以利用图 7.14 中所示的横截面近似对每一支路建立适当的传输线参数, 从而近似计
算纤维交织效应。

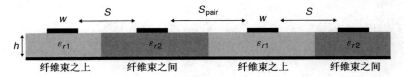

图 7.14　差分对中纤维编织效应建模的横截面。修正介电常数使
之适用于玻璃纤维束上或者环氧树脂池上的线路的情形

介电常数的变化所产生的差模共模转换(ACCM)可以用推导式(7.9)时所用方法计算得出。唯一的不同在于线长(l)为常数而传播常数(β)在变：

$$\text{ACCM} = \frac{V(z=l) + \overline{V}(z=l)}{V(z=0) - \overline{V}(z=0)} = \frac{v_1^+ e^{-j\beta_1 l} + v_2^+ e^{-j\beta_2 l}}{v_1^+ - v_2^+} \tag{7.10}$$

其中，$\beta_1 = 2\pi f \sqrt{\varepsilon_{r,\text{eff1}}}/c$，$\beta_2 = 2\pi f \sqrt{\varepsilon_{r,\text{eff2}}}/c$，$l$ 为差分对长度，v_1^+ 与 v_1^- 为驱动电压。

例 7.2　对于 10 英寸(0.254 m)与 5 英寸(0.127 m)的差分对，确定差模共模模式转换为 100% 时的频率。其中差分对的一条支路在玻璃纤维束之上，另一条支路在玻璃纤维束之间。利用图 6.15 中给出的测量数据。

解

步骤 1：确定有效介电常数的最大范围。由图 6.15 可知其范围为 0.23：

$$\Delta\varepsilon_{\text{eff}} \approx 3.73 - 3.5 = 0.23$$

步骤 2：计算 β_1 与 β_2：

$$\beta_1 = \frac{2\pi f \sqrt{\varepsilon_{r,\text{eff1}}}}{c} = \frac{2\pi f \sqrt{3.73}}{3 \times 10^8} = f \cdot 40.429 \times 10^{-9} \text{ rad/s}$$

$$\beta_2 = \frac{2\pi f \sqrt{\varepsilon_{r,\text{eff2}}}}{c} = \frac{2\pi f \sqrt{3.5}}{3 \times 10^8} = f \cdot 39.163 \times 10^{-9} \text{ rad/s}$$

步骤 3：利用式(7.10)绘出差模共模模式转换图。图形如图 7.15(a)与图 7.15(b)所示。当线长为 10 英寸时，差模共模转换在 10 GHz 下为 100%，5 英寸对应为 20 GHz。

纤维交织效应的缓解方法在 6.5.2 节中有简要的讨论。

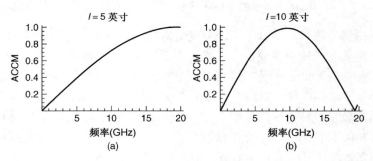

图 7.15　例 7.2 中的波形。(a)长度为 5 英寸；(b)长度为 10 英寸

参考文献

Hall, Stephen, Garrett Hall, and James McCall, 2000, *High Speed Digital System Design*, Wiley-Interscience, New York.

习题

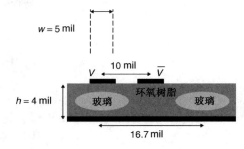

图 7.16 玻璃纤维的介电常数/损耗因子为 $\varepsilon_r = 6/\tan\delta = 0.0002$，环氧树脂对应为 $\varepsilon_r = 3/\tan\delta = 0.025$

7.1 假设差分对的路径使得其纤维交织效应同图 7.16 类似。假设线长为 7 英寸，材料为铜且其表面粗糙度为 0.5 μm。如果差模共模模式转换在有损耗时计算得出，其结果同无损耗时计算出的结果有何不同？哪一个答案更好地预测了信号转换为共模的百分比？

7.2 当纤维交织效应存在时，导出线长标准，以利于预测数字信号的电压噪声幅度。利用习题 7.1 中的结果进行这一推导。

7.3 习题 7.1 中的差分对对数字信号的时序有什么影响（提示：考虑相位噪声）？

7.4 描述三种不同的减小差模共模转换的方法。

7.5 差分对支路阻抗不匹配时，推导出能够得到差模共模模式转换的方程。

7.6 利用 4.4 节所描述的模态分析法来计算长为 10 英寸，横截面如图 7.16 所示的传输线差分波形。

7.7 证明对于两信号导体，模态电压与特定的数字状态相一致，利用如下 L 与 C 矩阵

$$L = \begin{bmatrix} 3.77 \times 10^{-7} & 5.18 \times 10^{-8} \\ 5.18 \times 10^{-8} & 3.77 \times 10^{-7} \end{bmatrix} \quad \text{H/m}$$

$$C = \begin{bmatrix} 8.21 \times 10^{-11} & -4.26 \times 10^{-12} \\ -4.26 \times 10^{-12} & 8.21 \times 10^{-11} \end{bmatrix} \quad \text{F/m}$$

7.8 证明对于三信号或者多信号导体，模态电压与特定的数字状态不相符。利用如下 L 与 C 矩阵：

$$L = \begin{bmatrix} 3.77 \times 10^{-7} & 5.17 \times 10^{-8} & 1.08 \times 10^{-8} \\ 5.17 \times 10^{-8} & 3.77 \times 10^{-7} & 3.21 \times 10^{-8} \\ 1.08 \times 10^{-8} & 3.21 \times 10^{-8} & 3.77 \times 10^{-7} \end{bmatrix} \quad \text{H/m}$$

$$C = \begin{bmatrix} 8.21 \times 10^{-11} & -4.25 \times 10^{-12} & -3.74 \times 10^{-12} \\ -4.25 \times 10^{-12} & 8.21 \times 10^{-11} & -4.25 \times 10^{-12} \\ -3.74 \times 10^{-12} & -2.04 \times 10^{-12} & 8.19 \times 10^{-11} \end{bmatrix} \quad \text{F/m}$$

7.9 利用模态分析来计算两条单端线路的远端（前向）串扰，利用习题 7.7 中的矩阵，并将结果同习题 7.8 得到的差分对耦合到单端线路的串扰相比较。

7.10 建立一个 SPICE 模型来证明布线规范为什么要强制要求信号线布线要与板的边缘有 10° 或者更大的角度以减少纤维交织效应（提示：复习第 6 章）。

第8章 物理信道的数学要求

现代的高速数字设计需要进行大量信号完整性仿真,以便在原型生产出来之前能对系统的电学表现进行评估。为了保证从仿真中得到精确的结果,我们需要非常慎重地处理系统元件的模型,例如传输线、通孔、连接器以及封装。对于一个在物理上与自然法则相一致的模型,必须遵守一定的数学上的约束以保证信号传输、能量存储以及损耗之间的平衡。例如,绝大多数工程师在设计高速数字系统时采用的简单建模技术,都采用了传输线模型的频不变的介电常数、损耗因子,以及电感值等。对第5章和第6章的复习将会提醒读者传输线模型有着频率相关性。因此,如果想要得到实际的响应,那么就要进行正确的建模。虽然在低频或极小的电学结构时,这些假设是符合逻辑的;但是当数字数据率高于 $1 \sim 2$ Gb/s 时,将引入幅度以及相位误差。实际上,用以撰写本章的计算机就是利用传统的建模方法来设计的,它假设了电介质以及导体的电学特性是频不变的。然而,这一假设对于更高的数据率,将不能再产生正确的结果。随着数据率的增加,对带宽的要求突飞猛进,外形在不断缩小,过去设计中不重要的新现象也变得很重要。当没有应用正确的模型假设时,将会得到错误的解空间,相关性的实验分析就会变得困难或者不可能实现,设计时间就会显著的增加。本章将列举用来决定一个物理信道模型是否适合当前设计的一些重要的方法。首先,我们探讨计算信道响应的原理以及在时域仿真中分析频域现象的方法。接下来,我们阐述信道与自然特性相一致时的数学要求,并定义了测试这些要求的方法。如果误差足够小,那么模型就并不用严格遵守这些物理规则;不过,现代的数字设计者必须明白,全面理解建模假设是一个很重要的理念。

8.1 时域仿真中的频域效应

高速数字设计的重点是时域数字波形的信号完整性,不过严重影响互连线中信号传播的若干现象都是在频域进行描述的。前几章所提到的趋肤效应电阻、表面粗糙度、内部电感,以及频率相关电介质性质等就是极好的例子。因此,数字工程师理解时域波形及其等效的频域表示就显得很重要。实际上,现代总线的很多元件都是用频率常量的形式描述的,因为这是描述宽带行为时最方便的一种方法。本节将列举一些线性时不变系统的基本原则,使工程师轻松掌握频域和时域之间转换的基本方法。

8.1.1 线性与时不变性

如果系统的输入与输出之间的关系满足可叠加性,那么这个系统是线性的。例如,如果系统的输入为两个信号的总和:

$$x(t) = c_1 x_1(t) + c_2 x_2(t)$$

其中 c_1 与 c_2 为常数,那么系统输出为

$$y(t) = c_1 y_1(t) + c_2 y_2(t)$$

其中 $y_n(t)$ 为输入 $x_n(t)(n=1,2)$ 对应的输出结果。一般地，对任意常数 c_n ，一个线性系统的输入为：

$$x(t) = \sum_n c_n x_n(t)$$

其输出将为：

$$y(t) = \sum_n c_n y_n(t)$$

其中输出 $y_n(t)$ 为对应输入 $x_n(t)$ 输出结果。

时不变性指无论系统的输入作用于 $t=0$ 或 $t=\tau$ ，其输出将会完全相同，只是有着时延 τ 。例如，如果 $x(t)$ 对应的输出为 $y(t)$ ，则输入 $x(t-\tau)$ 对应的输出为 $y(t-\tau)$ 。简单地讲，输入端的时延会在输出端产生相应的时延。

8.1.2 时域与频域等价

在一个 LTI 系统中，任何时域波形都在频域中有等价的频谱。这就意味着任一时域信号，譬如数字波形，同样完全可以由频域参数来描述。这一概念是非常重要的，因为它使电磁模型的频变性质同时域波形联系起来，从而我们就可以对总线上以数字比特传播的信号完整性进行分析。时域信号以及其等价的频域描述的关系可由傅里叶变换进行描述：

$$F(\omega) = \sqrt{\frac{|b|}{(2\pi)^{1-a}}} \int_{-\infty}^{\infty} f(t) \mathrm{e}^{\mathrm{j}b\omega t} \mathrm{d}t \qquad (8.1a)$$

$$f(t) = \sqrt{\frac{|b|}{(2\pi)^{1+a}}} \int_{-\infty}^{\infty} F(\omega) \mathrm{e}^{-\mathrm{j}b\omega t} \mathrm{d}\omega \qquad (8.1b)$$

其中式(8.1a)将一个时域信号转换为了频域形式，而式(8.1b)将频域形式转换为了时域波形。运用傅里叶变换时，一定要保证变换的正确性。不同的技术以及科学领域的傅里叶变换的惯例是不同的，若一致性没有做好就会造成一些混乱。傅里叶变换的惯例是基于 a 与 b 的选择的。一些常用的变换包括现代物理中的 $(a=0, b=-1)$ ，系统工程中的 $(a=1, b=-1)$ ，经典物理中的 $(a=-1, b=1)$ 以及信号处理中的 $(a=0, b=2\pi)$ [Wolfram, 2007]。本章将使用系统工程以及信号处理的变换方式，具体选择取决于应用的不同。

傅里叶变换通过将无限多的正弦函数进行叠加以得到原始的波形，简单地将时域波形同频率响应联系了起来。例如，如果对一个占空比为 50% 的方波进行傅里叶展开计算：

$$f(t) = \frac{A}{2} + \frac{2A}{\pi} \sum_{n=1,3,5\ldots} \frac{1}{n} \sin(n2\pi f t) \qquad (8.2)$$

我们可以通过叠加若干阶谐波来近似得到原始波形，如图 8.1 所示。随着谐波数 n 的增加，重构的波形能够更好地逼近原始波形。

式(8.1a)所示的傅里叶变换可以用来计算重构时域波形所需的单个正弦曲线的实部和虚部，称为波形的频谱。例如，对于一个宽为两个时间单位的理想方波脉冲，如图 8.2(a)所示，其频谱可以利用系统工程变换 $(a=1, b=-1)$ 来计算得到：

$$F(\omega) = \int_{-\infty}^{\infty} f(t) \mathrm{e}^{-\mathrm{j}\omega t} \mathrm{d}t$$

$$= \int_{-1}^{1} e^{-j\omega t}\, dt$$

$$= j \frac{e^{-j\omega t}}{\omega}\bigg|_{t=-1}^{t=1} = -\frac{j}{\omega}(e^{j\omega} - e^{-j\omega})$$

由于 $(e^{j\omega} - e^{-j\omega})/(2j) = \sin\omega$，其频谱可以简化为：

$$F(\omega) = -\frac{j}{\omega}\sin\omega\, 2j$$

$$= 2\frac{\sin\omega}{\omega} = 2\,\text{sinc}\,\omega \tag{8.3}$$

式(8.3)为方波脉冲的频谱，其图形参见图 8.2(b)。这意味着，方波的频域响应为一个 sinc 函数，反之亦然。注意到对于一个理想的阶跃或者脉冲，需要无限多的谐波来重构波形。

在图 8.2(a)将方波的中心置于 $t = 0$ 处，通过消去变换时的虚部简化了数学推导过程。对于一个实际的只包含正时间值的数字脉冲而言，其频谱就会变得很复杂。例如，图 8.3 显示了宽度为两个时间单位的方波脉冲及其傅里叶变换，是根据系统工程变换($a = 1$, $b = -1$)计算所得。注意到其频谱同时包含实部和虚部部分。

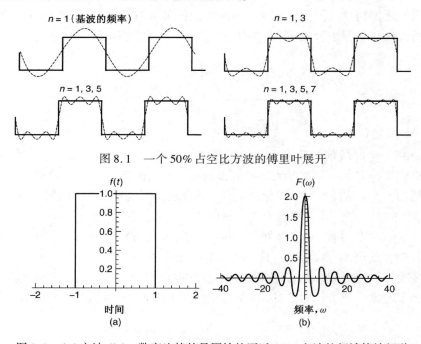

图 8.1　一个 50% 占空比方波的傅里叶展开

图 8.2　(a)方波 $f(t)$，数字比特的最原始的逼近；(b)方波的频域等效频谱

图 8.2 及图 8.3 所示的例子说明了三个非常重要的概念，使时域波形能与其频域变换等效起来。

1. 时域波形的频谱同时包含正的以及负的频率成分。
2. 只包含正时间值的时域波形的频谱是复形的。
3. 因为物理可观测的时域信号没有虚部，所以它们必须是实值。当其傅里叶变换的正频率复共轭于负频率时，能保证其时域的实数性[LePage, 1980]：

$$F(-\omega) = F(\omega)^* \tag{8.4}$$

式(8.4)可由图8.3(b)观察得到。例如，频率 $\omega = -2$ rad/s 时，其频谱值为

$$F(-2) = -0.4 + j0.74$$

在 $\omega = 2$ rad/s 时，其频谱值为

$$F(2) = -0.4 - j0.74$$

因为 $F(-2) = F(2)^*$，其频谱对应实的时域波形。

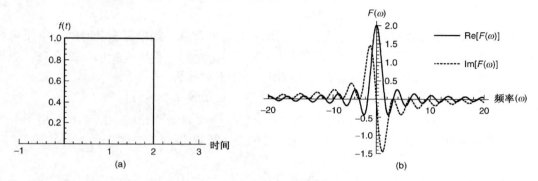

图8.3　(a)只包含正时间值的方波 $f(t)$；(b)方波的频域等效频谱。注意到其频谱同时包含实部以及虚部值

8.1.3　数字脉冲的频谱

　　虽然一个方波脉冲可作为一个数字比特的一阶逼近，但其更好的逼近为梯形波。图8.4展示了一个梯形波同理想方波的频率响应的对比。注意到梯形波频率响应的形状同方波是非常相似的，仅仅是谐波的幅度要小一些，在高频下这种现象更明显。这就说明了另一个重要的概念：数字波形的上升与下降时间决定了其在频域范围内的高频谐波的幅度。

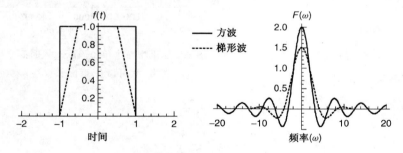

图8.4　梯形波同理想方波的频率响应对比

　　图8.4同样说明了我们也可以通过在方波的频谱上外加一个低通滤波函数来得到一个梯形波的频谱。这样就可以定义出一个数字波形的谱分量同其上升与下降时间之间的关系。要得到这一关系，首先要来观察方波频谱自身的一些特点。式(8.3)表明方波的谐波为 sinc 函数。对 sinc 函数取极限就得到归一化的频谱：

$$\frac{\sin\omega}{\omega} \approx \begin{cases} 1, & \text{当}\omega\text{小时} \\ 1/\omega, & \text{当}\omega\text{大时} \end{cases} \tag{8.5}$$

$2/\omega$ 为与由式(8.3)计算出的图8.5中频谱进行比较。注意到 $1/\omega$ 等价于在对数坐标下的20 dB/十倍频程包络：

$$20\log\frac{1/10\omega}{1/\omega} = -20 \text{ dB/十倍频程}$$

也就是说，方波的频谱分量以 −20 dB/十倍频程的速率下降。

一种得到近似梯形波频谱的方法是对方波的谐波外加一个低通滤波函数，直到能得到梯形波所描述的上升与下降时间。外加滤波器的最简单的方法是应用一个单极点低通滤波响应，比如 RC 网络。一个简单的单极点滤波器的阶跃响应为：

$$\frac{v_\text{out}}{v_\text{input}} = 1 - \text{e}^{-t/\tau} \tag{8.6}$$

其中，v_input 为滤波器的输入电压，v_out 为输出电压，τ 为时间常数。如果将上升时间用电压幅值的 10% 与 90% 来定义，那么就可以计算出具体的 $t_{10\%\sim90\%}$ 下降一阶时所需的时间常数。当单位阶跃通过一个时间常数为 τ 的单极点滤波器时，其上升时间为

$$t_{10\%\sim90\%} = t_{90\%} - t_{10\%} = 2.3\tau - 0.105\tau = 2.195\tau \tag{8.7}$$

注意 $t_{10\%}$ 与 $t_{90\%}$ 是分别由 $0.1 = 1 - \text{e}^{-t_{10\%}/\tau}$ 和 $0.9 = 1 - \text{e}^{-t_{90\%}/\tau}$ 计算得出的。图 8.6 给出了一个例子，其中时间常数由 $R = 50\ \Omega$、$C = 5\ \text{pF}$ 的 RC 网络计算得出。

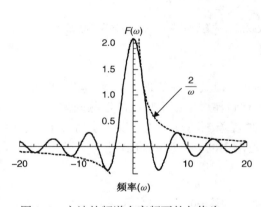

图 8.5　方波的频谱在高频下的包络为 $2/\omega$

单极点滤波器的 3 dB 带宽为

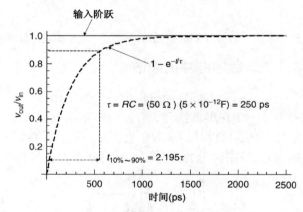

图 8.6　如果将一个单位阶跃输入时间常数为 τ 的单极点网络，就可以计算出其 $10\% \sim 90\%$ 的上升时间

$$f_\text{3dB} = \frac{1}{2\pi\tau}$$
$$\rightarrow \tau = \frac{1}{2\pi f_\text{3dB}}$$

求出 τ，代入式(8.7)就得出了著名的边沿谱分量与上升时间的关系式：

$$t_{10\%\sim90\%} = 2.195\tau = \frac{2.195}{2\pi f_\text{3dB}} \approx \frac{0.35}{f_\text{3dB}} \tag{8.8}$$

式(8.8)是数字信号频谱带宽的上升/下降时间 $t_{10\%\sim90\%}$ 的较好的"粗略"(back of the envelope)计算。

式(8.5)与式(8.8)可以用来估计梯形数字信号的频谱包络。式(8.5)说明，方波的频谱会以 −20 dB/十倍频程的速率下降。当到达上升与下降时间 $t_{10\%\sim90\%}$ 的带宽边沿对应的频率 (f_3dB) 时，低通滤波函数将起显著作用，它同样以 −20 dB/十倍频程的速率下降。这样就可以绘出数字脉冲的近似的频谱包络，如图 8.7 所示。

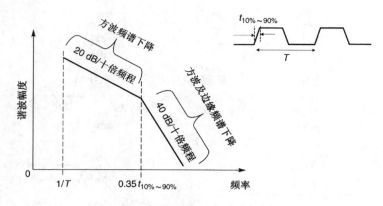

图 8.7 一个数字脉冲的近似频谱包络

8.1.4 系统响应

当系统为线性时不变时，输入和输出就可以用卷积的形式表达，其中黑斜体字代表矩阵：

$$\boldsymbol{y}(t) = \boldsymbol{h}(t) * \boldsymbol{x}(t) = \int_{-\infty}^{\infty} \boldsymbol{h}(t-\tau)\boldsymbol{x}(\tau)\,\mathrm{d}\tau \tag{8.9a}$$

其中 $\boldsymbol{h}(t)$ 为系统的脉冲响应矩阵，每一个元素 $h_{ij}(t)$ 是在端口 j 加入狄拉克 δ 函数(一种理想脉冲)而其他输入均为 0 时端口 i 对应的响应。这是一个很重要的概念，因为如果当一个系统的脉冲响应已知时，就可以确定系统的输入为 $\boldsymbol{x}(\tau)$ 时的响应。

当系统的脉冲响应以频域形式表示时，可以用传输函数 $H(\omega)$ 来表示：

$$\boldsymbol{Y}(\omega) = \boldsymbol{H}(\omega)\boldsymbol{X}(\omega) \tag{8.9b}$$

其中 $\boldsymbol{Y}(\omega)$ 为系统输出的频率响应矩阵，$\boldsymbol{X}(\omega)$ 为系统输入的频率响应矩阵。通常在频域用传输函数来分析系统比在时域分析脉冲响应更方便。不过，由于时域波形与频域谱的等价性，传输函数的傅里叶反变换为脉冲响应：

$$h(t) = F^{-1}\{H(\omega)\} \tag{8.10}$$

式(8.10)所示的关系是非常方便的，因为在试验室可用向量网络分析仪(VNA)很容易对传输函数进行测量，而不需要测量脉冲响应，因为理想脉冲是无法产生的。实际上，第 9 章还将介绍一种通过 S 参数来获得脉冲响应的方法，也是可以在实验室中通过向量网络分析仪测得的。必须注意的是，实际的实验设备并不能测量负频率值，负频率响应就一定要利用式(8.4)对正的(测量的)频率响应求复共轭来重构。

另一个有用的性质是，时域卷积等价于频域相乘。一般来讲，这样可以更简单的处理卷积，先在频域将输入与脉冲响应的频谱相乘，再对其求傅里叶反变换将其转换回时域。

例8.1 求出如图 8.8(a) 所示的理想的 2 ns 宽的方波脉冲通过 RC 低通滤波器后的波形。假设 $R = 50\ \Omega$，$C = 5$ pF，方波幅度为 1 V。

解

步骤 1：利用式(8.1a)求出方波的频谱。本例中，选择系统工程变换($a = 1$，$b = -1$)。

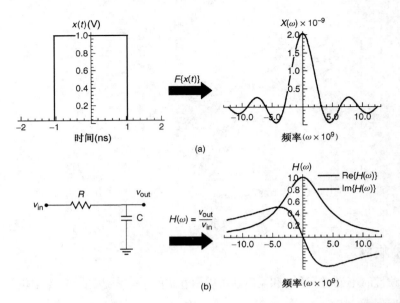

图 8.8 (a) 例 8.1 中 2 ns 宽方波的频谱；(b) $R=50\ \Omega$，$C=5$ pF 的 RC 滤波器的传输函数

$$X(\omega) = \int_{-\infty}^{\infty} x(t)\mathrm{e}^{-\mathrm{j}\omega t}\,\mathrm{d}t$$

$$= \int_{-\infty}^{\infty} u_s(t + 1 \times 10^{-9}) u_s(-t + 1 \times 10^{-9})\mathrm{e}^{-\mathrm{j}\omega t}\,\mathrm{d}t$$

$$= \int_{-1 \times 10^{-9}}^{1 \times 10^{-9}} \mathrm{e}^{-\mathrm{j}\omega t}\,\mathrm{d}t$$

$$= \mathrm{j}\,\frac{\mathrm{e}^{-\mathrm{j}\omega t}}{\omega}\bigg|_{t=-1\times 10^{-9}}^{t=1\times 10^{-9}}$$

$$= \frac{2\sin[\omega(1 \times 10^{-9})]}{\omega}$$

$X(\omega)$ 的图形如图 8.8(a) 所示。

步骤 2：计算滤波器的频谱。利用基本的电路知识求出 RC 滤波器的响应，其中电容的阻抗为 $Z_C = 1/\mathrm{j}\omega C$：

$$H(\omega) = \frac{1/\mathrm{j}\omega C}{R + 1/\mathrm{j}\omega C} = \frac{1}{\mathrm{j}\omega RC + 1}$$

滤波器响应如图 8.8(b) 所示。$H(\omega)$ 表示频域内的传输函数，当转换为时域时即为冲激响应。

步骤 3：利用式 (8.9b) 计算输出的响应，如图 8.9(a) 所示：

$$Y(\omega) = X(\omega)H(\omega) = \frac{2\sin[\omega(1 \times 10^{-9})]}{\mathrm{j}\omega^2 RC + \omega}$$

$Y(\omega)$ 为脉冲通过滤波器后的等效频域表示。这一过程等同于时域内滤波器的冲激响应与方波的卷积。

步骤 4：利用式 (8.1b) 与系统工程惯例将 $Y(\omega)$ 转换回时域形式：

$$y(t) = F^{-1}\{Y(\omega)\}$$

傅里叶反变换是用 Mathematica 完成的，如图 8.9(b) 所示。

系统冲激响应的另一种替代形式为阶跃响应。一般而言，实验测量时常采用阶跃响应，因为时域反射计(TDR)是广泛可用的，且能向测试系统注入上升时间快达 9 ~ 25 ps 的近似阶跃函数。单位阶跃函数为冲激函数(狄拉克 δ 函数)的积分：

$$u_s(\tau) = \int_{-\infty}^{t} \delta(t)\,\mathrm{d}t \tag{8.11a}$$

$$\frac{\mathrm{d}u_s(t)}{\mathrm{d}t} = \delta(t) \tag{8.11b}$$

其中 $\delta(t)$ 为冲激函数，$u_s(t)$ 为单位阶跃函数。

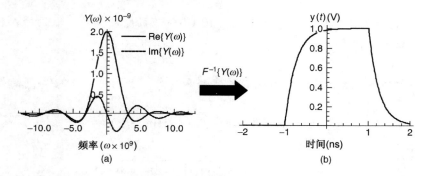

图 8.9　(a)例 8.1 中输入函数与滤波器响应相卷积后的频谱；(b)当输入方波时滤波器的输出

8.1.5　单比特(脉冲)响应

也许在时域内求解一个信道特征最有用的方法就是利用单比特响应，也叫做脉冲响应(pulse response)。与冲激响应(impulse response)不同，脉冲响应可以在实验室直接测量。脉冲响应的获得是用一个与所设计系统的单个数字比特相对应的波形来驱动系统。

数据率(DR)定义为系统每秒支持的最大位数。也就是说，最大数据率由单个位的宽度决定：

$$\mathrm{DR} = \frac{1}{\Delta t_{\mathrm{bit}}} \tag{8.12a}$$

其中 Δt_{bit} 为单个数据位的宽度，如图 8.10(a) 所示。有时又将 Δt_{bit} 称为单位时间间隔(UI)。也就是说，数字脉冲串的最大基频，即其中每位的 0 与 1 连续转换，为数据率的一半，如图 8.10(b) 所示：

$$f_{\mathrm{fundamental}} = \frac{1}{2\Delta t_{\mathrm{bit}}} \tag{8.12b}$$

脉冲响应比冲激响应更实用有两点原因：首先，脉冲响应可以让工程师们直观理解总线的工作方式，因为它表示系统对总线上所传输的实际波形的响应；其次，采用峰值畸变分析法，它可以用来计算最坏情形的眼图与最坏情形的位模式，详细描述参见第 13 章。

另外，脉冲响应是将时域内的输入波形同系统冲激响应相卷积得到的。通常在频域内进行卷积运算更方便：

$$Y(\omega) = F\{x_{\mathrm{pulse}}(t)\} \cdot H(\omega) \tag{8.13a}$$

其中 $Y(\omega)$ 为频域响应，$F\{x_{\text{pulse}}(t)\}$ 输入脉冲的傅里叶变换，$H(\omega)$ 为系统的传输函数。然后对 $Y(\omega)$ 进行傅里叶反变换就可以计算出脉冲响应：

$$y(t) = F^{-1}\{Y(\omega)\} \tag{8.13b}$$

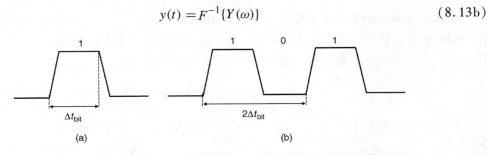

图 8.10   (a)计算最大数据率所需参数；(b)计算比特流基频所需参数

例 8.2   计算例 6.4 中的 0.5 m 传输线在 10 Gb/s 下的脉冲响应。假设输入脉冲的上升与下降时间为 33 ps，幅度为 1 V。

解

步骤 1：在频域内计算传输线传输函数的实部和虚部。利用例 6.4 中得到的等式来进行计算：

$$v_{\text{out}} = v_{\text{in}}e^{-\alpha z}[\cos(-\beta z) + j\sin(-\beta z)]$$

其中 γ 由式(6.47)定义，z 为线长：

$$\gamma(\omega) = \alpha + j\beta = \sqrt{(R + j\omega L)(G + j\omega C)}$$

R、L、C 与 G 的频变值可根据例 6.4 得到。接下来计算传输函数：

$$H(\omega) = \frac{v_{\text{out}}}{v_{\text{in}}} = e^{-\alpha z}[\cos(-\beta z) + j\sin(-\beta z)]$$

利用例 6.4 中得到的数值，得到的传输函数实部与虚部的图形如图 8.11(a)所示。

步骤 2：利用式(8.10)对 $H(\omega)$ 求傅里叶反变换得到冲激响应：

$$h(t) = F^{-1}\{H(\omega)\}$$

冲激响应图形如图 8.11(b)所示。由于积分的复杂性，本例利用快速傅里叶变换(FFT)代替傅里叶积分来计算波形的频谱响应。快速傅里叶变换是一种用来计算任意波形傅里叶变换的数值方法。FFT 是对正负频率响应以 100 MHz 的步长进行 2000 次采样来进行换算的，得到时域解为：

$$\Delta t = \frac{1}{N\Delta f} = \frac{1}{2000 \times (100 \times 10^6)} = 5 \times 10^{-12}\ \text{s}$$

其中 $\Delta f = 100 \times 10^6$ Hz，$N = 2000$。FFT 由 Press et al. [2005] 进行了阐述，并内置于很多的商用工具中，如 Mathematica、MATLAB、Mathcad，甚至于 Microsoft Excel 中。

步骤 3：计算图 8.12(a)中所示的输入波形的傅里叶变换：

$$X(\omega) = F\{x_{\text{pulse}}(t)\}$$

图 8.12(a)中给出了输入波形傅里叶变换的正频率图形。注意到它被表示为熟知的 sinc 函数的形式。另外，再次强调本例中使用了 FFT。

步骤 4：计算脉冲响应。首先，利用式(8.9b)计算出脉冲响应的频谱 $Y(\omega)$：

$$Y(\omega) = X(\omega)H(\omega)$$

最后，对 $Y(\omega)$ 进行傅里叶反变换得到脉冲响应：

$$y(t) = F^{-1}\{Y(\omega)\}$$

该脉冲响应描述了从传输线一端传至另一端的输入波形，如图 8.13 所示。

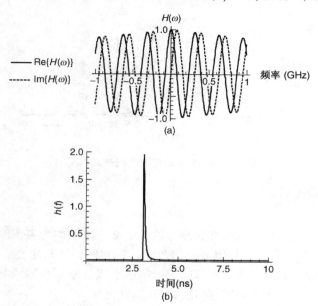

图 8.11　(a) 例 8.2 中传输线的传输函数；(b) 利用传输函数的傅里叶反变换计算出的冲激响应

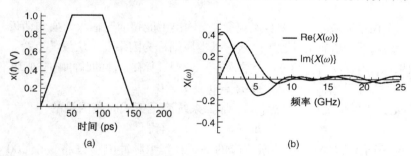

图 8.12　(a) 例 8.2 中驱动传输线的波形；(b) 输入波形的傅里叶变换

注意到脉冲在大约 3.1 ns 时到达。这一结果可以用例 6.4 中给出的电感与电容的准静态值，通过式 (3.107) 计算总延时来进行验证：

$$\tau_d = l\sqrt{LC} = 0.5\sqrt{(2.5 \times 10^{-7})(1.5 \times 10^{-10})} = 3.06 \times 10^{-9}\ \text{s}$$

准静态近似的结果与频变参数计算出延时不完全一致，不过也比较接近。因此，图 8.13 中波形的延时可以通过完整性检查。

注意，当冲激沿传输线向下传播时传输线是怎样使脉冲失真的，这是一个有趣的现象。譬如，例 8.2 中波形 (参见图 8.13) 的幅度由于导体与电介质的损耗有着严重的下降。另外，由于在计算电容时采用的频变电介质参数使得数字波形的频率分量 (由傅里叶变换计算得到) 以不同的速度传播，从而使输出脉冲比输入脉冲更宽。各谐波间速度的不同，使得其在时间上延伸，进而使波形失真，这种现象称为频散 (dispersion)。

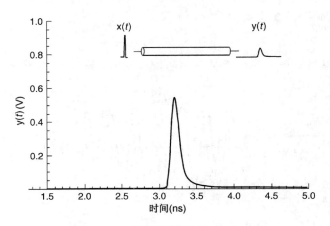

图 8.13　例 8.2 中传输线的冲激响应

8.2　物理信道的要求

本节将介绍 LTI 系统的信道模型在物理一致性上必须遵循的约束条件。其中特别介绍了因果性、无源性和稳定性的条件，并用适当的数学条件对它们进行定义。为保证系统正确的物理行为，必须满足这些数学条件。本节的分析局限于线性时不变网络，它适合于现代总线设计中所有的无源元件，譬如传输线、通孔、封装、连接器等。

8.2.1　因果性

很明显，一个模型需遵守的首要自然定律是，输出不能超前于输入。换句话说，在我们生活的真实世界中，结果不能超前于其起因。这一基本原则称为因果性。从数学上看，一个线性时不变系统满足因果性，当且仅当它的每一个输入在 $t < 0$ 时，所有元件的脉冲响应 h_{ij} 均不存在：

$$\boldsymbol{h}(t) = 0, \quad t < 0 \tag{8.14a}$$

但是更常见的是，如果系统存在延迟 $[\tau]$，那么系统满足下式时是因果的：

$$\boldsymbol{h}(t) = 0, \quad t < [\tau] \tag{8.14b}$$

图 8.14 给出了一个因果与非因果冲激响应的例子，其中脉冲响应是将一个 100 ps 宽的数字脉冲分别输入因果与非因果 20 英寸长的传输线模型仿真得到的[①]。注意到非因果冲激响应有一部分是提前到达的，这是一个很明显的说明，其是一个非物理模型的信号。在本例中，非因果传输线模型是利用频变的损耗因数以及电介质常数来建立的。因果模型是用第 6 章中提到的无限极点电介质模型建立的。

然而，通常并不能简单通过观察其脉冲响应来判断一个模型是否满足其因果性。另外，因果性是否有影响也并不总是很明显的。例如，一个非常短的传输线可能是非因果的，但是它的误差可能会很小，以至于不会对最后结果产生巨大的影响。然而，如果用很多非因果的模型级联来模拟一条总线，因果性误差就可能累积，从而使波形产生极大的误差。幸而建立一个因果的模型并不困难，我们只需保证其满足第 5 章与第 6 章列出的电介质与导体特性即可。

---

① 不要将脉冲响应(pulse response)同冲激响应(impulse response) $[h(t)]$ 相混淆。因为脉冲响应更能代表一个实际的数字驱动器，它常用来分析互连线。

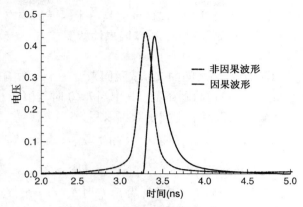

图 8.14 一个 20 英寸长传输线的模拟脉冲响应, 展示了因果模型
与非因果模型的输出。注意非因果波形是怎样提前出现的

以上讨论不可避免地引出一个问题:确定一个系统是否为因果的数学条件是什么? 首先,
我们来观察模型的频率响应。如果对脉冲响应 $h(t)$ 进行傅里叶变换, 则可以利用其频域等价
的 $H(\omega)$ 来验证其是否满足因果性:

$$F\{h(t)\} = H(\omega)$$

利用傅里叶变换的性质可得到系统因果性的初始条件。

1. 如果 $h(t)$ 是实的, 则 $H(-\omega) = H(\omega)^*$, 其中 $*$ 表示复共轭 [LePage, 1980]。因为时
   域波形总是实的, 所以这是一个必要条件。
2. 如果 $h(t)$ 为实的奇函数, 则 $H(\omega)$ 为纯虚的奇函数 [O'Neil, 1991]。
3. 如果 $h(t)$ 为实的偶函数, 则 $H(\omega)$ 为实的偶函数 [O'Neil, 1991]。

需要说明的是, 奇函数与偶函数都遵守以下规则:设 $f(t)$ 为实变量对应的实值函数, 则当
f 为偶函数时满足

$$f(t) = f(-t)$$

当 f 为奇函数时满足

$$-f(t) = f(-t)$$

这也就意味着, 如果 $h(t)$ 为奇函数或偶函数时, 对于 $t < 0$ 都会存在非零值, 这违背了
式(8.14a)给出的因果性的定义。

另一个有用的性质是, 所有实值函数的向量空间都等于奇函数与偶函数的子空间的直接
相加。换句话说, 每一个函数都可以写为唯一的奇函数与偶函数的和:

$$f(x) = f_e(x) + f_o(x) = \frac{f(x) + f(-x)}{2} + \frac{f(x) - f(-x)}{2}$$

因此, 一个因果函数 [当 $t < 0$ 时 $h(t) = 0$] 必须为一个偶函数 $h_e(t)$ 与一个奇函数 $h_o(t)$ 的和。

$$h(t) = h_e(t) + h_o(t) = \tfrac{1}{2}[h(t) + h(-t)] + \tfrac{1}{2}[h(t) - h(-t)] \tag{8.15}$$

所以, 当 $h(t)$ 为因果关系时, $h(t)$ 必须为奇函数与偶函数的组合。基于上述傅里叶变换的性质 2
和性质 3, $H(\omega)$ 必须含有实部和虚部。对于一个实因果的冲激响应 $h(t)$, $H(\omega)$ 必须为复值,
且必须满足条件 1 中的复共轭条件。

然而, 仅仅满足 $H(\omega)$ 为复值的条件, 显然并不能保证因果性。式(8.15)说明了奇函数

值与偶函数值的负时间分量必须彼此相消，以保证它是一个因果的响应。因为 $h(t)$ 的奇数值与偶数值是通过 $H(\omega)$ 的虚部与实部得到的，所以因果性就要求 $\mathrm{Re}[H(\omega)]$ 与 $\mathrm{Im}[H(\omega)]$ 之间满足特定的关系。

要得到 $\mathrm{Re}[H(\omega)]$ 与 $\mathrm{Im}[H(\omega)]$ 之间的关系，我们来看一个冲激响应为 $h(t) = u_s(t)\mathrm{e}^{-pt}$ 的简单的因果系统，其中 $u_s(t)$ 为单位阶跃函数，其中当 $t \leqslant 0$ 时其值为 0，当 $t > 0$ 且 $p > 0$ 时其值为 1。按照式(8.15)，$h(t)$ 的奇函数与偶函数可以写为：

$$h_e(t) = \tfrac{1}{2}u_s(t)\mathrm{e}^{-pt} + \tfrac{1}{2}u_s(-t)\mathrm{e}^{pt}$$

$$h_o(t) = \tfrac{1}{2}u_s(t)\mathrm{e}^{-pt} - \tfrac{1}{2}u_s(-t)\mathrm{e}^{pt}$$

函数 $h_e(t)$、$h_o(t)$ 与 $h(t)$ 如图 8.15 所示。注意到当 $t > 0$ 时 $h_e(t) = h_o(t)$，当 $t < 0$ 时 $h_e(t) = -h_o(t)$，即当 $t < 0$ 时 $h(t)$ 为 0，因此系统是因果的。这样奇函数就可以用偶函数的形式来表示：

$$h_o(t) = \mathrm{sgn}(t)h_e(t) \tag{8.16}$$

其中 $\mathrm{sgn}(t) = 1$，$\mathrm{sgn}(-t) = -1$。接下来我们就可以将因果冲激响应写为只用偶函数表示的形式：

$$h(t) = h_e(t) + \mathrm{sgn}(t)h_e(t) \tag{8.17}$$

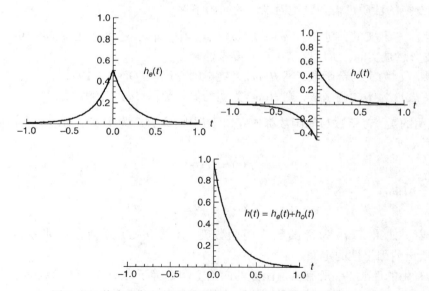

图 8.15　将奇函数与偶函数相加得到最后的因果冲激响应 $h(t)$

在频域内，利用时域相乘等于频域相卷的性质，$H(\omega)$ 同样可以写为偶函数的形式。根据 $F\{\mathrm{sgn}(t)\} = -\mathrm{j}(1/\pi\omega)$，对式(8.1a)利用信号处理变换($a = 0$, $b = -2\pi$)得到：

$$H(\omega) = F\{h_e(t)\} + (F\{\mathrm{sgn}(t)\} * F\{h_e(t)\}) = H_e(\omega) - \mathrm{j}\left(\frac{1}{\pi\omega} * H_e(\omega)\right) \tag{8.18}$$

然后利用希尔伯特变换(Hilbert transform)的定义对式(8.18)进行简化，这种变换即为函数 $g(\omega)$ 与 $1/\pi\omega$ 的卷积：

$$\hat{g}(\omega) = g(\omega) * \frac{1}{\pi\omega} = \frac{1}{\pi}\int_{-\infty}^{\infty}\frac{g(\omega')}{\omega - \omega'}\mathrm{d}\omega' \tag{8.19}$$

因此，式(8.18)就可以写为奇函数的希尔伯特变换的形式：

$$\hat{H}_e(\omega) = \frac{1}{\pi\omega} * H_e(\omega)$$

$$H(\omega) = H_e(\omega) - j\hat{H}_e(\omega)$$

(8.20)

其中 $\hat{H}_e(\omega)$ 表示 $H_e(\omega)$ 的希尔伯特变换。

式(8.20)说明了在时域内具有实的、线性的以及因果响应的系统的两个非常重要的性质。

1. 频率响应的虚部由其实部的希尔伯特变换确定。实部的求解对于整个函数的确定有着重要意义。
2. 因果性可以这样判断：对实部进行希尔伯特变换，看其与虚部是否相等。

要注意一个因果信号的实部同样也可以通过其虚部获得。另外，第 6 章中提到的 Kramers-Kronig 关系式是希尔伯特变换的另一种形式，它同样反映了复电介质常数的实部和虚部之间的关系。

$$\varepsilon'(\omega) = 1 + \frac{2}{\pi}\int_0^\infty \frac{\omega'\varepsilon_r''(\omega')}{(\omega')^2 - \omega^2}\,\mathrm{d}\omega'$$

$$\varepsilon''(\omega) = \frac{2\omega}{\pi}\int_0^\infty \frac{1 - \varepsilon_r'(\omega')}{(\omega')^2 - \omega^2}\,\mathrm{d}\omega'$$

如 6.4.1 节所述，$\varepsilon'(\omega)$ 与 $\varepsilon''(\omega)$ 之间必须满足特定的关系以符合实际的电路行为。如果电介质模型不满足 Kramers-Kronig 关系，则系统是非因果的。

例 8.3　利用希尔伯特变换证明图 8.16(a)中所示的波形为非因果的，而图 8.16(b)中的波形为因果的。

解

步骤 1a：利用式(8.1a)的信号处理变换($a=0$, $b=-2\pi$)来对非因果波形[参见图 8.16(a)]进行傅里叶变换：

$$f(t) = u_s(t+1)u_s(-t+2)$$

$$F(\omega) = \frac{\cos\pi\omega\sin 3\pi\omega}{\pi\omega} - j\frac{\sin\pi\omega\sin 3\pi\omega}{\pi\omega}$$

步骤 2a：计算 $F(\omega)$ 实部的希尔伯特变换，并将结果同虚部相比较：

$$\hat{F}_{\mathrm{Re}}(\omega) = \mathrm{Re}[F(\omega)] * \frac{1}{\pi\omega} = F^{-1}\left(F\left(\frac{\cos\pi\omega\sin 3\pi\omega}{\pi\omega}\right)F\left(\frac{1}{\pi\omega}\right)\right)$$

$$= \frac{(3 + 2\cos 2\pi\omega)\sin(\pi\omega)^2}{\pi\omega}$$

因为 $\mathrm{Im}[F(\omega)] \neq -\hat{F}_{\mathrm{Re}}(\omega)$，所以图 8.16(a)中所绘的波形是非因果的。当然，通过简单的观察也可以证明本例中的波形是非因果的，因为当 $t<0$ 时存在非零值。

步骤 1b：计算因果波形[参见图 8.16(b)]的傅里叶变换：

$$f(t) = u_s(t)u_s(-t+3)$$

$$F(\omega) = \frac{\sin 6\pi\omega}{2\pi\omega} - j\frac{\sin(3\pi\omega)^2}{\pi\omega}$$

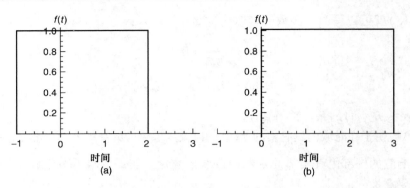

图 8.16　例 8.3 中对应波形。(a) 非因果波形；(b) 因果波形

步骤 2b：计算 $F(\omega)$ 实部的希尔伯特变换，并将结果同虚部相比较：

$$\hat{F}_{\text{Re}}(\omega) = \text{Re}[F(\omega)] * \frac{1}{\pi\omega} = F^{-1}\left(F\left(\frac{\sin 6\pi\omega}{2\pi\omega}\right)F\left(\frac{1}{\pi\omega}\right)\right) = \frac{\sin(3\pi\omega)^2}{\pi\omega}$$

因为 $\text{Im}[F(\omega)] = -\hat{F}_{\text{Re}}(\omega)$，所以图 8.16(b) 中的波形是因果的。当然，通过简单的观察也可以证明本例中的波形是因果的，因为当 $t < 0$ 时它为零。

在进行总线设计时，一般利用商用的仿真工具来建立模型，并产生一个用于评估信号完整性的系统响应。每一种仿真软件都会有其自己的假设、近似以及数值方法，这些都可能影响系统因果性。上面所讨论的详细方法可以用来验证商用工具建立的模型是否因果。一个判断因果性的实用方法是观察脉冲响应的上升沿，看其是否像图 8.14 所示那样，有一个小部分信号提前到达。如果有一部分冲激提前到达，则系统是非因果的。虽然这一方法相对于以上定义的严密方法来说不太可靠，不过也能提供一个关于模型是否为因果的大概了解。

例 8.4　利用希尔伯特变换来确定传输线的因果性，其中线长 $z = 2.0$ 英寸（约 0.05 m），且为理想终端匹配，相对介电常数为 $\varepsilon_r = 4.0$，$\mu_r = 1$，衰减系数为 $\alpha = 0.00000001\,|f|$。

解

步骤 1：计算传输线的传输函数。因为传输线是理想终端匹配的，因此不会产生反射，从而无损电压波满足式 (3.29)。然而，因为这不是一个无损网络，所以电压方程必须再乘上一个衰减系数 $e^{-\alpha z}$：

$$v_{\text{out}} = v_{\text{in}}e^{-\alpha z}e^{-\beta z} = v_{\text{in}}e^{-\gamma z}$$

因此，利用式 (2.31) 化简后，电压为

$$v_{\text{out}} = v_{\text{in}}e^{-\alpha z}[\cos(-\beta z) + j\sin(-\beta z)]$$

由式 (2.45)，式 (2.46) 与式 (2.52) 计算出传播常数：

$$f = \frac{c}{\lambda}$$

$$\lambda = \frac{c}{f\sqrt{\varepsilon_r}} = \frac{3.0 \times 10^8}{2f}$$

$$\beta = \frac{2\pi}{\lambda} = \frac{4\pi f}{3.0 \times 10^8}$$

再计算出传输函数：

$$H(f) = \frac{v_{\text{out}}}{v_{\text{in}}} = e^{-0.00000001 |f| z} \left(\cos \frac{-4\pi f}{3.0 \times 10^8} z + j \sin \frac{-4\pi f}{3.0 \times 10^8} z \right)$$

$H(f)$ 实部与虚部的图形如图 8.17(a) 所示。

步骤 2：计算 $H(f)$ 实部的希尔伯特变换并与 $H(f)$ 虚部对比。

$$\hat{H}_{\text{Re}}(f) = \text{Re}[H(f)] * \frac{1}{\pi f} = F^{-1} \left(F \left(e^{-0.00000001 |f| z} \cos \frac{-4\pi f}{3.0 \times 10^8} \right) F \left(\frac{1}{\pi \omega} \right) \right)$$

图 8.17(b) 绘出了 $-\hat{H}_{\text{Re}}(f)$ 的数量以及 $H(f)$ 的虚部的图形。因为 $\text{Im}[H(f)] \neq -\hat{H}_{\text{Re}}(\omega)$，所以传输线是非因果的。模型的非因果性也可以通过观察其冲激响应得到，而冲激响应通过 $H(f)$ 的傅里叶反变换得到：

$$F^{-1}\{H(f)\} = h(t)$$

其图如图 8.18 所示。注意，图中冲激响应如果是瞬时上升的，传输线的理论延时可以通过其长度、光速及相对介电常数计算得到。

$$\frac{\sqrt{\varepsilon_r}}{c} = 6.66 \times 10^{-9} \text{s/m}$$

$$\tau_d = 169.333 \times 10^{-12} \text{s/in}$$

因为传输线长 2 英寸，脉冲应该在 $\tau_d = (169.333 \times 10^{-12}) \times (2.0) = 339$ ps 时间到达。很显然波形有一部分是在 339 ps 之前到达的，这就说明模型是非因果的，且超出光速的限制。

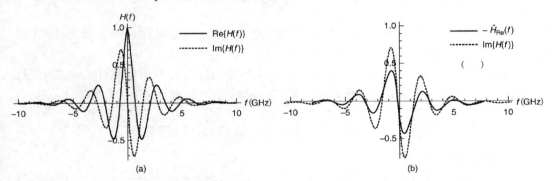

图 8.17　(a)例 8.4 中传输线的传输函数；(b)$H(f)$ 实部的希尔伯特变换并与虚部对比，表明模型是非因果的

例 8.4 中传输线的因果性问题是由于频变电介质性质的假设引起的。第 6 章中已经介绍了很多电介质模型来说明介电常数随频率变化的情形。需要保持介电常数与介电损耗之间的关系；否则，应该损耗掉的能量会被认为是传播的，会引起非因果误差。用第 6 章所述的电介质模型来对传输线进行仿真时会产生因果的响应。而很多的商用仿真软件并没有适当地考虑电介质的频率依赖性。因此，工程师应当非常

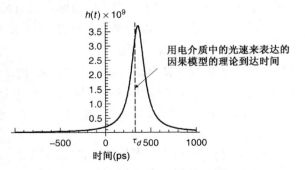

图 8.18　例 8.4 中传输线的非理想脉冲响应

谨慎地分析封装好的传输线模型是否能保证其物理行为能够在仿真软件中观察。

实际上，进行希尔伯特变换分析是很困难的，要用到很多方法。而且，由于频率响应是带限的，再加上时域波形畸变的存在，希尔伯特变换不再是检验因果性的好方法，这将在例9.8中进行简要讨论。

8.2.2　无源性

当一个物理系统自身不产生能量时，我们称其为无源的（passive）。例如，当一个 n 端口网络是无源的时，其满足

$$\int_{-\infty}^{t} \boldsymbol{v}^{\mathrm{T}}(\tau) \cdot \boldsymbol{i}(\tau)\, \mathrm{d}\tau \geqslant 0 \tag{8.21}$$

其中 $\boldsymbol{v}^{\mathrm{T}}(\tau)$ 为端口电压矩阵的转置，$\boldsymbol{i}(\tau)$ 为电流矩阵。积分式(8.21)表示在 t 时间下系统累计吸收的功率。对于一个无源系统，其值对所有的 t 均为正。

对数字设计者而言另一个很有用的方法就是通过测量每一个端口流入的功率波(a_i)以及流出(b_i)来测试其无源性，其定义参见9.3节，如图8.19所示。

$$|a_i|^2 = 流入节点 i 的功率$$
$$|b_i|^2 = 流出节点 i 的功率$$

这一方法非常有用，在9.3.1节中将会利用 S 参数将其拓展为系统无源性的测试方法。

因为功率是守恒的，所以网络所吸收的功率(P_a)必须等于输入网络的功率减去流出的功率：

$$\sum \left(|a_i|^2 - |b_i|^2\right) = P_a \tag{8.22}$$

其中对于无源网络而言，$P_a \geqslant 0$。如果 $P_a < 0$，则网络会产生能量，此时系统是非无源的(有源的)。

在频域进行观察时，功率波 a_i 与 b_i 均为复数。因为功率是实数，我们就要对式(8.22)进行 Hermitian 转置，即对每一个元素取共轭对称，再对矩阵取转置。例如，对于一个矩阵 $\boldsymbol{A}$：

$$\boldsymbol{A} = \begin{bmatrix} a - \mathrm{j}b & c + \mathrm{j}d \\ e + \mathrm{j}f & g - \mathrm{j}h \end{bmatrix}$$

其中 Hermitian 转置为 $\boldsymbol{A}^{\mathrm{H}}$：

$$\boldsymbol{A}^{\mathrm{H}} = \begin{bmatrix} a + \mathrm{j}b & e - \mathrm{j}f \\ c - \mathrm{j}d & g + \mathrm{j}h \end{bmatrix}$$

这样可以将式(8.22)写为功率波矩阵的形式，以得到网络吸收功率的实数值。如果系统是无源的，则满足

$$\boldsymbol{a}^{\mathrm{H}}\boldsymbol{a} - \boldsymbol{b}^{\mathrm{H}}\boldsymbol{b} \geqslant 0 \tag{8.23}$$

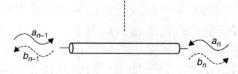

图8.19　一个 n 端口系统的功率波

其中，$\boldsymbol{a}$ 为包含流入每个端口的所有功率波的矩阵，$\boldsymbol{b}$ 包含每个端口流出的功率波。复数值矩阵同其 Hermitian 转置的乘积得到一个实值。因此，式(8.23)简单地保证了网络的总吸收功率大于或等于零。

在频域内，在每个频点都对式(8.23)进行了评估。在时域内，无源性的要求在本质上是一样的，只是必须对函数进行积分：

$$\int_{-\infty}^{t} \boldsymbol{a}(\tau)^{\mathrm{T}}\boldsymbol{a}(\tau) - \boldsymbol{b}(\tau)^{\mathrm{T}}\boldsymbol{b}(\tau)\, \mathrm{d}\tau \geqslant 0 \tag{8.24}$$

这里用到了转置而不是 Hermitian 转置, 因为时域信号总是实的。式(8.21)、式(8.23)与式(8.24)代表了系统累积吸收的能量。当系统为无源时, 必须满足以下要求:

1. 系统吸收的能量大于其产生的能量。
2. 能量的产生发生在其吸收能量之后。非理想系统在吸收能量之前产生能量, 因此可以将其看做非无源的。

例 8.5 确定图 8.20 给出的传输线系统是否为无源的。

解

步骤 1:计算功率波。入射波为 $a_1(t)$。反射波 $b_1(t)$ 由终端电阻 R_t 以及传输线阻抗 Z_0 之间的反射系数决定。由式(3.102)计算出反射系数:

$$\Gamma = \frac{R_t - Z_0}{R_t + Z_0}$$

因此, 计算出的反射波为

$$b_1(t) = \Gamma a_1(t - 2\tau_d)$$

其在 $t = 2\tau_d$ 时刻到达输入端, 其电学长度为式(3.107)中定义的传输线电学长度的两倍。

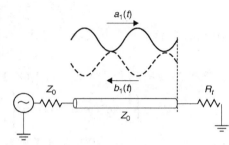

图 8.20 例 8.5 中的功率波

步骤 2:测设无源性。由于本例考察的是时域特性, 因此利用式(8.24):

$$\int_{-\infty}^{t} [a_1(\tau)]^2 - \Gamma^2 [a_1(t - 2\tau_d)]^2 \, \mathrm{d}\tau \geqslant 0$$

显然, 只要方波的反射系数小于或者等于 1($\Gamma^2 \leqslant 1$), 以上积分结果就是正的。这就对终端电阻 R_t 做出了限制。

$$\Gamma^2 = \left(\frac{R_t - Z_0}{R_t + Z_0}\right)^2 \leqslant 1$$

而 $\Gamma^2 > 1$ 的唯一条件是 R_t 为负, 所以, 只要 $R_t \geqslant 0$, 系统就是无源的。

8.2.3 稳定性

一个无源器件的模型, 譬如传输线、通孔、连接器或者封装等, 为了能够成功模拟真实世界中的电路行为, 都必须要保持稳定。为了达到该目标, 本书给出稳定性的定义:对于所有的界定输入 $x(t)$, 其系统输出 $y(t)$ 是稳定的。根据这一定义, 若一个线性时不变系统具有稳定性, 其冲激响应矩阵 $[\boldsymbol{h}(t)]$ 的所有元素都应满足[Triverio et al., 2007]

$$\int_{-\infty}^{\infty} |h_{ij}(t)| \, \mathrm{d}t < \infty \tag{8.25}$$

例 8.6 确定一个质量弹簧系统(mass-spring system)的稳定性条件, 该系统与 6.3.2 节推导电介质常数的频率相关性所用例子相似。假设系统在时间 $t = \tau$ 处受到一个尖脉冲的作用, 给出的弹跳方程为:

$$\left(m\frac{\mathrm{d}^2 x}{\mathrm{d}t^2} + b\frac{\mathrm{d}x}{\mathrm{d}t} + kx\right) = \delta(t - \tau)$$

解

步骤 1:求解微分方程, 计算冲激响应。为了简便起见, 假设初始的 $m = 1$, $b = 3$ 以及 $k = 2$。

因为传输函数的拉普拉斯反变换就是冲激响应，因此求解这一问题最简单的方法就是将其转换为拉普拉斯域：

$$s^2 Y(s) + 3sY(s) + 2Y(s) = \mathrm{e}^{-\tau s}$$

其中输入的拉普拉斯变换为 $L[\delta(t-\tau)] = \mathrm{e}^{-\tau s}$。由式(8.9b)，求解出 $Y(s)$，其中 $X(s) = \mathrm{e}^{-\tau s}$：

$$Y(\omega) = H(\omega)X(\omega)$$

$$Y(s) = H(s)\mathrm{e}^{-\tau s}$$

$H(s)$ 为传输函数，由特征方程的根决定：

$$H(s) = \frac{1}{(s+1)(s+2)} = \frac{1}{s+1} - \frac{1}{s+2}$$

对 $H(s)$ 进行拉普拉斯反变换得到时域下的冲激响应：

$$h(t) = L^{-1}[H(s)] = \mathrm{e}^{-t} - \mathrm{e}^{-2t}$$

　　步骤 2：检验稳定性准则。由式(8.25)求解的积分收敛得到的系统是稳定的：

$$\int_{-\infty}^{\infty} |\mathrm{e}^{-t} - \mathrm{e}^{-2t}| \, \mathrm{d}t = \begin{cases} 0, & -\infty < t < \tau \\ \left| \frac{1}{2}\mathrm{e}^{-2(t-\tau)} - \mathrm{e}^{-(t-\tau)} \right|, & t \geq \tau \end{cases}$$

在 $t = \infty$ 处，积分为零，因此积分是收敛的，从而系统是稳定的。将 $h(t)$ 乘以单位阶跃函数 $u_s(t-\tau)$ 可以画出系统的冲激响应，其发生 $t = \tau$ 时：

$$y(t) = L^{-1}[\mathrm{e}^{-\tau s}H(s)] = h(t-\tau)u_s(t-\tau)$$

图 8.21(a)给出了假设 $\tau = 1$ 时该系统的响应。

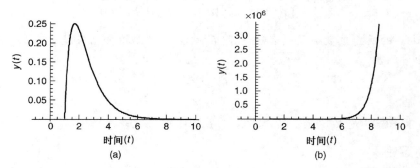

图 8.21　质量弹簧系统的脉冲响应(参见例 8.6)。其中(a)正阻尼系数时是
稳定的；(b)负阻尼系数时其为发散的，因此该式是不稳定的

　　现在来考虑阻尼系数 b 为负数时的情况，也就是说，系统必须要产生能量，这显然对于一个阻尼的质量弹簧系统是不可能的。假设 $m = 1$，$b = -3$ 且 $k = 2$，得到

$$s^2 Y(s) - 3sY(s) + 2Y(s) = \mathrm{e}^{-\tau s}$$

特征方程的根给出了传输函数：

$$H(s) = \frac{1}{(s-1)(s-2)} = \frac{1}{s-2} - \frac{1}{s-1}$$

于是得到

$$h(t) = L^{-1}[H(s)] = \mathrm{e}^{2t} - \mathrm{e}^{t}$$

当将其代入式(8.25)来检验稳定性时，显然是不收敛的，也就是说，当阻尼系数 b 为负时系统是不稳定的，图 8.21(b)给出了假设 $\tau = 1$ 时该系统的响应。

在总线设计过程中,人们通常广泛地应用诸如 HSPICE 之类的仿真软件来进行建模并产生系统响应以评估信号完整性。每一个仿真软件都有其自己的假设、近似以及数学方法,这些都会影响稳定性。因此,一种测试稳定性的实用方法是,通过对模型输入一个理想的、边沿速率逼近实际驱动信号的梯形波来产生一个脉冲响应。评估瞬态仿真的时间周期应该远远大于该模型的时间常数。例如,如果一个 10 英寸长总线的传播延时为 1.5 ns,其反射在 2 次或 3 次的传播(3~4.5 ns)后减小至零。然而,仿真却至少要对 10 次传播(30~45 ns)进行评估以保证系统是稳定的。

参考文献

LePage, Wilbur P., 1980, *Complex Variables and the Laplace Transform*, Dover Publications, New York.

O'Neil, Peter V., 1991, *Advanced Engineering Mathematics*, Wadsworth, Belmont, CA.

Press, William H., Saul A. Teukolsy, William T. Vetterling, and Brian P. Flannery, 2005, *Numerical Recipes in C++*, 2nd ed., Cambridge University Press, New York.

Triverio, Piero, Stefano Grivet-Talocia, Michel Nakhla, Flavio Canavero, and Ramachandra Achar, 2007, Stability, causality and passivity in electrical interconnect models, *IEEE Transactions on Advanced Packaging*, vol. 30, no. 4, Nov.

Wolfram, Stephen, 2007, *Mathematica™ 6.0 On-Line Manual*, Mathematica, Champaign, IL.

习题

8.1 对一个上升时间为 20% 到 80% 的数字波形,推导其方程并画出其近似的频谱带宽。

8.2 如果将一个理想阶跃输入一个端接 5 pF 电容的 50 Ω 的传输线,其上升时间会是怎样的?

8.3 需要多少谐波才可以充分地表达带宽为 10 Gb/s 且上升下降时间为 25 ps 的脉冲?

8.4 对于一个因果的波形,通过其频谱的虚部得到其实部。

8.5 对于一个任意的时域波形,设计一个测试来确定波形是否为因果的。在诸如 Mathematica 或者 MATLAB 中编程实现你的因果性测试器。利用理想的方波输入证明你的因果性测试器。

8.6 对于一个由 FR4(在 1 GHz 时 $\varepsilon_r = 3.9$,$\tan\delta = 0.019$)及 5 mil 宽的平滑铜信号导体(无表面粗糙度)制作的 50 Ω 的传输线,建立一个因果的以及非因果的微带线模型。利用你在习题 8.5 开发的测试器来评估你的模型的因果性。

8.7 例 8.6 中的非因果模型会对一个传输线长度为 15 英寸长的 10 Gb/s 总线设计产生巨大的误差吗? 如果会,怎样确定因果误差产生的影响?

8.8 对于习题 8.6 所述的传输线,表面粗糙度将怎样影响系统的因果性?

8.9 对于习题 8.6 所述的传输线,谁会对模型的因果性有更大的影响,是导体特性还是电介质特性? 分别说明它们是怎样影响因果性的。

8.10 对于一个实的、因果的时域波形,其可能只拥有实数的频率部分吗? 证明你的答案。

8.11 对于一个无损的系统,电容和电感矩阵必须是频变的才能保证因果性吗? 证明你的答案。

第9章　数字工程的网络分析

历史上，分析数字设计信号完整性的技术需要利用等效电路来描述元件，例如通孔、连接器、插口，甚至低数据率的传输线。在低频下，数字系统的元件之间的互连线比信号的波长要短，而电路又可以用集总元件电阻、电容和电感来描述。一般而言，电路理论对于这类问题是成立的，因为电路的电压电流的相位变化可以忽略。换言之，信号的频率足够低导致电信号的延迟比数字波形的转换速率慢。但是，随着系统数据比率的增加，互连线的延迟变得重要起来。事实上，在现代的数字设计中，例如高速计算机，系统互连线的延迟相比单比特数字信息的宽要长得多，这样导致许多比特可能在总线上同时传播。在这种情况下，通过互连线的电压和电流的相位变换就变得非常重要。这样，数字工程变成了一个新的技术，用来描述和分析高频下的电路，称为网络分析。

网络分析是一种使用传统的微波和射频工程来描述诸如波导、光缆、耦合器和天线等设备的方法。它们用来描述只用参数评估输入和输出端口的线性时不变系统的特性。网络分析是一种频域方法，可以分析线性网络在每一个频率的离散特性。通常会有这样的问题：当一个数字系统使用时域脉冲时，为什么数字工程师要采用频域分析方法呢？答案很简单：用频域分析和描述系统非常简单。在第8章中，我们讨论了用冲激响应描述一个系统的方法。这是一个好的理论概念，不过实际中不可能制造或者测量一个真实的冲激脉冲。而且，如式(8.10)所述，冲激响应可由一个转换方程计算出来，而转换方程中的参数是可以测量的。另外，本书涉及的许多概念，诸如趋肤效应阻抗和损耗因子，都是在频域进行了深入分析。事实上，一些模型在时域的有效性有时需要运用频域技术来判断，如8.2节所述。总之，网络分析是一个有用的工具，它可以用来描述系统互连，说明元件性能和制造可移植的、与仿真工具无关的模型。

虽然本章将介绍普通的网络理论，不过主要集中在散射矩阵，更普遍的叫法是 S 参数的推导和使用。S 参数正在极快地被电子行业所采用，用以衡量数字元件的性能，例如传输线，CPU 插口和连接器。而且，可以将 S 参数作为可移植的"黑盒"模型使用的方法，并且此模型包括了一些商用工具的仿真环境。问题是由许多数字专家起家的工程师对网络理论和 S 参数并不熟悉而引起的，因为传统上网络理论与 S 参数是在微波、电磁干扰，或者射频工程课程里讲授的。本章讨论了网络分析的运用，更适用于高速数字系统的设计和验证。

9.1　高频电压和电流波

对网络理论进行讨论之前，必须先理解电压和电流波是如何在互联线上传播的，如何在不同的负载下相互影响的。其中部分概念在第3章中讨论阻抗节点处的点阵图和反射系数时有所涉及。本章将基于这些概念来计算一个看向网络的反射系数，例如一个终端负载不等于特性阻抗的传输线。类似地，也要计算看向终端网络的阻抗。这些都是讨论网络理论的非常重要的概念。

9.1.1　看向终端网络的输入反射系数

看向有限电长度的网络的反射系数不同于看向阻抗节点处的反射系数,因为它有一个相位分量会随着电长度和频率而改变。3.5.1 节的式(3.102)定义了看向阻抗节点的反射系数。

$$\Gamma \equiv \frac{v_r}{v_i} = \frac{Z_{02} - Z_{01}}{Z_{02} + Z_{01}}$$

其中 v_r 和 v_i 分别为反射和入射电压值。在式(3.102)情况下,反射立即发生,所以入射和反射波之间是 0 相位延迟。然而,考虑图 9.1 的情况,在反射评测点和阻抗不连续点之间有着明显的距离。此时,负载端的反射系数,$\Gamma(z = 0)$,可以用式(3.102)来计算:

$$\Gamma_0 = \frac{R_l - Z_0}{R_l + Z_0}$$

再来考察看向网络输入端的反射系数 $\Gamma(z = -l)$。当一个信号导入这个网络之后,沿着网络向下传播,直到 $z = 0$(由 Γ_0 定义)的阻抗不连续点开始反射,之后传播回到了源。根据反射到达接收端的时间,入射波和反射波将在一定频率上组合,相互进行的建设性或破坏性的影响。如果入射波和反射波间的影响为破坏性的,那么反射系数将会减小(反之亦然)。这意味着看向网络的反射系数将会受传播延迟、特性阻抗、终端阻抗、波长和频率的影响。

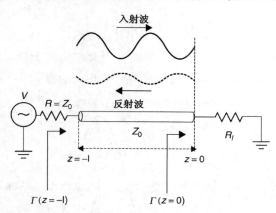

图 9.1　向看网络的反射系数取决于反射评测点与阻抗不连续点间的距离

看向网络的反射系数可用式(6.49)和式(3.102)来推导得到:

$$v(z) = v(z)^+ e^{-\gamma z} + v(z)^- e^{\gamma z}$$

令 $v(z)^+ = v_i$ 且 $v(z)^- = v_r$,则有

$$v(z) = v_i e^{-\gamma z} + v_r e^{\gamma z} = v_i(e^{-\gamma z} + \Gamma_0 e^{\gamma z}) = v_i e^{-\gamma z}[1 + \Gamma(z)] \tag{9.1}$$

$$\Gamma(z) \equiv \frac{v_r e^{\gamma z}}{v_i e^{-\gamma z}} = \Gamma_0 e^{2\gamma z} = \frac{R_l - Z_0}{R_l + Z_0} e^{2\gamma z}$$

式(9.1)描述了看向传输线的反射系数,传输线特性阻抗为 Z_0,波长为 z,终端阻抗为 R_l,传播常数为 γ。

3.5 节介绍的点阵图的概念是为了展示时域信号在传输线上的传播行为。它表明了一个重要的概念,即传输线"振铃"周期取决于线的电长度。该概念在频域分析中也适用。不过,当反射系数为最大或最小的时候,对于计算频率更为有用,而这又取决于结构的电长度和输入激励的频率。为说明这个概念，考虑由下式定义的无损耗传输线：

$$v(z) = v(z)^+ \mathrm{e}^{-\mathrm{j}z\omega\sqrt{LC}} + v(z)^- \mathrm{e}^{\mathrm{j}z\omega\sqrt{LC}}$$

$$\gamma = \alpha + \mathrm{j}\beta = 0 + \mathrm{j}\omega\sqrt{LC} \rightarrow \beta = \omega\sqrt{LC}$$

根据式(9.1)，看向线长为 $-l$ 的终端匹配传输线的反射系数可以使用式(2.31)进行计算和扩展：

$$\cos\phi + \mathrm{j}\sin\phi = \mathrm{e}^{\mathrm{j}\phi}$$

$$
\begin{aligned}
\Gamma_0 \mathrm{e}^{2\gamma(-l)} = \Gamma_0 \mathrm{e}^{\mathrm{j}2\beta(-l)} &= \Gamma_0 \mathrm{e}^{-\mathrm{j}2\omega l\sqrt{LC}} \\
&= \Gamma_0 (\cos 4\pi f l\sqrt{LC} - \mathrm{j}\sin 4\pi f l\sqrt{LC})
\end{aligned}
\tag{9.2}
$$

其中为便于讨论引入了负长度。

因为式(9.2)的实部和虚部是周期性的，所以可以计算出只有实部或虚部时的频率。当 $4\pi f l\sqrt{LC} = n\pi/2$，其中 n 为奇数时，看向非理想终端传输线的反射系数是纯虚的，因为此时余弦项将会变为0。当反射系数为虚的时候频率为：

$$f_{\Gamma(\mathrm{imaginary})} = \left.\frac{n}{8l\sqrt{LC}}\right|_{n=1,3,5,\cdots} \tag{9.3a}$$

同理，当正弦项为0的时候，即 $4\pi f l\sqrt{LC} = n\pi$，式(9.2)的频率为纯实的。此时频率为：

$$f_{\Gamma(\mathrm{real})} = \left.\frac{n}{4l\sqrt{LC}}\right|_{n=1,2,3,\cdots} \tag{9.3b}$$

式(9.3)证明了当输入反射系数的实部为0的时候，虚部为最大值，反之亦然，如图9.2所示。这种周期特性可以用来提取所需要的被测器件的相关信息。

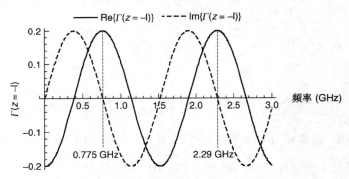

图9.2　当看向网络的反射系数的实部最大时，其虚部为零

例9.1　计算图9.2所示的输入反射系数的传输延迟，特性阻抗和介电常数。假设电路与图9.1相似，长为2.28英寸(0.058 m)，终端阻抗 R_l 为 50 Ω。

解

步骤1：开始先考虑图9.2的实部。根据式(9.3b)，有若干个 n 可使频率为纯实。图9.2显示了实部的周期可以在 0.775 GHz 和 2.29 GHz 测量到。它们是反射系数为纯实的第一和第三峰值频率，所以它们的 n 值分别为 $n=1$，$n=3$。使用式(9.3b)和减法运算可以得到正的实波峰之间的频差以及电延迟之差：

$$f_{n=3} - f_{n=1} = \frac{3}{4l\sqrt{LC}} - \frac{1}{4l\sqrt{LC}} = \frac{1}{2l\sqrt{LC}} = 2.29\ \mathrm{GHz} - 0.775\ \mathrm{GHz} = 1.515\ \mathrm{GHz}$$

式中 $\tau_d = l\sqrt{LC}$，根据式(3.107)计算。从而，传输延迟可计算为：

$$\tau_d = l\sqrt{LC} = \frac{1}{2(f_{n=3} - f_{n=1})} = \frac{1}{2\times(1.515\ \text{GHz})} = 330\ \text{ps}$$

要注意用这种方法计算所得的传播延迟是 0.775 GHz 和 2.29 GHz 之间的均值。根据第 6 章所述的介电常数的频率相关性，实际值在整个带宽上都会改变。

步骤 2：要计算介电常数，传播延迟必须先转换为速度。

$$\nu_p = \frac{1}{l\sqrt{LC}}l = \frac{0.058}{330\ \text{ps}} = 1.75 \times 10^8\ \text{m/s}$$

然后，在 $\mu_r = 1$ 时，用式(2.52)计算相关介电常数。

$$\nu_p = \frac{3.0 \times 10^8}{\sqrt{\varepsilon_r}} = 1.75 \times 10^8$$

$$\varepsilon_r = 2.9$$

步骤 3：用反射系数的峰值来计算特征阻抗。当虚部项为 0 时，实部项将会成为波峰，因为式(9.2)的余弦项将会在式(9.3b)预估的频率下变为 1。因此，计算特征阻抗最简单的方法是使用一个实波峰处的反射系数的值。

在 0.775 GHz 处的第一个实波峰显示了最大反射系数为 0.2。计算特征阻抗的方法是将反射系数设为 0.775 GHz 时式(9.2)的值，之后求解 Z_0。

$$\cos 4\pi fl\sqrt{LC} = \cos[4\pi(0.775 \times 10^9)(330 \times 10^{-12})] \approx -1$$

$$\sin 4\pi fl\sqrt{LC} = \sin[4\pi(0.775 \times 10^9)(330 \times 10^{-12})] \approx 0$$

$$0.2 = \Gamma_0(\cos 4\pi fl\sqrt{LC} - \text{j}\sin 4\pi fl\sqrt{LC}) = \frac{R_l - Z_0}{R_l + Z_0}[-1]$$

$$= -\frac{50 - Z_0}{50 + Z_0} \rightarrow Z_0 = 75\ \Omega$$

例 9.1 中的步骤 1 表明了看向网络的输入反射系数的周期性和传播延迟之间一个非常重要的关系。如果峰间距 $(f_{n=3} - f_{n=1})$ 用 Δf 表示，则 $\tau_d = l\sqrt{LC}$，即时间延迟可以使用下式来计算：

$$\tau_d = \frac{1}{2\Delta f} \tag{9.4}$$

在 9.2.2 节分析 S 参数的时候，式(9.4)的实用性将变得非常明显。

总之，看向网络的反射系数取决于(1)阻抗不连续点；(2)频率激励；(3)不连续点之间的电长度。

9.1.2　输入阻抗

如果看向网络的反射系数是关于长度、阻抗不连续性以及频率的函数，那么看向网络的输入阻抗必定是一个含有相同变量的函数。用类似推导式(9.1)的过程，长度为 z，终端阻抗为 R_l 的阻抗(如图 9.1 所示)很容易被推导出来，其中 $\Gamma(z)$ 与式(9.1)相同。

$$v(z) = v_i\text{e}^{-\gamma z} + v_r\text{e}^{\gamma z} = v_i(\text{e}^{-\gamma z} + \Gamma_0\text{e}^{\gamma z}) = v_i\text{e}^{-\gamma z}[1 + \Gamma(z)]$$

$$i(z) = \frac{1}{Z_0}(v_i e^{-\gamma z} - v_r e^{\gamma z}) = \frac{1}{Z_0}(v_i e^{-\gamma z}[1 - \Gamma(z)])$$

(9.5)

$$Z_{\text{in}} = Z(z) = \frac{v(z)}{i(z)} = \frac{v_i e^{-\gamma z}[1 + \Gamma(z)]}{1/Z_0(v_i e^{-\gamma z}[1 - \Gamma(z)])} = Z_0 \frac{1 + \Gamma(z)}{1 - \Gamma(z)}$$

图 9.3 表示了例 9.1 中，终端传输线的输入阻抗与频率之间的关系。要注意，虽然特征阻抗和终端值为常数，但是由于输入激励和反射波的建设性与破坏性组合，输入阻抗会随着频率发生大幅变化。在反射为实且虚部为 0 的频点，反射波和入射波相位同，对应的输入阻抗将处在波峰。

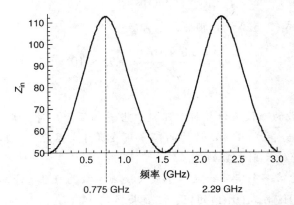

图 9.3　看向 75 Ω 的端接 50 Ω 电阻的 2.28 英寸长的传输线的阻抗。由于输入激励和反射波之间的建设性与破坏性组合，Z_{in} 将随频率大幅变化

9.2　网络理论

　　网络理论的基础是线性时不变系统的特性，即系统特征完全可以由输入和输出端口确定的参数来描述，而不用考虑系统的内容。这使得系统的特征完全可以由一个将输入激励和输出响应关联起来的频率相关矩阵所描述。网络可以包含任意数量的端口；不过，用二端口网络足以进行网络理论的探讨。下面，我们将从最直观的描述网络理论的方法开始讨论，这个方法就是使用阻抗矩阵。

9.2.1　阻抗矩阵

　　考虑图 9.4 所表示的一个二端口网络。如果电压和电流是在输入和输出端口测量所得，那么这个系统就可以用阻抗矩阵来表征。端口 1 和端口 2 之间的阻抗的计算方法是在端口 1 有电流流入时，测量端口 2 的开路电压，之后用下式计算：

图 9.4　用来生成阻抗矩阵的二端口网络

$$Z_{21} = \left.\frac{v_{\text{open,port2}}}{i_{\text{port1}}}\right|_{i_{\text{port2}}=0}$$

(9.6a)

同时，在电流流向端口 1 时，测量端口 1 的电压，可以计算端口 1 的输入阻抗：

$$Z_{11} = \frac{v_{\text{open,port1}}}{i_{\text{port1}}}\bigg|_{i_{\text{port2}}=0} \tag{9.6b}$$

使用式(9.6a)和式(9.6b)的定义,可以得到描述端口阻抗的一系列的线性方程,并用以描述网络:

$$v_1 = Z_{11}i_1 + Z_{12}i_2$$

$$v_2 = Z_{21}i_1 + Z_{22}i_2$$

用矩阵形式更容易表示:

$$\begin{bmatrix} v_1 \\ v_2 \end{bmatrix} = \begin{bmatrix} Z_{11} & Z_{12} \\ Z_{21} & Z_{22} \end{bmatrix} \cdot \begin{bmatrix} i_1 \\ i_2 \end{bmatrix} \tag{9.7}$$

更一般地,用式(9.8)可以描述任意端口的阻抗矩阵的元素。

$$Z_{ij} = \frac{v_i}{i_j} = \frac{\textbf{在端口 } i \textbf{ 所测的开路电压}}{\textbf{端口 } j \textbf{ 的输入电流}} \tag{9.8}$$

其中对于所有的 $k \neq j$, $i_k = 0$。如果一个系统的阻抗矩阵已知,则可以推断出任意输入时的输出响应。

例9.2　计算在 1 GHz 时图 9.5(a)所示电路的阻抗矩阵,其中 $R_1 = 50\ \Omega$, $R_2 = 50\ \Omega$, $C = 5$ pF。

解

步骤 1:计算输入阻抗(Z_{11})。使电流流向端口 1,测量端口 2 的电压,如图 9.5(b)所示。电容在 1 GHz 时阻抗为 $Z_c = 1/\mathrm{j}2\pi fC = 31.8\ \Omega$。

$$v_1 = i_1(R_1 + Z_c) = i_1(50 + 31.8)$$

$$Z_{11} = \frac{v_1}{i_1} = R_1 + Z_c = 81.8\ \Omega$$

步骤 2:计算通过阻抗(Z_{21})。使电流流向端口 1,测量端口 2 的电压,如图 9.5(c)所示。

$$v_2 = v_1 \frac{Z_c}{R_1 + Z_c}$$

$$= i_1(Z_c + R_1)\frac{Z_c}{R_1 + Z_c} = i_1 Z_c$$

$$Z_{21} = \frac{v_2}{i_1} = Z_c = 31.8\ \Omega$$

步骤 3:建立 1 GHz 时的阻抗矩阵。因为电路是对称的,则 $Z_{12} = Z_{21}$ 以及 $Z_{22} = Z_{11}$。

$$\boldsymbol{Z} = \begin{bmatrix} 81.8 & 31.8 \\ 31.8 & 81.8 \end{bmatrix}$$

导纳矩阵和阻抗矩阵非常相似,区别在于它是用短路电流表示的,而非开路电压。导纳矩阵为阻抗矩阵的逆矩阵。

$$\boldsymbol{Y} = \boldsymbol{Z}^{-1} \tag{9.9}$$

虽然阻抗矩阵和导纳矩阵较直观且比较易懂,但它们用于高频互连线时有着严重的弊端。主要问题在于,在高频条件下,开路或短路电路都难以实现。开路电流一直存在着有限的电容,短路电流存在着电感会严重影响测量的精确性。因此,作为一个测量技术,这些方法只适用于低频电路。

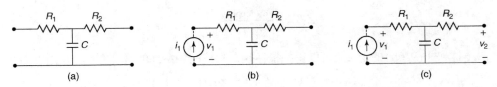

图 9.5 （a）例 9.2 讨论的一般电路；（b）计算 Z_{11}；（c）计算 Z_{21}

例 9.3 计算例 9.2 电路的 Z_{21}，假设电流流向端口 1，在端口 2 用一个探针测量电压，根据仪器规格，探针带有 $C = 0.3$ pF 的电容。

解

步骤 1：画出电路和探针的等效电路，如图 9.6 所示。从例 9.2 中，$R_1 = 50\ \Omega$，$R_2 = 50\ \Omega$，$C = 5$ pF，$Z_c = 1/j2\pi fC = 31.8\ \Omega$。探针在 1 GHz 时的阻抗为

$$Z_{\text{probe}} = \frac{1}{2\pi(1 \times 10^9) \times (0.3 \times 10^{-12})} = 530.8\ \Omega$$

步骤 2：求电路的 Z_{11} 和 Z_{21}：

$$Z_{11} = \frac{v_1}{i_1} = (Z_c||(R_2 + Z_{\text{probe}}) + R_1)||Z_{\text{probe}} = 69.6\ \Omega$$

$$Z_{21} = \frac{v_2}{i_1} = \left(v_1 \frac{Z_c}{Z_c + R_1}\right)\frac{Z_{\text{probe}}}{Z_{\text{probe}} + R_2} = 24.7\ \Omega$$

其中 $v_1 = Z_{11}i_1$。因为电路对称，$Z_{12} = Z_{21}$ 且 $Z_{22} = Z_{11}$。

步骤 3：比较使用实际探针和理想状况下测出的矩阵。

$$\mathbf{Z}_{\text{ideal}} = \begin{bmatrix} 81.8 & 31.8 \\ 31.8 & 81.8 \end{bmatrix} \qquad \mathbf{Z}_{\text{probed}} = \begin{bmatrix} 69.6 & 24.7 \\ 24.7 & 69.6 \end{bmatrix}$$

注意，即使实际探针的电容很低，它也会引起阻抗矩阵的显著变化。这是因为在端口 2 测出的电压没有通过开路，而是通过了一个较小的电容。事实上在高频下，小尺寸电路里真正的短路和开路是不存在的。这往往会形成一系列的具有有限阻抗值的寄生电容和电感。

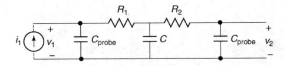

图 9.6 例 9.3 所用包含探针电容的等效电路

9.2.2 散射矩阵

上一节讨论了在测量高频电压和电流波的时候，由于存在寄生电感和电容，短路和开路实际上并不存在。散射矩阵是高频数字设计中最普通的网络参数形式。它没有测量端口电压和电流，取而代之的是，通过关联入射功率波和反射功率波来形成矩阵。散射矩阵，一般称为 S 参数，在实验室可以采用向量网络分析仪（VNA）来测量。一旦知道了 S 参数，用代数方法可以很容易地转换为其他矩阵，例如阻抗矩阵或者导纳矩阵。

传统上，S 参数是在设计天线、波导和其他高频窄带应用时微波和射频工程师所使用的主要工具。系统总线上的高速数据传输导致两个学科的会聚：微波和数字工程。微波工程师趋向于把更多注意力放在多兆赫兹波导、谐振器和耦合器上，而数字工程师更多注意二元信令。在过去十多年中，S 参数在数字设计中越来越常见，常用来在设计小组中进行电路模型交流。事实上，现代的许多软件包都内置了处理 S 参数模型的功能。

S 参数不可能像阻抗矩阵那样直观。本章将介绍 S 参数的重要特点，以使数字工程师进行现代高速总线的信号完整性分析。具体讨论将以理论与直观技术并重的方法展开，使工程师们能快速地处理数据、分享模型和估算信道性能。

定义　考虑如图 9.7 的二端口网络。如果一个功率波输入端口 1，部分功率会反射到端口 1，部分功率将通过网络到端口 2，或者变为热损耗或辐射损耗。仿照 2.6 节的玻印亭向量的推导，功率守恒方程可以表示为：

图 9.7　用于定义 S 参数的二端口网络模型

$$P_{out} = P_{input} - P_{loss} - P_{radiated} \quad (9.10)$$

其中，P_{input} 为注入到所有端口的总功率，P_{out} 为所有端口的输出功率，P_{loss} 为通过欧姆损耗（趋肤效应，正弦损耗）的功率损耗，$P_{radiated}$ 为辐射到自由空间的功率。

入射和反射功率波可由电压和电流波计算。电压波从式（6.49）求得：

$$v(z) = v(z)^{+} e^{-\gamma z} + v(z)^{-} e^{\gamma z}$$

电压波除以特性阻抗可以得到电流波：

$$i(z) = \frac{v(z)^{+} e^{-\gamma z}}{Z_0} - \frac{v(z)^{-} e^{\gamma z}}{Z_0}$$

其中 $v(z)^{+}$ 为 $+z$ 方向上传播的电压，$v(z)^{-}$ 为 $-z$ 方向传播的电压。传播在网络上的功率波通过电压和电流波的相乘来计算：

$$P(z) = \frac{[v(z)^{+} e^{-\gamma z}]^2}{Z_0} - \frac{[v(z)^{-} e^{\gamma z}]^2}{Z_0} \quad (9.11)$$

若定义端口 j 处 $z = 0$，当入射波电压和电流分别为 $v(0) = v_i$ 和 $i(0) = i_i$ 时，该端口的电压可以计算为：

$$\begin{aligned} v^{+} &= \tfrac{1}{2}(v_i + R i_i) \\ v^{-} &= \tfrac{1}{2}(v_i - R i_i) \end{aligned} \quad (9.12)$$

其中 R 为网络端口的终端值。

由于式（9.10）表明功率必须守恒，所以网络发送的或者辐射的功率值可以简单地用输入功率减去输出功率来表示：

$$P_{input} - P_{out} = P_{loss} + P_{radiated}$$

根据式（9.12），进入节点的功率可以用功率关系 $P = v^2/R$ 来计算：

$$P_{input} = \frac{(v^{+})^2}{R} \quad (9.13a)$$

从节点出来的功率为

$$P_{\text{out}} = \frac{(v^-)^2}{R} \tag{9.13b}$$

从而输送给网络的功率可以计算为：

$$P_{\text{input}} - P_{\text{out}} = P_{\text{network}} \tag{9.13c}$$

使用式(9.13)，可以定义流入和流出端口 j 的功率为：

$$a_j = \frac{v(z)^+}{\sqrt{R}} = \sqrt{P_{\text{input}}} \tag{9.14a}$$

$$b_j = \frac{v(z)^-}{\sqrt{R}} = \sqrt{P_{\text{out}}} \tag{9.14b}$$

其中，a_j 为流入端口 j 的功率的平方根，b_j 为流出端口 j 的功率的平方根，如图9.7中二端口网络所示。式(9.14a)和式(9.14b)称为散射系数。由于它们被定义为功率平方根的形式，所以若各端口的阻抗(R)相同，散射系数的比率可以简化成电压的比率。

S 参数由散射系数的比率推导而来。例如，在图9.7中，用端口1的反射和入射功率的平方根可以求得 S_{11}，用散射系数表示为：

$$S_{11} = \frac{b_1}{a_1} \tag{9.15a}$$

同理，S_{21} 可以用端口1的输入功率和端口2的输出功率来计算：

$$S_{21} = \frac{b_2}{a_1} \tag{9.15b}$$

用式(9.15a)和式(9.15b)的定义，可以写出一系列的散射系数的线性方程来描述网络：

$$b_1 = S_{11}a_1 + S_{12}a_2$$

$$b_2 = S_{21}a_1 + S_{22}a_2$$

用矩阵来表示为：

$$\begin{bmatrix} b_1 \\ b_2 \end{bmatrix} = \begin{bmatrix} S_{11} & S_{12} \\ S_{21} & S_{22} \end{bmatrix} \cdot \begin{bmatrix} a_1 \\ a_2 \end{bmatrix} \tag{9.16}$$

更一般地，由式(9.17)表示散射系数组成的矩阵可以表示任意一个端口网络。

$$S_{ij} = \frac{b_i}{a_j} = \sqrt{\frac{\text{在端口 } i \text{ 所测量的功率}}{\text{端口 } j \text{ 的输入电流}}} \tag{9.17}$$

从而可以将任意大小的散射矩阵表示为如下形式：

$$\boldsymbol{b} = \boldsymbol{Sa} \tag{9.18}$$

如果一个系统的散射矩阵已知，那么对于任意输入，可以预测其系统响应。

回波损耗　考虑图9.8。此时，远端点没有反射，因为传输线终端等于特征阻抗。尽管如此，源阻抗不等于特征阻抗，说明注入端口1的部分功率波将会被反射。此时，S_{11} 可以简单地定义为源电阻和传输线阻抗间的反射系数。注意 $a_2 = 0$ 因为端口2没有源。

$$S_{11} = \left| \frac{b_1}{a_1} \right|_{a_2=0} = \frac{v_1^-/\sqrt{R}}{v_1^+/\sqrt{R}} = \frac{v_1^-}{v_1^+} = \frac{v_{\text{reflected}}}{v_{\text{incident}}} = \Gamma_0 = \frac{Z_0 - R}{Z_0 + R} \tag{9.19}$$

S_{11} 项常称为回波损耗，因为它测量的是发射功率或者是返回的源的功率。

　　如果网络远端没有完美终端的话，S_{11} 的计算将变得复杂。因为到达源的反射将由源和远端点的阻抗不连续性构成。这意味着从源看向网络的输入阻抗取决于频率。不完美终端结构的回波损耗，如图 9.9(a)所示为：

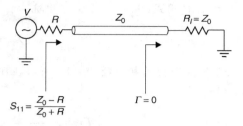

$$S_{11}(f) = \frac{Z_{in}(f) - R}{Z_{in}(f) + R} \qquad (9.20)$$

图 9.8　网络与其特征阻抗完美匹配时的回波损耗

其中 $Z_{in}(f)$ 是由式(9.5)计算的传输线输入阻抗的一般形式。构建一个等效电路可以对回波损耗进行更直观的理解，如图 9.9(b)所示。Z_{in} (或者 Z_{11})取决于传播延迟和传输线阻抗，而这两者都可以用 S_{11} 计算，如例 9.4 中所示。

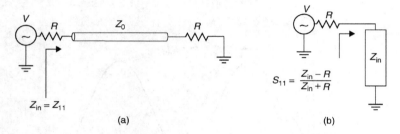

图 9.9　网络与其特征阻抗不完美匹配的一般情形的回波损耗。
(a)看向网络的输入阻抗；(b)回波损耗的等效电路

　　例 9.4　如图 9.10 所示，用测量所得的传输线回波损耗，计算特征阻抗和传播延迟。假设源和终端阻抗的值为 50 Ω。

　　解

　　步骤 1：计算传播延迟。可用式(9.4)中 S_{11} 的周期特性进行计算。波峰间的距离用来计算 Δf。

$$\tau_d = \frac{1}{2\Delta f} = \frac{1}{2 \times (2.29\ \text{GHz} - 0.775\ \text{GHz})} = 330\ \text{ps}$$

τ_d 为频率范围内的平均传播延迟。

　　步骤 2：用式(9.20)计算输入阻抗。当回波损耗(S_{11})为最大的时候，虚部为 0，所以可在波峰处测量 S_{11} 以简化分析：

$$S_{11}(0.775\ \text{GHz}) = 0.38 = \frac{Z_{in} - 50}{Z_{in} + 50}$$

$$Z_{in} = 111.3\ \Omega$$

　　步骤 3：判断相位的极性。式(9.1)中的 $e^{2\gamma z}$ 的相位极性必须加以判断，以便输入阻抗可以和特性阻抗相关联。因为 S_{11} 是在波峰处测量所得，所以 $e^{2\gamma z}$ 的虚部为 0，而实部不是 1 就是 −1。既然传播延迟已经计算出来，相位极性就可以用式(9.2)的实部来判断。

$$\text{Re}(e^{-j2\omega l \sqrt{LC}}) = \cos 4\pi f l \sqrt{LC}$$

其中 $\tau_d = l\sqrt{LC} = 330\ \text{ps}$，且

$$\cos 4\pi f \tau_d = \cos[4\pi (0.775 \times 10^9)(330 \times 10^{-12})] \approx -1$$

步骤4：用式(9.5)计算特征阻抗。

$$Z_{in} = Z_0 \frac{1 + \Gamma(z)}{1 - \Gamma(z)}$$

因为步骤3所得的相位项为 -1，所以在0.775 GHz处的输入反射系数可用式(9.1)在 $e^{2\gamma z} = -1$ 时计算：

$$\Gamma(z) = \frac{R_l - Z_0}{R_l + Z_0}(-1)$$

$$Z_{in} = Z_0 \frac{[1 + (50 - Z_0)/(50 + Z_0)](-1)}{[1 - (50 - Z_0)/(50 + Z_0)](-1)}$$

$$= 111.3 = \frac{Z_0^2}{50}$$

$$Z_0 = 74.6 \ \Omega$$

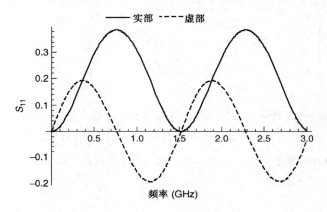

图9.10　例9.4的回波损耗(S_{11})

插入损耗　当功率从端口1输入，在端口2测试的时候，功率比的平方根可化简为电压比。S_{21}，测量的是功率从端口1到端口2的传输，称为插入损耗。

$$S_{21} = \left| \frac{b_2}{a_1} \right|_{a_2=0} = \frac{v_2^-/\sqrt{R}}{v_1^+/\sqrt{R}} = \frac{v_2^-}{v_1^+} = \frac{v_{transmitted}}{v_{incident}} \tag{9.21}$$

对应传输线如图9.11所示。在数字系统设计中，插入损耗是散射矩阵中最常使用的参数，因为从接收端看，它表征了延迟和幅度值。

频率相关的延迟可以用插入损耗的相位来计算：

$$\tau_p = \frac{\theta_{S_{21}}}{360° f} \tag{9.22}$$

其中

$$\theta_{S_{21}} = \arctan \frac{\text{Im}(S_{21})}{\text{Re}(S_{21})} \tag{9.23}$$

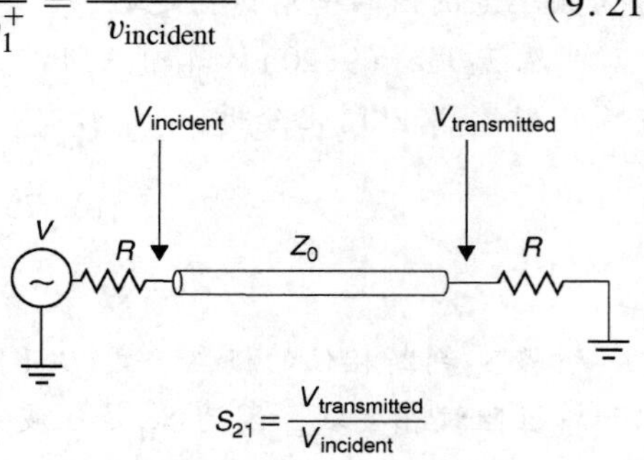

图9.11　传输线的插入损耗(S_{21})

注意式(9.22)，称为相位延迟，与传输线上的数字脉冲的传播延迟有一点微小的区别。数字脉冲由许多谐波组成，而实际介电常数也会随频率而改变，所以时域的传播延迟将会有许多频率分量，每个分量以不同的相速传播。数字脉冲的传播延迟可以看做一组谐波同时传播，有时可以称为组延迟。相位延迟，如式(9.22)所述，只与一个频率有关。

图 9.12(a)是一个由实际频变电介质构成的 1 英寸长传输线(参见第 6 章)的 S_{21} 相位的例子。相位必须展开才能计算相位延迟，如图 9.12(a)所示。图 9.12(b)是相位展开后用式(9.22)计算所得的相位延迟。注意延迟的频率相关性，这满足传输线模型的因果性。

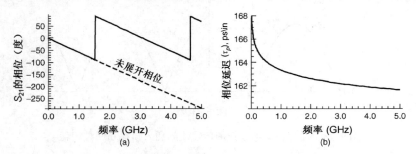

图 9.12　(a)1 英寸长因果传输线模型的插入损耗(S_{21})的相位；(b)相位延迟

对于一个无损耗网络，从 N 个端口输出的总功率必须等于输入端口的总功率。这意味着对于一个二端口无损耗网络，功率由端口 1 传输到端口 2 加上由端口 1 反射的功率必须守恒：

$$\frac{P_{\text{reflected,port1}}}{P_{\text{incident}}} + \frac{P_{\text{transmitted,port1-port2}}}{P_{\text{incident}}} = 1 \tag{9.24}$$

式(9.24)本质上说明了如果功率没有从端口 1 传输至端口 2，那么它必然反射。这样就可以得到无损耗系统中插入损耗和回波损耗的关系[①]：

$$S_{11}S_{11}^* + S_{21}S_{21}^* = 1 \tag{9.25}$$

其中 S_{ij}^* 为复共轭项。因为 S_{ij} 表示的是从端口 j 输入时测量端口 i 所得功率的平方根，功率比为 S_{ij}^2。不过，由于功率为实数，平方项由共轭项来代替，以确保虚部为 0。

图 9.13 显示了例 9.4 终端阻抗为 50 Ω 的无损耗传输线的插入损耗和回波损耗。注意当回波损耗(S_{11})为波峰的时候，插入损耗(S_{21})为波谷，如式(9.25)所述。因为虚部为 0 时出现波峰，实部为 0 时出现波谷，所以将这些项求平方后，很容易证明插入损耗最大且回波损耗最小时功率守恒的，在此条件下平方和共轭是等效的。例如，首先 S_{11} 出现波峰：

$$S_{11}^2 + S_{21}^2 = (0.384)^2 + (0.923)^2 = 1$$

证明了功率守恒。

实际中传输线是有损耗的，所以功率守恒方程要增加一个特别的项 P_{loss}，来表征导体、介电质和辐射损耗。

$$\frac{P_{\text{reflected,port1}}}{P_{\text{incident}}} + \frac{P_{\text{transmitted,port1-port2}}}{P_{\text{incident}}} + \frac{P_{\text{loss}}}{P_{\text{incident}}} = 1 \tag{9.26}$$

从而，加入有限的功率损耗后，式(9.25)可重写为：

$$S_{11}S_{11}^* + S_{21}S_{21}^* = 1 - \frac{P_{\text{loss}}}{P_{\text{incident}}} \tag{9.27}$$

[①]　不要将插入损耗和回波损耗与欧姆或辐射损耗相混淆。一个系统是无损耗的，是指不存在导体损耗及介电损耗等热损耗。也表明没有辐射到自由空间的能量。

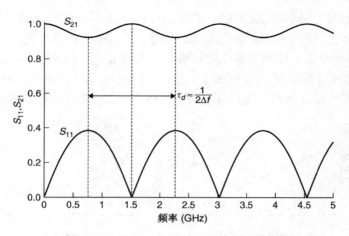

图 9.13　无损耗 2 英寸长的传输线的插入损耗和回波损耗

图 9.14 表示了一个有损耗传输线的插入和回波损耗的例子。网络吸收的功率可以用式(9.27)来计算。在第一个波峰(770 MHz)处:

$$S_{11}^2 + S_{21}^2 = (0.379)^2 + (0.909)^2 = 0.970$$

说明了系统吸收的功率或者辐射到空间的功率为 $1 - 0.970 = 0.03$,也就是总功率的 3%。当然,吸收功率百分比将会随频率增加,因为趋肤效应电阻和介电损耗都增加了。例如,在 5.25 GHz 处,网络吸收的总功率百分比为 9.6%。

$$S_{11}^2 + S_{21}^2 = (0.35)^2 + (0.833)^2 = 0.9035$$

$$1 - 0.9035 = 0.096$$

因为设计合理的传输线相等于一个不良辐射器,所以辐射到自由空间造成的功率损耗可以假设为极少或为零。当然,如果网络对邻近网络存在显著耦合(串扰),那么功率将会被影响,这些将在下一节讨论。

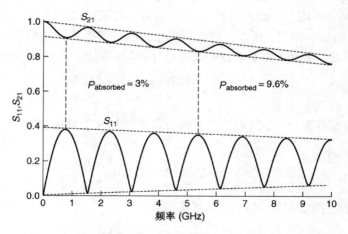

图 9.14　有损耗 2 英寸长的传输线的插入损耗和回波损耗

前向(远端)串扰　如图 9.15 所示,当功率注入端口 1 时,在端口 4 的测量值,称之为前向串扰,如第 4 章所述,它可以定义为:

$$S_{41} = \left| \frac{b_4}{a_1} \right|_{a_2=0} = \frac{v_4^- / \sqrt{R}}{v_1^+ / \sqrt{R}} = \frac{v_4^-}{v_1^+} \tag{9.28}$$

注意前向串扰经常被称为远端串扰。如 4.4 节所述，任何在 N 个信号导线的总线上传输的比特模式可以分解成 N 个正交模式。4.4.2 节阐述了每个模式都有着各自独立的阻抗和速度。如果考虑一个二信号导线的系统，如图 9.15 所示，所有数字比特模式将会是偶模式和奇模式的线性叠加，如 4.3 节所述。

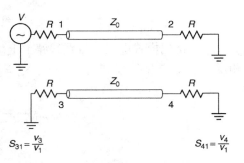

$$S_{31} = \frac{v_3}{v_1} \qquad\qquad S_{41} = \frac{v_4}{v_1}$$

图 9.15　用 S 参数估算两条传输线系统的串扰

在 4.4.4 节里说明，二信号导线的前向串扰是由奇偶模式之间不同的传输速度所导致的。这个认知可以用来预测前向串扰的频域一般性。先考虑一对耦合传输线中 S_{41} 的幅度，如图 9.15 所示。根据模态分析的概念，驱动信号可以分解成一半偶模式和一半奇模式，可以确立端口 1 和端口 3 的起始电压。在信号驱动端口 1，而端口 3 无输入信号的情况下，奇偶模式的分量在端口 1 同相，而在端口 3 有着 180° 反相，如图 9.16 所示。因此，模态电压之和等于端口 1 的驱动电压加上端口 3 为 0 电压。

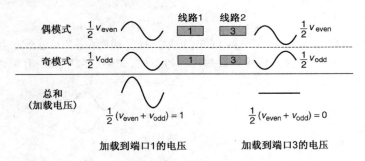

图 9.16　图 9.15 中驱动端口 1 时加载电压的模态分解

如果传输线对由同质电介质构成，奇偶模式的传输速度将相同且同时到达远端。此时，前向串扰将会是 0，因为在线路 2 的节点 4 上，奇偶模式的传输分量为 180° 反相。不过，如果传输线为非同质，例如微带线，奇偶传输速度将会不同。因此，奇偶分量不会同时到达节点 4，也不再有 180° 的反相。所以，对于非同质电介质，前向串扰为有限值，如图 9.17 所示。该模式下的传播延迟可由式（4.81）用模态速度来计算

$$v_{p,\text{odd}} = \frac{1}{\sqrt{L_{\text{odd}} C_{\text{odd}}}} = \frac{c}{\sqrt{\varepsilon_{\text{eff,odd}}}}$$

$$v_{p,\text{even}} = \frac{1}{\sqrt{L_{\text{even}} C_{\text{even}}}} = \frac{c}{\sqrt{\varepsilon_{\text{eff,even}}}}$$

其中每单位长度的相位延迟简写为 $\tau_p = 1/v_p$。这意味着前向串扰的幅度取决于奇偶模式下延迟之差。式（9.22）已经把延迟与相位相关联，如果每个节点的速度已知，可以计算出奇偶模式的相位差为 180° 时的频率：

$$\tau_{p,\text{even}} - \tau_{p,\text{odd}} = \frac{180°}{360° f_{180°}}$$

$$(9.29)$$

$$f_{180°} = \frac{1}{2(\tau_{p,\text{even}} - \tau_{p,\text{odd}})}$$

当 $f = f_{180°}$，奇偶模式电压分量在线路 1 上反相，在线路 2 上同相，这与图 9.18 的电压加载条件相反。这意味着在 $f_{180°}$ 时，$S_{21} = 0$，$S_{41} = 1$，与邻线的耦合为 100%。

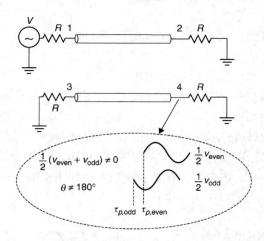

图 9.17　驱动端口 1 时节点 4 的电压模态分解，表明在非同质电介质时，奇偶模式信号分量到达时间不同，使得前向串扰为有限值

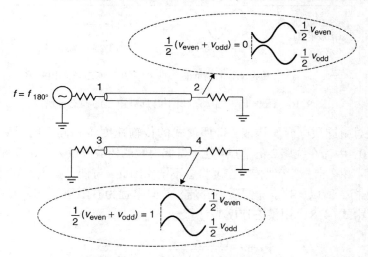

图 9.18　驱动端口 1 时节点 2 和节点 4 的电压模态分解，表明在 $f = f_{180°}$ 时，插入损耗（S_{21}）为零，而前向串扰（S_{41}）最大。在该频点，对邻线的耦合为 100%

例 9.5　计算图 9.15 所示电路中的 10 英寸无损耗传输线在插入损耗最小，而前向串扰最大时的频率。其中 $\varepsilon_{\text{eff, even}} = 4.0$，$\varepsilon_{\text{eff, odd}} = 3.5$。

解

步骤 1：计算奇偶模式的传输延迟，其中 10 英寸 $= 0.254$ m，$c = 3 \times 10^8$ m/s：

$$\tau_{p,\text{odd}} = \frac{l\sqrt{\varepsilon_{\text{eff,odd}}}}{c} = \frac{0.254\sqrt{3.5}}{3 \times 10^8} = 1.58 \times 10^{-9} \text{ s}$$

$$\tau_{p,\text{even}} = \frac{l\sqrt{\varepsilon_{\text{eff,even}}}}{c} = \frac{0.254\sqrt{4.0}}{3 \times 10^8} = 1.69 \times 10^{-9} \text{ s}$$

步骤2：当奇偶模式的相位延迟为180°的时候计算其频率：

$$f_{180°} = \frac{1}{2(\tau_{p,\text{even}} - \tau_{p,\text{odd}})} = \frac{1}{2 \times (1.69 \times 10^{-9} - 1.58 \times 10^{-9})} = 4.41 \times 10^9 \text{ Hz}$$

在4.41 GHz处，插入损耗(S_{21})最小，而前向串扰(S_{41})最大。图9.19为这种情况下的10英寸耦合传输线对的传真结果，其中$\varepsilon_{\text{eff, even}} = 4.0$，$\varepsilon_{\text{eff, odd}} = 3.5$，$Z_{\text{odd}} = 25 \ \Omega$，$Z_{\text{even}} = 100 \ \Omega$。

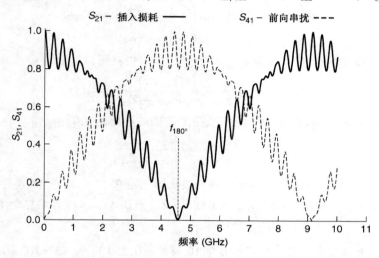

图9.19 图9.15的传输线对的插入损耗(S_{21})和前向串扰(S_{41})，表明在$f_{180°}$耦合为100%

反向(近端)串扰 在图9.15中，当功率注入端口1时，在端口3的测量值，被称为反向串扰，详见第4章。反向串扰经常被称为近端串扰。在散射矩阵中反向串扰被定义为：

$$S_{31} = \left. \left| \frac{b_3}{a_1} \right| \right|_{a_2=0} = \frac{v_3^-/\sqrt{R}}{v_1^+/\sqrt{R}} = \frac{v_3^-}{v_1^+} \tag{9.30}$$

为了解释反向串扰在频域中的行为特征，考虑一个同质电介质传输线对，它们终端阻抗等同于其特征阻抗，所以前向串扰和反射可以忽略。直流时，串扰为0，因为耦合依赖于$L_m(\partial i/\partial t)$和$C_m(\partial v/\partial t)$，如4.1节所述。不过，当频率开始增加时，能量会耦合到受害线路。如9.1节所述，虚部为0时，将出现波峰，且由下式表示：

$$f_{\Gamma(\text{real})} = \left. \frac{n}{4l\sqrt{LC}} \right|_{n=1,2,3,\cdots}$$

反向串扰的波峰值可以这样评估，将电路解耦为奇偶模式等效电路，并且用电流i_{drive}驱动系统，如图9.20所示。传播在奇偶模式下的电压可以用模态阻抗计算：

$$v_{\text{odd}} = i_{\text{drive}} Z_{\text{odd}}$$

$$v_{\text{even}} = i_{\text{drive}} Z_{\text{even}}$$

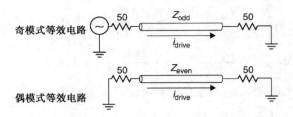

图 9.20　驱动图 9.15 的端口 1 时加载电压的模态分解

在驱动端口 1 和奇偶模式都终端完美匹配的情况下[1]，当虚部为 0 时传播在每条线上的线电压为：

$$v_{\text{line1}} = \frac{1}{2}(v_{\text{even}} + v_{\text{odd}}) = \frac{1}{2}i_{\text{drive}}(Z_{\text{even}} + Z_{\text{odd}}) \tag{9.31a}$$

$$v_{\text{line2}} = \frac{1}{2}(v_{\text{even}} - v_{\text{odd}}) = \frac{1}{2}i_{\text{drive}}(Z_{\text{even}} - Z_{\text{odd}}) \tag{9.31b}$$

由于端口 2 的 50 Ω 电阻上的电压为 $v_{\text{port2}} = 50 i_{\text{drive}}$，插入损耗可以计算为：

$$S_{21} = \frac{v_{\text{port2}}}{v_{\text{line1}}} = \frac{100}{Z_{\text{even}} + Z_{\text{odd}}} \tag{9.32a}$$

反向串扰的峰值为耦合到线路 2 的电压和线路 1 传播的电压的比值：

$$S_{31} = \frac{v_{\text{line2}}}{v_{\text{line1}}} = \frac{Z_{\text{even}} - Z_{\text{odd}}}{Z_{\text{even}} + Z_{\text{odd}}} \tag{9.32b}$$

例 9.6　计算当插入损耗最小而反向串扰最大时，图 9.15 电路中 10 英寸无损耗同质电介质传输线的频率。其中 $\varepsilon_r = 4.0$，$Z_{\text{even}} = 100\ \Omega$，$Z_{\text{odd}} = 25\ \Omega$，且所有端口都有 50 Ω 匹配。

解

步骤 1：计算奇偶模式的传输延迟，其中 10 英寸 $= 0.254$ m，$c = 3 \times 10^8$ m/s：

$$\tau_p = \frac{l\sqrt{\varepsilon_r}}{c} = \frac{0.254\sqrt{4.0}}{3 \times 10^8} = 1.69 \times 10^{-9}\ \text{s}$$

步骤 2：用式 (9.3a) 计算 S_{31} 的第一个峰的频率，其中 $\tau_p = l\sqrt{LC}$：

$$f_{\Gamma(\text{real})} = \left.\frac{1}{4\tau_p}\right|_{n=1} = 147 \times 10^6\ \text{Hz}$$

步骤 3：计算串扰的最大值：

$$S_{31} = \frac{Z_{\text{even}} - Z_{\text{odd}}}{Z_{\text{even}} + Z_{\text{odd}}} = \frac{100 - 25}{100 + 25} = 0.6$$

步骤 4：计算插入损耗的最小值。因为传输线是无损耗的，当输入反射和串扰为最大时，插入损耗 (S_{21}) 为最小。当频率等于 $f_{\Gamma(\text{real})}$ 时，输入反射 (S_{11}) 和反向串扰 (S_{31}) 都会出现波峰，如式 (9.3b) 所述。因此，当 S_{11} 和 S_{31} 为最大值的时候，S_{21} 一定是最小的，且由式 (9.32a) 计算：

$$S_{21} = \frac{100}{Z_{\text{even}} + Z_{\text{odd}}} = \frac{100}{100 + 25} = 0.8$$

仿真图如图 9.21 所示。

---

① 可用适当的 T 值或 π 终端网络来实现，参见 Hall[2000]。另一种方法是选择适当的 Z_{odd} 和 Z_{even} 值以使网络终端匹配。

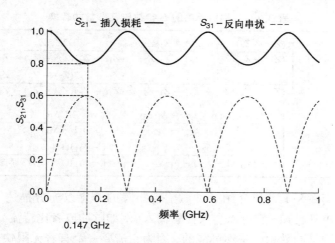

图 9.21　例 9.6 的插入损耗和反向串扰

S 参数和 Z 参数的关系　　在 9.2.1 节阐述了，很多网络分析的直观形式为 Z 参数。使用阻抗(导纳)矩阵的缺点是它们在高频下无法直接测量。幸而将 Z 矩阵转化为 S 矩阵是比较简单的，反之亦然。下面将进行推导。

在矩阵形式表示时，让我们从一个 N 端口矩阵的第 n 个端口的电压开始，它由入射波(v^+)和反射波(v^-)组成：

$$v_n = v_n^+ + v_n^-$$

其中电流通过端口电压和端口(参考)阻抗 Z_n 计算

$$i_n = i_n^+ - i_n^- = (v_n^+ - v_n^-)\frac{1}{Z_n}$$

用矩阵形式表示时：

$$\boldsymbol{v} = \boldsymbol{v}^+ + \boldsymbol{v}^- = \boldsymbol{Zi} = \boldsymbol{Zv}^+ \frac{1}{Z_n} - \boldsymbol{Zv}^- \frac{1}{Z_n} \tag{9.33}$$

其中 $\boldsymbol{Z}$ 为阻抗矩阵。假设端口阻抗值相同，式(9.14)和式(9.17)组合起来，可以用 $\boldsymbol{v}^+$ 和 $\boldsymbol{v}^-$ 计算 S 参数：

$$S_{ij} = \frac{b_i}{a_j} = \frac{v_i^-}{v_j^+}$$

因此，散射矩阵可以通过求解式(9.33)的 $(\boldsymbol{v}^-)(\boldsymbol{v}^+)^{-1}$ 来计算

$$\boldsymbol{v}^+ + \boldsymbol{v}^- = \boldsymbol{Zv}^+ \frac{1}{Z_n} - \boldsymbol{Zv}^- \frac{1}{Z_n} \tag{9.34}$$

$$\boldsymbol{S} = (\boldsymbol{v}^-)(\boldsymbol{v}^+)^{-1} = (\boldsymbol{Z} + Z_n\boldsymbol{U})^{-1}(\boldsymbol{Z} - Z_n\boldsymbol{U})$$

其中 $\boldsymbol{U}$ 为恒等矩阵或者单位矩阵，Z_n 为各端口的终端阻抗。此推导假设各端口终端值相同。式(9.34)将 Z 参数转换为 S 参数。

从式(9.34)求解 $\boldsymbol{Z}$ 可得到任意大小矩阵的 S 参数到 Z 参数的变换：

$$\boldsymbol{Z} = Z_n(\boldsymbol{U} + \boldsymbol{S})(\boldsymbol{U} - \boldsymbol{S})^{-1} \tag{9.35}$$

二端口网络的式(9.34)和式(9.35)的求解总结在表 9.1 中。

表9.1　二端口网络的 S 参数与 Z 参数的转换

$$\begin{bmatrix} S_{11} & S_{12} \\ S_{21} & S_{22} \end{bmatrix} \begin{bmatrix} \dfrac{(Z_{11}-Z_n)(Z_{22}+Z_n)-Z_{12}Z_{21}}{(Z_{11}+Z_n)(Z_{22}+Z_n)-Z_{12}Z_{21}} & \dfrac{2Z_{12}Z_n}{(Z_{11}+Z_n)(Z_{22}+Z_n)-Z_{12}Z_{21}} \\ \dfrac{2Z_{21}Z_n}{(Z_{11}+Z_n)(Z_{22}+Z_n)-Z_{12}Z_{21}} & \dfrac{(Z_{11}+Z_n)(Z_{22}-Z_n)-Z_{12}Z_{21}}{(Z_{11}+Z_n)(Z_{22}+Z_n)-Z_{12}Z_{21}} \end{bmatrix}$$

$$\begin{bmatrix} Z_{11} & Z_{12} \\ Z_{21} & Z_{22} \end{bmatrix} \begin{bmatrix} Z_n\dfrac{(1+S_{11})(1-S_{22})+S_{12}S_{21}}{(1-S_{11})(1-S_{22})-S_{12}S_{21}} & \dfrac{2Z_nS_{12}}{(1-S_{11})(1-S_{22})-S_{12}S_{21}} \\ \dfrac{2Z_nS_{21}}{(1-S_{11})(1-S_{22})-S_{12}S_{21}} & Z_n\dfrac{(1-S_{11})(1+S_{22})+S_{12}S_{21}}{(1-S_{11})(1-S_{22})-S_{12}S_{21}} \end{bmatrix}$$

冲激响应　我们在8.1节里介绍了冲激响应矩阵的概念以充分描述一个系统的行为特征。如果系统冲激矩阵已知，它可以卷入任意输入（例如脉冲或者比特流）以进行信号完整性评估。在实验室里测量冲激响应是不可能的，因为它需要一个有着无限快升降时间的驱动能力来驱动狄拉克函数。此外，即使快速脉冲可在实验室里生成，测量时探针自带的电容、电感会产生与测试对象无关的不希望出现的噪声、滤波以及共振。所以，在实验室用时域技术来评估冲激响应是不可行的。

对于大多数实际应用，系统互连的冲激响应可以直接用向量网络分析器（VNA）来测量，它是实验室里根据频率来测量散射矩阵的仪器。从测量散射网络中去除探针和测试夹的寄生电感、电容的标准技术是通过合理的仪器校准来实现。一旦测量了散射矩阵，冲激响应就可以通过傅里叶变换来计算，如8.1.4节所述。

$$\boldsymbol{h}(t) = F^{-1}\{\boldsymbol{S}(\omega)\} \tag{9.36a}$$

其中 $\boldsymbol{S}(\omega)$ 为用 VNA 测得的散射矩阵。

计算冲激响应时，散射矩阵必须包含负频率，且遵守复共轭规则来确保实时域响应，如8.2.1节所述。因为 VNA 测试只提供正频率值，负频率可以通过下面公式来计算：

$$S(-f) = S(f)^* \tag{9.36b}$$

当使用快速傅里叶变换（FFT）计算冲激响应的时候，负数值添加在正数值后面，具体内容参见例9.7。

例9.7　计算图9.22(a)测量值 S_{21} 的冲激响应。

解

步骤1：如图9.22(b)所示，用式(9.36b)计算 S_{21} 的负频率值。

$$S(-f) = S(f)^*$$

步骤2：将负频率添加到正频率的后面以生成一个含正负频率的连续频谱。连续频谱的大小如图9.23(a)所示。不要被 FFT 所需要的数值形式所困惑，FFT 假设输入采样是周期性的。若选择合适的周期响应的窗口函数，FFT 能得到更直观的频率响应，如图9.23(b)所示。

步骤3：计算复频谱的傅里叶反变换以获得脉冲响应。此时，图9.22所示频率数据将在以100 MHz 采样间隔，采样点数为1000点，带宽为100 GHz。在正频率后增加负频率之后的最终频谱采样点为2000点。随后用数据方法对频率数据进行 FFT 反变换以产生冲激响应，结果如图9.24所示。

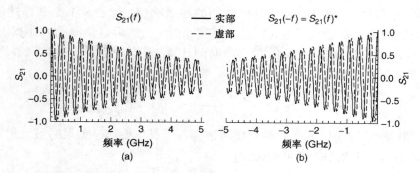

图 9.22 对于例 9.7：(a)正频率的 S_{21} 测量值；(b)根据复共轭由正频率构建的负频率值

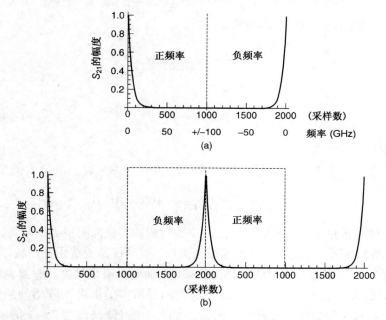

图 9.23 对于例 9.7：(a)将 S_{21} 的正测试频率及产生负频率的复共轭合并在一起之后的幅度；(b)选择适当的窗口函数时,采样数据的 FFT 周期处理提供了频率响应幅度的更直观理解

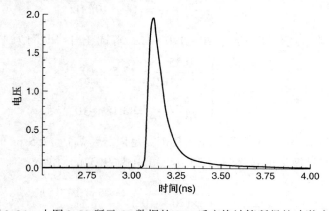

图 9.24 由图 9.23 所示 S_{21} 数据的 FFT 反变换计算所得的冲激响应

　　虽然无限带宽可以生成有着无限升降时间的冲激响应，但是 8.1.5 节描述的脉冲响应（即单比特响应）在脉冲的谐波带宽比测量的带宽小时，仍然可以很准确地计算出来。例如，若一个 8 Gb/s 的单比特响应用 35 ps 的升降时间计算，用来测量互连转移函数的 VNA 带宽必须大于 10 GHz，这可用式(8.8)计算：

$$f_{\text{VNA,BW}} > \frac{0.35}{35 \times 10^{-12}} = 10 \times 10^9 \text{ Hz}$$

　　另外，生成时域最小粒度时，FFT 特性对频域带宽有着具体要求。如果时域波形需要最小粒度 Δt，测量所需最大正频率带宽可定义为：

$$f_{\max} = \frac{1}{2\Delta t} \tag{9.37a}$$

为了获得 Δt 的时域步长，采样频率必须为

$$\Delta f = \frac{1}{2n\,\Delta t} \tag{9.37b}$$

最大有效时域信号为

$$t_{\max} = \frac{1}{2\Delta f} \tag{9.37c}$$

其中 n 为正频率值的采样数。

　　例如，如果需要一个 5 ps 的时域粒度，使用 1000 正频率采样点的最大带宽为 100 GHz：

$$f_{\max} = \frac{1}{2 \times (5 \times 10^{-12})} = 100 \times 10^9 \text{ Hz}$$

因此，若时域粒度要求过高，用频域测量法构建的时域波形就需要极大的带宽。而在 20 GHz 以上很难进行 VNA 测试。此时，校准技术很难实现，而且仪器的费用会比较昂贵。

　　幸而可用数学方法来弥补高频测量数据的缺乏，而不失时域粒度。只要系统互连线上传播的数字波形的频谱带宽明显小于 $f_{\max}$，就可以对测量所得的散射矩阵用外插法或者零填充法来增加粒度，而只是轻微降低正确性。例如，考虑一个升降时间为 25 ps 的驱动数字波形。使用式(8.8)，频谱带宽大约为：

$$f_{\text{3dB}} \approx \frac{0.35}{25 \times 10^{-12}} = 14 \times 10^9 \text{ Hz}$$

目前在 VNA 上的有效带宽范围一般是 20～110 GHz，等同于升降时间为 3～18 ps 的脉冲。

$$t_{10\% \sim 90\%} = \begin{cases} \dfrac{0.35}{20 \times 10^9} = 17.5 \times 10^{-12} \text{ s} \\[2mm] \dfrac{0.35}{110 \times 10^9} = 3.18 \times 10^{-12} \text{ s} \end{cases}$$

因此，使用标准 20 GHz 的 VNA 进行测量，其带宽足以分辨高达 17.5 ps 的升降时间。不过，由 FFT 计算所得的时域波形的粒度只有 25 ps，可用式(9.37a)计算：

$$\Delta t = \frac{1}{2f_{\max}} = \frac{1}{2 \times (20 \times 10^9)} = 25 \times 10^{-12} \text{ s}$$

于是，需要用外插法或者零填充法以保证合理的时域波形粒度，详见例 9.8。

例 9.8　假设例 9.7 的 S_{21} 复值在 20 GHz 下测量。计算分辨时间为 5 ps 时的冲激响应。

解

步骤 1:使用式 (9.37a) 计算 f_{max}:

$$f_{max} = \frac{1}{2\Delta t} = \frac{1}{2\times(5\times10^{-12})} = 100\times10^9 \text{ Hz}$$

步骤 2:使用式 (9.36b) 计算从 −20 GHz 到直流的负频率值。

$$S(-f) = S(f)^*$$

步骤 3:计算频域数据的采样间隔,假设测量正频率值采样数为 1000:

$$\Delta f = \frac{1}{2n\Delta t} = \frac{1}{2\times(1000)(5\times10^{-12})} = 100\times10^6 \text{ Hz}$$

步骤 4:计算需要填充到频谱的零点数。在采样速率为 100 MHz 时,达到 20 GHz 的采样数为:

$$\frac{20\times10^9 \text{ Hz}}{100\times10^6 \text{ Hz/sample}} = 200 \quad \text{样本}$$

因此,800 个零点需要增加到正负频谱以达到 ±100 GHz 的带宽。

步骤 5:将正负频谱加在一起,如图 9.25 所示。

步骤 6:对零填充后的频谱使用 FFT 反变换来得到冲激响应,如图 9.26 所示。

　　要注意零填充法将引入少量的振荡到冲激响应中。这是由测量值与填充的零值之间的不连续造成的,可以通过增大测量数据的带宽,外插测量数据的实部和虚部而不是零补充,或者平滑零填充后的不连续区等方法来将其最小化。

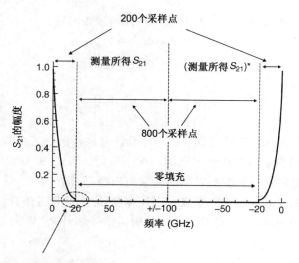

图 9.25　零填充后的频谱。测试响应的带宽为 20 GHz,
零填充到 100 GHz 可以分辨 5 ps 时域间隔

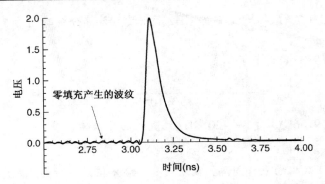

图 9.26 将图 9.25 所示的 20 GHz 数据零填充到 100 GHz 的 S_{21} 用 FFT 反变换求得的冲激响应

9.2.3 ABCD 参数

考虑如图 9.27 所示的二端口网络。如果电压和电流在输入和输出端口测量，系统可以用 ABCD 矩阵来表征。与其他网络参数相比，ABCD 参数有若干优点。ABCD 参数能用输入与输出的电压与电流来全面描述网络，便于描述级联电路；它们容易与等效电路相关联；它们建立了编写专用程序的基础，允许电压源与电流源驱动由 ABCD 构成的级联通道。下面将介绍二端口 ABCD 参数。

ABCD 矩阵区别于阻抗矩阵的重要不同点是 i_2 的方向，它指向端口 2 外，而不是向里。这便于描述级联网络（将在 9.2.4 节讲述）。ABCD 值这样计算

图 9.27 讨论 ABCD 参数用二端口网络

$$A = \frac{v_1}{v_2}\bigg|_{i_2=0} \qquad B = \frac{v_1}{i_2}\bigg|_{v_2=0} \qquad C = \frac{i_1}{v_2}\bigg|_{i_2=0} \qquad D = \frac{i_1}{i_2}\bigg|_{v_2=0} \qquad (9.38)$$

使用式(9.38)的定义，可以写出一系列的线性方程来描述网络：

$$v_1 = Av_2 + Bi_2$$
$$i_1 = Cv_2 + Di_2$$

表示成更直观的矩阵形式为：

$$\begin{bmatrix} v_1 \\ i_1 \end{bmatrix} = \begin{bmatrix} A & B \\ C & D \end{bmatrix} \cdot \begin{bmatrix} v_2 \\ i_2 \end{bmatrix} \qquad (9.39)$$

这样，如果一个系统的 ABCD 矩阵已知，则可计算任意输入的系统响应。

因为 ABCD 参数的测量需要在开短路的情况下进行，如式(9.38)所述，所以实际上无法直接测量。不过，利用它们与 S 参数之间的关系可以将其计算出来，这些稍后将会介绍。

与一般电路参数的关系　ABCD 参数可以用来生成一般电路拓扑结构的等效电路模型。例如，考虑图 9.28 的 T 形电路。要得出 A 项，端口 2 必须开路（因为 $i_2 = 0$），此时端口 1 的驱动电压为 v_1。

$$A = \frac{v_1}{v_2}\bigg|_{i_2=0}$$

$$v_2 = v_1 \frac{Z_3}{Z_3 + Z_1} \qquad (9.40a)$$

$$A = \frac{Z_3 + Z_1}{Z_3}$$

端口 1 短路时，可求得 B 项（因为 $v_2 = 0$）：

$$B = \left. \frac{v_1}{i_2} \right|_{v_2=0}$$

用分流法计算 i_2，然后代入 B 项可得：

$$i_2 = i_1 \frac{Z_3}{Z_3 + Z_2}$$

$$B = \frac{v_1}{i_1[Z_3/(Z_3 + Z_2)]} = \frac{v_1}{i_1} \frac{Z_3 + Z_2}{Z_3}$$

因为 v_1/i_1 等于看向端口 1 的阻抗，B 项可以简化为：

$$B = (Z_1 + Z_2 \| Z_3) \frac{Z_3 + Z_2}{Z_3} = Z_1 + Z_2 + \frac{Z_1 Z_2}{Z_3} \tag{9.40b}$$

求 C 项的方法是将端口 2 开路（因为 $i_2 = 0$），此时端口 1 的驱动电压为 v_1：

$$C = \left. \frac{i_1}{v_2} \right|_{i_2=0}$$

$$v_2 = v_1 \frac{Z_3}{Z_3 + Z_1}$$

$$i_1 = \frac{v_1}{Z_1 + Z_3}$$

$$C = \frac{i_1}{v_2} = \frac{v_1/(Z_1 + Z_3)}{v_1[Z_3/(Z_3 + Z_1)]} = \frac{1}{Z_3} \tag{9.40c}$$

求 D 项的方法是将端口 2 短路（因为 $v_2 = 0$），而驱动端口 1：

$$D = \left. \frac{i_1}{i_2} \right|_{v_2=0}$$

$$i_2 = i_1 \frac{Z_3}{Z_3 + Z_2} \tag{9.40d}$$

$$D = \frac{i_1}{i_2} = \frac{Z_3 + Z_2}{Z_3}$$

因此，类似于图 9.28 所示的 T 形电路，ABCD 矩阵的形式为：

$$\begin{bmatrix} A & B \\ C & D \end{bmatrix}_{\text{T-circuit}} = \begin{bmatrix} \dfrac{Z_3 + Z_1}{Z_3} & Z_1 + Z_2 + \dfrac{Z_1 Z_2}{Z_3} \\ \dfrac{1}{Z_3} & \dfrac{Z_3 + Z_2}{Z_3} \end{bmatrix} \tag{9.41}$$

有损传输线的 ABCD 参数可以将其终端与其特征阻抗匹配来推导。这个转换对抽取传输线的某些参数特别有用，比如 Z_0 和 γ。在终端阻抗不等于特征阻抗的情况下，可将矩阵再归一化，这将在 9.2.6 节讨论。

　　下面用图 9.29 所示的传输线进行推导：

$$A = \left. \frac{v_1}{v_2} \right|_{i_2=0}$$

因为 $i_2 = 0$，所以端口 2 开路，从而端口 2 的电压必定含有入射和反射分量。方便起见，令端口 2 的电压等于端口 1 的电压：

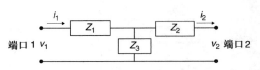

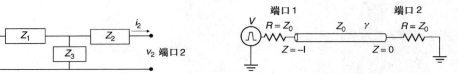

图 9.28 从 T 拓扑等效电路推导 ABCD 参数   图 9.29 推导有损传输线的 ABCD 参数

$$v_2 = v^+ + v^- = 1$$
$$v^+ = v^- = \tfrac{1}{2}$$

端口 1 的电压可以用式(6.49)计算，其中 $z = -l$。

$$v_1 = v(z = -l) = v^+ e^{\gamma l} + v^- e^{-\gamma l} = \frac{e^{\gamma l} + e^{-\gamma l}}{2}$$

用 v_1 和 v_2 的比来计算 A 项：

$$A = \frac{e^{\gamma l} + e^{-\gamma l}}{2} = \cosh \gamma l \tag{9.42a}$$

当 $i_2 = 0$ 时，也计算 C 项为：

$$C = \left. \frac{i_1}{v_2} \right|_{i_2=0}$$

在 $z = -l$ 处用特性阻抗计算电流 i_1：

$$i_1 = i(z = l) = \frac{1}{Z_0} v^+ e^{\gamma l} - \frac{1}{Z_0} v^- e^{-\gamma l} = \frac{1}{Z_0} \frac{e^{\gamma l} - e^{-\gamma l}}{2}$$

用 i_1 和 v_2 的比值计算 C 项：

$$C = \frac{1}{Z_0} \frac{e^{\gamma l} - e^{-\gamma l}}{2} = \frac{1}{Z_0} \sinh \gamma l \tag{9.42b}$$

B 项和 D 项在 $v_2 = 0$ 时计算：

$$B = \left. \frac{v_1}{i_2} \right|_{v_2=0}$$

因为 $v_2 = 0$，端口 2 短路：

$$v_2 = v^+ + v^- = \frac{1}{2} - \frac{1}{2} = 0$$

$$i_2 = \frac{v^+}{Z_0} - \frac{v^-}{Z_0} = \frac{1/2}{Z_0} - \frac{-1/2}{Z_0} = \frac{1}{Z_0}$$

$$v_1 = v(z = -l) = v^+ e^{\gamma l} + v^- e^{-\gamma l} = \frac{e^{\gamma l} - e^{-\gamma l}}{2}$$

用 v_1 和 i_2 的比值计算 B 项：

$$B = Z_0 \frac{\mathrm{e}^{\gamma l} - \mathrm{e}^{-\gamma l}}{2} = Z_0 \sinh \gamma l$$

$$D = \frac{i_1}{i_2}\Big|_{v_2=0} \tag{9.42c}$$

$$i_2 = \frac{1}{Z_0}$$

$$i_1 = i(z = l) = \frac{1/2}{Z_0}\mathrm{e}^{\gamma l} - \frac{-1/2}{Z_0}\mathrm{e}^{-\gamma l} = \frac{1}{Z_0}\frac{\mathrm{e}^{\gamma l} + \mathrm{e}^{-\gamma l}}{2}$$

用 i_1 和 i_2 的比值计算 D 项：

$$D = \frac{\mathrm{e}^{\gamma l} + \mathrm{e}^{-\gamma l}}{2} = \cosh \gamma l \tag{9.42d}$$

这样，有损传输线的 ABCD 矩阵为：

$$\begin{bmatrix} A & B \\ C & D \end{bmatrix}_{\text{lossy transmssion line}} = \begin{bmatrix} \cosh \gamma l & Z_0 \sinh \gamma l \\ \dfrac{1}{Z_0} \sinh \gamma l & \cosh \gamma l \end{bmatrix} \tag{9.43a}$$

用同样推导过程，无损耗传输线的 ABCD 参数可以轻易推出，其中 $\gamma = \mathrm{j}\beta$：

$$\begin{bmatrix} A & B \\ C & D \end{bmatrix}_{\text{loss-free transmssion line}} = \begin{bmatrix} \cos \beta l & \mathrm{j}Z_0 \sin \beta l \\ \dfrac{\mathrm{j}}{Z_0} \sin \beta l & \cos \beta l \end{bmatrix} \tag{9.43b}$$

表 9.2 为列举了一般电路与 ABCD 参数之间的关系。这些一般形式有助于从 S 参数的测量值抽取等效电路。当然，需要一种方法将 S 参数转换为 ABCD 矩阵，下面将讨论这一点。

表 9.2 一般电路与 ABCD 参数间的关系

电路	ABCD 矩阵
	$$\begin{bmatrix} \dfrac{Z_3 + Z_1}{Z_3} & Z_1 + Z_2 + \dfrac{Z_1 Z_2}{Z_3} \\ \dfrac{1}{Z_3} & \dfrac{Z_3 + Z_2}{Z_3} \end{bmatrix}$$
	$$\begin{bmatrix} \cosh \gamma l & Z_0 \sinh \gamma l \\ \dfrac{1}{Z_0} \sinh \gamma l & \cosh \gamma l \end{bmatrix}$$
	$$\begin{bmatrix} 1 & Z \\ 0 & 1 \end{bmatrix}$$
	$$\begin{bmatrix} 1 & 0 \\ Y & 1 \end{bmatrix}$$
	$$\begin{bmatrix} 1 + \dfrac{Y_2}{Y_3} & \dfrac{1}{Y_3} \\ Y_1 + Y_2 + \dfrac{Y_1 Y_2}{Y_3} & 1 + \dfrac{Y_1}{Y_3} \end{bmatrix}$$

ABCD 参数和 S 参数之间的关系　在应用 ABCD 矩阵与一般形式电路的关系前，先对 ABCD 参数与 S 参数之间的关系进行讨论。最直接的推导方法是先将 ABCD 参数转化为一个二端口 **Z** 矩阵，然后用式(9.34)得到 S 参数。

首先从式(9.8)的 Z_{11} 的定义开始：

$$Z_{11} = \left.\frac{v_1}{i_1}\right|_{i_2=0}$$

ABCD 方程可化解为：

$$v_1 = Av_2$$
$$i_1 = Cv_2$$

可以得到：

$$Z_{11} = \frac{v_1}{i_1} = \frac{A}{C} \tag{9.44a}$$

Z_{12} 的定义为：

$$Z_{12} = \left.\frac{v_1}{i_2}\right|_{i_1=0}$$

ABCD 方程可化解为：

$$v_1 = Av_2 + Bi_2$$
$$0 = Cv_2 + Di_2$$

用上面方程求解 v_1/i_2：

$$\frac{v_1}{i_2} = \frac{BC - AD}{C}$$

不过，ABCD 矩阵的惯例假设了 i_2 流向端口 2 外，而 **Z** 参数假设了 i_2 电流流向端口 2 内。因此，i_2 的符号比必须改变，于是 Z_{12} 用 ABCD 参数定义为：

$$Z_{12} = \frac{AD - BC}{C} \tag{9.44b}$$

用相同的方法推导 Z_{21} 和 Z_{22}：

$$Z_{21} = \left.\frac{v_2}{i_1}\right|_{i_2=0}$$
$$v_1 = Av_2$$
$$i_1 = Cv_2 \tag{9.44c}$$
$$Z_{21} = \frac{1}{C}$$
$$Z_{22} = \left.\frac{v_2}{i_2}\right|_{i_1=0}$$
$$v_1 = Av_2 + Bi_2$$
$$0 = Cv_2 + Di_2 \tag{9.44d}$$
$$Z_{22} = \frac{D}{C}$$

二端口 $\boldsymbol{Z}$ 矩阵和 ABCD 矩阵的最终关系为：

$$\begin{bmatrix} Z_{11} & Z_{12} \\ Z_{21} & Z_{22} \end{bmatrix} = \begin{bmatrix} \dfrac{A}{C} & \dfrac{AD-BC}{C} \\ \dfrac{1}{C} & \dfrac{D}{C} \end{bmatrix} \qquad (9.45)$$

将式(9.45)的结果代入式(9.34)，可以推导出 ABCD 参数和 S 参数之间的转换关系。其最终解为式(9.46)，其中 Z_n 为各端口的终端阻抗，并假设它们相等。

$$\begin{bmatrix} S_{11} & S_{12} \\ S_{21} & S_{22} \end{bmatrix} = \begin{bmatrix} \dfrac{B-Z_n(D-A+CZ_n)}{B+Z_n(D+A+CZ_n)} & \dfrac{2Z_n(AD-BC)}{B+Z_n(D+A+CZ_n)} \\ \dfrac{2Z_n}{B+Z_n(D+A+CZ_n)} & \dfrac{B-Z_n(A-D+CZ_n)}{B+Z_n(D+A+CZ_n)} \end{bmatrix} \qquad (9.46)$$

用同样的方法可以推导出从 S 参数到 ABCD 参数的转换方法。表 9.3 中给出了全部的转换。

表9.3　二端口 S 参数与 ABCD 参数的关系[a]

$\begin{bmatrix} S_{11} & S_{12} \\ S_{21} & S_{22} \end{bmatrix}$	$\begin{bmatrix} \dfrac{B-Z_n(D-A+CZ_n)}{B+Z_n(D+A+CZ_n)} & \dfrac{2Z_n(AD-BC)}{B+Z_n(D+A+CZ_n)} \\ \dfrac{2Z_n}{B+Z_n(D+A+CZ_n)} & \dfrac{B-Z_n(A-D+CZ_n)}{B+Z_n(D+A+CZ_n)} \end{bmatrix}$
$\begin{bmatrix} A & B \\ C & D \end{bmatrix}$	$\begin{bmatrix} \dfrac{(1+S_{11})(1-S_{22})+S_{12}S_{21}}{2S_{21}} & Z_n\dfrac{(1+S_{11})(1+S_{22})-S_{12}S_{21}}{2S_{21}} \\ \dfrac{1}{Z_n}\dfrac{(1-S_{11})(1-S_{22})-S_{12}S_{21}}{2S_{21}} & \dfrac{(1-S_{11})(1+S_{22})+S_{12}S_{21}}{2S_{21}} \end{bmatrix}$

[a] Z_n 是各端口的终端阻抗。

例9.9　从下面的 S 参数矩阵中抽取图 9.30(a)所示通孔的等效电路。S 参数是在 5 GHz 条件下测量所得，假设端口阻抗(Z_n) 为 50 Ω：

$$\begin{bmatrix} S_{11} & S_{12} \\ S_{21} & S_{22} \end{bmatrix} = \begin{bmatrix} -0.1235-j0.1516 & 0.7597-j0.6190 \\ 0.7597-j0.6190 & -0.1235-j0.1516 \end{bmatrix}$$

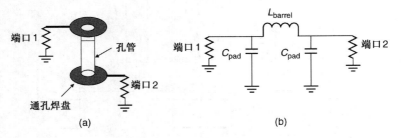

图 9.30　例 9.9 的通孔及其等效电路

解

步骤 1：用表格 9.3 将 S 矩阵转换为 ABCD 矩阵。

$$\begin{bmatrix} A & B \\ C & D \end{bmatrix} = \begin{bmatrix} 0.790 & j22.22 \\ j0.01686 & 0.790 \end{bmatrix}$$

步骤 2：选择等效电路形式。传播经过通孔的信号将会经过通孔焊盘形成的电容，孔管形成的电感，以后另一个通孔焊盘形成的电容。这种结构属于表 9.2 中的 π 模型，如图 9.30(b)所示。

步骤 3：用表 9.2 的关系计算 π 模型各段的导纳：

$$B = \frac{1}{Y_3} = \text{j}22.22$$

$$Y_3 = -\text{j}0.045$$

$$A = 0.790 = 1 + \frac{Y_2}{Y_3} = 1 + \frac{Y_2}{-\text{j}0.045}$$

$$Y_2 = \text{j}0.009\,45$$

因为电路对称，所以 $Y_1 = Y_2$。

步骤 4：计算电路值：

$$Y_3 = -\text{j}0.045 = \frac{1}{\text{j}\omega L} = \frac{1}{\text{j}2\pi(5 \times 10^9 L_{\text{barrel}})}$$

$$\rightarrow L_{\text{barrel}} = 0.7 \times 10^{-9}\ \text{H}$$

$$Y_1 = Y_2 = \text{j}0.009\,45 = \text{j}\omega C = \text{j}2\pi(5 \times 10^9 C_{\text{pad}})$$

$$\rightarrow C_{\text{pad}} = 0.3 \times 10^{-12}\ \text{F}$$

9.2.4　级联 S 参数

　　网络分析最有用之处是可以级联独立的被测量结构。例如，如果单独测量了一个传输线、通孔、封装和连接器，工程师必须能从单独测量数据求得整个通道的响应。这使 S 参数文件在测量中可以作为可移植的模型，给予了设计者评估各种拓扑结构的能力，提供了去除不需要的项的方法。两种最普遍的级联 S 参数的方法是用 ABCD 参数和 **T** 矩阵。

　　用 ABCD 矩阵级联　对于二端口网络，最普遍的级联方法是用 ABCD 参数。将 ABCD 矩阵简单相乘就可达到级联，因为目前的电流惯例是从端口 2 流出，如图 9.27 所示。例如，考虑图 9.31 的二级联电路的 ABCD 参数。可以容易地写出描述电路 1 和电路 2 的端口的电压和电流的方程。

$$\begin{bmatrix} v_1 \\ i_1 \end{bmatrix} = \begin{bmatrix} A & B \\ C & D \end{bmatrix}_{\text{circuit}_1} \begin{bmatrix} v_2 \\ i_2 \end{bmatrix}$$

$$\begin{bmatrix} v_2 \\ i_2 \end{bmatrix} = \begin{bmatrix} A & B \\ C & D \end{bmatrix}_{\text{circuit}_2} \begin{bmatrix} v_3 \\ i_3 \end{bmatrix}$$

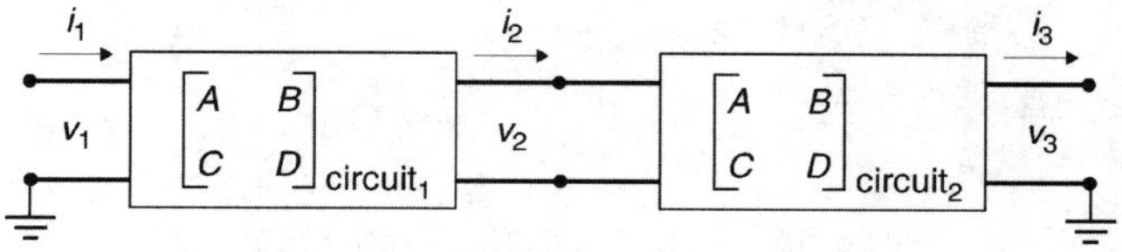

图 9.31　ABCD 参数通过相乘级联

注意电路 1 的输出为 v_2 和 i_2，正好也是电路 2 的输入。所以可以简单进行代入替换：

$$\begin{bmatrix} v_2 \\ i_2 \end{bmatrix} \quad \text{且} \quad \begin{bmatrix} A & B \\ C & D \end{bmatrix}_{\text{circuit}_2} \begin{bmatrix} v_3 \\ i_3 \end{bmatrix}$$

结果为：

$$\begin{bmatrix} v_1 \\ i_1 \end{bmatrix} = \begin{bmatrix} A & B \\ C & D \end{bmatrix}_{\text{circuit}_1} \begin{bmatrix} A & B \\ C & D \end{bmatrix}_{\text{circuit}_2} \begin{bmatrix} v_3 \\ i_3 \end{bmatrix}$$

因此，二端口 S 参数的级联可以通过转换成 ABCD 参数后相乘来实现。级联散射矩阵可以用表 9.3 将级联 ABCD 矩阵转换回 S 参数来计算。详见例 9.10。

例 9.10　使用 5 GHz 下，通孔和无损耗传输线的两个独立的 S 参数测量值，计算两电路在如图 9.32 所示的级联时可能测得的等效 S 参数。假设终端阻抗为 50 Ω。

$$\begin{bmatrix} S_{11} & S_{12} \\ S_{21} & S_{22} \end{bmatrix}_{\text{via}} = \begin{bmatrix} -0.1235 - j0.1516 & 0.7597 - j0.6190 \\ 0.7597 - j0.6190 & -0.1235 - j0.1516 \end{bmatrix}$$

$$\begin{bmatrix} S_{11} & S_{12} \\ S_{21} & S_{22} \end{bmatrix}_{\text{t-line}} = \begin{bmatrix} 0.003\,25 - j0.003\,23 & -1.00 - j0.003 \\ -1.00 - j0.003 & 0.003\,25 - j0.003\,23 \end{bmatrix}$$

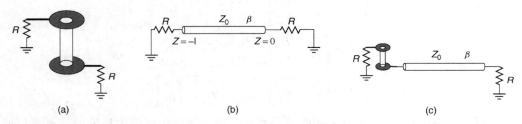

(a)　　　　　　　　　　(b)　　　　　　　　　　(c)

图 9.32　例 9.10 用图：(a) 单独测试通孔的电路；(b) 传输线；(c) 通孔与传输线级联

解

步骤 1：用表 9.3 转换 ABCD 矩阵：

$$\begin{bmatrix} A & B \\ C & D \end{bmatrix}_{\text{via}} = \begin{bmatrix} 0.790 & j22.22 \\ j0.016\,86 & 0.790 \end{bmatrix}$$

$$\begin{bmatrix} A & B \\ C & D \end{bmatrix}_{\text{t-line}} = \begin{bmatrix} -1 & j0.3228 \\ j0.000\,129 & -1 \end{bmatrix}$$

步骤 2：将 ABCD 矩阵相乘：

$$\begin{bmatrix} A & B \\ C & D \end{bmatrix}_{\text{cascade}} = \begin{bmatrix} A & B \\ C & D \end{bmatrix}_{\text{via}} \begin{bmatrix} A & B \\ C & D \end{bmatrix}_{\text{t-line}}$$

$$= \begin{bmatrix} 0.790 & j22.22 \\ j0.016\,86 & 0.790 \end{bmatrix} \cdot \begin{bmatrix} -1 & j0.3228 \\ j0.000\,129 & -1 \end{bmatrix}$$

$$= \begin{bmatrix} -0.790 & -j21.965 \\ -j0.016\,86 & -0.795 \end{bmatrix}$$

步骤 3：使用表 9.3 的公式将上面相乘后的矩阵 $\begin{bmatrix} A & B \\ C & D \end{bmatrix}_{\text{cascade}}$ 转换回 S 参数，其中 $Z_n = 50$ Ω（终端阻抗）

$$\begin{bmatrix} S_{11} & S_{12} \\ S_{21} & S_{22} \end{bmatrix}_{\text{cascade}} = \begin{bmatrix} -0.1259 - j0.1553 & -0.7635 + j0.6186 \\ -0.7645 + j0.6182 & -0.1200 - j0.1565 \end{bmatrix}$$

此级联 S 矩阵就等于通孔和传输线级联测得的 S 矩阵，如图 9.32(c) 所示。

用 T 矩阵级联　另一个普遍的级联 S 参数的方法是用 T 矩阵,有时候被称为转换参数。T 参数是简单重新整理 S 参数的方程就得到的。式(9.18)描述了入射功率波 a 和离开功率波 b 之间的关系:

$$\begin{bmatrix} b_1 \\ b_2 \end{bmatrix} = \begin{bmatrix} S_{11} & S_{12} \\ S_{21} & S_{22} \end{bmatrix} \begin{bmatrix} a_1 \\ a_2 \end{bmatrix}$$

为了使级联网络通过简单的相乘就能实现,方程需要重新整理,端口 1 的入波和出波可以由端口 2 的波来描述。这用 T 矩阵来完成。一个二端口 T 矩阵为

$$\begin{bmatrix} a_1 \\ b_1 \end{bmatrix} = \begin{bmatrix} T_{11} & T_{12} \\ T_{21} & T_{22} \end{bmatrix} \begin{bmatrix} b_2 \\ a_2 \end{bmatrix} \tag{9.47}$$

如果电路 A 的输出附加在电路 B 的输入上,总响应可以通过相乘 T 矩阵来计算,因为离开电路 A 的功率波为 b_2,然后又传入了电路 B 的输入,即 a_3。因此,$b_2 = a_3$,$a_2 = b_3$,如图 9.33 所示。

$$\begin{bmatrix} a_1 \\ b_1 \end{bmatrix} = \begin{bmatrix} T_{11} & T_{12} \\ T_{21} & T_{22} \end{bmatrix}_A \begin{bmatrix} b_2 \\ a_2 \end{bmatrix}$$

$$\begin{bmatrix} a_3 \\ b_3 \end{bmatrix} = \begin{bmatrix} T_{11} & T_{12} \\ T_{21} & T_{22} \end{bmatrix}_B \begin{bmatrix} b_4 \\ a_4 \end{bmatrix}$$

$$\begin{bmatrix} a_1 \\ b_1 \end{bmatrix} = \begin{bmatrix} T_{11} & T_{12} \\ T_{21} & T_{22} \end{bmatrix}_A \begin{bmatrix} T_{11} & T_{12} \\ T_{21} & T_{22} \end{bmatrix}_B \begin{bmatrix} b_4 \\ a_4 \end{bmatrix}$$

因此,S 参数的级联可以通过转换 T 矩阵然后相乘实现。然后级联散射矩阵的计算可以通过将 T 矩阵的乘积转回为 S 参数计算。

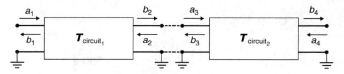

图 9.33　T 参数相乘级联

T 参数和 S 参数之间的转换(反之亦然)需要进行方程的简单代数运算,对任意端口数的网络都适用。下面给出二端口系统 S 参数到 T 参数的转换来阐述其过程。首先,先写出入射功率波和输入功率波的关系

$$b_1 = S_{11}a_1 + S_{12}a_2$$

$$b_2 = S_{21}a_1 + S_{22}a_2$$

式(9.47)写成代数形式为:

$$a_1 = T_{11}b_2 + T_{12}a_2$$

$$b_1 = T_{21}b_2 + T_{22}a_2$$

根据上列方程,各 T 参数可以用 S 参数来定义:

$$T_{11} = \left. \frac{a_1}{b_2} \right|_{a_2=0}$$

$$b_2 = S_{21}a_1 + S_{22}(0)$$

$$T_{11} = \frac{1}{S_{21}} \tag{9.48a}$$

$$T_{22} = \left.\frac{b_1}{a_2}\right|_{b_2=0}$$

$$0 = S_{21}a_1 + S_{22}a_2 \rightarrow a_1 = -\frac{S_{22}a_2}{S_{21}}$$

$$b_1 = S_{11}a_1 + S_{12}a_2 = \left(S_{12} - \frac{S_{11}S_{22}}{S_{21}}\right)a_2$$

$$T_{22} = S_{12} - \frac{S_{11}S_{22}}{S_{21}} \qquad (9.48\mathrm{b})$$

$$T_{12} = \left.\frac{a_1}{a_2}\right|_{b_2=0}$$

$$0 = S_{21}a_1 + S_{22}a_2$$

$$a_1 = -\frac{S_{22}a_2}{S_{21}} \qquad (9.48\mathrm{c})$$

$$T_{12} = -\frac{S_{22}}{S_{21}}$$

$$T_{21} = \left.\frac{b_1}{b_2}\right|_{a_2=0}$$

$$b_1 = S_{11}a_1$$

$$b_2 = S_{21}a_1$$

$$T_{21} = \frac{S_{11}}{S_{21}} \qquad (9.48\mathrm{d})$$

应用类似的分析方法可以将 T 参数转换回到 S 参数，这将留给读者作为习题。二端口的转换总结于表 9.4 中。

表 9.4　二端口系统的 T 参数与 S 参数之间的关系

$$\begin{bmatrix} T_{11} & T_{12} \\ T_{21} & T_{22} \end{bmatrix} \qquad \begin{bmatrix} \dfrac{1}{S_{21}} & -\dfrac{S_{22}}{S_{21}} \\[2mm] \dfrac{S_{11}}{S_{21}} & S_{12} - \dfrac{S_{11}S_{22}}{S_{21}} \end{bmatrix}$$

$$\begin{bmatrix} S_{11} & S_{12} \\ S_{21} & S_{22} \end{bmatrix} \qquad \begin{bmatrix} \dfrac{T_{21}}{T_{11}} & T_{22} - \dfrac{T_{21}T_{12}}{T_{11}} \\[2mm] \dfrac{1}{T_{11}} & -\dfrac{T_{12}}{T_{11}} \end{bmatrix}$$

图 9.34 所示的四端口网络的 $\boldsymbol{T}$ 矩阵形式为：

$$\begin{bmatrix} a_1 \\ a_3 \\ b_1 \\ b_3 \end{bmatrix} = \begin{bmatrix} T_{11} & T_{12} & T_{13} & T_{14} \\ T_{21} & T_{22} & T_{23} & T_{24} \\ T_{31} & T_{32} & T_{33} & T_{34} \\ T_{41} & T_{42} & T_{43} & T_{44} \end{bmatrix} \begin{bmatrix} b_2 \\ b_4 \\ a_2 \\ a_4 \end{bmatrix} \qquad (9.49)$$

n 端口网络 T 参数和 S 参数的转换使用了相同的方法，详见附录 B。

9.2.5　校准和去嵌合

在数字设计中经常希望用向量网络分析器（VNA）测试一些元件，例如传输线、CPU 插座、或者一个子卡连接器等。测试结果可以用来生成一个等效电路模型，验证仿真通道的模型方法有效性，或者估测元件的性能。实际的测试是将待测试器件(DUT)固定在测试夹上，并用探针或者 SMA 连接器通过电缆线与 VNA 相连接。所以，必须用一些方法分离这些 DUT 的测试夹、电缆或者探针的 S 参数。本节将介绍一些基本的校正和去嵌合的方法，并使这些概念容易理解。因为每个测量步骤需要一个特别的校正和去嵌合程序，这个话题所覆盖的范围极广，本书无法全部讨论。

校正和去嵌合的术语涉及的是相同的概念：消除测量中不需要的部分。具体来讲，校正是为了消除 VNA 电缆和探针的影响，去嵌合则是消除 DUT 不想要的部分，例如通孔、测试夹，或者电缆连接器。VNA 测得复电压幅度的比作为 S 参数。测试的参考点包含在 VNA 某处，而非连接着 DUT 的电缆线末端，所以测量包括了连接着 DUT 和分析器的电缆线、连接器和探针的损耗和相位延迟。校准就是从测试响应中去除这些不

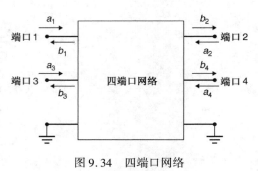

图 9.34　四端口网络

想要的影响，只留下 DUT 的测量响应。图 9.35 阐述了这一概念。

校准时使用 ABCD 参数比较方便。例如，图 9.35 测试装置可用级联 ABCD 矩阵来表示：

$$
\begin{bmatrix} A & B \\ C & D \end{bmatrix}_{\text{measured}} = \begin{bmatrix} A & B \\ C & D \end{bmatrix}_{\text{error}_{\text{port1}}} \begin{bmatrix} A & B \\ C & D \end{bmatrix}_{\text{DUT}} \begin{bmatrix} A & B \\ C & D \end{bmatrix}_{\text{error}_{\text{port2}}}^{-1} \tag{9.50}
$$

注意端口 2 的 ABCD 矩阵为逆矩阵，因为 VNA 由这个端口驱动而在其他端口测量响应。逆矩阵仅为了确保电流由端口 2 而非其他途径流入。式(9.50)表明，若误差的 ABCD 矩阵已知，就可以计算 DUT 的 ABCD 矩阵(S 矩阵同理)。简言之，校正测试就是 S 参数的误差更正。

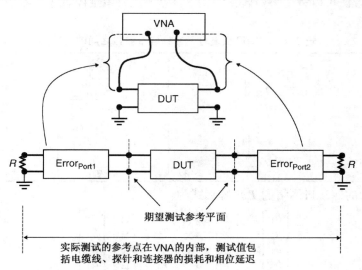

图 9.35　校正消除测试中诸如电缆线和探针效应等不希望的部分

最直接的去除误差和校正 VNA 的方法是用三个以上的精密控制负载，比如短路的、开路的，或精确电阻负载。例如，考虑图 9.36，表示了驱动着负载 Z_L 的 VNA 的一个端口。用负载端的反射系数项可以写出 S 参数，其中端口 $2(a_2)$ 的入射波就是离开波(b_2)的反射部分 $a_2 = b_2 \Gamma_L$。

$$b_1 = S_{11}a_1 + S_{12}a_2 = S_{11}a_1 + S_{12}b_2\Gamma_L$$

$$b_2 = S_{21}a_1 + S_{22}a_2 = S_{21}a_1 + S_{22}b_2\Gamma_L$$

$$b_2(1 - S_{22}\Gamma_L) = S_{21}a_1 \rightarrow b_2 = \frac{S_{21}a_1}{1 - S_{22}\Gamma_L} \tag{9.51a}$$

$$b_1 = S_{11}a_1 + S_{12}\frac{S_{21}a_1}{1 - S_{22}\Gamma_L}\Gamma_L \tag{9.51b}$$

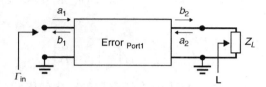

图 9.36　最简单的校正 VNA 的方法是分别驱动开路、短路、阻性负载等不同负载(Z_L)来将端口误差特征化

输入反射系数 Γ_{in} 为反射波 b_1 和入射波 a_1 之比：

$$\Gamma_{\text{in}} = \frac{b_1}{a_1} = S_{11} + \frac{S_{12}S_{21}\Gamma_L}{1 - S_{22}\Gamma_L}$$

若误差项相互对等，即 $S_{21} = S_{12}$，那么输入反射方程可以简化为：

$$\Gamma_{\text{in}} = \frac{b_1}{a_1} = S_{11} + \frac{S_{12}^2\Gamma_L}{1 - S_{22}\Gamma_L} \tag{9.52}$$

为了校正测量误差的影响，必须求得其 S 参数。这通过考虑已知的三个负载 Z_L：一个短路、开路和完美匹配的电阻。当负载短路时，负载反射系数 $\Gamma_L = -1$，式(9.52)可化简为：

$$\Gamma_{\text{in, short}} = S_{11} - \frac{S_{12}^2}{1 + S_{22}} \tag{9.53a}$$

当负载开路和阻抗完美匹配的时候，负载的反射系数分别为 $\Gamma_L = 1$ 和 $\Gamma_L = 0$，从而有

$$\Gamma_{\text{in, open}} = S_{11} + \frac{S_{12}^2}{1 - S_{22}} \tag{9.53b}$$

$$\Gamma_{\text{in, matched}} = S_{11} \tag{9.53c}$$

通过测量开路、短路和匹配负载，以上三个方程可以同步求解出 S_{11}，S_{12} 和 S_{22}：

$$S_{12} = S_{21} = \sqrt{(\Gamma_{\text{in, matched}} - \Gamma_{\text{in,short}})(1 + S_{22})} \tag{9.54a}$$

$$S_{22} = \frac{2\Gamma_{\text{in, matched}} - \Gamma_{\text{in,short}} - \Gamma_{\text{in, open}}}{\Gamma_{\text{in,short}} - \Gamma_{\text{in,open}}} \tag{9.54b}$$

$$S_{11} = \Gamma_{\text{in,matched}} \tag{9.54c}$$

上述方程可以用来生成一个端口误差的散射矩阵：

$$\begin{bmatrix} S_{11} & S_{12} \\ S_{21} & S_{22} \end{bmatrix}_{\text{short,open,load}} \Rightarrow \begin{bmatrix} A & B \\ C & D \end{bmatrix}_{\text{errorport}} \tag{9.55}$$

DUT 的测量乘以误差项的逆矩阵可以求得最终值：

$$\begin{bmatrix} A & B \\ C & D \end{bmatrix}_{\text{DUT}} = \begin{bmatrix} A & B \\ C & D \end{bmatrix}_{\text{errorport1}}^{-1} \begin{bmatrix} A & B \\ C & D \end{bmatrix}_{\text{measured}} \begin{bmatrix} A & B \\ C & D \end{bmatrix}_{\text{errorport2}} \tag{9.56}$$

使用表 9.3, 对式(9.56)中 DUT 的 ABCD 矩阵进行转换, 可以得到 S 参数。

$$\begin{bmatrix} A & B \\ C & D \end{bmatrix}_{\text{DUT}} \Rightarrow \begin{bmatrix} S_{11} & S_{12} \\ S_{21} & S_{22} \end{bmatrix}_{\text{DUT}} \tag{9.57}$$

去嵌合的基本原理利用了相同的概念来消除测量中不需要的成分。例如, 图 9.32(c)显示了传输线与通孔级联的情况。如果只为获得传输线的测量数据, 通孔的影响就必须去掉。如果测试板包含了独立的合理结构以测试通孔的 S 参数的话, 采用与式(9.56)相同的方法就可以有效地消除通孔影响。

$$\begin{bmatrix} A & B \\ C & D \end{bmatrix}_{\text{T-line}} = \begin{bmatrix} A & B \\ C & D \end{bmatrix}_{\text{via}}^{-1} \begin{bmatrix} A & B \\ C & D \end{bmatrix}_{\text{measured}} \tag{9.58}$$

使用级联矩阵的概念, 可以从测试结果中消除任意数量结构的影响, 只要这些结构的 S 参数已知。

9.2.6 改变参考阻抗

S 参数依赖于 VNA 的参考阻抗。如果端口阻抗值改变, S 参数也随之改变。一般地, 测试 S 参数的标准假设了各端口阻抗为 50 Ω。但是, 测试之后有时需要调整一些端口阻抗值。例如, 或许 VNA 的端口阻抗被确定为不是 50 Ω, 或者在一个专用电路板设计中, 工程师希望检测参考于一个与传输线相一致的阻抗的电路的性能。当在端口 Z_n 用参考阻抗测量一个 S 参数, 可以称为阻抗归一化。

重归一化 Z_{n1} 到 Z_n 的 S 矩阵时, 要用到式(9.35)的 Z 参数的定义:

$$\boldsymbol{Z} = Z_n(\boldsymbol{U}+\boldsymbol{S})(\boldsymbol{U}-\boldsymbol{S})^{-1}$$

因为阻抗矩阵与端口阻抗无关, 所以它可以用来重归一化 S 矩阵。

$$Z_{n1}(\boldsymbol{U}+\boldsymbol{S}_1)(\boldsymbol{U}-\boldsymbol{S}_1)^{-1} = Z_{n2}(\boldsymbol{U}+\boldsymbol{S}_2)(\boldsymbol{U}-\boldsymbol{S}_2)^{-1}$$

求解 $\boldsymbol{S}_2$ 得出:

$$\boldsymbol{S}_2 = \left[\frac{Z_{n1}}{Z_{n2}}(\boldsymbol{U}+\boldsymbol{S}_1)(\boldsymbol{U}-\boldsymbol{S}_1)^{-1} + \boldsymbol{U}\right]^{-1}\left[\frac{Z_{n1}}{Z_{n2}}(\boldsymbol{U}+\boldsymbol{S}_1)(\boldsymbol{U}-\boldsymbol{S}_1)^{-1} - \boldsymbol{U}\right] \tag{9.59}$$

例 9.11 把参考阻抗为 50 Ω 的 S 矩阵重归一化为负载为 75 Ω 的 S 矩阵。

$$\boldsymbol{S}_{50\Omega} = \begin{bmatrix} 0.385 & \text{j}0.923 \\ \text{j}0.923 & 0.385 \end{bmatrix}$$

解

使用式(9.59), 可以将 S 矩阵变换为看上去像在 75 Ω 参考阻抗下所测量的 S 矩阵。

$$\begin{aligned}
\boldsymbol{S}_{75\Omega} &= \left[\frac{50}{75}\left(\begin{bmatrix} 1 & 0 \\ 0 & 1 \end{bmatrix} + \begin{bmatrix} 0.385 & \text{j}0.923 \\ \text{j}0.923 & 0.385 \end{bmatrix}\right)\left(\begin{bmatrix} 1 & 0 \\ 0 & 1 \end{bmatrix} - \begin{bmatrix} 0.385 & \text{j}0.923 \\ \text{j}0.923 & 0.385 \end{bmatrix}\right)^{-1}\right. \\
&\quad \left. + \begin{bmatrix} 1 & 0 \\ 0 & 1 \end{bmatrix}\right]^{-1} \times \left\{\frac{50}{75}\left(\begin{bmatrix} 1 & 0 \\ 0 & 1 \end{bmatrix} + \begin{bmatrix} 0.385 & \text{j}0.923 \\ \text{j}0.923 & 0.385 \end{bmatrix}\right)\right. \\
&\quad \left. \times \left(\begin{bmatrix} 1 & 0 \\ 0 & 1 \end{bmatrix} - \begin{bmatrix} 0.385 & \text{j}0.923 \\ \text{j}0.923 & 0.385 \end{bmatrix}\right)^{-1} - \begin{bmatrix} 1 & 0 \\ 0 & 1 \end{bmatrix}\right\} = \begin{bmatrix} 0 & -\text{j} \\ -\text{j} & 0 \end{bmatrix}
\end{aligned}$$

因此，重归一化 S 矩阵的幅度为

$$S_{75\Omega} = \begin{bmatrix} 0 & 1 \\ 1 & 0 \end{bmatrix}$$

意味着传输线是特性阻抗为 $75\ \Omega$ 的无损耗传输线，因为没有反射($S_{11}=0$)，插入损耗为单位值($S_{21}=1$)。

9.2.7　多模 S 参数

我们在第 4 章解释了差分信令。因为许多现代计算系统设计中的高速总线都是由差分对组成的，所以用多模 S 参数描述互连线的行为特征比较方便。多模 S 参数将差分对信号分成了差模(奇模式)和共模(偶模式)信令状态。两种状态的多模矩阵可以直接由四端口 S 参数来推导。例如，图 9.34 的四端口系统的 S 参数如下：

$$\begin{bmatrix} b_1 \\ b_2 \\ b_3 \\ b_4 \end{bmatrix} = \begin{bmatrix} S_{11} & S_{12} & S_{13} & S_{14} \\ S_{21} & S_{22} & S_{23} & S_{24} \\ S_{31} & S_{32} & S_{33} & S_{34} \\ S_{41} & S_{42} & S_{43} & S_{44} \end{bmatrix} \begin{bmatrix} a_1 \\ a_2 \\ a_3 \\ a_4 \end{bmatrix} \tag{9.60}$$

图 9.37 显示的两条耦合传输线对就是一个四端口系统的例子。推导多模矩阵时，首先要计算各端口的 S 参数。

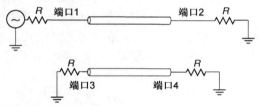

图 9.37　耦合传输线对是最常见的四端口网络，多模 S 参数描述其行为特征较为便利

差分 S 参数，其能量在奇模式传播，可以通过将四端口网络的端口 1 驱动 $+v$，在端口 3 驱动 $-v$，端口 2 和端口 4 无驱动来计算。这可以将式(9.60)简化为：

$$\begin{bmatrix} b_1 \\ b_2 \\ b_3 \\ b_4 \end{bmatrix} = \begin{bmatrix} S_{11} & S_{12} & S_{13} & S_{14} \\ S_{21} & S_{22} & S_{23} & S_{24} \\ S_{31} & S_{32} & S_{33} & S_{34} \\ S_{41} & S_{42} & S_{43} & S_{44} \end{bmatrix} \begin{bmatrix} v \\ 0 \\ -v \\ 0 \end{bmatrix} \tag{9.61}$$

端口 1 的差分回波损耗可以用代数方法计算，其中 $b_{d1}=b_1-b_3$，$a_{d1}=a_1-a_3=v-(-v)=2v$。

$$S_{\text{dd}11} = \frac{b_{d1}}{a_{d1}}\bigg|_{a_2=a_4=0} = \tfrac{1}{2}(S_{11}+S_{33}-S_{13}-S_{31}) \tag{9.62a}$$

$S_{\text{dd}11}$ 为测得的差分反射能量，或者回流到源的能量。用类似的方法可计算差分插入损耗，其中 $b_{d2}=b_2-b_4$，$a_{d1}=a_1-a_3=v-(-v)=2v$。

$$S_{\text{dd}21} = \frac{b_{d2}}{a_{d1}}\bigg|_{a_2=a_4=0} = \tfrac{1}{2}(S_{21}+S_{43}-S_{23}-S_{41}) \tag{9.62b}$$

$S_{\text{dd}21}$ 为测得的从端口 1 经网络传播到端口 2 的差分能量。

共模模式的 S 参数的计算可使用同样的分析，其能量以偶模式传播。它的计算通过将四端口网络的端口 1 和端口 3 驱动 $+v$，端口 2 和端口 4 无驱动来实现。这样可以简化式(9.60)为：

$$\begin{bmatrix} b_1 \\ b_2 \\ b_3 \\ b_4 \end{bmatrix} = \begin{bmatrix} S_{11} & S_{12} & S_{13} & S_{14} \\ S_{21} & S_{22} & S_{23} & S_{24} \\ S_{31} & S_{32} & S_{33} & S_{34} \\ S_{41} & S_{42} & S_{43} & S_{44} \end{bmatrix} \begin{bmatrix} v \\ 0 \\ v \\ 0 \end{bmatrix} \tag{9.63}$$

其中，$b_{c1} = b_1 + b_3$，$b_{c2} = b_2 + b_4$，$a_{c1} = a_1 + a_3 = v + v = 2v$。

由式(9.63)很容易得到共模模式的 S 参数：

$$S_{cc11} = \left. \frac{b_{c1}}{a_{c1}} \right|_{a_2 = a_4 = 0} = \frac{1}{2}(S_{11} + S_{33} + S_{13} + S_{31}) \tag{9.64a}$$

$$S_{cc21} = \left. \frac{b_{c2}}{a_{c1}} \right|_{a_2 = a_4 = 0} = \frac{1}{2}(S_{21} + S_{23} + S_{41} + S_{43}) \tag{9.64b}$$

式(9.64a)和式(9.64b)描述了，当一个四端口系统被一个共模源驱动（系统被偶模式驱动）时，反射和传播能量的数量。

如第4章所述，对于一个包含两个信号导线的系统，其端口电压为奇模式和偶模式的组合。因此，对于一个完美对称的系统（其中差分对每个分支的线长电气上是相同的），如果由差分驱动，所有能量将为奇模式。然而，如果差分对出现任意非对称性的话，一部分能量将会流入偶模式。多模矩阵也包含差模到共模模式转换量，它描述了当系统被差分驱动时，转换为偶模式的能量数量；而共模到差模转换量，描述了当系统由共模驱动时，转换为奇模式的能量数量。因为大多数高速总线由差分驱动，差模到共模模式转换量为这两个参数中最重要的一个。

当能量在奇模式传输，而在偶模式接收时，差模到共模模式的 S 参数可以通过将四端口网络差分驱动，然后在接收端用共模模式探测来计算。差模到共模模式系数为 $b_{c1} = b_1 + b_3$，$b_{c2} = b_2 + b_4$，$a_{d1} = a_1 - a_3 = v - (-v) = 2v$。

$$\begin{bmatrix} b_1 \\ b_2 \\ b_3 \\ b_4 \end{bmatrix} = \begin{bmatrix} S_{11} & S_{12} & S_{13} & S_{14} \\ S_{21} & S_{22} & S_{23} & S_{24} \\ S_{31} & S_{32} & S_{33} & S_{34} \\ S_{41} & S_{42} & S_{43} & S_{44} \end{bmatrix} \begin{bmatrix} v \\ 0 \\ -v \\ 0 \end{bmatrix} \tag{9.65}$$

$$S_{cd11} = \left. \frac{b_{c1}}{a_{d1}} \right|_{a_2 = a_4 = 0} = \frac{1}{2}(S_{11} - S_{13} + S_{31} - S_{33}) \tag{9.66a}$$

$$S_{cd21} = \left. \frac{b_{c2}}{a_{d1}} \right|_{a_2 = a_4 = 0} = \frac{1}{2}(S_{21} - S_{23} + S_{41} - S_{43}) \tag{9.66b}$$

当能量在偶模式传输，而奇模式接收时，共模到差模 S 参数可以通过将四端口网络驱动为共模模式，然后在接收端用差分模式探测来计算。推导过程留给读者。

四端口系统的多模 S 参数可以组合起来生成多模矩阵：

$$\begin{bmatrix} b_{d1} \\ b_{d2} \\ b_{c1} \\ b_{c2} \end{bmatrix} = \begin{bmatrix} S_{dd11} & S_{dd12} & S_{dc11} & S_{dc12} \\ S_{dd21} & S_{dd22} & S_{dc21} & S_{dc22} \\ S_{cd11} & S_{cd12} & S_{cc11} & S_{cc12} \\ S_{cd21} & S_{cd22} & S_{cc21} & S_{cc22} \end{bmatrix} \begin{bmatrix} a_{d1} \\ a_{d2} \\ a_{c1} \\ a_{c2} \end{bmatrix} \tag{9.67a}$$

注意多模矩阵的每个象限代表着独特的参数。例如，左上象限为差分 S 参数矩阵：

$$\begin{bmatrix} b_{d1} \\ b_{d2} \end{bmatrix} = \begin{bmatrix} S_{dd11} & S_{dd12} \\ S_{dd21} & S_{dd22} \end{bmatrix} \begin{bmatrix} a_{d1} \\ a_{d2} \end{bmatrix}$$
$$= [S_{dd}] \begin{bmatrix} a_{d1} \\ a_{d2} \end{bmatrix} \tag{9.67b}$$

其假设所有能量用差分方式发出和接收。因此，多模矩阵有如下形式：

$$\begin{bmatrix} b_{d1} \\ b_{d2} \\ b_{c1} \\ b_{c2} \end{bmatrix} = \begin{bmatrix} [\boldsymbol{S}_{\mathrm{dd}}] & [\boldsymbol{S}_{\mathrm{dc}}] \\ [\boldsymbol{S}_{\mathrm{cd}}] & [\boldsymbol{S}_{\mathrm{cc}}] \end{bmatrix} \begin{bmatrix} a_{d1} \\ a_{d2} \\ a_{c1} \\ a_{c2} \end{bmatrix} \tag{9.67c}$$

其中各矩阵描述了一个特殊的驱动和接收特征：

$\boldsymbol{S}_{\mathrm{dd}}$ 为驱动端和接收端为差分模式。

$\boldsymbol{S}_{\mathrm{cc}}$ 为驱动端和接收端为共模模式。

$\boldsymbol{S}_{\mathrm{dc}}$ 为驱动为共模模式，接收端为差分模式。

$\boldsymbol{S}_{\mathrm{cd}}$ 为驱动为差分模式，接收端为共模模式。

在一定条件下，可用式(9.67c)的形式将四端口 S 参数等效为一个简单的二端口系统。例如，在高速差分总线中，若每个差分对的驱动和接收都能使所有能量处于奇模式，意味着式(9.67b)可以达到所有实际设计要求。

这样，不可避免地带来一个问题：若明显有能量处于偶模式，还用考虑共模模式矩阵吗？答案是它已经包括在式(9.67b)的差分矩阵里了。如果差分驱动的四端口矩阵不是对称的，则转换到共模模式的能量看上去像是差分插入损耗。例如，考虑一个在奇模式驱动的无损耗非平衡差分传输线对，如图9.38所示。因为系统被差分驱动(在奇模式)，奇模式阻抗与终端阻抗相等，所以没有反射。然而，因为它不对称，所以必定有一部分能量会转换到偶模式。从差分接收端来看，转换到偶模式的能量像是额外的通道损耗。

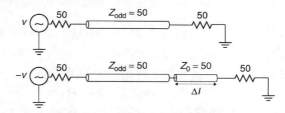

图 9.38　不对称差分对引起部分能量从奇模式转换到偶模式，看上去像额外的差分插入损耗

为了阐述这个概念，考虑差分对之间的线长差(ΔL)为 200 mil，延迟差为27.77 ps(参见图9.38)。如果驱动端 v^+ 和 v^- 的初始相位差为180°，那么当信号到达接收端，因为第二条较长，相位差将不再是180°。接收端实际相位差可以用式(9.22)计算，它是关于频率的函数。例如，在 1 GHz 时的相位差在接收端将会是：

$$180^\circ + \theta = 180^\circ + (360^\circ) \times (27.77 \times 10^{-12})(1 \times 10^9) = 190^\circ$$

表明信号的相位差不再是180°，有些能量将转换到偶模式。

随着频率的增加，由额外的延迟引起的相位差将会趋近于180°。当 $\theta = 180^\circ$ 时，驱动端的差分信号全部在接收端被转换成了共模信号。当差分对线长之间延迟差为 27.77 ps 时，信号在接收端100%转换为共模信号的频率为 18 GHz：

$$\theta = (360^\circ) \times (27.777 \times 10^{-12})(f_{180}) = 180^\circ$$

$$\Rightarrow f_{180} = 18 \times 10^9$$

所以在 18 GHz 时，接收端的相位差为：

$$180° + \theta = 180° + (360°) \times (27.77 \times 10^{-12}) \times (18 \times 10^9) = 360°$$

因此，在 18 GHz 时的差分插入损耗为 0，因为不再有差分能量传输到接收端，所有能量都转换到了共模模式。

图 9.39 显示了无损耗、终端完美匹配、非对称、差分分支间延迟差为 27.77 ps 的传输线的 S 参数。可以看到从端口 1 传输到端口 2 的差分能量（S_{dd21}）在 18 GHz 前一直在减小，在 18 GHz 之后又开始增加。在 1 GHz 时（其中 $\theta = 190°$），$S_{cd21} = 0.1$，意味着 10% 的差分能量变成了共模模式。在 18 GHz 时，$S_{cd21} = 1.0$，所以 100% 的能量转换为共模模式。很容易看出 S_{dd21} 的减小对应着 S_{cd21} 的增加。

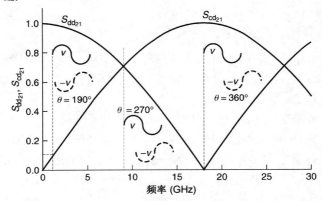

图 9.39　随着频率的增加，差分对的较小的不对称性将引起各分支上传输的信号间较大的相位差，使能量从奇模式转换到偶模式，看上去像差分插入损耗。此时，在 18 GHz 时，差分信号 100% 转换到了共模模式

不要错误地推断差分信号可以在 f_{180}（本例为 18 GHz）以上的频率能正确传输。虽然 S_{dd21} 在增加，但是各分支上的信号间的相位差趋近于 540°（$3 \times 180°$），而不是理想的 180°。对于一个数字系统，这意味着线路 1 上的比特较之线路 2 上的下一个比特的数字脉冲链有着 180° 的相差。因此，虽然共模模式的转换很小，数据仍是无效的。

当传输线存在损耗时，S_{cd21} 曲线将会在一个较低的频率到达波峰，将不再与差模转共模为 100% 的点对应，如图 9.40 所示。注意不要误解了差分 S 参数数据。当 S_{dd21} 为 0 时，模式转换为 100%，S_{cd21} 并不一定为最大。

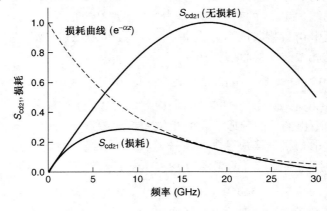

图 9.40　无损传输线的情形，当分支线路间的相位差为 180° 时差模到共模转换曲线将达到最大。不过，在有损传输线时，由于存在导体损耗和介电损耗，S_{cd21} 曲线将会在一个较低的频率到达波峰

9.3 *S* 参数的物理性质

S 参数是数字设计中有价值的工具。它们可以用来分析一个元件的性能，获取等效电路模型，或者作为一个与工具无关的可移植的模型。它的问题是精确的 *S* 参数较难获得。例如，在高频率时，向量网络分析仪的正确校准是门科学也是门艺术。如果探针的影响没有移除或者测试夹的去嵌合不理想，*S* 参数将包含难以检测的严重错误。另外，当元件模型（即连接器或 CPU 插口的模型）以频变 *S* 参数文件的形式分发给工程师时，构建模型的方法将不可知，从而无法判断正确性和适用性。不通过比较测试数据或者检查基本模型就不可能判断 *S* 参数的正确性，不过可以使用第 8 章提出的概念来查找违反物理学法则的重大误差。

9.3.1 无源性

如 8.2.2 节的定义，若一个物理系统不产生能量，那么它是无源的。对于数字设计，*S* 参数用来分析总线的物理构成，例如传输线、插口和连接器，它们中没有一个能产生能量。因此，在数字设计中，如果一个 *S* 参数的测试或者模型是非无源的，那么不是 VNA 没有正确校准就是模型方法基本假设是错误的。通过式（8.22）和式（8.23）[Ling，2007] 可以直接进行 *S* 参数的无源性测试。

因为功率必须守恒，被网络（P_a）吸收的功率等于输入网络的功率减去流出的功率：

$$\sum (|a_i|^2 - |b_i|^2) = P_a$$

其中 $P_a \geq 0$ 表示无源网络。如果 $P_a < 0$，表明网络正产生功率，那么这个系统可以认为是非无源的。式（8.22）可以改写为功率波矩阵的形式，它产生的实数值对应着网络吸收的功率。一个系统是无源的，如果

$$a^H a - b^H b \geq 0$$

其中，*a* 矩阵包含了所有端口的入射波功率波，*b* 矩阵则包含了各端口的输出功率，x^H 指的是共轭转置（有时称为厄米特转置，Hermitian transpose），它是将 *x* 做转置运算然后每项取复共轭。

使用式（9.18）对 *S* 参数的定义，式（8.23）的无源条件可重写为：

$$b = Sa, \, b^H = S^H a^H$$

$$a^H a - S^H a^H Sa \geq 0 \tag{9.68}$$

$$a^H(U - S^H S)a \geq 0$$

其中 *U* 为单位（恒等）矩阵。式（9.68）可以引申出一般情况的无源条件：

$$U - S^H S \geq 0 \tag{9.69}$$

如果 $S^H S$ 大于 1 的话，将违反式（8.22）的条件，系统就不是无源的。

可以推导出基于 $S^H S$ 的特征值确保无源性的快速测试方法。求解下面的方程，可以得到特征值 ξ 和特征向量 $\boldsymbol{\lambda}$：

$$S^H S \xi = \lambda \xi$$

计算特征值和特征向量的方法详见 O'Neil[1991]。不过，也可以使用软件包，例如 Mathematica 或者 MATLAB。

特征向量可以写成一个 $N \times N$ 矩阵的形式:

$$V = [\xi_1 \quad \xi_2 \quad \cdots \quad \xi_N] = \begin{bmatrix} \zeta_{1_1} & \zeta_{2_1} & \cdots & \zeta_{N_1} \\ \zeta_{1_2} & \zeta_{2_2} & \cdots & \zeta_{N_2} \\ \vdots & \cdots & \ddots & \\ \zeta_{1_N} & \zeta_{2_N} & \cdots & \zeta_{N_N} \end{bmatrix}$$

其中 $VV^T = U$。矩阵 $S^H S$ 可以对角化为特征值:

$$S^H S = V \lambda V^T = V \begin{bmatrix} \lambda_1 & 0 & \cdots & 0 \\ 0 & \lambda_2 & \cdots & 0 \\ \vdots & & \ddots & \vdots \\ 0 & 0 & \cdots & \lambda_N \end{bmatrix} V^T \tag{9.70}$$

使用该定义可以将式(9.68)改写成特征值的形式:

$$a^H(VV^T - V\lambda V^T)a \geqslant 0$$
$$a^H V(U - \lambda)aV^T \geqslant 0 \tag{9.71}$$

式(9.71)可用来简单判别无源性[Ling, 2007]。当 $U - \lambda$ 必须大于等于零, 即非负, 如果所有的特征值都介于 0 和 1 之间, 那么系统是无源的。无源性的判别为下式:

$$0 \leqslant \lambda_i \leqslant 1 \tag{9.72}$$

有些工具对于非无源情况使用了无源性更正方法。一般而言, 无源性更正模型或测试的使用是一个不明智手段, 因为非无源性说明了一个不正确的模型或者校准。最好的方法是重新评价 S 参数的等价方法, 然后解决这个问题。

9.3.2 实数性

用来分析数字互连的时域信号是实数。换言之, 本质上时域信号并没有虚部存在。如8.2.1 节所提及, 确保时域波形为实的频域响应的数学条件是:

$$S_{ij}(-\omega) = S_{ij}(\omega)^* \tag{9.73}$$

其中 * 指的是复共轭, j 和 i 为 S 参数的驱动端口和接收端口。大多数 S 参数数据只含有正频域数据, 而商业工具用式(9.73)求取负频率部分。不过, 如果 S 参数的负频率值存在, 可用式(9.73)进行核对。

9.3.3 因果性

如8.2.1 节所描述, 对一个模型或测试的基本要求, 是输出不能超前于输入。换言之, 一个作用不能超前于它的起因。这种基本的原理称之为因果性。VNA 校准问题或者不正确的模型假设常会产生非因果的 S 参数。当对系统性能进行仿真, 且 S 参数用来代表物理信道元件的特征时, 这个错误尤其严重。因果性错误会在时域响应产生延迟和幅度错误, 并且会扭曲波形以至于信号完整性计算错误, 从而产生错误的解空间, 不正确的均衡设置, 以及不正确的总线性能的解读。许多商业上有效的工具添加了非因果模型, 因为频不变介电模型的假设里, ε_r 和 $\tan \delta$ 没有恰当地关联起来。图8.14 是一个单比特的非因果模型扭曲波形的好的例子。图8.14 揭示的问题将会扩大到很长的通道长度和较高的频率。以往许多数字设计都使用了非因果模型,其中假设了频率不改变介电参数。在低数据率(低于大约 1 ~ 2 Gb/s)和长度较短(几英寸)的情况下,因果性错误不会影响信号完整性。然而,在高频和/或长度较长时,它们将完全破坏模型预测行为特性的能力。

直接考察 S 参数较难判断因果性,因为比起结构的传播延迟来,相位错误要小得多。而且,即使单个元件,例如单个连接器或通孔,它们因果错误很小,但是在仿真中,当许多模型级联起来成为一个完整的通道时,错误就会累加起来。因此,检查每个元件的因果性与检查整个信道的系统响应一样重要。

如 8.2.1 节所述,以及例 8.3 和例 8.4 所示,因果性可以通过对实部进行希尔伯特变换,然后跟虚部比较是否相同来验证。如果不相同,这个模型就是非因果的。然而,对带限数据进行验证时要特别注意,希尔伯特变换会产生截断错误。

式(8.19)适用于计算 S 参数实部的希尔伯特变换:

$$\hat{S}_{\mathrm{Re},ij}(f) = \mathrm{Re}[S_{ij}(f)] * \frac{1}{\pi f} \tag{9.74}$$

其中 $\hat{S}_{\mathrm{Re},ij}(f)$ 为 S 参数实部的希尔伯特变换,$S_{ij}(f)$ 为在端口 j 驱动而在端口 i 接收的 S 参数,* 代表卷积运算。当满足式(9.75)时,S 参数是因果的:

$$\hat{S}_{\mathrm{Re},ij}(f) = \mathrm{Im}[S_{ij}(f)] \tag{9.75}$$

式(9.74)的计算,通常需要用下式重建响应的负频率成分:

$$S(-f) = S(f)^*$$

计算希尔伯特变换最直接的方法是使用傅里叶变换(通常采用快速傅里叶变换的形式),如例 8.3 和例 8.4 所示。

$$\hat{S}_{\mathrm{Re},ij}(f) = F^{-1}\left[F(\mathrm{Re}[S_{\mathrm{Re},ij}(f)])F\left(\frac{1}{\pi f}\right)\right] \tag{9.76}$$

如果使用了快速傅里叶变换,负频率值必须添加到正值的后面,如例 9.7 所示。一个不太严谨的评价因果性的方法是将 S 参数转换为冲激响应,如 9.2.2 节所述。如果没有明显的脉冲到达点,表明它是非因果响应,如图 9.41 所示。

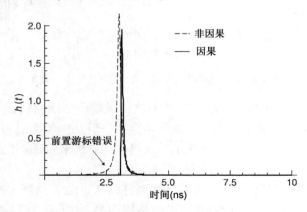

图 9.41 非因果性极差的 S 参数的古典冲激响应行为特征。
注意其中的前置游标错误,其中部分能量过早到达

9.3.4　S 参数的主观性检查

通常,我们希望能不用上面严格的数学分析来确定 S 参数的信赖度。在理解 S 参数的基本性质后,可对它进行直观的分析。例如,通过观察插入损耗的模可以粗略估计违反无源性的情况。图 9.42 显示了一个测量传输线插入损耗的例子。注意 VNA 测试常用的测试尺度为分贝:

$$dB = 20 \log(mag) \tag{9.77}$$

其中 mag 为复 S 参数值的模。注意图 9.42 中 S_{21} 在低频时升上 0 以上的情形,它表明传输线有增益,并因此产生了能量,从而它是非无源性的(0 dB 等于线性尺度中的 1 个单位的插入损耗)。此时,无源性违反是向量网络分析仪校准不佳所引起的后果。另一个严重地违反无源性的例子如图 9.43 所示,大约 17 GHz 后校准失效。即使低于 17 GHz 该测量看起来也是有问题的,因为波形中有着明显的非周期的波动。周期的波动很可能是反射或串扰所引起的,但 S_{21} 的非周期的噪声则表明了测量的不准确性。

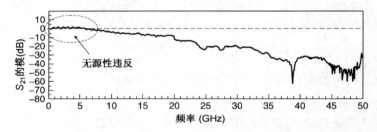

图 9.42　传输线的不良 S 参数测量,表明了不正确 VNA 校准引起的无源性违反

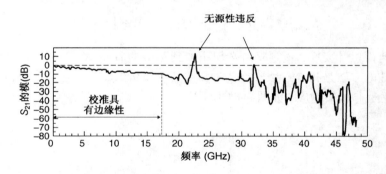

图 9.43　传输线的不良 S 参数测量,表明高频时 VNA 校准失效带来的无源性违反

图 9.44 显示了一个对 5 英寸长以 FR4 为基底的微带传输线的较好的测量例子。可以看到插入损耗没有超过 0 dB,而且没有非周期噪声存在。但是,即使 S_{21} 没有超过 0 dB,S 参数依然可能是非无源的。无源性只能用 9.3.1 节所提出的方法来验证;不过,简单观察 S_{21} 足以发现基本错误。

通过确保合理的相位延迟,用 S_{11} 的周期性也可以从直觉上判断 S 参数的正确性。如果测试的结构为一个传输线,回波损耗(S_{11})必须是周期的,并且波峰(或波谷)之间的距离与式(9.4)的时间延迟有关。传播延迟可以在各种频率下进行双重检验。图 9.44 的传播延迟可计算为:

$$\tau_{d1} = \frac{1}{2\Delta f_1} = \frac{1}{2 \times (0.67 \times 10^9)} = 746 \times 10^{-12} \text{ s}$$

$$\Rightarrow \frac{\tau_{d1}}{5 \text{ in}} = 149 \text{ ps/in}$$

由于典型的 FR4 微带传输线的延迟为 140 ~ 160 ps/in（皮秒/英寸），所以这个结果是比较合理的。

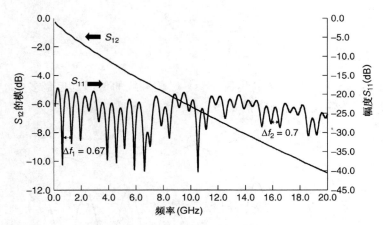

图 9.44　没有明显错误的良性 S 参数测量

频率更高时，也可采用同样的测试方法。由图 9.44 可知，$\Delta f_2 = 0.7$ GHz。

$$\tau_{d2} = \frac{1}{2\Delta f_2} = \frac{1}{2 \times (0.7 \times 10^9)} = 714 \times 10^{-12} \text{ s}$$

$$\Rightarrow \frac{\tau_{d1}}{5 \text{ in}} = 142 \text{ ps/in}$$

注意延迟小于在低频时的测试值。这确定了测试的有效性，因为介电常数、传播延迟都应该随着频率减小，参见第 6 章所述。

最后，可以检查 S_{21} 实部和虚部的关系。图 9.45 为图 9.44 中测量的 5 英寸传输线的插入损耗的实部和虚部。如 9.1.1 节所述，当实部为波峰的时候，虚部为 0。

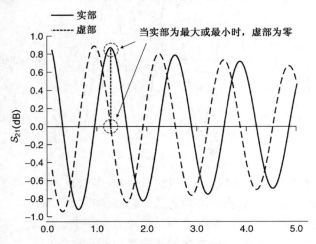

图 9.45　没有明显错误的良性 S 参数测量，表明实部与虚部间的固有关系

参考文献

Ling, Yun, 2007, Demystify *S*-parameters, I: The basics, class given at Intel Corporation.

O'Neil, Peter V., 1991, *Advanced Engineering Mathematics*, Wadsworth, Belmont, CA.

Hall, Stephen, Garrett Hall, and James McCall, 2000, *High Speed Digital System Design*, Wiley-Interscience, New York.

习题

9.1 考虑图 9.46 中测量的传输线的 S 参数。传输线的传播延迟是多少？假设端口阻抗为 50 Ω，传输线的特征阻抗是多少？测量正确吗？为什么？

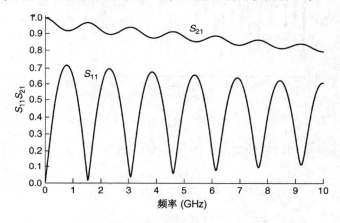

图 9.46 习题 9.1 用图

9.2 考虑图 9.47 的传输线的 S 参数。这些 S 参数正确吗？为什么？

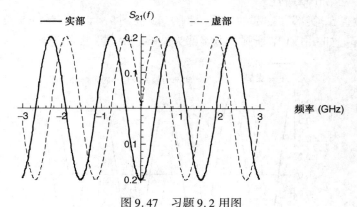

图 9.47 习题 9.2 用图

9.3 考虑图 9.48 测量的传输线的 S 参数。这些 S 参数正确吗？为什么？

9.4 推导二端口网络 T 参数到 S 参数的转换公式。

9.5 推导从任意阻抗的传输线抽取 R, L, C 和 G 的方程。仿真一条传输线以证明求取频率相关的 R, L, C 和 G 的方法的正确性。

9.6　计算四端口 S 矩阵共模模式矩阵以及共模模式到差分转换矩阵。

9.7　如果一个差分对在差分驱动的时候，10% 的能量转换到了共模模式，那么是否在共模驱动时，有 10% 的能量转换到了差模？用数学方法证明你的答案。

9.8　推导表 9.2 底部的 π 形电路的 ABCD 矩阵。

9.9　对于图 9.49 的差分对，在什么频率下 ACCM 为 100%？假设有效介电常数为 $\varepsilon_{r,\,odd} = 3.5$ 和 $\varepsilon_r = 4.0$。

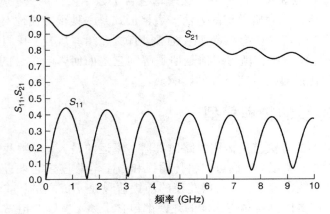

图 9.48　习题 9.3 用图

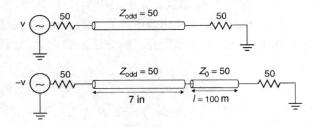

图 9.49　习题 9.9 用图

9.10　推导重归一化各端口负载为 50 Ω 的 S 矩阵的方程，各端口的参考阻抗任意且各不相同。

9.11　推导 10 Hz 到 100 GHz 间频率相关，10 英寸长因果传输线的二端口 S 参数。使用 Mathematica 或 MATLAB 之类的工具，绘制出 S 参数曲线并证明它们为无源且因果的。

9.12　用习题 9.11 中计算的传输线的 S 参数计算 15 Gbit/s 数据率脉冲（单比特）响应。

9.13　利用习题 9.11 的推导方法求 4 英寸长和 10 英寸长传输线的 S 矩阵。级联这些 S 参数来获得等效的 14 英寸的 S 矩阵。比较级联的 S 矩阵和单个 14 英寸长的传输线的 S 矩阵的差别。

第 10 章 关于高速信道建模的讨论

到目前为止，我们已经进行了大量的关于现代高速数字系统设计的讨论。不过，还有少数重要的方面不能很好地融入其他章节。这一章包含了数字设计的一些关键的方面。首先，提供了一种建立频变传输线表格模型的方法。表格形式是一种很方便地对导体和电介质的频率特性进行建模的方法，这些在第 5 章和第 6 章里有所介绍。接着，我们将研究非理想电流返回路径问题。这样，工程师们就可以清楚地了解到它是如何影响信号的。最后，我们将讨论信号在铜镀孔之间传播对信号完整性的影响。

10.1 建立传输线的物理模型

进行数字设计典型的方法就是运用电路仿真器。幸运的是，大多数我们能使用的工具软件都包含了传输线模型，所以，我们可以将传输线和数字电路连接起来进行系统级的总线仿真。但是，这样一个问题出现了，有时候建模的前提假设是不成立的，或者工程师们不知道它成不成立。例如，许多仿真器对传输线的建模都包含了频不变的介电常数和损耗因子。尽管这些模型能很好地描述总线非常短和数据传输率小于 1 Gbit/s 的情况，但是 ε_r 和 $\tan\delta$ 之间不正确的关系会导致因果关系的错误（如例 8.4 中的模型），使仿真毫无意义。而且，几乎没有商用仿真器能正确地反映表面粗糙度和内部电感等参数。这些问题产生的结果就是，数字系统的设计者们通常都用第 3 章到第 6 章所介绍的方法来建立定制的传输线模型，以期得到准确结果。

10.1.1 表格法

一种方便的建立用户定义的传输线模型的方法是表格法，就是简单地建立一个查询表格，它定义了传输线和等效电路在各频率点的参数。幸运的是，用户定义的表格模型在大多数商用仿真器里都有。表格方法可以在频域进行系统传输函数的计算。可以用反傅里叶变换得到系统的时域脉冲响应，进而可以用时域脉冲响应与任意的输入波形进行卷积，以评价信号的完整性。

这里我们将介绍一种实用而且高效地将表面粗糙度，内部电感和宽带频变电介质特性融入 PCB 传输线模型中的方法，该方法分两个步骤。第一步，用二维的传输线计算器或者第 3 章到第 6 章中介绍的方法来计算传输线模型中在参考频率(ω_{ref})处的准静态 RLGC 矩阵。在这一步中，ε_r 和 $\tan\delta$ 在参考频率处的值必须是已知的。这个模型能够反映传输线的几何结构在单频下的响应，但还是不能描述频变的表面粗糙度、内感和电介质特性。这一步中计算的矩阵将用参考值 $R(\omega_{\mathrm{ref}})$，$L(\omega_{\mathrm{ref}})$，$C(\omega_{\mathrm{ref}})$ 和 $G(\omega_{\mathrm{ref}})$ 来表示。第二步，修改参考值，以描述频变的材料特性、内感和表面粗糙度[Liang et al., 2006]。

10.1.2 建立电介质的表格模型

介电常数的实部可以由以下公式计算

$$\varepsilon'(\omega) \approx \varepsilon'_\infty + \frac{\Delta\varepsilon'}{m_2 - m_1} \frac{\ln(\omega_2/\omega)}{\ln(10)}$$

将介电常数的实部 $\varepsilon'(\omega)$ 除以参考频率上的介电常数 $\varepsilon'(\omega_{\mathrm{ref}})$，再乘以参考频率上的电容 $C(\omega_{\mathrm{ref}})$，就可以得到频变的电容 $C(\omega)$，如式(10.1)所示，公式里的黑斜体字符用来表示多导体情况时的矩阵。

$$C(\omega) = C(\omega_{\mathrm{ref}})\frac{\varepsilon'(\omega)}{\varepsilon'(\omega_{\mathrm{ref}})}$$
$$\rightarrow \boldsymbol{C}(\omega) = \boldsymbol{C}(\omega_{\mathrm{ref}})\varepsilon'(\omega)\varepsilon'^{-1}(\omega_{\mathrm{ref}}) \tag{10.1}$$

为了完成式(10.1)，有效介电常数必须通过参考值计算出来。如式(3.74)所述，有效介电常数可以由 $\boldsymbol{C}$ 中各电容除以 $\boldsymbol{C}_{\mathrm{air}}$ 中相应的值来计算，而 $\boldsymbol{C}_{\mathrm{air}}$ 是当介电常数为单位值($\varepsilon_r = 1$)时的电容值。

$$\frac{C_{\varepsilon_{r,\mathrm{eff}}}}{C_{\varepsilon_r=1}} = \varepsilon_{r,\mathrm{eff}}$$

和在第 3 章中所说的一样，$\boldsymbol{C}_{\mathrm{air}}$ 的值可以通过式(3.46)用电感计算，在这里，假设磁导率为单位值($\mu_r = 1$)，而且这个假设通常都是成立的，因为通常采用的金属都是铜。

$$L = \frac{1}{c^2 C_{\varepsilon_r=1}}$$

由式(3.74) 和式 (3.46)可推出式(10.2)，计算参考频率上的介电常数：

$$\varepsilon'(\omega_{\mathrm{ref}}) = \boldsymbol{C}(\omega_{\mathrm{ref}})\boldsymbol{C}_{\mathrm{air}}^{-1} = c^2[\boldsymbol{C}(\omega_{\mathrm{ref}})\boldsymbol{L}(\omega_{\mathrm{ref}})] \tag{10.2}$$

频变损耗因子可以由以下公式计算

$$\varepsilon''(\omega) \approx \frac{\Delta\varepsilon'}{m_2 - m_1}\frac{-\pi/2}{\ln(10)}$$
$$\tan|\delta| = \frac{\varepsilon''}{\varepsilon'}$$

$G(\omega)$ 的定义如式(6.45)所示：

$$G(\omega) = \tan\delta\ \omega C$$

变换式(6.45)，即可计算损耗因子的参考值：

$$\tan\delta(\omega_{\mathrm{ref}}) = \frac{G(\omega_{\mathrm{ref}})}{C(\omega_{\mathrm{ref}})\omega_{\mathrm{ref}}}$$
$$\rightarrow \tan\delta(\omega_{\mathrm{ref}}) = \frac{\boldsymbol{G}(\omega_{\mathrm{ref}})\boldsymbol{C}^{-1}(\omega_{\mathrm{ref}})}{\omega_{\mathrm{ref}}} \tag{10.3}$$

对于微带传输线，计算出的参数应该是有效介电常数和有效损耗因子。这是一种容易使用的处理诸如微带线结构等不均匀电介质的方法。对于带状传输线，计算出的参数应该等于材料的整体特性，包括任何不均匀结构，如纤维交织结构。

将 $\boldsymbol{G}(\omega_{\mathrm{ref}})$ 乘以频变损耗因子和介电常数，则得到式(10.4)，可计算传输线的频变电导。

$$G(\omega) = G(\omega_{\mathrm{ref}})\frac{\varepsilon'(\omega)}{\varepsilon'(\omega_{\mathrm{ref}})}\frac{\tan\delta(\omega)}{\tan\delta(\omega_{\mathrm{ref}})}\frac{\omega}{\omega_{\mathrm{ref}}}$$
$$\rightarrow \boldsymbol{G}(\omega) = [\tan\delta^{-1}(\omega_{\mathrm{ref}})\ \boldsymbol{\varepsilon}'^{-1}(\omega_{\mathrm{ref}})]\boldsymbol{G}(\omega_{\mathrm{ref}})\boldsymbol{\varepsilon}'(\omega)\tan\delta(\omega)\frac{\omega}{\omega_{\mathrm{ref}}} \tag{10.4}$$

采用这个流程，式(10.1)和式(10.4)可以用来构建传输线的表格参数，这些参数描述了一个符合 6.3.5 节中由无限极点模型推导出的一些条件的频变因果电介质模型。但是，需要注意的是，当 ε' 和 ε'' 的频变行为已知时，运用这种技术可以完成由任何电介质模型描述的传输线。

10.1.3　建立导体的表格模型

当建立传输线的频变导体模型时，第 5 章的内容提醒读者有四个方面必须考虑到：

1. 外部电感
2. 内部电感
3. 直流电阻
4. 交流电阻（趋肤效应）

大多数商用传输线计算器所采用的准静态技术可以准确计算外部电感。而且，许多工具也提供了理想平滑导体的趋肤效应、直流电阻，以及内部电感的真实值。当需要建立实际导体的模型时，问题出现了，在 PCB 的制作工艺过程中，常常故意让导体表面变得粗糙，以保证导线能很好地附着在介质底板上。幸运的是，频不变准静态技术的这个缺点可以用传输线的表格模型轻松地克服掉。

与 10.1.2 节中介绍的电介质的表格模型相似，最简单的方法是用传统的二维传输线计算器来计算被假定为理想平滑的导体，然后对输出结果进行调整，以建立 $\boldsymbol{R}(\omega)$ 和 $\boldsymbol{L}(\omega)$ 之间的频变关系。传输线计算器可以提供参考矩阵 $\boldsymbol{R}(\omega_{\text{ref}})$ 和 $\boldsymbol{L}(\omega_{\text{ref}})$ 的值。矩阵中的参考值按照以下公式进行一定比例的变化。

$$R(f) = \begin{cases} K_{\text{SR}}(f) R_s \sqrt{\dfrac{f}{f_{\text{ref}}}} , & \delta < t \\ R_{\text{dc}} , & \delta \geqslant t \end{cases} \tag{10.5}$$

$$L(f) = \begin{cases} L_{\text{external}} + \dfrac{R(f)}{2\pi f} , & \delta < t \\ L_{\text{external}} + \dfrac{R(f_{\delta=t})}{2\pi f_{\delta=t}} , & \delta \geqslant t \end{cases} \tag{10.6}$$

其中，频变表面粗糙度修正因子 $K_{\text{SR}}(f)$ 可以用第 5 章提到的一些建模方法得到，如式(5.48)的 Hammerstad 公式，式(5.58)的半球模型，式(5.66)的 Huray 模型等，$R_s\sqrt{f}$ 为假设导体平滑时的趋肤效应电阻，t 为导体的厚度，δ 为趋肤深度，$f_{\delta=t}$ 为趋肤深度到达导体厚度时的频率，f_{ref} 为参考频率[Hall et al., 2007]。

如果二维传输线计算器没有提供内部电感，这时参考频率(f_{ref})将变得无关紧要，因为所有的电流都被假设聚集在电阻的表面，而内部电感则为零。但是，如果传输线计算器提供了内部电感，如 5.2.3 节所示，参考频率必须足够高，以使大部分电流都限制在导体表面很薄的一层空间里。这样，就可使内部电感达到最小。这将简化问题，参考电导就可以看做仅仅是外部电感，内部电感可以简单地叠加上去。应该注意到，即使在相对较低的频率下，铜的趋肤深度也是小于导线的厚度的。例如，在 1 GHz 的情况下，趋肤深度为 2 μm，而典型的 PCB 的导线厚度为 1 ~ 2 mil(25 ~ 50 μm)，大部分电流都被限制在导体的表面，电感主要是外部电感。

10.2　非理想返回路径

到目前为止，我们深入地讨论了高速电子设计的许多相关话题。每个问题都进行了详细的介绍，从基础理论开始，以实用的方法结束。现在是时候集中讨论被认为是高速电子设计中最含糊不清的一个概念：非理想返回路径。本节中的一些细节很难，或者说不可能解析地进行建模，甚至不能进行仿真。尽管三维电磁模拟器可以模拟小型结构的所有方面，但要模拟整个系统，所需要的计算量非常大。因此，这节中我们不太关注特定的建模方法，而更多地关注普遍影响、物理机制和非理想返回路径等对信号完整性的影响趋势。按照通常的准则，最重要的是使非理想返回路径最小化。

10.2.1　最小阻抗路径

如第 3 章所讨论的，信号在传输线中以电磁波的形式在信号线路与参考平面之间传播。所以，参考平面的物理特性和信号线路的物理性质一样重要。甚至一些经验丰富的设计者也会犯这样一个常见的错误，就是将精力集中在如何设计好的信号线路，却忽略了参考平面。要记住，任何流入系统的电流都将返回到源处。电流会通过最小阻抗路径来完成这一回路。图 10.1(a)描述了一个由 CMOS 输出缓冲器驱动的微带传输线。所标注的电流是当驱动端从低电平转换到高电平时的瞬时值。在转换前的一瞬间(时间 $t = 0^+$)，信号线路是通过 NMOS 接地的。开关刚刚转换后(时间 $t = 0^+$)，缓冲模块就被转换到了高电平状态，电流产生并持续，直到被充电到 V_{DD} 为止。正如 3.2.3 节所述和图 3.8 所示，当信号线路中的电流传播时，参考平面里将产生方向相反的镜像电流。为了完成这样一个回路，电流必须找到最小阻抗路径，在图 10.1(a)中，最小阻抗路径为电压源 V_{DD}。

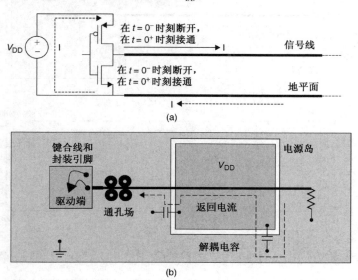

图 10.1　(a)一个有 CMOS 驱动的参考平面返回路径的例子；(b)关于常见的一些非理想返回路径的例子

当发生以下情况时，会产生非理想返回路径，(1)当参考平面有不连续点时，会导致电流偏离理想路径；(2)当电流必须流过电阻逐渐增大的区域时，如键合线，引出区的反面焊盘，或者插座引脚。图 10.1(b)中展示了几个例子。当有一个物理上的不连续点强迫电流偏离理想路径时，电流环路的总面积增加了。而面积的增加将导致电感的增加，从而损伤了信号完整性。返回路径上的不连续性的最基本影响是串联电感的有效增加，而增加的幅度与电流路径偏离的距离相关。当返回路径中出现高阻区域时，如键合线、中断区的反焊盘、插座引脚等，则与信号路径上的不连续点相似。

10.2.2　布线在参考平面的缝隙处的传输线

图 10.2 描述了微带传输线在通过参考平面的缝隙处时的情况，展示了非理想返回路径的影响。这是一种便于分析的不连续形式，因为它的结构简单，返回路径很容易被理解，而且它与有更复杂结构的间断点有相似的趋势。当信号的电流沿着传输线传播时，参考平面上的返回路径也就产生了。当信号到达缝隙时，一小部分的返回电流通过缝隙电容直接穿过缝隙，而其

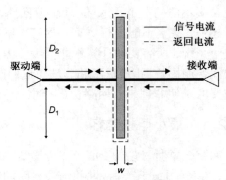

图 10.2　当信号通过缝隙时的驱动和返回电流

他的电流则不得不绕过缝隙。额外增加的路径长度导致了电流回路总面积的增加，从而使得电感增加。这就意味着，从驱动端的角度看，缝隙就好像是一个电感。为了说明这点，我们来考察图 10.3，对穿过参考平面上 25 mil 宽缝隙的 65 Ω 的微带传输线进行 TDR 测量。请注意缝隙在 TDR 曲线中是怎样体现出电感的。

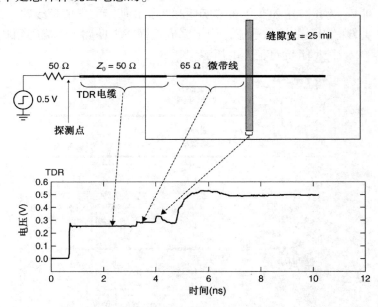

图 10.3　微带传输线在穿过参考面上的缝隙时测得的 TDR 曲线，展示了非理想回路的电感特性

接收端波形被有低通特性的电感滤波，由于电流绕过缝隙时需要有限的时间，一部分信号将被延迟。在图 10.4 中，我们用无损传输线来模拟非理想返回路径是怎样影响接收波形的。如果电流返回路径(2D)的距离小于边沿速率，那么，缝隙就仅仅像是在传输线中间串联了一个电感。这部分多出的电感将滤除掉信号的高频分量，减小边沿速率，使尖角圆滑。但

是，当返回路径的电长度大于上升沿或下降沿的时间时，波形中就会出现台阶，台阶的长度（时域上）取决于返回电流绕着不连续点所流过的距离[Hall et al., 2000]。

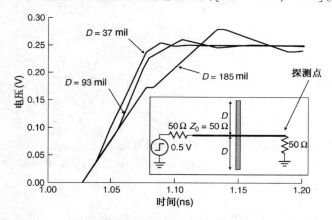

图 10.4　模拟了通过参考平面缝隙的微带传输线的接收端的阶跃响
应波形，展示了返回路径的偏离长度 D 对接收波形的影响

如图 10.5 所示，由于缝隙的宽度将决定桥接电容值的大小，因而被缝隙分流的电流和台阶的高度都将取决于缝隙的宽度。缝隙宽度越大，电容耦合就越小，台阶的高度也越小。

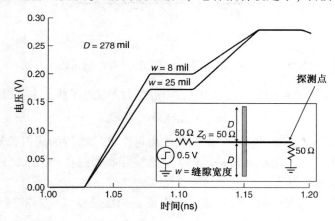

图 10.5　阶跃响应的仿真，展示台阶的高度对缝隙宽度的依赖

等效电路　仔细观察上面所讲的各种行为，可以尝试建立穿过参考平面狭缝的传输线等效模型。首先，考察图 10.3 中所示的 TDR 响应曲线。在传输线通过狭缝的这一点，TDR 曲线上出现了一个电压峰值，对应于互连线的高阻抗或感性部分。如前所述，电压峰值是返回路径偏离距离的函数。图 10.6 展示了返回电流是怎样平行于狭缝流动，直到到达低阻区域的，在这里电流就可以完成回路（如短的或桥接电容）。当电流在狭缝的一边流动时，另外一边将产生镜像电流，这样就建立起了一个电场，传输线路就形成了。图 3.2 展现了这种被称为槽线的传输线。因此，等效电路中必须包含代表微带传输线的传输线，代表狭缝的传输线，和模拟微带传输线与槽线之间能量转换的耦合结构。

由于可以用传输线代替离散的 L 和 C 来表示狭缝，所以 TDR 上所观测到的电压峰值和在接收处的台阶高度可以通过用一个简单的分流器确定有多少电流绕过了缝隙来计算。

图 10.6 中所示的传输线穿过狭缝的情况中，传输线在接收处正好能与它自己的特征阻抗完全匹配，以便简化分析。绕过缝隙的电流的大小由槽线的阻抗决定，可以用分流器来计算，公式如下

$$i_{\text{gap}} = i_{\text{drive}} \frac{2Z_0}{2Z_0 + \frac{1}{2}Z_{\text{gap}}} \tag{10.7}$$

其中，Z_0 是传输线的阻抗，Z_{gap} 是槽线的阻抗，i_{drive} 是传输线上的驱动电流：

$$i_{\text{drive}} = \frac{v_i}{Z_0} = \frac{v[Z_0/(Z_0 + R_s)]}{Z_0}$$

在狭缝的两边都必须存在电流通路，该狭缝已得到理想匹配。不能直接跳过狭缝的电流必须绕过它，这是两种返回路径中的一种。由于传输线的中间区域有狭缝存在，所以电流将在两个方向进行流动，有效槽线阻抗为 $Z_{\text{gap}}/2$。

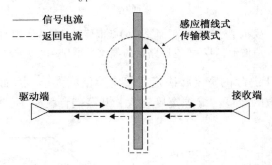

图 10.6　绕过狭缝的电流引起了能量的传播，使得狭缝可以被看作为传输线

在 TDR 波形中所观测到的电压峰值可由直接跳过缝隙的那部分电流计算得到：

$$v_{\text{spike}} = (i_{\text{drive}} - i_{\text{gap}})Z_0 \tag{10.8}$$

电压峰的宽度是电流偏离距离的两倍，而偏离距离可由槽线的传播延迟计算得到。尽管有一些公式可以计算简单槽线的阻抗和传播延迟，但是实际底板的几何形状的不同也会有很大的影响，所以应该用电磁仿真器。

接收处的台阶由在狭缝中的电流决定。在电流返回路径偏离延迟的两倍时间间隔内，台阶将保持为恒定值。

$$v_{\text{ledge}} = i_{\text{gap}}Z_0 \tag{10.9}$$

如图 10.7 所示，可以建立一种模仿上述行为的等效电路。顶部的电路线路代表跨过缝隙的源传输线。电压控制电压源（VCVS）代表了传输线跨过狭缝的物理位置。底部的电路是代表狭缝的传输线，电流控制电流源（CCCS）被放在了狭缝的位置。VCVS 中的电流镜像到槽线上的 CCCS 中，代表了绕过狭缝的那部分电流。反过来，通过缝隙的电流所产生的电压也将被镜像到 VCVS 中，这部分电压代表了在驱动端处的感应电压峰值和接收处的台阶。

虽然这种仿真方法相当简单，但效果却很好，可以用来预测一条或多条跨过狭缝的传输线的信号完整性。图 10.8 提供了一个例子来比较这种模型和 TDR 测量的精确度。

例 10.1　如图 10.9 所示，计算一个连接到电压源 V_{DD} 与地之间的 50 Ω 微带传输线的阶跃响应。假设缝隙可以被作为槽线，且具有 90 Ω 的阻抗。由于一般来说，直接让电压源 V_{DD} 短接到地不太好，所以使用了一个 1 nF 去耦电容来为返回电流提供一个高频低阻抗的路径。

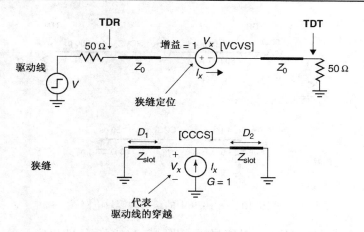

图 10.7　参考面上有狭缝的传输线的等效电路

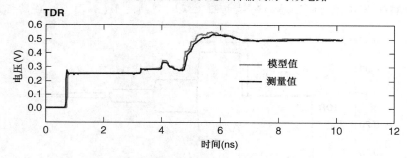

图 10.8　狭缝模型与测试板上的测量所得响应的比较

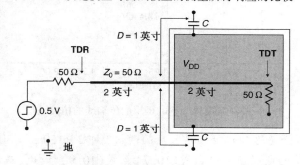

图 10.9　连接到一个悬空的能量源的传输线。这种现象比较常见

解

步骤 1：假设底板的介电常数为 4，估算微带线和槽线的电延迟。由于槽线和微带线的电场都是一部分在空气中，一部分在介质中，我们估计它们的有效相对介电常数都为 $\varepsilon_{\text{eff}} = 3.15$。这个值可以由第 3 章提供的方法严格地计算得到，或者用仿真器计算。但是在这个例子中，估算就足够了。因此，微带线和槽线的传播延迟就都可以计算：

$$t_d = \frac{\sqrt{\varepsilon_{\text{eff}}}}{c} = \frac{\sqrt{3.15}}{3 \times 10^8 \text{ m/s}} \Rightarrow 150 \times 10^{-12} \text{ s/in}$$

步骤 2：创建一个等效电路。利用传播延迟，可计算得到各段的电气长度。狭缝的总长度是去耦电容之间的那一段。由于电容很大，对于高频返回电流来说，它们就如同短路。在等效电路中，它们被放在了狭缝的末端，等效电路如图 10.10 所示。

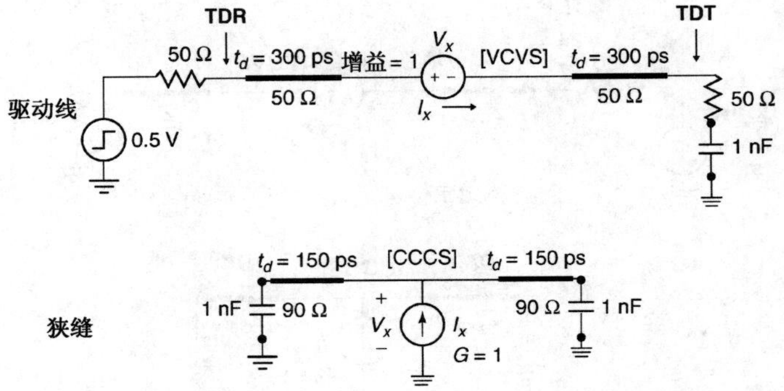

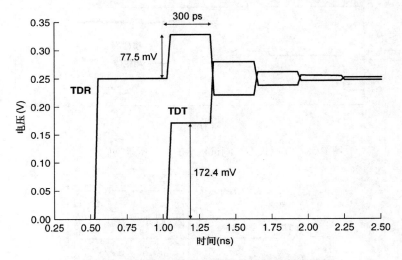

图 10.10   图 10.9 中的结构的等效电路

步骤3:对电路模型进行仿真。阶跃响应如图 10.11 所示。TDR 曲线是在驱动端处观测到的波形,而 TDT 是在传输线远端的终端电阻上观测到的波形(如图 10.10 的标注)。

图 10.11   连接到悬空电压源的传输线的仿真波形

电压峰的宽度和台阶是返回路径偏离长度的两倍,即 $2 \times 150\ ps = 300\ ps$。TDR 中初始阶跃电压值和 TDT 中台阶的电压值可以由式(10.7)至式(10.9)计算,以便对仿真结果进行仔细检查:

$$i_{\text{drive}} = \frac{v_i}{Z_0} = \frac{v[Z_0/(Z_0 + R_s)]}{Z_0} = \frac{0.5[50/(50 + 50)]}{50} = 5 \times 10^{-3}\ \text{A}$$

$$i_{\text{gap}} = i_{\text{drive}} \frac{2Z_0}{2Z_0 + \frac{1}{2}Z_{\text{gap}}} = 5 \times 10^{-3}\left(\frac{100}{100 + 45}\right) = 3.448 \times 10^{-3}\ \text{A}$$

TDR 的电压峰值为

$$v_{\text{spike}} = (i_{\text{drive}} - i_{\text{gap}})Z_0 = (5 \times 10^{-3} - 3.448 \times 10^{-3}) \times 50$$
$$= 77.5 \times 10^{-3}\ \text{V}$$

接收端波形的台阶电压值为

$$v_{\text{ledge}} = i_{\text{gap}}Z_0 = 3.448 \times 10^{-3} \times 50 = 172.4 \times 10^{-3}\ \text{V}$$

计算结果符合图 10.11 中的仿真波形。

非理想返回路径和串扰　非理想返回路径的另外一个后果就是急剧增加的串扰。一般的串扰是由互感和电容引起的。对于传输线通过参考平面上的狭缝的例子来说，狭缝自己就是耦合结构。狭缝的两边建立起了电压，并通过槽线的传输机制从源传输线传播到其他的线路上去，这种耦合方式比一般的串扰要高效很多。

图 10.12(a)展示了两条传输线跨过参考平面上的同一个狭缝时的情况。图 10.12(b)展示了测试板的测量响应，测试板上有一对 65 Ω 的微带传输线，两条传输线之间相隔 1.4 英寸，狭缝宽度为 25 mil。应该注意到耦合效率近似达到了 20%(0.05 mV/0.25 mV)，远远高于在一个完整底板上的两条微带线的耦合效率。

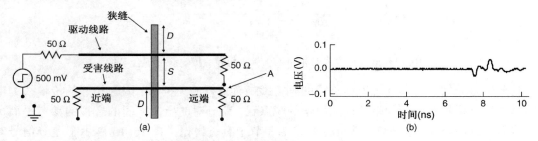

图 10.12　(a)用以建立等效电路的两条传输线通过参考面上的狭缝的情形；(b)$S = 1.4$ 英寸，狭缝宽度 = 25 mil 和 FR4 上大的微带传输线为 65 Ω 时，耦合电压的测量

可用与单根传输线通过狭缝相类似的建模方法对图 10.12(a)所示结构进行建模，所建模型如图 10.13 所示。顶部电路代表跨过缝隙的源传输线。电压控制电压源(VCVS)代表传输线跨过狭缝的物理位置。中间的电路是代表了狭缝的传输线，电流控制电流源被放在了狭缝上的传输线通过的地方。流过 VCVS 的电流被镜像到了狭缝传输线中的 CCCS 里，这是绕过狭缝的那部分电流。同样的电路被复制到了受到干扰的传输线上，这样有效地模拟了通过槽线的方式引起的耦合。图 10.14 展示了一个无损槽线耦合的串扰的仿真例子，其中 $D = 0.462$ 英寸，$S = 1.0$ 英寸，带有 50 Ω 的微带线。注意到耦合电压大约是源传输线上的激励电压(250 mV)的 22%。如果多个线路都通过同一个参考平面上的缝隙，则大量的噪声会被耦合到总线上，这将摧毁信号的完整性。

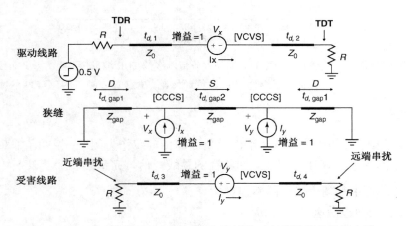

图 10.13　跨过参考平面上的同一个狭缝的两条传输线的等效电路

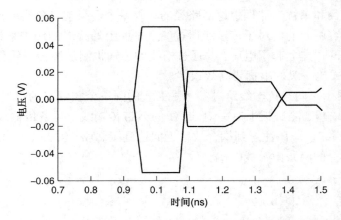

图 10.14　槽线传输线对相距 1.0 英寸的另一传输线的耦合串扰

差分　差分信号对非理想返回路径的有害影响有更好的免疫力,因为相邻的传输线为电流的返回提供了相对较低的阻抗。从数学的观点看,差分对的导体之间的虚拟的参考平面可以被看做是返回路径,如图 7.7 所示,并在 7.3 节中有过讨论。图 10.15 展示了差分信号对非理想返回路径增强的免疫力,描述了信号穿过参考面上 25 mil 宽的狭缝时的单端和差分 TDR 波形。应该注意到在差分情况下,感应峰值要小得多。图 10.16 展示了接收处的阶跃响应,其中差分信号的阶跃响应几乎不受影响。差分布线还能显著减少传输线间的串扰,因为需要绕过缝隙的电流减少了。

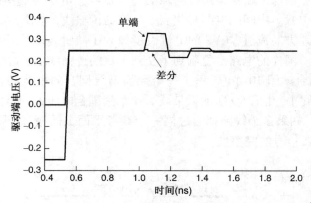

图 10.15　跨过参考平面上缝隙的单端和差分传输线的 TDR 波形,说明了差分布线有效地减少了非理想返回路径的负面影响。注意差分响应中感应峰的减小

10.2.3　小结

在 10.2.2 节中,我们用跨过参考平面上狭缝的传输线作为例子,说明了非理想返回路径的普遍行为。总体来说,存在非理性返回路径的总线的信号完整性展示了以下特性:

1. 在 TDR 波形中表现为感应的不连贯性。
2. 减慢接收处的边沿速率。
3. 在电流偏离路径的电延迟比上升或下降时间长时,造成波形严重失真。
4. 产生了不需要的传输路径,这大大增加了耦合或损耗。

差分信号对非理想返回路径的效应有更强的免疫力,因为相邻信号(或虚拟参考面)为场提供了连续的参考平面。Hall et al.［2000］讨论了其他大量的非理想返回路径。

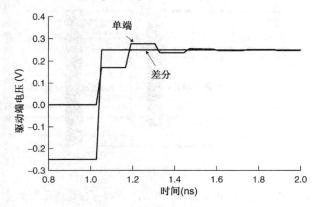

图 10.16　在跨过参考面上狭缝的单端和差分传输线的接收处的阶跃
响应,说明了差分有效地减少了非理想返回路径的负面影响

10.3　通孔

对于高的数据率,如果不是有意设计的,通孔会使二进制数据流的信号完整性严重退化。对于单端信号,如果没有适当的返回路径孔安放在离每一个信号通孔都近的地方,非理想返回路径就会产生。对于差分信号,如果接地孔的位置没有做到关于差分对的每个支路都对称,那么对称性就被破坏了,结果是差分能量被转化成了共模形式(如 7.6.1 节所述)。最后,电镀通孔多出的一段电镀层会引起回波,造成波形的严重失真。这一节将包含通孔设计中最大的陷阱,讨论通过适当的设计来减少负面影响的方法。

10.3.1　通孔振荡[①]

我们先来考察 8 层印制电路板(PCB)的交叉部分,如图 10.17 所示。该图描述了信号层 1 的信号通过电镀通孔(PTH)传输到信号层 4 的情况。设计了接地孔来为返回电流提供低阻抗路径。标准 PTH 通孔是先在电路板上钻一个孔,然后镀上金属。这种制作工艺所引起的后果是除了当信号通过整个电路板(图 10.17 中的第 1 层至第 8 层)外,其他所有情况下都会有一些残留的通孔“根”。稍后将证明,通孔根对信号的完整性有负面影响。对于这个问题,通常的做法是通过能精确控制深度的反钻技术来缩短根的长度,如图 10.17 所示。

如果电流 i 从图 10.17 中的端口 1 流入,电流将沿着信号层 1 的传输线传播,通过电镀通孔到达第 4 层(信号层),最后到达端口 2。在第 2 层的参考平面上将会产生镜像电流 $-i$。由于从端口 1 到端口 2 最近的返回路径必须通过地通孔,所以电流不得不偏离理想返回路径。因此,通孔电感的幅度是从信号层 1 到信号层 2 的通孔的长度和信号通孔与地孔之间的距离的函数。通孔的电容取决于通孔焊盘的面积,通孔焊盘和最近的参考层的距离,信号到达相邻层所经过的通孔管的电容和通孔根的电容。通过这些观察,我们可以建立两种不同的等效电路。

---

①　笔者在此感谢 Ansoft 公司的 Guy Barnes 为这节提供的三维模拟。他的技术、建模经验和耐心是非常珍贵的。

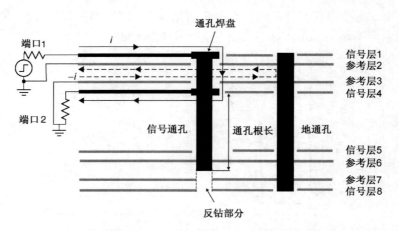

图 10.17　反钻 PTH 通孔根的横截面, 图中给出了经过接地通孔的非理想返回路径

　　图 10.18(a) 为不存在通孔根和参考层 2 和层 3 隔得非常远的情况下, 通孔的等效电路。几乎所有的标准 4 层 PCB 都符合这种情况。在这种情形下, 通孔的电容主要由通孔焊盘决定, 所以, 可以使用非常简单的模型。图 10.18(b) 为当参考层 2 和层 3 离得非常近和通孔根可能存在, 也可能不存在时的情况。在这种情况下, 通孔筒和通孔根的电容不能再忽略了, 但可以简单地将它们和通孔焊盘的电容综合起来考虑。先不考虑特定的结构, 通孔结构的电感和电容将形成一个谐振回路, 并且将改变信号本身的频谱结构:

$$f_0 = \frac{1}{2\pi\sqrt{L_{\text{barrel}}C_{\text{via}}}} \tag{10.10}$$

对于长通孔根, 这个谐振频率可以很容易地低到足以严重地影响到数字波形的信号完整性。

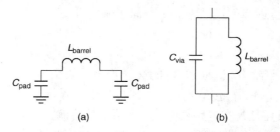

图 10.18　通孔的等效电路近似:(a) 厚核心模型, 参考层之间的电容非常低并且可以
忽略不计;(b) 如图 10.17 所示, 当参考层之间的距离非常近时, 比如参考
层 2 和参考层 3 之间的电容不能再忽略了, 这时就必须改变等效电路

　　为了说明通孔高频时的行为特性, 我们来考察图 10.19, 它展示了和图 10.17 中结构相似, 但其具有通孔根长度不同的镀通孔的仿真插入损耗。仿真是在无损介质和理想导电金属的假设下进行的, 仿真器为 Ansoft 的 HFSS 3D 电磁仿真器。通孔根越长, 电容就越大, 因此, 将引起较低频率处的谐振。

　　使用简单电路模型的问题是, 除了最简单的通孔结构外, 其他所有的情况下计算通孔的电容和电感都是非常困难的。因此, 我们有必要从测量中提取出寄生电感和电容的值, 或用三维电磁仿真器(如 Ansoft 的 Q3D)将它们仿真出来。对于图 10.19 所示的结构, 表 10.1 列出了用 Q3D 仿真得到的寄生电容、电感值和用式(10.10) 计算得到的谐振回路的谐振。

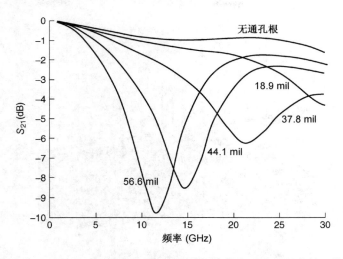

图 10.19　对于图 10.17 中的截面, 通孔振荡作为通孔根长度的函数图

表 10.1　HFSS 预测的与谐振回路近似的谐振频率的对比

通孔根长度(mil)	HFSS 预测振荡(GHz)	Q3D 预测的 L(nH)	Q3D 预测的 C(pF)	谐振回路(GHz)
56.6	12	0.139	0.636	16.9
44.1	15.5	0.141	0.586	17.5
37.8	22	0.141	0.419	20.7

　　注意, 谐振回路只是在几个吉赫兹的范围内能对实际谐振进行近似。HFSS 和谐振回路结果上的差异是由结构的物理几何形状的电延迟引起的。尽管提取出的电容和电感的值是正确的, 但简单的谐振回路近似不能模拟返回电流偏离到地通孔所产生的物理延迟。电感值会随着地通孔距离的增加而增加。但是, 在三维仿真中得到的 S 参数的峰值由电容和电感之间的谐振和返回电流的相位延迟两者共同决定, 所以谐振点将随着它们的改变而改变。

　　用谐振回路来近似谐振的方法是非常有用的, 而且这对大多数的实际应用来说, 其精度已经足够了。如果一份设计中包含有一个在工作频率附近谐振的通孔根, 那么我们就必须采用布线规则, 微孔技术和反钻技术等方法来减小通孔根的长度。

10.3.2　平面辐射损失

　　在通孔的谐振频率处, 通孔根就像一个小天线, 将能量辐射到夹在参考层之间的介质层中。如图 10.17 所示截面将把较大一部分能量辐射到由参考层所限定的介质层中, 然后以 TEM 平行板波导模式进行传播。在谐振频率处, 转换到平行板波导模式的能量将到达最大值。我们用 Ansoft 的 HFSS 对图 10.17 中参考层 2 和层 3 之间的电磁场在谐振频率处进行了仿真。图 10.20 为得到的电磁场。注意, 电场和磁场之间是正交的(所以叫 TEM), 并且以循环的模式向外辐射。从信号的角度看, 被辐射到介质层中的能量是一种损失。另外, 当能量在介质层中传播时, 它将被类似于天线的其他通孔收集起来, 这将使串扰急剧增加。注意, 这个现象是直接由非理想返回路径引起的, 并且和 10.2.2 节中所讲的狭缝的例子非常相似。返回电流不得不偏离理想路径, 并流过地通孔, 这就增加了电流环路的面积, 增大了电感。在 10.2 节中, 我们说明了能量在槽线中进行传播, 并且耦合到跨过缝隙的其他传输线中。相似地, 在本节的这个情况下, 能量被转换成平行板模式, 进行传播并被其他的通孔收集, 使得串扰增加。

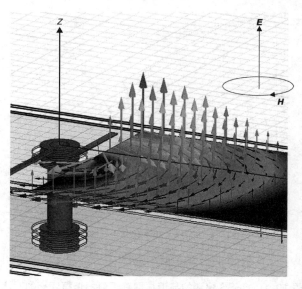

图 10.20 当通孔没有适当的返回路径时, 能量就会以 TEM 平行板波导
模式辐射到参考层之间的介质层中。通孔根加剧了这种现象

图 10.21 为仿真得到的信号通过具有 37.8 mil 通孔根的通孔传播时的 S 参数。由于介质和导体都是无损的, 对式(9.27)进行变形就可计算出辐射到介质层(P_{plane})的能量的百分比, 如下式所示:

$$1 - S_{11}S_{11}^* - S_{21}S_{21}^* = \frac{P_{\text{loss}}}{P_{\text{incident}}} \qquad (10.11a)$$

其中

$$P_{\text{plane}} = \frac{P_{\text{loss}}}{P_{\text{incident}}} \qquad (10.11b)$$

注意, 在谐振频率附近, 转移到介质层的能量传输效率是最高的。

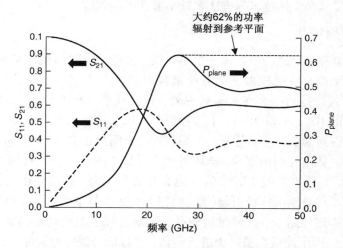

图 10.21 谐振时, 总能量的很大一部分都被辐射到了参考层之间的介质层中。这个例子
给出了图10.17所示对于37.8mil通孔根时的S参数和辐射到介质层中的能量

图 10.22 为等效电路和它的响应。电阻代表着损耗，就是被转换到在参考层 2 和层 3 之间的平行板模式的那部分能量。L 和 C 的值是从 Ansoft Q3D 中提取得到的，调整电阻的值，直到 S_{21} 的值和 HFSS 的结果相符。注意，这个电路只是通孔行为的粗略近似。唯一可以精确地对其进行建模的方法是使用像 Ansoft 的 HFSS 这样的三维电磁场仿真器。

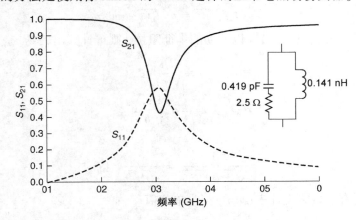

图 10.22 简单的等效电路可以用提取出来的 L 和 C 来粗略地近似通孔振荡的效应。如果需要更高的精度，那么应该使用三维电磁仿真器

10.3.3 平行板波导

为了更好地理解以谐振通孔结构为源的能量在参考层之间是如何传播的，我们先来推导平行板波导的波动方程。如图 10.23 所示，平行板波导是从两个平板中形成的。为了对其进行分析，假设宽度 w 远远大于垂直距离 h，这样就可以忽略边缘场的影响。由于 10.3.2 节中所讨论的传播模式为 TEM，所以这节中我们仍然在这种模式下进行推导。

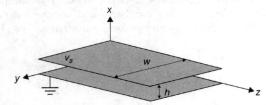

图 10.23 用于推导平行板波导的电场和磁场的各个维度

与 3.4.3 节中推导微带传输线的公式一样，我们从拉普拉斯方程开始：

$$\nabla^2 \Phi = \frac{\partial^2 \Phi}{\partial x^2} + \frac{\partial^2 \Phi}{\partial y^2} = 0$$

这个问题的边界条件如下

$$\Phi(x = 0, y) = 0 \tag{10.12a}$$

$$\Phi(x = h, y) = v_s \tag{10.12b}$$

因为假设了 $w \gg h$，所以在 y 方向可以认为是不变的。因此，在式 (3.48) 中将 y 去掉，得通解：

$$\Phi(x, y) = C_1 + C_2 x \tag{10.13}$$

电场是用 2.4.1 节中讨论的静电势的方法计算的：

$$\boldsymbol{E} = -\nabla \Phi(x, y) = -\boldsymbol{a}_x \frac{v_s}{h} \tag{10.14}$$

因此，电场在 z 方向的传播公式为

$$\boldsymbol{E}(x, y, z) = \boldsymbol{a}_x E \mathrm{e}^{-\mathrm{j}\beta z} = -\boldsymbol{a}_x \frac{v_s}{h} \mathrm{e}^{-\mathrm{j}\beta z} \tag{10.15}$$

其中，如 2.3.4 节中所定义的，传播常数为：

$$\beta = 2\pi f \sqrt{\mu\varepsilon} = \omega\sqrt{\mu\varepsilon} \quad \mathrm{rad/m} \tag{10.16}$$

如 2.3.4 节中所述，将式（10.15）除以波动的本征阻抗，则可计算出磁场。

$$\eta \equiv \sqrt{\frac{\mu}{\varepsilon}} \tag{10.17}$$

$$\boldsymbol{H}(x, y, z) = \boldsymbol{a}_y \frac{1}{\eta} \frac{v_s}{h} \mathrm{e}^{-\mathrm{j}\beta z} \tag{10.18}$$

传播速度为

$$v_p = \frac{1}{\sqrt{\mu_r \mu_0 \varepsilon_r \varepsilon_0}} = \frac{c}{\sqrt{\mu_r \varepsilon_r}} \quad \mathrm{m/s} \tag{2.52}$$

其中，对于几乎所有的数字设计来说，μ_r 都为单位值。

参考文献

Hall, Stephen, Garrett Hall, and James McCall, 2000, *High-Speed Digital System Design*, Wiley-Interscience, New York.

Hall, Stephen, Steven G. Pytel, Paul G. Huray, Daniel Hua, Anusha Moonshiram, Gary A. Brist, and Edin Sijercic, 2007, Multi-GHz causal transmission line modeling using a 3-D hemispherical surface roughness approach, *IEEE Transactions on Microwave Theory and Techniques*, vol. 55, no. 12, Dec.

Liang, Tao, Stephen Hall, Howard Heck, and Gary Brist, 2006, A practical method for modeling PCB transmission lines with conductor surface roughness and wideband dielectric properties, presented at IEEE MTT-S International, June, *Microwave Symposium Digest*, pp. 1780–1783.

习题

10.1　对于总线中的一条传输线，当工作速率为 10 Gb/s，上升下降沿时间为 50 ps，构建其表格模型需要多高的频率？

10.2　推导通孔的电感和电容的近似解析表达式（提示：可使用第 3 章中的传输线技术）。

10.3　直接从 RLCG 表格模型中推导 S 参数（提示：还记得电报方程吗？）。

10.4　推导宽度为 w 的平行板波导的特征阻抗。

10.5　构建跨过地平面上狭缝的两差分传输线对的串扰模型。

10.6　一个八位的数据总线跨过地平面上的一个狭缝，用什么方法可以使非理想返回路径最小化？为每种方法建立一个模型，并在 SPICE 中仿真演示。

10.7　狭缝可以作为总线使用吗？如果可以，那么它的拓扑结构应该是怎样的呢？这种类型的总线有什么优势呢？给这个总线建立一个模型，并仿真出它的脉冲响应。

10.8　如果 E 和 H 的模式为 TEM 模式，近似计算通孔在 1 in 处的电压（提示：$E \cdot \mathrm{d}l$）。

第 11 章 I/O 电路和模型

至此，我们已经讨论了高速互连的性能，并提供了用于分析和模拟在每秒数吉比特的数据速率下影响信号质量的关键物理现象的技术。为了全面分析和了解高速信号链路的性能，必须将发送和接收数字数据的 I/O 电路包含在内。高性能链路的设计要求电路和互连作为一个统一系统的共同优化。要成功做到这一点，信号完整性工程师必须能与电路设计人员进行沟通。

在这一章，将描述当代高速 I/O 电路的原理和建模，包括发射机、接收机和片上终端匹配。我们并不试图提供关于如何设计高速 I/O 的全面处理；相反，希望使信号完整性 (SI) 工程师们对现代收发机的行为和敏感性有深入的了解。这种深入的了解是充分理解 I/O 电路和物理互连之间相互作用以便优化信号系统的基础。在这一章中，我们确定了在分析和优化设计时使用的 I/O 电路的设计参数，并描述了建立 I/O 电路模型的技术。此外，还引入了伯杰图 (Bergeron Diagram)，它是一种分析完整信号系统的时域特性的有用工具。最后，我们知道收发机既可用三极管也可用 MOSFET 来设计，不过本章将重点讨论基于 MOSFET 的收发机电路。

11.1 I/O 设计考虑因素

发射机的功能是将代表数字数据的信号发送到互连线上以传输到接收电路。为了最大限度地提高性能，工程师通常必须使用若干设计技术以获得可控的输出阻抗与上升和下降时间。此外，发射机 (通常缩写为 Tx) 可以设计为单端接地或差分发射形式，既可作为电压源也可作为电流源运行。在本节中术语发射机与驱动器和输出缓冲器可互换使用，这些都是业界常用术语。

可以在一定复杂度范围内建立发射机模型。最简单地，该模型可以是一简单的与输出电阻串联的瞬态电压，或与输出电阻并联的电流源。它们使用的都是简单的电路元件，为了确定一个可行方案并了解设计和工艺差的敏感性，这些简单电路元件构成的线性模型参数的改动是非常容易的。此外，这些模型很容易分析，并提供最快的仿真时间。因此，当运行大量仿真以确定可能的解空间时，线性模型对设计过程的初始阶段是非常有用的。

若将输出电压和输出电流、控制上升和下降时间输出器件的分级切换与寄生电容之间的非线性关系考虑在内的话，这种具有更复杂非线性行为的发射机模型相比线性模型具有更高的精度。参数化模型的变化比线性模型更难，但仍然是可能的。非线性行为模型应用广泛 (通过 IBIS，I/O 缓冲器信息规范)，它们允许元器件供应商提供精确的模型而不漏过电路设计和制造工艺的细节。

最后，为获得最大的精度可能需要应用完整的晶体管模型。这些模型通常只用做设计的最后检查，因为它们结构复杂而且仿真时间极长。此外，供应商们往往不愿意提供晶体管模型，因为这样会泄露专利设计和工艺信息。因此，这一章我们侧重于线性和非线性行为模型而不是晶体管级模型。

接收机电路模型化的发展进程与发射机相同。简单的接收机模型只包括终端匹配电阻和输入电容。非线性行为模型包括 ESD 保护电路的电压 – 电流特性和由晶体管器件构成的终端匹配的电压-电流特性。全晶体管模型包含所有的器件效应。在表11.1中，总结了各种模型的要求和折中。

表11.1 建模方法和折中一览表

模型类型	构成器件	知识产权成果	速度	覆盖面
线性	电压源和/或电流源及电阻	无	最快	大多数
非线性	电流-电压曲线和电压-时间曲线	很少	快速	若干
全晶体管	所有设备，包括前驱和补偿电路等	设计和工艺	慢速	局限性大

在早期设计阶段线性模型极为有用，所以本章的建模讨论中，我们侧重于线性模型。本章也将讨论这些模型的局限性，并给出使用非线性模型时机的建议。

11.2 推挽式发射机

11.2.1 原理

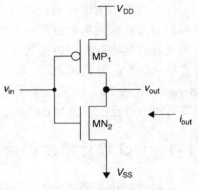

最简单的一类输出电路是推挽式发射机，它可用简单的 CMOS 反相器（为保持逻辑状态，相应的接收机也同为反相器）来实现，如图11.1所示。由于易实现和低功耗，推挽式发射机盛行于 CMOS 集成电路的早期。它们可以用于无终端匹配、具有串联终端匹配、和/或具有并联终端匹配的互连系统中。CMOS 晶体管和反相器的工作原理在 Rabaey et al. [2003] 所著一书中有全面描述。这里简单描述一下其主要概念，以使读者了解推挽式发射机工作原理的基本知识。

图11.1 CMOS 反相器发射机电路（来自 Dabral and Maloney[1998]）

我们先研究一下 MOS 晶体管的电流 i_D 的相关表达式，它是关于加载在终端匹配节点的电势的函数：

$$i_D = \begin{cases} 0 & v_{GS} - v_T < 0 & \textbf{（亚阈值区）} \\ k\left(\dfrac{W}{L}\right)\left[(v_{GS} - v_T)v_{DS} - \dfrac{v_{DS}^2}{2}\right](1 + \lambda v_{DS}) & 0 \leqslant v_{DS} < v_{GS} - v_T & \textbf{（三极管区）} \\ \dfrac{k}{2}\left(\dfrac{W}{L}\right)(v_{GS} - v_T)^2(1 + \lambda v_{DS}) & 0 < v_{GS} - v_T \leqslant v_{DS} & \textbf{（饱和区）} \end{cases} \tag{11.1}$$

这里，k 为工艺跨导（A/V^2）；W 为器件宽度（μm）；L 为栅长（μm）；v_{GS} 为晶体管栅极与源极节点之间的电势差；v_T 为晶体管阈值电压（V）；v_{DS} 为加在源极和漏极上的电势差（V）；λ 为沟道长度调制参数（$V \cdot m$）。

工艺跨导参数为：

$$k = \frac{\mu \varepsilon_{ox}}{t_{ox}} \tag{11.2}$$

这里 μ 是器件迁移率（$m^2/V \cdot s$），ε_{ox} 是氧化物介电常数（F/m），t_{ox} 是氧化物厚度（m）。氧化物介电常数 ε_{ox} 等于 $3.97\varepsilon_0$，MOSIS 0.25 μm 工艺的氧化物厚度 t_{ox} 等于 5.7 nm。式（11.1）描述了三类不同的工作区域。在亚阈值区，$v_{GS} - v_T \leqslant 0$，器件传导的只有极少量泄漏电流。在三极管区，器件电流与漏源电压近似呈现线性关系。在饱和区，器件进入一个高阻抗状态，表现得像是一个（几乎）恒定的电流源。

图 11.2 显示了各种栅 – 源电压(v_{GS})下由 HSPICE 仿真所得的 i_D-v_{DS} 曲线，使用的是 MOSIS 0.25 μm 工艺的 SPICE Level 3 模型，该模型包含在附录 F 中。仿真电路中所用器件的尺寸为，NMOS 晶体管的宽 W 为 222 μm，长 L 为 1 μm，PMOS 晶体管的宽/长 = 845 μm/ 1 μm。对于 PMOS 器件，由于 v_{out} 小于 V_{DD}，所以 v_{DS} 小于零。这样导致电流从电源（源极）流向漏极，使得 i_D 也小于零。对于 NMOS 晶体管，v_{DS} 和 i_D 的极性都是正的。从图中可以注意到，正向电流定义为流回到晶体管器件。在整个这一章中我们遵循这一惯例，当然只要能保持连续性，定义正向电流以相反方向流动也是可行的。

图 11.3(a) 所示的反相器的电压传输特性是由 HSPICE 仿真所得的，使用的是 MOSIS 0.25 μm 工艺的 SPICE Level 3 模型，器件尺寸与图 11.2 相同。该图显示了输出信号作为输入信号的函数的变化情形。当输入信号 v_{in} 是地电压（V_{SS}）时，NMOS 晶体管 MN2 中无电流流动，而 PMOS 器件 MP1 则按照式(11.1)传导电流。因此，通过 MP1 输出信号 v_{out} 上拉到 V_{DD}（0.25 μm 工艺时 V_{DD} 为 2.5 V）上。当输入升高到 V_{DD} 时，输出下降到地电位。大约 V_{DD} 的一半时，反相器进入高增益区域，该区域内 v_{out} 作为 v_{in} 的函数迅速变化。

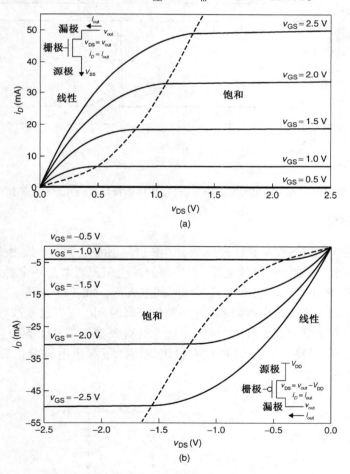

图 11.2　发射机上拉和下拉 i_D 对 v_{DS}曲线。（a）NMOS（$W = 222$ μm，$L = 1.0$ μm）；（b）PMOS（$W = 845$ μm，$L = 1.0$ μm）

图 11.3(b)显示了当驱动 1 pF 负载时反相器的瞬态响应。

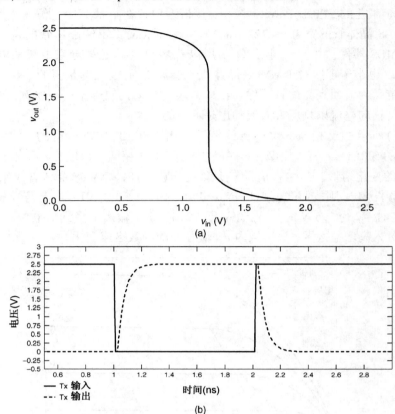

(a)

(b)

图 11.3　CMOS 发射机输入 – 输出特性示例。(a)电压传输特性；(b)驱动 1 pF 负载时的瞬态响应

11.2.2　线性模型

　　最简单的推挽式发射机模型是线性模型，如图 11.4 所示。这里，发射机行为是通过一瞬态电压源串联一电阻(即戴维南等效电路)来模拟的。电压源通常是一个脉冲或分段线性源，用最小和最大电平(图中 V_{SS} 和 v_s)和上升下降时间来表征，如图 11.5 所示。电阻代表发射机的有效输出阻抗。通过改变输出电阻和/或上升与下降时间，可以改变线性模型的行为，这对于探究可行设计方案空间极为有用。此外，因为线性模型仅需几个无源元件，它们的仿真能够达到最快的速度。最后一点，该模型在输出端增加了一个电容以代表发射机的容性特征，如图 11.4(b)所示。

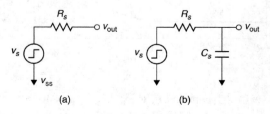

(a)　　　　　　　　　(b)

图 11.4　CMOS 发射机的线性(戴维南)等效电路。(a)基本模型；(b)带有输出电容 C_S

线性模型的局限性 对于实际 MOS 晶体管，由于输出电流与节点电压之间存在着非线性关系，因此线性模型和实际发射机之间可能存在较大的行为差异。下面举例说明。

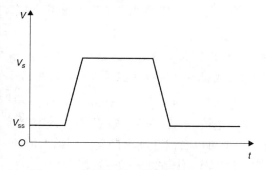

图 11.5 线性发射机模型瞬态响应示例

例 11.1 采用线性发射机模型的负载线分析。我们比较了图 11.6(a) 所示的互连电路的下降沿行为和图 11.6(b) 中线性模型的下降沿行为。下拉晶体管的电流 – 电压特性如图 11.2(a) 所描述 ($v_{GS} = 2.5$ V)。为了计算发射机的实际阻抗，使用负载线图的技术[Rabaey et al., 2003]。该方法是从研究 NMOS 晶体管的输出电流 – 输出电压的曲线图开始的。假定该电路的下降沿转换是从无电流流动 ($i = 0$) 及电压为 2.5 V 的状态开始，我们用欧姆定律构建传输线的负载线。该负载线的输出电流可以表示为输出电压的函数：

$$2.5 \text{ V} - v_{\text{out}} = 50 \ \Omega \cdot i_{\text{out}}$$

晶体管和传输线的电流-电压曲线如图 11.7 所示。两线的交叉点给出了驱动传输线时发射机输出下降沿处的电压和电流值 (0.650 V, 37 mA)。该 NMOS 晶体管尺寸被设计为电势为 2.5 V 时电流为 50 mA，相当于一个 50 Ω 的输出阻抗 R_S。不过从图中可以看出，在输出摆幅达到最大值的一半 (1.25 V) 时，发射机实际电流已超过最大电流的 95%。这样，从传输线端看的话，发射机具有大约 0.65 V/37 mA = 18 Ω 的有效输出阻抗。

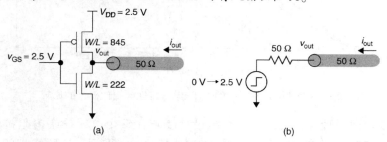

图 11.6 例 11.1 的互连电路。(a) 推挽发射机；(b) 线性模型

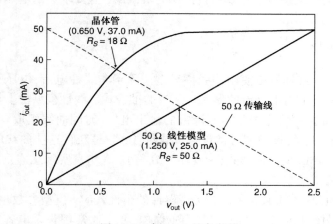

图 11.7 例 11.1 的负载线

我们用欧姆定律构建了线性模型的电压–电流关系：

$$v_{out} = 50 \ \Omega \cdot i_{out}$$

当驱动 $50 \ \Omega$ 传输线时，线性模型提供 $1.25 \ V$ 和 $25 \ mA$ 的初始输出电压和电流。可见，线性的互连线模型准确性明显较差，它只适用于低速设计或者高速链路设计早期。

有两种方法能实现设计和模型的良好匹配。第一是修改发射机的设计使它具有较好的线性化的电流–电压关系。这种方法最容易实现，给输出晶体管增加一个串联电阻即可。从例 11.1 可以看出在输出摆幅达到最大值的一半（$1.25 \ V$）时，发射机的实际电流已超过最大电流的 95%。因此，在 $0 \sim 1.25 \ V$（线性区）的输出电压范围内，发射机的有效输出阻抗约为 $25 \ \Omega$，而在 $1.25 \sim 2.5 \ V$（饱和区）的范围内，发射机的有效输出阻抗更高。给有效阻抗为 $25 \ \Omega$ 的晶体管增加一个 $25 \ \Omega$ 的串联电阻，能达到期望的 $50 \ \Omega$ 阻抗，如图 11.8 所示。

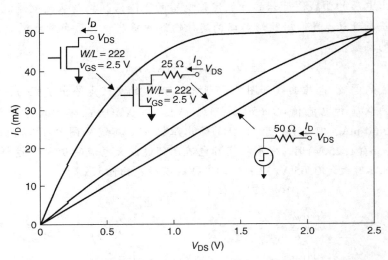

图 11.8　推挽式发射机的电流–电压特性与线性模型的比较

该方法需要修改设计，所以只有当系统设计要求在整个电压摆幅内阻抗恒定时才采用 [Esch and Chen，2004]。其中一个例子是 AGP4X 接口，它采用了串联终端匹配互连来传输 266 Mb/s 的图像数据。该接口依靠发射机提供终端匹配，且要求它的电压–电流关系是线性化的 [Intel，2002]。

11.2.3　非线性模型

提高精度的另一个选择就是使用非线性模型。除了非线性电流–电压特性之外，这类模型也将考虑输出的上升沿与下降沿的形状。基本的推挽式非线性模型由上拉式和下拉式器件的输出电流–输出电压曲线和上升沿与下降沿的输出电压–时间曲线组成（参见图 11.9）。除了这些曲线，一个非线性特性模型通常包含负载条件，它是获得这些曲线的前提。仿真工具利用这点，通常是以 IBIS 模型的形式（参见 11.10 节），在仿真实际互连系统时，调整模型来对应不同的负载条件。

若模型的瞬态电压–时间曲线中没有考虑器件的容性效应，模型参数也应包含器件电容。不过，无论是基于晶体管仿真还是由测量所创建的模型，通常都包含电容效应。这样，电容就不必在模型中明确地表示出来。i_{out}-v_{out} 曲线的构建将在 11.10 节进一步地讨论。

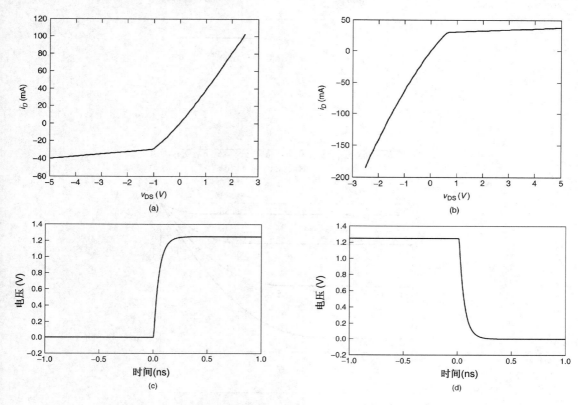

图 11.9　非线性行为模型的组成。(a)上拉式 i_{out}-v_{out}；(b)下
拉式 i_{out}-v_{out}；(c)上升沿 v_{out}-t；(d)下降沿 v_{out}-t

一般而言，仿真工具要用多个 i-v 曲线来正确表达模型输入信号的瞬时特性。换句话说，在如图 11.1 所示电路中，时变输入信号 v_{in} 将引起器件栅极到源极的瞬时电势 v_{gs}，这样输出电流-电压关系也将随时间变化。图 11.10 和表 11.2 表示了一个反相发射机的这种特性。图中上升沿输入信号是从值 0.0 V 开始的，这对应着 NMOS 器件的 $v_{gs}=0.0$ V 以及 PMOS 器件的 $v_{gs}=-2.5$ V。随着输入沿上升，各器件的 v_{gs} 值也发生改变。例如，当 v_{in} 等于 1.0 V 时，对于 NMOS 器件 v_{gs} 是 1.0 V，对于 PMOS 器件 v_{gs} 是 1.5 V。在输入信号的上升沿，随着 PMOS 器件从 $v_{gs}=-2.5$ V 曲线移动到 $v_{gs}=0$ V，NMOS 器件是从 $v_{gs}=0$ V 曲线转换到 $v_{gs}=2.5$ V。

最后，值得注意的是，模型中 i-v 数据应该扩展到包含远超器件所期望的运行范围的情形，以确保信号严重过冲时仍能正确运行。比如，如果信号摆幅预期范围是从 0 到 V_{DD}，IBIS 规范期望 i-v 数据跨越 $-V_{DD}$ 到 $2V_{DD}$ 的范围。

11.2.4　高级设计考虑因素

在本节和其他有关收发机类型的相应章节，我们简略讨论一下电路设计人员在开发发射机电路时所面临的几个问题。对于这些问题和技术的更广泛的讨论，我们向读者推荐 Dabral 和 Maloney[1998]以及 Dally 和 Poulton[1998]的书。

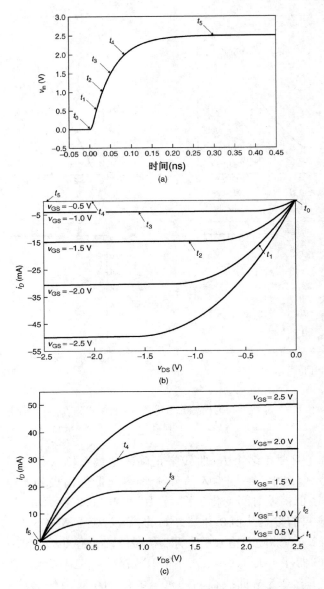

图 11.10 反相推挽式驱动器的 v_{in}-t 和 i_{out}-v_{out} 曲线之间的相互作用。(a)瞬态输入信号;(b)上拉PMOS的 i-v 曲线簇;(c)下拉NMOS的 i-v 曲线簇

表 11.2 反相发射机上拉和下拉器件 v_{in} 和 v_{GS} 之间的关系

v_{in} (V)	v_{GS} (V)	
	NMOS	PMOS
0.0	0.0	-2.5
0.5	0.5	-2.0
1.0	1.0	-1.5
1.5	1.5	-1.0
2.0	2.0	-0.5
2.5	2.5	0.0

重叠电流控制　当图 11.1 所示的发射机电路做出上升
或下降转换的时候，PMOS 和 NMOS 器件将同时在很短的一
段时间内传导电流。这一重叠电流(也称为"直通"电流)的
幅度极大，在设计发射机时，设计人员通常设计初始传导的
器件在其他器件开启之前是关断的。这通常由"预驱动"控
制逻辑来实施。

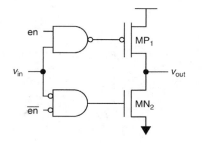

三态功能　多个器件可以驱动共模信号的系统，如多
处理器总线，这要求发射机在没有有效地驱动系统时设置
在一个高阻抗状态。这也是由预驱动逻辑完成的，如图 11.11 所示。该电路采用使能信号
en/$\overline{en}$ 来控制发射机是否连接并能有效地驱动总线，或断开并呈现高的阻抗，如表 11.3 所
描述。

图 11.11　三态推挽式驱动器

表 11.3　三态发射机的逻辑表

en/$\overline{en}$	v_{in}	v_{out}
$0/V_{DD}$	X	高阻抗
$V_{DD}/0$	V_{DD}	0
$V_{DD}/0$	0	V_{DD}

工艺和环境补偿　当生产大量元器件时，由于制造工艺存在正态统计方差，其物理特征
尺寸(如栅长、氧化层厚度)和电气特性将有一定的变化。此外，MOSFET 电流对环境因素敏
感，如电源电压(i_D 随着 V_{DD} 增加而增加)和器件温度(i_D 随着提高 T 而减小)。这样，晶体管
的电流 – 电压关系在极限工艺和环境条件下有着 2～3 倍的变化，导致输出阻抗和上升 – 下
降时间的摆幅变宽。在年总产达数以亿计的基于微处理器的系统中，电气特性的过多变化将
导致有些系统不能正常运行。补偿是指这样的技术，它将使运行在不同环境下的不同的部分
之间的变化最小化。设计人员既可以使用数字技术也可以使用模拟技术来实现补偿，这些技
术主要用来实现严格可控的阻抗和/或上升与下降时间。这些技术的详细讨论并不属于本书
讨论的范畴，不过我们列举一个数字阻抗补偿的例子来说明这一概念的应用。

例 11.2　数字阻抗补偿。如图 11.12 中所示的电路既可为发射机的输出也可为片上终
端匹配电阻提供可控的阻抗(参见 11.5 节)。通过比较二元加权的片上复用电路(从 MP_0 到
MP_N 的 PMOS 晶体管)和外部精密电阻(一般控制在 $\pm 1\%$)的强度，该电路能调整阻抗与期望
值较好地匹配。两者都连接到相同的参考电流源(i_{ref})，形成电压分压器，其电平被反馈到
图 11.12 底部的时钟比较器上。比较器的输出用于增加/减小一个上/下计数器。计数器的输
出信号(S_0 到 S_2)控制器件 MP_0 到 MP_N 的开启-关断，从而减小或增加控制网络的阻抗达到
期望值。信号 S_0 到 S_N 也被连接到发射机电路上，它们结构相似，能提供可控的阻抗特性。

该电路由时钟触发运行。在运行过程中，该电路可以调整阻抗以动态地补偿电源电压和
器件温度上的变化。该电路中的时钟是大约每毫秒进行更新的低频时钟。此外，为了避免由
于改变阻抗而产生的信号噪声，当该电路在有效驱动时，系统设计也能保证控制位不发生变
化[Gabara and Nauer, 1992]。更严密的阻抗控制只需再增加一些二进制加权器件即可。

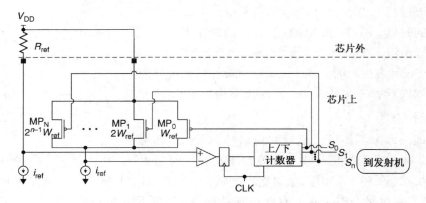

图 11.12 数字阻抗补偿电路

11.3 CMOS 接收机

芯片间信号电路的最基本的接收机是反相器。反相器具有简单、低功耗和易于实现等特性，在 20 世纪 90 年代的很长一段时间内是基于 CMOS 接口的全摆幅接收机的选择。接收机用时序参数（建立和保持）和逻辑阈值来表征，它们将影响系统的噪声裕度和抗噪声能力。对于高速信号传输中接收机的工作原理，我们将集中讨论上述特性。

11.3.1 工作原理

CMOS 接收机是一个低增益的反相放大器，它提供了完整的轨至轨输出摆幅，这在进入每秒数百兆比特的速度下允许有相当大的噪声裕度。图 11.13(a)举例说明了一个反相接收机的电压传输特性，它表明输出信号是输入信号的函数。输入阈值 v_{il} 和 v_{ih} 由传输特性的单位增益（$dv_{out}/dv_{in} = -1$）决定。v_{il} 和 v_{ih} 之间的区域是一个高增益区，在该区间内输出信号电平对输入信号的变化极为敏感，所以它对稳态信号而言是一个"禁止进入"的禁区。

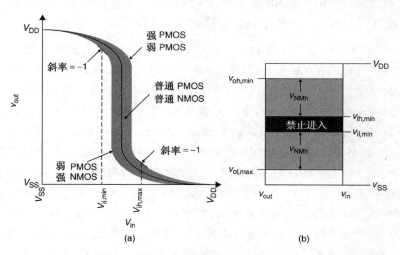

图 11.13 CMOS 接收机响应特性。(a)电压传输特性；(b)噪声裕度

大的噪声裕度对噪声源有着较大的容限,这也是保证系统稳定运行所需要的。如图 11.13(b)所示,高边噪声裕度 v_{NMh},是高驱动时最小输出信号和接收机能识别的逻辑高态的最小信号之间的差。相反,低边噪声裕度 v_{NMl},是低驱动时最大输出信号和接收机能识别的逻辑低态的最大信号之间的差。从图中可以看到,接收机输入规格必须考虑工艺方差所引起的信号电平方差。噪声裕度的数学表示如下:

$$v_{\text{N Ml}} = v_{\text{il,min}} - v_{\text{ol,max}} \tag{11.3a}$$

$$v_{\text{N Mh}} = v_{\text{oh,min}} - v_{\text{ih,max}} \tag{11.3b}$$

11.3.2　建模

CMOS 反相器对输入信号呈现一个高的阻抗,它只受限于栅极输入电容。因此,我们通常用一个简单的接地电容来建立 CMOS 接收机的模型。

11.3.3　高级设计考虑因素

电压模式信号系统有着相对大的摆幅,对应着高的噪声裕度,不过它具有多种噪声源,而这些噪声源将降低系统的抗噪声能力[Dally and Poulton, 1998]。例如,诸如器件阈值和跨导等工艺方差将使反相器阈值的变化超过信号摆幅的 10%(如果电源电压方差包含在内的话,将大于 20%)。这一现象称为接收机偏移。其他噪声源包括电源噪声,串扰,反射和发射机偏移。

若给接收机设计附加的噪声容限,通过迟滞作用,这些效应可以得到抑制。其中的一个例子是一个施密特触发器,如图 11.14(a)所示[Wang, 1989]。MP$_1$/MN$_2$ 和 MP$_3$/MN$_4$ 晶体管组成反相器顺序对。将输出 v_{out} 反馈回 MP$_5$ 和 MN$_6$ 的栅极可以产生迟滞,这样改变了电压传输特性,使电路更不容易受噪声脉冲的影响而进入“禁止进入”区,如图 11.14(b)所示。

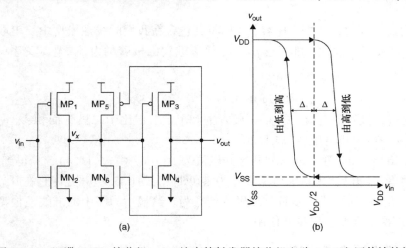

图 11.14　迟滞 CMOS 接收机。(a)施密特触发器接收机电路;(b)电压传输特性

11.4　ESD 保护电路

收发机设计包含了静电放电(ESD)保护电路以防止由于 I/O 和核心电路的 MOSFET 栅极击穿产生灾难性故障。ESD 损害可能发生在硅芯片的制造、组装、测试和运行过程的任何时候,也包括操作和运输。其中一个例子是一名穿着胶底鞋的技术人员站在测试间地板上。橡

胶的绝缘特性可能会导致该技术人员积累大量静电荷,这些静电荷可能向他可能接触到的任何组件放电,从而损坏组件。基于人体模型的 ESD 事件在小于 10 ns 的上升时间内可以有 3000 ~ 5000 V 的电压峰值,1 ~ 2 A 峰值电流,以及 100 ~ 200 ns 的持续时间[Dabral and Maloney,1998]。器件氧化物在电场强度超过大约 7×10^8 V/m 时将发生击穿,这将转换为 25 μm 硅工艺的超过大约 4.0 V 的电压。所以一个 ESD 事件可能超过工艺限制幅度的好几个数量级,这迫使在 I/O 电路中必须包含 ESD 保护。

11.4.1 原理

ESD 保护电路,如图 11.15 所示,通过限制电压偏移而使它们不会超过接收机 MOSFET 栅极的击穿电压,并通过限制流入发射机器件终端匹配的电流量,保护有源电路。ESD 二极管的作用是限制电压使得它不会超过栅氧化层的击穿电压,并引导 ESD 电流远离内部电路。如果焊点处的电压降在 V_{DD} 源之上大于二极管电压降($V_{D,\,on}$),上面的二极管将开启,将电流从 I/O 器件中分流走,并将它钳位在 $V_{DD} + V_{D,\,on}$。负偏移将钳位到值 $V_{SS} - V_{D,\,on}$。串联电阻限制了流经发射机器件的电流量以防止由"热"载流子隧穿引起的器件阈值偏移所产生的性能退化[Dally and Poulton,1998]。

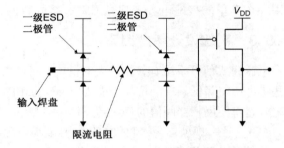

图 11.15 带有 ESD 保护的 CMOS 接收机

11.4.2 建模

二极管增加了发射机的寄生电容,我们将其包含在我们的线性模型中。串联电阻通常为几百欧姆,不需要显式建模。非线性模型必须考虑到二极管的电流-电压关系,它由理想二极管公式给出:

$$i_{\text{diode}} = i_S(e^{v_{\text{diode}}/\phi_T} - 1) \qquad (11.4)$$

这里 i_{diode} 是流过二极管的电流;i_S,是二极管饱和电流,正比于二极管面积;v_{diode} 是二极管上的偏置电压;和 ϕ_T 为热电压(室温下 26 mV)。

图 11.16 给出了 ϕ_T 等于 26 mV 和饱和电流为 10 pA。由式(11.4)计算得到的电流-电压特性。通过将低于"开启"电压的电流设置为零(图中大约 0.6 V)并允许它在开启电压时接近于无穷大,手动分析时可进一步近似二极管的行为。这显示为图中的准线性模型。我们在习题 11.6 中举例说明准线性模型的使用。

11.4.3 高级设计考虑因素

图 11.15 中所示电路只是 ESD 保护的一个简单的例子。实际上,设计人员对实施 ESD 保护有很多选择,在尽量减小高速运行寄生电容的同时,经常会不遗余力地进行结构设计,以提供足够的保护。对于该问题的全面讨论,我们向读者推荐 Dally and Poulton [1998] 和 Dabral and Maloney [1998] 所著的书。

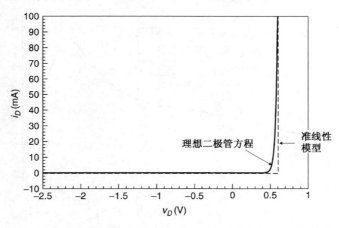

图 11.16　二极管电流 – 电压特性和准线性近似

11.5　片上终端匹配

片上(又称晶圆上)终端匹配已成为持续提高信号速度的可选方法,因为它通过移除连接片外终端匹配时用到的传输线引线消除了反射源。

11.5.1　原理

终端匹配电阻通常是用 FET 实现的。图 11.17 显示了一个例子。图中 PMOS 和 NMOS 器件并联连接产生一个 50 Ω 终端匹配到 V_{DD}(0.25 μm 工艺 2.5 V)。为了使电压-电流关系尽可能线性,PMOS 栅极与地相连($v_{gs} = -2.5$ V),NMOS 栅极与 V_{DD} 相连($v_{gs} = 2.5$ V)以保证晶体管尽可能长时间地处于三极管区。如图所示,在标称器件特性和工作条件下,这种结构在整个运行范围内能提供大约 46 ~ 58 Ω 的终端匹配。图 11.17(b)为该电路终端连接到由 2.5 V 12.5 Ω 线性发射机驱动的 50 Ω 传输线时的波形。该 FET 终端匹配提供了与一个理想的 50 Ω 阻性终端匹配几乎等价的性能。注意到终端匹配是接到正电源而不是地,这样可使终端匹配尽可能线性。FET 终端匹配通常与 11.2.4 节所描述的数字阻抗补偿技术相结合,以获得在工艺上、电压上和工作温度上都可控的阻抗终端匹配。

11.5.2　建模

片上终端匹配的基本模型是一个连接到适当终端匹配电源的简单电阻器。然而,我们前面就讨论过,片上终端匹配可以表现出很强的非线性效应。在这种情况下,我们需要用诸如 IBIS 的非线性模型格式,用电流和电压值表格来建立终端匹配的模型(参见 11.10 节)。

11.5.3　高级设计考虑因素

设计片上终端匹配的初衷是消除传输线端接到印制电路板的引线以减小反射。为了充分发挥片上终端匹配的潜力,常采用与 11.2.4 节所描述的阻抗匹配类似的自动阻抗控制技术。此外,设计人员还可以采用其他技术以提高片上终端匹配的线性度[Dally and Poulton, 1997]。

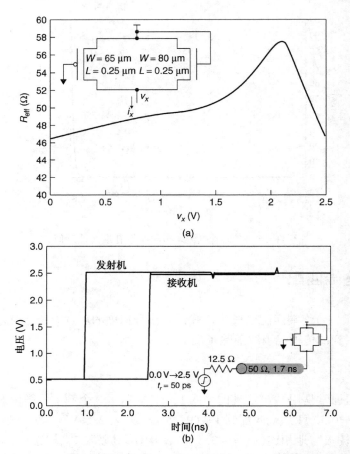

(a)

(b)

图 11.17　并联 FET 构成的片上终端匹配的例子。(a)FET 终端
匹配电路和作为线电压函数的阻抗;(b)波形示例

11.6　伯杰图

　　这里我们先撇开收发机的概述而对伯杰图(Bergeron Diagram)略做介绍。伯杰图是通过绘图方式来求解信号系统元件的联立电流-电压关系方程,它可以分析带有非线性发射机和接收机特性的互连行为。伯杰图有助于理解传输线的基本概念。下面我们通过一个简单的例子来展示这种技术。

　　例 11.3　线性互连电路的伯杰图。本例中,我们将分析图 11.18 所示电路的上升行为。电路中的发射机是一个具有对称的上拉和下拉阻抗的 2.5 V 推挽式驱动器。接收机有一个阻性终端匹配连接到 2.5 V 终端匹配电源上。

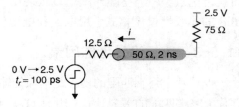

图 11.18　例 11.3 的互连电路

　　开始我们先绘制发射机和接收机的电流与电压关系曲线。最简单的方法是先画出等效电路并写出欧姆定律的表达式,如图 11.19 所示。该图中也同时显示了负载线图。图中的所有等效电路

都标注着电流方向，表示电流的 Y 轴的单位为毫安。由图可见，发射机下拉和接收机负载线间的交叉点给出了低驱动时该电路稳态时的电压和电流(0.357 V 和 28.6 mA)。由于电路处于稳定状态，它们是传输线上所有点处的电势和电流。这可以作为本例分析上升沿转换的出发点。

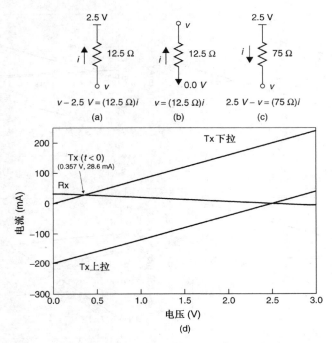

图 11.19　例 11.3 的等效电路和电压 – 电流表达式。(a)发射机上拉；(b)发射机下拉；(c)接收机；(d)负载线

下一步是求出发射机处上升沿的初始电压和电流。具体方法是绘制代表 50 Ω 传输线的负载线。该负载线在下拉发射机和接收机(低稳态)的交叉点处开始，并延长直到与上拉发射机的负载线相交。该负载线的斜率等于 $-1/Z_0$，传输线也遵循欧姆定律且负载线是电压-电流图。实际上，传输线的负载线就是欧姆定律的图形描述：

$$v - v_0 = Z_0(i - i_0) \tag{11.5}$$

这里 v_0 和 i_0 是该系统低驱动时的稳态电压和电流。这条线的斜率是负的，因为上升沿转换引起的电流是从发射机流入传输线的，而我们已定义正电流是从负载线流回到发射机。

发射机也遵循欧姆定律，因此传输线和上拉发射机线的交点给出了上升沿时发射机处初始电压和电流。图 11.20(a)说明了这一点，图中给出了 2.357 V 和 -11.4 mA 的初始电压和电流。

下一步是绘制传输线的另外一条负载线。这条线开始于上一点(2.357 V，-11.4 mA)，有一个等于 $1/Z_0$ 的斜率，并延长直到它与接收机的负载线相交，如图 11.20(b)所示。这给出了第一个传输延迟之后接收机上的电压和电流，并包括了初始波和发射波。它满足了传输线和接收机联立的欧姆定律方程，且兼顾了上一时刻的电压和电流。欧姆定律给出了在基尔霍夫电路定律约束下求解信号值所需的关系式。由于传输线连接到接收机，由基尔霍夫电路定律可知，在连接处它们将有相同的电压和相同的电流流经它们。因此，通过图形的手段，伯杰图给出了含两个未知量(电压和电流)的两个联立欧姆定律方程的解。

继续绘制传输线的负载线，使之具有 $\pm 1/Z_0$ 交替变换的斜率，这样可以找出当波来回传输时负载线每一个端点处的电压和电流。例如，图 11.20(c) 显示了下一段发射负载线延长回到发射机负载线，这给出了在一轮传输延迟之后发射机处的信号电平。瞬态波成分在这点小得无法分辨，因此，图 11.20(d) 给出该图在这点的特写。

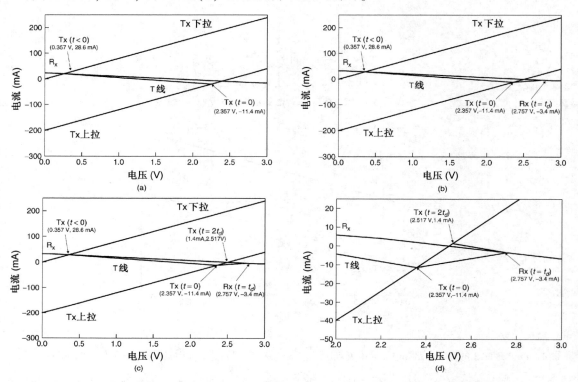

图 11.20 例 11.3 的伯杰图构建顺序。(a) 发射机处初始波形($t=0$)；(b) 接收机($t=t_d$)；(c) 发射机($t=2t_d$)；(d) 特写：发射机($t=2t_d$)

继续绘制负载线直到电压和电流的变化变得足够小并达到我们的要求。然后，就可以从伯杰图中读出这些值来构建电压和电流波形。要注意的是，出现在发射机负载线上交点处的点形成了发射机的波形，出现在收发机负载线上的交点处的点形成了接收机的波形。完整的伯杰图与电压和电流波形一起显示在图 11.21 中。

由图可见，反复求解受限于初始电压和电流的联立欧姆定律方程可以得到波形上所示的各个电压和电流点——伯杰图的等价解析。实际上，很难绘制出比 5 mV，0.5 mA 更高精度的伯杰图，这使得它只能用于一阶初始值的估计。

11.6.1 理论和方法

伯杰图是在传输线和发射机与接收机元件之间的连接处运用基尔霍夫电路定律，再加上电流与电压关系，来求解互连行为的。传输线的电流和电压通过欧姆定律相关联。在前面例子中我们使用的线性发射机模型和接收机模型也服从欧姆定律，而非线性模型将遵循由式(11.1)和式(11.4)所描述的更为复杂的关系。下一节将会看到，伯杰图也可以运用于非线性收发机的电路。

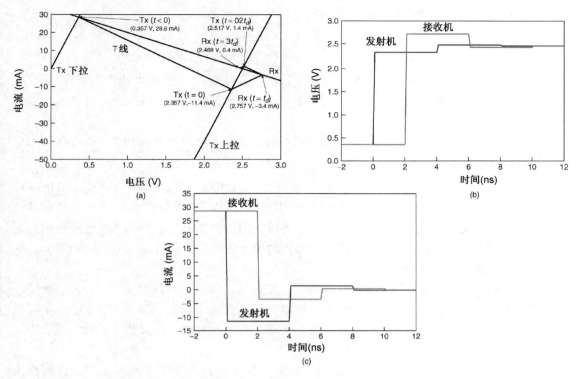

图 11.21 例 11.3 的完整伯杰图和所产生的波形。(a) 伯杰图；(b) 电压波形；(c) 电流波形

我们将使用图 11.22 所示的具有上升信号的通用电路来讨论伯杰图的基本理论。讨论将从上升转换之前的稳定状态处开始。在稳态条件下，无损传输线是一个短路电路，使得发射机的输出能有效地、直接地连接到接收机。注意，讨论中所涉及的发射机和接收机是指它们的等效电路，如图 11.22 所示。在稳态，由基尔霍夫电流定律，我们知道流出发射机等效电路的电流与流入接收机等效电路的电流相同。由基尔霍夫电压定律，我们知道发射机等效电路输出端的电压等于接收机等效电路输入端的电压。我们也知道发射机输出端的电流和电压之间的关系遵循欧姆定律，这与接收机输入端

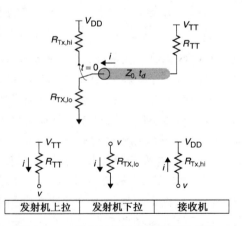

图 11.22 伯杰图分析的通用线性电路

的电流-电压关系相同。通过让电压和电流相等并应用欧姆定律，我们创建了一组含两个变量的联立方程：

$$v(t < 0) = i(< 0)R_{\text{TX,lo}} \tag{11.6}$$

$$V_{\text{TT}} - v(t < 0) = i(t < 0)R_{\text{TT}} \tag{11.7}$$

伯杰图用图形方式求解方程得出稳态的电流和电压。

求取电路发射机端初始转换的电压和电流值时，我们认为发射机的输出连接到传输线的一端。同前文一样运用电路定律，可以计算发射机处的初始电压和电流波的幅度。不过，传

输线的欧姆定律表达式必须包含流经传输线的初始电流和电压：

$$v(0) - V_{DD} = i(0)R_{TX,hi} \tag{11.8}$$

$$v(t < 0) - v(t = 0) = [i(t = 0) - i(t < 0)]Z_0 \tag{11.9}$$

由式(11.9)可见，传输线负载线的斜率等于 $-1/Z_0$，这与例 11.3 中的负载线相吻合。这样，在考虑了状态转换之前存在于传输线上的稳态电势和电流的情况下，伯杰图又一次成功求解了联立方程。

当初始波到达传输线和接收机之间的连接点时，结合入射波的电流和电压，再次运用电路定律可得：

$$V_{TT} - v(t = t_d) = i(t = t_d)R_{TT} \tag{11.10}$$

$$v(t = t_d) - v(t = 0) = [i(t = t_d) - i(t = 0)]Z_0 \tag{11.11}$$

传输线的负载线关联着反射波的电流和电压，所以它的斜率等于 $1/Z_0$。另外，由于必须将入射波的电流和电压考虑在内，所以负载线的起点的电流和电压分别为 $i(t = 0)$ 和 $v(t = 0)$，它们由前面的步骤中计算所得。

下一步的分析返回到系统的发射机端进行。发射端所用的负载线斜率为 $-1/Z_0$，从接收机电压和电流开始(即前一段传输线负载线和接收机负载线之间的交叉处)。考虑到发射机处的反射电压和电流波，负载线的斜率为负。这些波是从发射机流出并流入接收机的，所以电流符号为负。

之后反复交替使用具有 $-1/Z_0$ 斜率的发射机负载线和 $1/Z_0$ 的接收机负载线，直到它接近稳态。所以，伯杰图是一种简单地反复求解由电路定律生成的关于传输线两端瞬时电压和电流的联立方程的绘图技术。下面举例说明这种技术应用于具有非线性收发机特性的系统。

例 11.4 伯杰图应用于非线性收发机。本例将分析图 11.23 所示电路的下降沿。该电路使用 CMOS 推挽式发射机，在接收机端无终端匹配，依靠发射机的输出阻抗提供电源终端匹配，电路中晶体管可提供 50 Ω 的输出阻抗以匹配传输线的目标阻抗。负载线图显示了 11.2.1 节讨论的非线性晶体管行为。接收机的负载线为零电流(无限阻抗)线，表示在此处电路为开路。由于工艺误差，传输线的特征阻抗变化偏差达 ±20%。因此，本例选择传输线的特征阻抗为 60 Ω。伯杰图的具体分析如下：

1. 伯杰图从发射机上拉和接收机负载线交点处开始。电势和电流分别是 2.5 V 和 0 mA。

2. 从起始点开始绘制斜率等于 $-0.0167\ \Omega^{-1}$ ($-1/60\Omega$) 的传输线的负载线，并将它延长直到与发射机下拉器件的非线性曲线相交。交点的电势和电流分别为 0.80 V 和 28.3 mA，它们是在下降沿转换之后发射机处的初始值。

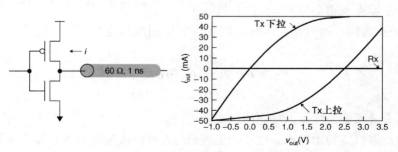

图 11.23　推挽式发射机电路和非线性 i-v 特性

3. 从上面一点接着绘制负载线，斜率等于 0.0167 Ω^{-1}，直到它与接收机负载线在 $i=0$ 处相交，交点的电压为第一个入射波到达时接收机处的电压(−0.90 V)。验证该点结果的简单方法是考察入射和反射电压波的幅度。入射波幅度等于 0.80 V − 2.50 V，即 −1.70 V。反射波也等于 −1.70 V(0.8 V − 2.50 V)。因为传输线在接收机端是开路电路，所以该结果与我们期望的相吻合。

4. 绘制下一段负载线，在 −0.900 V 和 0 mA 处开始，斜率等于 −0.0167 Ω^{-1}，直到它与发射机负载下拉曲线相交，这生成了在从接收机上第一个反射波达到发射机之后发射机上的电压(−0.25 V)和电流(−10.8 mA)。

5. 继续分析直到达到稳态(0.00 V，0 mA)。

传输线两端产生的电压波形如图 11.24(b)所示。

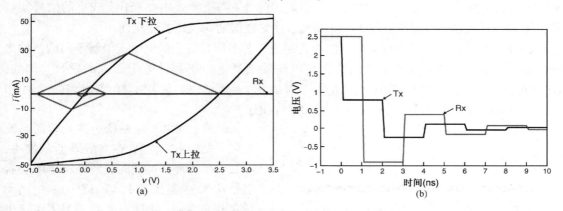

图 11.24　例 11.4 的图形。(a)伯杰图；(b)稳态波形

11.6.2　局限性

如前所述，伯杰图的精度约为 5 mV 和 0.5 mA，所以它仅适用于设计过程的最初阶段。此外，伯杰图只能处理传输线末端阻抗不连续的情况，因此它不适用于更实际(和复杂)的拓扑结构的分析。最后，伯杰图只适用于无损传输线，所以它们只能工作在损耗可以忽略的数据速率上。尽管有着诸多限制，伯杰图仍是评价 I/O 电路非线性影响的一种手段，是信号完整性工程师们的一种有用工具。

11.7　漏极开路发射机

第二类发射机电路是漏极开路发射机，如图 11.25 所示。其中一个例子是射电收发机逻辑(GTL)[Gunning et al., 1992]。如图所示，漏极开路系统通常只用 NMOS 下拉式晶体管设计而成，省掉了 PMOS 上拉器件。要确保该电路的正常工作，需要增加一个上拉电阻。该电阻可以作为外部元件添加，不过现代设计通常将该电阻包含在硅芯片上。另外要注意终端电源 V_{TT}，它是一个低电压，其值一般在 1.2 ~ 1.5 V 之间，而漏极开路系统常常运行在 800 ~ 1000 mV 区间的信号摆幅内。

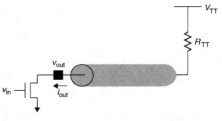

图 11.25　漏极开路信号电路

11.7.1 原理

当漏极开路晶体管关断时，发射机也就与互连断开。此时，互连线电压通过终端匹配电阻 R_{TT}，上拉至终端电源。当互连线处于高电平状态时，没有电流流动，因为它是开路的。当漏极开路晶体管开启时，从 V_{TT} 电源经终端匹配电阻和 NMOS 晶体管将产生一个电流通道。所以，此时该电路实际上是一个分压器电路。因此，漏极开路系统不使用"轨到轨"信号摆幅，因为低驱动时信号不能到地。

优势   漏极开路设计有多种潜在优势，在过去的 20 年中备受欢迎。并行终端匹配的使用减少了较高速应用中的反射，而 PMOS 上拉输出晶体管的消除也减小了芯片面积，从而降低了硅制造成本。由于漏极开路设计在高电平状态时不消耗功率，它们通常被定义为低电平有效，目的是为了获得空闲状态的零功率消耗。此外，与推挽式电路相比，较小的信号摆幅降低了有效开关功率。漏极开路的这些特性，使它在低功耗设计备受欢迎。

漏极开路系统的另一个优势是可以作为制造工艺不同且最大供电电压限制不同的器件之间的接口。低电压外部终端电源的使用可以解除信号上由于器件电压带来的耦合。例如，GTL 使用一个 1.2 V 的外部电源，信号摆幅从 0.4 ~ 1.2 V。使用 GTL 可以将一个使用 3.3 V 电源轨的元件与另一使用 2.5 V 轨的元件相连。

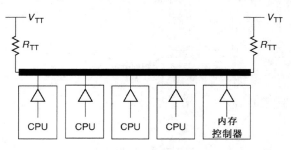

图 11.26   具有漏极开路线或连接的多处理器系统

最后，漏极开路系统为多处理器系统提供了"线或"功能。在多处理器系统中，任意一个代理都可能向总线结构声明它有信号发送（参见图 11.26）。其中一个例子是在 Intel Xeon 处理器系统总线接口（也称前端总线）上的 MCERR#（机器检查错误）信号。MCERR#声明（低驱动）表示一个不可恢复错误。因为多个代理可以同时驱动这个信号，所以必须通过线或方式连接到所有处理器前端总线代理的相应引脚上[Intel, 2005]。线或连接容易受到多个代理同时低位驱动总线时产生的"毛刺"的影响。在习题 11.10 中，将详细地探索这种现象。

限制   即便使用了平行终端匹配，在上升沿转换时 GTL 还是容易受到振铃的影响。主要原因是当器件关断时，传输线在发送端是开路的，而此时互连上的任何反射返回到发射机时将成为全反射，我们在下例中详细说明。

例 11.5   漏极开路互连中的上升沿反射。图 11.27 所示基板 1 和基板 2 上的互连线之间阻抗不连续。我们用电流模式分析方法来分析上升沿的行为特征[Hall et al., 2000]。漏极开路的模型由一个有效的电阻 R_S 和一个开关组成。本例的分析从低驱动稳态电路开始。在 $t = 1$ ns 之前，开关闭合，稳态电流流动为：

$$i_{S,Slo} = \frac{V_{TT}}{R_S + R_{TT}} = \frac{1 \text{ V}}{12.5 \text{ } \Omega + 50 \text{ } \Omega} = 16 \text{ mA}$$

$t = 1$ ns 时开关开启，在 $z = 0$ 时电路为开路。该开路电路要求在这一点的净电流流动为零。其结果是一个 −16 mA 电流波发射到 75 Ω 传输线上，创建了一个 1.2 V 的电压波。此时，可以接着用点阵图进行分析，如图 11.27(b)所示。图 11.27(c)显示了发射机和接收机上生成的波形，表明在系统两端存在振铃，尽管终端匹配与第二条传输线的阻抗事实上是相匹配的。

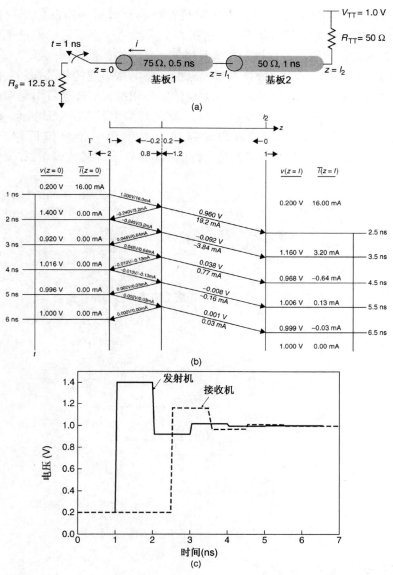

图 11.27　例 11.5 的漏极开路互连和分析。(a)电路；(b)点阵图；(c)波形

11.7.2　建模

漏极开路电路的线性模型需要一个电阻和一个开关，如图 11.28 所示。此外，为完善漏极开路系统需要终端电源和终端电阻。开关建模的手段在不同的仿真工具之中是不同的。在 HSPICE 中，最简单的方法是用一个压控电阻 [Synopsis，2006]。漏极开路发射机的非线性模型看上去与推

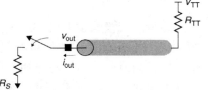

图 11.28　漏极开路线性模型

挽式发射机的非线性模型相似，不同之处是上拉发射机的电流-电压关系在 $i=0$ 处是一条直线。

11.7.3 高级设计考虑因素

如上所述,漏极开路发射机有限的输出阻抗在低驱动时有一定的抑制反射的能力。然而,只要漏极开路器件进入高阻抗状态,发射机在上升沿将全部反射任何进来的信号。解决由阻抗失配引起的振铃问题的最直接的方式是增加一个终端匹配电阻与系统的发射端的阻抗相匹配,如图11.29所示。尽管这种技术将消除由开路电路引起的额外振铃,但它也不是白来的。为了维持同一信号摆幅,必须降低发射机的输出阻抗,不过这将引起功耗增加和芯片面积的增加。上升转换时另一个振铃源是流过寄生封装电感的瞬态电流。Gunning et al.[1992]的解决方法是在他们设计的漏极开路接口处使用一个模拟反馈环的控制电路(参见图11.30),使上升时间减慢,这就是所谓的Gunning发射接收逻辑(GTL)。

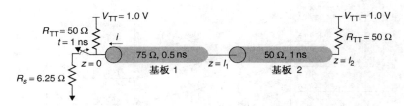

图11.29 两端带有终端匹配电阻的漏极开路互连

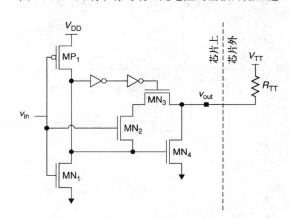

图11.30 带有模拟压摆率控制的GTL发射机电路

11.8 差分电流模式发射机

11.8.1 原理

差分电流模式发射机常用于高速数据传输。此时,发射机的工作是向传输线注入电流。图11.31(a)描述了一个简单的差分发射机设计。该发射机采用互补的输入信号,v_{in}和$(\bar{v}_{in})$,使电路任何时候只有一边导通。所以,发射机用差分输入信号从恒流源处引导电流i_S,进入导通的电路一边。电流流过电源终端匹配电阻R_{TT},在导通电路边产生相应的电压降,而没有电流流动的那边则上拉至V_{DD},从而创建了输出信号电平v_{out}和$(\bar{v}_{out})$。表11.4给出了输入和输出信号关系一览。该表说明差分信号摆幅$(2i_{T_s}R_{TT})$是单端接地系统摆幅的两倍。

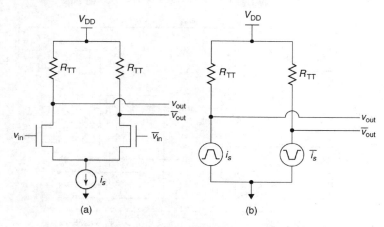

图 11.31 （a）差分电流模式简单发射机设计；（b）线性模型

表 11.4 差分发射机输入和输出信号之间的关系

	$v_{in}/\bar{v}_{in}$	
	低/高	高/低
v_{out}	V_{DD}	$V_{DD} - i_{T_x}R_{TT}$
$\bar{v}_{out}$	$V_{DD} - i_{T_x}R_{TT}$	V_{DD}
$v_{diff} = v_{out} - \bar{v}_{out}$	$i_{T_x}R_{TT}$	$-i_{T_x}R_{TT}$

优势 第 7 章我们已经讨论论过，差分信号传输能提高信噪比（SNR），这使提高数据速率成为可能。信噪比改善的部分原因是差分信号摆幅是单端信号的两倍。此外，流过差分发射机电路的电流几乎是恒定的，极大地抑制了同步开关噪声（SSN）。再者，差分接收机抑制了绝大多部分的共模噪声。差分信号接收机的这些特性较之单端信号系统有着更大的性能扩展空间。

11.8.2 建模

如图 11.31（b）所示，差分电流源发射机的线性模型仅包括偏置/终端电阻以及与之相连的互补瞬态电流源，有时也包括寄生电容。非线性模型与推挽式发射机的非线性模型相似，区别是差分电流源发射机的电流 – 电压关系为饱和曲线，而推挽式电路则更趋线性。

11.8.3 高级设计考虑因素

电流模式发射机的最简形式是一个工作在饱和区（$v_{DS} \geq v_{GS} - v_T$）的 MOSFET 器件，如图 11.31 所示。不过，为了限制输出电流上的变化，电流模式发射机设计通常包括额外的电路以补偿工艺和环境效应。举一个例子，参照图 11.32，它显示了用在低电压差分信号（LVDS）接口的发射机设计[Granberg，2004]。该电路在左侧包含了一个参考电流发生器，它用来偏置在电路右侧的输出缓冲器，目的是产生一个严格控制的输出电流。外部电阻连接到芯片上的参考电路以产生一个 4 mA 参考电流，从而产生了偏置电平 $v_{p,bias}$ 和 $v_{n,bias}$。应用差分信号时，当与 100 Ω 负载电阻相连接时，偏置电压将输出馈入缓冲器，以产生 LVDS 输出摆幅（1.0 ~ 1.4 V）。

值得一提的是，电流模式发射不需要差分信号也可以应用于高速单端信号。低摆幅电流模式传输系统通常比电压模式轨到轨信号更能提供较好的抗噪声性能和功耗[Dally and Poulton，1998]。单端电流模式接口的一个例子是直接内存总线 DRAM 技术[Lau et al.，1998；Granberg，2004]。

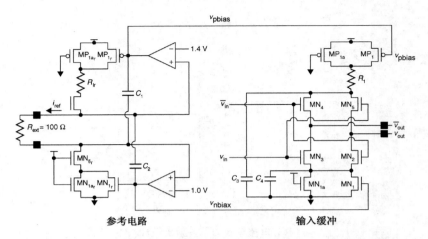

图 11.32　带有可控电流参考的 LVDS 电流模式发射机电路(来自 Gabara[1997])

11.9　低摆幅和差分接收机

因为低摆幅和差分信号技术的输入接收机通常都采用差分放大器,本节将它们放在一起讨论。差分放大器提供了对小信号摆幅的快速瞬态响应。

11.9.1　原理

单端低摆幅和差分信号应用系统中的差分放大器原理上是一样的。在单端应用中,一个输入与参考信号 v_{ref} 相连,而另一个输入与数据信号相连。对于差分信号,放大器的输入与互补的数据信号相连。两类接收机的例子如图 11.33 所示。单端接收机是与 GTL 信号系统一起使用的最原始的设计,摆幅为 800 mV,能在工艺、电压和工作温度等环境下在 $v_{ref} \pm 50$ mV 的范围内切换,以提供较高的噪声裕度[Gunning et al., 1992]。差分接收机是一个自偏置 Chappell 放大器,使用一个内部反馈信号进行偏置电压的调整,以保证电路正常工作[Chappell et al., 1998]。

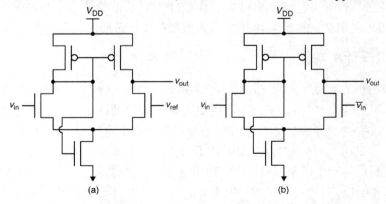

图 11.33　低摆幅和差分信令的接收机电路示例。(a)单端;(b)差分

如上所述,差分放大器能对输入信号的微小变化做出快速响应,因为它们的对称性给出了低输入偏移电压,并使它们对电源波动相对不敏感。差分接收机也抑制了共模噪声,一般具有 -20 dB 或更大的共模抑制比(CMRR)。

11.9.2 建模

基于差分放大器的接收机的建模方法与建立单端接收机模型的方法相同。最简单的模型是一个接地电容与终端匹配并联。有了差分信号，就有多种终端匹配的选择，如图 11.34 所示。由于差分信号的终端匹配通常制作在硅片上，所以相应的电流 – 电压关系呈现出了非线性的特征，需要将其包含在一个行为模型中。此外，模型中也要包括 ESD 保护器件的寄生效应和非线性特性。

11.9.3 高级设计考虑

11.9.1 节的例子主要用以阐明概念，它们只是高性能接收机设计的很宽选择范围中的两个实例。实际上，设计人员有很多选择来改善接收机的各种性能，比如共模范围和输入偏移电压。对此有兴趣的读者，我们推荐 Dally and Poulton[1997] 的书，该书描述了更多关于接收机设计选择和技术的信息。

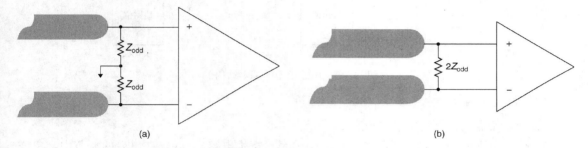

图 11.34 差分信号的终端匹配选择。(a)单端终端匹配；(b)差分终端匹配

11.10 IBIS 模型

我们在 11.1 节中说过，硅片供应商不喜欢为他们的 I/O 电路提供晶体管模型。然而，简单的线性模型往往不能满足高速信号链接的精度要求。为解决该矛盾，业界发展了 I/O 缓冲器信息规范(IBIS)。顾名思义，IBIS 是指定 I/O 电路信息的一种格式。IBIS 创建于 20 世纪 90 年代初，现已成为行业标准，它由 IBIS 论坛拥有且约有 60 家公司支持。IBIS 的会员形形色色，对 IBIS 进行了不断的修改，使之得以满足信号完整性和 I/O 设计工程师不断变化的需要。本节将简述 IBIS 标准，突出其主要内容，提供模型开发过程中较高级别的抽象描述。IBIS 的主要特征包括：

- 发射机，ESD 器件和片上终端匹配的非线性电流与电压关系曲线。
- 发射机上拉和下拉器件的独立的非线性电压与时间关系曲线。
- I/O 电路的焊点电容。
- 单一模型内最小、典型、最大情形模型。
- 多种类型 I/O 的描述，包括差分引脚，漏极开路输出，三态输出和具有迟滞特性的接收机。
- 包含信号质量规范，包括输入逻辑阈值、过冲，等等。
- 标准词法/语法分析工具，一个检查模型语法与标准一致的工具。
- 向后兼容早期各版本的标准下所创建的模型。

有关详情，我们向读者推荐 IBIS 规范[IBIS, 2006]和模型发展"详尽手册"[IBIS, 2005]。

11.10.1　模型结构和发展历程

满足 IBIS 模型的一个基本结构如图 11.35 所示。其 i-v 和 v-t 曲线以表格形式进行详细说明，有最小的、典型的和最大的情况。电源钳位与地钳位表包含 ESD 钳位信息和上拉与下拉晶体管的寄生二极管行为。由于 ESD 电路总是处于活动状态，因而电源和地钳位模型数据可以分别描述或作为一个单独数据表的一部分。这种相同属性也允许片上终端匹配阻抗纳入发射机和接收机的钳位模型中。

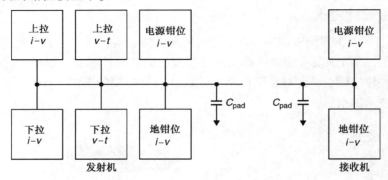

图 11.35　IBIS 模型的基本结构

发展过程包括 4 个主要步骤[IBIS, 2005]：

1. 确定所需的模型特征、复杂度和工作范围。
2. 获取仿真或测量的模型数据（i-v 和 v-t 曲线，寄生电容）。我们在以后的章节中会更详细地讨论这些内容。
3. 将模型转换为 IBIS 格式，并用标准词法/语法分析工具检查这些文件。这个工具检查该模型的语法是否符合 IBIS 标准。IBIS 标准词法/语法分析工具可以从论坛的网站上获得。
4. 验证模型。初始验证是比较驱动参考负载时 IBIS 模型与原始晶体管模型的瞬态响应。最终验证应与实际硅片相关联。

数据提取和 IBIS 格式化可以手动进行，也有自动化工具可用[Varma et al., 2003]。该模型流程可用于单端和差分 I/O，不过必须进行适当修改以处理互补输出，提取共模和差模数据，包括电容等。

11.10.2　生成模型数据

电流-电压(i-v) 曲线　　在构建发射机电路的曲线 i-v 中，输出连接到独立的电压源上，如图 11.36 所示。之后测量电压源电压从 $-V_{DD}$ 变化到 $2V_{DD}$ 时对应的流入焊点的电流。IBIS 遵循流入发射机电流为正的惯例。上拉和下拉器件需要单独的曲线。例如，为获得上拉器件的曲线，基于反相器的推挽式发射机的输入将被设置到地。

接收机或 ESD 钳位电路的电路装置基本相同，区别在于接收机有着独立的电压源连接到输入节点。前文曾提到过，将片上终端匹配并入 IBIS 模型中的方法是将其包含在钳位电路的 i-v 曲线中。这可以在数据提取过程将它包含在钳位电路上，或者单独提取这些曲线然后把它们加在一起来完成。

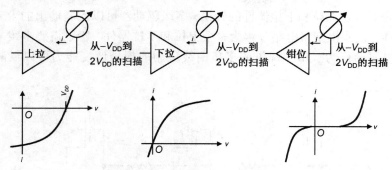

图 11.36 $i\text{-}v$ 曲线提取过程

为精确描述曲率，在 $i\text{-}v$ 特性急剧弯曲区域附近，数据表应该使用足够多的数据点。在模型中，IBIS 不要求等间距的数据点，因此在线性区不必包括过多的数据点。另外，如图 11.37 所示，上拉和电源钳位的 $i\text{-}v$ 曲线是以 V_{DD} 为参考的，而下拉式和地钳位是与地为参考的。

电压-时间曲线 发射机的输出波形可用表格表示，该表格详细地列出了输出电压-时间（$v\text{-}t$）。这些 $v\text{-}t$ 表是用发射机驱动一个测试负载时测试所得的。测试负载通常是一个连接到适当的电源上的 50 Ω 电阻，如下所述。实际的 $v\text{-}t$ 数据是通过仿真上升和下降沿产生的，此时发射机的输出通过测试电阻连到各个轨，如

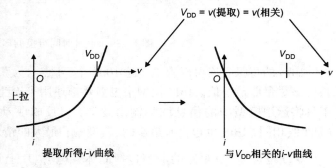

图 11.37 与 V_{DD} 相关的 $i\text{-}v$ 曲线生成

图 11.38 所示。对于一个推挽式发射机，最少需要 4 条 $i\text{-}v$ 曲线，如图所示。所有曲线在时间上都必须是相关联的，也就是说它们都是从同一时间参考点开始。使用这些相互关联的曲线，IBIS 模型能够捕获上拉和下拉器件的独立开关效应。这对建立"先断后合"电路的模型特别有用，比如习题 11.1 中所涉及的电路。它也允许"多级"输出驱动器的支持，现描述如下。

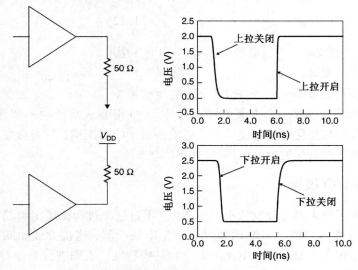

图 11.38 推挽式 IBIS 模型的电压-时间曲线

通过在时间上展宽上拉和下拉器件的转换,多级驱动器可以控制输出的上升和下降时间(参见图11.39)。这些模型将电路分解为多个上拉和下拉器件,所以需要多组 v-t 和 i-v 曲线以准确地模拟电路的行为。IBIS 提供的多条曲线应用的规划调度能力可以反映分级转换的行为。

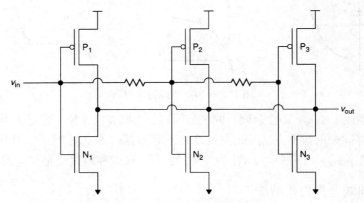

图 11.39　上升时间可控的多级发射机

IBIS 的每张表格可以容纳多达 1000 个 v-t 点。为获得最大的分辨率,表中所用的时间步长应该尽量取最小值。IBIS 模型中也需要描述用来产生 v-t 表的测试负载。信号完整性仿真工具将运用模型中的信息调整输出波形,以反映驱动实际系统负载时的行为。与 IBIS 的 i-v 曲线相同,IBIS 也包含有最小的、典型的和最大的情形下各自的 v-t 曲线。

I/O 电容　I/O 电路的电容包括晶体管电容、片上互连电容和芯片焊点电容,它有最小、典型和最大情形值。设计人员有着多种提取 I/O 电容值的选择。这里只讨论其中的一种。我们在 I/O 焊点处将电路连接到一个交流电压源,以得到所有可能产生的电容,如图 11.40 所示。通过测量流入电路的电流,可用下式计算电容:

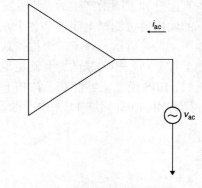

$$C_{\text{comp}} = \frac{-\text{Im}(i_{\text{ac}})}{2\pi f v_{\text{ac}}} \qquad (11.12)$$

其中,f 是交流电源的频率,v_{ac} 是电源的振幅,$\text{Im}(i_{\text{ac}})$ 是流入交流电源的电流的虚部。

图 11.40　提取 I/O 电容的电路

如果 I/O 电容可能受到电路偏置(直流)电压的影响,我们必须在交流电源上包含一个直流偏移。此外,I/O 电容通常随频率和外加电压而变化,因此在这两个参数扫描变化时推荐使用多重提取。对于给定模型,只需选择与预期转换频率和系统中的偏置电压相对应的电容值即可[IBIS, 2005]。

11.10.3　差分 I/O 模型

IBIS 标准包含了确定差分收发机模型的能力,不过这个过程比确定单端电路模型的过程更复杂。一个差分模型使用了一驱动器对和一个串联模型,连接方式如图 11.41(a)所示。这种结构使该模型包含了差分 I/O 电路的差分和共模特性。正确进行差分 I/O 的建模还需要共模和差模 i-v 表的规范。所以,必须提取和分离共模和差模电流。v-t 表的提取采用与单端发射机相同的技术,不过要在输出引脚之间增加一个电流源以消除晶体管模型内的差分电流,如图 11.41(b)所示。I/O 电容必须包含两信号之间的差分电容,如图 11.41(c)所示,差分电容及总电容表示为:

$$C_{\text{diff}} = \frac{-\text{Im}(i_{\text{dc}})}{2\pi f v_{\text{ac}}} \tag{11.13}$$

$$C_{\text{comp}} = \frac{-\text{Im}(i_{\text{dc}}) - \text{Im}(i_{\text{ac}})}{2\pi f v_{\text{ac}}} \tag{11.14}$$

其中, i_{dc} 是通过直流电压源的测量电流, i_{ac} 是通过交流电压源的测量电流, v_{ac} 是交流源的振幅。只有在差分信号的两焊点之间存在一个电抗路径的情况下,流过直流源的电流才会有虚部。

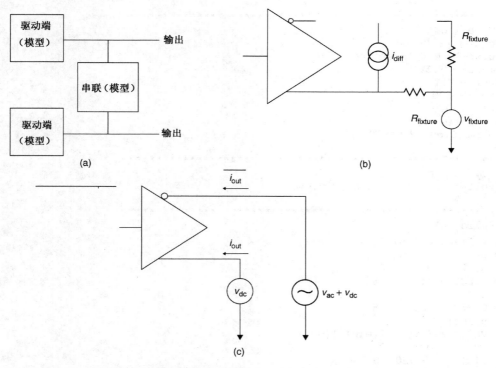

图 11.41　(a)IBIS 差分模型结构;(b)v-t 提取装置;(c)电容提取装置

最后要说明每秒数吉比特的差分信号仍处于发展的初级阶段,而 IBIS 规范还没有完全将那些高性能链接的要求包含在内,不过该标准将会持续发展以期在不久的将来能达到这个目标。

11.10.4　IBIS 文件范例

本节将给出一个非常基本的 IBIS 模型文件的例子,该文件包含了一个推挽式发射机的模型。IBIS 关键词包含在方括号中。注意,IBIS 还包含若干条款以详细说明封装信息的,并且包含了缓冲器数据相关的封装和引脚列表,使后面的布局分析成为可能,不过这里不再赘述。

```
|**********************************************************
[IBIS Ver] 2.1
[File name] sample.ibs
[File Rev] 0.0
[Date] August 31, 1999
```

```
[Source] Data Book
[Notes] Default model for source.
[Disclaimer] This information is modeling only.

|********************************************************
[Component] Driver
[Manufacturer] Generic
[Package]
| typ min max
R_pkg 0 NA NA
L_pkg 5.0nH NA NA
C_pkg 2.0pF NA NA
[Pin] signal_name model_name R_pin L_pin C_pin
1 UNKNOWN out NA NA NA

|********************************************************
[Model] out
Model_type Output
Polarity Non-Inverting
Vmeas = 1.5V
Cref = 15pF
Rref = 500
Vref = 0.0
| typ min max
C_comp 5.5pF 2.0pF 8.0pF

|********************************************************
| typ min max
[Voltage range] 3.3V 3.0V 3.6V

|********************************************************
[Pulldown]
| Voltage I(typ) I(min) I(max)
0 0      0       0
1 0.150 0.075 0.225
2 0.230 0.115 0.345
  ...     ...     ...     ...
3 0.270 0.135 0.405
[Pullup]
| Voltage I(typ) I(min) I(max)
0 0      0       0
1 −0.240 −0.120 −0.360
2 −0.320 −0.160 −0.480
  ...     ...     ...     ...
3 −0.340 −0.170 −0.510
[GND_clamp]
| Voltage I(typ) I(min) I(max)
−1.0 −0.100 −0.050 −0.150
−0.5 −0.020 −0.010 −0.030
−0.4 0      0       0
  ...     ...     ...     ...
0    0      0       0
[POWER_clamp]
| Voltage I(typ) I(min) I(max)
−1.0 0.100 0.050 0.150
−0.5 0.020 0.010 0.030
−0.4 0     0      0
  ...    ...    ...    ...
0    0     0      0
```

```
|***************************************************

[Ramp]
| variable typ min max
dV/dt_r 1.980/3.300n  1.800/3.750n 2.16/2.900n
dt/dt_f 1.980/3.250n  1.800/3.550n 2.16/2.860n
R_load = 50
|
[Falling Waveform]
| typ min max
R_fixture = 50
V_fixture = 3.3
V_fixture_min = 3.15
V_fixture_max = 3.45
0.000ns   3.300 3.150 3.450
0.300ns   3.250 3.110 3.390
 ...      ...   ...   ...
5.000ns   0.000 0.000 0.000
|
[Rising Waveform]
|| typ min max
R_fixture = 50
V_fixture = 3.3
V_fixture_min = 3.15
V_fixture_max = 3.45
0.000ns   0.000 0.000 0.000
0.300ns   0.050 0.040 0.060
 ...      ...   ...   ...
5.000ns   3.300 3.150 3.450
|
|***************************************************
 [End]
```

11.11　小结

本章我们描述了当代高速 I/O 电路的原理和建模，包括发射机、接收机和片上终端匹配。深入了解这些电路的行为对得到高速信号系统的成功设计方案是非常重要的。信号完整性工程师，在详细了解这些知识的基础上，与自己的 I/O 电路对应部分相结合，将拥有一个优化高速信号系统设计的重要手段。

参考文献

I/O 电路设计仍是一个十分活跃的研究领域，每年都有数十篇文章发表在会议论文集和技术期刊上。这里我们将不对全部已有文献进行详尽的概述。若想对 I/O 和 ESD 电路进行更全面的了解，推荐 Dabral and Maloney[1997] 和 Dally and Poulton[1997] 的书。Dabral and Maloney 的工作更着重于技术基础，而 Dally and Poulton 则提供了更全面的方法。Granberg[2004]编撰了一个全面的参考文献，其中包括大量的 I/O 技术和标准的技术数据，包括内存和每秒数吉比特的串行链接。

Boni, Andrea, Andrea Pierazzi, and Davide Vecchi, 2001, LVDS I/O interface for Gb/s-per-pin operation in 0.35-μm CMOS, *IEEE Journal of Solid-State Circuits*, vol. 36, no. 4, Apr., pp. 706−711.

Chappell, Barbara, et al., 1998, Fast CMOS ECL receivers with 100-mV worst-case Sensitivity, *IEEE Journal of Solid-State Circuits*, vol. 23, No. 1, Feb., pp. 59–67.

Dabral, Sanjay, and Timothy Maloney, 1998, *Basic ESD and I/O Design*, Wiley-Interscience, New York.

Dally, William, and John Poulton, 1998, *Digital Systems Engineering*, Cambridge University Press, Cambridge, UK.

Esch, Gerald, Jr., and Tom Chen, 2004, Near-linear CMOS I/O driver with less sensitivity to process, voltage and temperature variations, *IEEE Transactions on Very Large Scale Integration Systems*, vol. 12, no. 11, Nov.

Gabara, Thaddeus, and Scott Nauer, 1992, Digitally adjustable resistors in CMOS for high performance applications, *IEEE Journal of Solid-State Circuits*, vol. 27, no. 8, Aug., pp. 1176–1185.

Gabara, Thaddeus, and David Thompson, 1998, Ground bounce control in CMOS integrated circuits, *Proceedings of the 1988 IEEE International Solid-State Circuits Conference*, pp. 88–90.

Gabara, Thaddeus, et al., 1997, *LVDS I/O Buffers with a Controlled Reference Circuit*, IEEE Publ. 1063-0988/97, IEEE Press, Piscataway, NJ, pp. 311–315.

Granberg, Tom, 2004, *Digital Techniques for High-Speed Design*, Prentice Hall, Upper Saddle River, NJ.

Gunning, Bill, et al., 1992, A CMOS low-voltage-swing transmission-line transceiver, *Proceedings of the 1992 IEEE International Solid-State Circuits Conference*, pp. 58–59.

Hall, Stephen, Garrett Hall, and James McCall, 2000, *High-Speed Digital System Design*, Wiley-Interscience, New York.

IBIS Open Forum, 2005, *IBIS Modeling Cookbook for IBIS Version 4.0*, http://www.eigroup.org/ibis/, Sept. 15.

IBIS Open Forum, 2006, *IBIS (I/O Buffer Information Specification), Version 4.2*, http://www.eigroup.org/ibis/, June.

Intel Corporation, 2002, *AGP V3.0 Specification*, revision 1.0, Intel Press, Hellsboro, OR, Sept.

Intel Corporation, 2005, *64-Bit Intel® Xeon™ Processor with 2MB L2 Cache*, Document 306249-002, Intel Press, Hillsboro, OR, Sept.

Lau, Benedict, et al., 1998, A 2.6-Gbyte/s multipurpose chip-to-chip interface, *IEEE Journal of Solid-State Circuits*, vol. 33, no. 11, Nov., pp. 1617–1626.

Rabaey, Jan, Anantha Chandrakasan, and Borivoje Nikolić, 2003, *Digital Integrated Circuits: A Design Perspective*, 2nd ed., Prentice Hall, Upper Saddle River, NJ.

Synopsis, Inc., 2006, *HSPICE® Simulation and Analysis User Guide, Version Y-2006.3*, Synopsis, Mountain View, CA, Mar.

Texas Instruments, 1996, *The Bergeron Method: A Graphic Method for Determining Line Reflections in Transient Phenomena*, Document SDYA014, Texas Instruments, Dallars, TX, Oct.

Varma, Ambrish, et al., 2003, The development of a macro-modeling tool to develop IBIS models, *Proceedings of the IEEE 12th Topical Meeting on Electrical Performance of Electronic Packaging*, Oct. 27–29, pp. 277–280.

Wang, Niantsu, 1989, *Digital MOS Integrated Circuits*, Prentice Hall, Upper Saddle River, NJ.

习题

完成以下习题时，请使用表 11.5 中的器件参数。

11.1　描述图 11.42 所示的先断后合电路的工作原理。

11.2　构建图 11.43 所示推挽式发射机的 i-v 曲线并运用它们计算输出阻抗。

表 11.5　0.25 μm 工艺的器件参数

	NMOS	PMOS
$V_{T0}(\text{V})$	0.43	-0.4
$\gamma(\text{V}^{1/2})$	0.4	-0.4
$V_{D,\text{SAT}}(\text{V})$	0.63	-1
$k(\text{A}/\text{V}^2)$	115×10^{-6}	-30×10^{-6}
$\lambda(\text{V}^{-1})$	0.06	-0.1

来源:Rabaey et al. [2003]。

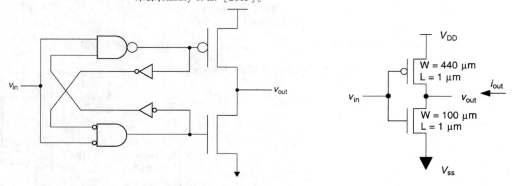

图 11.42　先断后合推挽式发射机电路　　　　图 11.43　习题 11.2 推挽式发射机

11.3　解释图 11.39 中分级电路是如何在电路的输出处提供可控的上升时间的。画出预期的输出波形。

11.4　描述图 11.14 所示施密特触发器接收机的工作原理。

11.5　试用伯杰图分析图 11.18 中电路的下降沿的响应。

11.6　试用伯杰图分析图 11.44 所示电路的上升沿。

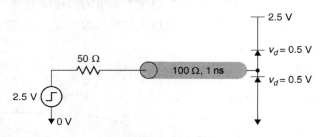

图 11.44　习题 11.6 二极管匹配终端电路

11.7　描述图 11.30 所示的 GTL 发射机电路是如何减慢上升沿转换以降低由于寄生封装电感所产生的振铃的。

11.8　试用伯杰图分析图 11.45 远端匹配终端漏极开路电路。

11.9　试分析图 11.45 两个漏极开路电路。所产生的波形有何不同?哪一个很可能有能力支持更高的数据转换速率?

11.10　线或故障:图 11.46 电路在各端都有发射机,而接收机电路在中间附近。最初,右边发射机低下拉电路(pulls the circuit low)而左边的发射机是关断的。在 $t = 0$ 时刻,左边发射机开启,右边发射机关断。画出接收机的波形。

11.11　试用表 11.5 中的器件参数计算图 11.47 所示片上匹配终端电路的电流 – 电压曲线,并估算有效的匹配终端电阻。

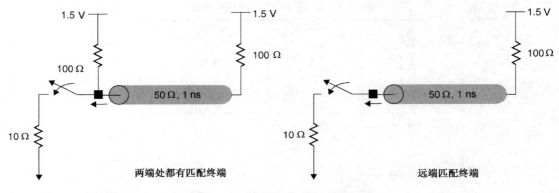

两端处都有匹配终端　　　　　　　　远端匹配终端

图 11.45　习题 11.8 漏极开路电路

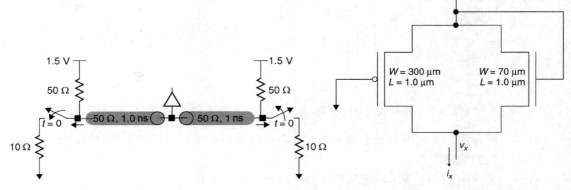

图 11.46　习题 11.10 线或电路　　　　　图 11.47　习题 11.11 的 FET 匹配终端电路

11.12　讨论图 11.34 所示单端和差分匹配终端方案可能的优缺点。

11.13　画出图 11.48 所示的发射机和接收机负载线的伯杰图,其中发射机和接收机通过 70 Ω 传输线相连。

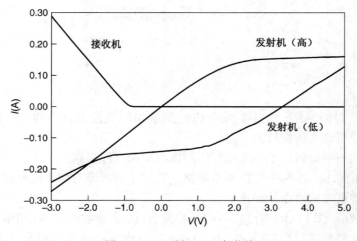

图 11.48　习题 11.13 负载线

第 12 章　均　　衡

我们已经讨论了摩尔定律的影响，它推动了芯片间的数据带宽的不断提升。同时，我们还证实了传输线路中串扰和损耗等非线性特性对信号完整性和时序有重要的影响。这些影响在每秒数吉比特的速度下占支配作用，造成对信号的"玷污"，一个常见的现象就是码间串扰（ISI）。ISI 增加了信号的摆幅，这降低了时序裕度；同时引起了信号的失真，这减小了芯片间链路的电压裕度。均衡就是为了解决这些问题应运而生的。ISI 可以减少 ISI 产生的时序摆幅和由于电路的非线性特性造成的电压裕度的下降，特别是高速互连上的损失。

本章，我们会采用基于信道化的通信方法来分析信号接口。通信工程师把 I/O 电路和互连（也就是信道）当做滤波器，如图 12.1 所示。在前面的章节中，我们关注了 I/O 和互连的低通滤波效应。通过把系统看成一系列滤波器包括均衡器的组合方式，我们可以确定一个给定的均衡器的参数特性。

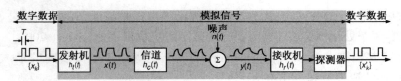

图 12.1　高速信号接口的通信信道视图

12.1　分析与设计背景

在考虑均衡器分析和设计之前，必须复习一些必需的背景知识。首先，通过检验最大传输速率的需求来分析高速系统中采用均衡器的原因。接着，将讨论线性时不变系统（LTI）的概念，以及怎样用它们的性质来分析高速信号的行为。最后，我们对比了一个理想互连的特征与物理上可实现的互连特征。

12.1.1　最大数据传输容量

香农容量定理决定了信息能在信道中传输速率的上限[Shannon, 1949]。这个定理被广泛地运用到通信研究和实践中。我们提供一个启发式的信道容量方程推导，从而帮助理解常规互连方式下，能够多大程度地接近理论极限；然后接着还将证明均衡技术是怎么让我们更加接近实现最高速度的。

定义数据传输率为每秒钟传输的符号数（S）和每个符号数所包含的比特数的（B）的乘积：

$$D = SB \tag{12.1}$$

符号传输速率与信道带宽的奈奎斯特速率[Nyquist, 1928]有直接关系：

$$S = 2BW \tag{12.2}$$

式中 BW 是带宽。为直观地理解式（12.2），考虑一个简单的二进制不归零（NRZ）信号序列。在图 12.2 中显示了一个重复频率 f 的周期脉冲和一系列的具有相同的基本频率的随机数据序列。单一符号被包含在连续的边沿处，每个位置之间相隔 T_{symbol}，完整周期是两倍的符号宽度。对周期信号来说，信号带宽等于它的重复频率[①]。也就是说，在一个周期内可以得到两个符号。

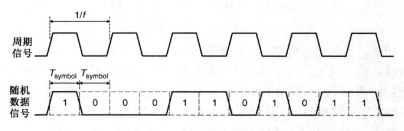

图 12.2　二进制 NRZ 信号的符号速率图解

香农工作的其中一个成果阐述了在无误传输的前提下，每个符号中可以被传输的最多比特数 B，可以由信号的平均功率 P_s 和噪声功率 P_n 通过式(12.3)确定：

$$B = \frac{1}{2} \log_2 \left(1 + \frac{P_s}{P_n} \right) \tag{12.3}$$

P_s/P_n 也被称为信噪比(SNR)。在式(12.3)中假设噪声都是高斯型的，也就是说，噪声在信号带宽内的所有频率处是恒定的，这与实际的数字系统也很接近[Sklar，2001]。

结合前面的方程进一步得到了 Shannon-Hartley 定理，它把每秒内的最大数据传输率(b/s)表示成互连信道带宽和 SNR 的函数：

$$D = \mathrm{BW} \log_2(1 + \mathrm{SNR}) \tag{12.4}$$

式(12.4)表明通过增加信号的信噪比或增加信号的带宽，可以增加芯片间互连吞吐量。然而，印制电路板线路损耗的性质往往会抵消增加信号带宽带来的好处，因为信号在高频互连传输时衰减较为严重，从而限制了可用带宽。我们期待使用一种均衡技术来对付传输线系统的低通效应，使我们能够达到实现提高信号带宽带来的好处。

12.1.2　线性时不变系统

在讨论和设计均衡器之前，需要引入线性时不变的概念。由于我们的目的是利用均衡技术对付输电线路的低通效应对系统的影响，我们将在频域内研究均衡器和互连的行为。但无论是在时域内还是频域内分析系统，线性时不变的假设都给我们带来方便。

在线性系统中，系统输出 $y(t)$，由输入 $x(t)$ 线性决定。数学上，它们之间的关系可以表示为：

$$y(t) = f[cx(t)] = cf[x(t)] \tag{12.5}$$

此外，线性也意味着系统的输入和输出之间的关系满足叠加性质。也就是说，如果系统输入可以表示为多个输入分量的总和 $x(t) = \sum_i x_i(t)$，则输出等于每个输入分量单独通过系统所得值的总和：

[①]　实际数字信号包含高于基本频率的谐波频率能量，我们可以如 8.1.3 节所推导的那样，由上升沿时间估算(BW ≈ 0.35/t_r)。不过，此处仅考虑基本频率。

$$y(t) = \sum_i f[x_i(t)] = \sum_i y_i(t) \tag{12.6}$$

这些都是有趣的结论，我们将在每秒数吉比特量级系统中使用它们。但我们才刚刚开始触及问题的表面，更多的关于 LTI 系统方面的研究将会涉及冲激响应，传递函数的概念以及时域和频域之间的等价。在时域，系统的冲激响应 $h(t)$ 通过卷积将输入和输出联系起来：

$$y(t) = \int_{t=-\infty}^{\infty} h(t-\tau)x(\tau)\,\mathrm{d}\tau = h(t) * x(t) \tag{12.7}$$

其中 * 是卷积运算符。冲激响应是系统对冲激函数的响应，冲激函数 $\delta(t)$ 具有如下性质：除在 $t = 0$ 以外的任意点它都为 0；所围区域面积为 1（参见图 12.3）：

$$\delta(t) = \begin{cases} 0, t \neq 0 \\ \infty, t = 0 \end{cases} \quad \text{以及} \quad \int_{t=-\infty}^{\infty} \delta(t)\,\mathrm{d}t = 1 \tag{12.8}$$

式（12.7）卷积运算所表示的积分式可能很烦琐。更简单的替代方法是在频域内进行该运算，在频域内该运算只是一个简单的相乘：

$$Y(f) = H(f)X(f) \tag{12.9}$$

式子中的 $Y(f)$，$H(f)$ 和 $X(f)$ 是 $y(t)$，$h(t)$ 和 $x(t)$ 的频域表达式。

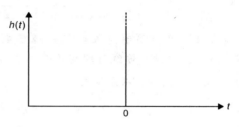

图 12.3 脉冲函数

我们使用傅里叶变换可以在频域内得到如下形式：

$$H(f) = \int_{t=-\infty}^{\infty} h(t)\mathrm{e}^{2\pi \mathrm{j} f t}\,\mathrm{d}t \tag{12.10}$$

其中 f 是频率，以赫兹为单位。我们注意到 $H(f)$ 的单位是由 $h(t)$ 的单位乘以秒。例如，如果 $h(t)$ 是无量纲的，$H(f)$ 的单位就是秒。如要重新得到时域内的结果，则需要运用反傅里叶变换。

$$h(t) = \int_{f=-\infty}^{\infty} H(f)\mathrm{e}^{-2\pi \mathrm{j} f t}\,\mathrm{d}f \tag{12.11}$$

图 12.4 总结了输入和输出之间的时域–频域转换和关系式，注意，冲激响应的频域表达式 $H(f)$ 也被称为传递函数。通常，频域表达式是复数形式，而时域表达式则是实数形式。

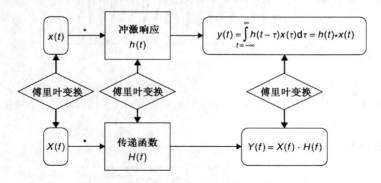

图 12.4 LTI 系统中的时域/频域之间的关系

例12.1　PCB 上差分传输线对的传递函数。图 12.5 显示了印制电路板上 0.381 m 长的传输线对的传递函数。该传递函数在参考频率 $f_0 = 1$ GHz 处具有如下性质：

$$L = \begin{bmatrix} 3.299 & 0.407 \\ 0.407 & 3.299 \end{bmatrix} \text{nH/cm} \qquad C = \begin{bmatrix} 1.098 & 0.085 \\ 0.085 & 1.098 \end{bmatrix} \text{pF/cm}$$

$$R = \begin{bmatrix} 509.1 & 60.63 \\ 60.64 & 509.1 \end{bmatrix} \text{m}\Omega\text{/cm} \qquad G = \begin{bmatrix} 0.131 & 0.012 \\ 0.012 & 0.131 \end{bmatrix} \text{mS/cm}$$

这个差分传递函数是通过式(6.49)计算出来的，这里运用 Johnson and Graham[2003] 描述的方法，即假设没有反射并且传播常数中没有奇模值，得到：

$$H_{\text{PCB}}(f) = \frac{v_{\text{out}}}{v_{\text{in}}} = e^{-\gamma(f)l} \tag{12.12}$$

其中：

$$\gamma(f) = \sqrt{[R_{\text{odd}}(f) + j2\pi f L_{\text{odd}}(f)][G_{\text{odd}}(f) + j2\pi f C_{\text{odd}}(f)]} \tag{12.13}$$

式(12.13)中与频率有关的传输线参数是用在第 10 章提出的因果建模方法计算得到的。式(12.12)假设传输线有理想的终端电路匹配，因而没有反射波[1]。图 12.5(a)显示的是传递函数幅度的大小，以分贝表示。

$$|H_{\text{PCB}}| = 20\log[\sqrt{\text{Re}(H_{\text{PCB}})^2 + \text{Im}(H_{\text{PCB}})^2}] \qquad \text{dB}$$

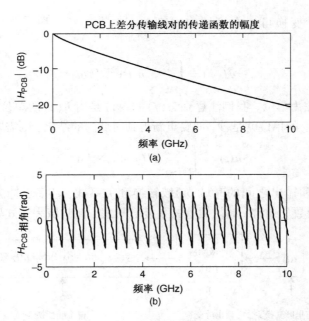

图 12.5　基于 PCB 的有损差分传输线对的频率响应。(a)幅度；(b)相位

---

[1]　一个有端接的传输线的传递函数等于

$$\frac{1}{\left(1 + \frac{R_{\text{Tx}}}{R_{\text{Rx}}}\right) \frac{e^{\gamma l} + e^{-\gamma l}}{2} + \left(\frac{Z_0}{R_{\text{Rx}}} + \frac{R_{\text{Tx}}}{Z_0}\right) \frac{e^{\gamma l} - e^{-\gamma l}}{2}}$$

其中 R_{Tx} 和 R_{Rx} 分别是发射端和接收端的端接参数，Z_0 是频变的特征阻抗。如果假设 $R_{\text{Tx}} = R_{\text{Rx}} = Z_0$，则传递函数变成 $\frac{1}{2}e^{-\gamma l}$。差分传递函数将有两倍的振幅，即 $H(f) = e^{-\gamma l}$。

图 12.5(b)表示的是由实部和虚部构成的相位角。

$$\angle H_{\text{PCB}} = \arctan \frac{\text{Im}(H_{\text{PCB}})}{\text{Re}(H_{\text{PCB}})} \quad \text{rad}$$

图 12.6 给出了差分对的冲激响应, 是用式(12.11)计算得到的。

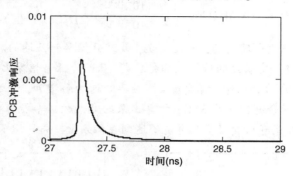

图 12.6 PCB 上有损差分传输线对的冲激响应

12.1.3 理想连线与实际连线

我们已在时域或者在频域分析了一个信号系统的行为, 接下来可以考虑传输线的损失对系统性能的影响。完成这部分工作后就可以进行对均衡器的概念和设计的学习。首先我们研究理想互连的特点。

一个理想的互连信道可以无失真地将信号从信源(发射电路)传输到信宿(接收电路)。信号失真有两种形式, 即幅度失真和相位失真。幅度失真主要是由于信号不同频率分量的衰减不一致造成的, 而相位失真由于传播速度对频率的依赖性造成不同频率分量的相位关系在传输线中发生变化。幅度失真在传递函数的幅频响应图形中显示出来, 而相位失真可以在传递函数的相频响应图形中被观察到。

无失真传输如图 12.7 所示, 它显示的是在所有信号在所有导体和电介质中的衰减都已被忽略, 并且介电常数保持恒定不受频率影响的条件下, 上一节例子中差分传输线的传递函数和冲激响应。由于衰减被忽略了, 所以, 在所有频率下, 传递函数的幅值恒定为 1(也就是0 dB)。此外, 冲激响应呈现出来的是一个几乎没有任何拖尾的尖峰。

例 12.2 理想互连的最大数据率能力。在这个例子中, 我们使用 Shannon-Hartley 定理来计算一个理想的传输频率可以达到 10 GHz 的信道的最大传输能力的理论值, 并且假设信号中频率没有大于 10 GHz 的能量存在。使用 Shannon-Hartley 定理:

$$D = \text{BW} \log_2 \left(1 + \frac{P_s}{P_n} \right)$$

可以得到带宽信息, 但是我们还需要知道信号和噪声的功率谱密度。

假设在信道中存在的噪声为白噪声, 所以它在整个频率带内是均匀分布的[Sklar, 2001]。一个合理的噪声电压谱为 $V_{\text{niose}} = 10^{-7} \text{ V} \cdot \text{s}^{0.5}$。功率谱可近似为 $P_{\text{niose}} = V_{\text{niose}}^2 = 10^{-14} \text{ V}^2 \cdot \text{s}$(因为功率与 V^2 成正比, $P = V^2/R$)。由于我们的目标是估计理论最大数据率, 故可以假设信号在整个带宽内以 1 V 的幅值均匀分布。信号谱等于:

$$V_s = \frac{1\ \text{V}}{\sqrt{10\ \text{GHz}}} = 10^{-5}\text{V} \cdot \text{s}^{0.5}$$

信号的功率谱与 P_s 成正比，$P_s = V_s^2 = 10^{-10}\ \text{V}^2 \cdot \text{s}$。

最大数据率传输能力可以表达为：

$$D = (10\ \text{GHz}) \log_2 \left(1 + \frac{10^{-10}\text{V}^2 \cdot \text{s}}{10^{-14}\text{V}^2 \cdot \text{s}} \right) \approx 133\ \text{Gb/s}$$

在这个例子中，互连被假设成理想的，也就是说，最大数据率和互连的物理长度没有关系。然而，实际上，信号每经过一定长度的传输线都会衰减，从而降低了信噪比，因此理论极限实际上是与传输线的长度有关系的。此外，由于衰减随频率的增加而增加，通过将信号带宽分解成子带的方式，其中每个子带含有独立的 SNR，计算出来的最大数据率能力也会增加。这样做，实现了使用小 SNR、高频率的子带携带数据并能够达到在低频时较高 SNR 同样的效果。

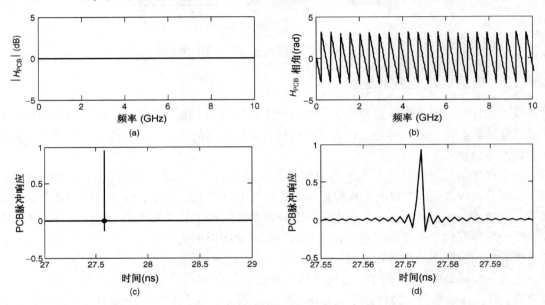

图 12.7　PCB 上无损无色散差分传输线对的传递函数和冲激响应。(a)分贝表示的传递函数幅度；(b)弧度表示的传递函数相位；(c)冲激响应；(d)冲激响应(特写)

图 12.7 所示的是一个理想高速互连的时域和频域响应。实际的互连，如 FR4 印制电路板，与理想的互连有一定差别，如图 12.8 所示。图 12.8(a)[①]中所示的幅度曲线代表的是信号在 2.1 GHz 附近(也就是 4.2 Gb/s 信号的基频)频率下通过我们前面例子中提到的损耗线中的信号衰减了 50%(-6 dB)。在下一个章节，将证实该互连信道中的损耗将把 4.2 Gb/s 数据信号的“眼图”完全闭合。

图 12.8(b) 中的相频响应揭示了显著的相位失真，图 12.8(c) 中可以看出从低频到 4 GHz 传播速度大约有 9% 的差异。比较理想和实际情况的冲激响应时，这两种效应都很明显。注意图 12.8(d) 中的理想冲激响应的峰值比图 12.8(e) 中考虑损耗后的响应的峰值大很

---

① 该图画出了传递函数的幅值，功率比被描述成 $20\log[H(f)/H_0]$，其中 $H(f)$ 是在频率 f 下的电压传递函数，H_0 等于 1。

多倍,而拖尾的持续时间则要短很多。本质上,理想互连比非理想互连的作用效果更加接近于冲激函数,因为非理想互连衰减并扩散了信号能量。

其他两个画出来的冲激响应也是值得注意的。首先,理想冲激响应线下面所围得的面积比非理想情况下的大很多。无损耗的理想冲激响应在该区域的积分等于 1,这个结果通过冲激响应的定义也可以得到。另一方面,非理想冲激响应的积分会小于 1,这个结果通过分析互连中的损耗也可以得到论证。

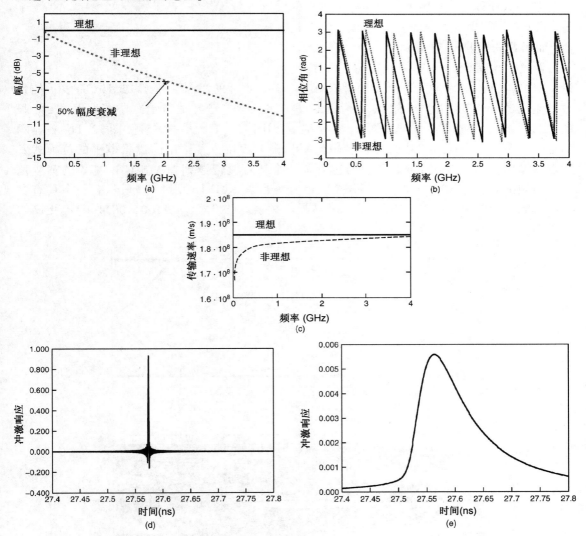

图 12.8　理想和实际互连时域和频域响应的比较。(a)传递函数幅度;(b)传递函数相位;(c)传输速率;(d)理想互连的冲激响应;(e)非理想互连的冲激响应

我们注意到冲激响应的第二个特点是理想互连冲激响应的振荡特性。这其实是由于理想冲激的行为类似于一个矩形滤波器,该滤波器的截止频率为 0 和 f_{max}。理想矩形滤波器的冲激响应可以表示为如下的 sinc 函数形式[Sklar, 2001],曲线如图 12.9 所示。

$$h(t) = 2f_{max}\frac{\sin[2\pi f(t-t_0)]}{2\pi f(t-t_0)} = 2f_{max}\ \text{sinc}\ 2\pi f(t-t_0)$$

12.1.4　均衡概述

　　高频互连的研究结果证明，它们常常会给高速信号带来低通效应，进而造成幅度和相位失真。典型的结果就是互连信道关闭数据的"眼图"。一个眼图由数据流中许多连续的比特叠加构成。"眼图"的张开程度经常用来验证信号完整性的质量，张开的"眼图"通常表示一个可以恢复的比特流，而闭着的"眼图"通常表示一个被破坏了的、不可恢复的比特流。眼图在第 13 章中有详细讨

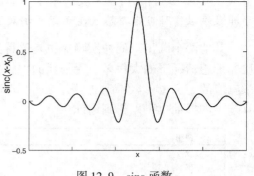

图 12.9　sinc 函数

论。图 12.10(a)表示的是一个在发射端输出的一个张开的"眼图"，图 12.10(b)表示的是数据流经过一个有衰减的互连传播后的眼图。注意互连已经显著地减小了张开着的"眼图"的区域。为了加深对概念的理解，我们考虑如图 12.11 所示的波形。图 12.11(a)显示的是一个包含每个连续比特的交替逻辑电平和多个比特位置给定的逻辑电平的位模式发射端的输出。结果是，信号的功率谱包含了一个从直流跨越到超过 5 GHz 基频的宽频范围。高频部分比低频部分和直流部分衰减得更为严重，如图 12.11(b)所示。一个具有交替逻辑电平的位模式(如 101010)比那些转换不频繁的位模式(如 110011001100)有更高的基频率。

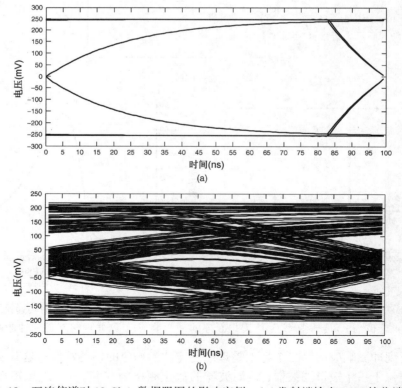

图 12.10　互连信道对 10 Gb/s 数据眼图的影响实例。(a)发射端输出；(b)接收端输入

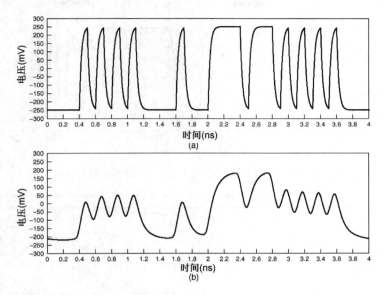

图 12.11 互连信道对 10 Gb/s 信号波形的影响实例。(a)发射端输出；(b)接收端输入

由于衰减随着频率的增加而增加，一个有着较高频率分量的位模式衰减得也会更为严重。换句话说，对快速的位模式而言，信号"对互连充电"和转换到最大值所花的时间将会比发射机翻转速率更大。这就是码间串扰(ISI)。因为高频和低频衰减的不一致性是造成 ISI 的原因，则衰减曲线的斜率比它的幅值更值得我们关注。

我们希望均衡器可以对付互连中造成高频信号比低频信号衰减的更加严重的低通特性。因此，我们希望均衡器可以按照与信号衰减完全相反的规律放大信号。数学上可表示为：

$$H_{eq}(f) = H_{channel}^{-1}(f) \qquad (12.14)$$

简单地说，理想的均衡器有着与信道传递函数完全相反的传递函数，这就形成了一个高通滤波器。图 12.12 阐述了这种观点，证明了理想的均衡器不仅能对付由互连造成的幅度失真，也能修正相位失真。如图 12.13 和图 12.14 所演示的一样，一个理想的均衡器可以完全抵消互连对信号带来的失真，重构信号与原始信号一致，在波形和眼图上都和发射机输出的原信号完全符合。

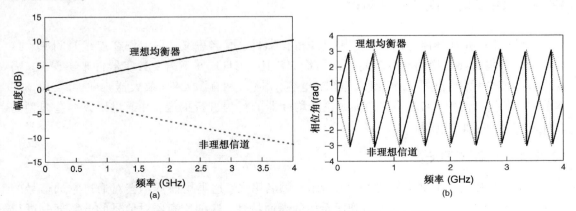

图 12.12 理想均衡器的传递函数。(a)幅度；(b)相位

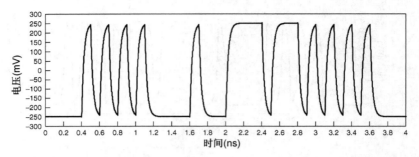

图 12.13　理想均衡器处理之后图 12.11 中有损信号的重构波形

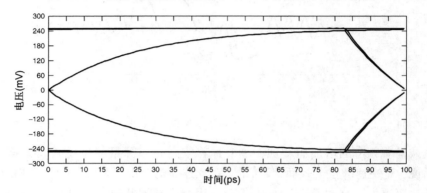

图 12.14　理想均衡器对图 12.10 中数据眼图的影响

　　实际上，功率和器件上的局限性使设计一个理想的均衡器变得不切实际。然而，为了利用均衡器的优点，我们并不需要均衡器那么理想，这一点在这一章后面的部分将会看到。紧接着，我们将会分析现在和将来都会在每秒数吉比特的信号系统中使用的不同类型均衡器的设计、操作和局限性。均衡器的研究是一个正在热烈地被讨论而且已经拥有很多实现方式的领域。虽然我们给出了一些有代表性的例子，但是并不涉及均衡器设计的细微差别。反而，我们集中对这些均衡器的行为进行深刻的理解，这样就可以有效地利用它们，以最大化信号系统的性能。

12.2　连续时间线性均衡器

　　连续时间线性均衡器（CTLE）实质上是模拟器件，顾名思义，它工作在连续时间域。这与后面章节里将要讨论的离散时间均衡器形成对比。CTLE 并不需要数字器件来实现，只需要简单的模拟元件，包括无源元件（电阻，电容，电感）和有源元件（放大器），便可实现。在本节中，我们会使用 CTLE 来对前面讨论的均衡器的行为进行扩展，并通过研究一些典型的设计来加深对它们的理解。

12.2.1　无源 CTLE

　　无源 CTLE 的一个例子如图 12.15 所示。顾名思义，这类均衡器不会对通过它的信号的任何分量进行放大。相反，为了得到所希望的高通特性，这种均衡器对信号的低频部分进行衰减。

该均衡器的主要组成部分有终端，高通滤波器和直流功率限制滤波器。终端由一个与传输线阻抗相匹配的单一电阻 R_{TT} 构成。高通滤波器由并联的电阻和电容(C_{HP} 和 R_{HP})构成，它们要选取适当的值，以得到想要的频率响应。最后，C_L 和 R_L 可以防止系统在直流时耗散额外的功率，同时为终端提供高频通道。这个电路的传输方程为：

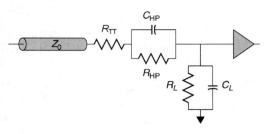

图 12.15　无源 CTLE

$$H_{eq}(f) = \frac{Z_L}{R_{TT} + Z_{HP} + Z_L} \tag{12.15}$$

式中：

$$Z_L(f) = \frac{R_L}{1 + j2\pi f R_L C_L} \tag{12.16}$$

$$Z_{HP}(f) = \frac{R_{HP}}{1 + j2\pi f R_{HP} C_{HP}} \tag{12.17}$$

由式(12.15)至式(12.17)，可以画出均衡器的频率响应，如图 12.16 所示，其中 $R_{TT} = 100\ \Omega$，$R_{HP} = 5\ k\Omega$，$C_{HP} = 100\ fF$，$R_L = 2.5\ k\Omega$，$C_L = 20\ fF$。除了均衡器，这幅图还显示了从例 12.1 中的印制电路板互连的传递函数，以及 PCB 均衡器系统的组合响应。从这个传递函数中可以看到，相比于仅有 PCB 的情况而言，无源均衡器把从直流到 10 GHz 的整体损耗变化减小了 5.2 dB。当我们考虑到基频中 6 dB 损耗将会完全关闭眼图(参见图 12.17)的时候，最小和最大信号之间的这种被减小的变化的重要性就变得很明显了。这意味着如果高频位模式(101010)的衰减曲线的斜率相比低频位模式(111000111000)的衰减等于或大于 6 dB 的时候，眼图将会闭合。为了理解均衡器的作用，考虑图 12.16(a)，该图显示了均衡化了的信道中的信号幅度的损失更加严重，但是总的损耗变化从 –18.3 dB 减小到 –23.5 dB。在我们的例子中，原先在 2 GHz 的时候信号眼图就完全闭合了，现在由于减小了信道损耗的变化，要到 4 GHz 的时候眼图才会完全闭合。未均衡化的信号眼图会在 –6 dB 处闭合，而均衡化的眼图在 –7 dB 处有一个峰值，要到 –13 dB 的时候才会闭合。因此，仅仅通过衰减损耗曲线的平坦化，均衡器就提高了可用的带宽，这使我们可以以更高的数据率来使用该系统。假设噪声功率谱不受均衡器的影响，那么根据 Shannon-Hartley 定理，均衡器的引入将会使系统的最大数据率提高一倍。从所期望的性能需求趋势的角度来看，均衡器将一个给定的互连的使用寿命大约延长了两年(当然，具体情况还要依靠于信道衰减特性，均衡器的设计和实际的性能需求)。

均衡器对系统的另一个影响是信号的整个摆幅的减小，以获得系统的最小到最大损耗范围的减小。从频率响应幅度的"平坦"特性也可以定性地反映均衡器的优点。虽然我们减小了系统的最大信号摆幅，但也实现了系统的净增益，因为我们减小了最大信号摆幅(低频)和最小信号摆幅(高频)之间的差异。图 12.17 到图 12.19 都从不同的方面说明了这一点。在图 12.17 中，我们看到 6 dB 的损耗足够将一个正弦信号的眼图闭合，注意到在图例中我们选用了 1 V 的摆幅，1 GHz 的信号，但是 6 dB 的规律是与摆幅和频率无关的。真正和频率有关的是 6 dB 衰减点的具体位置。

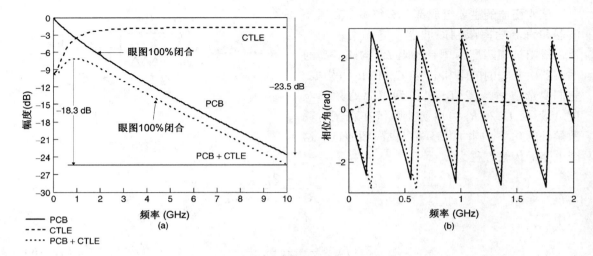

图 12.16　无源 CTLE 的传递函数。(a)幅度；(b)相位

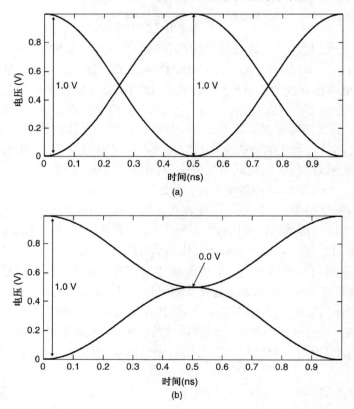

图 12.17　对于正弦信号，6 dB 损耗对眼图的影响。(a)无损；(b)6 dB 损耗

　　图 12.18 描述的是一个 10 Gb/s 的信号通过一个如例 12.1 所示的 0.381 m 长的差分传输线对的眼图。让发射机输出 500 mV 的信号摆幅和 300 位的随机序列，我们发现在图 12.18(a)中所示的接收端眼图完全闭合了。图 12.18(b)显示出均衡器将这种情况大幅度改善了，提供了一个宽 55 ps，高 40 mV 的张开的眼图。通过比较眼图，可见，均衡器将最大信号摆幅从接收端输入的 430 mV[参见图 12.18(a)]减小为均衡器的输出 250 mV[参见图 12.18(b)]。

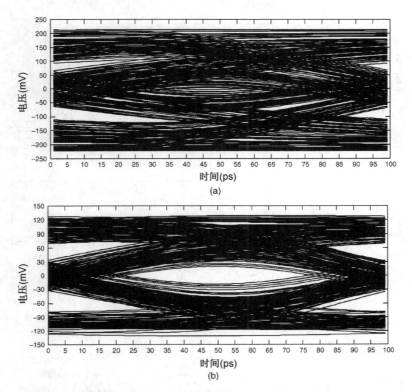

图 12.18　使用无源 CTLE 时接收到的眼图。(a)均衡之前；(b)均衡之后

最后，图 12.19(a)显示了同图 12.11(a)一样的位模式的信号波形。图 12.19(b)所示的接收端波形显示了导致眼图闭合的行为特性。信号的范围为从大约 -210 mV 到大约 200 mV。然而，从低到高和从高到低转换的最小摆幅分别只有 5 mV 和 -5 mV。所以，在这个简短的位模式中，眼图的张开摆幅只有 10 mV。一个更长的比特序列将会进一步将眼图降低到几乎完全闭合的位置。图 12.19(c)显示了一个经过无源均衡器的信号，其范围大约从 -105 mV 到 125 mV。从低到高和从高到低转换的最小摆幅分别只有 30 mV 和 -20 mV。所以，均衡器在将最大信号摆幅从 410 mV 降低到 230 mV 的同时，它也将最小的眼图从 10 mV 增加到 50 mV，这显然是我们所期望的。

在开始讨论 CTLE 其他设计之前，我们注意到一个事实，就是无源均衡器的传递函数和理想均衡器的传递函数有一定差距(比较图 12.12 和图 12.16)。然而，均衡器可以对 0.381 m 长的 PCB 路径进行足够的补偿，以此对一个 10 Gb/s 的数据信号而言，可以将眼图高度提高 400%(从 10 mV 到 50 mV)。

另一个基于高通 RLC 滤波器的无源均衡器的例子来自 Sun et al.［2005］，如图 12.20 所示。我们给出了单端信号和差分信号的情况。这类均衡器的分析将在本章的结尾作为一个习题留给读者。无源均衡器的好处是没有额外的功率消耗。另外，每秒数吉比特量级的数据率可以驱动更小，更高频的无源器件，这使得在硅上集成一些特殊的设计成为可能。然而，相比典型的数字应用，无源均衡器要求更精确的元件参数值。此外，无源均衡器的频率响应在没有外围有源控制电路的情况下，是不可调谐的，这将降低系统的效能。

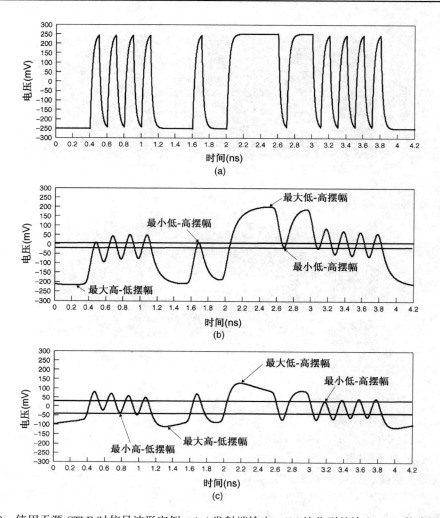

图 12.19 使用无源 CTLE 时信号波形实例。(a)发射端输出；(b)接收到的输入；(c)均衡后的输出

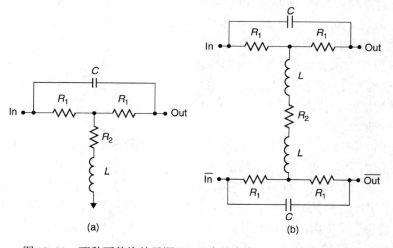

图 12.20 两种可替换的无源 CTLE 实施方案。(a)单端；(b)差分

12.2.2　有源 CTLE

均衡器同样可以由有源器件(放大器)构成以提供些信号增益,这种类型的均衡器通常可以用分离路径的方法设计得到,如图 12.21 所示 [Liu and Ling, 2004]。输入信号被输入一个单位增益路径和高频升压路径,然后相加得到输出信号。这个均衡器的传递函数是:

$$H(f) = \frac{1 + R_2/R_3}{1 + 1/2\pi f R_1 C_1} + 1 \qquad (12.18)$$

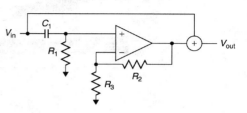

高通滤波器的电压增益是 $1 + R_2/R_3$,转折频率是 $1/R_1 C_1$。这个电压增益为 -3.5 dB 转折频率是 5 GHz 的高通滤波器构成的均衡器的传递函数和图 12.22 所示的无源均衡器的传递函数画在一起。这两个均衡器的幅度的形状很相似,但有大约 5 dB 的偏移。图 12.23 显示了在均衡器作用,200 比特位数的随机数序列的数据眼图。和期望的一样,这个均衡器张开的数据眼图的信号幅度和眼图高度大约是图 12.18 中所示的无源均衡器的两倍。

图 12.21　用一阶高通滤波器构成的有源均衡器实例

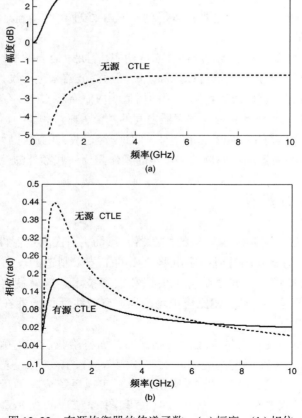

图 12.22　有源均衡器的传递函数。(a)幅度;(b)相位

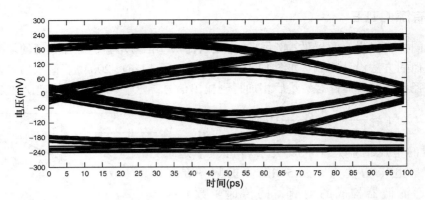

图 12.23　有源均衡器的眼图

在我们的讨论中，是采用功率增益好，还是电压增益好呢？在传递函数图中，使用的是功率增益。因为功率是电压(或电流)的平方：

$$\text{gain}_{\text{power}}(\text{dB}) = 10 \log \frac{P_{\text{out}}}{P_{\text{in}}} \qquad (12.19)$$

相反，放大器制造商提供的器件的数据手册上经常是以电压的形式来说明增益的：

$$\text{gain}_{\text{voltage}}(\text{dB}) = 20 \log \frac{V_{\text{out}}}{V_{\text{in}}} \qquad (12.20)$$

这意味着，当处理增益的时候，一定要弄清楚到底是在处理功率增益还是电压增益，将两者混淆可能会产生错误的结果。

无源 CTLE 提供了增益，就必然会消耗一部分功率，但是，恰当的设计可以把这部分功率降低到 10 mW 以下。另外，无源均衡器可以用高阶的高通滤波器来进行设计，但是它的增益可能不能补偿额外的功率消耗，这取决于特定应用的信道响应。有源 CTLE 有一些本质上的局限性，特别是放大器的有限带宽的限制和两个放大器之间的相位失配。例如，Kudoh et al.,［2003］显示了一个传统的反馈放大器的 −3 dB 的带宽是 3 GHz，经过改进的设计后，变为 10 GHz。最后，和无源均衡器一样，对滤波器的频率响应和增益的操作需要一些额外的控制电路。

12.3　离散线性均衡器

在 12.2 节，我们讨论的是完全模拟的均衡器。然而，当代高速器件如微处理器，图形处理器，或内存控制器，均是采用针对数字电路应用的工艺来制造的。由于均衡问题本质上属于模拟域，所以离散线性均衡器充分结合了模拟和数字技术。这就使得设计更加经济，以最小化成本满足了性能要求。因此，相比模拟均衡器，离散线性均衡器在计算设备中的应用更为广泛。

信号系统的线性时不变的特性中还没有涵盖的方面将给我们的均衡器设计带来一个更加有弹性的方案。特别是，LTI 系统的响应和滤波器的阶数没有关系。这使我们可以在系统内定位均衡器以达到设计要求，如图 12.24 所示。为了实现系统成本的最小化，均衡器通常会集成到发射电路或者接收电路中，如图 12.24(b)和图 12.24(c)所示。虽然，均衡器的位置在理论上无关紧要，但我们仍然会注意到位置有关的折中实际上会影响到设计的某些决定。

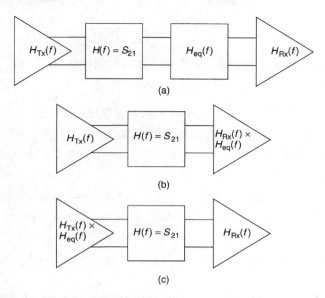

图 12.24　均衡器位置选择方案。(a)在互连信道上；(b)集成在接收端；(c)集成在发射端

12.3.1　发射端均衡器

离散线性均衡器的基本组成是横向滤波器，也称之为有限冲激响应(FIR)滤波器，如图 12.25 所示。在这个图中，矩形代表的是延迟单元，如移位寄存器的每一阶。圆圈代表的是滤波器抽头。在这个滤波器中，输入采样(典型的是电压采样)x_k，穿过延迟单元进行传输，每一单元的延迟为 T，也就是抽头间隔。在每一阶，输入采样将与滤波器抽头系数 C_i 相乘，其中 i 就是抽头下标的索引。在每一周期中，抽头的输出累加以得到滤波器的输出 y_k。结果是信号现在的值和以前的值用均衡器系数(也被称为抽头权重)线性加权然后累加得到输出。

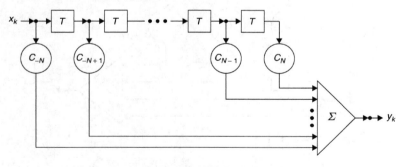

图 12.25　有限冲激响应滤波器

该图显示了在这个滤波器中共有 $2N$ 个抽头，标号从 $-N$ 到 N。主要的贡献源于光标抽头 C_0。这个抽头的目的是放大信号的主要部分。系数为负的滤波器的抽头叫做前光标抽头。系数为正的抽头叫做后光标抽头，图 12.25 显示的是前光标和后光标抽头对称的情况，但是典型的均衡器设计的时候两者的数量是不相等的。前光标抽头补偿的是相位失真，只需要单个抽头即可。后光标抽头补偿的是由于振幅失真造成的 ISI，视信道的长度以及一个数据比特的宽度而定，可能还会需要多个抽头。

均衡器的输出 $y(k)$ 可以表示成输入信号 $x(k)$ 和均衡滤波器系数的离散卷积：

$$y(k) = \sum_{k=-N}^{N} x(k-n)c_n \qquad (12.21)$$

其中，k 是离散采样信号的采样数（即一个给定采样的时间位置是 $t_k = kT$，其中 T 是均衡器的抽头间隔）。

例 12.3 发射 DLE 操作。为了加深我们的理解，假设图 12.26 中所示的离散线性均衡器有一个幅度为 600 mV，宽度为 1 ns 的单脉冲输入信号，然后来分步讲解这个均衡器的工作情况。在这个例子中，设定抽头延迟 T 为 1 ns，同时还设定以下的抽头权重：$C_{-1} = -1/12$，$C_0 = 2/3$，$C_1 = -1/6$，$C_2 = 1/12$。

1. 这个脉冲抵达滤波器的输入端，与 C_{-1} 相乘，产生一个 -50 mV，1 ns 宽的前光标脉冲。

2. 在 1 ns 的延迟过后，这个脉冲出现在第二个抽头处，与 C_0 相乘，产生一个 400 mV，1 ns 宽的脉冲。

3. 1 ns 过后，这个脉冲到达第三个抽头，与 C_1 相乘，产生了一个 -100 mV，1 ns 宽的第一后光标脉冲。

4. 又过了 1 ns 后，输入到达最后一个抽头，与 C_2 相乘，产生一个 $+50$ mV，1 ns 宽的后光标脉冲。

在整个过程中，加法器始终都在工作。既然我们的输入信号是一个单脉冲，经过滤波器抽头的运算后，在这个脉冲的两边都不会产生任何"回波"，因此这个均衡器的输出是一个线性加权的，有时延因素的原始输入信号，如图 12.26(b) 所示。

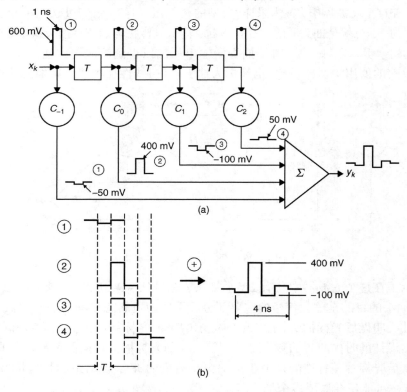

图 12.26　发射端均衡的滤波器工作原理。(a) 信号在滤波器中的传输过程；(b) 输出信号

位于发射端的均衡器经常被称为发射端预加重,这个称呼反映了滤波器对信号将产生的效果。正如我们已经讨论过的,均衡器的作用就是对信号产生一个高通的滤波效果。在一个数字信号中,最高频的分量包含在逻辑状态发生快速变化的那一时刻,而低频分量则包含在信号稳定,未发生变化的时间段里面。这一点可以在一个离散线性均衡器中得到证明:可以看到相对于随后的比特流,第一个比特的幅度增大了。这一效果显示在图 12.27 中:这是一个 500 mV 的,带有 20% 均衡的发射机。

$$\frac{v_{\text{max.swing}} - v_{\text{min.swing}}}{v_{\text{total swing}}} \times 100 = \frac{500 \text{ mV} - 300 \text{ mV}}{500 \text{ mV}} \times 100$$

$$= 20\%$$

当信号在最少两个连续比特位上发生逻辑状态变化的时候,就会出现全信号摆幅。这个摆幅低到 –100 mV,高到 400 mV,总共为 500 mV。如果要看一看信号波形中的最小摆幅,可以注意一下有多个连续的 0(0 mV),以及多个连续的 1(300 mV)的波形区域。从最大 500 mV 的摆幅到最小 300 mV 的摆幅差值,对应着 20% 的均衡。

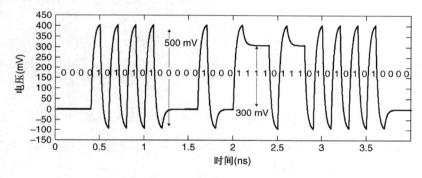

图 12.27　预加重发射端输出实例

高速信号系统通常都使用尽量大的驱动电流以使速度最大,其限制则是工艺所能支持的最大电压摆幅。最前沿的数字硅工艺正致力于研究小于 1.0 V 的最大电压摆幅技术。其结果是,设计者在设计发射均衡的时候,通常的想法是衰减低频比特位,而不是放大高频比特位。这经常被称为去加重,而不是预加重,该称呼反映了这个均衡技术是去减小重复比特位的幅度的事实。

根据式(12.22),最大信号幅度(对预加重和去加重而)限制了均衡器的参数设置:

$$\sum_i |c_i| = 1 \tag{12.22}$$

满足该公式可以保证输出信号的摆幅不会超过半导体工艺所允许的最大信号摆幅。

理解了发射机预加重的工作原理后,可以转而考察一个给定的系统中,均衡滤波器需要多少抽头?如何确定抽头参数?我们借用下面的一个例子来讨论。

例 12.4　针对一个 10 Gb/s 的接口,考虑滤波器抽头数量的影响。考虑一个工作在 10 Gb/s,长为 0.381 m 的差分线对,比较不同数量的均衡抽头产生的性能差异。我们还是采用例 12.1 所示的 PCB 互连线,在参考频率 $f_0 = 1$ GHz 处,它有如下的奇模性质:$C = 1.184$ pF/cm,$L = 2.892$ nH/cm,$R = 448.2$ mΩ/cm,以及 $G = 0.144$ mS/cm。使用一个 ±2.5 mA,0.5 pF 的,理想终端匹配了的差分发射机来驱动这个 PCB 互连线。如果没有均衡,如图 12.18(b)

所示，接收端最糟糕的眼图是完全闭合了的(眼图高度为 -34 mV)，这和使用峰值扰动分析方法所计算出来的结果一样(参见第 13 章)。

图 12.28 显示了多个均衡器配置的仿真结果。对一个 10 Gb/s 的差分系统而言，保守的时序和电压规格将要求接收端有大约 65 ps 容抗和最小 80 mV 的信号幅度。因此我们就用这些规格来评估均衡器的设计。

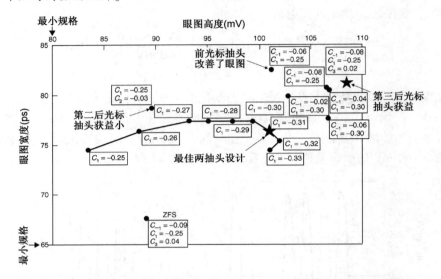

图 12.28　例 12.4 作为均衡器设计的函数，接收到的最坏情况下的眼图

计算均衡器的响应时，我们使用了均衡器的传递函数的表达式(这个表达式的差分形式将在本章的结尾作为一个习题留给读者)

$$H(f) = \sum_{k=-N_{\mathrm{pre}}}^{N_{\mathrm{post}}} c_k \mathrm{e}^{-\mathrm{j}2\pi f(k-N_{\mathrm{pre}})T} \tag{12.23}$$

两抽头设计(光标抽头 c_0 加上后光标抽头 c_1)的结果在图中用线连接在一起，可看到当后光标抽头的参数(c_1)为 -0.25 的时候，两抽头设计将会达到前面所提出的规格的要求。事实上，直到 c_1 大约为 -0.30 或者 -0.32 的时候，均衡器仍然是有效的。如果超出这个范围，眼图将开始闭合。哪一个参数会让均衡器性能最好呢？这取决于是电压裕度还是时序裕度会对设计更加重要。如果假设它们对设计而言同样重要，我们可以去计算眼图的高度和宽度的乘积来评估结果的好坏。图 12.29 画出了两抽头均衡器设计的趋势曲线，它显示了在刚刚所说的这个判断标准下，-0.31 会得到最好的结果，它会产生一个最小 101 mV 高和 76 ps 宽的眼图。

图 12.28 也显示出，如果增加抽头数量，可以(虽然不一定要这么做)提升电压和时序的裕度。特别地，正如图中所示，加入第二个后光标抽头(c_2)，只会带来很少的好处。而加入一个前光标抽头(c_{-1})则会显著地扩大眼图(101 mV，83 ps)。如果加入第三个后光标抽头，眼图将会提高到 109 mV 和 81 ps。所有这些结果暗示我们，可以用一个 0.01 的步长(间隔尺寸)来优化均衡器。注意，均衡器的配置要满足式(12.22)指定的标准。

总体而言，两抽头均衡器能够满足所提出的电压和时序规格，并且还有一些调整的空间。加入前光标抽头可以让眼图高度提高 7.5%，让眼图宽度加大 3.8%。加入额外的后光标抽头则可以让眼图宽度加宽 2.4%，但是却不能改善眼图的高度。

本例的最后一步是使用这些结果来决定在设计均衡器中要用多少个抽头。两抽头均衡器可以提供满足设计要求的足够的眼图,而且很容易实现。总体而言,针对给定的应用,设计者应该选用最简单的均衡器设计。在这个例子中,两抽头均衡器已经足够用了。更长的信道一般都会导致更严重的衰减,导致 ISI 干扰额外的后光标比特位,因而可能需要更多的均衡器抽头。更高速的数据率也往往需要更多的抽头。

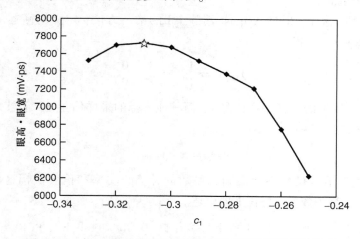

图 12.29 例 12.4 的两抽头均衡器的最坏情况下的眼图趋势

12.3.2 系数的选取

现在应该是考虑如何决定抽头系数的时候了。本节,我们会给出一个基于特定性能标准确定系数的方法。该方法被称为迫零解(ZFS, Zero Forcing Solution)。它试图设置这样的抽头系数,以使得均衡器的输出能够匹配在所有采样点的期望值[Qureshi, 1985; Sklar, 2001]。该算法如下所述。

给定一个脉冲响应输入到均衡器,我们开始从输入流 x_i 中提取采样。这里,i 的范围是从 $-n_{pre}$ 到 n_{post}。n_{pre} 是前光标抽头的数量,而 n_{post} 是后光标抽头的数量。因此,总共有 $n_{pre} + n_{post} + 1$ 个采样。可以把输入采样用以下的矩阵来表示:

$$\boldsymbol{x} = \begin{bmatrix} x(0) & x(-1) & \cdots & x(-n_{pre}) & 0 & \cdots & 0 \\ x(1) & x(0) & \cdots & x(-n_{pre}+1) & x(-n_{pre}) & 0 & \vdots \\ \vdots & \vdots & & \vdots & & & 0 \\ x(n_{post}) & x(n_{post}-1) & & \vdots & x(-n_{pre}+1) & x(-n_{pre}) \\ 0 & x(n_{post}) & & \vdots & x(-n_{pre}+2) & x(-n_{pre}+1) \\ \vdots & & & \vdots & \ddots & \\ 0 & \cdots & x(n_{post}) & x(n_{post}-1) & \cdots & x(0) & x(-1) \\ 0 & \cdots & 0 & x(n_{post}) & \cdots & x(1) & x(0) \end{bmatrix} \quad (12.24)$$

矩阵 $\boldsymbol{x}$ 的列表示均衡器的抽头,而行则表示间隔一个时间步长的连续两个时间点。该矩阵是个方阵,有 $n_{pre} + n_{post} + 1$ 行和列。以这种形式,矩阵 $\boldsymbol{x}$ 显示了输入采样通过均衡滤波器的传播过程。比如说,$x(0)$ 出现在第一行和第一列,这说明它是第一个采样的第一个抽头。$x(0)$ 还出现在第二行和第二列,这对应着第二个抽头和第二个时间采样。这正是我们对离散线性均衡器的期望。

在这个矩阵形式下,式(12.21)写成:

$$\boldsymbol{y} = \boldsymbol{x}\boldsymbol{c} \qquad (12.25)$$

这里,$\boldsymbol{y}$ 是一个包含均衡器输出的向量,而 $\boldsymbol{c}$ 是均衡器抽头系数的向量。$\boldsymbol{y}$ 和 $\boldsymbol{c}$ 的元素数量都为 $n_{pre} + n_{post} + 1$。之前我们已经将数据流和均衡器的离散卷积表示为矩阵相乘的形式,现在就要用在这个问题里面。

考虑传送一个单脉冲,根据 Nyquist 消除 ISI 的第一方法,定义均衡器的期望输出结果 [Nyquist, 1928; Couch, 1987]:

$$\boldsymbol{y}_{target} = \begin{cases} 0, & k \neq 0 \\ 1, & k = 0 \end{cases} \qquad (12.26)$$

在式(12.26)中,所期望的光标采样值是1,而其他光标的采样值是0。能够产生迫零解的均衡器系数由如下公式给出:

$$\boldsymbol{c}_{ZFS} = \boldsymbol{x}^{-1} \boldsymbol{y}_{target} \qquad (12.27)$$

功率和最大可达到的信号摆幅不会限制到系数的计算。功率和信号摆幅这两个限制,会在式(12.22)中用来调整系数,这将在下面讲述。

例12.5 迫零解。针对例12.1所示的工作在 10 Gb/s 速率下的 PCB 差分线对问题,我们希望找到一个只有单个前光标抽头,三个后光标抽头的,采用迫零解设计出来的均衡器的系数。在例12.3中,我们看到了没有均衡的信道的最坏的眼图只有 −34 mV 高度。在之前的例子中,所使用的 5 mA 的发射机产生了一个 ±250 mV 的差分摆幅。驱动脉冲是 100 ps 宽,对应着一个 10 Gb/s 数据流中的单个比特数据。

由图12.30所给出的仿真差分脉冲响应,我们以 100 ps 的抽头间隔提取了输入采样向量。

$$\boldsymbol{x}_{in} = \begin{bmatrix} -214 \\ -20 \\ -152 \\ -213 \\ -232 \end{bmatrix} \quad \text{mV}$$

均衡器的设置是 $n_{pre} = 1$, $n_{post} = 3$,其期望输出为:

$$\boldsymbol{y}_{target} = \begin{bmatrix} 0 \\ 1 \\ 0 \\ 0 \\ 0 \end{bmatrix}$$

为了应用式(12.26)和式(12.27),必须把差分信号进行一个电平搬移,以使得发射端的最小输出电压为零。我们用这样的办法来达到这个目的:把输入向量加上一半的差分摆幅(250 mV),从而产生一个调整过的输入采样向量:

$$\boldsymbol{x}_{in, adj} = \begin{bmatrix} 36 \\ 230 \\ 97 \\ 37 \\ 18 \end{bmatrix} \quad \text{mV}$$

接着构建输入采样矩阵, 计算均衡器系数

$$\boldsymbol{x} = \begin{bmatrix} 230 & 36 & 0 & 0 & 0 \\ 97 & 230 & 36 & 0 & 0 \\ 37 & 97 & 230 & 36 & 0 \\ 18 & 37 & 97 & 230 & 36 \\ 0 & 18 & 37 & 97 & 230 \end{bmatrix} \quad \text{mV}$$

$$\boldsymbol{c} = \boldsymbol{x}^{-1} \boldsymbol{y}_{\text{target}} = \begin{bmatrix} -0.77 \\ 4.93 \\ -1.98 \\ 0.14 \\ -0.13 \end{bmatrix}$$

接下来, 使用式(12.22)约束的最大信号摆幅来调整均衡器系数:

$$\boldsymbol{c}_{\text{ZFS}_i} = \frac{\boldsymbol{c}_i}{\sum |\boldsymbol{c}_i|} = \begin{bmatrix} -0.097 \\ 0.624 \\ -0.250 \\ 0.017 \\ -0.016 \end{bmatrix}$$

图 12.31 显示了均衡后的脉冲响应, 这证明了迫零均衡器的效果, 既然在图 12.30 中的均衡化的脉冲宽度远大于一个单个比特的宽度(100 ps 宽), ISI 的作用会很显著。均衡化后的脉冲响应变得很窄, 而且在均衡器采样点的 ISI 已经被消除了(即强制为零)。然而, 这个图也显示出 ZFS 方法只能消除对应着均衡器抽头的采样点处的 ISI。均衡化了的脉冲显示了在采样点之间和在均衡器之外的采样点的 ISI。

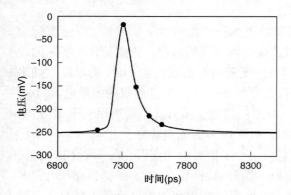

图 12.30　例 12.5 均衡前的差分脉冲响应

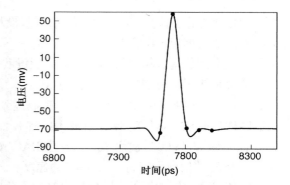

图 12.31　例 12.5 均衡化的差分脉冲响应

图 12.32 中 ZFS 均衡器的仿真结果显示了一个 300 比特的伪随机比特序列的眼图, 大约有 110 mV 高和 85 ps 宽。此外, 通过对均衡化的脉冲响应进行峰值失真分析, 计算出最坏情况下的数据眼图是 107 mV 高和 80 ps 宽。可以看到, 在本例中, 迫零均衡器相比未均衡的信道而言, 显著地提高了信道性能。

迫零法的主要限制在于, 对一个有限长度的均衡器, ISI 的最小化只有在眼图初始时是张开的情况下才能得到保证。而对于那些长距离的, 有损耗的信道而言, 比如背板电路, 这是一个不一定总为真的条件。最小均方误差(MMSE)算法是一个可以避免 ZFS 算法缺陷的手段。MMSE 算法选择均衡器系数的目标是:试图在均衡器的输出处最小化 ISI 的均方误差。MMSE 均衡器的验证留做习题12.7。关于 ZFS 和 MMSE 方法的全面讨论由 Proakis[2001]提出。

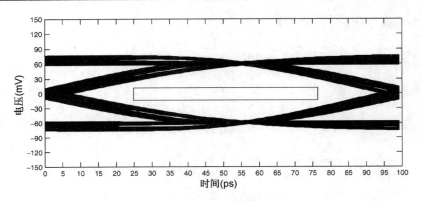

图 12.32　　例 12.5 均衡化的差分数据眼图

12.3.3　接收端均衡

　　如在 12.1.2 节提到的,均衡器可以在 LTI 假设的前提下放在信道中的任意地方。虽然均衡通常在发射端完成,但是也可以在接收端进行。之所以经常在发射端放置离散线性均衡器,是因为实现起来比较方便。图 12.33 给出了一个在接收端实现离散线性均衡器的方框图,可看到接收端的均衡器就好像是发射端的均衡器再在均衡器前面加上一个采样保持电路(图中用开关表示)。接收端均衡器的输入是一个模拟电压波形,而不是一个二进制数据模式。此外,发射端均衡可以用一个直观的方法来实现:用一个多路选择器来实现抽头系数与比特值的乘法操作。

12.3.4　DLE 的非理想性

　　到目前为止,在我们的分析中,都是假设均衡器工作在理想特性下。当然,既然实际的情况不会那么理想,我们需要简要地讨论一下离散线性均衡器的限制。先要指出,实际的均衡器的抽头系数是有精度限制的。之前假设我们可以设置抽头系数低到0.001 的精度。抽头系数常常是使用电流型数模转换器(DAC)来设置,这个 DAC 是作为发射机的拖尾电流[Dally and poulton,1997]。如果要让抽头系数达到 0.001 的精度,那么就必须使用一个 10 位的二进制加权 DAC,这样将会占用极大的硅片面积,消耗很多的能量。在这里可以做一个比较,Jaussi et al.[2005]使用了一个 6 位 DAC 去实现一个 4 抽头的均衡器,在一个 102 cm 长的基于 PCB 的信道上获得了 8 Gb/s 的速度。其他的非理想特性包括:由于采样抖动和电荷泄漏造成的采样电压的误差,模数转换时的量化噪声,均衡器抽头和加法电路的非线性,以及由于器件失配引起的电流偏移[Jaussi et al.,2005]。

　　最后,离散线性均衡器不能分辨有用信号和噪声,如图 12.34 所示,有用信号和噪声都会被滤除。其结果是,DLE 不能提高信噪比。相反,性能的提高是由于可用带宽的增加,而这是因为频率响应被平坦化了,这一点在前面已经讨论过了。

12.3.5　自适应均衡

　　在中等数据速率上,均衡器系数经常是基于互连信道的平均特征值来设置的。比如说,PCI Express 接口电路,对长达 15 英寸的基于 PCB 的互连,会要求 −3.5 dB 的均衡[Coleman et al.,2004;PCI-Sig 2005]。然而,信道(如一定范围的 PCB 长度)与频率相关的损耗参数可能会有很大变化,要想有效地均衡这样的信道,就要求均衡器设计为可以灵活地设置均衡器的系数，即有自适应性，以最小化 ISI。这样的均衡器，就叫做自适应均衡器，由 Lucky 在 1964 年发明。该发明当时是为了提高电话线中的数据传输速率，从 1200 b/s（使用一个基于平均信道特征值的非自适应均衡器）到 9600 b/s[Lucky,1006]。

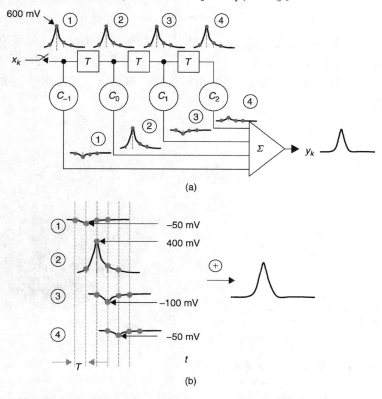

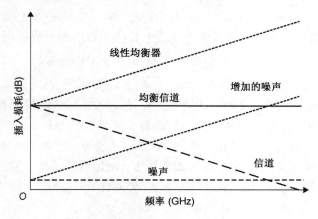

图 12.33 接收端均衡的滤波器工作原理。(a)经过均衡器的传输；(b)输出信号

图 12.34 线性均衡器中的噪声增加

自适应均衡的好处是具有一定的灵活性，可以承载一定范围的互连距离和/或数据速率。然而，这个技术使设计变得非常复杂，而且消耗更多的能量和硅片面积。自适应均衡器结构的高层次原理图在图 12.35 给出。图 12.36 给出了自适应的目的。作为均衡器系数的函数，该图给出了均衡化的信号和理想值之间的偏差。这个偏差在图中被显示成为一组误差等

值线图，图中，这个误差是均衡化的输出 $y(t)$ 和训练数据 $\hat{y}(t)$ 之间的差别。该误差是均衡器系数的凸函数，因此它有一个全局最小值。自适应均衡算法的目标是在尽量少的迭代次数下，去找到一组能使误差最小化的系数值。自适应均衡器更新抽头系数的通用方法是：

$$c_{\text{new}} = c_{\text{old}} + (\text{step size})(\text{error function})(\text{input function}) \tag{12.28}$$

误差函数通常是基于实际均衡化的信号 y 和所期望的均衡器输出 $\hat{y}$ 之间的差值。输入函数是基于均衡器的输入，而步长是一个设计参数。设计者有很多选择去实现一个自适应均衡器，关于这个内容这里将不做讨论。然而，我们可以提供一对例子，以给出一些关于自适应均衡器的工作原理的说明。

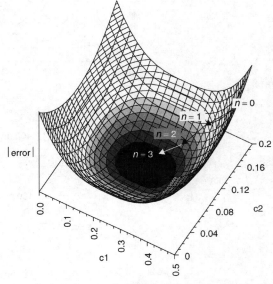

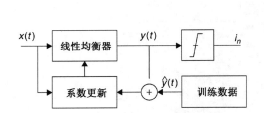

图 12.35　自适应线性均衡器　　　　　图 12.36　自适应均衡的误差"等值线图"和系数收敛

　　第一个例子是迫零均衡器的自适应实现。在这个应用中，一个已知的数据模式(亦称训练序列)，这个序列的长度会大于或等于均衡器的长度。均衡器系数使用下面的公式来更新：

$$c_k(n+1) = c_k(n) + \Delta_k[\hat{y}(n) - y(n)]x(n-k) \tag{12.29}$$

式中，$c_k(n)$ 是第 k 个参数在 $t = nT$ 时刻的值，$y(n)$ 是均衡化的信号，$\hat{y}(n)$ 是训练信号，而 Δ_k 是一个缩放因子,它用于控制系数调整的速率。自适应 ZFS 算法的优点在于，它很容易就能实现，但是其缺点在于，它不能解决发生在均衡器长度外面的 ISI。

　　另外一类自适应算法是最小均方(LMS)算法。这类算法试图在任何时候都能最小化均衡器输出的均方误差。由于它们的性能好于 ZFS 算法，而且容易实现，它们常常应用在自适应均衡器中。一个例子就是 sign-sign 最小均方方法[Kim et al., 2005]。该方法基于均衡化信号的误差的符号与输入信号的符号来更新系数。如下式所示：

$$c_k(n+1) = c_k(n) + \mu \, \text{sign}[y(n) - \hat{y}(n)] \, \text{sign}[x(n-kT)] \tag{12.30}$$

式中，$y(n)$ 就是估计的信号(均衡器的输出)，$\hat{y}(n)$ 是参考信号，$x(n-kT)$ 是均衡器的输入，而 μ 是缩放因子。

　　例 12.6　自适应均衡器的工作原理。现在我们用一个两抽头均衡器来比较自适应 ZFS 和 sign-sign LMS 算法。它们将都应用于同一个差分 PCB 信道(在本章前面的例子中我们已经研究过该信道)。输入采样和期望输出值是：

$$x = [6, 36, 233, 99, 37, 18, 11, 7, 5, 4, 3, 2, 2, 2, 1]\ \text{mV}$$

$$y_{\text{target}} = [0, 0, 150, 0, 0, 0, 0, 0, 0, 0, 0, 0, 0, 0, 0]\ \text{mV}$$

对 ZFS 均衡器，选择 $\Delta = 12$，而对 sign-sign LMS 均衡器，设置 μ 为 -0.025。迭代应用式(12.29)和式(12.30)，将得到如图 12.37 的结果，它显示每一个算法就均衡器输出的均方误差而言的渐近线。均方误差用以下的公式计算：

$$\text{MSE} = \sum_{i=0}^{n} [y(i) - \hat{y}(i)]^2 \qquad (12.31)$$

注意，使用式(12.22)的最大电压摆幅约束，该约束使得两抽头均衡器的 c_0 和 c_1 相互依存，我们可以把优化问题变为一个单变量的函数。

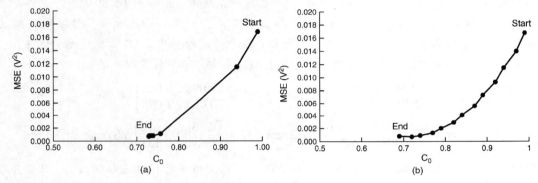

图 12.37 例 12.6 的自适应算法的收敛性。(a)自适应 ZFS 算法；(b)自适应 sign-sign LMS 算法

12.4 决策反馈均衡

在 12.3 节提到的，线性均衡器的主要缺点是它们不能处理大多数种类的噪声。本节，我们将简要地描述一技术，决策反馈均衡，它在最小化噪声源方面很有效。

如图 12.38 所示，决策反馈均衡(DFE)是一个非线性滤波器，该滤波器使用之前检测到的符号来减去输入数据流的 ISI。如图所示，DFE 使用一个连着反馈滤波器的线性前馈滤波器。反馈滤波器的输入包括一系列根据之前检测到的符号所做的决策。它被用来消除符号造成的那部分码间干扰。这暗示我们，DFE

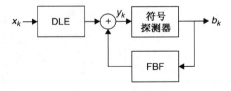

图 12.38 决策反馈均衡

只能消除后光标 ISI。此外，虽然"循环展开"技术可以缓解环路速度的问题，但是在高数据率下，反馈环路还是不能足够快的响应，从而不能消除第一个后光标采样的 ISI[Kasturia and Winters, 1991]。

DFE 的另外一个限制是，它假设之前的符号决策是正确的。符号探测器不正确的决策将毁坏整个环路滤波。这正是把 DLE 放在前端的原因，它可以帮助最小化出错的概率。使用 DFE，均衡化的输出可以表示为：

$$y_k = \sum_{i=-n_{\text{DLE}}}^{0} c_{\text{DLE}_i} x_{k-i} + \sum_{i=1}^{n_{\text{FBF}}} c_{\text{FBF}_i} b_{k-i} \qquad (12.32)$$

式中，y_k 是符号检测器的输入，c_{DLE} 是前馈滤波器的系数，c_{FBF} 是反馈滤波器的系数，x_k 是 DFE 的输入。之前检测到的符号 b_k 被表示为：

$$b_k = \begin{cases} 0, & y_k < y_{threshold} \\ 1, & y_k > y_{threshold} \end{cases} \tag{12.33}$$

这里 $y_{threshold}$ 是决策阈值。

决策反馈均衡经常用于消除由于阻抗失配所导致的信号反射而引起的 ISI。决策反馈均衡可以使用迫零和 LMS 自适应算法 [Proakis，2001]。需要注意的是，由于 DFE 响应的非线性性，必须使用时域里面的 DFE 模型。

例 12.7　10 Gb/s 信号链路上 DFE 的工作。现在我们把一个 DFE 应用在本章一直都在使用的差分传输线。要保证在 10 Gb/s 的速率下成功的工作，系统必须满足最小差分接收的技术指标：高度和宽度分别为 80 mV 和 80 ps。在这一系统中，正如图 12.39 所示，使用的是 5.057 mA 电流模式发射机，并带有 5 MΩ 的输出电阻和 0.5 pF 的输出电容。传输线以 50 Ω 端接到地，而接收端有一个 0.5 pF 的输入电容。差分对的模型用第 10 章中介绍的方法来生成，即用如下列出的分布式传输线参数，是在 1 GHz 参考频率下计算得出的：

$$\boldsymbol{L} = \begin{bmatrix} 3.299 & 0.407 \\ 0.407 & 3.299 \end{bmatrix} \text{nH/cm} \qquad \boldsymbol{C} = \begin{bmatrix} 1.098 & 0.085 \\ 0.085 & 1.098 \end{bmatrix} \text{pF/cm}$$

$$\boldsymbol{R} = \begin{bmatrix} 509.1 & 60.63 \\ 60.64 & 509.1 \end{bmatrix} \text{mΩ/cm} \qquad \boldsymbol{G} = \begin{bmatrix} 0.131 & 0.012 \\ 0.012 & 0.131 \end{bmatrix} \text{mS/cm}$$

如图所示，系统在发射端采用了线性均衡器。这个发射均衡不包括自适应能力，而且是基于所期望的信道损耗特性来设置的。然而，当发射均衡器系数打开了数据眼图时，这些系数对这个特定系统而言太匹配了，导致了过度的均衡。另一方面，DFE 抽头是自适应的，对于前两个后光标采样是基于迫零标准的。

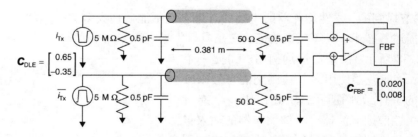

图 12.39　例 12.7 的差分信号系统

图 12.40 比较了三种情形下的脉冲响应和最坏情况数据眼图：无均衡系统，只带有发射端预加重的系统和带有 DFE 的系统。如前所述，我们使用峰值失真分析方法来计算最坏数据眼图。从图中可以看到，无均衡系统的眼图完全闭合了。发射端均衡系统的眼图是打开的，最小的高度是 96 mV，最小宽度是 76 ps。眼图高度已经达到了标准的要求，但是宽度还没达到。DFE 可以同时考虑眼图高度和宽度，可以调节大约 6% 的眼图高度，以获得大约 11.5% 的眼图宽度的增加，因此，DFE 可以让系统达到规格要求。其结果是眼图的最小高度是 90 mV，最小宽度是 88 ps。

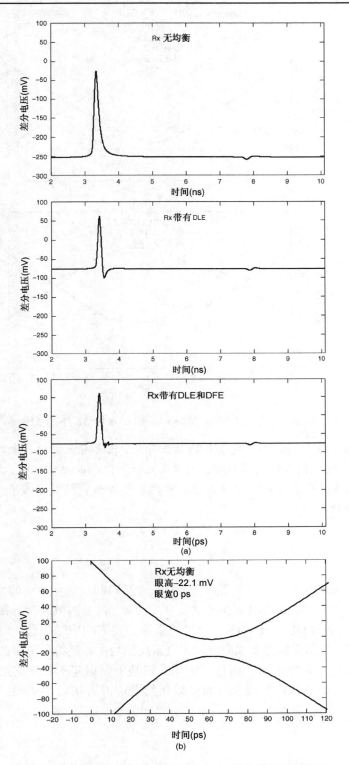

图 12.40 例 12.7 的(a)脉冲响应和(b)最坏情况下的眼图

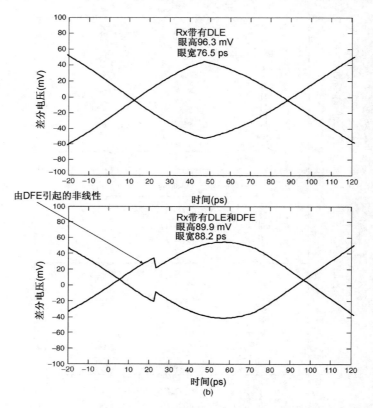

图 12.40(续)　例 12.7 的(a)脉冲响应和(b)最坏情况下的眼图(续)

对于线性均衡器情况，通过增加 DFE 的抽头数量，还是有可能进一步改进眼图的高度和宽度的。比如，一个 10 抽头的迫零 DFE，可以产生一个最小高度 95 mV，最小宽度 91 ps 的眼图。然而，既然系统已经达到了规格要求，考虑到额外的设计复杂度和可能增加的功耗，一般就不太可能再使用额外的抽头了。

12.5　小结

由于与频率相关的互连损耗引起了码间干扰，进而限制了信号系统的性能，本章描述了均衡在这类系统中的应用。无源和有源连续线性均衡器，以及离散线性均衡器都可以通过使互连系统的频率响应平坦化而减少 ISI。通过使系统的频率响应平坦化，均衡增加了互连的可用带宽，使得提高数据传输速率成为可能。决策反馈均衡器把符号决策的信息作为反馈滤波器的输入，可以进一步抵消 ISI。而自适应均衡则基于数据速率和互连系统的特性来优化滤波性能，可以进一步地改进性能。均衡可以在发射端或者接收端实现，或者在两者之间实现。

参考文献

随着数据速率进入每秒数吉比特领域，每年都有许多研究论文发表在会议论文集和科技期刊上。这里我们并不打算提供发表文献的详尽概述。对于均衡方面的教程，我们向读者推荐 Couch［1987］，Dally and Poulton［1997］和 Liu and Ling［2004］等所著的书。Qureshi
［1985］和 Proakis［2001］的书提供了有关自适应均衡技术的透彻的、严格的论述。最后，
Lucky［2006］给出了自适应均衡器发明的历史记录，他洞察了通信技术中突破性进展的发现
和发展历程的本质。

Coleman, Dave, Scott Gardiner, Mohammad Kolbehdari, and Stephen Peters, 2004, *PCI Express Electrical Interconnect Design*, Intel Press, Hillsboro, OR.

Couch, Leon, 1987, *Digital and Analog Communication Systems*, 2nd ed., Macmillan, New York.

Dally, William, and John Poulton, 1997, Transmitter equalization for 4-Gbps signaling, *IEEE Micro*, Jan.–Feb., pp. 48–56.

Jaussi, James, et al., 2005, 8-Gb/s source-synchronous I/O links with adaptive receiver equalization, offset cancellation, and clock de-skew, *IEEE Journal of Solid-State Circuits*, vol. 40, no. 1, Jan., pp. 80–88.

Johnson, Howard, and Martin Graham, 2003, *High-Speed Signal Propagation: Advanced Black Magic*, Prentice Hall, Upper Saddle River, NJ.

Kasturia, Sanjay, and Jack Winters, 1991, Techniques for high-speed implementation of nonlinear cancellation, *IEEE Journal on Selected Areas in Communications*, vol. 9, no. 5, June, pp. 711–717.

Kim, Jinwook, et al., 2005, A four-channel 3.125-Gb/s/ch CMOS serial-line transceiver with a mixed-mode adaptive equalizer, *IEEE Journal of Solid-State Circuits*, vol. 40, no. 2, Feb., pp. 462–471.

Kudoh, Yoshiharu, Muneo Fukaishi, and Masayuki Mizuno, 2003, A 0.13 μm CMOS 5-Gb/s 10-m 28AWG cable transceiver with no-feedback-loop continuous-time post-equalizer, *IEEE Journal of Solid-State Circuits*, vol. 38, no. 5, May, pp. 741–746.

Liu, Jin, and Xiaofen Ling, 2004, Equalization in high-speed communication systems, *IEEE Circuits and Systems Magazine*, vol. 4, no. 2, pp. 4–17.

Lucky, Robert, 2006, The adaptive equalizer, *IEEE Signal Processing Magazine*, May, pp. 104–107.

Nyquist, H., 1928, Certain topics in telegraph transmission theory, *Proceedings of the AIEE*, vol. 47, Apr., pp. 617–644. Reprinted as a classic paper in *Proceedings of the IEEE*, vol. 90, no. 2, Feb. 2002.

PCI-SIG, 2005, *PCI Express™ Base Specification*, revision 1.1, PCI, Wakefield, MA, Mar. 28.

Proakis, John, 2001, *Digital Communications*, 4th ed., McGraw-Hill, New York.

Qureshi, Shahid, 1985, Adaptive equalization, *Proceedings of the IEEE*, vol. 73, no. 9, Sept., pp. 1349–1387.

Shannon, Claude, 1949, Communication in the presence of noise, *Proceedings of the Institute of Radio Engineers*, vol. 37, Jan., pp. 10–21.

Sklar, Bernard, 2001, *Digital Communications: Fundamentals and Applications*, Prentice Hall, Upper Saddle River, NJ.

Sun, Ruifeng, Jaejin Park, Frank O'Mahony, and C. Patrick Yue, 2005, A low-power, 20-Gb/s continuous-time adaptive passive equalizer, *IEEE Symposium on Circuits and Systems*, May-23–26, pp. 920–923.

习题

12.1 给定图 12.41 显示的信道传递函数，计算最大可获得的数据速率。假设应用 10 GHz 带宽的信号配置，并使用例 12.2 中的同一信号和噪声谱图。

12.2 给定接收端输入的采样差分电压和离散线性均衡器的抽头系数，如下所示，计算采样输出。

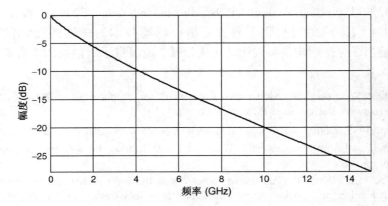

图 12.41　习题 12.1 的信道传递函数

$$\boldsymbol{x} = \begin{bmatrix} -246 \\ -190 \\ -31 \\ -165 \\ -218 \\ -235 \\ -242 \\ -245 \\ -247 \\ -248 \end{bmatrix} \text{mV} \quad \text{和} \quad \boldsymbol{c} = \begin{bmatrix} -0.05 \\ -0.20 \\ 0.70 \\ -0.05 \end{bmatrix}$$

12.3　对于下面给定的接收到的脉冲响应，利用 ZFS 算法，计算 5 抽头离散线性均衡器（一个前光标抽头和三个后光标抽头）的抽头系数，计算均衡化的响应的采样值。

$$\boldsymbol{y} = \begin{bmatrix} -75 \\ -74 \\ -74 \\ -68 \\ 18 \\ -41 \\ -62 \\ -68 \\ -71 \\ -72 \\ -72 \\ -73 \\ -73 \\ -74 \\ -74 \end{bmatrix} \text{mV}$$

12.4　利用习题 12.3 接收到的脉冲响应和下面给出的 DLE 和 DFE 的抽头系数，计算均衡化输出响应的采样值。

$$\boldsymbol{C}_{\text{DLE}} = \begin{bmatrix} 0.65 \\ -0.35 \end{bmatrix} \quad \boldsymbol{C}_{\text{DFE}} = \begin{bmatrix} 0.010 \\ 0.005 \end{bmatrix}$$

12.5　推导离散线性均衡器的传递函数，从式（12.21）开始。傅里叶变换的时移特性：若 $y(t)$ 满足转换 $F[y(t)](f) = Y(f)$，则：

$$\int_{-\infty}^{\infty} y(t - t_0) \mathrm{e}^{-2\pi \mathrm{j}ft}\,\mathrm{d}t = \mathrm{e}^{-2\pi \mathrm{j}ft_0} Y(f)$$

12.6 推导图 12.20 给出的两种可替代的无源均衡器的传递函数。

12.7 ZFS 方法的一种替代方法是最小均方误差(MMSE)均衡器。使用 MMSE 寻找系数时要求首先计算出自相关矩阵,$\boldsymbol{R}_{xx} = \boldsymbol{x}^{\mathrm{T}}\boldsymbol{x}$,和互相关矩阵,$\boldsymbol{R}_{xz} = \boldsymbol{x}^{\mathrm{T}}\boldsymbol{y}$。这样,均衡器系数可计算出来:$\boldsymbol{c} = \boldsymbol{R}_{xx}^{-1}\boldsymbol{R}_{xz}$。运用 MMSE 算法,用习题 12.3 中的脉冲响应输入采样,计算含一个前光标抽头和三个后光标抽头的线性均衡器的系数。计算产生的均衡化响应的采样值。

12.8 给定习题 12.3 中的脉冲响应,使用自适应 ZFS 算法,计算均衡系数级数。

12.9 给定习题 12.3 中的脉冲响应,使用自适应 sign-sign LMS 算法,计算均衡系数级数。

12.10 求应用于 1 V 信号系统中的 DFE 的输出,信号系统在接收端的采样电压为:

$$\boldsymbol{x} = \begin{bmatrix} -0.12 \\ 0.9 \\ 0.1 \\ -0.05 \\ 0.02 \end{bmatrix} \mathrm{V} \quad 和 \quad \boldsymbol{c}_{\mathrm{DFE}} = \begin{bmatrix} -0.090 \\ 0.030 \\ -0.001 \end{bmatrix}$$

第13章 时序抖动和噪声的建模及其容许值

本章将基于前面几章介绍的概念，为读者提供一种有效控制管理时序噪声和电压噪声的手段，以便成功进行每秒数吉比特以上的设计。我们从介绍眼图开始，将其作为一种评价信号接口性能的工具，其中眼宽(eye width)与眼高(eye height)作为一种关键度量被引入。眼图也是理解线路中误码率的最基本的先决条件。现代高速接口一般具有一定误码率和数据传输率，这通常决定了一个线路中所能允许的电压大小和时序噪声。因此，本章将重点放在误码率的概念上，并把本章中介绍的每种分析方法都与 BER 联系起来以提供一种有效的设计方法。

在介绍误码率之后，本章将讨论时序方差源，称之为抖动，它会降低眼宽，并介绍确定抖动容许值的方法。随后将介绍能引起眼高降低的电压噪声源，介绍分析和构建系统噪声容许值的方法。然后介绍峰值畸变分析法(PDA)使得在从高速互连信道的脉冲响应确定最劣接收端数据眼时能将电压噪声和时序噪声都包含在内。PDA 提供了确定最大抖动和电压噪声的方法，可以分析由损耗和反射造成的码间干扰，以及由串扰造成的数据眼的退化。

13.1 眼图

大多数高速设计都使用眼图来评价系统性能。图 13.1 显示了一个 10 Gb/s、100 比特的数据序列的眼图例子。眼图是通过将时域信号波形分割成长度方向的一些符号，并将它们叠加起来而形成的。眼图的横轴代表时间，通常是一个或者两个符号宽，而纵轴代表信号幅度。图 13.2 揭示了一个"完美"眼图以及一个由于损耗和/或反射而产生畸变的眼图的构建过程。

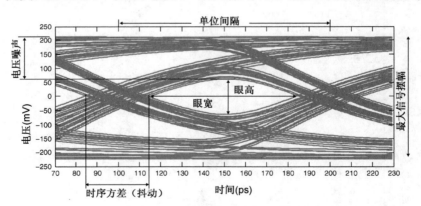

图 13.1　10 Gb/s 100 比特数据序列的接收端眼图实例

如图 13.2 所示，信号的畸变导致了数据眼关闭。理论上讲，我们希望眼尽可能的"张开"，因为一个眼张开得越大意味着我们有更多的满足电压和时序条件的裕度。从定量分析的角度来看，在接收端数据的最小眼高和眼宽是评价线路性能的关键指标。眼图必须足够宽以提供充裕的时间来满足接收器建立和保持的条件，并且足够高以确保在可能具有多噪声源的系统中，电平能够达到 v_{ih} 和 v_{il} 的要求。这使得接收器能够正确地将输入信号识别为数字值。

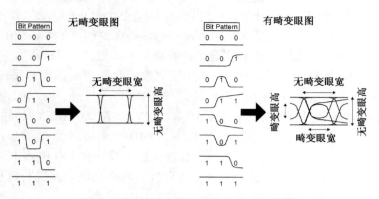

图 13.2 眼图的构建过程和信号畸变的影响

因为不能仅仅通过把眼图比做接收端的建立和保持窗口以及 v_{ih} 和 v_{il} 的要求来评价系统性能,所以正确合理地使用眼图非常关键。除了考虑互连信道导致的信号畸变,还需要将由接收端的捕获数据时钟和发送端的发送时钟所引起的电压方差和时序方差考虑在内,以确保系统的正常运行。我们将讨论时序不确定性(抖动)和电压不确定性(噪声)的源,并且在 13.3 节和 13.4 节给出构建抖动和噪声容许值的方法。一种广泛应用于检测眼是否符合系统时序和噪声要求的方法是应用眼图模板(eye mask),如图 13.3 所示。模板代表一片禁止区域,即实际的眼图不能在此处交叉,并且它包括了接收端的建立和保持窗口以及电压规格,以及所有的抖动和噪声项。将它与 13.5 节的峰值畸变分析法(PDA)方法计算所得的最劣数据眼图相比较可以对给定设计的性能做出评价。峰值畸变分析法是一种确定性的分析方法,用以寻求有着诸如损耗、反射以及串扰等显著畸变源的信号系统的最小眼高和眼宽。

也可以用眼图来估计接收到的错误比特的概率,即众所周知的误码率(BER,Bit error Rate 或者 Bit Error Ratio)。误码率表示在相当长的时间间隔内所接收到的错误比特数和所传送的总比特数的比值:

$$\mathrm{BER}(t_s, v_s) = \lim_{N \to \infty} \frac{N_{\mathrm{err}}(t_s, v_s)}{N} \tag{13.1}$$

其中,(t_s, v_s) 表示采样信号的相对电压和相对时间,N_{err} 是所接收到的错误比特数,N 是在相同时间间隔内所传送的比特数。

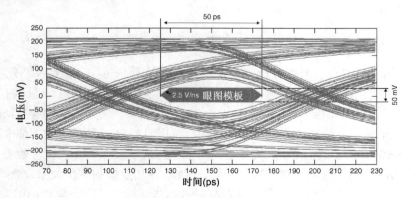

图 13.3 眼图及眼图模板规格实例

式(13.1)表明，误码率取决于我们何时以及在什么电平(即采样点位置)对数据进行采样。通过改变采样点，我们能够生成一幅包括由一组误码率值构成的等值线图，如图13.4所示。理想情况下，接收端将在眼的中心位置采样数据信号。但是，抖动和噪声能够造成非理想的数据采样，从而导致传输错误。例如，如果接收器在数据眼图的中间采样，在图中对应点为50 mV和50 ps，错误率小于100万亿分之一(10^{-14})。另外，在眼的边缘采样，例如10 mV和10 ps，将产生超过百万分之一的误码率(10^{-6})。在10 Gb/s的传输率下，10^{-14}的误码率大约2小时45分钟产生一个错误，然而10^{-6}的误码率每秒钟会产生10 000个错误。在高误码率条件下进行通信，要求将错误检测和校正能力设计在I/O电路中，从而增加了复杂性和功耗。而错误也将降低系统性能，因为必须将它们检测出来并进行数据的重新发送。我们将在13.2节讨论误码率估计。

最后，我们注意到，眼图适用于单端和差分接口。在应用于差分接口时，眼图应绘出接收端的差分电压($v_{\text{diff}} = v - \bar{v}$)。

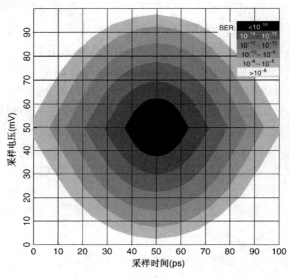

图13.4　BER等值线图

13.2　误码率

13.2.1　最坏情形分析

PC系统的信号接口进行时序分析曾经采用过最坏情形分析法(最劣情形分析法)。该方法中，所有降低眼图的张开程度的时序不确定性的源都被视为不超过一定量的有界源。基于最坏情形分析法的接口设计的一个例子是AGP 8X模式接口，其详细描述参见[Intel, 2002]。

AGP 8X模式是一种533 Mb/s的源同步接口，如图13.5(a)所示。AGP源同步发送器发送时钟信号和一组16个数据信号。传输芯片中的延迟线将时钟信号相对数据信号偏移了90°，以使数据信号位于数据眼图的中心。通过保持时钟和数据的相位关系，源同步设计可以获得很高的性能。这就要求数据信号的延迟与时钟信号匹配，采用完全相同的发送器和完全匹配的互连线长度可以实现这一点。从理论上讲，一个源同步系统的最大传输速率仅取决于接收器的建立和保持窗口，这在Dally and Poulton[1998]一书中有所描述。不过实际上，发送、互连和接收中的延迟方差将最大可达速率减小到较低的值。例如，发送延迟来源于各种电路中时钟分布路径间差异，芯片中的工艺方差以及噪声。源同步接口的时序方差通常是指数据信号和时钟信号之间的相对延迟，因而包括了每项的方差。

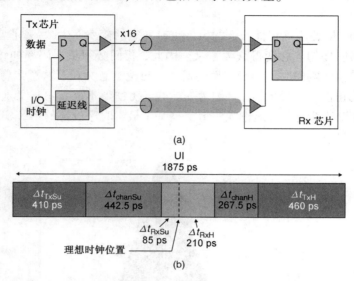

(a)

(b)

图 13.5　AGP 2.0 8X 模式的源同步系统时序。(a) 系统配置；(b) 最劣时序容许值

AGP 源同步链接的最劣时序公式为：

$$t_{\text{marSu}} = \frac{\text{UI}}{2} - \Delta t_{\text{TxSu}} - \Delta t_{\text{chanSu}} - \Delta t_{\text{RxSu}} \qquad (13.2)$$

$$t_{\text{marH}} = \frac{\text{UI}}{2} - \Delta t_{\text{TxH}} - \Delta t_{\text{chanH}} - \Delta t_{\text{RxH}} \qquad (13.3)$$

其中，t_{marSu} 和 t_{marH} 为建立和保持条件的时序裕度 (ps)

UI 为单位间隔，一个信号位的宽度 (ps)

Δt_{TxSu} 和 Δt_{TxH} 为与时钟路径建立和保持相关的发送延迟方差 (ps)

Δt_{IntSu} 和 Δt_{IntH} 为与时钟路径建立和保持相关的互连延迟方差 (ps)

Δt_{RxSu} 和 Δt_{RxH} 为与时钟路径建立和保持相关的接收延迟方差 (ps)

在 533 Mb/s 速率时，一个信号位的长度为 1875 ps，它被称为单位时间间隔 (UI)。AGP 8X 的接收端规格要求建立时间为 85 ps，保持时间为 210 ps。在超前时钟 (建立情况) 的数据信号边沿，该规格对发送延迟的最劣容许值为 410 ps。而在滞后时钟 (保持情况) 的数据信号边沿而言，对发送延迟的最劣容许值为 460 ps。该规格允许在建立和保持情况下，分别有 442.5 ps 和 267.5 ps 的互连延迟方差。图 13.5 (b) 给出了相应的时序图。在接收端，用于建立和保持的总窗口大小为 295 ps。这给出了没有发送和互连延迟变化时的最小单位间隔的定义，它能提供大约 3.4 Gb/s 的最大传输率。然而，发送和互连延迟方差将使单位时间间隔增加共 1560 ps，从而使最大传输率最终降低到只有 533 Mb/s。

最劣情形分析法将时序方差源看做有界，这种假设实际上是不太正确的。某些源是有界的，如由码间干扰造成的信道抖动等。而另外一些本质上是随机的，如由电源噪声引起的锁相环抖动等。这些方差源不是有界的，但一般都服从高斯分布的，其中的时间不确定性可以描述为：

$$\mathrm{RJ}(t) = \frac{1}{\sqrt{2\pi}\,\sigma_{\mathrm{RJ}}} \mathrm{e}^{-t^2/2\sigma_{\mathrm{RJ}}^2} \tag{13.4}$$

式中，$\mathrm{RJ}(t)$ 是由随机源造成的发生时序抖动为 t ps 的概率，σ_{RJ} 是时间不确定性（又称为抖动）的均方根（ps）。

　　对于高斯分布，即使不确定性极大的事件也有一定的概率发生（尽管非常小），如图 13.6 所示。这会使最劣时序的概念变得毫无意义。因此，我们必须从误码率的角度来解释时序，而这刚好是超过单位间隔的时间不确定性的概率。讨论其意义在于这意味着以前基于最劣时序的设计并不是真正设计为最劣情形，因为先前的最劣情形不是真正意义上的最劣情形。那么，为什么先前的设计都能正常运作呢？事实是基于最劣时序设计的系统实际运行中产生的误码率小到无法测试。

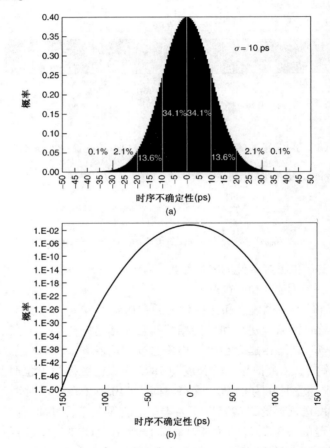

图 13.6　$\sigma = 10$ ps 时序不确定性的高斯分布。(a) 线性图；(b) 半对数图

　　为了说明这点，我们来研究 AGP 8X 接口误差之间的平均时间间隔，其中假设误码率为 10^{-18}。AGP 的数据总线为 32 位宽，运行在 533 Mb/s 的速率下。给定误码率时，整个总线上误差之间的平均时间间隔大约将达到 2.5 年（假设不同数据线上的误差不相关）。2.5 年也是在连续运行以及 100% 的总线利用率的假定条件下的估计结果。如果假设该系统是一台个人计算机，并且只使用一半时间，误差间的平均时间增加到了 5 年。如果进一步假设总线上的平均流量不超过 50%，误差间的平均时间增至 10 年，这远远超过了计算机的预期寿命。

13.2.2　误码率分析

随着信号速度的不断增加, 难以测试的极小误码率所需要的足够裕度也越来越难以保证。这样, 高速线路将朝着以误码率预估为基础的方法发展。本章将立足于未来所设计的高速信号线路都能获得有限的误码率而展开讨论。这样的话, 需要构建一个由时序分布计算BER 的方法。首先需要将误码率表达为时序抖动分布的函数:

$$\text{BER}(t) = \rho_T \int_{-\infty}^{\infty} J(t)\, dt \qquad (13.5)$$

其中 ρ_T 是转换密度, 即逻辑转换的比特位数量和整个传输比特位数量的比值(通常, ρ_T 等于0.5), 而 $J(t)$ 是抖动分布。该方程是时序抖动的累积分布函数, 并考虑任意比特的实际翻转概率(信号若保持在一定水平, 抖动将为零)。

计算误码率时, 先要确定抖动分布模型。式(13.4)可以用来描述随机抖动源, 不过这对于包含诸如码间干扰的确定性(有界的)抖动源的系统来说是不够准确的, 如图 13.7 所示。尤其是由眼图的零交叉点所得的抖动直方图呈现出了双峰分布。这意味着抖动是由确定性抖动源和高斯分布抖动源组合而成的。所以需要一个整合了高斯随机抖动模型的确定性抖动模型。

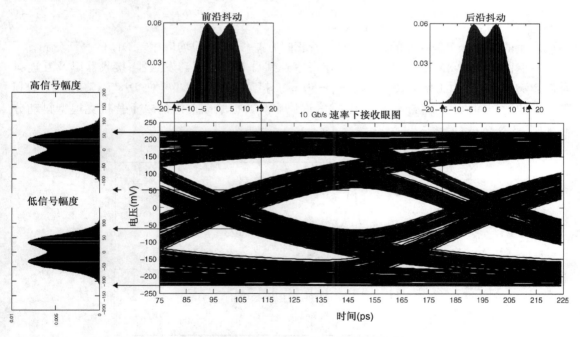

图 13.7　带有抖动和噪声直方图的眼图实例

确定性抖动源能够适应各种分布, 例如图 13.11 所示的例子和下一节将提到的内容。在构建系统级抖动预估中, 我们借用了式(13.6)中的二重狄拉克模型来表示确定性抖动的概率密度函数(PDF)$\text{DJ}(t)$:

$$\text{DJ}(t) = \frac{\delta(t - \text{DJ}_{\delta\delta}/2)}{2} + \frac{\delta(t + \text{DJ}_{\delta\delta}/2)}{2} \qquad (13.6)$$

其中, $\text{DJ}_{\delta\delta}$ 是二重狄拉克确定性抖动(ps), $\delta(t)$ 是狄拉克脉冲函数:

$$\delta(t) = \begin{cases} 0, & t \neq 0 \\ 1, & t = 0 \end{cases}$$

上式所示的二重狄拉克模型广泛应用于工业中，它认为确定性抖动在极值点是均匀分布的。在实际系统中确定性抖动并不满足二重脉冲分布。该模型的主要作用是易于将确定性抖动分布和随机性抖动分布结合起来。采用二重狄拉克模型的主要原因是我们只需要准确估计在低误码率下的抖动值，其主要部分是随机抖动。这样，用二重狄拉克模型可将抖动分布的"尾巴"偏移到适当的位置。从概念上讲，二重狄拉克模型提供了一种高斯分布的近似，它主要是将抖动分布外边缘部分偏移 $DJ_{\delta\delta}$。对于更多抖动分布和对二重狄拉克模型的进一步研究，我们向读者推荐 Stephens[2004] 的报告和 Li[2008] 的书。在 13.3 节将提供一个例子来阐释二重狄拉克模型的应用。

总抖动的概率密度函数（PDF），用 $JT(t)$ 表示，可以通过 DJ 模型和 RJ 模型相卷积计算：

$$JT(t) = RJ(t) * DJ(t) = \int_{-\infty}^{\infty} \left[\frac{1}{\sqrt{2\pi}\,\sigma_{RJ}} e^{-t^2/2\sigma_{RJ}^2} \right] \left(\frac{t - DJ_{\delta\delta}}{2} + \frac{t + DJ_{\delta\delta}}{2} \right) dt$$

利用冲激函数的卷积性质，$\int_{-\infty}^{\infty} f(t)\delta(t-a)dt = f(a)$，来化简整个抖动模型：

$$JT(t) = \frac{1}{2\sqrt{2\pi}\,\sigma_{RJ}} \left[e^{-(t - DJ_{\delta\delta}/2)/2\sigma_{RJ}^2} + e^{-(t + DJ_{\delta\delta}/2)/2\sigma_{RJ}^2} \right] \tag{13.7}$$

由此产生的抖动分布是双峰的，是一对有着相同方差（σ_{RJ}^2），而均值相差 $DJ_{\delta\delta}$ 的高斯分布。

我们回到 AGP 8X 接口时序的例子来考察这些分布。考虑到发送器、接收器以及互连抖动的影响，可以假设 $DJ_{\delta\delta} = 1000$ ps，$\sigma_{RJ} = 50$ ps。抖动分布的大小是使 DJ 与 $17.5 \times \sigma_{RJ}$ 的和等于单位时间间隔，它将带来大约 10^{-18} 的误码率。数据眼图前沿的二重狄拉克模型抖动分布如图 13.8 所示。

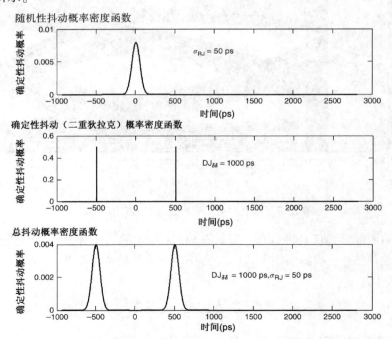

图 13.8　AGP 8X 接口的假想抖动概率密度函数模型（单位时间间隔 UI = 1.875 ns）

使用系统总抖动的概率密度函数，通过计算 PDF 所覆盖面积可以得到误码率。数据眼图前沿和后沿误码率的表达式如下所示：

$$\mathrm{BER}_{\mathrm{lead}}(t) = 0.5\left[\mathrm{erfc}\left(\frac{t - \mathrm{DJ}_{\delta\delta}/2}{\sqrt{2}\,\sigma_{\mathrm{RJ}}}\right) + \mathrm{erfc}\left(\frac{t + \mathrm{DJ}_{\delta\delta}/2}{\sqrt{2}\,\sigma_{\mathrm{RJ}}}\right)\right] \tag{13.8}$$

$$\mathrm{BER}_{\mathrm{trail}}(t) = 0.5\left[\mathrm{erfc}\left(\frac{\mathrm{UI} - t - \mathrm{DJ}_{\delta\delta}/2}{\sqrt{2}\,\sigma_{\mathrm{RJ}}}\right) + \mathrm{erfc}\left(\frac{\mathrm{UI} - t + \mathrm{DJ}_{\delta\delta}/2}{\sqrt{2}\,\sigma_{\mathrm{RJ}}}\right)\right] \tag{13.9}$$

其中 $\mathrm{erfc}(t)$ 是余误差函数，由下式定义：

$$\mathrm{erfc}(t) = \frac{2}{\sqrt{\pi}}\int_{t}^{\infty}\mathrm{e}^{-x^2}\mathrm{d}x$$

应当注意，在推导前沿误码率公式时，我们从右向左(向时间值减少方向)计算累积密度函数，而在计算后沿累积密度函数时又是沿时间轴的正方向进行的。这说明了两个公式中的时间参数符号上的差异。

用这些公式可以画出以数据眼图中水平位置为函数的误码率的变化曲线。该曲线称为误码率"浴缸曲线"。图 13.9 是用前面讨论过的 AGP 8X 时序分布所绘制的浴缸曲线的例子。该曲线在眼图的边缘附近为平缓区域，这一部分误码率由确定性抖动所主导；在眼图的中心附近为陡坡，这一部分主要由随机性抖动所主导。通过寻找该图中两条曲线相交处的误码率，可以评估某一设计满足误码率要求的能力。图 13.9 中两曲线交点处的误码率为 10^{-18}，表示对应设计能够达到的最小误码率。

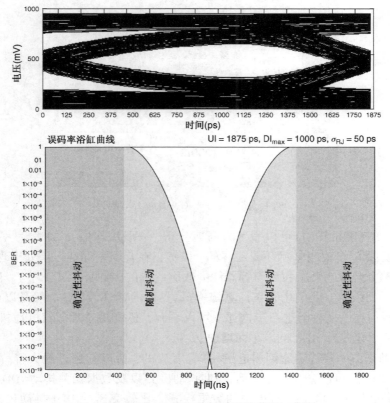

图 13.9　AGP 8X 接口的假想误码率浴缸曲线

13.3　抖动源及其容许值

　　本节将展开对抖动的讨论，更全面地理解各种抖动源，讨论它们是如何在信号系统中传播，进而对它们带来的影响进行预估。首先，我们定义抖动为信号时序事件与其理想位置的偏差。抖动是数据眼图在时间轴上产生"拖尾"的原因。任何传输、传播或接收信号的器件都有可能产生抖动。因此，我们首先将抖动类型和它们的源进行分类，然后分析不同元件的综合将如何给整个系统带来抖动。

13.3.1　抖动类型及抖动源

　　我们已经在 13.2 节引入了确定性抖动(DJ)和随机性抖动(RJ)的概念。它们构成了两大类，而这节将要提到的种种原因引起的抖动不是属于确定性的亚类就是随机性的亚类。确定性抖动源和随机性抖动源的主要特征在图 13.10 中进行了说明，我们也将在下文详细讨论。

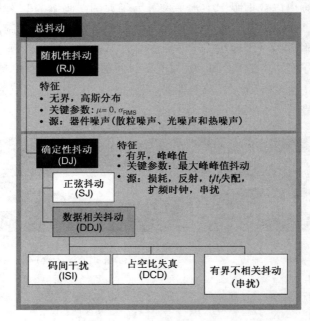

图 13.10　抖动类型及其特点一览

　　可以看到，RJ(随机抖动)可以表示为高斯分布，一般用均值 μ(通常为零)和标准方差 σ_{RMS} 来表示。所以 RJ(随机抖动)不是有界的，虽然它在若干个标准方差处出现的概率极低。随机抖动是由诸如热噪声和散粒噪声等器件的效应造成的(参见 13.4.1 节)。随机性抖动显示为抖动分布的"尾巴"，我们用它来计算峰-峰值抖动的容许值，它一般是以误码率的函数形式表达的，我们在下文将会进一步描述。可以看到，必须充分考虑随机性抖动的大小(以 sigma 数计)，它将随目标 BER 的减小而增加。

　　确定性抖动是由一些特定原因引起的、并且有界的，所以它超过最大峰-峰值的概率为零。确定性拉动(DJ)可以分为正弦抖动、周期抖动(PJ)以及数据相关抖动(DDJ)等类型。数据相关抖动，顾名思义，取决于所传输的数据模式。比较突出的 DDJ 抖动包括占空比失真(DCD)，码间干扰(ISI)和串扰。我们将在以下的章节中讲述每一种源。

　　周期抖动　PJ 以一定频率重复着，是由诸如宽频时钟等调制效应所引起的。对于一个有着多个周期源的系统来说，总周期抖动的模型为：

$$\mathrm{PJ}(t) = \sum_i A_i \cos(\omega_i t + \theta_i) \tag{13.10}$$

其中，A_i 为源 i 的幅度，ω_i 为源 i 的频率，θ_i 为源 i 的相位。一个独立周期抖动源的概率密度函数为[如图 13.11(a)所示]：

$$\mathrm{PDF_{PJ}}(t) = \begin{cases} \dfrac{1}{\pi \sqrt{A^2 - t^2}}, & A > |t| \\ 0, & A \leqslant |t| \end{cases} \tag{13.11}$$

其中，A 为周期抖动的幅度，t 为理想边缘点的时间。

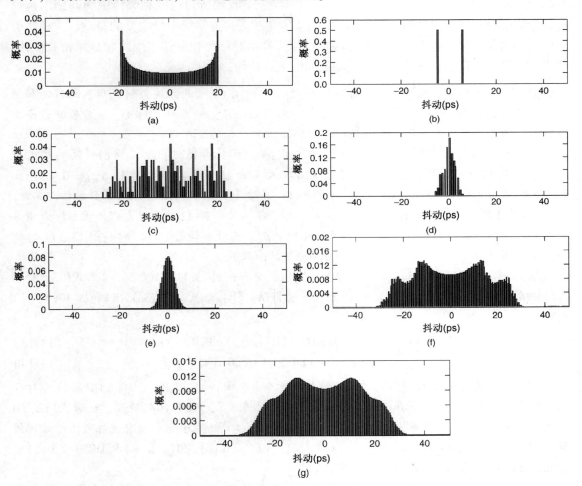

图 13.11　例 13.1 的抖动分布。(a)周期抖动(20 ps 振幅)；(b)占空比失真抖动($\omega/\alpha_{\mathrm{DCD}} = 10\%$)；(c)无均衡的 ISI 抖动；(d)有均衡的 ISI 抖动；(e)随机抖动($\sigma_{\mathrm{RJ}} = 2.5$ ps)；(f)确定性系统抖动；(g)总系统抖动

　　占空比失真(DCD)　占空比失真源于信号在诸如上升和下降失配等逻辑状态耗费的时间量的方差。由占空比失真引起的抖动的概率密度函数为两个脉冲函数之和：

$$\mathrm{PDF_{DCD}}(t) = \frac{1}{2}\left[\delta\left(t - \frac{\alpha_{\mathrm{DCD}}}{2}\right) + \delta\left(t + \frac{\alpha_{\mathrm{DCD}}}{2}\right)\right] \tag{13.12}$$

在式(13.12)中，α_{DCD} 为峰-峰占空比失真，t 为相对于理想边缘位置的时间。占空比失真抖动的 PDF 如图 13.11(b)所示。

码间干扰(Intersymbol Interference：ISI)　我们已经看到，ISI 是由损耗、耗散及组成互连信道的传输线上的反射所引起的。在图 13.11(c)和图 13.11(d)里显示了有无均衡时信道的概率密度函数的例子。一般来说，非均衡信道的 ISI 的 PDF 具有多个峰值，而均衡信道的分布则像截断高斯分布。

有界不相关抖动(Bounded Uncorrelated Jitter：BUJ)　BUJ 为确定性的抖动，时间上跟数据流不相吻合。最普通的 BUJ 源是串扰。回顾一下我们所讨论的相邻传输线间的串扰通过信号耦合对信号延迟和幅值的影响，可以知道串扰是高速系统中最主要的抖动源。串扰引起的抖动与相邻传输线上的数据是相关的，与信号本身则无相关性。因此它是无相关性的。图 13.10 显示了确定性抖动和随机抖动类型的主要特征。

例 13.1　10 Gb/s 接口的抖动分布。我们以一个 10 Gb/s 的系统为例说明系统抖动和位误差率计算的多个方面。首先研究一下多种抖动源组合产生的系统总抖动，然后展开讨论二重狄拉克模型参数，并展示其在低误码率时用于抖动近似的合理性。

我们的系统中包括了周期抖动、占空比失真、码间干扰和随机抖动。周期抖动的幅度为 20 ps，其 PDF 分布如图 13.11(a)所示。DCD 抖动是由 10% 的占空比方差($\alpha_{\mathrm{DCD}}=0.1$)产生的，其 PDF 分布如图 13.11(b)所示。本例的 ISI 抖动是取自于 14.2 节中所设计的信号系统。该例中 84 Ω 的差分线对是由 5 mA 的电流源驱动，各端接有 40 Ω 的端接电阻。该系统采用系数为 −0.27 的单抽头均衡器。有无均衡的 ISI 的 PDF 分布分别如图 13.11(c)和图 13.11(d)所示。本例将主要研究均衡情况，对应的分布在 ±6 ps 之间。

随机抖动是 RMS 为 2.5 ps 的高斯分布，其 PDF 分布如图 13.11(e)所示。可用式(13.13)和式(13.14)进行卷积计算系统级 DJ 的 PDF 以及总抖动。计算结果如图 13.11(f)和图 13.11(g)所示。

$$\mathrm{PDF_{DJ}}(t) = \mathrm{PDF_{PJ}}(t) * \mathrm{PDF_{DCD}}(t) * \mathrm{PDF_{ISI}}(t) \tag{13.13}$$

$$\mathrm{PDF_{TJ}}(t) = \mathrm{PDF_{DJ}}(t) * \mathrm{PDF_{RJ}}(t) \tag{13.14}$$

下一步则是利用图 13.11(f)的分布求取最大(峰-峰)确定性抖动。将 PDF 转换为对数轴上的分布，如图 13.12 所示，可以看出分布在高低极值点的变化比较陡峭，表明达到了 DJ 分布的界限，从而可以计算出峰-峰确定性抖动为 62 ps。系统 DJ 分布的准确性可以通过比较峰-峰 DJ 和各个 DJ 部分的峰-峰抖动之和来进行。PJ(±20 ps)、ISI(±6 ps)和 DCD(±5 ps)之和也是 62 ps，说明系统 DJ 分布的正确性。

要计算 $\mathrm{DJ_{\delta\delta}}$ 项必须先研究一下总系统抖动的 PDF 分布。回顾一下二重狄拉克模型中 DJ 作为一对冲激函数的分布。该模型将总抖动分布的尾巴设置成能精确反应实际分布的尾巴。首先将总抖动 PDF 的概率值转换为 Q 比例值。由 Q_{BER} 表示 Q 的比例，表明了由于随机抖动接近眼图的量度。对于给定的 BER，这种随机抖动我们必须考虑在内。Q_{BER} 的值由下式计算：

$$Q_{\mathrm{BER}}(\mathrm{BER}) = \sqrt{2}\,\mathrm{erf}^{-1}\left(1 - \frac{\mathrm{BER}}{\rho_T}\right) \tag{13.15}$$

表 13.1 列出了很宽误码率的范围上的 Q_{BER} 值。图 13.13 绘出了 Q_{BER} 与抖动的对照图。该图形的用途是对低误码率时的线性近似,其斜率等于 $\pm \sigma_{RJ}^{-1}$。我们用线性外插法从很小的 BER 值开始求取二重狄拉克模型中确定性抖动项的值。$DJ_{\delta\delta}$ 值就是 BER 值为 1 时用线性外插法求得的抖动值。从图 13.13 中,我们可以计算出曲线左侧和右侧的值分别为 −28.5 ps 和 27.7 ps,这样 $DJ_{\delta\delta} = 56.2$ ps。

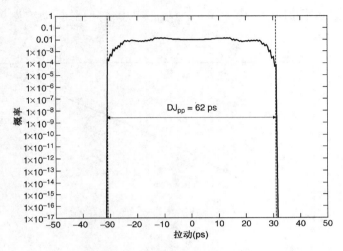

图 13.12 例 13.1 中系统级确定性抖动的提取

表 13.1 以误码率为函数的 Q_{BER}

BER	Q_{BER}	BER	Q_{BER}	BER	Q_{BER}
1×10^{-3}	6.180	1×10^{-10}	12.723	1×10^{-17}	16.987
1×10^{-4}	7.438	1×10^{-11}	13.412	1×10^{-18}	17.514
1×10^{-5}	8.530	1×10^{-12}	14.069	1×10^{-19}	18.026
1×10^{-6}	9.507	1×10^{-13}	14.698	1×10^{-20}	18.524
1×10^{-7}	10.399	1×10^{-14}	15.301	1×10^{-21}	19.010
1×10^{-8}	11.224	1×10^{-15}	15.882	1×10^{-22}	19.484
1×10^{-9}	11.996	1×10^{-16}	16.444	7.7×10^{-24}	20.000

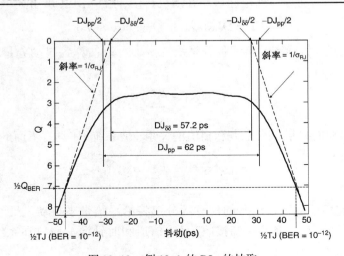

图 13.13 例 13.1 的 $DJ_{\delta\delta}$ 的抽取

　　最后一步是将 $\text{DJ}_{\delta\delta}$ 和 σ_{RJ} 代入式(13.7)可以计算出二重狄拉克模型的总抖动 PDF。可以将它与低误码率时各个 PDF 的卷积得到的总抖动 PDF 相比较。若从 RJ 占主导地位的曲线部分来看，两者应该是相吻合的。从图 13.14 可以看出，模型和实际系统分布基本上吻合良好。两者之差是由于频率卷积算法中的数值错误所引起的。至此，我们展示了二重狄拉克模型在高速信号系统抖动估算中的应用。最后，可以利用该模型估算以误码率为函数的总抖动。例如，在图 13.13 中显示了 BER 为 $10^{-12} \times (\frac{1}{2} Q_{\text{BER}} = 7.034)$ 时总抖动约为 91 ps，使我们的设计有着 9 ps 的设计裕度。

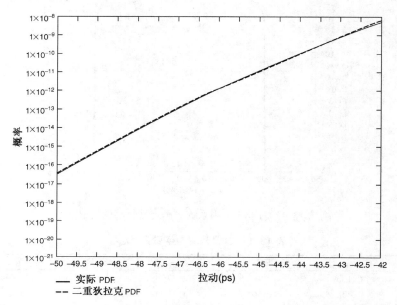

图 13.14　例 13.1 的二重狄拉克模型和实际系统 TJ 的 PDF 分布在 BER 的低端尾部的比较

13.3.2　系统抖动容许值

　　在系统级我们将抖动分为确定性抖动和随机抖动，给定 BER 可由式(13.16)计算：

$$\text{UI} = \text{DJ}_{\delta\delta}(\text{sys}) + Q_{\text{BER}}\sigma_{\text{RMS}}(\text{sys}) \tag{13.16}$$

应用二重狄拉克模型，将确定性抖动各分量线性叠加可以估算各抖动分量的卷积，这样，可以得到系统的总的 DJ：

$$\text{DJ}_{\delta\delta}(\text{sys}) = \sum_i \text{DJ}_{\delta\delta}(i) \tag{13.17}$$

随机抖动分量的卷积的结果具有平方和根值的关系，使系统 RJ 具有下面的形式：

$$\sigma_{\text{RMS}}(\text{sys}) = \sqrt{\sum_i \sigma_{\text{RMS}}^2(i)} \tag{13.18}$$

前面提到过，发送、传播或接收信号的任意部分都将给系统带来抖动。虽然具体实现方法各不相同，所有系统都含有数据发送和接收、互连信道和时钟源。所以在系统设计时，必须考虑各部分产生的 DJ 和 RJ。

例 13.2　2.5 Gb/s PCI Express 系统的抖动容许值。我们用第一代 PCI Express(PCIe)接口的系统抖动容许值来加以说明。图 13.15(a)显示了 PCI Express 链接的主要组成部分。PCI Express 系统不包含分布的全局高频 I/O 时钟,相反它采用的是从低频的参考时钟由锁相环(PLL)产生的局部 I/O 时钟。另外,接收端的时钟及数据恢复(Clock-and-Data Recovery, CDR)电路负责处理数据信号的同步[Martwick, 2005]。

图 13.15(b)包含了 PCI Express 链接上抖动产生和传输的方框图。100 MHz 参考时钟产生的抖动记为 TJ_{refclk},将进入发送端和接收端的锁相环。PLL 起着高通滤波器的作用,允许高频抖动通过。另外,每个 PLL 也是额外的抖动源($TJ_{Tx, gen}$ 和 $TJ_{Rx, gen}$),将引入局部的(如热噪声)和系统的(如电源噪声)噪声。由于 ISI 和串扰,信道也将引入抖动(TJ_{chan}),不过可以假定这部分抖动不会明显渗入输入抖动。比较器函数反映了两个 PLL 对抖动都是导通的事实,使得发送端和接收端的抖动传播是它们传输函数之差的函数。直觉上讲,若两个 PLL 有着同样的冲激响应,对于给定的相同输入 TJ_{refclk},通过它们的抖动也应相同。这样,接收端将会导通发送端传播的抖动,而由参考时钟引起并通过 PLL 的总抖动取决于 PLL 的传输函数之差。最后,CDR 电路也将导通抖动。

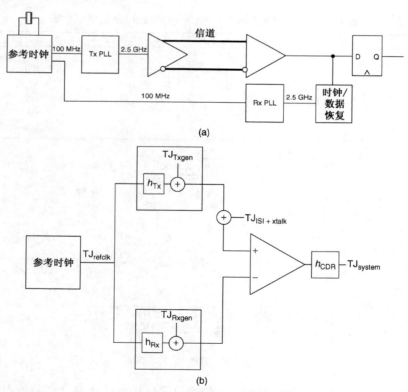

图 13.15　PCI Express 系统和抖动模型。(a)物理结构;(b)抖动产生和传播

确定了主要的抖动源之后,可以写出系统 DJ 和 RJ 的表达式:

$$DJ_{\delta\delta}(sys) = DJ_{\delta\delta}(Tx) + DJ_{\delta\delta}(channel) + DJ_{\delta\delta}(Rx) + DJ_{\delta\delta}(clock) \tag{13.19}$$

$$\sigma_{RMS}(sys) = \sqrt{\sigma_{RMS}^2(Tx) + \sigma_{RMS}^2(channel) + \sigma_{RMS}^2(Rx) + \sigma_{RMS}^2(clock)} \tag{13.20}$$

式(13.10)、式(13.13)和式(13.14)给出了抖动的基本关系,可以用它们来估算 PCI Express

系统的抖动,如表13.2所示。不过不论起到了什么作用,它们主要是用来说明如何为一个成功的系统设计估算抖动。为确保这一点,就要用到我们讨论的设计方法中的若干公式。在图13.16中我们给出了一个当代设计方法的示例,并在下文对其中的每一步进行介绍。

步骤1:协商初始目标。初始目标一般是基于以往设计的工程判断和经验。为了达到设计目的,除了具有I/O和信号完整性方法的工程师外,还有专门的项目组,通过一些折中方法确保设计过程中预算的平衡性。

步骤2:各独立部件设计指标评估以满足抖动和其他诸如接收端电压(参见13.4节)等设计目标。这一般是从若干次仿真中求出抖动相对于设计参数的方差的敏感度。当前实际设计中一般采用统计仿真的分析方法,我们将在第14章中讨论。

步骤3:一旦探索性工作完成后,就可进行预测抖动与设计目标的比较。根据分析结果,可能需要在各独立部件的设计要求之间进行折中。此时,对于给定的数据率,很难看出抖动估算能够达到BER目标。只要各部件的设计者随设计进程的发展制定有改善时延的计划,就不必过分担忧此事。如图13.16所示,这一阶段可能要在步骤2和步骤3之间进行若干次的循环,不过若充分理解统计分析支撑的设计过程的话,可以有效地减少循环的次数。

表13.2　10^{-12} BER时2.5 Gb/s PCI Express的抖动估算

部件	项	σ_{RJ}(ps)	$DJ_{\delta\delta}$(ps)	TJ(ps)
参考时钟	TJ_{clock}	4.7	41.9	108
发送端	TJ_{TX}	2.8	60.6	100
信道	$TJ_{channel}$	0	90	90
接收器	TJ_{Rx}	2.8	120.6	147
线性 TJ				458
RSS TJ		86.5	313.1	399.6

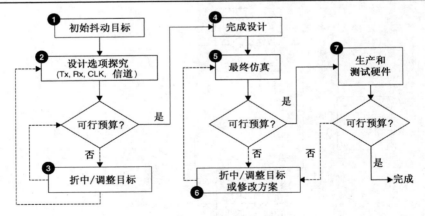

图13.16　系统设计流程

步骤4:若达到预算目标,则部件和主板部分的设计完成。这部分包括版图设计、设计规则检查(Design Rule Check,DRC)以及根据主板、封装和I/O电路设计建立最终模型。

步骤5:在设计开发硬件之前,推荐用步骤4建立的最终模型进行最终的仿真以达到验证的目的。这一步是设计小组确认和修正设计目标的最后机会。相比等到实验室做出硬件时才发现问题,能在仿真中发现问题并解决是最为快速而且代价较低。

步骤6:跟探索性分析时的情形相同,在这一阶段有必要调整时延目标或者修改系统设计的某一部分,虽然这一阶段不再使用统计分析法。

步骤 7：最后就到了整个流程最重要的一步：硬件设计和测试。该设计流程主要目的是将在这一步发现问题的风险降低到最小，不过最终成功测试才能保证系统功能的正确性。虽说这些超出了我们讨论的范围，需要说明的是硬件测试也是很广泛的。例如，统计分析可能会被用来对测试所得的硬件行为特征用外插法验证在极端制造工艺中设计是否满足时延要求 [Norman, 2003]。

13.4　噪声源及噪声容许值

我们在第 12 章讨论过，根据 Shannon-Hartley 理论，电源噪声主要是通过抑制信噪比来限制高速信号系统最优性能：

$$B = \frac{1}{2} \log_2 (1 + \text{SNR})$$

另外，位误码率也是信号上噪声的函数 [Buchs et al., 2004]。相仿于前文 BER 为时间抖动函数的方法，可以建立以下的方程，它表示位误码率是确定性噪声源和随机噪声源的函数：

$$\text{BER}(v) = 0.5 \, \text{erfc} \left(\frac{v - \text{DN}_{\max}/2}{\sqrt{2} \, \sigma_{\text{RN}}} \right) \tag{13.21}$$

其中，$\text{DN}_{\max}$ 为最大确定性噪声（V），σ_{RJ} 为高斯噪声（V）的平方和的根。最后要强调的是，电源噪声是时延噪声（抖动）的主要噪声源，所以它限制了我们实际可获得的最大数据率。下节我们将详细讨论主要的电源噪声源。

13.4.1　噪声源

数字信号系统中的基本噪声源包括串扰、码间干扰、电源噪声、电路输入偏移和分辨率、热噪声和散射噪声。本书在其他地方广泛地讨论了串扰和码间干扰，所以本节将主要讨论其他噪声源。

电源噪声　在第 10 章就讨论过，加诸于高速信号系统的电源供电噪声主要来源于两种噪声源。第一个是外部产生的供电噪声，发生在分布式系统的整流装置和 I/O 电路之间。这种外部的供电噪声一般是供电电压标称值的 5% ~ 10%。电流模式发射端的电源一般连接有一个大的阻抗，可以有效地将供电噪声隔离开来。

第二种噪声源是 I/O 电路的瞬态电流产生局部供电噪声。由于它取决于瞬态电流，并由 $v_{\text{PS, noise}} = -L(\mathrm{d}i/\mathrm{d}t)$ 计算，单端和差分信号系统的噪声特征截然不同。尤其是单端系统的瞬态电流比较大，将给信号带来大约为 10% 供电电压的局部供电噪声。相对而言，由于电流模式差分发射端引入了恒定的局部电流，产生的局部供电噪声基本上为零。另外，供电噪声多数情况下为普通模型噪声，可以用差分 I/O 电路来消除大部分的噪声。

接收端偏差和敏感度　接收电路阈值电压的方差是由生产工艺引起的，会导致设备失配，可以将其当做静态噪声源。对于一个单端接地的反相器，方差源于 NMOS 和 PMOS 设备特性（门的长和宽、移动度等）的比率，不同设备之间基本上相互无关。我们通过求取反相器阈值电压 $v_{t,\text{inv}}$ 的方差来计算偏差，其电压由下式计算 [Dally and Poulton, 1998]：

$$v_{t,\text{inv}} = \frac{v_{\text{TN}} + \sqrt{\beta_P/\beta_N}(V_{\text{DD}} + v_{\text{TP}})}{1 + \sqrt{\beta_P/\beta_N}} \tag{13.22}$$

其中，v_{TN} 为 NMOS 器件的阈值电压（V），β_P 为 PMOS 器件的传导系数（μA/V²），β_N 为 NMOS 器件的传导系数（μA/V²），V_{DD} 为供电电压（V），v_{TP} 为 PMOS 器件的阈值电压（V）。

器件传导系数是生产工艺传导系数和器件尺寸的函数：

$$\beta = k\frac{W}{L} \tag{13.23}$$

其中，k 为工艺传导系数（μA/V²），W 为器件宽（μm），L 为器件长（μm）。

式（13.22）表明阈值方差源是依赖于 NMOS 和 PMOS 器件传导系数的比率，不同器件之间基本上相互无关。最大偏差将要么发生在 NMOS，要么发生在 PMOS 的生产工艺是极端的情况下（通常称为"快"或"慢"隅角），而另一个处于另一个极端。我们可以近似计算器件在快和慢隅角时的方差为：

$$\beta_{\substack{fast\\slow}} = (k \pm \Delta k)\frac{W \pm \Delta W}{L \mp \Delta L} \tag{13.24}$$

其中，Δk 为工艺传导系数的最劣方差（μA/V²），ΔW 为器件宽的最劣方差（μm），ΔL 为器件长的最劣方差（μm）。

之后就可以估算出反相器的偏差，并作为典型情况的平均偏差：

$$v_{offset} = \frac{v_{t,inv}(\max) - v_{t,inv}(\min)}{2} \quad (V) \tag{13.25}$$

对差分放大器来说，输入偏差取决于同型器件的匹配性。同型器件的传导系数一般匹配良好，从而差分接收端的偏差极小。基于 NMOS 耦合对的差分接收器的输入偏差为：

$$v_{offset} = \Delta v_{TN} + 2(v_{GS} - v_{TN})\left(\frac{\Delta k_N}{k_N}\frac{\Delta W}{W}\frac{L}{\Delta L}\right) \quad (V) \tag{13.26}$$

接收敏感度是能得到特定输出摆幅的输入电压摆幅量[Dally and Poulton, 1998]。工艺为 0.25 μm 时，基于 CMOS 反相器的合理接收敏感度为 200～250 mV，差分接收器的合理敏感度约为 10 mV。

例 13.3 单端接地的差分接收器的输入偏差。本例将计算工艺为 0.25 μm 的反相器和差分接收器的输入偏差，表 13.3 总结了它们的参数和方差。

表 13.3 0.25 μm 工艺时示例设备的参数和方差

参数	典型值	方差
V_{TN}（V）	0.43	±0.01
V_{TP}（V）	-0.4	±0.01
K_N（A/V²）	115×10^{-6}	$\pm 12 \times 10^{-6}$
k_P（A/V²）	30×10^{-6}	$\pm 3 \times 10^{-6}$
W（μm）		±0.025
L（μm）		±0.025

最劣情形器件长度方差 ΔL 不会随长度缩放。这样，反相器的设计中可以用 0.5 μm 的栅长来降低长度方差对输入偏差的影响。NMOS 和 PMOS 设计宽分别为 1.12 μm 和 4 μm。表 13.4 给出了反相器最小和最大阈值时的参数条件。表中也给出了供电电压的方差，因为式（13.22）说明反相器的阈值直接与供电电压相关，而供电电压的变化达到了 ±10%，所以

此例中将它包含在偏差计算中。计算反相器的输入偏差时，将使用表中的数据，并结合式(13.22)至式(13.25)：

$$\beta_{P,\text{typ}} = (30\ \mu\text{A/V}^2)\left(\frac{4\ \mu\text{m}}{0.5\ \mu\text{m}}\right)$$
$$= 240.000\ \mu\text{A/V}^2$$

$$\beta_{P,\text{min}} = [(30-3)\ \mu\text{A/V}^2]\left[\frac{(4-0.025)\ \mu\text{m}}{(0.5+0.025)\ \mu\text{m}}\right]$$
$$= 204.429\ \mu\text{A/V}^2$$

$$\beta_{P,\text{max}} = 279.632\ \mu\text{A/V}^2$$

$$\beta_{P,\text{typ}} = (115\ \mu\text{A/V}^2)\left(\frac{1.12\ \mu\text{m}}{0.5\ \mu\text{m}}\right)$$
$$= 257.600\ \mu\text{A/V}^2$$

$$\beta_{N,\text{min}} = 215.871\ \mu\text{A/V}^2$$

$$\beta_{N,\text{max}} = 304.932\ \mu\text{A/V}^2$$

$$v_{t,\text{typ}} = \frac{v_{\text{TN,typ}} + \sqrt{\beta_{P,\text{typ}}/\beta_{N,\text{typ}}}\,(V_{\text{DD}} + V_{\text{TP,typ}})}{1 + \sqrt{\beta_{P,\text{typ}}/\beta_{N,\text{typ}}}}$$
$$= \frac{0.43\ \text{V} + \sqrt{257.600\ \mu\text{A/V}^2/240.000\ \mu\text{A/V}^2}(2.5\ \text{V} + 0.4\ \text{V})}{1 + \sqrt{257.600\ \mu\text{A/V}^2/240.000\ \mu\text{A/V}^2}}$$
$$= 1.250\ \text{V}$$

$$v_{t,\text{min}} = \frac{v_{\text{TN,min}} + \sqrt{\beta_{P,\text{min}}/\beta_{N,\text{max}}}\,(V_{\text{DD,min}} + V_{\text{TP,min}})}{1 + \sqrt{\beta_{P,\text{min}}/\beta_{N,\text{max}}}}$$
$$= \frac{[(0.43-0.01)\ \text{V}] + \sqrt{204.429\ \mu\text{A/V}^2/304.932\ \mu\text{A/V}^2}\,[(2.5-0.25+0.4-0.01)\ \text{V}]}{1 + \sqrt{204.429\ \mu\text{A/V}^2/304.932\ \mu\text{A/V}^2}}$$
$$= 1.059\ \text{V}$$

$$v_{t,\text{max}} = \frac{v_{\text{TN,max}} + \sqrt{\beta_{P,\text{max}}/\beta_{N,\text{min}}}(V_{\text{DD}} + V_{\text{TP,max}})}{1 + \sqrt{\beta_{P,\text{max}}/\beta_{N,\text{min}}}}$$
$$= \frac{[(0.43+0.01)\ \text{V}] + \sqrt{279.632\ \mu\text{A/V}^2/215.871\ \mu\text{A/V}^2}\,[(2.5+0.25+0.4+0.01)\ \text{V}]}{1 + \sqrt{279.632\ \mu\text{A/V}^2/215.871\ \mu\text{A/V}^2}}$$
$$= 1.462\ \text{V}$$

由计算可知，反相器的输入偏差约为 ±201 mV。

式(13.26)表明差分接收器的偏差取决于器件设备宽长方差之比。这样，特征尺寸的方差将相互抵消。因此，设计接收器时采用最小的栅长可以降低偏差，这也能使器件面积和输入电容最小化。也可以通过增加栅宽来降低接收偏差。器件宽为 1 μm 而长为最小且输入栅偏置 $v_{\text{GS}} - v_{\text{TN}}$ 为 400 mV 时差分接收器的偏差估值约为 ±30 mV：

$$v_{\text{offset}} = \Delta v_{\text{TN}} + 2(v_{\text{GS}} - v_{\text{TN}})\left(\frac{\Delta k_N}{k_N}\frac{\Delta W}{W}\frac{L}{\Delta L}\right)$$

$$= 0.01 \text{ V} + 2(0.4 \text{ V} - 0.01 \text{ V})\left[\frac{(12 \text{ μA/V}^2)(0.025 \text{ μm})(0.25 \text{ μm})}{(115 \text{ μA/V}^2)(1 \text{ μm})(0.025 \text{ μm})}\right]$$

$$= 30 \text{ mV}$$

表 13.4　反相器偏差估计中 0.25 μm 工艺的参数方差

	$v_{t,\text{min}}$	$v_{t,\text{max}}$
$v_{\text{TN}}(\text{V})$	0.042	0.044
$v_{\text{TP}}(\text{V})$	0.039	0.041
$k_N(\text{μA/V}^2)$	127	103
$k_P(\text{μA/V}^2)$	27	33
$W_N(\text{μm})$	0.87	1.37
$W_P(\text{μm})$	3.75	4.25
$L_N(\text{μm})$	0.25	0.75
$L_P(\text{μm})$	0.75	0.25
$V_{\text{DD}}(\text{V})$	2.25	2.75

V_{REF}噪声　在第 12 章中讨论过，可以用差分放大器来接收单端接地信号，此时是将输入的一端接到参考电压上的（参见图 11.33）。使用了单端接地接口方式的例子包括英特尔微处理器采用的 GTL + 技术以及双倍数据率（dual-data-rate，DDR）存储器设备中采用的线脚系列终端逻辑（stub series terminated logic，SSTL）接口[Intel，1997；JEDEC，2002]。参考电压常被当做低电流稳压器的一部分，并通过印制电路板和封装分布到片上电路中，使之易于受相邻信号以及参考平面的影响而产生噪声。交流噪声的设计要求一般为参考电压的 ±2%。另外，若限制交流噪声为实际参考电压的 ±2% 的话（比如，V_{ref} = 0.9 V 时交流噪声为 18 mV），高速收发机逻辑（HSTL）的设计要求允许参考电压的直流值在 0.68 ~ 0.90 V 之间变动，其标称值为 0.75 V[EIA，1995]。

均衡器量化误差　离散线性均衡器一般采用 D/A 转换器（DAC）来产生均衡器的系数。DAC 具有有限的分辨率，它是比特位数的函数，从而在设置抽头系数时能有最小步长（间隔尺寸）。对于使用在差分信号发送均衡中的电流导引型 DAC，可以估算出输出电流的最小分辨率是受限于 DAC 的最低有效位（least significant bit，LSB）：

$$i_{\text{res}} = \frac{i_{\text{DAC}}}{2^{n_{\text{DAC}}}} \quad (\text{A}) \tag{13.27}$$

其中，i_{DAC} 为最大输出电流，n_{DAC} 为 DAC 中的比特数。

可以将有限的分辨率当做输出电压信号上的电压"噪声"，其值为分辨率的一半：

$$v_{\text{eq,noise}} = \frac{i_{\text{DAC}}}{2^{n_{\text{DAC}}+1}} Z_0 \quad (\text{V}) \tag{13.28}$$

式（13.28）为近似表达，没有考虑 DAC 的其他不理想因素。其中一个例子为差分非线性，是连续 DAC 编码输出响应的测试值与理想值之差。DAC 的不理想源的全面分析可以查阅 Razavi[1995]的书。

例 13.4　均衡器 DAC 噪声估计。一个由单后光标均衡抽头的电流模差分发射器设计为具有 −0.2 的最大抽头系数。该发射器为 5 mA 的发射器，驱动着差分阻抗为 100 Ω 的差分传输线对。均衡器使用 4 位 DAC 来设置系数。差分电压摆幅为 v_{swing} = (5 mA) × (100 Ω) =

0.500 V。DAC 分辨率引起的噪声为 $v_{eq,\,noise} = [0.2(5\ \text{mA})/2^5](100\ \Omega) = 3.1\ \text{mV}$，为总信号摆幅的 0.6%。

热噪声和散粒噪声 热噪声和散粒噪声本质上是随机的，所以它们可以采用高斯模型[Gray et al., 2001]。热噪声，也称为约翰逊噪声，由器件功率耗散引起，其均方根功率谱密度为：

$$\text{PSD}_{\text{therm}} = 4k_B TR \quad (\text{V}^2/\sqrt{\text{Hz}}) \tag{13.29}$$

其中，k_B 为玻尔兹曼常数(1.38×10^{-23} J/K)，T 为温度(K)，R 为器件电阻(Ω)。用式(13.3)可以计算出给定带宽热电压噪声的均方根：

$$\sigma_{\text{therm}} = \sqrt{4k_B TR\Delta f} \quad (\text{V}) \tag{13.30}$$

其中，Δf 为进行噪声测试所用的带宽(Hz)。

散粒噪声是器件电流量化为单个器件载流子时引起的，其电流谱密度 $\overline{i^2}$ 为：

$$\overline{i^2} = 2qi \quad (\text{A}^2/\sqrt{\text{Hz}}) \tag{13.31}$$

其中，q 为电子(1.6×10^{-19}C)电荷，i 为流过器件的电流。

散粒噪声是由于量化电流成独立电荷时引起的电流波动造成的。由于器件产生的散粒噪声，电压的均方根为：

$$\sigma_{\text{shot}} = \sqrt{2qi\Delta f}\,R \quad (\text{V}) \tag{13.32}$$

其中，R 为器件有效电阻，i 为流过器件有效电阻的电流，Δf 为带宽。

由于热噪声和散粒噪声本质上是高斯分布的，进行噪声预估时必须以概率形式处理。高斯噪声源是用正态概率密度函数(PDF)表示的，具有如下形式：

$$P(v) = \frac{1}{\sqrt{2\pi}\,\sigma_{\text{noise}}} e^{-v^2/2\sigma_{\text{noise}}^2} \tag{13.33}$$

式(13.33)能求出给定值对应的噪声的概率。噪声不超过给定量的概率为：

$$P(v_{\text{noise}} < v) < 1 - e^{-v^2/2\sigma_{\text{noise}}^2} \tag{13.34}$$

例 13.5 热噪声和散粒噪声估计。一个 2.5 V 的 50 Ω 的发射器驱动着 10 Gb/s(5 GHz 基频)的 50 Ω 的传输线，如图 13.17 所示。电路工作在室温(300 K)条件下。从负载线分析可以看出输出电流为：

$$i_{\text{Tx}} = \frac{2.5\ \text{V}}{50\ \Omega + 50\ \Omega} = 25\ \text{mA}$$

热噪声的均方根为：

$$\sigma_{\text{therm}} = \sqrt{4\left(1.38 \times 10^{-23}\ \text{J/K}\right)(300\ \text{K})(50\ \Omega)(5 \times 10^9\ \text{Hz})}$$

$$= 6.43 \times 10^{-5}\ \text{V}$$

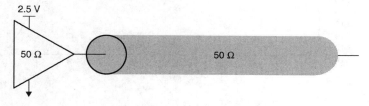

图 13.17 例 13.5 的电路

散粒噪声的均方根为：

$$\sigma_{\text{shot}} = \sqrt{2(1.6 \times 10^{-19}\ \text{C})(0.025\ \text{A})(5 \times 10^9\ \text{Hz})(50\ \Omega)} = 3.16 \times 10^{-4}\ \text{V}$$

两个噪声源组合后的均方根为：

$$\sigma_{\text{total}} = \sqrt{(6.43 \times 10^{-5}\ \text{V})^2 + (3.16 \times 10^{-4}\ \text{V})^2} = 3.23 \times 10^{-4}\ \text{V}$$

从式(13.34)可以求出在任意时刻热噪声和散粒噪声小于 1 mV 的概率为：

$$P(v_{\text{noise}} < v) < 1 - e^{-(1\ \text{mV})^2/2(0.323\ \text{mV})^2} = 0.992 = 99.2\%$$

较小的值表明对于有较大信号摆幅的单端接地的信号系统来说，热噪声和散粒噪声一般不是它的主要噪声源。

13.4.2　噪声容许值

高速信号系统中存在如此多的噪声源，所以需要有效地管理控制它们以保证系统的正常操作。控制噪声的方法是确定噪声容许值，用它来给系统设计足够的噪声裕度。我们讨论过的大多数噪声源都是有界的，在确定噪声容许值时，各个噪声源假定取最劣值。这实际上是保守的方法，因为所有噪声源都处于最劣极值的概率极小。由于噪声问题的诊断极其困难，所以若能满足保守的容许值，系统在噪声上发生问题的概率将会被最小化。

热噪声和散粒噪声为高斯噪声源，不能直接使用最劣噪声方法。解决方法是近似计算高斯噪声源的最劣值。具体计算方法是通过选择容许超过最劣值的最大概率来近似计算高斯噪声源的最劣值。随后用如图 13.18 的概率曲线来确定必须考虑多大的标准偏差。概念上与前文所述的 BER 计算相似（当然，BER 计算是用于信号幅度，也可以用于时延）。基于噪声的 BER 计算将作为本章的习题）。例如，若选择超过最劣值噪声的最大概率为万亿分之一（10^{-12}），噪声将被设置为 7.4 倍的噪声电压均方根的最小值。根据前文计算所得的噪声均方根（$\sigma_{\text{total}} = 0.233\ \text{mV}$），可以计算出高斯噪声的最劣值为 1.7 mV。

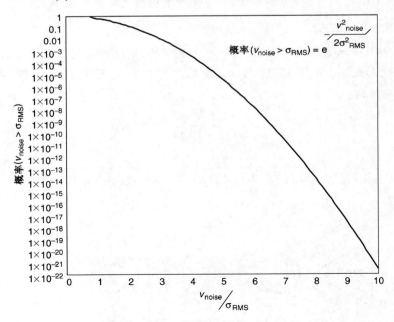

图 13.18　高斯噪声源的概率曲线

　　通常噪声容许值里并不明显包含串扰和码间干扰，因为它们包含在信号完整性仿真中。不论有无精确模型和足够的计算能力，本书推荐首选仿真方法来理解噪声源。仿真(与测试相关)能让我们更好地理解系统行为，帮助我们减小裕度，能以较低的成本完成高性能的系统设计。

　　例 13.6　**噪声容许值** 。我们想确定噪声容许值，并比较一对假定的信号系统的噪声裕度和抗噪声能力，如图 13.19 所示。图 13.19(a)为工作在 1 Gb/s 的单端接地系统，其电压模式发射端将产生 2.0 V 的单一摆幅。摆幅以 1.0 V 的参考电压为中心，AC 噪声为 ±2% 时，DC 容许偏移为 ±5%。参考电压与差分接收器的一个输入端相连。由于我们主要想展示不用仿真的噪声容许值的构建过程，所以串扰和码间干扰被设定为信号摆幅的 10%。电路由 2.5 V 的供电电压驱动，其供电噪声的容许值为供电电压的 10%。

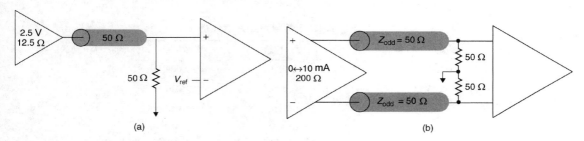

图 13.19　例 13.6 所用电路。(a)单端接地系统；(b)差分系统

　　图 13.19(b)所示的差分信号系统工作在 5 Gb/s，互连线有损耗且需要均衡。该系统采用 10 mA 的电流模式发射器，驱动发射端阻抗和传输线为并行组合时，可提供 400 mV 的单摆幅。差分电路也采用了 2.5 V 的供电电压以及 10% 的供电噪声。不过，较大的发射端阻抗和差分接收器相结合将抑制 99% 的供电噪声。由于差分传输线减小了耦合，以及接收端的共模抑制，串扰噪声将减小到信号摆幅 5%。ISI 容许值保持在信号摆幅 10% 的水平。均衡器采用 4 位 DAC，能提供 20% 的均衡能力。两个电路的接收端都是差分的，具有相同的偏差和敏感度，其估值分别为 35 mV 和 10 mV。最后，两个电路中都包含了热噪声和散粒噪声，且超过噪声容许值的概率不大于 10^{-12}。

　　表 13.5 为上面讨论的各个噪声源所产生噪声一览。从表中可以看出单端接地系统的预估最劣噪声为 835 mV 而差分系统为 114 mV。广泛使用的数字系统噪声特性的度量标准是噪声裕度，已在第 12 章进行了介绍。我们可以用式(12.3a)和式(12.3b)来求取系统噪声裕度：

$$v_{\mathrm{NM}} = v_{\mathrm{NMl}} + v_{\mathrm{NMh}} = (v_{\mathrm{oh,min}} - v_{\mathrm{ol,max}}) - (v_{\mathrm{ih,max}} - v_{\mathrm{il,min}})$$

其中，v_{NMl} 和 v_{NMh} 为噪声裕度的低端和高端，$v_{\mathrm{ol,max}}$ 和 $v_{\mathrm{oh,min}}$ 为发射端输出电压的最小和最大值，$v_{\mathrm{ih,min}}$ 和 $v_{\mathrm{ih,max}}$ 为接收端请求电压的最小值和最大值。由于输出电压的最小值和最大值之差是信号的摆幅，而接收端输入电压的最小值和最大值之差等于噪声的最劣值，系统噪声裕度可以表示为：

$$v_{\mathrm{NM}} = v_{\mathrm{swing}} - v_{\mathrm{noise}} \qquad (13.35)$$

　　因为单端接地系统的摆幅比差分系统的摆幅大五倍，所以它有更大的噪声裕度(1165 mV 对 286 mV)。从这些数据容易得出单端接地系统相比差分系统能提供更好的噪声性能的结论。然而，噪声裕度的度量标准有极大的限制性：它并没有考虑信号摆幅和噪声的相对差。若干极大的噪声源(如串扰、供电噪声、码间干扰)将随信号摆幅的增加而成比例增加，而较小摆幅的差分系统一般可以减小非比例噪声源(如偏差、敏感度、共模抑制)。这意味着尽管单端接地系统具有较大的噪声裕度,但增加信号摆幅并不能够保证噪声性能的提高。另一种度量标准,称为抗噪声能力,引入信号摆幅和最劣噪声比率来解决该问题:

$$r_{NI} = \frac{v_{swing}}{v_{noise}} \tag{13.36}$$

如果将最劣噪声作为系统正常工作所需的最小信号摆幅的测量标准的话,抗噪声能力则表达了实际信号和所需摆幅的比率。差分系统的抗噪声比率为3.5:1,而单端接地系统则为2.4:1。图13.20显示的单端系统的最小摆幅要求为实际摆幅的41.7%,而差分系统的最小摆幅要求仅为实际摆幅的28%。从这点上看,差分系统与单端接地系统相比提供了更好的噪声性能改善[Dally and Poulton, 1998]。

表13.5　例13.6的噪声容许值分析

噪声源	单端接地	差分
供电噪声(V)	0.250	0.003
串扰(V)	0.200	0.020
ISI(V)	0.200	0.040
Rx 偏差 + 敏感度(V)	0.045	0.045
高斯噪声(V)	0.000	0.001
V_{ref}噪声(V)	0.140	—
均衡器分辨率(V)	—	0.005
总噪声(V)	0.835	0.114
信号摆幅(V)	2.000	0.400
噪声裕度(V)	1.165	0.286
抗噪声能力	2.4:1	3.5:1

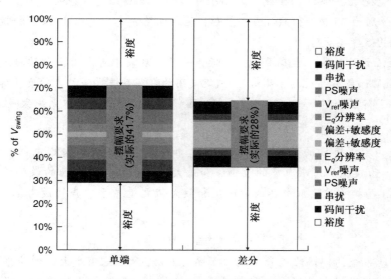

图13.20　例13.6的抗噪声能力比较

13.5　峰值畸变分析法

由于本书主要关注于信号完整性，本节将论述评估由系统互连引起的抖动峰值和噪声的方法。由本书前面的内容可知，由串扰和 ISI 引起的抖动和噪声是确定性的，这样我们就可以用最劣值来预测。获取最劣值的方法称为峰值畸变分析法（PDA）[Casper et al.，2002]。

13.5.1　叠加及脉冲响应

我们首先详细说明一下在第 12 章中引入的线性时不变（LTI）这一概念。我们特别使用了叠加原理，该原理说明，若一个系统的输入能表示成多个输入分量之和

$$x(t) = \sum_i x_i(t)$$

则根据下式，输出等于各输入分量对应输出之和

$$y(t) = \sum_i f[x_i(t)] = \sum_i y_i(t) \tag{13.37}$$

该公式使我们可以用系统对单一脉冲的响应采用叠加原理计算接收到的任意位模式的信号波形。图 13.21 说明了一个将各时间点脉冲响应对叠加起来以得到 0 101 000 模式的波形的实际例子。

用叠加法构建数学模型使之能从接收到的脉冲响应获得任意位模式的接收信号波形是最直接的方式。首先，我们将第 i 个比特位的透射脉冲信号表达为：

$$x_i(t) = x(t - i \cdot \mathrm{UI}) \tag{13.38}$$

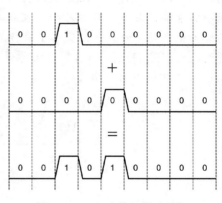

图 13.21　互连线上脉冲叠加

其中 UI 为单位间隔，等于数据位的宽度。然后，可以写出第 n 比特数据序列的透射波形的公式为：

$$x'(t) = \sum_{i=0}^{n-1} b_i x(t - i \cdot \mathrm{UI}) \tag{13.39}$$

式中 b_i 为第 i 比特位的逻辑值。

这样可以将同样 n 位数据序列的信号波形表示为：

$$y'(t) = \sum_{i=0}^{n} b_i y(t - i \cdot \mathrm{UI}) \tag{13.40}$$

其中 $y(t)$ 为接收到的脉冲响应。式（13.40）为脉冲响应的叠加，其中各比特的响应为时间上偏移了等于各比特位置乘以单位间隔的时间量。下面用例子加以说明。

例 13.7　脉冲响应波形的叠加。图 13.22（a）显示了一个工作在 1 Gb/s 的互连线电路。传输线为无耗的，其特征阻抗为 50 Ω，信号宽度为 1 ns。传输线末端的阻抗不匹配将引起波形反射，如图 13.22（b）所示。当用以下模式的信号作为激励时，计算传输线远端的接收响应。

比特	值
0	0
1	0
2	1
3	0
4	1
5	0
6	0
7	0
8	0
9	0
10	0
11	0
12	0
13	0

图 13.23(a)为构建目标波形的脉冲叠加的图形表示。在本例中,我们复制脉冲响应并向右位移两个比特位。之后使用将从各个位置上的脉冲响应中提取的电压相叠加的方法来将两个脉冲响应相加。各脉冲响应在表 13.6 的第二栏中列出。表中的第三栏表示了移位之后的脉冲响应值,最后一栏表示了目标波形的计算结果。图 13.23(b)显示了用叠加法计算所得的波形,图 13.23(c)为期望比特模式的直接仿真结果。两个波形极其一致,表明叠加法在高速信号分析中的适用性。

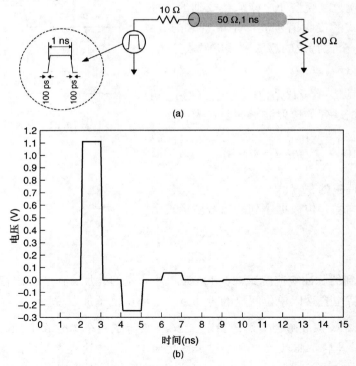

图 13.22　电路实例及脉冲响应的叠加。(a)电路和信号特征;(b)1 Gb/s 脉冲响应

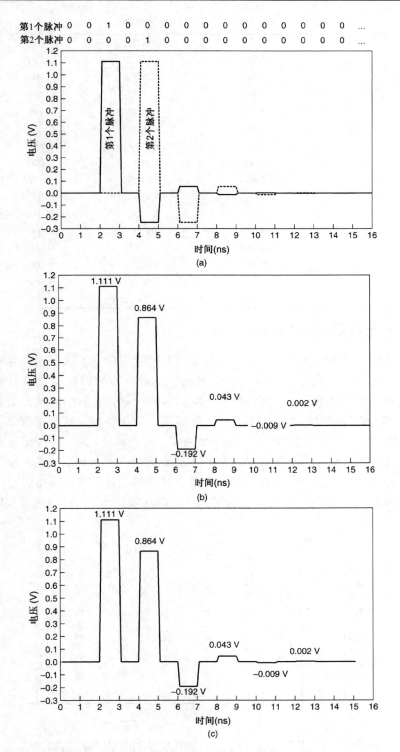

图 13.23　运用叠加法从图 13.22 的脉冲响应求取比特模式的波形的例子。(a)例 13.7 用脉冲叠加法仿真比特模式；(b)叠加法计算所得波形；(c)从仿真比特模式计算所得的波形

表 13.6　例 13.7 的脉冲叠加

比特	脉冲（V）		和（V）
	原始值	移位	
0	0.000	0.000	0.000
1	0.000	0.000	0.000
2	1.111	0.000	1.111
3	0.000	0.000	0.000
4	−0.247	1.111	0.864
5	0.000	0.000	0.000
6	0.055	−0.247	−0.192
7	0.000	0.000	0.000
8	−0.012	0.055	0.043
9	0.000	0.000	0.000
10	0.003	−0.012	−0.009
11	0.000	0.000	0.000
12	−0.001	0.003	0.002
13	0.000	0.000	0.000

13.5.2　最劣比特模式及数据眼

前面我们说明了叠加法的适用性，下面将说明如何应用它来求取高速信号系统最劣比特模式及其结果所形成的数据眼。明显的方法根据前文对脉冲的讨论确立每个可能的系统波形。为说明此点，我们再研究一下前例图 13.24 的脉冲响应。我们用此图说明了理想情况下脉冲响应的偏移。例如脉冲值为 −0.247 V 之后的第 2 个比特位。理想情况下，除了间隔为 2~3 ns 的比特位外，所有比特位的响应都应该为零。我们称该比特位为光标，表明它是我们当前应重视的比特位。位于其后的比特的位称为后光标（postcursor），而在它前面的比特位称之为前光标（precursor）。图中可以看出相对于理想脉冲的偏移，该偏移将引起比特位之间的交互干扰，直到第 12 个后光标比特。之后的比特全部为零，对于从脉冲响应求出的任何信号波形都不会产生影响。

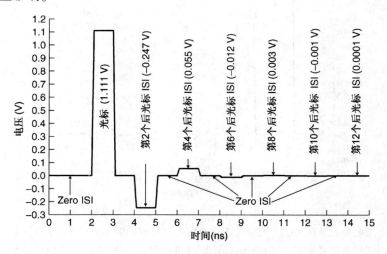

图 13.24　带有 ISI 的脉冲响应

覆盖所有可能的组合的话将产生 2^{13} 个不同的波形以包括光标比特以及 12 个后光标比特。一旦我们建立了这些波形，需要对每一个进行分析以便能找到能提供最小数据眼的比特模式。进而，对一个复数的、有损耗的信号信道，数据眼中不同位置有着不同的最劣比特模式。幸而通过叠加方法，可以找到最劣比特模式和最小开眼，而不用去求取 8000 + 个波形。开始理解叠加方法的运用方法前，我们再看一个例子。

例 13.8　用叠加法求最劣比特模式。参考图 13.24，可以看到，若是传输 $t = 4$ ns 的第 2 个脉冲（第 2 个后光标位），叠加法将导致第 2 个脉冲的信号电平减小，减小量为此位置处的负的 ISI 值。这样，第 2 个脉冲的电平值为 1.111 V $-$ 0.247 V $=$ 0.864 V。这说明逻辑 1 的最劣比特模式应该包括 101 子模式。

如果传送一个开始于 $t = 8$ ns 的第 3 个脉冲（第 6 个后光标位置），它将受第 2 个脉冲的 $-$0.247 V ISI 的负的 ISI 影响，受第 1 个脉冲的 $-$0.012 V ISI 影响，从而电平值衰减为 0.852 V。这样，最劣比特模式被扩展为 1000101。

在第 10 个后光标位传送第 4 个脉冲将给逻辑 1 增加额外的 1 mV 的衰减。脉冲在第 10 个后光标之后不再有负的 ISI 影响，所以没必要继续分析下去。最劣模式的波形将包含 10001000101。图 13.25(a) 中以图形方式说明了以上分析。这样，电压为：

$$1.111 \text{ V} - 0.247 \text{ V} - 0.012 \text{ V} - 0.001 \text{ V} = 0.851 \text{ V}$$

对应着最劣情形逻辑 1 的值。

可以用同样的方法求取逻辑 0 的最劣模式。不过，此时将关注具有正 ISI 的比特位置。第 4 个，第 8 个，第 12 个后光标分别有着 0.055 V，0.003 V 和 0.0001 V 的正的 ISI 值。图 13.25(b) 显示了逻辑 0 的具体分析过程及逻辑 0 的最劣模式（1000100010000）。最劣 0 的电压值为 0.055 V $+$ 0.003 V $+$ 0.0001 V $=$ 0.058 V。

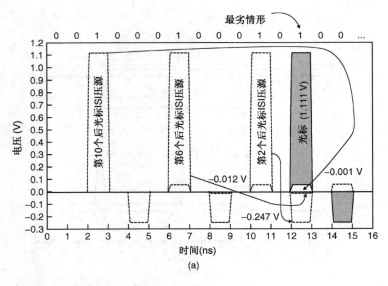

图 13.25　最劣数据眼波形的确定。(a)最劣 1 的脉冲叠加；(b)最劣 0 的
脉冲叠加；(c)最劣波形；(d)最劣眼图；(e)后沿眼图特写

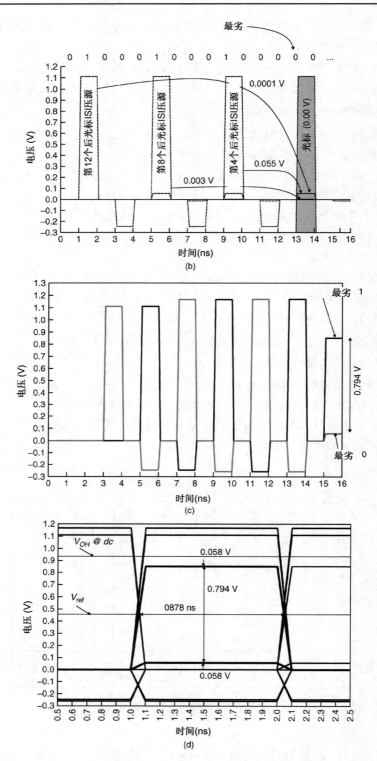

图 13.25（续）　最劣数据眼波形的确定。(a)最劣 1 的脉冲叠加；(b)最劣 0 的
脉冲叠加；(c)最劣波形；(d)最劣眼图；(e)后沿眼图特写

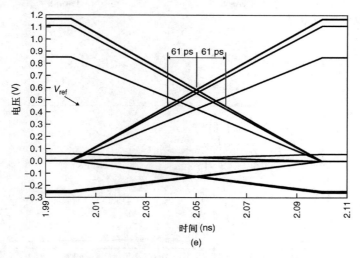

图 13.25(续)　最劣数据眼波形的确定。(a)最劣 1 的脉冲叠加；(b)最劣 0 的
脉冲叠加；(c)最劣波形；(d)最劣眼图；(e)后沿眼图特写

图 13.25(c)显示了两个最劣模式，图 13.25(d)为结果眼图。从眼图可以看出若最低电压值为 0.794 mV 的话，高低信号电平的最劣 ISI 噪声均为 58 mV。另外，从图 13.25(e)后沿眼图的特写可以看出，ISI 诱导抖动为 ±61 ps，对应于最小宽度为 878 ps 的数据眼。

必须声明一点，此处的分析使用的例子极其简单，因为在单位间隔内系统并不包含任何 ISI(解决此点是将传输线设为无损耗且将其长度设置为能使 ISI 按比特边界排列起来的长度)。更实际的响应应当包括损耗、反射和噪声，可以在每个比特边界上产生 ISI 扰动。所得最劣位模式将以单位间隔内位置的函数变化。图 13.26(a)所示的有损耗系统的最前面的两个后继光标的特写表明了这一点。仔细观察图 13.26(b)特写可以看到，与逻辑 1 的最劣信号相对应的第一个后光标比特的值在 0.720 ns 到 0.795 ns 间为 1，在 0.795 ns 到 0.820 ns 间为 0。不过，第 2 个后光标比特在 0.820 ns 到 0.872 ns 间为 0，而从 0.872 ns 到 0.920 ns 间为 1。脉冲响应表明需要包括多个潜在的最劣模式。

很明显，情况变得越来越复杂。如图 13.26 所示，最劣比特模式对比特位置的依赖性使实际信道的分析极其复杂，基本上无法使用上面我们讨论的方法进行手动计算。不过，我们可以将该方法转化为若干由接收端的脉冲响应计算最劣波形峰值畸变的公式[Casper et al., 2002]。式(13.41)和式(13.42)分别表示了最劣 1 和 0 的波形，其中包含了损耗和反射引起的 ISI。这些公式，包括确定最劣比特模式的公式(留给读者分析)组成了峰值畸变分析法(Peak Distortion Anslysis, PDA)。

$$\mathrm{WC}_1(t) = y(t) + \sum_{\substack{k=-\infty \\ k\neq 0}}^{\infty} y(t-kT)|_{y(t-kT)<v_{\mathrm{ss0}}} \tag{13.41}$$

$$\mathrm{WC}_0(t) = v_{\mathrm{ss0}} + \sum_{\substack{k=-\infty \\ k\neq 0}}^{\infty} y(t-kT)|_{y(t-kT)>v_{\mathrm{ss0}}} \tag{13.42}$$

式中，$\mathrm{WC}_1(t)$ 表示逻辑 1 的信号波形

$\mathrm{WC}_0(t)$ 表示逻辑 0 的信号波形

$y(t)$ 为接收到的脉冲响应

T 为符号周期

v_{ss0} 为低电平驱动的稳态系统响应

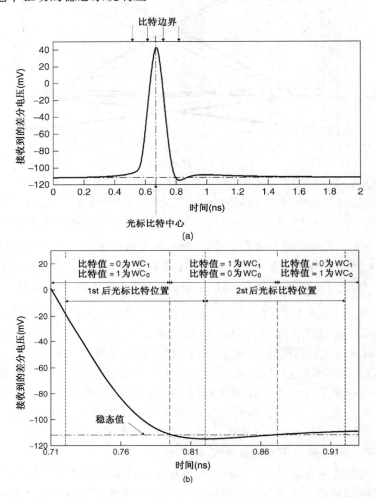

图 13.26 在比特中包含 ISI 时的脉冲响应实例。(a)脉冲响应;(b)第 1 个和第 2 个后光标位置的特写

在式(13.41)和式(13.42)中,k 为数据流中排列序号,表示离开光标位置的比特位数($k = 0$ 表示光标位置)。PDA 公式是在当前采样点的波形值中以单位间隔的倍数有条件地增加 ISI 的方式来实现的。对于最劣 1,包含负 ISI 的采样 $y(t - kT) < v_{ss0}$,将加入到脉冲响应中。对于最劣 0,正的 ISI 采样 $y(t - kT) > v_{ss0}$,被加入到稳态低电平响应中。要注意的是,尽管比特位置索引 k 是从负无穷到正无穷,但在实际系统中分析长度是受限的。系统达到稳态之后,没必要继续进行分析。

运用公式对接收脉冲响应的各个采样进行计算,可以确定出最劣波形。这种运算是不断重复的,所以可用计算机程序自动完成计算过程。图 13.27 显示了用 PDA 方法计算图 13.26 的脉冲响应所得的最劣数据眼。图中也显示了由 200 比特伪随机数据序列所产生的接收数据眼。图中可以看出,PDA 方法计算出的数据眼比随机序列计算出的要小,从一次仿真就能求出较好的最劣噪声和抖动的估计。

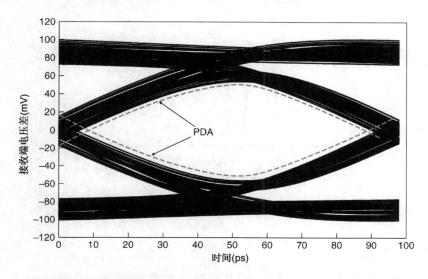

图 13.27　200 比特随机序列计算所得的数据眼和峰值畸变分析法的最劣数据眼的比较

13.5.3　包含串扰的峰值畸变分析法

第 4 章中说明串扰也将影响耦合信道里的信号行为。因此，峰值畸变分析法必须包含潜在的串扰对数据眼的影响，以确保串扰因素包含在抖动和噪声裕度估算中。所幸应用叠加原理，可以将串扰像处理单一信号一样叠加到 PDA 的结果中。

为理解这个概念，我们回顾一下例 4.2 中的耦合系统。如图 13.28 所示，系统中包含了一个 0.2794 m 长的耦合对，每个末端都接着 65 Ω 的匹配电阻。无损且单端接地信号由 1 V 电源驱动，上升时间为 100 ps，翻转速率为 1 Gb/s。使用一个高速差分接收器来检测信号，该接收器一端连接到 0.25 V 的参考电平。为进行峰值畸变分析，我们重新仿真了系统脉冲响应，如图 13.29(a) 所示。包含串扰时，在耦合系统中要关注的传输线（"入侵者"）上施加脉冲激励，之后捕捉接收端所有信号的脉冲响应。

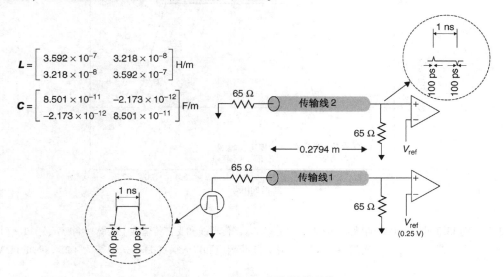

图 13.28　例 4.2 中的耦合系统

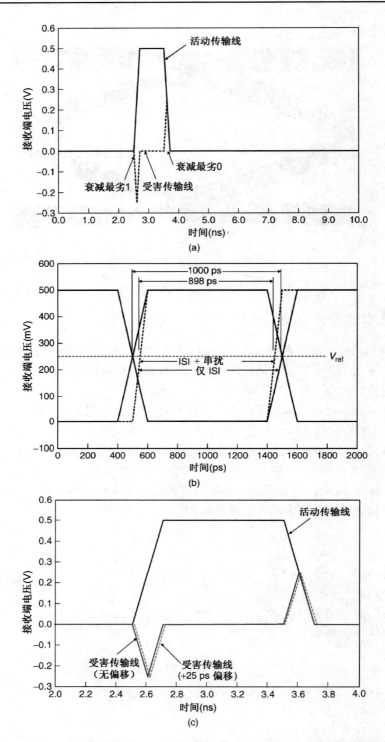

图 13.29 例 13.3 的耦合系统的脉冲响应及 PDA。(a)入侵传输线和受害传输线上的脉冲响应;(b)PDA 计算出的最劣眼;(c)传送偏移为 +25 ps时的脉冲响应和PDA眼;(d)传送偏移为 +25 ps时的PDA眼

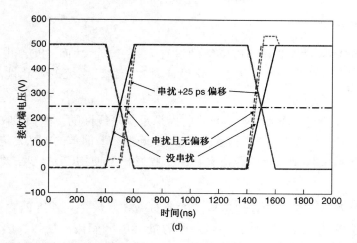

图 13.29(续)　例 13.3 的耦合系统的脉冲响应及 PDA。(a)入侵传输线和受害传输线上的脉冲响应；(b)PDA 计算出的最劣眼；(c)传送偏移为 +25 ps 时的脉冲响应和 PDA 眼；(d)传送偏移为 +25 ps 时的 PDA 眼

　　一开始，我们先用 PDA 方法计算入侵传输线上 ISI 引起的最劣信号波形。为将串扰的影响包含进来，我们用和 ISI 计算时同样的方式使用受害传输线上的脉冲响应。也就是说，我们在多个单位间隔上有条件地把串扰增加到包含 ISI 的最劣信号的当前采样点上。对最劣逻辑 1，包含负串扰的采样注入脉冲响应中。对最劣逻辑 0，包含正串扰的采样将注入稳态低电平响应上。图 13.29(b)说明了该方法，且它可以用如下公式表示：

$$\mathrm{WC}_1(t) = y(t) + \sum_{\substack{k=-\infty \\ k \neq 0}}^{\infty} y(t-kT)\big|_{y(t-kT) < v_{ss0}}$$

$$+ \sum_{i=1}^{n} \sum_{k=-\infty}^{\infty} y^i(t-kT-t_i)\big|_{y^i(t-kT-t_i) < v_{ss0}} \tag{13.43}$$

$$\mathrm{WC}_0(t) = v_{ss0} + \sum_{\substack{k=-\infty \\ k \neq 0}}^{\infty} y(t-kT)\big|_{y(t-kT) > 0\, v_{ss0}}$$

$$+ \sum_{i=1}^{n} \sum_{k=-\infty}^{\infty} y^i(t-kT-t_i)\big|_{y^i(t-kT-t_i) > v_{ss0}} \tag{13.44}$$

其中，$y^i(t-kT-t_i)$ 为传输线 i 上的接收到的脉冲响应(也就是串扰源)，也就是大家所知的同信道干扰(CCI)，t_i 为各个串扰源的相关采样点。

　　我们在将串扰引入到分析中时，利用了传输线模型中 $\boldsymbol{L}$ 和 $\boldsymbol{C}$ 矩阵的对称性。由于矩阵关于相对应项(非对角线)是对称的，传输线间的耦合也是对称的。因此，本例中，在驱动传输线 2 时会在传输线 1 上出现类似于驱动传输线 1 时在静态传输线(传输线 2)上看到的串扰脉冲。这样，可以用驱动传输线 1 时在传输线 2 上串扰响应来判定传输线 1 上的串扰响应。

　　相关采样点 t_i 可用来找到包含在数据信号发射端输出上存在偏斜时的串扰影响的最劣数据眼。例如，图 13.29(c)显示了在第二个传输线的发射端相对于传输线 1 偏移 +25 ps 时的脉冲响应和产生的数据眼。

13.5.4 局限性

PDA 是分析信号链的抖动和噪声特征的强有力的工具。然而，PDA 也有着一定的局限性。只有充分考虑了这些局限性，在最小化设计时才能保证系统的健壮性。现将 PDA 的局限性简要总结如下所述。

线性假设 如前所述，峰值畸变的必要前提是系统是线性的。然而，收发电路一般表现出很强的非线性特征。这意味着需要验证结果的准确性。最简单的方法是进行全晶体管级验证仿真，或用 IBIS 收发模型进行验证仿真。IBIS 收发模型使用 PDA 方法计算所得的最劣比特模式。

二重狄拉克模型 在最大值处信道抖动的分布为 δ 函数是一种近似。在随机数据流中，实际信道抖动将分布在从 0 开始到 PDA 计算的最大值区间内。所以，信道抖动只分布在 PDA 计算出的极值点附近是比较保守的。事实上，信道抖动的实际分布是可以计算的，之后将其引入系统抖动的总模型之中（Casper et al.［2002］及 Sanders et al.［2004］），我们将它作为一高级设计课题留给读者自行研究。

差分信号 可以看到对于差分信号和单端接地信号，PDA 方法都能取得同样的效果。不过将 PDA 方法用于差分信号之前要先行计算出差分对各部分信号的差分电压。

仿真噪声 在很多单位间隔中都持续存在着数值错误或者收敛效应，使得某些仿真工具可能会给传输线带来电压波动。这些波动能人为地使数据眼闭合，导致极悲观的结果。解决该问题的简单的方法是在 PDA 中应用"噪声基底"，这样可以有效地忽略那些比噪声基底更接近稳态值的任何值。

抖动放大 由于互连信道的损耗性，它将放大发射电路注入到信道中的任何抖动。而我们讨论的 PDA 方法在计算最劣抖动时使用的是单脉冲，并没有包含传送抖动的放大性。能处理信道的放大传送抖动的新技术是当前的热门研究领域［Casper et al., 2007］。

13.6 小结

现代高速信号链路确保了最大数据速率和误码率两方面的性能。本章我们介绍了误码率的概念，讨论了将 BER 与时延抖动和电压噪声联系起来所需的数学知识。讨论了系统中各种类型的抖动和噪声及它们的源，研究了创建系统抖动和噪声容许值的方法。最后，讨论了估算由传送高速信号的互连信道所导致的最劣抖动和噪声的峰值畸变分析技术。

参考文献

抖动特性在过去的几十年都是热门研究领域。全面详细的描述请参阅 Li［2008］和 Derickson［2008］。另外，Buchs et al.［2004］和 Stephens［2004］提供了由噪声和抖动进行 BER 估计的初级读本。Dally and Poulton［1998］涵盖了噪声预测。Casper et al.［2007］则清晰论述了峰值畸变分析法，而 Sanders et al.［2004］及 Casper et al.［2007］讨论了分析信道抖动和噪声的概率方法。最后，对于想深入了解最劣时延分析和源同步时延的读者，我们推荐阅读 Hall et al.［2000］的书。

Buchs, Kevin, Pat Zabinski, and Jon Coker, 2004, *Basic Bit Error Rate Analysis for Serial Data Links*, Document Mayo-R-04-07-R0, Mayo Clinic, Rochester, MN, June 3.

Casper, Bryan K., Matt Haycock, and Randy Mooney, 2002, An accurate and efficient analysis method for multi-Gb/S chip-to-chip signaling schemes, Symposium on VLSl Circuits, June 13–15, *Digest of Technical Papers*, pp. 54–57.

Casper, Bryan K., et. al., 2007, Future microprocessor interfaces: analysis, design and optimization, *Proceedings of the IEEE 2007 Custom Integrated Circuits Conference*, Sept. 16–19, pp. 479–486.

Dally, William, and John Poulton, 1998, *Digital Systems Engineering*, Cambridge University Press, Cambridge, UK.

Derickson, Dennis, and Marcus Müller, 2008, *Digital Communications Test and Measurement*, Prentice Hall.

EIA 1995, *High-Speed Transceiver Logic (HSTL): A 1.5V Output Buffer Supply Voltage Based Interface Standard for Digital Integrated Circuits*, Document EIA/JESD8-8, Electronic Industries Association, Aug. city

Gray, Paul R., Paul J. Hurst, Stephen H. Lewis, and Robert G. Meyer, 2001, *Analysis and Design of Analog, Integrated Circuits*, 4th ed., Wiley, New York.

Hall, Stephen, Garrett Hall, and James McCall, 2000, *High-Speed Digital System Design*, Wiley-Interscience, New York.

Intel Corporation, 1997, *Pentium® II Processor Developer's Manual*, Document 243502-001, Intel Press, Hillsbors, OR, Oct.

Intel Corporation, 2002, *AGP V3.0 Interface Specification*, revision 1.0, Intel Press, Hillsbors, OR, Sept.

JEDEC Solid State Technology Association, 2002, *Stub Series Terminated Logic for 1.8V (SSTL_18)*, Document JESD8-15, JEDEC, Arlington, VA, Oct.

Li, Mike Peng, 2008, *Jitter, Noise and Signal Integrity at High Speed*, Prentice Hall, Upper Saddle River, NJ.

Martwick, Andy, ed., 2005, *PCI Express™ Jitter and Bit Error Rates*, revision 1.0, PCI-SIG, Beaverton, OR, Feb. 11.

Norman, Adam, et al., 2003, Application of design of experiments (DOE) methods to high-speed interconnect validation, *Proceedings of the 12th IEEE Topical Meeting on Electrical Performance of Electronic Packaging*, October 25, pp. 223–226.

Razavi, Behzad, 1995, *Principles of Data Conversion System Design*, IEEE Press, Piscataway, NJ.

Sanders, Anthony, Mike Resso, and John D'Ambrosia, 2004, Channel compliance testing using novel statistical eye methodology, presented at *DesignCon 2004*, Feb. 2–5.

Stephens, Ransom, 2004, *Jitter Analysis: The Dual-Dirac Model, RJ/DJ, and Q-Scale*, Document 59-89 3206EN, Agilent Technologies, Santa Clara, CA, Dec. 31.

习题

13.1　说明图 13.4 的 BER 等值线的工作原理。当水平或垂直方向远离中心导致 BER 增加时，为什么误码率在数据眼的中心最低？

13.2　设 DJ = 40 ps，$\sigma_{RJ} = 3.5$ ps，估算 10 Gb/s 链路能得到的 BER。假设 DJ 和 RJ 产生的影响恒定，如果最大容许的 BER 为 10^{-12}，系统的最大数据率是多少？

13.3　估算包含以下各抖动源时，5 Gb/s 系统的确定性抖动和总抖动的 PDF：

- 幅值为 30ps 的周期抖动
- 10% 占空比抖动
- $\sigma_{RJ} = 6$ ps 的随机抖动
- $\sigma = 20$ ps 且 -50 ps $\leqslant$ DJ$_{ISI}$ $\leqslant 50$ ps 的截断高斯形式的 ISI 抖动

13.4   为习题 13.3 的总抖动分布建立二重狄拉克模型，并用该模型估计系统的误码率。

13.5   说明为何 DAC 诱发的均衡器噪声等于 DAC 分辨率的一半。

13.6   确定图 13.30 所示的 10 Gb/s 差分系统的噪声容许值。根据 13.4 节的指导方针
        要将所有确定性的和随机噪声源都考虑在内。

13.7   用习题 13.6 所确定的噪声容许值来估算图 13.30 所示系统的误码率。

13.8   用表 13.6 第二栏的脉冲响应数据，计算 1101000 模式的波形。

13.9   PDA 技术有趣的一面是它自动解决了最劣比特模式的位置相关性，而不需用显式
        确定实际模式。不过，有时我们想知道最劣模式。设计某种算法以求取能同时得
        到逻辑 1 和逻辑 0 的最劣信号波形的比特模式。

13.10   计算例 13.2 的 PCI Express 系统的实际抖动总分布。使用表 13.2 中的 DJ 和 RJ
        值，假设各 DJ 分量都服从二重狄拉克分布，将 DJ 分布卷积以求取总 TJ。

13.11   说明为何 PDA 无法用于图 13.31 所示的漏极开路系统。

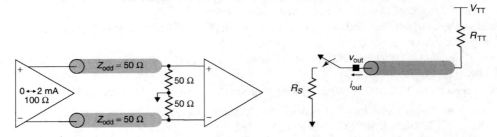

图 13.30 习题 13.6 的漏极开路信号系统   图 13.31 习题 13.11 的漏极开路信号系统

13.12   使用峰值畸变分析法由图 13.32 所示的脉冲响应确定最劣波形。

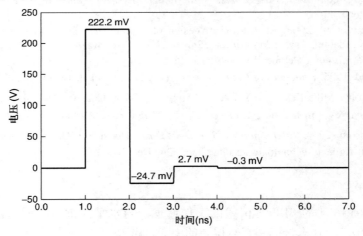

图 13.32 习题 13.12 的脉冲响应

13.13   简述求解包含串扰效应的差分系统的 PDA 要点。

13.14   提出一个由阶跃响应而非脉冲响应进行峰值畸变分析的方法。使用阶跃响应的
        优点会是什么？

13.15   课题：开发一个由接收到的脉冲响应进行峰值畸变分析的软件工具。

13.16   课题：Casper et al.［2002］给出了由接收到的脉冲响应确定 ISI、串扰拉动和噪声
        分布的概率方法的要点。开发概率信道分析的软件工具。

第 14 章　用响应曲面模型进行系统分析

到此为止，我们已经广泛地讨论了研究和设计高速信号系统的很多重要话题。我们现在理解了传输线行为特征，包括损耗和串扰，I/O 电路的建模，均衡，以及抖动和噪声的建模等。本章我们把这些基本概念与分析和预测高速信号接口的行为特征的响应曲面模型（RSM）方法紧密地联系起来。一旦我们将 RSM 加入到我们的研究中，我们就会拥有成功设计速度为数吉比特速度运行的信号系统的必要手段。

14.1　模型设计的注意事项

我们对信道噪声和抖动模型的理解，再加上峰值畸变分析法，几乎具有设计一个数吉比特信号接口的所有工具。不过，我们仍需要一个能让我们理解系统各部分在物理和电气特征改变时所设计系统的行为特征。如果没有评估系统级信号行为特征随系统特征变化的手段，找到一个发射器、封装、PCB、终端装置和接收特征的组合以形成一个功能强且性能可靠的系统在数吉比特速率时将是一个难以处理的任务。

另外，我们也必须考虑制造大容量高速系统时带来的影响。方差是所有制造工艺的固有部分，意味着不同的系统其行为特征也不尽相同，尽管它们用的是同一设计流程制造的。例如，印制电路板上的传输线路的差分阻抗的方差多达标称值的 ±20% 之多。这种制造的可变性将表现为电气性能上的扰动。我们尤其关心的是制造可变性对数据眼的高和宽的影响。如果不将这些扰动考虑在内的话，我们设计的系统极可能无法正常工作。设计差的产品要么成品率低，要么返修率高，一般都增加了成本。

幸而，基于响应曲面模型（RSM）技术提供了一个工具，它能让我们将信号系统随电路和互连线特征变化而变化的行为特征模型化。RSM 主要是将输出响应的统计模型拟合为输入变量变化的函数。例如，一个有用的 RSM 能将数据眼的高和宽拟合为基板阻抗、端接电阻、传输线长和均衡等函数并能预测其值。响应曲面模型是一个较宽的话题，有些书整本都在进行讨论 [Myers and Montgomery, 1995]。因此，我们在此不做过深的讨论。相反，本章主要致力于为读者提供一个总览，使读者能将 RSM 技术应用到信号链路的设计中。

RSM 最基本的概念是应用线性衰退技术建立统计模型，该模型能够根据输入的变化来预测系统响应（输出）。首先，根据特定集合的输入条件通过一些实验得到相应的输出观察数据。之后用最小方差拟合技术将观察输出和输入拟合起来得到系统模型的线性方程。一旦确定了模型，就可以用它来预测任意输入组合时系统的输出响应。

因为模型为统计拟合，所以预测结果有着一定的误差。这样，理解模型与观察数据的拟合度，确定预测响应中存在的不确定性的大小等都要包含在系统分析之中。在讨论建立和使用响应曲面模型之前，我们先引入一个贯穿本章的信号链路例子，以展示 RSM 方法的应用及优点。

14.2　案例分析:10 Gb/s 差分 PCB 接口

我们要设计一对响应曲面模型来估算 10 Gb/s 差分链路数据眼的高度和宽度。最终目标是用模型确定一个解决方案,提供设计所需的线路长度的范围,包含所有可能的扰动,达到小于每百万中 1000 个(ppm)的错误比率。我们已全面预测了能满足最小规格的互连信道的系统时延和噪声。该最小规格为 60 mV 的数据眼高和 70 ps 的数据眼宽,由峰值畸变法以 10^{-12} 的误码率为目标计算所得。该例子将在本章以后各部分贯穿使用以说明模型拟合过程、模型拟合分析以及运用于设计限制和错误率预测。

图 14.1 和表 14.1 描述了系统特征。我们要从表 14.1 所列举的 5 个输入变量拟合得到目标模型。模型中端接和特征阻抗的可变性代表制造工艺带来的预期扰动。传输线长度的范围是根据已有系统的经验数据所得,对应着能提供 10 ~ 20 英寸的线路范围的需求。最后,线路使用了两抽头的均衡器,其系数范围由初期仿真结果决定为 − 0.30 ~ − 0.10。均衡器不是自适应的,所以抽头权重要在操作之前设置好。权重由 4 位数模转换器决定,使得相邻两抽头之间的距离为 0.0133,表 14.2 总结了合理的均衡器设置。

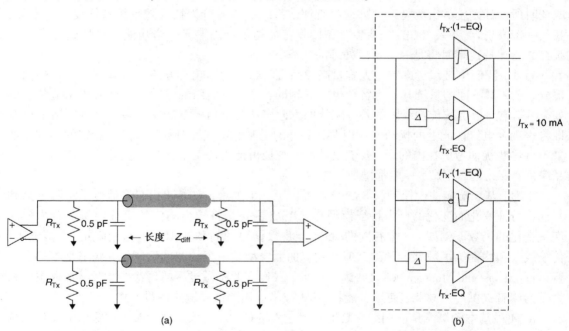

图 14.1　构建响应曲面模型的信号系统。(a)系统仿真模型;(b)发射器模型

表 14.1　第 14 章的信号例子的系统输入变量

模型名称	最小值	典型	最大值
发送端端接 $R_{Tx}(\Omega)$	40	50	60
接收端端接 $R_{TT}(\Omega)$	40	50	60
差分阻抗 $Z_{diff}(\Omega)$	84.0	100.3	117.9
线路长度 $L(m)$	0.254	0.381	0.508
均衡系数 EQ	− 0.1	− 0.2	− 0.3

表 14.2　合理的均衡设置

设置	比特位 3	比特位 2	比特位 1	比特位 0	EQ
0	0	0	0	0	− 0.3000
1	0	0	0	1	− 0.2867
2	0	0	1	0	*− 0.2733*
3	0	0	1	1	**− 0.2600**
4	0	1	0	0	*− 0.2467*
5	0	1	0	1	− 0.2333
6	0	1	1	0	− 0.2200
7	0	1	1	1	− 0.2067
8	1	0	0	0	− 0.1933
9	1	0	0	1	− 0.1800
10	1	0	1	0	− 0.1667
11	1	0	1	1	− 0.1533
12	1	1	0	0	− 0.1400
13	1	1	0	1	− 0.1267
14	1	1	1	0	− 0.1133
15	1	1	1	1	− 0.1000

差分传输线特性由二维(2D)场求解工具用物理横截面尺寸计算所得。首先用因果传输线模型法(参见第 8 章)和频域均衡模型(参见第 12 章)仿真脉冲的频域响应,以得到眼数据。转换到时域后,用峰值畸变分析法(参见第 13 章)计算每次观察的最劣眼的宽和高,计算结果如表 14.3 的第 7 列和第 8 列所示。

表 14.3　模型拟合观察

(1)	(2)	(3)	(4)	(5)	(6)	(7)	(8)	(9)	(10)	(11)	(12)
								预测		余值	
						眼高	眼宽	眼高	眼宽	眼高	眼宽
试行	R'_{Tx}	Z'_{diff}	R'_{TT}	L'	EQ'	(mV)	(ps)	(mV)	(ps)	(mV)	(ps)
0	0	0	0	0	1	79.43	77	80.61	73.87	− 1.18	3.13
1	− 1	− 1	1	1	1	30.93	52	29.93	52.65	1.00	− 0.65
2	1	1	− 1	− 1	1	118.70	91	119.35	91.15	− 0.65	− 0.15
3	0	− 1	1	− 1	1	148.40	89	149.25	89.15	− 0.86	− 0.15
4	− 1	1	1	− 1	1	133.38	90	133.72	89.66	− 0.34	0.34
5	1	− 1	− 1	− 1	− 1	76.89	88	77.63	87.37	− 0.74	0.63
6	0	0	− 1	0	0	83.83	90	85.44	89.86	− 1.61	0.14
7	− 1	− 1	− 1	1	− 1	56.80	84	55.69	83.87	1.11	0.13
8	1	1	1	− 1	1	58.40	79	58.23	79.33	0.17	− 0.33
9	− 1	1	− 1	− 1	− 1	72.24	83	71.75	82.84	0.48	0.16
10	1	− 1	1	− 1	0	127.60	92	123.36	95.83	4.24	− 3.83
11	0	0	1	0	0	105.96	89	104.71	89.08	1.25	− 0.08
12	0	0	0	1	0	57.13	78	61.73	74.12	− 4.60	3.88
13	1	− 1	− 1	1	1	17.43	40	16.77	41.18	0.66	− 1.18
14	1	1	1	1	1	21.64	45	21.57	46.05	0.07	− 1.05
15	− 1	0	0	0	0	90.41	89	93.30	90.90	− 2.90	− 1.90
16	− 1	1	− 1	− 1	− 1	68.65	88	68.88	86.94	− 0.24	1.06

（续表）

（1）	（2）	（3）	（4）	（5）	（6）	（7）	（8）	（9）	（10）	（11）	（12）
								预测		余值	
						眼高	眼宽	眼高	眼宽	眼高	眼宽
试行	R'_{Tx}	Z'_{diff}	R'_{TT}	L'	EQ'	（mV）	（ps）	（mV）	（ps）	（mV）	（ps）
17	0	−1	0	0	0	93.19	89	94.20	88.92	−1.01	0.08
18	−1	−1	−1	−1	1	107.62	91	107.40	90.68	0.22	0.32
19	−1	1	−1	1	1	32.63	62	31.56	62.61	1.07	−0.61
20	1	−1	1	1	−1	79.85	84	79.82	84.34	0.03	−0.34
21	−1	−1	1	−1	−1	93.97	87	94.38	85.84	−0.41	1.16
22	0	0	0	0	0	96.24	89	95.52	89.11	0.72	−0.11
23	0	0	0	0	0	96.24	89	95.52	89.11	0.72	−0.11
24	0	0	0	0	−1	82.02	85	81.20	88.08	0.82	−3.08
25	1	1	1	−1	−1	106.52	86	107.75	85.38	−1.23	0.62
26	1	0	0	0	0	100.64	89	98.10	87.05	2.54	1.95
27	0	1	0	0	0	95.09	90	94.44	90.03	0.65	−0.03

14.3　基于最小方差拟合的 RSM

响应曲面模型的一般形式为：

$$y = \beta_0 + \beta_1 x_1 + \beta_2 x_2 + \cdots + \beta_k x_k + \varepsilon \tag{14.1}$$

式中，y 为系统响应（输出），β_i 为模型拟合系数，x_i 为系统输入，k 为模型中的项数，ε 为模型预测误差。响应曲面模型为拟合系数的线性函数，灵活性很强，可以使我们用输入变量（如 x_1^2）的更高阶的组合来拟合曲面响应。总体来说，高速信号线路用二级模型就是足够了。它们有以下形式：

$$y = \beta_0 + \sum_{i=1}^{n_{var}} \beta_i x_i + \sum_{i=1}^{n_{var}} \beta_{ii} x_i^2 + \sum_{i=1}^{n_{var}} \sum_{j \neq i}^{n_{var}} \beta_{ij} x_i x_j \tag{14.2}$$

式中，n_{var} 为独立输入变量的个数。

二阶模型中的项数 k 为

$$k = 1 + 2n_{var} + \frac{n_{var}(n_{var} - 1)}{2} \tag{14.3}$$

建立该模型时，使用由多个不同输入组合生成的响应数据。观察次数以及输入组合的选择通常用实验设计法（design of experiments，DOE）来决定。顾名思义，实验设计法可以使我们设计实验方案，建立精确模型，并得到良好拟合的最小观察次数。后一个特征对分析和设计信号线路尤其重要。带有非线性收发器模型的全耦合互连的仿真一般要用数分钟的时间。减少产生可靠响应曲面模型所需的仿真次数将降低开发时间和 CAD 基本结构的费用。和响应曲面模型的情形相似，也有许多整本都在讨论 DOE 的书，不过 DOE 的具体理论不在本书的讨论范围之内。然而，即将运用 RSM 方法的读者将毫无疑问希望更进一步地了解 DOE 的基本知识。进一步的学习可以参考 Myers and Montgomery［1995］，Steppan et al.［1998］，以及 Montgomery［2005］等书。

响应曲面模型是模型系数的线性函数。对于给定的模型拟合实验，输入变量一般都有预设值。这样，我们可以将高阶各项替换为单一变量，保证其值不变，并不影响拟合。例如，若我们的响应模型是：

$$\hat{y} = \beta_0 + \beta_1 x_1 + \beta_2 x_2 + \beta_{11} x_1^2 + \beta_{22} x_2^2 + \beta_{12} x_1 x_2 + \varepsilon$$

定义

$$\hat{y} = \beta_0 + \beta_1 x_1 + \beta_2 x_2 + \beta_3 x_3 + \beta_4 x_4 + \beta_5 x_5 + \varepsilon$$

可以写成一个等效表达式：

$$\beta_{11} \equiv \beta_3, \beta_{22} \equiv \beta_4, \beta_{12} \equiv \beta_5, x_1^2 \equiv x_3, x_2^2 \equiv x_4 \text{ 和 } x_1 x_2 \equiv x_5$$

我们可以进一步将其改写为矩阵形式：

$$\boldsymbol{y} = \boldsymbol{X}\boldsymbol{\beta} + \boldsymbol{\varepsilon} \tag{14.4}$$

式中：

$$\boldsymbol{y} = \begin{bmatrix} y_1 \\ y_2 \\ \vdots \\ y_n \end{bmatrix} \text{ 为 } n \times 1 \text{ 观察响应}$$

$$\boldsymbol{X} = \begin{bmatrix} 1 & x_{11} & x_{12} & \cdots & x_{1k} \\ 1 & x_{21} & x_{22} & \cdots & x_{2k} \\ \vdots & \vdots & \vdots & & \vdots \\ 1 & x_{n1} & x_{n2} & \cdots & x_{nk} \end{bmatrix} \text{ 为 } n \times k \text{ 输入矩阵}$$

$$\boldsymbol{\beta} = \begin{bmatrix} \beta_0 \\ \beta_1 \\ \vdots \\ \beta_k \end{bmatrix} \text{ 为 } k \times 1 \text{ 模型系数向量}$$

$$\boldsymbol{\varepsilon} = \begin{bmatrix} \varepsilon_1 \\ \varepsilon_2 \\ \vdots \\ \varepsilon_n \end{bmatrix} \text{ 为 } n \times 1 \text{ 随机误差向量}$$

n 为拟合模型的观察次数，k 为模型的项数。

　　输入矩阵的每列对应着模型中的某一项。第一列表示了模型的截距，从中可以求出 β_0。输入矩阵的每一行对应着一个实验观察，其余各项都是如此。模型系数向量对应着模型中各项。

　　有了所建立模型的形式，可以进行与实验数据的拟合。最广泛使用的拟合技术是最小方差法，主要思想方法是由系统响应和输入计算系数，使误差（ε_i）的平方和最小。忽略偏差的话，最小方差拟合法产生如下公式，可以估算满足最小方差的 β：

$$\boldsymbol{b} = (\boldsymbol{X}^{\mathrm{T}}\boldsymbol{X})^{-1}\boldsymbol{X}^{\mathrm{T}}\boldsymbol{y} \tag{14.5}$$

式中，$\boldsymbol{b}$ 是包含了 β 估值的 $k \times 1$ 向量，β 是真实拟合系数向量。然后，拟合衰退模型可以表示为：

$$\hat{\boldsymbol{y}} = \boldsymbol{X}\boldsymbol{b} \tag{14.6}$$

其中 $\hat{\boldsymbol{y}}$ 为估算出的系统响应向量，由给定的输入矩阵 $\boldsymbol{X}$ 和估算出的拟合系数 $\boldsymbol{b}$ 估算所得。

　　拟合模型时，模型系数和响应有多种形式供选择。衰退工具通常将模型拟合在原始数据的变形上，而非原始数据本身。我们将模型拟合到按下式编码的输入变量上，该模型将在本章中贯穿使用。

$$x'_{ik} = \text{round}\left[\frac{2(x_{ik} - \overline{x}_k)}{x_{k,\max} - x_{k,\min}}\right] \tag{14.7}$$

式中，x_{ik} 为第 k 个模型项的第 i 个输入观察值，$\overline{x}_k$ 为第 k 个模型项的观察均值，$x_{k,\max}$ 为第 k 个模型项的最大观察值，$x_{k,\min}$ 为第 k 个模型项的最小观察值，而 $\text{round}(x)$ 取离 x 最近的整数值。

变量编码将各模型项的输入变量的最小值、一般值和最大值等输入变量分别映射为 -1、0 和 1。用编码变量拟合模型，可以减小各个系数幅度扰动，从而避免模型的不稳定性。

案例分析应用　现在我们在案例研究中运用最小方差拟合过程。常用二阶响应曲面模型的实验设计是中心组合设计（Central Composite Design）[Montgomery，2005]。对于一组 5 输入变量，中心组合实验要求总共 $n = 28$ 个观察，这些数据总结在表 14.3 的前 8 列。由于我们有 5 个独立变量，式（14.3）明确说明了输入矩阵应该有 21 列。输入矩阵的形式由式（14.8）给出，而各列的表达式在表 14.4 中给出。例如，在表 14.3 中，从试行 0 开始 $x_{1,1}$ 应等于 R'_{Tx} 的 0 的值，$x_{1,2}$ 等于 R'_{Tx} 从试行 1 开始的 -1 的值，$x_{1,3}$ 等于 R'_{Tx} 从试行 2 开始的 1 的值，以此类推。要运用最小方差拟合，我们将表中的观察转换为编码输入矩阵（$\boldsymbol{X}$）和响应（$\boldsymbol{y}_{\text{eyeH}}$ 和 $\boldsymbol{y}_{\text{eyeW}}$）。要注意眼高和眼宽各自分别以毫伏（mV）和皮秒（ps）为单位表示。

$$\boldsymbol{X} = \begin{bmatrix} 1 & x_{1,1} & x_{2,1} & \cdots & x_{20,1} \\ 1 & x_{1,2} & x_{2,2} & \cdots & x_{20,2} \\ \vdots & \vdots & \vdots & \ddots & \vdots \\ 1 & x_{1,28} & x_{2,28} & \cdots & x_{20,28} \end{bmatrix} \tag{14.8}$$

由观察的矩阵形式，模型拟合公式为

$$\boldsymbol{b}_{\text{eyeH}} = (\boldsymbol{X}^{\text{T}}\boldsymbol{X})^{-1}\boldsymbol{X}^{\text{T}}\boldsymbol{y}_{\text{eyeH}} \tag{14.9}$$

$$\boldsymbol{b}_{\text{eyeW}} = (\boldsymbol{X}^{\text{T}}\boldsymbol{X})^{-1}\boldsymbol{X}^{\text{T}}\boldsymbol{y}_{\text{eyeW}} \tag{14.10}$$

给出了拟合系数向量的估值：

$$\boldsymbol{b}_{\text{eyeH}} = \begin{bmatrix} 95.51799 \\ 2.32444 \\ 0.12056 \\ 9.55222 \\ -30.81556 \\ -0.28778 \\ 0.18751 \\ -2.18063 \\ -1.19749 \\ 1.26063 \\ -2.43813 \\ -0.44249 \\ -3.88563 \\ -0.02937 \\ -4.43812 \\ -2.97249 \\ -1.77437 \\ 0.22937 \\ -2.11688 \\ -20.42063 \\ -14.61249 \end{bmatrix} \quad \boldsymbol{b}_{\text{eyeW}} = \begin{bmatrix} 89.10651 \\ -1.94444 \\ 0.55556 \\ -0.44444 \\ -10.83333 \\ -7.05556 \\ -0.13314 \\ -0.56250 \\ 0.36686 \\ 1.18750 \\ -1.56250 \\ 0.36686 \\ -1.93750 \\ 0.56250 \\ 0.31250 \\ -4.13314 \\ -1.56250 \\ 1.43750 \\ -0.56250 \\ -8.93750 \\ -8.13314 \end{bmatrix}$$

进一步处理之前，根据式(14.6)应将估计的拟合系数 b_{eyeH} 和 b_{eyeW} 应用到观察输入以得到响应估计。预测和观察响应的比较表明，拟合模型的误差约为 ±4 mV 和 ±4 ps。

表 14.4　RSM 例子的模型项[a]

模型项	表达式	模型项	表达式	模型项	表达式	模型项	表达式
x_1	R'_{Tx}	x_6	$(R'_{\text{Tx}})^2$	x_{11}	$(R'_{\text{TT}})^2$	x_{16}	$R'_{\text{Tx}}\text{EQ}'$
x_2	Z'_{diff}	x_7	$R'_{\text{Tx}}Z'_{\text{diff}}$	x_{12}	$R'_{\text{Tx}}L'$	x_{17}	$Z'_{\text{diff}}\text{EQ}'$
x_3	R'_{TT}	x_8	$Z'_{\text{diff}}{}^2$	x_{13}	$Z'_{\text{diff}}L'$	x_{18}	$R'_{\text{TT}}\text{EQ}'$
x_4	L'	x_9	$R'_{\text{Tx}}R'_{\text{TT}}$	x_{14}	$R'_{\text{TT}}L'$	x_{19}	$L'\text{EQ}'$
x_5	EQ	x_{10}	$Z'_{\text{diff}}R'_{\text{TT}}$	x_{15}	$(L')^2$	x_{20}	$(\text{EQ}')^2$

[a] $R'_{\text{Tx}},Z'_{\text{diff}},R'_{\text{TT}},L',\text{EQ}'$ 用式(14.7)计算。

　　图 14.2 中的绘图以另一种方式表明了预测值与观察值之间的吻合。预测要与模型良好匹配，绘图则应表现出斜率为 1 的线性关系，且相交于零点(即 $y=\hat{y}$)。另外，我们期望 R 的平方，也就是由采样数据的线性关系说明的可变性部分的量度，其值接近 1。在后续各节中将展开讨论度量方法，包括多变量衰退的修正 R^2 定义，以评估模型和观察吻合度是否足以预测高速信号接口设计中的响应。

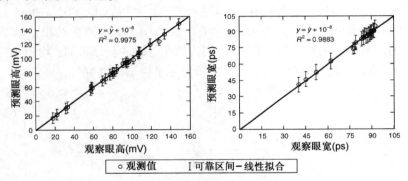

图 14.2　眼高和眼宽的真实值与预测值的比较

　　任意输入变量组合的系统响应的预测能力是一个强有力的工具。用我们的模型拟合公式，可以求出潜在设计空间以求取可行解约束，或者可以计划系统失效的速率以满足系统性能规范。不过，此前，需要能评估由 RSM 求得的模型的精度和约束的度量方法，使我们能在设计中正确使用。

14.4　拟合测量

　　评估响应曲面模型精度的度量方法叫拟合测量。拟合测量将在本节讨论。

14.4.1　余量

　　我们从检查误差入手研究模型精度。此处，误差称为余量，是将产生模型系数的同一组输入变量施加在模型后所得。余量向量为估计响应向量与观察响应向量之差：

$$e=\hat{y}-y \tag{14.11}$$

若模型没有系统级误差，可以认为以观察响应为函数的余量曲线图是随机散布且没有明显相关性。另外，可以收集一些观点用标准化余量 $\boldsymbol{d}$ 衡量模型与数据的匹配度以寻找外层各点。标准化余量是原始余量的缩放值，而原始余量具有均值为零和单位扰动的特点。结果，可以认为大多数标准化余量将落在 $-3 \leqslant d_i \leqslant 3$ 的间隔内。标准化余量向量可以定义为

$$\boldsymbol{d} = \frac{\boldsymbol{e}}{\hat{\sigma}} \qquad (14.12)$$

最小均方差的估值 $\hat{\sigma}$ 为

$$\hat{\sigma} = \sqrt{\frac{\sum_{i=1}^{n} (\hat{y}_i - \overline{y})^2}{n - (k+1)}} \qquad (14.13)$$

式中 $\overline{y}$ 为平均观察响应。

式(14.13)的分子为方差和，而分母为相关自由度：

$$SS_{error} = \sum_{i=0}^{n} (\hat{y}_i - \overline{y})^2 = \boldsymbol{y}^T \boldsymbol{y} - \boldsymbol{b}^T \boldsymbol{x}^T \boldsymbol{y} \qquad (14.14)$$

$$dF_{error} = n - (k+1) \qquad (14.15)$$

模型拟合观察数据时，我们期望余量为正态分布，均值为零且落在 ±3 的标准偏差之内。

　　案例分析应用　模型的余量和列在表14.3的第11列和第12列中，相对于观察响应的图形在图14.3(a)中绘出，而标准化的余量的直方图在图14.3(b)中绘出。余量散布图没有表现出与观察响应有明显的相关性。而其直方图说明它是正态分布的，均值为零且余量在3倍标准偏差之内，这与我们的期望相一致。余量说明了模型的良好性。

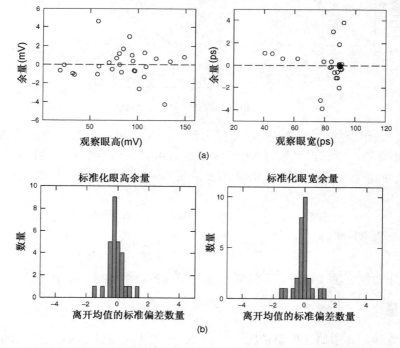

图14.3　响应曲面模型的余量。(a)余量(e_H, e_W)相对于实际值
　　　　(y_H, y_W)的散布图；(b)标准化后余量直方图(d_H, d_W)

14.4.2 拟合系数

模型拟合质量的常用度量是多重判定(multiple determination)R^2。它描述了模型响应的变化量,等于模型平方和与总平方和之比。

$$R^2 = \frac{\text{SS}_{\text{model}}}{\text{SS}_{\text{total}}} = 1 - \frac{\text{SS}_{\text{error}}}{\text{SS}_{\text{total}}} \tag{14.16}$$

其中,SS_{model} 是模型的平方和,SS_{error} 为余量平方和,而 SS_{total} 为总平方和。

由于系统响应取决于模型和估算误差的综合效应,我们知道系统的平方和(SS_{total})由模型平方和与误差平方和组成。这些公式可以表示为:

$$\text{SS}_{\text{total}} = \mathbf{y}^{\text{T}}\mathbf{y} - \frac{\left(\sum_{i=1}^{n} y_i\right)^2}{n} \tag{14.17}$$

$$\text{SS}_{\text{model}} = \text{SS}_{\text{total}} - \text{SS}_{\text{error}} = \mathbf{b}^{\text{T}}\mathbf{x}^{\text{T}}\mathbf{y} - \frac{\left(\sum_{i=1}^{n} y_i\right)^2}{n} \tag{14.18}$$

式(14.16)说明了一个完美的模型拟合具有 $\text{SS}_{\text{error}} = 0$,而对应的 $R^2 = 1$。接近于 1(near-unity)的 R^2 的值并不能保证模型是良好的。这是因为模型中增加一个项总是引起 R^2 的增加,即使统计上增加项的值重要性不大(重要性测试将在 14.5 节讨论)。另外,一个常用的相关性度量是调整系数:

$$R_{\text{adj}}^2 = \frac{\text{SS}_{\text{error}}/\text{dF}_{\text{error}}}{\text{SS}_{\text{total}}/\text{dF}_{\text{total}}} = 1 - \frac{n-1}{n-k-1}(1 - R^2) \tag{14.19}$$

式中

$$\text{dF}_{\text{total}} = n - 1 \tag{14.20}$$

可用式(14.15)和式(14.20)计算模型的自由度:

$$\text{dF}_{\text{model}} = k - 1 \tag{14.21}$$

如果在模型中增加一个不太重要的项,系统自由度和误差平均的引入表明修正的 R^2 的统计值会下降。这样,R^2 和 R_{adj}^2 间的巨大差值表明模型包含着不必要的项。

推荐使用 $R^2 \geqslant 0.95$ 且 $R_{\text{adj}}^2 \geqslant 0.90$ 作为信号系统的拟合标准。由诸如反射等物理效应引起的有着明显的非线性特征的系统响应将难以满足这些标准,此时要么调整标准,要么调整模型。

最后一步测试经常使用均方根误差(RMSE):

$$\text{RMSE} = \sqrt{\frac{\text{SS}_{\text{error}}}{\text{dF}_{\text{error}}}} \tag{14.22}$$

一般小于观察响应的最大值与最小值之差的 1/10。

案例分析应用 该例中自由度为 $\text{dF}_{\text{total}} = 27$ 以及 $\text{dF}_{\text{error}} = 7$。表 14.5 显示了包括平方和在内计算所得的系数。可以用表 14.5 中的平方和数据计算 RMSE 的测量值,并且从表 14.3 中提取出观察响应的范围。RMSE 计算所得的眼高和眼宽分别为 3.203 mV 和 2.991 ps,而表 14.3 中所得的相应范围为 130.97 mV 和 52.00 ps。计算所得的 R^2 和 R_{adj}^2,而该例中系统的 RMSE 全部满足眼高和眼宽拟合标准。

表 14.5 模型拟合结果一览

	眼高	眼宽
SS_{error}	71.823	62.62
SS_{model}	28,435.558	5344.06
SS_{total}	28,507.381	5406.68
R^2	0.9975	0.9884
R_{adj}^2	0.9899	0.9537
RMSE	3.203	2.991
Range	130.97	52.00

14.5 重要性测试

到此为止,我们已经讨论了响应曲面模型与数据的拟合。不过一个好的拟合并不能保证模型能对系统响应产生的影响,也不能表明所有模型项在统计上的重要性。评价一个模型的重要性等同于判断模型公式与误差相比是否具有意义。简而言之,模型项的重要性决定了该模型项是否能被删除而不影响结果。回答这些问题需要进行模型重要性测试(F-test)和各个模型系数测试(t-test)。

14.5.1 模型重要性:F-test

要测试衰退的重要性,先计算 F 比率:

$$F_0 = \frac{SS_{model}/dF_{model}}{SS_{error}/dF_{error}} \tag{14.23}$$

F 比率用以判定模型输入对模型贡献的重要度。换句话说,衰退重要性测试是对响应与模型项子集之间是否存在线性关系的一种评估。这样做就要在假想测试中使用 F_0:

$$\begin{aligned} H_0&: \beta_i = 0 \quad &\text{对于所有 } i \\ H_1&: \beta_i \neq 0 \quad &\text{至少一个 } i \end{aligned} \tag{14.24}$$

在式(14.24)中, H_0 为空假设,表明了没有哪个模型项是重要的,因为它们的拟合系数基本等于 0。空假设本质上描述了模型是无用的,因为模型响应无法与噪声分辨。另一种假设(Alternative hypothesis) H_1 是指至少一个系数不为零。拒绝空假设意味着至少一个模型项对模型响应有着显著的贡献。

如果我们为模型计算的 F_0 满足式(14.25)的要求,将拒绝空假设,因为它表明了模型引起的变化量远大于误差引起的变化量:

$$F_0 > F_{\alpha,k,n-k-1} \tag{14.25}$$

其中 $F_{\alpha,k,n-k-1}$ 为 F 分布的临界值, $\alpha = 1 - conf = 1$ 减去期望的置信度, $k = df_{model}$ 为模型自由度, $n-k-1 = df_{error}$ 为误差自由度。对于高速信号系统来说,我们常需要 95% 的置信度,所以通常设置 $\alpha = 0.05$。

另有一个更趋直觉地看待衰退重要性的测试方式:在一定置信度内拒绝空假设说明模型响应大部分取决于模型而非误差。这也是我们期望能用到模型的地方。

案例分析应用 表 14.6 列出了 SS_{model}、SS_{error}、F_0,以及 $F_{0.5, 20, 7}$ 的值。$F_{0.05, 20, 7}$ 的值是从附录 C 得到的。F 比率的值远超过眼高和眼宽的临界值。这样,对于眼高和眼宽,我们排除 H_0,并得出至少一个模型项对响应有着 95% 置信度的作用的结论。在讨论参数的重要性之前,我们在表 14.7 中总结了模型拟合、重要性度量和标准。

表 14.6 模型拟合例子的 F 测试结果

源	dF	眼高			眼宽		
		平方和	平均和	F 比率	平方和	平均和	F 比率
模型	20	28 435.56	1421.78	138.568	5344.06	267.203	29.869
误差	7	71.823	10.26		62.62	8.946	
总计	27	28 507.381			5406.679		

$F_{0.05, 20.7} = 3.445$

表 14.7 模型拟合和重要性标准一览

度量	标准
R^2	$\geqslant 0.95$
R_{adj}^2	$\geqslant 0.90$
RMSE	$<$ 范围$(y)/10$
余量	正态分布
	平均 ≈ 0
	± 3 标准方差内的余量
F_0	$\geqslant F_{\alpha, k, n-k-1}$

14.5.2 参数重要性:独立 t 测试

前面讨论的方法提供了测试模型与数据拟合度的手段,这对我们利用模型进行高精度预测是极为重要的。不过,通过使用模型来优化系统时,也需要一个方法判定模型中哪些项对响应有着显著的影响。这样又应使用假定测试。此时,测试的假定为:

$$H_0: \beta_i = 0$$
$$H_1: \beta_i \neq 0$$

(14.26)

可以在任意或全部的模型系数之上实施测试。本质上,对某一模型项,若拒绝空假定失败的话,意味着该模型项可以被删除而不降低模型的预测能力。用于假定测试的 t 统计量为:

$$t_{0i} = \frac{b_i}{\sqrt{\hat{\sigma}^2 C_{ii}}} = \frac{b_i}{SE_i}$$

(14.27)

式中,t_{0i} 是第 i 个模型项的 t 统计量;b_i 为第 i 模型项的估计拟合系数;C_{ii} 对应于 b_i 的协方差矩阵 $(X^T X)^{-1}$ 的对角线上的元素;$\hat{\sigma}^2$ 为模型误差的方差,等于误差的平方和与关联自由度的比率:

$$\hat{\sigma}^2 = \frac{SS_{error}}{dF_{error}}$$

(14.28)

式(14.27)的分母也被称为系数 b_i 的标准衰退误差(SE_i)。所以 t 统计量为给定模型项的拟合系数和标准误差之比。

对该测试拒绝空假定的条件如下:

$$|t_{0i}| > t_{\alpha/2,\,n-(k+1)} \qquad\qquad (14.29)$$

其中 $t_{\alpha/2,\,n-k-1}$ 为自由度为 $n-k-1$ 的 $1-\alpha$ 的置信度的 t 分布的临界值。

　　本质上，我们是测试拟合系数，即式(14.27)的分子与某一模型项带来的误差(分母)相比，对模型响应的影响更大。若这些成立，我们拒绝空假设并认为该模型项有着显著的影响。若非如此，该模型项没有显著影响并认为可以排除在模型项之外。附录 D 提供了各个精度水平和自由度时 t 分布的临界值。

　　案例分析应用　假定测试包括了计算模型的 21 个拟合参数的独立 t 统计量，这些参数对应着眼高和眼宽，参数的细节忽略不计(很明显，这暗示着可以用计算机工具进行自动化处理)。事实上，在 14.5.1 节就已经计算了 $\hat{\sigma}^2$ 的值。它们是表 14.6 里的均方差项，眼高和眼宽分别为 10.260 和 8.946。表 14.8 一览显示了各个 t 统计量计算值。在表中第 2 列显示的协方差矩阵的对角元素 $C_{i,i}$，与误差的方差一起可以用来计算各模型项的标准误差。t 比率由拟合数据估值和标准误差根据式(14.27)计算。

　　置信度为 95% 时，由附录 D 可查得 t 统计量的临界值为 2.365。假设测试的结果显示在表中最右列中，其中 20 个模型项中的 11 个对眼高模型是重要的，而 7 个模型项对眼宽模型是重要的。其他所有项可以删除且不会对模型拟合造成太大影响(参见习题 14.1 和习题 14.2)。

表 14.8　模型各单项重要测试结果一览表

模型项	协方差 $C_{i,i}$	拟合系数		标准误差		t 比率		排除 H_0	
		眼高	眼宽	眼高	眼宽	眼高	眼宽	眼高	眼宽
截距	0.12130	95.51799	89.10651	1.116	1.042	**85.58959**	**85.51488**	√	√
R_{Tx}	0.05556	2.32444	-1.94444	0.755	0.705	**3.07873**	**-2.75808**	√	√
Z_{diff}	0.05556	0.12056	0.55556	0.755	0.705	0.15968	0.78802		
R_{TT}	0.05556	9.55222	-0.44444	0.755	0.705	**12.65195**	-0.63042	√	
L	0.05556	-30.81556	-10.83333	0.755	0.705	**-40.81531**	**-15.36643**	√	√
EQ	0.05556	-0.28778	-7.05556	0.755	0.705	-0.38116	**-10.00788**		√
$R_{Tx}\cdot R_{Tx}$	0.40828	0.18752	-0.13314	2.047	1.911	0.09160	-0.06967		
$R_{Tx}\cdot Z_{diff}$	0.06250	-2.18063	-0.56250	0.801	0.748	**-2.72238**	-0.75201	√	
$Z_{diff}\cdot Z_{diff}$	0.40828	-1.19749	0.36686	2.047	1.911	-0.58500	0.19197		
$R_{Tx}\cdot R_{TT}$	0.06250	1.26063	1.18750	0.801	0.748	1.57381	1.58757		
$Z_{diff}\cdot R_{TT}$	0.06250	-2.43813	-1.56250	0.801	0.748	**-3.04385**	-2.08890	√	
$R_{TT}\cdot R_{TT}$	0.40828	-0.44249	0.36686	2.047	1.911	-0.21616	0.19197		
$R_{Tx}\cdot L$	0.06250	-3.88563	-1.93750	0.801	0.748	**-4.85097**	**-2.59024**	√	√
$Z_{diff}\cdot L$	0.06250	-0.02938	0.56250	0.801	0.748	-0.03667	0.75201		
$R_{TT}\cdot L$	0.06250	-4.43813	0.31250	0.801	0.748	**-5.54073**	0.41778	√	
$L\cdot L$	0.40828	-2.97249	-4.13314	2.047	1.911	-1.45212	-2.16281		
$R_{Tx}\cdot EQ$	0.06250	-1.77438	-1.56250	0.801	0.748	-2.21520	-2.08890		
$Z_{diff}\cdot EQ$	0.06250	0.22938	1.43750	0.801	0.748	0.28636	1.92179		
$R_{TT}\cdot EQ$	0.06250	-2.11688	-0.56250	0.801	0.748	**-2.64279**	-0.75201	√	
$L\cdot EQ$	0.06250	-20.42063	-8.93750	0.801	0.748	**-25.49391**	**-11.94853**	√	√
$EQ\cdot EQ$	0.40828	-14.61249	-8.13314	2.047	1.911	**-7.13849**	**-4.25596**	√	√

14.6 置信区间

模型可以让我们估计出给定输入条件集的预测响应。在确定模型时，假定了误差是随机的，它们互不相关，满足正态分布。基于这个假设，可以知道任意预测响应？也是随机变量且有相关的概率分布。事实上，预测值是实验设计、均方差以及输入集所确定的概率分布的平均。

结果，使用模型基于其预测值做决定时必须考虑误差源。主要方法是确定响应附近的置信区间，是由特定置信度（$1 - \alpha$）的 t 分布和误差相关自由度的个数来估算的。简而言之，95% 置信区间对应着预测中 95% 的统计方差。直觉上，增加置信度使得预测值落在计算所得的置信区间内意味着区间宽也得相应增加，使之能表达更多的统计方差值。

由于置信区间取决于输入值，我们用 14.3 节所述的方法从独立变量构造输入向量：

$$\boldsymbol{x}_{\text{in}} = [1, x_1', x_2', \cdots, x_k'] \tag{14.30}$$

预测值 $\hat{y}$ 为：

$$\hat{y} = \boldsymbol{x}_{\text{in}} \cdot \boldsymbol{b} \tag{14.31}$$

我们用 t 分布计算置信区间，估算误差方差、输入向量和协方差矩阵：

$$\text{CI}_{\hat{y}} = t_{\alpha/2, n-k-1} \sqrt{\hat{\sigma}^2 [1 + \boldsymbol{x}_{\text{in}}^{\text{T}} (\boldsymbol{X}^{\text{T}} \boldsymbol{X})^{-1} \boldsymbol{x}_{\text{in}}]} \tag{14.32}$$

式（14.32）中根号下边的项是预测的标准方差。给定置信度，预测响应的置信区间为：

$$\hat{y} - \text{CI}_{\hat{y}_i} \leqslant y \leqslant \hat{y} + \text{CI}_{\hat{y}_i} \tag{14.33}$$

也可以计算出实验观察的平均响应的置信区间为：

$$\text{CI}_{\overline{y}} = t_{\alpha/2, n-k-1} \sqrt{\hat{\sigma}^2 [\boldsymbol{x}_{\text{in}}^{\text{T}} (\boldsymbol{X}^{\text{T}} \boldsymbol{X})^{-1} \boldsymbol{x}_{\text{in}}]} \tag{14.34}$$

观察响应附近的置信区间小于预测响应附近的置信区间。图 14.2 显示了用式（14.34）计算所得的关于本章所用信号系统示例的置信区间。

14.7 敏感度分析及设计优化

如 14.1 节所述，响应曲面模型提供了理解复杂系统的工具，使我们能设计一个切实可行的系统解决方案。这包括了确定对系统性能有极大影响的关键因素，并在生产制造条件许可的范围内调整它们，以获得最大化设计的鲁棒性。提高敏感性的理解意味着我们要在任何可行的地方都采用图形技术。本节将详述几种图形方法，并用它们确定示例系统的实用方案。

预测图 JMP 软件包包含了预测刻画器，它可以显示各个关键因素变化而其他因素不变时预测响应的变化情况。图 14.4 的实例显示了预测图能力的执行情况。图中显示了输入参数为额定值（$R_{\text{Tx}} = 50\ \Omega$，$Z_{\text{diff}} = 100\ \Omega$，$R_{\text{TT}} = 50\ \Omega$，$L = 0.381\ \text{m}$，EQ $= -0.20$）时的响应变化趋势。它表明眼高度作为 R_{Tx} 和 R_{TT} 的函数近似线性地增加，随长度的减少而线性减少。而与 Z_{diff} 和均衡设置的关系表现为非线性（证明了二阶模型的选择的正确性）。眼宽的图也表现出了与 R_{Tx} 和 R_{TT}（尽管斜率相反）的线性依赖关系，与 Z_{diff} 为非线性的关系。图中表现出的另一个值得关注的就是当我们移向模型空间边缘时置信区间将趋向于变宽。

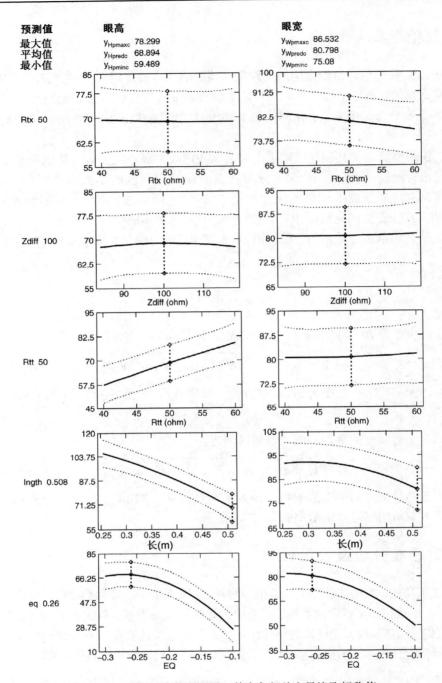

图 14.4　示例系统的预测图。其中各相关变量皆取标称值

目前我们已对系统行为有了初步的了解,下一步将研究一下"最劣情况"。由于有眼高和眼宽两个响应,导致各自最劣响应的不同条件可以很容易得到。由于眼宽和眼高强烈依赖于差分线路的长度,而一些设计要求线路达到最大长度,所以在模型中长度的初始值设为0.508 m。在此条件下,模型预测的眼高和眼宽分别为61.7 mV 和74.1 ps。

下一步,可以看出 R_{TT} 对眼高有着极大的影响,但对眼宽的影响较小。设置 $R_{TT} = 40\ \Omega$ 将眼高进一步减小为 56 mV。重复这样的操作，将得到 0.508 m 长的最劣条件为 $R_{TT} = 40\ \Omega$，$R_{Tx} = 40\ \Omega$，$Z_{diff} = 84\ \Omega$，对应的眼高和眼宽分别为 53 mV 和 76 ps。在这样的隅角条件下，相对于 60 mV 的最小眼高的要求，系统表现出 7 mV 的规格违反。

不过，可以通过调整均衡系数和改善眼高。到目前为止，我们将模型条件设为最劣要么是设计有这样的要求（线路长度），要么是因为最劣条件为包含了固有制造方差源的变量（R_{TT}，R_{Tx}，Z_{diff}）。不过，均衡是我们要控制的一种设计特征，可以用来优化系统响应。经过反复试验，发现将均衡系数设置为 −0.26 时，能得到最大的眼高（参见图 14.5）。此时，我们预测的最劣眼高为 58.3 mV，仍达不到设计规范。

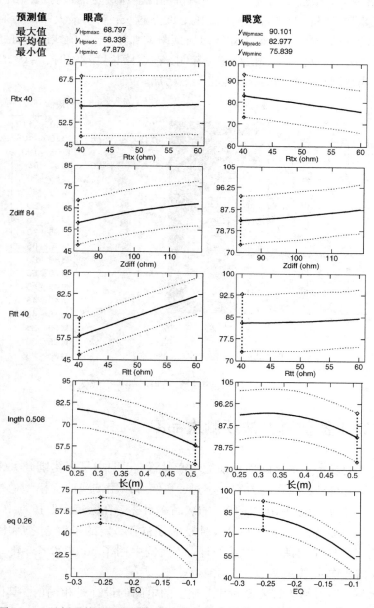

图 14.5 示例系统的预测图。其中各相关变量设置为最劣眼高对应的值

从表 14.2 可以看出 − 0.26 是一个合理的均衡值。另外,我们分配 ± 1 误码比特用以补偿均衡器非理想效应带来的误差。这样,必须确保 − 0.2467 ~ − 0.2733 均衡范围上的故障率要求。重复该过程可以求出 0.508 m 长的线路的眼宽的最劣隅角为 $R_{TT} = 60\ \Omega$, $R_{Tx} = 40\ \Omega$, $Z_{diff} = 84\ \Omega$,均衡为 − 0.2467 时,最劣眼宽大于 74 ps,能满足要求。

求出最劣隅角条件的另一种是审视原始实验中最劣观察值。这些观察值能帮助我们深入了解系统变化趋势和响应敏感性。

等值线图　另一种可视化地观察系统行为并能深入了解变量间相互作用的技术是等值线图。图 14.6 给出一个等值线图的例子,其中阻抗为此前所确定的最劣值。图中可以看出,确定眼高时均衡系数和线路长度之间的相互影响。线路越长,获得最大眼高所需的均衡控制也就越大(当然,这也正如我们对损耗传输线对所期盼的那样)。等值线图验证了线路最长时均衡系数为 − 0.26 的结论。不过,等值线图也表明,在线路长度较短时, − 0.26 的均衡系数也不是最优解。而当线路长度变短时,眼宽将随之增加。

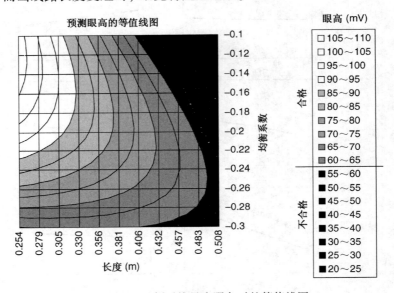

图 14.6　示例系统最劣隅角时的等值线图

14.8　用蒙特卡罗仿真方法预测次品率

到此为止,我们确定了最劣隅角及最优均衡设置,也明白了最劣隅角并未满足眼高的要求,也就是说还没有得到一个可行方案。不过,我们可以用响应曲面模型通过蒙特卡罗仿真方法来评估设计方案能否满足 1000×10^{-6} 的次品率目标。在蒙特卡罗仿真中,根据各输入变量的样品分布随机产生样品。这要求我们对概率分布有一定的了解。之后用拟合的 RSM 公式来预测输出响应。这样的话,由大量的样品(该例中用了 500 000 个)建立响应的分布模型,之后就可以估计次品率。

对于这一示例,发射和接收装置的片上端接的电路的设计是相同的,其内部阻抗的方差能控制在 ± 10 Ω。工艺引起的特征阻抗的方差一般是正态分布的,其均值为 50 Ω,标准方差为 4 Ω。阻抗控制电路的控制方式是"固定"任意超过其界限的电路阻抗。例如,由于自然偏差，某部分电路的终接器阻抗为 38 Ω，钳位电路将设置实际阻值为 40 Ω。若没有这样的控制，约有 1.2% 的电路将在 ±10 Ω 之外。这种分布称为截尾正态分布。

另外，印制电路板的差分阻抗的特性表明它满足正态分布，均值为 100 Ω，标准方差为 6.78 Ω。对应该分布，约有 1.3% 的产品将不能满足我们设定的 84 ~ 117.9 Ω 的设计窗口。不过，PCB 生产厂商可以筛选所有产品，排除不满足设计要求的产品。这种分布称之为截尾正态分布。筛选过程要求生产厂商在处理过程中增加一个阻抗测试，扔掉不满足设计要求的产品，这将增加印制电路板 1 美元的成本。也许我们希望通过有无截尾的系统仿真以验证收益与成本相吻合。将设置线路长度为最大值（0.508 m），这也是需要关注的设计案例。我们将估算多种均衡设置条件下的次品率以充分理解次品率相对于均衡量的敏感度。

图 14.7 显示了输入变量的个例为 500 000 时的直方图分布图。R_{TT} 和 R_{Tx} 服从正态分布，其边缘偏差产生于阻抗控制。"删剪"具有将落在 50 Ω ± 10 Ω 的范围之外的分布的尾部累加在极值上的效应。差分阻抗也服从正态分布，当然也要对其进行截尾使其值不低于 84 Ω 或不高于 117.9 Ω。这是因为 PCB 生产厂商用"筛选"方法保证所生产的印制电路板能满足我们的要求。筛选将使用时域反射测量技术，是一个劳动密集的过程。这个额外的测试过程会使每个印制电路板的成本增加 1 美元。若可能的话，为削减成本可能不会进行筛选。随后的分析中，我们将用 RSM 模型判断是否可以省略筛选同时仍满足性能要求和次品率要求。

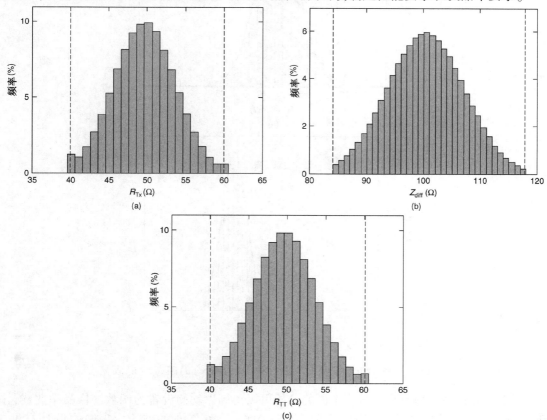

图 14.7　从 500 000 次蒙特卡罗仿真求得的输入变量分布。(a) R_{Tx}（正态删剪）;(b) Z_{diff}（正态截尾）;(c) R_{TT}（正态删剪）

之后，对输入变量应用拟合的 RSM 公式。该拟合的 RSM 公式是将线长设为最劣值 (0.508 m)而均衡值设为最优(−0.26)时从 500 000 个例中求出的。图 14.8 给出了求出的眼高和眼宽分布。可以看出两者皆服从正态分布。与我们的期望相吻合时，相对于眼高分布，眼宽分布与设计要求相比有更多的裕度。表 14.9 里总结了三个输入变量和两个响应的统计分布。

次品率是低于设计要求下限的产品的数量。我们用每百万个中的次品个数来表示：

$$D_{\text{ppm}} = \frac{1\ 000\ 000}{2}(1 + \text{erf}[\ (\text{LSL} - \mu)/\sqrt{2}\sigma\ ]) \qquad (14.35)$$

式中，$\text{erf}(x)$ 为误差函数，LSL 为设计要求下限值，μ 为分布平均，σ 为分布标准偏差。表 14.9 包含了由蒙特卡罗法计算所得的实际次品率以及次品率的估值，表明其满足 1000×10^{-6} 的均衡器的设计要求。

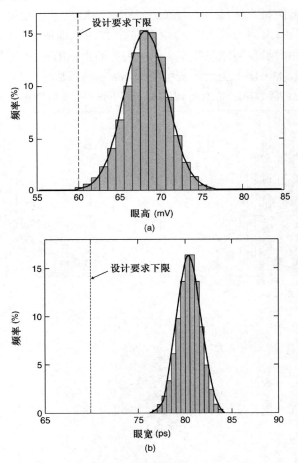

图 14.8   500 000 次蒙特卡罗仿真的响应分布。(a)眼高；(b)眼宽

对多个均衡系数值点重复进行上面的分析可以得到以均衡设置为函数的次品率曲线，如图 14.9 所示。该图说明对于均衡值约为 −0.285 ~ −0.245 的范围，我们的设计有低于 1000×10^{-6} 散落。这样，可以得出均衡系数为 −0.26 时设计能达到次品率的目标的结论，均衡误差也包含在其中。

表 14.9　$L = 0.508$ m 及 EQ $= -0.26$ 时分布和次品率统计示例

	$R_{Tx}(\Omega)$	$Z_{diff}(\Omega)$	$R_{TT}(\Omega)$	眼高（mV）	眼宽（ps）
平均	50.004	100.36	49.996	68.682	80.905
标准偏差	3.959	6.46	3.961	2.361	1.212
实际次品率（$1/10^{-6}$）				544	0
次品率估值（$1/10^{-6}$）				484	$<10^{-10}$

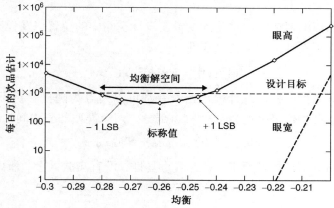

图 14.9　用蒙特卡罗仿真求得的次品率变化趋势（线路长为 0.508 m）

　　最后，重复无阻抗筛选的分析以保证消除 PCB 阻抗筛选。图 14.10 表明，尽管次品率会有稍许增加，在没有筛选时仍可达到设计目标，从而每个系统都将节省 1 美元。看上去节省的费用似乎很少，然而试想一下很多系统的销售量为成千上万乃至数百万（如个人计算机和便携式计算机）。通过减少系统的成本使销售出的每个系统都节约 1 美元，信号完整性的工程师们能为他的公司每年节约数百万美元。

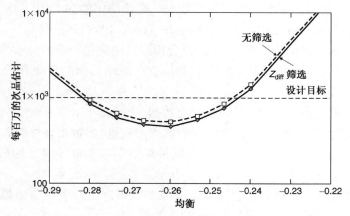

图 14.10　有无 PCB 阻抗筛选的次品率预测比较

14.9　RSM 的其他考虑

　　因为本章主要介绍响应曲面模型在高速信号系统中的应用，所以不会覆盖该技术的方方面面。在本章结束之时，我们略提一些建模过程中的其他事项，有兴趣的读者可以深入研究。有关这些方面的详细描述可以参考 Myers and Montgomery［2005］。

实际应用中，建立 RSM 模型一般分为若干步骤。最开始是筛选实验，应用一阶实验设计确定哪些输入变量对响应的影响比较大。随后用这些影响较大的变量进行高级模型拟合。最后，有必要的话，可以拟合特定的较小区域以建立更精确的模型。

响应曲面模型也有些统计特性需要说明：

拟合优度　按我们讨论的度量标准，可以从不同的角度看待余量，比如预测误差平方和（PRESS）。

预测方差　预测值的置信区间是输入变量在设计空间中的位置以及模型自身的函数。有标度的预测方差量化了设计空间上的可变性：

$$\overline{\mathrm{Var}}[\hat{y}(\boldsymbol{x})] = N\boldsymbol{x}_0^{\mathrm{T}}(\boldsymbol{X}^{\mathrm{T}}\boldsymbol{X})^{-1}\boldsymbol{x}_0 \tag{14.36}$$

实验误差与实际失拟　任何统计模型的误差都可以划分为随机噪声部分（纯误差）和模型没有涉及的功能相关特性带来的残量（失拟）部分。两个误差部分之间的函数关系为：

$$\mathrm{SS}_{\mathrm{error}} = \mathrm{SS}_{\mathrm{pure\ error}} + \mathrm{SS}_{\mathrm{lack\ of\ fit}} \tag{14.37}$$

由于我们的模型从仿真结果构建而来，具有可重复性，没有实验误差，所以所有误差是由失拟引起的。

14.10　小结

本章介绍了响应曲面模型，它是能将高速信号系统的行为模型化并对系统的成本和性能进行优化的强有力的工具。下面我们总结一下在高速信号系统设计中建立和使用响应曲面模型的过程：

1. 设计实验。这是过程的起点，我们没有过多讨论这一步。一个良好的实验设计可以确保建立模型时不用过多的观察。当设计实验时，推荐使用诸如 JMP［SAS，2007］或者基本实验设计（Essential Experimental Design）［Steppan，et al.，1998］等软件包。

2. 执行回归。这一步将建立模型、生产拟合指标以用以确立一些重要参数。这一步一般也可以通过软件包来实现，因为高速数字系统可能包含 10 个以上的重要变量，意味着有 60 多个模型项。

3. 检查模型。使用模型之前，要确认它与数据（余量，R^2，R^2_{adj}）的吻合度，对预测结果有显著影响（回归显著性的 F 测试），是否包含有恰当的变量（参数重要性的 t 测试）。

4. 使用模型。通过确定无法控制的变量的最坏情形以及设计参数的最优设置，使用预测图求出可行解。有必要时，可采用蒙特卡罗仿真求取模型的次品率。

局限性　RSM 只适用于拟合模型的输入变量的范围之上。响应曲面模型本质上是泰勒级数近似，所以它不能保证实验范围之外的拟合效果。

参考文献

50 多年过去了，统计模型以及复杂系统的优化问题仍然是很活跃的研究领域。下面所列参考文献包括一些基础理论和概念：Myers and Montgomery［1996］，Steppan et al.［1998］，Montgomery［2005］。其他的参考文献主要是 RSM 的应用以及其他启发式方法（比如人工神经网络，遗传算法）。Beyene（2007）、Hsu（2008）、Matoglu（2004）、Mutnuray（2006）等发表的论文给出了统计模型应用到信号完整性设计及其模型化的例子。Norman（2003）用实例说明了 RSM 技术在高速信号系统的验证中的应用。

Beyene, Wendem, 2007, Application of artificial neural networks to statistical analysis and nonlinear modeling of high-speed interconnect systems, *IEEE Transactions on Computer-Aided Design of Integrated Circuits and Systems*, vol. 26, no. 1, Jan.

Hsu, Ku-Ten, et al., 2008, Design of reflectionless vias using neural network-based approach, *IEEE Transactions on Advanced Packaging*, vol. 31, no. 1, Feb., pp. 211–218.

Matoglu, Erdem, Nam Pham, Daniel N. de Araujo, Moises Cases, and Madhavan Swaminathan, 2004, Statistical signal integrity analysis and diagnosis methodology for high-speed systems, *IEEE Transactions on Advanced Packaging*, vol. 27, no. 4, Nov., pp. 611–629.

Montgomery, Douglas C., 2005, *Design and Analysis of Experiments*, 6th ed., Wiley, Hoboken, NJ.

Mutnuray, Bhyrav, et al., 2006, Genetic algorithms with scalable I/O macromodels to find the worst case corner in high-speed server electrical analysis, *Proceedings of the 2006 IEEE Symposium on Electrical Performance of Electronic Packaging*, Oct., pp. 73–76.

Myers, Raymond H., and Douglas C. Montomery, 2002, *Response Surface Methodology*, 2nd ed., Wiley, Hoboken, NJ.

Norman, Adam, et al., 2003, Application of design of experiments (DOE) methods to high-speed interconnect validation, *Proceedings of the 12th IEEE Topical Meeting on Electrical Performance of Electronic Packaging*, Princeton, NJ, Oct., pp. 223–226.

SAS Institute, 2007, *JMP™ Release 7 Statistics and Graphics Guide*, SAS, Cary, NC.

Steppan, Dave, Joachim Werner, and Bob Yeater, 1998, *Essential Regression and Experimental Design*, http://www.jowerner.homepage.t-online.de/download.htm.

习题

14.1 不考虑那些不重要的参数，重新拟合本章中的眼高 RSM 模型，并与书中的模型相比较。

14.2 不考虑那些不重要的参数，重新拟合本章中的眼宽 RSM 模型，并与书中的模型相比较。

14.3 使用图 14.11 的 PCB 横截面和表 14.10 的数据建立印制电路板上差分对的差分阻抗的响应曲线模型。

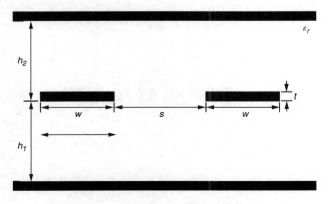

图 14.11 习题 14.3 的 PCB 横截面

表 14.10　习题 14.3 的 PCB 几何尺寸

参数	最小值	典型值	最大值
$h_1(\text{in})$	0.004	0.005	0.006
$h_2(\text{in})$	0.004	0.005	0.006
$W(\text{in})$	0.004	0.005	0.006
$S(\text{in})$	0.006	0.008	0.010
$T(\text{in})$	0.0005	0.001	0.0015
ε_r	3.5	4.0	4.5

14.4　课题:使用适当的分析软件,建立一个多于5个输入变量的信号系统的响应曲线模型。

14.5　课题:选择某一编程语言(如 MATLAB,Mathematic,Mathcad 等)开发一个响应曲线模型软件工具。要求包括拟合系数计算、拟合系数测量、置信区间以及参数的显著性测试。

14.6　课题:使用人工神经网络(ANN)方法开发一个信号系统建模及优化的工具。可以从 Beyene[2007]所描述的方法入手。

附录 A 常用公式、恒等式、单位和常数

常数

$$真空中光速: c = 2.99792 \times 10^8 \text{ m/s}$$

$$自由空间的介电常数: \varepsilon_0 = 8.854 \times 10^{-12} \text{ F/m}$$

$$自由空间的磁导率: \mu_0 = 4\pi \times 10^{-7} \text{ H/m}$$

分贝

$$电压: dB = 20 \lg \frac{v_2}{v_1}$$

$$电流: dB = 20 \lg \frac{i_2}{i_1}$$

$$功率: dB = 10 \lg \frac{P_2}{P_1}$$

单位

时间

$$皮秒(ps) = 1 \times 10^{-12} \text{ s}$$

$$纳秒(ns) = 1 \times 10^{-9} \text{ s}$$

频率

$$兆赫兹(MHz) = 1 \times 10^6 \text{ Hz}$$

$$吉赫兹(GHz) = 1 \times 10^9 \text{ Hz}$$

长度

$$1 \text{ 微米}(\mu m) = 1 \times 10^{-6} \text{ 米}(m)$$

$$1 \text{ 千分之一英寸}(mil) = 1 \times 10^{-3} \text{ 英寸}$$

$$1 \text{ 千分之一英寸}(mil) = 25.4 \text{ 微米}$$

$$1 \text{ 英寸}(inch) = 0.0254 \text{ 米}$$

$$1 \text{ 毫米}(mm) = 1 \times 10^{-3} \text{ 米}$$

$$1 \text{ 毫米} = 39.37 \text{ 千分之一英寸}(mil)$$

电路

$$皮亨(picohenry) = 1 \times 10^{-12} \text{ 亨}(H)$$

$$纳亨(nanohenry) = 1 \times 10^{-9} \text{ 亨}(H)$$

$$皮法(picofarad) = 1 \times 10^{-12} \text{ 法}(F)$$

向量公式

$$A \cdot (B \times C) = A \cdot (C \times A) = C \cdot (A \times B)$$

$$A \times (B \times C) = (A \cdot C)B - (A \cdot B)C$$

$$(A \times B) \cdot (C \times D) = (A \cdot C)(B \cdot D) - (A \cdot D)(B \cdot C)$$

$$\nabla \times \nabla \psi = 0$$

$$\nabla \cdot (\nabla \times A) = 0$$

$$\nabla \times (\nabla \times A) = \nabla(\nabla \cdot A) - \nabla^2 A$$

$$\nabla \times (\psi A) = \nabla \psi \times A + \psi \nabla \times A$$

$$\nabla(A \cdot B) = (A \cdot \nabla)B + (B \cdot \nabla)A + A \times (\nabla \times B) + B \times (\nabla \times A)$$

$$\nabla \cdot (A \times B) = B \cdot (\nabla \times A) - A \cdot (\nabla \times B)$$

$$\nabla \times (A \times B) = A(\nabla \cdot B) - B(\nabla \cdot A) + (B \cdot \nabla)A - (A \cdot \nabla)B$$

$$\nabla \cdot (\psi A) = A \cdot \nabla \psi + \psi \nabla \cdot A$$

向量计算理论

$$\int_V (\nabla \cdot F)\, dV = \oint_S F \cdot ds \qquad （散度定理）$$

$$\int_S (\nabla \times F) \cdot ds = \oint_l F \cdot dl \qquad （斯托克斯定理）$$

显式向量运算

笛卡儿(x, y, z)

$$\nabla f = a_x \frac{\partial f}{\partial x} + a_y \frac{\partial f}{\partial y} + a_z \frac{\partial f}{\partial z}$$

$$\nabla \cdot F = \frac{\partial F_x}{\partial x} + \frac{\partial F_y}{\partial y} + \frac{\partial F_z}{\partial z}$$

$$\nabla \times F = a_x \left(\frac{\partial F_z}{\partial y} - \frac{\partial F_y}{\partial z} \right) + a_y \left(\frac{\partial F_x}{\partial z} - \frac{\partial F_z}{\partial x} \right) + a_z \left(\frac{\partial F_y}{\partial x} - \frac{\partial F_x}{\partial y} \right)$$

$$\nabla^2 f = \frac{\partial^2 f}{\partial x^2} + \frac{\partial^2 f}{\partial y^2} + \frac{\partial^2 f}{\partial z^2}$$

圆柱体(r, ϕ, z)

$$\nabla f = a_r \frac{\partial f}{\partial r} + a_\phi \frac{1}{r} \frac{\partial f}{\partial \phi} + a_z \frac{\partial f}{\partial z}$$

$$\nabla \cdot F = \frac{1}{r} \frac{\partial (r F_r)}{\partial r} + \frac{1}{r} \frac{\partial F_\phi}{\partial \phi} + \frac{\partial F_z}{\partial z}$$

$$\nabla \times F = a_r \left[\frac{1}{r} \frac{\partial F_z}{\partial \phi} - \frac{\partial F_\phi}{\partial z} \right] + a_\phi \left[\frac{\partial F_r}{\partial z} - \frac{\partial F_z}{\partial r} \right] + a_z \left[\frac{1}{r} \frac{\partial (r F_\phi)}{\partial r} - \frac{1}{r} \frac{\partial F_r}{\partial \phi} \right]$$

$$\nabla^2 f = \frac{1}{r} \frac{\partial}{\partial r} \left(r \frac{\partial f}{\partial r} \right) + \frac{1}{r^2} \frac{\partial^2 f}{\partial \phi^2} + \frac{\partial^2 f}{\partial z^2}$$

球体(r, θ, ϕ)

$$\nabla f = \boldsymbol{a}_r \frac{\partial f}{\partial r} + \boldsymbol{a}_\theta \frac{1}{r}\frac{\partial f}{\partial \theta} + \boldsymbol{a}_\phi \frac{1}{r\sin\theta}\frac{\partial f}{d\phi}$$

$$\nabla \cdot \boldsymbol{F} = \frac{1}{r^2}\frac{\partial(r^2 F_r)}{\partial r} + \frac{1}{r\sin\theta}\frac{\partial(\sin\theta F_\theta)}{\partial\theta} + \frac{1}{r\sin\theta}\frac{\partial F_\phi}{\partial\phi}$$

$$\nabla \times \boldsymbol{F} = \boldsymbol{a}_r\left[\frac{1}{r\sin\theta}\left(\frac{\partial\sin\theta F_\phi}{\partial\theta} - \frac{\partial F_\theta}{\partial\phi}\right)\right] + \boldsymbol{a}_\theta\left[\frac{1}{r\sin\theta}\frac{\partial F_r}{\partial\phi} - \frac{1}{r}\frac{\partial(rF_\phi)}{\partial r}\right] +$$

$$\boldsymbol{a}_\phi\frac{1}{r}\left[\frac{\partial(rF_\theta)}{\partial r} - \frac{\partial F_r}{\partial\theta}\right]$$

$$\nabla^2 f = \frac{1}{r^2}\frac{\partial}{\partial r}\left(r^2\frac{\partial f}{\partial r}\right) + \frac{1}{r^2\sin\theta}\frac{\partial(\sin\theta(\partial f/\partial\theta))}{\partial\theta} + \frac{1}{r^2\sin^2\theta}\frac{\partial^2 f}{\partial\phi^2}$$

$$\frac{1}{r^2}\frac{\partial}{\partial r}\left(r^2\frac{\partial f}{\partial r}\right) \equiv \frac{1}{r}\frac{\partial^2(rf)}{\partial r^2}$$

坐标转换

直角坐标到柱坐标

	$\boldsymbol{a}_x$	$\boldsymbol{a}_y$	$\boldsymbol{a}_z$
$\boldsymbol{a}_r$	$\cos\phi$	$\sin\phi$	0
$\boldsymbol{a}_\phi$	$-\sin\phi$	$\cos\phi$	0
$\boldsymbol{a}_z$	0	0	1

直角坐标与球坐标

	$\boldsymbol{a}_x$	$\boldsymbol{a}_y$	$\boldsymbol{a}_z$
$\boldsymbol{a}_r$	$\sin\theta\cos\phi$	$\sin\theta\sin\phi$	$\cos\theta$
$\boldsymbol{a}_\theta$	$\cos\theta\cos\phi$	$\cos\theta\sin\phi$	$-\sin\theta$
$\boldsymbol{a}_\phi$	$-\sin\phi$	$\cos\phi$	1

柱坐标到球坐标

	$\boldsymbol{a}_r$	$\boldsymbol{a}_\phi$	$\boldsymbol{a}_z$
$\boldsymbol{a}_r$	$\sin\theta$	0	$\cos\theta$
$\boldsymbol{a}_\theta$	$\cos\theta$	0	$-\sin\theta$
$\boldsymbol{a}_\phi$	0	1	0

附录 B 四端口网络的 T 参数到 S 参数转换

图 B.1 表示了以下转换中用到的端口名称约定

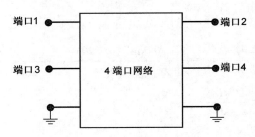

图 B.1 端口名称约定

T 到 S 转换

$$s_{11} = \frac{t_{22}t_{31} - t_{21}t_{32}}{-t_{12}t_{21} + t_{11}t_{22}}$$

$$s_{21} = \frac{t_{22}}{-t_{12}t_{21} + t_{11}t_{22}}$$

$$s_{31} = \frac{t_{22}t_{41} - t_{21}t_{42}}{-t_{12}t_{21} + t_{11}t_{22}}$$

$$s_{41} = \frac{t_{21}}{t_{12}t_{21} - t_{11}t_{22}}$$

$$s_{12} = \frac{t_{13}t_{22}t_{31} - t_{12}t_{23}t_{31} - t_{13}t_{21}t_{32} + t_{11}t_{23}t_{32} + t_{12}t_{21}t_{33} - t_{11}t_{22}t_{33}}{t_{12}t_{21} - t_{11}t_{22}}$$

$$s_{22} = \frac{t_{13}t_{22} - t_{12}t_{23}}{t_{12}t_{21} - t_{11}t_{22}}$$

$$s_{32} = \frac{t_{13}t_{22}t_{41} - t_{12}t_{23}t_{41} - t_{13}t_{21}t_{42} + t_{11}t_{23}t_{42} + t_{12}t_{21}t_{43} - t_{11}t_{22}t_{43}}{t_{12}t_{21} - t_{11}t_{22}}$$

$$s_{42} = \frac{t_{13}t_{21} - t_{11}t_{23}}{-t_{12}t_{21} + t_{11}t_{22}}$$

$$s_{13} = \frac{t_{12}t_{31} - t_{11}t_{32}}{t_{12}t_{21} - t_{11}t_{22}}$$

$$s_{23} = \frac{t_{12}}{t_{12}t_{21} - t_{11}t_{22}}$$

$$s_{33} = \frac{t_{12}t_{41} - t_{11}t_{42}}{t_{12}t_{21} - t_{11}t_{22}}$$

$$s_{43} = \frac{t_{11}}{-t_{12}t_{21} + t_{11}t_{22}}$$

$$s_{14} = \frac{t_{14}t_{22}t_{31} - t_{12}t_{24}t_{31} - t_{14}t_{21}t_{32} + t_{11}t_{24}t_{32} + t_{12}t_{21}t_{34} - t_{11}t_{22}t_{34}}{t_{12}t_{21} - t_{11}t_{22}}$$

$$s_{24} = \frac{t_{14}t_{22} - t_{12}t_{24}}{t_{12}t_{21} - t_{11}t_{22}}$$

$$s_{34} = \frac{t_{14}t_{22}t_{41} - t_{12}t_{24}t_{41} - t_{14}t_{21}t_{42} + t_{11}t_{24}t_{42} + t_{12}t_{21}t_{44} - t_{11}t_{22}t_{44}}{t_{12}t_{21} - t_{11}t_{22}}$$

$$s_{44} = \frac{t_{14}t_{21} - t_{11}t_{24}}{-t_{12}t_{21} + t_{11}t_{22}}$$

S 到 T 转换

$$t_{11} = \frac{s_{43}}{-s_{23}s_{41} + s_{21}s_{43}}$$

$$t_{21} = \frac{s_{41}}{s_{23}s_{41} - s_{21}s_{43}}$$

$$t_{31} = \frac{s_{13}s_{41} - s_{11}s_{43}}{s_{23}s_{41} - s_{21}s_{43}}$$

$$t_{41} = \frac{s_{33}s_{41} - s_{31}s_{43}}{s_{23}s_{41} - s_{21}s_{43}}$$

$$t_{12} = \frac{s_{23}}{s_{23}s_{41} - s_{21}s_{43}}$$

$$t_{22} = \frac{s_{21}}{-s_{23}s_{41} + s_{21}s_{43}}$$

$$t_{32} = \frac{s_{13}s_{21} - s_{11}s_{23}}{-s_{23}s_{41} + s_{21}s_{43}}$$

$$t_{42} = \frac{s_{23}s_{31} - s_{21}s_{33}}{s_{23}s_{41} - s_{21}s_{43}}$$

$$t_{13} = \frac{s_{23}s_{42} - s_{22}s_{43}}{-s_{23}s_{41} + s_{21}s_{43}}$$

$$t_{23} = \frac{s_{22}s_{41} - s_{21}s_{42}}{-s_{23}s_{41} + s_{21}s_{43}}$$

$$t_{33} = \frac{s_{13}s_{22}s_{41} - s_{12}s_{23}s_{41} - s_{13}s_{21}s_{42} + s_{11}s_{23}s_{42} + s_{12}s_{21}s_{43} - s_{11}s_{22}s_{43}}{-s_{23}s_{41} + s_{21}s_{43}}$$

$$t_{43} = \frac{s_{23}s_{32}s_{41} - s_{22}s_{33}s_{41} - s_{23}s_{31}s_{42} + s_{21}s_{33}s_{42} + s_{22}s_{31}s_{43} - s_{21}s_{32}s_{43}}{s_{23}s_{41} - s_{21}s_{43}}$$

$$t_{14} = \frac{s_{24}s_{43} - s_{23}s_{44}}{s_{23}s_{41} - s_{21}s_{43}}$$

$$t_{24} = \frac{s_{24}s_{41} - s_{21}s_{44}}{-s_{23}s_{41} + s_{21}s_{43}}$$

$$t_{34} = \frac{s_{14}s_{23}s_{41} - s_{13}s_{24}s_{41} - s_{14}s_{21}s_{43} + s_{11}s_{24}s_{43} + s_{13}s_{21}s_{44} - s_{11}s_{23}s_{44}}{s_{23}s_{41} - s_{21}s_{43}}$$

$$t_{44} = \frac{s_{24}s_{33}s_{41} - s_{23}s_{34}s_{41} - s_{24}s_{31}s_{43} + s_{21}s_{34}s_{43} + s_{23}s_{31}s_{44} - s_{21}s_{33}s_{44}}{-s_{23}s_{41} + s_{21}s_{43}}$$

附录C 电路的 F 统计量

dF1

$dF2$	1	2	3	4	5	6	7	8	9	10	12	15	20	24	30	40	60	120	∞
1	161.448	199.500	215.707	224.583	230.162	233.986	236.768	238.883	240.543	241.882	243.906	245.950	248.013	249.052	250.095	251.143	252.196	253.253	254.314
2	18.513	19.000	19.164	19.247	19.296	19.330	19.353	19.371	19.385	19.396	19.413	19.429	19.446	19.454	19.462	19.471	19.479	19.487	19.496
3	10.128	9.552	9.277	9.117	9.014	8.941	8.887	8.845	8.812	8.786	8.745	8.703	8.660	8.639	8.617	8.594	8.572	8.549	8.526
4	7.709	6.944	6.591	6.388	6.256	6.163	6.094	6.041	5.999	5.964	5.912	5.858	5.803	5.774	5.746	5.717	5.688	5.658	5.628
5	6.608	5.786	5.410	5.192	5.050	4.950	4.876	4.818	4.773	4.735	4.678	4.619	4.558	4.527	4.496	4.464	4.431	4.399	4.365
6	5.987	5.143	4.757	4.534	4.387	4.284	4.207	4.147	4.099	4.060	4.000	3.938	3.874	3.842	3.808	3.774	3.740	3.705	3.669
7	5.591	4.737	4.347	4.120	3.972	3.866	3.787	3.726	3.677	3.637	3.575	3.511	3.445	3.411	3.376	3.340	3.304	3.267	3.230
8	5.318	4.459	4.066	3.838	3.688	3.581	3.501	3.438	3.388	3.347	3.284	3.218	3.150	3.115	3.079	3.043	3.005	2.967	2.928
9	5.117	4.257	3.863	3.633	3.482	3.374	3.293	3.230	3.179	3.137	3.073	3.006	2.937	2.901	2.864	2.826	2.787	2.748	2.707
10	4.965	4.103	3.708	3.478	3.326	3.217	3.136	3.072	3.020	2.978	2.913	2.845	2.774	2.737	2.700	2.661	2.621	2.580	2.538
11	4.844	3.982	3.587	3.357	3.204	3.095	3.012	2.948	2.896	2.854	2.788	2.719	2.646	2.609	2.571	2.531	2.490	2.448	2.405
12	4.747	3.885	3.490	3.259	3.106	2.996	2.913	2.849	2.796	2.753	2.687	2.617	2.544	2.506	2.466	2.426	2.384	2.341	2.296
13	4.667	3.806	3.411	3.179	3.025	2.915	2.832	2.767	2.714	2.671	2.604	2.533	2.459	2.420	2.380	2.339	2.297	2.252	2.206
14	4.600	3.739	3.344	3.112	2.958	2.848	2.764	2.699	2.646	2.602	2.534	2.463	2.388	2.349	2.308	2.266	2.223	2.178	2.131
15	4.543	3.682	3.287	3.056	2.901	2.791	2.707	2.641	2.588	2.544	2.475	2.403	2.328	2.288	2.247	2.204	2.160	2.114	2.066
16	4.494	3.634	3.239	3.007	2.852	2.741	2.657	2.591	2.538	2.494	2.425	2.352	2.276	2.235	2.194	2.151	2.106	2.059	2.010
17	4.451	3.592	3.197	2.965	2.810	2.699	2.614	2.548	2.494	2.450	2.381	2.308	2.230	2.190	2.148	2.104	2.058	2.011	1.960
18	4.414	3.555	3.160	2.928	2.773	2.661	2.577	2.510	2.456	2.412	2.342	2.269	2.191	2.150	2.107	2.063	2.017	1.968	1.917
19	4.381	3.522	3.127	2.895	2.740	2.628	2.544	2.477	2.423	2.378	2.308	2.234	2.156	2.114	2.071	2.026	1.980	1.930	1.878
20	4.351	3.493	3.098	2.866	2.711	2.599	2.514	2.447	2.393	2.348	2.278	2.203	2.124	2.083	2.039	1.994	1.946	1.896	1.843
21	4.325	3.467	3.073	2.840	2.685	2.573	2.488	2.421	2.366	2.321	2.250	2.176	2.096	2.054	2.010	1.965	1.917	1.866	1.812
22	4.301	3.443	3.049	2.817	2.661	2.549	2.464	2.397	2.342	2.297	2.226	2.151	2.071	2.028	1.984	1.938	1.889	1.838	1.783
23	4.279	3.422	3.028	2.796	2.640	2.528	2.442	2.375	2.320	2.275	2.204	2.128	2.048	2.005	1.961	1.914	1.865	1.813	1.757
24	4.260	3.403	3.009	2.776	2.621	2.508	2.423	2.355	2.300	2.255	2.183	2.108	2.027	1.984	1.939	1.892	1.842	1.790	1.733
25	4.242	3.385	2.991	2.759	2.603	2.490	2.405	2.337	2.282	2.237	2.165	2.089	2.008	1.964	1.919	1.872	1.822	1.768	1.711
26	4.225	3.369	2.975	2.743	2.587	2.474	2.388	2.321	2.266	2.220	2.148	2.072	1.990	1.946	1.901	1.853	1.803	1.749	1.691
27	4.210	3.354	2.960	2.728	2.572	2.459	2.373	2.305	2.250	2.204	2.132	2.056	1.974	1.930	1.884	1.836	1.785	1.731	1.672
28	4.196	3.340	2.947	2.714	2.558	2.445	2.359	2.291	2.236	2.190	2.118	2.041	1.959	1.915	1.869	1.820	1.769	1.714	1.654
29	4.183	3.328	2.934	2.701	2.545	2.432	2.346	2.278	2.223	2.177	2.105	2.028	1.945	1.901	1.854	1.806	1.754	1.698	1.638
30	4.171	3.316	2.922	2.690	2.534	2.421	2.334	2.266	2.211	2.165	2.092	2.015	1.932	1.887	1.841	1.792	1.740	1.684	1.622
40	4.085	3.232	2.839	2.606	2.450	2.336	2.249	2.180	2.124	2.077	2.004	1.925	1.839	1.793	1.744	1.693	1.637	1.577	1.509
60	4.001	3.150	2.758	2.525	2.368	2.254	2.167	2.097	2.040	1.993	1.917	1.836	1.748	1.700	1.649	1.594	1.534	1.467	1.389
120	3.920	3.072	2.680	2.447	2.290	2.175	2.087	2.016	1.959	1.911	1.834	1.751	1.659	1.608	1.554	1.495	1.429	1.352	1.254
∞	3.842	2.996	2.605	2.372	2.214	2.099	2.010	1.938	1.880	1.831	1.752	1.666	1.571	1.517	1.459	1.394	1.318	1.221	1.000

注：dF1，模型的自由度＝k；dF2，误差自由度＝$n-k-1$。

附录 D 电路的 *T* 统计量

df	0.4	0.25	0.1	0.05	0.025	0.01	0.005	0.0005
1	0.32492	1	3.077684	6.313752	12.7062	31.82052	63.65674	636.6192
2	0.288675	0.816497	1.885618	2.919986	4.30265	6.96456	9.92484	31.5991
3	0.276671	0.764892	1.637744	2.353363	3.18245	4.5407	5.84091	12.924
4	0.270722	0.740697	1.533206	2.131847	2.77645	3.74695	4.60409	8.6103
5	0.267181	0.726687	1.475884	2.015048	2.57058	3.36493	4.03214	6.8688
6	0.264835	0.717558	1.439756	1.94318	2.44691	3.14267	3.70743	5.9588
7	0.263167	0.711142	1.414924	1.894579	2.36462	2.99795	3.49948	5.4079
8	0.261921	0.706387	1.396815	1.859548	2.306	2.89646	3.35539	5.0413
9	0.260955	0.702722	1.383029	1.833113	2.26216	2.82144	3.24984	4.7809
10	0.260185	0.699812	1.372184	1.812461	2.22814	2.76377	3.16927	4.5869
11	0.259556	0.697445	1.36343	1.795885	2.20099	2.71808	3.10581	4.437
12	0.259033	0.695483	1.356217	1.782288	2.17881	2.681	3.05454	4.3178
13	0.258591	0.693829	1.350171	1.770933	2.16037	2.65031	3.01228	4.2208
14	0.258213	0.692417	1.34503	1.76131	2.14479	2.62449	2.97684	4.1405
15	0.257885	0.691197	1.340606	1.75305	2.13145	2.60248	2.94671	4.0728
16	0.257599	0.690132	1.336757	1.745884	2.11991	2.58349	2.92078	4.015
17	0.257347	0.689195	1.333379	1.739607	2.10982	2.56693	2.89823	3.9651
18	0.257123	0.688364	1.330391	1.734064	2.10092	2.55238	2.87844	3.9216
19	0.256923	0.687621	1.327728	1.729133	2.09302	2.53948	2.86093	3.8834
20	0.256743	0.686954	1.325341	1.724718	2.08596	2.52798	2.84534	3.8495
21	0.25658	0.686352	1.323188	1.720743	2.07961	2.51765	2.83136	3.8193
22	0.256432	0.685805	1.321237	1.717144	2.07387	2.50832	2.81876	3.7921
23	0.256297	0.685306	1.31946	1.713872	2.06866	2.49987	2.80734	3.7676
24	0.256173	0.68485	1.317836	1.710882	2.0639	2.49216	2.79694	3.7454
25	0.25606	0.68443	1.316345	1.708141	2.05954	2.48511	2.78744	3.7251
26	0.255955	0.684043	1.314972	1.705618	2.05553	2.47863	2.77871	3.7066
27	0.255858	0.683685	1.313703	1.703288	2.05183	2.47266	2.77068	3.6896
28	0.255768	0.683353	1.312527	1.701131	2.04841	2.46714	2.76326	3.6739
29	0.255684	0.683044	1.311434	1.699127	2.04523	2.46202	2.75639	3.6594
30	0.255605	0.682756	1.310415	1.697261	2.04227	2.45726	2.75	3.646
∞	0.253347	0.67449	1.281552	1.644854	1.95996	2.32635	2.57583	3.2905

附录 E   粗糙导体的趋肤电阻与内部电感的因果关系

我们从表面阻抗的公式入手，即式(5.29)推导的公式，进行粗糙导体的趋肤电阻与内部电感的因果关系的推导：

$$Z_s(\omega) = R_{ac}(\omega) + j\omega L_{internal}(\omega)$$

一个因果函数在负时间时必须为零，如8.2.1节所述[1]。因果函数必须满足以下关系：

$$h(t) = h_e(t) + \text{sgn}(t)h_e(t)$$

由8.2.1节的式(8.20)可知，函数 $H(\omega)$ [即 $h(t)$ 的傅里叶转换]可用偶数项表示：

$$H(\omega) = H_e(\omega) - j\hat{H}_e(\omega)$$

式中 $\hat{H}_e(\omega)$ 为函数偶数部分的希尔伯特变换(Hilbert transform)。

利用式(8.20)和式(5.29)的相似性可知 $H_e = R_{ac}$ 且 $-\hat{H}_e = \omega L_{internal}$。所以，很容易得到因果关系的内部电感为：

$$L_{internal} = -\frac{\hat{R}_{ac}}{\omega} \tag{E.1}$$

其中电阻加帽表示趋肤电阻的希尔伯特变换。

有多种方法可以实现希尔伯变换。诸如 MATLAB 等工具，可以很方便进行希尔伯特变换。否则，也可以用下面的两种方法进行希尔伯特变换：

1. 直接求解积分式：

$$\hat{R}_{ac}(\omega) = \frac{1}{\pi}\int_{-\infty}^{\infty}\frac{R_{ac}(\omega')}{\omega - \omega'}\,d\omega'$$

2. 用快速傅里叶变换(FFT)将 $R_{ac}(\omega)$ 和 $1/\pi\omega$ 进行卷积：

$$\hat{R}_{ac}(\omega) = \frac{1}{\pi\omega} * R_{ac}(\omega) = \text{FFT}^{-1}\left[\text{FFT}\left\{\frac{1}{\pi\omega}\right\}\cdot\text{FFT}\{R_{ac}(\omega)\}\right]$$

进行傅里叶快速变换来进行希尔伯特变换时，一定要小心。当 $\omega = 0$ 时，$1/\pi\omega$ 为无穷大。这说明了傅里叶变换在这里不太适用，所以 FFT 应采用柯西主值。由于信号分析中不常考虑奇函数，所以要注意所用工具是否恰当地处理了 $\omega = 0$ 时的奇点。而且，以上的分析假定在式(8.1a)的傅里叶积分中使用了信号处理的惯例($a = 0$，$b = -2\pi$)，如8.2.1节所述。不同工具可能会使用不同的傅里叶变换惯例，所以必须保证一致性。

计算内部电感时，需要测试对应希尔伯特变换以确保其行为正确性。具体方法是用式(E.1)计算平滑导体(其中 R_{ac} 与 $\sqrt{f}$ 成正比)的内部电感，并与5.2.3节[参见式(5.30)]中的扩散方程直接计算的内感结果相比较。所以，对于一个平滑导体而言，$L_{internal} = -\hat{R}_{ac}/\omega = R_{ac}/\omega$。而对一个粗糙导体而言，该关系不再成立(尽管通常很接近)。

---

[1] 出于实用目的，若部分能量的传播速度比基板所能提供的传播速度($v_p = c/\sqrt{\varepsilon_r}$)更快，也可以说该系统是非因果的。意味着时间 $t = 0$ 是由互连线的长度与介质中光速所决定的。

当用该方法计算传输线的频变属性时，必须考虑导体的厚度，如第 5 章所述。当趋肤深度大于导体厚度时，将采用趋肤深度等于导体厚度时的直流电阻和低频电感：

$$R(f) = \begin{cases} K R_s \sqrt{f}, & \delta < t \\ R_{dc}, & \delta \geq t \end{cases} \tag{E.2}$$

$$L_H(f) = \begin{cases} L_{\text{external}} + \dfrac{\hat{R}_{\text{ac}}(f)}{2\pi f}, & \delta < t \\[3mm] L_{\text{external}} + \dfrac{\hat{R}_{\text{ac}}(f_{\delta=t})}{2\pi f_{\delta=t}}, & \delta \geq t \end{cases} \tag{E.3}$$

式中，K 为 5.3.1 节、5.3.2 节和 5.3.3 节中频率相关表面粗糙度校正系数，t 为导体厚度，δ 为趋肤深度，$f_{\delta=t}$ 为趋肤深度等于导体厚度时的频率，$R_s\sqrt{f}$ 为平滑导体的经典趋肤阻抗，在式(5.17)和式(5.18)中进行了计算，$R_{\text{ac}}(f) = K R_s\sqrt{f}$，而 $\hat{R}_{\text{ac}}(f)$ 为 $R_{\text{ac}}(f)$ 的希尔伯特变换。注意平滑导体的 $K = 1$。

附录 F 0.25 μm MOSIS 工艺的 SPICE Level 3 模型

F.1 设备模型

本文的设备模型由 MOSIS 提供，它是用于 VLSI 电路开发的原型和小量产品服务商。从 1981 年以来，MOSIS 为世界各地的商业公司、政府部门和研究与教育机构生产了多达 50 000 个商用电路设计。MOSIS 提供了很多半导体厂商的广泛的工艺标准。

本书中的所有晶体管级仿真和分析用例以及习题都采用的是下面给出的 NMOS 和 PMOS 的 Level 3 设备模型。

```
*
* DATE: Jun 11/01
* LOT: T14Y              WAF: 03
* DIE: N_Area_Fring      DEV: N3740/10
* Temp= 27
.MODEL CMOSN NMOS (                       LEVEL = 3
+ TOX = 5.7E-9          NSUB = 1E17        GAMMA = 0.4317311
+ PHI = 0.7             VTO = 0.4238252    DELTA = 0
+ UO = 425.6466519      ETA = 0            THETA = 0.1754054
+ KP = 2.501048E-4      VMAX = 8.287851E4  KAPPA = 0.1686779
+ RSH = 4.062439E-3     NFS = 1E12         TPG = 1
+ XJ = 3E-7             LD = 3.162278E-11  WD = 1.232881E-
8
+ CGDO = 6.2E-10        CGSO = 6.2E-10     CGBO = 1E-10
+ CJ = 1.81211E-3       PB = 0.5           MJ = 0.3282553
+ CJSW = 5.341337E-10   MJSW = 0.5         )

.MODEL CMOSP PMOS (                        LEVEL = 3
+ TOX = 5.7E-9          NSUB = 1E17        GAMMA = 0.6348369
+ PHI = 0.7             VTO = -0.5536085   DELTA = 0
+ UO = 250              ETA = 0            THETA = 0.1573195
+ KP = 5.194153E-5      VMAX = 2.295325E5  KAPPA = 0.7448494
+ RSH = 30.0776952      NFS = 1E12         TPG = -1
+ XJ = 2E-7             LD = 9.968346E-13  WD = 5.475113E-
9
+ CGDO = 6.66E-10       CGSO = 6.66E-10    CGBO = 1E-10
+ CJ = 1.893569E-3      PB = 0.9906013     MJ = 0.4664287
+ CJSW = 3.625544E-10   MJSW = 0.5         )
```

参考文献

The MOSIS Service, SPICE Level 3 Model Parameters for Classroom Instructional Purposes TSMC (0.25 micron), available at http://www.mosis.com/Technical/Testdata/ t14y_tsmc_025_level3.txt.

中英文术语对照

Insertion loss　插入损耗
Insulator, see Dielectric　绝缘体，参见电介质
Interconnect　互连
Intersymbol interference（ISI）　码间干扰
Intrinsic impedance　本征阻抗
Isotropic　各向同性
$i\text{-}v$ curve　各向同性的 $i\text{-}v$ 曲线
Jitter　抖动
　amplification　放大
　budget
　probability density function（PDF）　抖动概率密度
　　函数（PDF）
Kirchhoff's circuit laws　基尔霍夫电路定理
Laplace's equation　拉普拉斯方程
Lattice diagram　点阵图
Launching a wave　加载一个波
Least mean squared（LMS）equalizer　最小均方
　（LMS）
Least squares fitting　最小方根拟合
Lenz's law　楞次定律
Linear I/O models　线性 I/O 模型
Linear time invariance　线性时不变
Linear time-invariant（LTI）systems　线性时不变
Load-line analysis　负载线分析
Lorenz force law　洛伦兹定律
Loss tangent　损耗因子
Low voltage differential swing（LVDS）　低压差分
　摆幅
Magnetic　磁
　charge　磁荷
　field　磁场
　vector potential　磁向量势
Magnetization density　磁化密度
Magnetostatics　静磁学
Mathematical requirements of a model　模型的数学
　要求
Maximum moisture uptake　最大吸湿性
Maxwell's equations　麦克斯韦方程
Microstrip　微带线
Minimum mean-square error（MMSE）equalizer　最小
　均方差（MMSE）
Modal　模态
　analysis　模态分析
　decomposition　模态分解
　voltages　模态电压
Mode conversion　模式转换
Model coefficient　模型系数
Moisture diffusity　温度扩散率
Monte Carlo analysis　蒙特卡罗分析
Moore's law　摩尔定律
MOSFET　金属氧化物半导体场效应管
Multidrop, multiload　多点结构

Multimode matrix　多模矩阵
Multiple reflections　多次反射
Mutual inductance　互感
Network　网络
　analysis　网络分析
　theory　网络理论
Neumann formula　诺伊曼公式
Noise　噪声
　budget　噪声容许量
　margin　噪声裕度
Nonideal topologies　非理想拓扑
　cascaded transmission lines　级联传输线非理想
　　拓扑
　multireceiver　非理想多接收机拓扑
　t-topology　非理想 t 型拓扑
Nonlinear I/O models　非线性 I/O 模型
Nonreturn-to-zero（NRZ）signaling　不归零（NRZ）
Normal distribution　正态分布
Odd and even functions　奇偶函数
Odd and even modes　奇偶模式
Odd mode　奇模式
Ohm's law　欧姆定律
On-chip termination　片上终端匹配
Open drain transmitter　漏极开路发射机
Overdriven transmission line　过驱传输线
Parallel plate waveguide　平行板波导
Passivity　无源性
Peak distortion analysis（PDA）　峰值畸变分析法
Periodic jitter　周期抖动
Permeability of free space　磁导率
Permittivity　介电常数
　complex　复介电常数
　effective　有效常数
　of free space　自由空间的介电常数
　relationship, real and imaginary　介电常数的实部
　　与虚部的关系
　relative　相对介电常数
Personal computers　个人计算机
Phase　相位
　constant　相位常数
　delay　相位延迟
　distortion　相位失真
　unwrapped　相位展开
　velocity　相速
Phase locked loop（PLL）　锁相环（PLL）
Plane wave　平面波
Poisson's equation　泊松方程
Polarizability　极化性
Polarization　极化
　density　极化密度
　electronic　电子极化
　ionic（molecular）　离子（分子）极化